Inhaltsverzeichnis

W0198430

1 Allgemeine Grundlagen

TB 1-1 Stahlauswahl für den allgemeinen Maschinenbau 1
TB 1-2 Eisenkohlenstoff-Gusswerkstoffe 5
TB 1-3 Nichteisenmetalle 8
TB 1-4 Kunststoffe 13
TB 1-5 Warmgewalzte Flachstäbe aus Stahl für allgemeine Verwendung nach DIN EN 10058 15
TB 1-6 Rundstäbe 15
TB 1-7 Flacherzeugnisse aus Stahl (Auszug) 16
TB 1-8 Warmgewalzte gleichschenklige Winkel aus Stahl nach EN 10056-1 18
TB 1-9 Warmgewalzte ungleichschenklige Winkel aus Stahl nach EN 10056-1 19
TB 1-10 Warmgewalzter U-Profilstahl mit geneigten Flanschflächen nach DIN 1026-1 . . 20
TB 1-11 Warmgewalzte I-Träger nach DIN 1025 (Auszug) 21
TB 1-12 Warmgewalzter gleichschenkliger T-Stahl mit gerundeten Kanten und Übergängen nach DIN EN 10055 22
TB 1-13 Hohlprofile, Rohre 22
TB 1-14 Flächenmomente 2. Grades und Widerstandsmomente 27
TB 1-15 Maßstäbe in Abhängigkeit vom Längenmaßstab, Stufensprünge und Reihen zur Typung. 30
TB 1-16 Normzahlen nach DIN 323 31

2 Toleranzen, Passungen, Oberflächenbeschaffenheit

TB 2-1 Grundtoleranzen IT in Anlehnung an DIN ISO 286-1 32
TB 2-2 Zahlenwerte der Grundabmaße von Außenflächen (Wellen) in µm nach DIN ISO 286-1 (Auszug) 33
TB 2-3 Zahlenwerte der Grundabmaße von Innenpassflächen (Bohrungen) in µm nach DIN ISO 286-1 (Auszug) 34
TB 2-4 Passungen für das System Einheitsbohrung nach DIN ISO 286-2 (Auszug). . . 35
TB 2-5 Passungen für das System Einheitswelle nach DIN ISO 286-2 (Auszug) 37
TB 2-6 Allgemeintoleranzen 39
TB 2-7 Formtoleranzen nach DIN EN ISO 1101 (Auszug) 40
TB 2-8 Lagetoleranzen nach DIN EN ISO 1101 (Auszug). 41
TB 2-9 Anwendungsbeispiele für Passungen 42
TB 2-10 Zuordnung von *Rz* und *Ra* für spanend gefertigte Oberflächen nach DIN 4768-1, Beiblatt 1 (Norm zurückgezogen) 43
TB 2-11 Empfehlung für gemittelte Rautiefe *Rz* in Abhängigkeit von Nennmaß, Toleranzklasse und Flächenfunktion (nach Rochusch) 43
TB 2-12 Rauheit von Oberflächen in Abhängigkeit vom Fertigungsverfahren (Auszug aus zurückgezogener DIN 4766). 44

3 Festigkeitsberechnung

TB 3-1 Dauerfestigkeitsschaubilder der Baustähle 45
TB 3-2 Umrechnungsfaktoren zur Berechnung der Werkstoff-Festigkeitswerte (nach FKM-Richtlinie) 48
TB 3-3 Plastische Formzahlen α_p für den statischen Festigkeitsnachweis 48
TB 3-4 Charakteristische Werte der 0,2%-Dehngrenze $R_{p\,0,2}$ und der Zugfestigkeit R_m für tragende Bauteile aus Aluminium-Knetlegierungen im Aluminiumbau nach DIN EN 1999-1-1 (Auswahl) 48
TB 3-5 Anhaltswerte für Anwendungs- bzw. Betriebsfaktor K_A 50
TB 3-6 Kerbformzahlen α_k 51

TB 3-7 Stützzahl . . . 53
TB 3-8 Kerbwirkungszahlen (Anhaltswerte) . . . 54
TB 3-9 Kerbwirkungszahlen . . . 55
TB 3-10 Einflussfaktor der Oberflächenrauheit K_0 . . . 57
TB 3-11 Faktoren K für den Größeneinfluss . . . 57
TB 3-12 Einflussfaktor der Oberflächenverfestigung K_V – Richtwerte für Stahl . . . 59
TB 3-13 Faktoren zur Berechnung der Mittelspannungsempfindlichkeit . . . 59
TB 3-14 Sicherheiten, Mindestwerte . . . 60

4 Tribologie

TB 4-1 Reibungszahlen . . . 61
TB 4-2 Druckviskositätskoeffizient α für verschiedene Schmieröle . . . 62
TB 4-3 Eigenschaften der Schmierfette . . . 62
TB 4-4 Schmierstoffadditive, deren Verwendung und Wirkmechanismen . . . 63
TB 4-5 Eigenschaften von Mineralölen in Abhängikeit der Molekülstrukturanteilen . 64
TB 4-6 Eigenschaften und Anwendungen wichtiger synthetischer Schmieröle . . . 64
TB 4-7 Klassifikation für Kfz-Getriebeöle nach API (American Petroleum Institute) . 65
TB 4-8 Eigenschaften der Schmierfette . . . 66
TB 4-9 Klassifikation für Schmierfette nach NLGI (National Lubricating Grease Institute) . . . 67
TB 4-10 Kriterien für die Auswahl von Zentralschmieranlagen . . . 67
TB 4-11 Elektrochemische Spannungsreihe (Elektrodenpotential in Volt von Metallen in wässriger Lösung gegen Wasserstoffelektrode) . . . 67

5 Kleb- und Lötverbindungen

TB 5-1 Oberflächenbehandlungsverfahren für Klebverbindungen . . . 68
TB 5-2 Klebstoffe zum Verbinden von Metallen nach Richtlinie VDI 2229: 1979-06 69
TB 5-3 Festigkeitswerte für kaltaushärtende Zweikomponentenkleber (nach Herstellerangaben) . . . 70
TB 5-4 Hartlote nach DIN EN 17672 und ihre Anwendung . . . 71
TB 5-5 Weichlote nach DIN EN ISO 9453 und ihre Anwendung (Auswahl) . . . 73
TB 5-6 Flussmittel zum Hartlöten nach DIN EN 1045 . . . 74
TB 5-7 Einteilung der Flussmittel zum Weichlöten nach DIN EN 29454-1 . . . 75
TB 5-8 Gegenüberstellung der Typ-Kurzzeichen von Flussmitteln zum Weichlöten (DIN EN 29454-1 zu DIN 8511-2) . . . 75
TB 5-9 Richtwerte für Lötspaltbreiten . . . 76
TB 5-10 Zug- und Scherfestigkeit von Hartlötverbindungen (nach BrazeTec – Umicore, ehem. Degussa) . . . 76

6 Schweißverbindungen

TB 6-1 Zeichnerische Darstellung von Schweißnähten nach DIN EN 22553 . . . 77
TB 6-2 Bewertungsgruppen für Unregelmäßigkeiten für Schweißverbindungen aus Stahl nach DIN EN ISO 5817 (Auswahl) . . . 79
TB 6-3 Allgemeintoleranzen für Schweißkonstruktionen nach DIN EN ISO 13920 . . 80
TB 6-4 Zulässige Abstände von Schweißpunkten im Stahlbau (DIN EN 1993-1-3) . . 80
TB 6-5 Nennwerte der Streckgrenze R_e und der Zugfestigkeit R_m für warmgewalzten Baustahl nach DIN EN 1993-1-1 . . . 81
TB 6-6 Nennwerte der Streckgrenze R_e und der Zugfestigkeit R_m für Gusswerkstoffe nach DIN EN 1993-1-8/NA.B.3 . . . 82
TB 6-7 Korrelationsbeiwert β_w für Kehlnähte nach DIN EN 1993-1-8 . . . 82
TB 6-8 Maximales c/t-Verhältnis von ein- und beidseitig gelagerten Plattenstreifen für volles Mittragen unter Druckspannungen nach DIN EN 1993-1-1 (Auszug) 83
TB 6-9 Zuordnung der Druckstabquerschnitte zu den Knicklinien nach TB 6-10 (DIN EN 1993-1-1) . . . 84
TB 6-10 Knicklinien . . . 84

TB 6-11 Bauformenkatalog für die Ausführung und Dauerfestigkeitsbewertung von Schweißverbindungen an Stählen im Maschinenbau nach DVS-Richtlinie 1612 (Auszug) . . . 85
TB 6-13 Dickenbeiwert für geschweißte Bauteile im Maschinenbau nach DVS 1612 . . 88
TB 6-12 Zulässige Dauerfestigkeitswerte (Oberspannungen) für Schweißverbindungen im Maschinenbau nach Richtlinie DVS 1612 (Gültig für Bauteildicke 2 mm $\leq t \leq$ 10 mm, $> 2 \cdot 10^6$ Lastwechsel, $S_D = 1{,}5$) . . . 89
TB 6-14 Festigkeitskennwerte K im Druckbehälterbau bei erhöhten Temperaturen . . . 90
TB 6-15 Berechnungstemperatur für Druckbehälter nach AD 2000-Merkblatt B0. . . . 92
TB 6-16 Sicherheitsbeiwerte für Druckbehälter nach AD 2000-Merkblatt B0 (Auszug) 92
TB 6-17 Berechnungsbeiwerte C für ebene Platten und Böden nach AD 2000-Merkblatt B5 (Auszug) . . . 92

7 Nietverbindungen

TB 7-1 Vereinfachte Darstellung von Verbindungselementen für den Zusammenbau nach DIN ISO 5845-1 . . . 93
TB 7-2 Grenzwerte für Rand- und Lochabstände für Schrauben und Nieten an Stahl- und Aluminiumbauten nach EC 3 und EC 9 . . . 94
TB 7-3 Genormte Blindniete mit Sollbruchdorn (Übersicht). . . . 94
TB 7-4 Nietverbindungen im Stahlbau mit Halbrundnieten nach DIN 124 . . . 95
TB 7-5 Mindestwerte der 0,2%-Dehngrenze $R_{p0,2}$ und der Zugfestigkeit R_m für Aluminium-Vollniete nach DIN EN 1999-1-1 . . . 96
TB 7-6 Zulässige Wechselspannungen $\sigma_{w\,zul}$ in N/mm^2 für gelochte Bauteile aus S235 (S355) nach DIN 15018-1 . . . 96
TB 7-7 Zulässige Spannungen in N/mm^2 für Nietverbindungen aus thermoplastischen Kunststoffen. . . . 96
TB 7-8 Statische Scherbruch- und Zugbruchkräfte von genormten Blindnieten in N je Nietquerschnitt . . . 96
TB 7-9 Anhaltswerte für die Gestaltung geclinchter Verbindungen aus Stahlblech . . . 97
TB 7-10 Von runden Clinchverbindungen maximal übertragbare Scherzugkräfte je Punkt 97

8 Schraubenverbindungen

TB 8-1 Metrisches ISO-Gewinde (Regelgewinde) nach DIN 13 T1 (Auszug) . . . 98
TB 8-2 Metrisches ISO-Feingewinde; Auswahl nach DIN 13 T12 . . . 99
TB 8-3 Metrisches ISO-Trapezgewinde nach DIN 103 (Auszug) . . . 100
TB 8-4 Festigkeitsklassen, Werkstoffe und mechanische Eigenschaften von Schrauben nach DIN EN ISO 898-1 (Auszug) . . . 101
TB 8-5 Genormte Schrauben (Auswahl). Einteilung nach DIN ISO 1891 . . . 102
TB 8-6 Genormte Muttern (Auswahl). Einteilung nach DIN ISO 1891 . . . 103
TB 8-8 Konstruktionsmaße für Verbindungen mit Sechskantschrauben (Auswahl aus DIN-Normen) . . . 104
TB 8-9 Konstruktionsmaße für Verbindungen mit Zylinder- und Senkschrauben (Auswahl aus DIN-Normen) . . . 106
TB 8-7 Mitverspannte Zubehörteile für Schraubenverbindungen nach DIN (Auswahl). Einteilung nach DIN ISO 1891 . . . 108
TB 8-10 Richtwerte für Setzbetrag und Grenzflächenpressung (nach VDI 2230) . . . 108
TB 8-11 Richtwerte für den Anziehfaktor k_A (nach VDI 2230) . . . 109
TB 8-12 Reibungszahlen für Schraubenverbindungen bei verschiedenen Oberflächen- und Schmierzuständen . . . 110
TB 8-13 Richtwerte zur Vorwahl der Schrauben . . . 111
TB 8-14 Spannkräfte F_{sp} und Spannmomente M_{sp} für Schaft- und Dehnschrauben bei verschiedenen Gesamtreibungszahlen μ_{ges} . . . 112
TB 8-15 Einschraublängen l_e für Grundlochgewinde – Anhaltswerte nach Schrauben-vademecum . . . 115
TB 8-16 Funktion/Wirksamkeit von Schraubensicherungen (nach VDI 2230) . . . 115

TB 8-17 Beiwerte α_b und k_1 zur Ermittlung der Lochleibungstragfähigkeit im Stahl- und Aluminiumbau (EC3 und EC9) 116
TB 8-18 Richtwerte für die zulässige Flächenpressung p_{zul} bei Bewegungsschrauben . . 116

9 Bolzen-, Stiftverbindungen und Sicherungselemente

TB 9-1 Richtwerte für die zulässige mittlere Flächenpressung (Lagerdruck) p_{zul} bei niedrigen Gleitgeschwindigkeiten (z.B. Gelenke, Drehpunkte) 117
TB 9-2 Bolzen nach DIN EN 22340 (ISO 2340), DIN EN 22341 (ISO 2341) und DIN 1445 (Auswahl) 117
TB 9-3 Abmessungen in mm von ungehärteten Zylinderstiften DIN EN ISO 2338 (Auswahl) 118
TB 9-4 Mindest-Abscherkraft in kN für zweischnittige Stiftverbindungen 118
TB 9-5 Pass- und Stützscheiben DIN 988 (Auswahl) 118
TB 9-6 Achshalter nach DIN 15058 (Auswahl) 118
TB 9-7 Sicherungsringe und -scheiben für Wellen und Bohrungen (Auswahl) 119

10 Elastische Federn

TB 10-1 Festigkeitsrichtwerte von Federwerkstoffen in N/mm² (Auswahl) 122
TB 10-2 Runder Federstahldraht 123
TB 10-3 Zulässige Biegespannung für kaltgeformte Drehfedern aus Federdraht SL, SM, DM, SH, DH bei überwiegend ruhender Beanspruchung 124
TB 10-4 Spannungsbeiwert q für Drehfedern 124
TB 10-5 Dauerfestigkeits-Schaubild für zylindrische Drehfedern aus patentiert-gezogenem Federdraht DH 124
TB 10-6 Tellerfedern nach DIN 2093 (Auszug) 124
TB 10-7 Reibungsfaktor w_M (w_R) zur Abschätzung der Paketfederkräfte 126
TB 10-8 Tellerfedern; Kennwerte und Bezugsgrößen 126
TB 10-9 Dauer- und Zeitfestigkeitsschaubilder für nicht kugelgestrahlte Tellerfedern nach DIN 2093 127
TB 10-10 Drehstabfedern mit Kreisquerschnitt 127
TB 10-11 Zulässige Spannungen für Druckfedern aus Werkstoffen nach DIN EN 10270 bzw. DIN 13906-2 bei statischer Beanspruchung 128
TB 10-12 Theoretische Knickgrenze von Schraubendruckfedern nach DIN EN 13906-1 . 128
TB 10-13 Dauerfestigkeitsschaubilder für kaltgeformte Schraubendruckfedern aus patentiert-gezogenem Federstahldraht der Sorte DH nach DIN EN 13906-1 . . 129
TB 10-14 Dauerfestigkeitsschaubilder für kaltgeformte Schraubendruckfedern aus vergütetem Federstahldraht (TD) nach DIN EN 13906-1 129
TB 10-15 Dauerfestigkeitsschaubilder für kaltgeformte Schraubendruckfedern aus vergütetem Ventilfederstahldraht (VD) nach DIN EN 13906-1 129
TB 10-16 Zeit- und Dauerfestigkeitsschaubild für warmgeformte Schraubendruckfedern aus Edelstahl nach DIN EN 13906-1 mit geschliffener oder geschälter Oberfläche; kugelgestrahlt 130
TB 10-17 Abhängigkeit des E- und G-Moduls von der Arbeitstemperatur 130
TB 10-18 Relaxation nach 48 Stunden von warmgeformten Druckfedern bei Betriebstemperaturen (als Anhaltswerte) für R_m = 1500 N/mm² 130
TB 10-19 Zulässige Spannungen für Zugfedern aus Werkstoffen nach DIN EN 10270 bzw. DIN EN 13906-2 bei statischer Beanspruchung 130

11 Achsen, Wellen und Zapfen

TB 11-1 Zylindrische Wellenenden nach DIN 748, T1 (Auszug) 131
TB 11-2 Kegelige Wellenenden mit Außengewinde nach DIN 1448, T1 (Auszug) . . . 131
TB 11-3 Flächenmomente 2. Grades und Widerstandsmomente für häufig vorkommende Wellenquerschnitte (ca.-Werte) 132
TB 11-4 Freistiche nach DIN 509 (Auszug) 132
TB 11-5 Richtwerte für zulässige Verformungen 133

TB 11-7 Kenngrößen für die Verformungsberechnung für Achsen und Wellen mit Querschnittsveränderung bei Belastungen links (a) bzw. rechts (b) von der Lagerstelle 133
TB 11-6 Stützkräfte und Durchbiegungen bei Achsen und Wellen von gleichbleibendem Querschnitt . . . 134

12 Elemente zum Verbinden von Wellen und Naben

TB 12-1 Welle-Nabe-Verbindungen (Richtwerte für den Entwurf) . . . 137
TB 12-2 Angaben für Passfederverbindungen . . . 138
TB 12-3 Keilwellen-Verbindungen . . . 139
TB 12-4 Zahnwellenverbindungen . . . 140
TB 12-5 Abmessungen der Polygonprofile . . . 141
TB 12-6 Haftbeiwert, Querdehnzahl und Längenausdehnungskoeffizient, max. Fügetemperatur . . . 141
TB 12-7 Bestimmung der Hilfsgröße K für Vollwellen aus Stahl . . . 142
TB 12-8 Kegel nach DIN 254 (Auszug) . . . 143
TB 12-9 Kegel-Spannsysteme (Auszüge aus Werksnormen) . . . 143

13 Kupplungen und Bremsen

TB 13-1 Scheibenkupplungen nach DIN 116, Formen A, B und C . . . 145
TB 13-2 Biegenachgiebige Ganzmetallkupplung (Thomas-Kupplung, Bauform 923, nach Werknorm) . . . 145
TB 13-3 Elastische Klauenkupplung (N-Eupex-Kupplung, Bauform B, nach Werknorm). 146
TB 13-4 Elastische Klauenkupplung (Hadeflex-Kupplung, Bauform XW1, nach Werknorm) . . . 146
TB 13-5 Hochelastische Wulstkupplung (Radaflex-Kupplung, Bauform 300, nach Werknorm) . . . 147
TB 13-6 Mechanisch betätigte BSD-Lamellenkupplungen (Bauformen 493 und 491, nach Werknorm) . . . 147
TB 13-7 Elektromagnetisch betätigte BSD-Lamellenkupplung (Bauform 100, nach Werknorm) . . . 148
TB 13-8 Faktoren zur Auslegung drehnachgiebiger Kupplungen nach DIN 740 T2 . . . 148
TB 13-9 Positionierbremse ROBA-stopp (nach Werknorm) . . . 149

14 Wälzlager

TB 14-1 Maßpläne für Wälzlager . . . 150
TB 14-2 Dynamische Tragzahlen C, statische Tragzahlen C_0 und Ermüdungsgrenzbelastung C_u in kN (nach FAG-Angaben Ausg. 2006) . . . 152
TB 14-3 Richtwerte für Radial- und Axialfaktoren X, Y bzw. X_0, Y_0 . . . 156
TB 14-4 Drehzahlfaktor f_n für Wälzlager . . . 157
TB 14-5 Lebensdauerfaktor f_L für Wälzlager . . . 157
TB 14-6 Härteeinflussfaktor f_H . . . 157
TB 14-7 Richtwerte für anzustrebende nominelle Lebensdauerwerte L_{10} für Wälzlagerungen (nach Schaeffler-AG) . . . 157
TB 14-8 Toleranzklassen für Wellen und Gehäuse bei Wälzlagerungen – allgemeine Richtlinien nach DIN 5425 (Auszug) . . . 158
TB 14-9 Wälzlager-Anschlussmaße, Auszug aus DIN 5418 . . . 159
TB 14-10 Viskositätsverhältnis $\kappa = \nu/\nu_1$ . . . 160
TB 14-11 Verunreinigungsbeiwert e_c . . . 160
TB 14-12 Lebensdauerbeiwert a_{ISO} . . . 161
TB 14-13 Richtwerte für Belastungsverhältnisse (nach Rexroth) . . . 161

15 Gleitlager

TB 15-1 Genormte Radial-Gleitlager (Auszüge) . . . 162
TB 15-2 Buchsen für Gleitlager (Auszüge) . . . 164
TB 15-3 Lagerschalen DIN 7473, 7474, mit Schmiertaschen DIN 7477 (Auszug) . . . 165

TB 15-4 Abmessungen für lose Schmierringe in mm nach DIN 322 (Auszug) 165
TB 15-5 Schmierlöcher, Schmiernuten, Schmiertaschen nach DIN ISO 12128 (Auszug) . . 166
TB 15-6 Lagerwerkstoffe (Auswahl) 167
TB 15-7 Höchstzulässige spezifische Lagerbelastung nach DIN 31652-1 (Erfahrungsrichtwerte) 168
TB 15-8 Eigenschaften von Lager-Schmierstoffen (Auswahl) 168
TB 15-9 Effektive dynamische Viskosität η_{eff} in Abhängigkeit von der effektiven Schmierfilmtemperatur ϑ_{eff} für Normöle 170
TB 15-10 Relative Lagerspiele ψ_E bzw. ψ_B in ‰ 171
TB 15-11 Passungen für Gleitlager nach DIN 31698 (Auswahl) 172
TB 15-12 Streuungen von Toleranzklassen für ISO-Passungen bei relativen Einbau-Lagerspielen ψ_E in ‰ abhängig von d_L (nach VDI 2201) 173
TB 15-13 Sommerfeld-Zahl $So = f(\varepsilon, b/d_L)$ bei reiner Drehung 174
TB 15-14 Reibungskennzahl $\mu/\psi_B = f(\varepsilon, b/d_L)$ bei reiner Drehung 175
TB 15-15 Verlagerungswinkel $\beta = f(\varepsilon, b/d_L)$ bei reiner Drehung 176
TB 15-16 Erfahrungswerte für die zulässige kleinste Spalthöhe $h_{0\,zul}$ nach DIN 31652, wenn Wellen- $Rz_W \leq 4$ µm und Lagergleitflächen $Rz_L \leq 1$ µm 176
TB 15-17 Grenzrichtwerte für die maximal zulässige Lagertemperatur $\vartheta_{L\,zul}$ nach DIN 31652-3 176
TB 15-18 Bezogener bzw. relativer Schmierstoffdurchsatz 177

16 Riemengetriebe

TB 16-1 Mechanische und physikalische Kennwerte von Flachriemen-Werkstoffen (Anhaltswerte) 178
TB 16-2 Keilriemen, Eigenschaften und Anwendungsbeispiele 178
TB 16-3 Synchronriemen, Eigenschaften und Anwendungen 179
TB 16-4 Trumkraftverhältnis m; Ausbeute $\varkappa$ 179
TB 16-5 Faktor k zur Ermittlung der Wellenbelastung für Flachriemengetriebe 179
TB 16-6 Ausführungen und Eigenschaften der Mehrschichtflachriemen Extremultus (Bauart 80/85*, nach Werknorm) 180
TB 16-7 Ermittlung des kleinsten Scheibendurchmessers (nach Fa. Siegling, Hannover) . 180
TB 16-8 Diagramme zur Ermittlung von F_t', ε_1, Riementyp für Extremultus-Riemen (nach Fa. Siegling, Hannover) 181
TB 16-9 Flachriemenscheiben, Hauptmaße, nach DIN 111 (Auszug) 182
TB 16-10 Fliehkraft-Dehnung ε_2 in % für Extremultus-Mehrschichtriemen 182
TB 16-11 Wahl des Profils der Keil- und Keilrippenriemen 183
TB 16-12 Keilriemenabmessungen (in Anlehnung an DIN 2215, ISO 4184, DIN 7753 sowie Werksangaben; Auszug) 184
TB 16-13 Abmessungen der Keilriemenscheiben (nach DIN 2211; Auszug) 185
TB 16-14 Keilrippenriemen und Keilrippenscheiben nach DIN 7867 186
TB 16-15 Nennleistung der Keil- und Keilrippenriemen 187
TB 16-16 Leistungs-Übersetzungszuschlag $\ddot{U}_z$ in kW 190
TB 16-17 Korrekturfaktoren zur Berechnung der Keil- und Keilrippenriemen 191
TB 16-18 Wahl des Profils von Synchronriemen 192
TB 16-19 Daten von Synchroflex-Zahnriemen nach Werknorm 193
TB 16-20 Zahntragfähigkeit – spezifische Riemenzahnbelastbarkeit von Synchroflex-Zahnriemen (nach Werknorm) 194
TB 16-21 Oberflächengekühlte Drehstromasynchronmotoren mit Käfigläufer nach DIN EN 50347 195

17 Kettengetriebe

TB 17-1 Rollenketten nach DIN 8187 (Auszug) 196
TB 17-2 Haupt-Profilabmessungen der Kettenräder nach DIN 8196 (Auszug) 196
TB 17-3 Leistungsdiagramm nach DIN ISO 10823 für die Auswahl von Einfach-Rollenketten Typ B nach DIN 8187-1 197
TB 17-4 Spezifischer Stützzug 197

TB 17-5 Faktor f_1 zur Berücksichtigung der Zähnezahl des kleinen Rades nach DIN ISO 10823 197
TB 17-6 Achsabstandsfaktor f_2 198
TB 17-7 Umweltfaktor f_6 (nach Niemann) 198
TB 17-8 Schmierbereiche nach DIN ISO 10823 198

18 Elemente zur Führung von Fluiden (Rohrleitungen)

TB 18-1 Rohrarten, Übersicht. 199
TB 18-2 Anschlussmaße für runde Flansche PN 6, PN 40 und PN 63 nach DIN EN 1092-2 (Auszug DN 20 bis DN 600) 201
TB 18-3 Auswahl von PN nach DIN EN 1333 201
TB 18-4 Bevorzugte DN-Stufen (Nennweiten) nach DIN EN ISO 6708 201
TB 18-5 Wirtschaftliche Strömungsgeschwindigkeiten in Rohrleitungen für verschiedene Medien (Richtwerte) bezogen auf den Zustand in der Leitung 202
TB 18-6 Mittlere Rauigkeitshöhe k von Rohren (Anhaltswerte) 202
TB 18-7 Widerstandszahl ζ von Rohrleitungselementen (Richtwerte) 203
TB 18-8 Rohrreibungszahl λ 204
TB 18-9 Dichte und Viskosität verschiedener Flüssigkeiten und Gase 205
TB 18-10 Festigkeitskennwerte zur Wanddickenberechnung von Stahlrohren (Auswahl) 206
TB 18-11 Rohrleitungen und Rohrverschraubungen für hydraulische Anlagen. 207
TB 18-12 Zulässige Stützweiten für Stahlrohre nach AD2000-Merkblatt HP100R (Auszug) 207
TB 18-13 Zeitstandfestigkeit von Rohren aus Polypropylen (PP, Typ1) nach DIN 8078). . 208

19 Dichtungen

TB 19-1 Dichtungskennwerte für vorgeformte Feststoffdichtungen 209
TB 19-2 O-Ringe nach DIN 3771 (Auswahl) und Ringnutabmessungen 210
TB 19-3 Zulässige Spaltweiten für O-Ringe. 211
TB 19-4 Radial-Wellendichtringe nach DIN 3760 (Auszug). 212
TB 19-5 Filzringe und Ringnuten nach DIN 5419 (Auszug). 213
TB 19-6 V-Ringdichtung (Auszug aus Werksnorm) 214
TB 19-7 Nilos-Ringe (Auszug aus Werksnorm) 214
TB 19-8 Stopfbuchsen 215
TB 19-9 Konstruktionsrichtlinien für Lagerdichtungen (nach Halliger). 216

20 Zahnräder und Zahnradgetriebe (Grundlagen)

TB 20-1 Zahnflankendauerfestigkeit σ_{Hlim} und Zahnfußdauerfestigkeit σ_{Flim} in N/mm^2 der üblichen Zahnradwerkstoffe für die Werkstoff-Qualitätsanforderungen *ME* (obere Werte) und *ML* (untere Werte); Einzelheiten siehe DIN 3990 Teil 5 und ISO 6336-5 218
TB 20-2 Übersicht zur Dauerfestigkeit für Zahnfußbeanspruchungen der Prüfräder nach DIN 3990 219
TB 20-3 Werkstoffauswahl für Schneckengetriebe 220
TB 20-4 Festigkeitswerte für Schneckenradwerkstoffe 221
TB 20-5 Schmierölauswahl (nach DIN 51509). 221
TB 20-6 Richtwerte für den Einsatz von Schmierstoffarten und Art der Schmierung bei Wälz- und Schraubenwälzgetrieben 222
TB 20-7 Viskositätsauswahl von Getriebeölen (DIN 51509) gültig für eine Umgebungstemperatur von etwa 20 °C 222
TB 20-8 Reibungswerte bei Schneckenradsätzen (Schnecke aus St, Radkranz aus Bronze, gefräst) 223
TB 20-9 Wirkungsgrade für Schneckengetriebe, Richtwerte für Überschlagsrechnungen 223
TB 20-10 Zeichnungsangaben für Stirnräder nach DIN 3966 T1 223
TB 20-11 Zeichnungsangaben für Kegelräder nach DIN 3966 T2 224
TB 20-12 Zeichnungsangaben für Schnecken nach DIN 3966 T3. 225
TB 20-13 Zeichnungsangaben für Schneckenräder nach DIN 3966 T3 226

21 Außenverzahnte Stirnräder

TB 21-1 Modulreihe für Zahnräder nach DIN 780 (Auszug) 227
TB 21-2a Profilüberdeckung ε_α bei Null- und V-Null-Getrieben (überschlägige Ermittlung) 227
TB 21-2b Profilüberdeckung ε_α bei V-Getrieben (überschlägige Ermittlung) 227
TB 21-3 Betriebseingriffswinkel α_w (überschlägige Ermittlung) 227
TB 21-4 Evolventenfunktion inv $\alpha = \tan\alpha - (\pi/180) \cdot \alpha$ (Wertetabelle) 228
TB 21-5 Wahl der Summe der Profilverschiebungsfaktoren $\Sigma x = (x_1 + x_2)$ 228
TB 21-6 Aufteilung von $\Sigma x = (x_1 + x_2)$ mit Ablesebeispiel 229
TB 21-7 Verzahnungsqualität (Anhaltswerte) 229
TB 21-8 Zahndickenabmaße, Zahndickentoleranzen 230
TB 21-9 Achsabstandsmaße A_{ae}, A_{ai} von Gehäusen für Stirnradgetriebe nach DIN 3964 (Auszug) 231
TB 21-10 Messzähnezahl k für Stirnräder 232
TB 21-11 Empfehlung zur Aufteilung von i für zwei- und dreistufige Stirnradgetriebe . . 232
TB 21-12 Bereich der ausführbaren Evolventenverzahnungen mit Bezugsprofil nach DIN 867 für Außen- und Innenräder nach DIN 3960 232
TB 21-13 Ritzelzähnezahl z_1 (Richtwerte) 233
TB 21-14 Ritzelbreite, Verhältniszahlen (Richtwerte) 233
TB 21-15 Berechnungsfaktoren 234
TB 21-16 Flankenlinienabweichung 234
TB 21-17 Einlaufbeträge für Flankenlinien y_β in µm (nach DIN 3990) 235
TB 21-18 Breitenfaktor $K_{H\beta}$, $K_{F\beta}$, Anhaltswerte (nach DIN 3990) 236
TB 21-19 Stirnfaktoren $K_{F\alpha}$, $K_{H\alpha}$ 236
TB 21-20 Korrekturfaktoren zur Ermittlung der Zahnfußspannung für Außenverzahnung (nach DIN 3990) 238
TB 21-21 Korrekturfaktoren zur Ermittlung der zulässigen Zahnfußspannung für Außenverzahnung (nach DIN 3990) 239
TB 21-22 Korrekturfaktoren zur Ermittlung der Flankenpressung für Außenverzahnung (nach DIN 3990) 240
TB 21-23 Korrekturfaktoren zur Ermittlung der zulässigen Flankenpressung für Außenverzahnung (nach DIN 3990) 241

22 Kegelräder und Kegelradgetriebe

TB 22-1 Richtwerte zur Vorwahl der Abmessungen 243
TB 22-2 Werte zur Ermittlung des Dynamikfaktors K_v (nach DIN 3991 T1) 243
TB 22-3 Überdeckungsfaktor (Zahnfuß) Y_ε für $\alpha_n = 20$ (nach DIN 3991 T3) 243

23 Schraubrad- und Schneckengetriebe

TB 23-1 Richtwerte zur Bemessung von Schraubradgetrieben 244
TB 23-2 Belastungskennwerte für Schraubradgetriebe 244
TB 23-3 Richtwerte für die Zähnezahl der Schnecke 244
TB 23-4 Moduln für Zylinderschneckengetriebe nach DIN 780 T2 (Auszug) 244
TB 23-5 Ersatz-E-Modul für Paarung mit einer Stahlwelle 244
TB 23-6 Grübchenfestigkeit $\sigma_{H\,lim\,T}$ 244
TB 23-7 Schub-Dauerfestigkeitswerte $\tau_{F\,lim\,T}$ 244
TB 23-8 Lebensdauerfaktor Y_{NL} 245

Sachwortverzeichnis 247

1 Allgemeine und konstruktive Grundlagen

TB 1-1 Stahlauswahl für den allgemeinen Maschinenbau

Festigkeitskennwerte in N/mm² für die Normabmessung d_N
Schwingfestigkeitswerte nach DIN 743-3[1) 2)] (Richtwerte)
Elastizitätsmodul $E = 210\,000$ N/mm², Schubmodul $G = 81\,000$ N/mm²

Stahlsorte Kurzname	Stahlsorte Werkstoffnummer	A % min.	R_{mN} min.	R_{eN} $R_{p0,2N}$ min.	$\sigma_{zd\,WN}$ ($\sigma_{zd\,SchN}$)	σ_{bWN} (σ_{bSchN})	τ_{tWN} (τ_{tSchN})	relative Werkstoffkosten[3)]	Eigenschaften und Verwendungsbeispiele
a) Unlegierte Baustähle, warmgewalzt, nach DIN EN 10025-2 Lieferzustand: +N oder +AR Normabmessung d_N = 16 mm									Warmgewalzte, unlegierte Qualitätsstähle ohne Eignung zur Wärmebehandlung, die durch Zugfestigkeit und Streckgrenze gekennzeichnet und für die Verwendung bei Umgebungstemperatur in geschweißten, genieteten und geschraubten Bauteilen bestimmt sind, unberuhigter Stahl nicht zulässig
S235JR S235J0 S235J2	1.0038 1.0114 1.0117	26	360	235	140 (235)	180 (280)	105 (165)	[1]	**Stahlsorten mit Werten für die Kerbschlagarbeit (z. B. J2: Kerbschlagarbeit 27J bei −20 °C)** Standardwerkstoff im Maschinen- und Stahlbau, bei mäßiger Beanspruchung; Flach- und Langerzeugnisse; gut bearbeitbar, Schweißeignung verbessert sich bei jeder Sorte von Gütegruppe JR bis K2
S275JR S275J0 S275J2	1.0044 1.0143 1.0145	23	410	275	170 (275)	215 (330)	125 (190)	1,05	Bei mittlerer Beanspruchung; gut bearbeitbar und umformbar, gute Schweißeignung; z. B. Wellen, Achsen, Hebel, Schweißteile
S355JR S355J0 S355J2 S355K2	1.0045 1.0553 1.0577 1.0596	22	470	355	205 (355)	255 (425)	150 (245)		Standardwerkstoff für hoch beanspruchte Tragwerke im Stahl-, Kran- und Brückenbau; hohe Streckgrenze, beste Schweißeignung; hoch beanspruchte Schweißteile im Maschinenbau
S450J0	1.0590	17	550	450	220 (400)	275 (505)	165 (310)		nur für Langerzeugnisse (Profile, Stäbe, Rohre)
S185	1.0035	18	290	185	–	–	–		**Stahlsorten ohne Werte für die Kerbschlagarbeit** (Erzeugnisse aus diesen Stählen dürfen nicht mit **CE** gekennzeichnet werden) untergeordnete Maschinenteile bei geringer Beanspruchung, pressschweißbar; z. B. Geländer, Treppen
E295	1.0050	20	470	295	195 (295)	245 (355)	145 (205)	1,1	gut bearbeitbar; meist verwendeter Maschinenbaustahl bei mittlerer Beanspruchung, pressschweißbar; z. B. Wellen, Achsen, Bolzen
E335	1.0060	16	570	335	235 (335)	290 (400)	180 (230)	1,7	für höher beanspruchte verschleißfeste Maschinenteile, pressschweißbar; z. B. Wellen, Ritzel, Spindeln
E360	1.0070	11	670	360	275 (360)	345 (430)	205 (250)		höchst beanspruchte verschleißfeste Maschinenteile in naturhartem Zustand, pressschweißbar; z. B. Nocken, Walzen, Gesenke, Steuerungsteile
b) Schweißgeeignete Feinkornbaustähle, warm gewalzt, nach DIN EN 10025-3, -4 und -6 T3: normalgeglüht/normalisierend gewalzt (N) T4: thermomechanisch gewalzt (M) T6: mit höherer Streckgrenze im vergüteten Zustand (Q) Normabmessungen: d_N = 16 mm									Zähe, sprödbruch- und alterungsunempfindliche legierte Edelstähle mit geringem C-Gehalt und feinkörnigem Gefüge, gekennzeichnet durch höhere Streckgrenze und gute Schweißbarkeit.
S275N (NL) S275M (ML)	1.0490 1.8818	24	370	275	150 (275)	185 (330)	110 (190)		Für hochbeanspruchte geschweißte Bauteile bei Umgebungstemperatur und niedrigen Temperaturen; kein Vorwärmen erforderlich, hohe Schweißgeschwindigkeit möglich; z. B. Kran- und Fahrzeugbau, Hochdruckleitungen und -behälter, Brückenteile, Schleusentore, Maschinen- und Anlagenbau. Garantierte Kerbschlagarbeit bis −20 °C bei Gütegruppen N, M und Q, bis −50 °C bei NL und ML, −40 °C bei QL und −60 °C bei QL1.
S355N (NL) S355M (ML)	1.0545 1.8823	22	470	355	190 (355)	235 (425)	140 (245)	1,8	
S420N (NL) S420M (ML)	1.8902 1.8825	19	520	420	210 (390)	260 (480)	155 (295)		
S460N (NL) S460M (ML)	1.8901 1.8827	17	550	460	215 (395)	270 (495)	160 (305)	2,0	
S550Q (QL, QL1)	1.8904	16	640	550	255 (410)	320 (570)	190 (355)		
S690Q (QL, QL1)	1.8931	14	770	690	305 (520)	385 (655)	230 (415)	2,2	
S960Q (QL)	1.8941	10	980	960	390 (625)	490 (785)	290 (505)		

TB 1-1 Fortsetzung

Stahlsorte Kurzname	Werkstoff-nummer	A % min.	R_{mN} min.	R_{eN} $R_{p0,2N}$ min.	σ_{zdWN} (σ_{zdSchN})	σ_{bWN} (σ_{bSchN})	τ_{tWN} (τ_{tSchN})	relative Werkstoff-kosten[3]	Eigenschaften und Verwendungsbeispiele	
c) Vergütungsstähle, unlegiert nach DIN EN 10083-2 und legiert nach DIN EN 10083-3, im vergüteten Zustand (+QT).[4] Eignung zum Flamm- und Induktionshärten. 9 weitere Sorten unter f Normabmessung $d_N = 16$ mm									unlegierte oder legierte Maschinenbaustähle, die sich auf Grund ihrer chemischen Zusammensetzung zum Härten eignen und die in vergütetem Zustand hohe Festigkeit bei gleichzeitig guter Zähigkeit aufweisen; zum Schweißen Vorwärmen erforderlich	
C22E	1.1151	20	500	340	200 (340)	250 (405)	150 (235)	1,6	gering beanspruchte Teile mit gleichmäßigem Gefüge und guter Oberflächenqualität; Hebel, Flansche, Scheiben, Wellen, Treibstangen; Oberflächenhärtung möglich	geringer beanspruchte Bauteile mit kleinen Vergütungsdurchmessern (< 100 mm)
C40E C60E 28Mn6	1.1186 1.1221 1.1170	16 11 13	650 850 800	460 580 590	260 (460) 340 (570) 320 (540)	325 (550) 425 (695) 400 (680)	200 (320) 255 (400) 240 (410)	1,7	Triebwerksteile mit besonderer Gleichmäßigkeit und Reinheit; auf Verschleiß beanspruchte Teile; Oberflächenhärtung; Getriebewellen, Zahnräder, Radreifen, Kurbelwellen, Kurbelzapfen	
38Cr2 34Cr4	1.7003 1.7033	14 12	800 900	550 700	320 (540) 360 (590)	400 (660) 450 (740)	240 (380) 270 (480)	1,7	Hebel, Wellen, Bolzen, Zahnräder, Schrauben, Schnecken, Schmiedeteile	höher beanspruchte Bauteile mit größeren Vergütungsdurchmessern
25CrMo4 34CrMo4	1.7218 1.7220	12 11	900 1000	700 800	360 (590) 400 (640)	450 (740) 500 (800)	270 (480) 300 (525)		Einlassventile, Wellen, Fräsdorne, Keilwellen, Kurbelwellen, Kurbelbolzen, große Getriebewellen	
34CrNiMo6 30CrNiMo8 36NiCrMo16 51CrV4	1.6582 1.6580 1.6773 1.8159	9 9 9 9	1200 1250 1250 1100	1000 1050 1050 900	480 (725) 500 (750) 500 (750) 440 (685)	600 (910) 625 (935) 625 (935) 550 (855)	360 (605) 375 (625) 375 (625) 330 (565)	2,4 2,7	höchstbeanspruchte Bauteile im Fahrzeug- und Maschinenbau; große Getriebewellen, Turbinenläufer, Zahnräder	Bauteile mit höchster Beanspruchung; große Vergütungsdurchmesser
d) Einsatzstähle nach DIN EN 10084 im blind gehärteten Zustand (Kernfestigkeitswerte)[5] Normabmessung $d_N = 16$ mm									unlegierte und legierte Maschinenbaustähle mit niedrigem C-Gehalt, die an der Oberfläche aufgekohlt oder carbonitriert und dann gehärtet werden; für dauerfeste Bauteile mit verschleißfester, harter Oberfläche; für Abbrennstumpf- und Schmelzschweißung geeignet	
C10E C15E	1.1121 1.1141	16 14	500 800	310 545	200 (310) 320 (540)	250 (370) 400 (655)	150 (215) 240 (380)	1,1	direkt härtbare kleine Teile mit niedriger Kernfestigkeit; Bolzen, Buchsen, Zapfen, Hebel, Gelenke, Spindeln	
17Cr3 28Cr4 16MnCr5	1.7016 1.7030 1.7131	11 10 10	800 900 1000	545 620 695	320 (540) 360 (590) 400 (640)	400 (655) 450 (740) 500 (800)	240 (380) 270 (430) 300 (480)	1,7	Teile mit hoher Beanspruchung; kleinere Zahnräder und Wellen, Bolzen, Nockenwellen, Rollen, Spindeln, Messzeuge	
20MnCr5 20MoCr4	1.7147 1.7321	8 10	1200 900	850 620	480 (725) 360 (590)	600 (910) 450 (740)	360 (590) 270 (430)		direkt härtbare Teile mit hoher Kernfestigkeit; mittlere Zahnräder und Wellen im Getriebe- und Fahrzeugbau	
22CrMoS3-5 20NiCrMo2-2	1.7333 1.6523	8 10	1100 1100	775 775	440 (685) 440 (685)	550 (855) 550 (855)	330 (535) 330 (535)		hoch beanspruchte Getriebeteile mit sehr guter Zähigkeit; Direkthärtung	
17CrNi6-6 18CrNiMo7-6	1.5918 1.6587	9 8	1200 1200	850 850	480 (725) 480 (725)	600 (910) 600 (910)	360 (590) 360 (590)	2,1	Teile mit höchster Beanspruchung, Ritzel, Nocken, Wellen, Kegel-Tellerräder, Kettenglieder	
e) Nitrierstähle nach DIN EN 10085 im vergüteten Zustand (+QT) Normabmessung $d_N = 100$ mm									legierte Vergütungsstähle, die durch Nitridbildner (Cr, Al, Mo, V) für das Nitrieren und Nitrocarburieren besonders geeignet sind; die sehr harte Randschicht verleiht den Bauteilen hohen Verschleißwiderstand, hohe Dauerfestigkeit, Rostträgheit, Wärmebeständigkeit und geringe Fressneigung; verzugsarm	
31CrMo12	1.8515	10	1030	835	410 (650)	515 (815)	310 (540)	2,6	verschleißbeanspruchte Bauteile mit hohem Reinheitsgrad bis 250 mm Dicke; schwere Kurbelwellen, Kalanderwalzen, Feingussteile	
31CrMoV9	1.8519	9	1100	900	440 (685)	550 (855)	330 (565)		warmfeste Verschleißteile bis 100 mm Dicke; Ventilspindeln, Schleifmaschinenspindeln	
33CrMoV12-9	1.8522	11	1150	950	460 (705)	575 (880)	345 (585)		verschleißbeanspruchte Teile bis 250 mm Dicke; Bolzen, Spindeln	
34CrAlMo5-10	1.8507	14	800	600	320 (540)	400 (680)	240 (415)		dauerstandfeste Verschleißteile bis über 450 °C und 70 mm Dicke; Heißdampfarmaturenteile	
34CrAlNi7-10	1.8550	10	900	680	360 (590)	450 (740)	270 (470)		für große verschleißbeanspruchte Bauteile; schwere Tauchkolben, Kolbenstangen	

TB 1-1 Fortsetzung

Stahlsorte Kurzname	Werkstoffnummer	A % min.	R_{mN} min.	R_{eN} $R_{p0,2N}$ min.	$\sigma_{zd\,WN}$ ($\sigma_{zd\,SchN}$)	σ_{bWN} (σ_{bSchN})	τ_{tWN} (τ_{tSchN})	relative Werkstoffkosten[3]	Eigenschaften und Verwendungsbeispiele
f) Besonders für das Flamm- und Induktionshärten geeignete Vergütungsstähle nach DIN EN 10083-2 und -3 in vergütetem Zustand (+ QT) Normabmessung d_N = 16 mm								Oberflächenhärte HRC min.	die Stähle sind im Allgemeinen zur Herstellung vergüteter, flamm- oder induktionsgehärteter Maschinenteile vorgesehen; sie lassen sich durch örtliches Erhitzen und Abschrecken in der Randzone härten, ohne dass die Festigkeit und die Zähigkeit des Kerns beeinflusst werden.
C35E	1.1181	17	630	430	250 (430)	315 (515)	190 (300)	48	geringer beanspruchte Bauteile mit besonderer Gleichmäßigkeit und Reinheit
C45E	1.1191	14	700	490	280 (490)	350 (590)	210 (340)	55	Triebwerksteile mit besonderer Gleichmäßigkeit und Reinheit
C50E	1.1206	13	750	520	300 (515)	375 (625)	225 (360)	56	Triebwerksteile mit hoher Gleichmäßigkeit, besserer Zerspanbarkeit
C55E	1.1203	12	800	550	320 (540)	400 (660)	240 (380)	58	Kolbenbolzen, Getriebe und Nockenwellen mit hoher Gleichmäßigkeit und Reinheit
46Cr2	1.7006	12	900	650	360 (590)	450 (740)	270 (450)	54	Kugelbolzen, Keilwellen, Hinterachswellen
37Cr4	1.7034	11	950	750	380 (615)	475 (770)	285 (500)	51	
41Cr4	1.7035	11	1000	800	400 (640)	500 (800)	300 (525)	53	
42CrMo4	1.7225	10	1100	900	440 (685)	550 (855)	330 (565)	53	für größere Querschnitte des Maschinen- und Fahrzeugbaus mit hoher Kernfestigkeit; Getriebewellen, Keilwellen
50CrMo4	1.7228	9	1100	900	440 (685)	550 (855)	330 (565)	58	
g) Automatenstähle nach DIN EN 10087 (Die Stähle werden auch mit einem Zusatz von Blei (Pb) für verbesserte Zerspanung geliefert). Normabmessung d_N = 16 mm									unlegierte Stähle mit guter Zerspanbarkeit und Spanbrüchigkeit durch Schwefelzusatz; bleilegierte Sorten ermöglichen höhere Schnittgeschwindigkeit, doppelte Standzeit und verbesserte Oberfläche; durch hohen S- und P-Gehalt nur bedingt schweißgeeignet
11SMn30	1.0715		380					1,8	zur Wärmebehandlung nicht geeignet; Kleinteile mit geringer Beanspruchung; Bolzen, Wellen, Stifte, Schrauben
11SMn37	1.0736		380						
10S20	1.0721		360					1,9	zum Einsatzhärten geeignet; verschleißfeste Kleinteile, Wellen, Bolzen, Stifte Festigkeitswerte in **unbehandeltem Zustand**
15SMn13	1.0725		430						
35S20	1.0726	15	630	430	250 (430)	315 (515)	190 (300)	2,0	direkt härtender Automatenstahl; große Teile mit hoher Beanspruchung; Wellen, Gewindeteile, Spindeln Festigkeitswerte im **vergüteten Zustand** (+QT)
36SMn14	1.0764	14	700	460	280 (460)	350 (550)	210 (320)		
38SMn28	1.0760	15	700	460	280 (460)	350 (550)	210 (320)		
44SMn28	1.0762	16	700	480	280 (480)	350 (575)	210 (330)		
46S20	1.0727	12	700	490	280 (490)	350 (590)	210 (340)		
h) Blankstähle nach DIN EN 10277-2, -3 in kaltgezogenem Zustand (+C) Normabmessung d_N = 16 mm									kaltverfestigter Stabstahl mit blanker, glatter Oberfläche und großer Maßgenauigkeit; hergestellt durch Ziehen, Schälen und Druckpolieren und gegebenenfalls zusätzliches Schleifen
S235JRC	1.0122	9	420	300	165 (300)	210 (360)	125 (210)	1,6	Blankstahl aus Baustählen; Achsen, Bolzen, Stifte, Befestigungselemente, Aufspannplatten
S355J2C	1.0579	7	580	450	230 (415)	290 (525)	175 (310)	1,7	
E295GC	1.0533	7	600	420	240 (420)	300 (505)	180 (290)		
E335GC	1.0543	6	680	480	270 (475)	340 (575)	205 (330)		kostenreduzierte Herstellung von Maschinenteilen ohne weitere Oberflächenbearbeitung
35S20	1.0726	7	590	400	235 (400)	295 (480)	175 (275)		
44SMn28	1.0762	5	710	530	285 (495)	355 (620)	210 (365)		
C10	1.0301	9	430	300	170 (300)	215 (360)	130 (210)		Blankstahl aus Einsatzstählen; Bolzen, Spindeln, Kleinteile
C15	1.0401	8	480	340	190 (340)	240 (410)	145 (235)		
C35	1.0501	7	600	420	240 (420)	300 (505)	180 (290)	1,7	Blankstahl aus Vergütungsstählen; Wellen, Stangen, Schienen, Hebel, Druckstücke, Grundplatten
C45	1.0503	6	710	500	285 (495)	355 (600)	210 (345)	1,8	
C60	1.0601	5	780	550	310 (530)	390 (660)	235 (380)		

TB 1-1 Fortsetzung

Stahlsorte Kurzname	Werkstoff-nummer	A % min.	R_{mN} min.	R_{eN} $R_{p0,2N}$ min.	$\sigma_{zd\,WN}$ ($\sigma_{zd\,SchN}$)	σ_{bWN} (σ_{bSchN})	τ_{tWN} (τ_{tSchN})	relative Werkstoff-kosten[3)]	Eigenschaften und Verwendungsbeispiele	
i) Nichtrostende Stähle nach DIN EN 10088-3 (Halbzeuge, Stäbe und Profile) Behandlungszustand: ferritische Stähle: geglüht (+A) martensitische Stähle: vergütet (+QT, z. B. QT700) austenitische und austenitisch-ferritische Stähle: lösungsgeglüht (+AT) Praktisch kein technologischer Größeneinfluss									zeichnen sich durch besondere Beständigkeit gegen chemisch angreifende Stoffe aus; enthalten mindestens 10,5 % Cr und höchstens 1,2 % C; Beständigkeit beruht auf der Bildung von Deckschichten durch den chemischen Angriff	
X2CrMoTiS18-2	1.4523	15	430	280	170 (280)	215 (335)	130 (195)		säurebeständige Teile in der Textilindustrie	**Ferritische Stähle** mäßige Schweißeignung, warmfest, besondere magnetische Eigenschaften, schlecht zerspanbar, kaltumformbar, nicht beständig gegen interkristalline Korrosion $E = 220\,000\ \text{N/mm}^2$
X6CrMoS17	1.4105	20	430	250	170 (250)	215 (300)	130 (175)		Automatenstahl; Bolzen, Befestigungselemente	
X6Cr13	1.4000	20	400	230	160 (230)	200 (275)	120 (160)		Chipträger, Bestecke, Innenausbau	
X6Cr17	1.4016	20	400	240	160 (240)	200 (285)	120 (165)		Verbindungselemente, tiefgezogene Formteile	
X20Cr13	1.4021	13	700	500	280 (490)	350 (600)	210 (350)	3,2	Armaturen, Flansche, Federn, Turbinenteile	**Martensitische Stähle** härtbar, gut zerspanbar, hohe Festigkeit, magnetisch, bedingt schweißbar $E = 216\,000\ \text{N/mm}^2$
X39CrMo17-1	1.4122	12	750	550	300 (515)	375 (645)	225 (380)		Rohre, Wellen, Spindeln, Verschleißteile	
X14CrMoS17	1.4104	12	650	500	260 (460)	325 (575)	195 (345)		Automatenstahl; Drehteile, Apparatebau	
X12CrS13	1.4005	12	650	450	260 (450)	325 (540)	195 (310)		Verbindungselemente, Schneidwerkzeuge, verschleißbeanspruchte Bauteile	
X3CrNiMo13-4	1.4313	15	780	620	310 (530)	390 (665)	235 (425)			
X17CrNi16-2	1.4057	14	800	600	320 (540)	400 (680)	240 (415)	4,0		
X5CrNi18-10	1.4301	45	500	190	200	250	150		universeller Einsatz; Bauwesen, Fahrzeugbau, Lebensmittelindustrie	**Austenitische Stähle** gute Schweißeignung, gut kaltumformbar, schwer zerspanbar, unmagnetisch $E = 200\,000\ \text{N/mm}^2$
X8CrNiS18-9	1.4305	35	500	190	200	250	150		Automatenstahl; Maschinen- und Verbindungselemente	
X6CrNiTi18-10	1.4541	40	500	190	200	250	150	5,8	Haushaltswaren, Fotoindustrie, Sanitär	
X2CrNiMo17-12-2 X2CrNiMoN17-13-3	1.4404 1.4429	40 40	520 580	220 280	200 230	250 290	150 175		Offshore-Technik, Druckbehälter, geschweißte Konstruktionsteile; Achsen, Wellen	
X5CrNiMo17-12-2	1.4401	40	500	200	200	250	150		Bleichereien, Lebensmittel-, Öl- und Farbenindustrie	
X6CrNiMoTi17-12-2	1.4571	40	500	200	200	250	150		Behälter (Tankwagen), Heizkessel, Kunstharz- und Gummiindustrie	
Alle austenitischen Sorten kalt verfestigt Zugfestigkeitsstufe	C700 C800	20 12	700 800	350 500	280 (350) 320 (500)	350 (420) 400 (600)	210 (240) 240 (345)		tragende Bauteile	
X2CrNiMoN22-5-3	1.4462	25	650	450	260 (450)	325 (540)	195 (310)		Bauteile für hohe chemische und mechanische Beanspruchung; Wasser- und Abwassertechnik, Offshoretechnik, Zellstoff- und chemische Industrie, Tankbau, Zentrifugen, Fördertechnik	**Austenitisch-ferritische Stähle** (Duplex-Stähle) beständig gegen Spannungsrisskorrosion, hohe Erosionsbeständigkeit und Ermüdungsfestigkeit $E = 200\,000\ \text{N/mm}^2$
X2CrNiN23-4	1.4362	25	600	400	240 (400)	300 (480)	180 (275)			
X2CrNiMoCuWN25-7-4	1.4501	25	730	530	290 (500)	365 (630)	220 (365)			

1) Richtwerte: $\sigma_{bW} \approx 0{,}5 \cdot R_m$, $\sigma_{zd\,W} \approx 0{,}4 \cdot R_m$, $\tau_{tW} \approx 0{,}3 \cdot R_m$.

2) A Bruchdehnung; d_N Bezugsabmessung (Durchmesser, Dicke) des Halbzeugs nach der jeweiligen Werkstoffnorm; $R_{m\,N}$ Normwert der Zugfestigkeit für d_N; $R_{e\,N}$ Normwert der Streckgrenze für d_N; $R_{p\,0,2\,N}$ Normwert der 0,2 %-Dehngrenze für d_N; $\sigma_{zd\,W\,N}$ Wechselfestigkeit Zug/Druck für d_N; $\sigma_{b\,W\,N}$ Biegewechselfestigkeit für d_N; $\tau_{t\,W\,N}$ Torsionswechselfestigkeit für d_N; $\sigma_{zd\,Sch\,N}$ Schwellfestigkeit Zug/Druck für d_N; $\sigma_{b\,Sch\,N}$ Biegeschwellfestigkeit für d_N; $\tau_{t\,Sch\,N}$ Torsionschwellfestigkeit für d_N.

Für die Schwellfestigkeit gilt: $\sigma_{Sch} = \dfrac{2\,\sigma_w}{\psi_\sigma + 1}$. Sie wird nach oben begrenzt durch die Fließgrenzen R_e, $\sigma_{bF} = 1{,}2 \cdot R_e$ und $\tau_{tF} = 1{,}2 \cdot R_e/\sqrt{3}$. Die Gleichung gilt für Zug/Druck und Biegung, aber auch für Torsion, wenn σ durch τ und ψ_σ durch ψ_τ ersetzt wird. Bestimmung der Mittelspannungsempfindlichkeit ψ nach Gl. (3.19).

3) Sie sind auf das Volumen bezogen und geben an, um wieviel ein Werkstoff (Rundstahl mittlerer Abmessung bei Bezug von 1000 kg ab Werk) teurer ist als ein gewalzter Rundstahl aus S235JR. Bei Bezug kleiner Mengen und kleiner Abmessungen muss mit höheren Kosten gerechnet werden (siehe auch VDI-Richtlinie 2225-2).

4) Bei den unlegierten Vergütungsstählen weisen die Edelstähle mit vorgeschriebenem max. S-Gehalt (z. B. C45E) bzw. vorgeschriebenem Bereich des S-Gehaltes (z. B. C45R) und die entsprechenden Qualitätsstähle (z. B. C45) die gleichen Festigkeitseigenschaften auf.

5) Festigkeitswerte nur zur Information. DIN EN 10084: 1998-06 gibt im Anhang F lediglich die Mindestzugfestigkeit nach dem Vergüten an.

TB 1-2 Eisenkohlenstoff-Gusswerkstoffe
Festigkeitskennwerte in N/mm²

Werkstoffbezeichnung: Kurzzeichen	Nummer	A % min.	R_{mN} min.	$R_{p0,2N}$ min.	σ_{bWN}	E kN/mm²	relative Werkstoffkosten[1]	Eigenschaften und Verwendungsbeispiele
a) Gusseisen mit Lamellengraphit nach DIN EN 1561[2] Zugfestigkeit als kennzeichnende Eigenschaft. Normabmessung des Probestückes (gleichwertiger Rohgussdurchmesser): d_N = 20 mm								am meisten verwendeter Gusswerkstoff mit gutem Formfüllungsvermögen; für verwickelte und relativ dünnwandige Teile; spröde, hohe Druckfestigkeit [ca. (3 … 4) R_m], günstige Gleiteigenschaften, große innere Dämpfung, kerbunempfindlich, sehr gut zerspanbar, bedingt schweißgeeignet
EN-GJL-100	5.1100		100	–	–	–		nicht für tragende Teile; bei besonderen Anforderungen an Wärmeleitfähigkeit, Dämpfung und Bearbeitbarkeit; Bauguss, Handelsguss
EN-GJL-150	5.1200		150	–	70	78 bis 103		für höher beanspruchte dünnwandige Teile; leichter Maschinenguss; Gehäuse, Ständer, Steuerscheiben
EN-GJL-200	5.1300	0,8 bis 0,3	200	–	90	88 bis 113	3	übliche Sorte im Maschinenbau; mittlerer Maschinenguss: Lagerböcke, Hebel, Riemenscheiben
EN-GJL-250	5.1301		250	–	120	103 bis 118		druckdichter und wärmebeständiger Guss (bis ca. 400 °C); Zylinder, Armaturen, Pumpengehäuse
EN-GJL-300	5.1302		300	–	140	108 bis 137		für hochbeanspruchte Teile; Motorständer, Lagerschalen, Bremsscheiben
EN-GJL-350	5.1303		350	–	145	123 bis 143		für Ausnahmefälle (bei höchster Beanspruchung), Teile mit gleichmäßiger Wanddicke; Turbinengehäuse, Pressenständer
b) Gusseisen mit Kugelgraphit nach DIN EN 1563. Normabmessung des Probestückes (gleichwertiger Rohgussdurchmesser): d_N = 60 mm								hochwertiger Gusswerkstoff, welcher die jeweiligen Vorteile von Stahlguss und GJL auf sich vereinigt; stahlähnliche Eigenschaften, gut gieß- und bearbeitbar, hohe Festigkeit, oberflächenhärtbar
EN-GJS-350-22-LT	5.3100	22	350	220				**ferritisches bis perlitisches Gusseisen** Gefüge vorwiegend Ferrit; gut bearbeitbar, hohe Zähigkeit, geringe Verschleißfestigkeit; Pumpen- und Getriebegehäuse, Achsschenkel, Absperrklappen, Schwenklager (LT: für tiefe Temp., RT: für Raumtemperatur)
EN-GJS-350-22-RT	5.3101	22	350	250	180			
EN-GJS-350-22	5.3102	22	350	220				
EN-GJS-400-18-LT	5.3103	18	400	240				
EN-GJS-400-18-RT	5.3104	15	400	250	195	169		
EN-GJS-400-18	5.3105	18	400	250				
EN-GJS-400-15	5.3106	15	400	250				
EN-GJS-450-10	5.3107	10	450	310	210			Gefüge vorwiegend Ferrit; kostengünstige Sorte; Schleuderguss
EN-GJS-500-7	5.3200	7	500	320	224			Gefüge vorwiegend Ferrit-Perlit bzw. Perlit-Ferrit; gut bearbeitbar, mittlere Verschleißfestigkeit, mittlere Festigkeit und Zähigkeit; Bremsenteile, Lagerböcke, Pleuelstangen, Pressenständer
EN-GJS-600-3	5-3201	3	600	370	248	174	4,5	
EN-GJS-700-2	5.3300	2	700	420	280			Gefüge vorwiegend Perlit; hohe Verschleißfestigkeit; Seiltrommeln, Zahnkränze, Turbinenschaufeln
EN-GJS-800-2	5.3301	2	800	480	304	176		Gefüge Perlit bzw. wärmebehandelter Martensit; gute Oberflächenhärtbarkeit und Verschleißfestigkeit; dickwandige Gussstücke
EN-GJS-900-2	5.3302	2	900	600	317			Gefüge meist wärmebehandelter Martensit; sehr gute Verschleißfestigkeit, ausreichende Bearbeitbarkeit; Zahnkränze, Umformwerkzeuge
EN-GJS-450-18	5.3108	18	450	350	210			**mischkristallverfestigtes ferritisches Gusseisen** höhere Drehgrenze und Dehnung, verringerte Schwankung der Härte, verbesserte Bearbeitbarkeit; Windkraftanlagen
EN-GJS-500-14	5.3109	14	500	400	224	169		
EN-GJS-600-10	5.3110	10	600	470	248	174		
c) Bainitisches Gusseisen nach DIN EN 1564. Normabmessung des Probestückes (gleichwertiger Rohgussdurchmesser): d_N = 60 mm								bainitisches Gusseisen mit Kugelgraphit ADI (Austempered Ductile Iron) wird durch eine Vergütungsbehandlung von Gussstücken aus GJS hergestellt, es entsteht ein Mikrogefüge aus nadligem Ferrit und Restaustenit ohne Karbide; hochfester Konstruktionswerkstoff mit hoher Plastizität und Zähigkeit
EN-GJS-800-8	EN-JS1100	8	800	500	450	163		ermöglicht Leichtbau insbesondere von Fahrzeugteilen durch Fähigkeit zur Kaltverfestigung, große Gestaltungsfreiheit, geringe Geräuschemission von Konstruktionselementen und gute Dämpfungseigenschaften; Zahnkränze, Radnaben, Achsgehäuse, Gleitplatten, Federsättel, Blattfederlagerungen, Pickelarme für Gleisbaumaschinen
EN-GJS-1000-5	EN-JS1110	5	1000	700	485	160	(7)	
EN-GJS-1200-2	EN-JS1120	2	1200	850	415	158		
EN-GJS-1400-1	EN-JS1130	1	1400	1100		156		

TB 1-2 Fortsetzung

Werkstoffbezeichnung Kurzzeichen	Nummer	A % min.	R_{mN} min.	$R_{p0,2N}$ min.	σ_{bWN}	E kN/mm²	relative Werkstoffkosten[1)]	Eigenschaften und Verwendungsbeispiele
d) Gusseisen mit Vermiculargraphit (nach VDG-Merkblatt W 50) Normabmessung des Probestückes (gleichwertiger Rohgussdurchmesser): d_N = 20 mm								Gusseisen mit wurmförmigem Graphit, dessen Eigenschaften zwischen GJL und GJS liegen; bessere Festigkeit, Zähigkeit, Steifigkeit, Oxidations- und Temperaturwechselbeständigkeit als GJL; bessere Gießeigen-schaften, Bearbeitbarkeit und Dämpfungsfähigkeit als GJS
GJV-300		1,5	300	240	150			Gefüge vorwiegend Ferrit bzw. Perlit; für durch erhöhte Temperatur und Temperaturwechsel beanspruchte Bauteile; Zylinderköpfe, Zylinderkurbelgehäuse, Turboladergehäuse, Abgasdome und -krümmer, Bremsscheiben, Schwungräder, Stahlwerkskokillen
GJV-350		1,5	350	260	180			
GJV-400		1,0	400	300	200	120 bis 160	(4)	
GJV-450		1,0	450	340	220			
GJV-500		0,5	500	380	250			
e) Temperguss nach DIN EN 1562[3)] Normabmessung des Probestückes (gleichwertiger Rohgussdurchmesser): d_N = 15 mm								erhält durch Glühen stahlähnliche Eigenschaften; für Stückgewichte bis 100 kg in der Serienfertigung sehr wirtschaftlich; gut zerspanbar, Fertigungs- und Konstruktionsschweißung möglich, geeignet zum Randschichthärten; oft im Wettbewerb mit GJS und Schmiedeteilen
EN-GJMW-350-4	5.4200	4	350	–	150			**entkohlend geglühter (weißer) Temperguss für dünnwandige Gussstücke (≤8 mm)** gering beanspruchte Teile, kostengünstig; Beschlagteile, Fittings, Förderkettenglieder
EN-GJMW-360-12	5.4201	12	360	190	155			für Festigkeitsschweißung geeignet; Ventil- und Lenkgehäuse, Flansche, Verbundkonstruktionen mit Walzstahl
EN-GJMW-400-5	5.4202	5	400	220	170			Standardsorte, gut schweißbar, für dünnwandige Teile; Tretlagergehäuse, Fittings, Gerüstteile, Griffe, Keilschlösser
EN-GJMW-450-7	5.4203	7	450	260	190			gut zerspanbar, schlagfest; Rohrleitungsarmaturen, Trägerklemmen, Gerüstteile, Schalungsteile, Isolatorenkappen, Fahrwerksteile
EN-GJMW-550-4	5.4204	4	550	340	230			
EN-GJMB-300-6	5.4100	6	300	–	130	175 bis 195	5	**nicht entkohlend geglühter (schwarzer) Temperguss** für druckdichte Teile; Hydraulikguss, Steuerblöcke, Ventilkörper
EN-GJMB-350-10	5.4101	10	350	200	150			gut zerspanbar, zäh; Kettenglieder, Gehäuse, Beschläge, Fittings, Lkw-Bremsträger, Kupplungsteile, Klemmbacken, Steckschlüssel
EN-GJMB-450-6	5.4205	6	450	270	190			
EN-GJMB-500-5	5.4206	5	500	300	210			
EN-GJMB-550-4	5.4207	4	550	340	230			Alternative zu Schmiedeteilen, ideal für Randschichthärtung; Kurbelwellen, Bremsträger, Gehäuse, Nockenwellen, Hebel, Radnaben, Gelenkgabeln, Schaltgabeln
EN-GJMB-600-3	5.4208	3	600	390	250			
EN-GJMB-650-2	5.4300	2	650	430	265			hohe Festigkeit bei ausreichender Zerspanbarkeit, gute Alternativen zu Schmiedestählen; Kreiskolben, Gabelköpfe, Pleuel, Schaltgabeln, Tellerräder, Geräteträger
EN-GJMB-700-2	5.4301	2	700	530	285			
EN-GJMB-800-1	5.4302	1	800	600	320			
f) Austenitisches Gusseisen nach DIN EN 13835 (Handelsname Ni-Resist) kein technologischer Größeneinfluss innerhalb der Abmessungsbereiche der Norm								vielseitig verwendbarer hoch legierter Gusseisenwerkstoff mit 12 bis 36 % Nickelgehalt; die genormten Sorten – zwei mit Lamellen – und zehn mit Kugelgraphit – sind gut gieß- und bearbeitbar; je nach Zusammensetzung und Graphitausbildung weisen sie eine Vielzahl häufig geforderter Eigenschaften auf
EN-GJLA-XNiCuCr15-6-2	EN-JL3011	2	170	–	75	85 bis 105		korrosionsbeständig gegen Alkalien, verdünnte Säuren und Seewasser, gute Gleiteigenschaften, geringe Festigkeit und Zähigkeit, hohe Dämpfungsfähigkeit, preiswert; für Kolbenringträger, gering mechanisch beanspruchte Bauteile, Laufbuchsen
EN-GJSA-XNiCr20-2	EN-JS3011	7 bis 20	370	210	160	112 bis 130		ähnlich wie GJLA-XNiCuCr15-6-2, jedoch bessere mechanische Eigenschaften; für Pumpen, Ventile, Kompressoren, Turboladergehäuse, nicht magnetisierbare Gussstücke
EN-GJSA-XNiSiCr35-5-2	EN-JS3061	10 bis 20	380	210	160	130 bis 150	(6)	höchste Hitze- und Temperaturbeständigkeit, besonders hohe Zunderbeständigkeit, erhöhte Warmfestigkeit, niedriger Ausdehnungskoeffizient; für Abgaskrümmer, Turboladergehäuse und Gasturbinengehäuseteile
EN-GJSA-XNiCr30-3	EN-JS3081	7 bis 18	370	210	160	92 bis 105		höhere Korrosions-, Hitze- und Temperaturwechselbeständigkeit, magnetisierbar; Anwendung wie GJSA-XNiCr20-2, bei erhöhten Anforderungen an die Korrosionsbeständigkeit
EN-GJSA-XNiSiCr30-5-5	EN-JS3091	1 bis 4	390	240	160	90		hohe Korrosions-, Hitze- und Temperaturwechselbeständigkeit, besonders hohe Zunderbeständigkeit, gute Verschleißbeständigkeit, magnetisierbar; für Bauteile mit erhöhten Anforderungen an die Hitze- und Verschleißbeständigkeit, Ofenbauteile

TB 1-2 Fortsetzung

Werkstoffbezeichnung Kurzzeichen	Nummer	A % min.	R_{mN} min.	$R_{p0,2N}$ min.	σ_{bWN}	E kN/mm²	relative Werkstoffkosten[1]	Eigenschaften und Verwendungsbeispiele
g) Stahlguss für allgemeine Anwendung nach DIN EN 10293 (Es bedeuten: +N → Normalglühen, +QT oder +QT1 oder +QT2 → Vergüten (Härten in Luft oder Flüssigkeit + Anlassen)) Normabmessung des Probestückes (gleichwertiger Rohrgussdurchmesser) d_N = 100 mm Bei hochlegierten Sorten kein Größeneinfluss.								direkt in Formen vergossener Stahl, je nach verwendeter Stahlsorte und Wärmebehandlung optimal einstellbare Eigenschaften hinsichtlich Festigkeit, Verschleiß- und Korrosionsbeständigkeit und Einsatztemperaturen, idealer Konstruktionswerkstoff durch sehr gute Schweißbarkeit, mechanische Eigenschaften weitgehend richtungsunabhängig.
GE 200 +N	1.0420	25	380	200	190			**unlegierter Stahlguss** (0,1 bis 0,5 % C), wird im Temperaturbereich zwischen −10 °C und +300 °C für Bauteile mit mittlerer Beanspruchung eingesetzt; Maschinenständer, Hebel, Zahnräder, Pleuelstangen, Bremsscheiben
GS 200 +N	1.0449	25	380	200	190			
GE 240 +N	1.0456	22	450	240	225	210	6	
GS 240 +N	1.0455	22	450	240	225			
GE 300 +N	1.0558	18	520	300	260			
G17Mn5 +QT	1.1131	24	450	240	225			**niedrig legierter Stahlguss** in vergütetem Zustand; Einsatz bis +300 °C für dynamisch hoch beanspruchte Bauteile; Produktions- und Konstruktionsschweißung möglich; Zahnkränze, Walzenständer, Turbinenteile, Gelenkteile, Ventil- und Schiebergehäuse, Offshore-Elemente
G20Mn5 +QT	1.1120	22	500	300	250			
G28Mn6 +QT1	1.1165	14	600	450	300			
G10MnMoV6-3 +QT2	1.5410	18	500	380	250			
G26CrMo4 +QT2	1.7221	10	700	550	350	210	(8)	
G42CrMo4 +QT2	1.7231	10	850	700	425			
G35CrNiMo6-6 +QT2	1.6579	10	900	800	450			
G32NiCrMo8-5-4 +QT2	1.6570	10	1050	950	525			
G30NiCrMo14 +QT2	1.6771	7	1100	1000	550			
GX3CrNi13-4 +QT	1.6982	15	700	500	350			**nichtrostender Stahlguss**, weist durch einen Cr-Gehalt von mindestens 12 % eine besondere Beständigkeit gegenüber chemischer Beanspruchung auf, druckwasserbeständig; Turbinen- und Ventilgehäuse, Pumpen, Laufräder, Apparateteile, Wellen
GX4CrNi16-4 +QT1	1.4421	15	780	540	390			
GX4CrNi13-4 +QT2	1.4421	10	1000	830	500	200	(9)	
GX4CrNiMo16-5-1 +QT	1.4405	15	760	540	380			
GX23CrMoV12-1 +QT	1.4931	15	740	540	370			
h) Korrosionsbeständiger Stahlguss nach DIN EN 10283 Kein technologischer Größeneinfluss innerhalb der Abmessungsbereiche der Norm								Weist durch einen Chromgehalt von mindestens 12 % eine besondere Beständigkeit gegenüber chemischer Beanspruchung auf; geliefert werden die martensitischen Sorten im vergüteten (+QT) und die austenitischen Sorten im abgeschreckten Zustand (+AT)
								martensitischer Stahlguss mit erhöhtem Korrosionswiderstand gegen Süßwasser
GX12Cr12	1.4011	15	620	450	310			ohne besondere Anforderungen an die Zähigkeit, nicht geeignet für das Konstruktions- und Instandsetzungsschweißen; Turbinen, Verdichter
GX7CrNiMo12-1	1.4008	15	590	440	295			
GX4CrNi13-4 (+QT1)	1.4317	15	760	550	380			bestes Festigkeits-Zähigkeitsverhältnis, hoher Kavitations-/Erosionswiderstand, beste Schweißbarkeit und Zähigkeit; Wasserturbinen, hochfeste Gebläse- und Pumpenräder
(+QT2)		12	900	830	450			
GX4CrNiMo16-5-1	1.4405	15	760	540	380			Korrosionsbeständig auch in chlorhaltigen Medien, verbesserte Kaltzähigkeit; Wellen, Laufräder, Pumpen
GX4CrNiMo16-5-2	1.4411	15	760	540	380			
CX2CrNi19-11	1.4309	30	440	185	220			**austenitischer Stahlguss**, gute Beständigkeit, Schweißbarkeit und Zähigkeit; korrosionsbeständige Gussstücke für die chemische Industrie; Flügel für Mischanlagen, Lüfterräder, Pumpenteile
CX5CrNiNb19-11	1.4552	25	440	175	220	200	(9)	
GXCrNiMo19-11-2	1.4408	30	440	185	220			
GX5CrNiMoNb19-11-2	1.4581	25	440	185	220			
GX2NiCrMo28-20-20	1.4458	30	430	165	215			**voll austenitischer Stahlguss**, mit verbesserter Korrosionsbeständigkeit durch höheren Mo- und Ni-Gehalt; Gussstücke mit hoher Beständigkeit gegen Lochfraß- und Spaltkorrosion, sowie interkristalline Korrosion; chemische Verfahrenstechnik, Abwasserförderung, Umweltschutz
GX2NiCrMoCu25-20-5	1.4584	30	450	185	225			
GX2NiCrMoN25-20-5	1.4416	30	450	185	225			
GX2NiCrMoCuN25-20-6	1.4588	30	480	210	240			
GX6CrNiN26-7	1.4347	20	590	420	295			**austenitisch-ferritischer Stahlguss** (Duplex-Stahlguss), hohe Streckgrenze bei guter Lochfraßbeständigkeit; auf Erosionsverschleiß und Kavitation beanspruchte Bauteile im Meerwasser- und REA-Bereich; Pumpen, Schiffpropeller
GX2CrNiMoN25-7-3	1.4417	22	650	480	325			
GX2CrNiMoCuN25-6-3-3	1.4517	22	650	480	325			

[1] Siehe Fußnote 3) zu TB 1-1.
Bei Gussstücken gelten die angegebenen Vergleichswerte unter folgenden Voraussetzungen: Hohlguss (Kernguss) mit einfachen Rippen und Aussparungen, Richtstückzahl etwa 50, Stückgewichte 5 bis 10 kg.

[2] Weitere 6 Sorten werden nach der Brinellhärte benannt: EN-GJL-HB 155, -HB 175, -HB 195, -HB 215, -HB 235, -HB 255.

[3] Für die Sorten EN-GJMB-350-10, -450-6 und -650-2 ist eine Mindest-Schlagenergie festgelegt (14J, 10J und 5J). Die Sorte EN-GJMB-300-6 darf für keinerlei Druckanwendungen verwendet werden.

TB 1-3 Nichteisenmetalle
Auswahl für den allgemeinen Maschinenbau
Festigkeitskennwerte in N/mm^{2} [1)]

Werkstoffbezeichnung Kurzzeichen	Werkstoffbezeichnung Nummer	Zustand[4)]	Dicke Durchm. mm	A % min.	R_m min.	$R_{p0,2}$ min.	E kN/mm^2	relative Werkstoffkosten[2)]	Eigenschaften und Verwendungsbeispiele
a) Kupferlegierungen[3)]									zeichnen sich durch hohe Korrosionsbeständigkeit, beste Gleiteigenschaften und hohe Verschleißfestigkeit, hohe elektrische und thermische Leitfähigkeit und gute Bearbeitbarkeit aus, wirken bakterizid
			Rundstangen						1. Kupfer-Zink-Knetlegierungen nach DIN EN 12163
CuBe2	CW101C	R420 R600 R1150	2 ... 80 25 ... 80 2 ... 80	35 10 2	420 600 1150	140 480 1000	122		für höchste Ansprüche an Härte, Elastizität und Verschleiß, gut lötbar; optimale Aushärtungszeit; Federn aller Art, Membranen, Spannbänder, unmagnetische Konstruktionsteile, Lagersteine, Schnecken- und Stirnräder, Uhrendrehteile, Spritzgießformen, funkensichere Werkzeuge
CuNi2Si	CW111C	R450 R690 R800	4 2 ... 80 2 ... 30	10 10 10	450 690 800	390 570 780	143	8	gute Leitfähigkeit und Korrosionsbeständigkeit, hohe Verschleißbeständigkeit, gute Gleiteigenschaften, hohe Wechsel- und Zeitstandfestigkeit, aushärtbar; höchstbeanspruchte Buchsen, Druckscheiben und Gleitbahnen, Wälzlagerkäfige, Freileitungsmaterial, Befestigungsteile im Schiffsbau, Drahtseile, hochfeste Schrauben
CuCr1Zr CuCr1	CW106C CW105C	R200 R400 R470	8 ... 80 50 ... 80 4 ... 25	30 12 7	200 400 470	60 310 380	120		hohe elektrische Leitfähigkeit, hohe Entfestigungstemperatur und Zeitstandfestigkeit, kaum schweiß- und lötbar, hohe Temperaturbeständigkeit, aushärtbar; Stranggusskokillen, stromführende Federn und Kontakte, Elektroden für Widerstandsschweißen, Strangpressprofile
			Rundstangen						2. Kupfer-Zink-Mehrstoff-Knetlegierungen nach DIN EN 12163
CuZn37	CW508L	R310 R370 R440	2 ... 80 2 ... 40 2 ... 10	30 12 2	310 370 440	120 300 400	110		sehr gut kalt formbar, gute Löt- und Schweißeignung, korrosionsbeständig gegen Süßwasser, polierbar; Tiefzieh-, Drück- und Prägeteile, Kontaktfedern, Schrauben, Blattfedern, Kühlerbänder
CuZn31Si1	CW708R	R460 R530	5 ... 40 5 ... 14	22 12	460 530	250 330	109	8	gute Gleiteigenschaften auch bei hohen Belastungen, kaltformbar, bedingt löt- und schweißbar; Lagerbuchsen, Gleitelemente, Führungen, Gesenkschmiedeteile
CuZn38Mn1Al	CW716R	R490 R550	5 ... 40 5 ... 14	18 10	460 540	210 280	93	8	mittlere Festigkeit, gute Beständigkeit gegen Witterungseinflüsse, gut kalt umformbar; Gleitlager, Gleitelemente, Strangpressprofile
CuZn40Mn2Fe1	CW723R	R460 R540	5 ... 40 5 ... 14	20 8	460 540	270 320	100		mittlere Festigkeit, witterungsbeständig, gut lötbar, kalt und warm umformbar; Apparatebau, allgemeiner Maschinenbau, Bauwesen, Armaturen, Kälteapparate
			Rundstangen						3. Kupfer-Zinn-Knetlegierungen nach DIN EN 12163
CuSn6	CW452K	R340 R400 R470 R550	2 ... 60 2 ... 40 2 ... 12 2 ... 6	45 26 15 8	340 400 470 550	230 250 350 500	118	14	sehr gut kalt umformbar, gut schweiß- und lötbar, beständig gegen Seewasser und Industrieatmosphäre; Federn aller Art, Schlauch- und Federrohre, Membranen, Gewebe- und Siebdrähte, Zahnräder, Buchsen, Teile für die chemische Industrie
CuSn8 CuSn8P	CW453K CW459K	R390 R450 R550 R620	2 ... 60 2 ... 40 2 ... 12 2 ... 6	45 26 15 –	390 450 550 620	260 280 430 550	115		wie CuSn6, erhöhte Abriebfestigkeit und Korrosionsbeständigkeit; dünnwandige Gleitlagerbuchsen und Gleitleisten, Holländermesser CuSn8P als Lagermetall für gehärtete Wellen bei hoher stoßartiger Belastung (z. B. Carobronze)
			Rundstangen						4. Kupfer-Zink-Blei-Knetlegierungen nach DIN EN 12164
CuZn36Pb3	CW603N	R360 R340 R400 R480	6 ... 40 40 ... 80 2 ... 25 2 ... 12	20 20 12 8	360 340 400 480	180 160 250 380	102		sehr gut spanbar und warm umformbar; Automatendrehteile, dünnwandige Strangpressprofile (Bauprofile)
CuZn37Mn3Al2PbSi	CW713R	R540 R590 R620	6 ... 80 6 ... 50 15 ... 50	15 12 8	540 590 620	280 320 350	93	7	hohe Festigkeit, hoher Verschleißwiderstand, gut beständig gegen atmosphärische Korrosion, unempfindlich gegen Ölkorrosion; Konstruktionsteile im Maschinenbau, Gleitlager, Ventilführungen, Getriebeteile, Kolbenringe
CuZn39Pb2	CW612N	R380 R360 R410 R490	6 ... 40 40 ... 80 2 ... 40 6 ... 14	20 25 15 –	380 360 410 490	160 150 250 370	120		sehr gut spanbar, gut warm und begrenzt kalt umformbar, Bohr- und Fräsqualität; Teile für die Feinmechanik, den Maschinen- und Apparatebau

TB 1-3 Fortsetzung

Werkstoffbezeichnung Kurzzeichen	Werkstoffbezeichnung Nummer	Zustand[4]	Dicke Durchm. mm	A % min.	R_m min.	$R_{p0,2}$ min.	E kN/mm²	relative Werkstoffkosten[2]	Eigenschaften und Verwendungsbeispiele
			Rundstangen						5. Kupfer-Aluminium-Knetlegierungen nach DIN EN 12163
CuAl10Fe3Mn2	CW306G	R590 R690	10 … 80 10 … 50	12 6	590 690	330 510			hohe Dauerwechselfestigkeit auch bei Korrosionsbeanspruchung, gute Korrosionsbeständigkeit, meerwasserbeständig, beständig gegen Verzundern, Erosion und Kavitation, warmfest; Konstruktionsteile für den chemischen Apparatebau, zunderbeständige Teile, Schrauben, Wellen, Zahnräder, Ventilsitze
CuAl10Ni5Fe4	CW307G	R680 R740	10 … 80 10 … 80	10 8	680 740	480 530	120	14	ähnlich CW306G; Kondensatorböden, Verschleißteile, Steuerteile für Hydraulik, Papierindustrie, Wellen, Schrauben, Gesenkschmiedestücke
CuAl11Fe6Ni6	CW308G	R750 R830	10 … 80 10 … 80	10 –	750 830	450 680			ähnlich CW306G; höchstbelastete Konstruktionsteile: Lagerteile, Ventilsitze, Druckplatten, Verschleißteile
			Rundstangen						6. Kupfer-Nickel-Knetlegierungen nach DIN EN 12163
CuNi10Fe1Mn	CW352H	R280 R350	10 … 80 2 … 20	30 10	280 350	90 150	134		ausgezeichneter Widerstand gegen Erosion, Kavitation und Korrosion, unempfindlich gegen Spannungsrisskorrosion, Lochfraßneigung unter Fremdablagerungen, gut kalt umformbar und lötbar; Rohrleitungen, Bremsleitungen, Platten und Böden für Wärmetauscher, Kondensatoren, Apparatebau, Süßwasserbereiter
CuNi30Mn1Fe	CW354H	R340 R420	10 … 80 2 … 20	30 14	340 420	120 180	152	18	ähnlich CW352H, jedoch noch höhere Beständigungen gegen Erosionskorrosion; Ölkühler, Entsalzungsanlagen, Schiffskondensatoren
CuNi12Zn24	CW430J	R380 R450 R540	2 … 50 2 … 40 2 … 10	38 11 5	380 450 540	270 300 450	125		„Neusilber", gut beständig gegen atmosphärische Einflüsse, organische Verbindungen, neutrale und alkalische Salzlösungen, sehr gut kalt umformbar, löt- und polierbar; Teile für Optik und Feinmechanik, Tiefzieh- und Prägeteile, Tafelgeräte, Kontaktfedern, Bauwesen
									7. Kupfer-Zinn-Gusslegierungen nach DIN EN 1982 (Guss-Zinnbronze)
CuSn10-C	CC480K	GS GM GC GZ		18 10 10 10	250 270 280 280	130 160 170 160			korrosions- und kavitationsbeständig, meerwasserbeständig; hochbeanspruchte und korrosionsbeständige Pumpengehäuse und Armaturen, schnelllaufende Schnecken- und Zahnräder mit Stoßbeanspruchung, Ventilsitze
CuSn11Pb2-C	CC482K	GS GZ GC		5 5 5	240 280 280	130 150 150	94 … 98	13	gute Verschleißfestigkeit; hochbeanspruchte Gleitelemente, unter Last bewegte Spindelmuttern, Schnecken- und Schraubenradkränze, Gleitlager mit hohen Lastspitzen
CuSn12-C	CC483K	GS GM GC GZ		7 5 6 5	260 270 300 280	140 150 150 150			Standardlegierung mit guten Gleit- und Verschleißeigenschaften bei guter Korrosionsbeständigkeit, beste Notlaufeigenschaften; Buchsen, Gleitelemente, Gleitleisten, Lagerschalen
CuSn12Ni2-C	CC484K	GS GZ GC		12 8 10	280 300 300	160 180 180			höhere 0,2 %-Dehngrenze und Dauerfestigkeit, abblättern von Metallteilchen an den Zahnflanken von Kegel- und Schneckenrädern wird vermieden (pitting); schnelllaufende Schnecken- und Schraubenradkränze, hochbeanspruchte Pumpen- und Armaturenteile, Spindelmuttern
									8. Kupfer-Zink-Gusslegierungen nach DIN EN 1982
CuZn33Pb2-C	CC750S	GS, GZ		12	180	70	98		kostengünstig, gute Spanbarkeit, schleif- und polierbar, mittlere Leitfähigkeit, gute Beständigkeit gegen Brauchwässer; bevorzugt für Sandgussteile, Gas- und Wasserarmaturen, Gehäuse, Konstruktionsteile
CuZn37Pb2Ni1AlFe-C	CC753S	GM		15	300	150	100		bevorzugt für Serienteile im kostengünstigen Kokillenguss; Wasser-, Sanitär- und Heizungsinstallation
CuZn33Pb2Si-C	CC751S	GP		5	400	280	105	11	Druckgusslegierung für entzinkungsbeständige Gussteile, beständig gegen chlorhaltige Wässer
CuZn34Mn3Al2Fe1-C	CC764S	GS GM GZ		15 10 14	600 600 620	250 260 260	110		hohe Festigkeit und Härte; für statisch hoch beanspruchte Konstruktionsteile, Ventil- und Steuerteile, Kegel, Sitze
CuZn37Al1-C	CC766S	GM		25	450	170	100		mittlere Festigkeit; Konstruktions- und Leitwerkstoff in Maschinenbau und Feinwerktechnik, Kokillengussteile für Maschinenbau und Elektrotechnik

TB 1-3 Fortsetzung

Werkstoffbezeichnung Kurzzeichen	Nummer	Zustand[4)]	Dicke Durchm. mm	A % min.	R_m min.	$R_{p0,2}$ min.	E kN/mm²	relative Werkstoffkosten[2)]	Eigenschaften und Verwendungsbeispiele
									9. Kupfer-Zinn-Zink-(Blei-)Gusslegierungen (Rotguss) und Kupfer-Zinn-Blei-Gusslegierungen (Guss-Zinn-Bleibronze) nach DIN EN 1982
CuSn5Zn5Pb5-C	CC491K	GS GM GZ GC		13 6 13 13	200 220 250 250	90 110 110 110			Stammlegierung, nicht für Gleitzwecke, ausgezeichnete Korrosionsbeständigkeit, gute Festigkeits-, Bearbeitungs- und Gießeigenschaften; hochwertige Ventile, Armaturen, Wasserpumpengehäuse, Zahnräder, druckdichte Gussstücke
CuSn7Zn4Pb7-C	CC493K	GS GM GC, GZ		15 12 12	230 230 260	120 120 120			Standardgleitwerkstoff mit ausgezeichneten Notlaufeigenschaften, mittlere Festigkeit und Härte; Gleitlager für gehärtete und ungehärtete Wellen, Gleitplatten und -leisten, Druckwalzen, Schiffswellenbezüge
CuSn7Zn2Pb3-C	CC492K	GS GM GZ GC		14 12 12 12	230 230 260 270	130 130 130 130			Konstruktionswerkstoff mit hoher Festigkeit und Dehnung, geringe Wanddickenempfindlichkeit und Gasdurchlässigkeit, druckdicht
CuSn10Pb10-C	CC495K	GS GM GZ GC		8 3 6 8	180 220 220 220	80 110 110 110	95	12	sehr gute Gleiteigenschaften, gute Korrosionsbeständigkeit, gute Verschleißfestigkeit; Gleitlager für hohe Flächenpressung, hoch beanspruchte Fahrzeuglager und Kalanderwalzen, Lager für Warmwalzwerke
CuSn5Pb20-C	CC497K	GS GC GZ		5 7 6	150 180 170	70 90 80			hervorragende Gleit- und Notlaufeigenschaften, gießtechnisch problematisch (Verbundguss), beständig gegen Schwefelsäure, für Lager mit hoher Pressung und geringer Gleitgeschwindigkeit; Pleuellager in Verbrennungsmotoren, Lager für Wasserpumpen, Kaltwalzwerke und Landmaschinen, korrosionsbeständige Armaturen und Gehäuse
									10. Kupfer-Aluminium-Gusslegierungen (Guss-Aluminiumbronze) nach DIN EN 1982
CuAl9-C	CC330G	GM GZ		20 15	500 450	180 160			meerwasserbeständig und korrosionsbeständig gegenüber Schwefel- und Essigsäure; Schiffsbau, Apparatebau, Ventilsitze, Armaturen, Beizanlagen
CuAl10Fe2-C	CC331G	GS GM GZ GC		18 20 18 15	500 600 550 550	180 250 200 200	120	14	meerwasser- und korrosionsbeständig, verschleißfest, geringe Temperaturabhängigkeit der Festigkeitswerte, statisch und schwingend hoch beanspruchbar, nicht für chlorhaltige Medien; Schraubenwellen, Zahnkränze, Schneckenräder, Heißdampfarmaturen, Steuerteile
CuAl10Fe5Ni5-C	CC333G	GS GM GZ GC		13 7 13 13	600 650 650 650	250 280 280 280			sehr gute Wechselfestigkeit auch bei Korrosionsbeanspruchung (Meerwasser), hoher Widerstand gegen Kavitation und Erosion, Langzeitbeanspruchung bis 250 °C, mit S235 verschweißbar; Schiffspropeller, Stevenrohre, Laufräder, Pumpengehäuse
b) Aluminiumlegierungen $K_t = 1$ für Al-Knetleg. und für Al-Gussleg. nur bei $d \le 12$ mm $K_t = 1{,}1 \cdot (d/7{,}5\ \text{mm})^{-0{,}2}$ für Al-Gussleg. bei 12 mm $< d <$ 150 mm $K_t = 0{,}6$ für Al-Gussleg. bei $d \ge 150$ mm Normabmessung des Probestabes: $d_N = 12$ mm									lassen sich oft technisch und wirtschaftlich vorteilhaft einsetzen, da durch Variieren der Legierungszusätze (Cu, Si, Mg, Zn, Mn) fast jede gewünschte Kombination von mechanischen, physikalischen und chemischen Eigenschaften („leicht, fest, beständig") erreichbar ist
									1. Aluminium und Aluminium-Knetlegierungen, nicht ausgehärtet (DIN EN 485-2, 754-2, 755-2)
ENAW-(Al99,5)	ENAW-1050A	O/H111 H14 H18	Bleche ≤50 ≤25 ≤3	>20 2 … 6 2	65 105 140	20 85 120		2,1	gute Korrosionsbeständigkeit, gut kalt und warm umformbar, gut schweiß- und lötbar, schlecht spanbar, Oberflächenschutz durch Anodisieren; Apparate, Behälter, Rohrleitungen für Lebensmittel und Getränke, Tiefzieh-, Drück- und Blechformteile, Stromschienen, Freileitungen, Verpackungen
ENAW-AlMn1Cu	ENAW-3003	O/H111 H14 H18	Bleche ≤50 ≤25 ≤3	>15 2 … 5 2	95 145 190	35 125 170		2,1	höhere Festigkeit als Rein-Al, gute Beständigkeit gegen Alkalien, gut löt-, schweiß- und kaltumformbar, gute Warmfestigkeit; Dachdeckungen, Wärmeaustauscher, Kochgeschirre, Grillpfannen, Verschlüsse, Dosenunterteile, Fahrzeugaufbauten
ENAW-AlMg5	ENAW-5019	F, H112 O, H111 H12, H22 H14, H24	Rundstangen ≤200 ≤80 ≤40 ≤25	14 16 8 4	250 250 270 300	110 110 180 210		2,5	erhöhte Korrosionsbeständigkeit gegen Seewasser, schlecht löt- und schweißbar, gut kalt umformbar; Automatendrehteile, vorwiegend anodisiert und eingefärbt oder hartanodisiert, Schrauben, Stifte, Schraubnägel, Drahtwaren
ENAW-AlMg2 Mn0,8	ENAW-5049	O, H111 H14 H18	Bleche ≤100 ≤25 ≤3	12 … 18 3…5 2	190 240 290	80 190 250		2,3	Eigenschaften der Reihe 5000, aber schwer warm umformbar und schlecht lötbar; Tragwerkkonstruktionen, Nutzfahrzeugaufbauten, Wagenkästen, Druckbehälter, Apparate und Behälter für Getränke und Lebensmittel, Schrauben, Niete

TB 1-3 Fortsetzung

Werkstoffbezeichnung Kurzzeichen	 Nummer	Zu- stand[4)]	Dicke Durchm. mm	A % min.	R_m min.	$R_{p0,2}$ min.	E kN/mm²	relative Werkstoff- kosten[2)]	Eigenschaften und Verwendungsbeispiele
ENAW-AlMg4,5 Mn0,7	ENAW-5083	O, H111 H14 H16	Bleche ≤50 ≤ 25 ≤4	≥11 2 … 4 2	275 340 360	125 280 300	70	2,1	Eigenschaften der Reihe 5000, aber zusätzlich hohe chemische Beständigkeit und Tieftemperatureigenschaften (bis 4 K), Betriebstemperaturen zwischen 80 und 200 °C bei gleichzeitiger mechanischer Beanspruchung vermeiden; Druckbehälter, Tragwerke (auch ohne Oberflächenschutz), selbsttragende Sattel- und Tankfahrzeuge, Schweißkonstruktionen, Panzerplatten, Maschinengestelle, Luftzerlegungs- und Gasverflüssigungsanlagen, Methantanker
ENAW-AlMg4	ENAW-5086	O, H111 H14 H18	Bleche ≤150 ≤25 ≤3	≥11 2 … 4 1	240 300 345	100 240 290		3	Eigenschaften der Reihe 5000, nicht für Langzeittemperaturen über 65 °C geeignet, anfällig gegen interkristalline Korrosion und Spannungsrisskorrosion nach unsachgemäßer Wärmebehandlung; Schweißkonstruktionen, Maschinenbau, Schiffsindustrie, Apparate, Behälter, Rohrleitungen für Lebensmittel und Getränke
ENAW-AlMg3	ENAW-5754	O, H111 H14 H18	Bleche ≤100 ≤25 ≤ 3	≥12 3 … 5 2	190 240 290	80 190 250		3	Eigenschaften und Verwendung ähnlich AlMg2Mn0,8
									2. Aluminium-Knetlegierungen, aushärtbar (DIN EN 485-2, 754-2 und 755-2)
ENAW-AlCu4Pb MgMn	ENAW-2007	T3 T3 T351	Rundstangen ≤30 30 … 80 ≤80	7 6 5	370 340 370	240 220 240		2,5	Automatenlegierung, nur im Zustand kalt ausgehärtet in Form von Stangen unf Rohren lieferbar, nicht schweißgeeignet, geringe chemische Beständigkeit und Leitfähigkeit; Dreh- und Frästeile
ENAW-AlCu4 SiMg	ENAW-2014	O, H111 T3 T4 T6	Rundstangen ≤80 ≤80 ≤80 ≤80	10 8 12 8	<240 380 380 450	<125 290 220 380		2,5	in warm ausgehärtetem Zustand ausreichende Korrosionsbeständigkeit, bedingt kalt umformbar und spanbar, keine Eignung zum Schweißen und zur anodischen Oxidation; Gesenk- und Freiformschmiedeteile für hohe Beanspruchung, Teile in Hydraulik und Pneumatik, Pleuel, Schrauben, Zahnräder, Konstruktionen im Maschinen-, Hoch- und Flugzeugbau
ENAW-AlMgSi	ENAW-6060	T4 T5 T66	Profile ≤25 ≤5 > 5 ≤ 25 ≤3 > 3 ≤ 25	16 8 8 8 8	120 160 140 215 195	60 120 100 160 150	70	3	die Sorten der Reihe 6000 sind kalt und warm aushärtbar, schweißbar, korrosionsbeständig, nicht dekorativ anodisierbar, die Sorte 6060 ist darüber hinaus besonders gut strangpressbar, auch ist ein Aushärten nach dem Schweißen möglich; Profile für Tragkonstruktionen, Fenster-, Tür-, Abdeck- und Abschlussprofile, Rollladenstäbe, Heizkörper, Maschinentische, Elektromotorengehäuse, Pneumatikzylinder, Aufbauten, Container, Einrichtungen von Schiffen und Schienenfahrzeugen
ENAW-AlSi1MgMn	ENAW-6082	O, H111 T4 T5 T6	Profile alle ≤25 ≤5 ≤5 >5 ≤ 25	14 14 8 8 10	<160 205 270 290 310	<110 110 230 250 260		3,2	wie Sorte 6060, weist die höchste Festigkeit, Zähigkeit und Korrosionsbeständigkeit auf, lässt sich aber schwer pressen; Profile und Schmiedestücke für Tragwerke, den Fahrzeug- und Maschinenbau, Blechformteile, Bierfässer, Schrauben, Niete
ENAW-AlZn4,5Mg1	ENAW-7020	T6	Profile ≤40	10	350	290		3,2	Konstruktionslegierungen der Reihe 7000 mit höchster Festigkeit bei geringer Beständigkeit, gute Kaltumformbarkeit in weichem Zustand (O), härtet nach dem Schmelzschweißen selbsttätig aus ist aber kerbempfindlich und alterungsanfällig; Profile, Rohre und Bleche für geschweißte Tragwerke im Hoch-, Fahrzeug- und Maschinenbau
									3. Aluminium-Gusslegierungen nach DIN EN 1706
ENAC-AlCu4MgTi	ENAC-21000	S T4 K T4 L T4		5 8 5	300 320 300	200 200 220	72		einfachere Gussstücke mit höchster Festigkeit (warm ausgehärtet) oder höchster Zähigkeit (kalt ausgehärtet), gut spanbar, bedingt schweißbar; als Feinguss (L) auch für verwickelte dünnwandige Gussstücke für den Maschinen- und Fahrzeugbau
ENAC-AlSi7Mg0,3	ENAC-42100	S T6 K T6 L T6		2 4 3	230 290 260	190 210 200	73		für Gussstücke mittlerer bis größerer Wanddicke, hohe Festigkeit und Zähigkeit, korrosionsbeständig, als Feinguss überwiegend für dünnwandige Gussstücke für den Fahrzeug- und Flugzeugbau; aushärtbar; Hinterachslenker, Bremssättel, Radträger

TB 1-3 Fortsetzung

Werkstoffbezeichnung Kurzzeichen	Nummer	Zustand[4]	Dicke Durchm. mm	A % min.	R_m min.	$R_{p0,2}$ min.	E kN/mm²	relative Werkstoffkosten[2]	Eigenschaften und Verwendungsbeispiele
ENAC-AlSi9Mg	ENAC-43300	S T6 K T6		2 4	230 290	190 210	75	3,5	für verwickelte, dünnwandige Gussstücke mit hoher Festigkeit, guter Zähigkeit und sehr guter Witterungsbeständigkeit, aushärtbar, gut schweiß- und lötbar, gut spanbar; Motorblöcke, Getriebe- und Wandlergehäuse
ENAC-AlSi8Cu3	ENAC-46200	S F K F D F		1 1 1	150 170 240	90 100 140	75		für verwickelte, dünnwandige Sand- und Kokillengussstücke, nicht aushärtbar, sehr gutes Formfüllungsvermögen, geringe Neigung zu Innenlunker und Einfallstellen, gute Warmfestigkeit bis 200 °C, geringe Zähigkeit und Beständigkeit, Fertigungsschweißung möglich (WIG); Gehäuse für Maschinen-, Geräte- und Fahrzeugbau
ENAC-AlMg5	ENAC-51300	S F K F L F		3 4 3	160 180 170	90 100 95	69		für korrosionsbeständige Gussstücke, auch für Beanspruchung durch schwach alkalische Medien und für Gussstücke mit dekorativer Oberfläche, nicht aushärtbar, sehr gut spanbar, anodisch oxidierbar; Beschlagteile, Haushaltsgeräte, Armaturen, Maschinen für Lebensmittel- und Getränkeindustrie, Schiffsbau
c) Magnesiumlegierungen									geringste Dichte aller metallischen Werkstoffe bei mittlerer Festigkeit, hervorragend spanbar, kerbempfindlich, durch niedrigen E-Modul schlagfest und geräuschdämpfend, besondere Schutzmaßnahmen gegen Selbstentzündung (beim Schmelzen, Gießen, Zerspanen) und Korrosion erforderlich, Superleichtbau durch mit Fasern und Partikeln (z. B. SiC) verstärkten Verbundstoff (MMC)
									1. Magnesium-Knetlegierungen nach DIN 1729 und DIN 9715
MgMn2	3.5200.08	F20 F22	>2 <2	1,5 2	200 220	145 165			Korrosionsbeständig, leicht umformbar, gut schweißbar (WIG); Blechprofile, Verkleidungen, Pressteile, Kraftstoffbehälter
MgAl3Zn	3.5312.08	F20 F24 F27	– ≤10 –	1,5 10 8	200 240 270	145 155 155	43 … 45		mittlere Festigkeit, umformbar, gute chemische Beständigkeit, schweißbar; Bauteile mittlerer mechanischer Beanspruchung
MgAl6Zn	3.5612.08	F27	≤10	10	270	175			hohe Festigkeit, schwingungsfest, bedingt schweißbar; Karosserieteile, Leichtbauteile
MgAl8Zn	3.5812.08	F27 F29 F31	– ≤10 ≤10	8 10 6	270 290 310	195 205 215			Höchste Festigkeit, schwingungsfest, nicht schweißbar; schwingungs- und stoßbeanspruchte Bauteile
									2. Magnesium-Gusslegierungen nach DIN EN 1753
EN-MCMgAl8Zn1	EN-MC 21110	S, K F S, K T4 D F		2 8 1…7	160 240 200 … 250	90 90 140 … 170		3	gut gießbar, schweißbar, gute Gleiteigenschaften, dynamisch beanspruchbar; schwingungs- und stoßbeanspruchte Teile, Getriebe- und Motorengehäuse, Ölwannen
EN-MCMgAl9Zn1	EN-MC 21120	S, K F S, K T4 S, K T6 D F		2 6 2 1…6	160 240 240 200 … 260	90/110 110/120 150 140 … 170	41 … 45	3,5	gut gießbar, schweißbar, hohe Festigkeit, dynamisch belastbar; schwingungs- und stoßbeanspruchte Teile, Fahrzeug- und Flugzeugbau, Armaturen

[1] Die mechanischen und physikalischen Eigenschaften der Werkstoffe werden stark beeinflusst von Schwankungen in der Legierungszusammensetzung und vom Gefügezustand. Die angegebenen Festigkeitskennwerte sind nur für bestimmte Abmessungsbereiche gewährleistet.

[2] Siehe auch Fußnote 3) zu TB 1-1.
Die angegebenen relativen Werkstoffkosten gelten bei Sandguss im Gewichtsbereich von 1 bis 5 kg, mittlerem Schwierigkeitsgrad und mindestens 10 Abgüssen; Kokillen- und Druckguss im Gewichtsbereich 0,25 bis 0,5 kg, mittlerem Schwierigkeitsgrad und mindestens 5000 Stück.

[3] Weitere Werkstoffdaten über Kupferlegierungen siehe unter Gleitlager, TB 15-6.

[4] Zustandsbezeichnungen und Gießverfahren:
Festigkeit bei Cu-Leg.: z. B. R600 → Mindestzugfestigkeit $R_m = 600\ \text{N/mm}^2$;
Gießverfahren bei Cu-Leg.: GS Sandguss GM Kokillenguss GZ Schleuderguss GC Strangguss GP Druckguss;
Aluminium-Knetlegierungen, nicht aushärtbar: O = weichgeglüht; F = Gusszustand; H111 = geglüht mit nachfolgender geringer Kaltverfestigung; H12 = kalt verfestigt, 1/4-hart; H14 = kalt verfestigt, 1/2-hart; H16 = kalt verfestigt, 3/4-hart; H18 = kalt verfestigt, 4/4-hart; H22 = kalt verfestigt und rückgeglüht, 1/4-hart; H24 = kalt verfestigt und rückgeglüht, 1/2-hart;
Aluminium-Knetlegierungen, aushärtbar: T3 = lösungsgeglüht, kalt umgeformt und kalt ausgelagert; T351 = lösungsgeglüht, durch kontrolliertes Recken entspannt und kalt ausgelagert; T4 = lösungsgeglüht und kalt ausgelagert; T5 = abgeschreckt und warm ausgelagert; T6 = lösungsgeglüht und vollständig warm ausgelagert;
Aluminium- und Magnesium-Gusslegierungen: S Sandguss K Kokillenguss D Druckguss L Feinguss;
Festigkeit bei Mg-Knetlegierung: z. B. F22 → $R_m = 10 \cdot 22 = 220\ \text{Nmm}^2$.

TB 1-4 Kunststoffe
Auswahl für den allgemeinen Maschinenbau
Festigkeitskennwerte bei Raumtemperatur in N/mm^2
Allgemeine Kenndaten: Relativ niedrige Festigkeit, geringe Steifigkeit durch niedrigen Elastizitätsmodul, mechanische Eigenschaften stark zeit- und temperaturabhängig, geringe Wärmeleitfähigkeit, gute elektrische Isoliereigenschaften, gute Beständigkeit, große Typenvielfalt

Werkstoff Kurzzeichen Handelsnamen	Dichte ϱ g/cm^3	Dehnung[1] ε_M (ε_B) % min.	Festigkeit[2] σ_M (σ_{bW}) min.	Zeitdehnspannung $\sigma_{1/1000}$ min.	Elastizitätsmodul E mittel	Gebrauchstemperatur dauernd °C max.	 min.	relative Werkstoffkosten[3]	Eigenschaften und Verwendungsbeispiele
a) Thermoplaste									lassen sich ohne chemische Veränderung reversibel zu einem plastischen Zustand erwärmen und dann leicht verformen; sie sind schmelzbar, schweißbar, quellbar und löslich; je nach Molekülanordnung sind sie spröde und glasklar (amorph) oder trübe, zäh und fest (teilkristallin)
Polyethylen PE-HD PE-LD Hostalen, Vestolen, Baylon	 0,96 0,92	 12 (400) 8 (600)	 20 (16) 8	 2 1	 1000 300	 80 60	 – 50 – 50	 0,6 (0,3) (0,25)	PE mit hoher Dichte (PE-HD) mit höherer Festigkeit als PE mit niedriger Dichte (PE-LD), hohe Zähigkeit und Reißdehnung, sehr geringe Wasseraufnahme, hohe chem. Beständigkeit; Wasserrohre, Fittinge, Flaschenkästen, Kraftstofftanks, Folien, Dichtungen, Mülltonnen
Polypropylen PP (isotaktisch) Novolen, Ultralen, Vestolen P	0,9	10 (800)	35 (20)	6	1200	100	0	0,6 (0,35)	günstigere mechanische und thermische Eigenschaften gegenüber PE, geringe Zähigkeit in der Kälte, neigt kaum zur Bildung von Spannungsrissen; Formteile mit Filmscharnieren, Innenausstattung von Pkw's, Gehäuse von Haushaltsmaschinen, Scheinwerfer- und Pumpengehäuse
Polystyrol PS Vestyron, Styron, Polystyrol	1,05	3	45 (20)	18	3300	60	– 10	0,6 (0,35)	amorphes Gefüge, glasklar; steif, hart und spröde; brillante Oberfläche, hohe Maßbeständigkeit, sehr gute elektrische Eigenschaften, Neigung zur Spannungsrissbildung, geringe Beständigkeit gegenüber organischen Produkten; Einwegverpackungen, Schaugläser, Zeichengeräte, Geschirr, Formteile für Fernsehgeräte
Acrylnitril-Polybutadien-Styrol-Pfropfpolymere ABS Novodur, Terluran, Cycolac	1,05	2 (20)	32 (15)	9	2300	75	– 40		schlagzäh, kratzfest, hohe Formbeständigkeit und Temperaturwechselfestigkeit, hohe Chemikalienbeständigkeit, nicht witterungsbeständig, galvanisierbar; Gehäuse, Möbelteile und Behälter aller Art, Ausstattungsteile für Kfz und Flugzeuge, Sicherheitshelme, Sanitärinstallationsteile
Polyvinylchlorid hart PVC-U Hostalit, Mipolam, Trovidur	1,38	4 (10)	50	20	3000	65	– 5		amorphes Gefüge, durchscheinend bis transparent, steif, hart, schlagempfindlich in der Kälte, gute chemische Widerstandsfähigkeit, hohe dielektrische Verluste, schwer entflammbar; Behälter in Chemie und Galvanik, säurefeste Gehäuse- und Apparateteile, Rohre, Tonbandträger, Fensterrahmen
Polytetraflourethylen PTFE Hostaflon TF, Teflon, Fluon	2,15	10 (350)	12 (30)	1	410	250	–200	15,5	flexibel, starkes Kriechen, geringes Adhäsionsvermögen, niedrigste Reibungszahl aller festen Stoffe, nahezu universelle Chemikalienbeständigkeit, sehr gute elektrische Isoliereigenschaften, hohe Thermostabilität, teuer; Antihaftbeschichtungen, Transportbänder (kein Kleben), Gleitlager, Schläuche, Dichtungen, plattenförmige Auflager, Kolbenringe
Polyoxymethylen POM Delrin, Hostaform, Ultraform	1,41	8 (25)	65 (27)	12	2800	90	– 60		zähhart, steif, gute Federungseigenschaften, günstiges Gleit- und Verschleißverhalten, beständig gegen Lösungsmittel und Chemikalien, keine Wasseraufnahme; bevorzugter Konstruktionswerkstoff: Gleitlager, Gehäuse, Beschläge, Schnapp- und Federelemente, Zahnräder
Polyamid PA66 Durethan A, Ultramid A, Minlon obere Werte: trocken untere Werte: konditioniert (feucht)	1,13 1,14	5 (20) 15 (150)	80 55 (30)	7 6	2800 1600	100 100	– 30 – 30	2,2 (1,2)	PA-Typ mit der größten Härte, Steifheit, Abriebfestigkeit und Formbeständigkeit in der Wärme; mechanische Eigenschaften, Formteilabmessungen und elektrische Isoliereigenschaften hängen stark vom Feuchtegehalt ab, meist Anreichern mit Wasser erforderlich (Konditionieren), gute Gleit- und Notlaufeigenschaften, beständig gegen Kraftstoffe und Öle; Gleitelemente, Zahnräder, Laufrollen, Gehäuse, Seile, Lagerbuchsen, Dübel

TB 1-4 Fortsetzung

Werkstoff Kurzzeichen Handelsnamen	Dichte ϱ g/cm³	Dehnung[1] ε_M (ε_B) % min.	Festigkeit[2] σ_M (σ_{bW}) min.	Zeitdehnspannung $\sigma_{1/1000}$ min.	Elastizitätsmodul E mittel	Gebrauchstemperatur dauernd °C max.	 min.	relative Werkstoffkosten[3]	Eigenschaften und Verwendungsbeispiele
b) Duroplaste									engmaschig räumlich vernetzte Polymer-Werkstoffe, die nach der Formgebung (Härtung) nur noch spanend bearbeitet werden können; nicht schmelzbar, nicht schweißbar, unlöslich und nur schwach quellbar, werden meist mit Verstärkungsstoffen verarbeitet
Phenolharz-Hartgewebe DIN 7735 Hgw 2081 (Füllstoff: Baumwollgewebe) Resofil, Resitex, Novotex	1,3	–	50 (25)		7000	110			hohe Zähigkeit, Festigkeit, Steifheit und Härte, unbeständig gegen starke Säuren und Laugen; mechanisch hoch beanspruchbare Schichtpressstoffe für Zahnräder (geräuscharm), Lagerbuchsen, Gleitbahnen, Laufrollen, Ziehwerkzeuge
Polyesterharz UP DIN 16946 Typ 1110 Vestopal, Palatal	1,2	(0,6)	40		3500	100			hart, spröde, transparent; meist als Gießharz für die Herstellung verstärkter Formteile, Vergussmassen, Überzüge, Beschichtungen
GFK-Laminate UP-Harz									sehr hohe Festigkeit, gute chemische Beständigkeit, auch für Außenanwendungen, günstige elektrische Isoliereigenschaften, durchscheinend, laden sich elektrostatisch auf; Laminate für großflächige Konstruktionsteile wie Maschinengehäuse, Karosserien, Behälter, Lüfter, Rohrleitungen, Lichtdächer
– Glasfasergewebe 55%	1,65	–	250 (50)		16000	100		6	
– Glas-Rovinggewebe 65% Alpolit, Leguval, Sonoglas	1,8	(2)	650	50	35000	100			
PUR-Integral-Hartschaumstoff RIM-Verfahren Baypreg, Elastopor, Elastolit	0,40 0,60	(7) (7)	8 18 (8)	 3	350 600	100 100			gute mechanische Steifigkeit bei geringem Gewicht; Gehäuse für Kopier- und Rechengeräte, Möbel, Ladeneinrichtungen, Karosserieteile, Schuhsohlen
c) Elastomere									lassen sich reversibel mindestens auf das Doppelte bis Mehrfache ihrer Ausgangslänge dehnen, kleiner Elastizitätsmodul, flexibel
Thermoplastische Polyurethan-Elastomere TPU Typ 385 Desmopan, Caprolan, Cytor	1,20	(400)	35 (6)		50	80	– 60		hohe Reißdehnung, günstiges Reibungs- und Verschleißverhalten, hohe Beständigkeit, hohes Dämpfungsvermögen; Lager, Dämpfungselemente, Membranen, Zahnriemen, Dichtungen, Herzklappen, Infusionsschläuche, Schlauchpumpen, Kupplungselemente
Acrylnitril-Butadien-Kautschuk (Nitrilkautschuk) NBR Perbunan N, Europrene N, Butacril	1,0	(450)	6		50	100	– 30		beständig gegen Öle, Fette und Kraftstoffe, alterungsbeständig, abriebfest, wenig kälteflexibel, geringe Gasdurchlässigkeit; Standard-Dichtungswerkstoff, O-Ringe, Nutringe, Wellendichtringe, Benzinschläuche, Membranen
Ethylen-Propylen-Kautschuk EPDM Buna AP, Vistalon, Keltan	0,86	(500)	4		200	120	– 50		gute Witterungs-, Ozon- und Chemikalienbeständigkeit (außer gegen Öl und Kraftstoff), heißwasserbeständig (Waschlaugen), gute elektrische Isoliereigenschaften; energieabsorbierende Kfz-Außenteile (Spoiler, Stoßfänger), Dichtungen, Kühlwasserschläuche, Kabelummantelungen
Silikonkautschuk MVQ Silopren, Silastic, Elastosil	1,25	(250)	1		200	180	– 80		schwer benetzbar, ausgezeichnete Wärme-, Kälte-, Licht- und Ozonbeständigkeit, sehr gute elektrische Isoliereigenschaften, unbeständig gegen Kraftstoff und Wasserdampf, physiologisch unbedenklich; ruhende und bewegte Dichtungen, dauerelastische Fugendichtungen, Vergussmassen, Transportbänder (nicht haftend bzw. heißes Gut), Schläuche

[1] Dehnung bei der Zugfestigkeit. Klammerwerte gelten für die Bruchdehnung.

[2] Maximalspannung (Zugfestigkeit), die ein Probekörper während eines Zugversuchs trägt. Klammerwerte gelten für die Biegewechselfestigkeit.

[3] Siehe Fußnote 3) zu TB 1-1.
Die relativen Werkstoffkosten gelten für mittlere Abmessungen von Kunststoff-Halbzeugen. Die Klammerwerte erfassen nur die reinen Werkstoffkosten (Granulat).

TB 1-5 Warmgewalzte Flachstäbe aus Stahl für allgemeine Verwendung nach DIN EN 10058

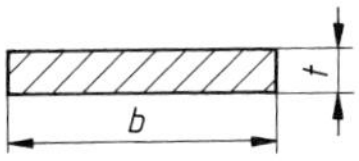

Bezeichnung eines warmgewalzten Flachstabes aus S235JR der Breite $b = 60$ mm, der Dicke $t = 12$ mm, in Festlänge (F) $L = 5000$ mm:

Flachstab EN 10 058 – 60 × 12 × 5000 F
Stahl EN 10025-S235JR

Dicke t: 5 6 8 10 12 15 20 25 30 35 40 50 60 80
Breite **b** und Bereich der zugeordneten Dicken t: **10** × 5; **12** × 5 6; **15** × 5 6 8 10; **16** × 5 6 8 10; **20** × 5 6 8 10 12 15; **25** × 5 6 8 10 12 15; **30** × 5 6 8 10 12 15 20; **35** × 5 6 8 10 12 15 20; **40** × 5 6 8 10 12 15 20 25 30; **45** × 5 6 8 10 12 15 20 25 30; **50** × 5 6 8 10 12 15 20 25 30; **60** × 5 6 8 10 12 15 20 25 30 35 40; **70** × 5 6 8 10 12 15 20 25 30 35 40; **80** × 5 6 8 10 12 15 20 25 30 35 40 50 60; **90** × 5 6 8 10 12 15 20 25 30 35 40 50 60; **100** × 5 6 8 10 12 15 20 25 30 35 40 50 60; **120** × 6 8 10 12 15 20 25 30 35 40 50 60; **150** × 6 8 10 12 15 20 25 30 35 40 50 60 80

Längenart: Herstelllänge (M) 3000 bis 13000 mm; Festlänge (F) 3000 bis 13000 mm ± 100 mm; Genaulänge (E) < 6000 mm ± 25 mm, ≥6000 mm bis 13000 mm ± 50 mm.

TB 1-6 Rundstäbe

Art (übliche Ausführung)	zulässige Abweichung in mm	Nenndurchmesser d in mm
warmgewalzte Rundstäbe aus Stahl nach DIN EN 10060	±0,4 : d = 10...15 ±0,5 : d = 16...25 ±0,6 : d = 26...35 ±0,8 : d = 36...50 ±1,0 : d = 52...80 ±1,3 : d = 85...100 ±1,5 : d = 105...120 ±2,0 : d = 125...160 ±2,5 : d = 165...200 ±3,0 : d = 220 ±4,0 : d = 250	10 12 13 14 15 16 18 19 20 22 24 25 26 27 28 30 32 35 36 38 40 42 45 48 50 52 55 60 63 65 70 73 75 80 85 90 95 100 105 110 115 120 125 130 135 140 145 150 155 160 165 170 175 180 190 200 220 250
blanke Rundstäbe nach DIN EN 10 278[1)] Fertigzustand: a) gezogen (+C) b) geschält (+SH) c) geschliffen (+SL) d) poliert (+PL) Oberflächengüteklassen DIN EN 10277-1: zul. Tiefe der Ungänzen z. B.: Klasse 1: max. 0,02 · d für $15 < d \leq 100$ mm Klasse 2: max. 0,02 · d für $15 < d \leq 75$ mm Klasse 3: max. 0,01 · d für $20 < d \leq 75$ mm Klasse 4: herstelltechnisch rissfrei (nur im Zustand + SH und/oder + SL verfügbar)	gezogen/geschält: h9 **h10** h11 h12 geschliffen/poliert: h6 h7 h8 **h9** h10 h11 h12	nicht festgelegt

1) Ersatz für DIN 668, DIN 670 und DIN 671: Blanker Rundstahl, DIN 669: Blanke Stahlwellen, DIN 59360 bzw. DIN 59361: Geschliffen-polierter blanker Rundstahl.

Längenart für warmgewalzte Rundstäbe: Herstelllänge (M) 3000 bis 13000 mm; Festlänge (F) 3000 bis 13000 mm ± 100 mm; Genaulänge (E) <6000 mm ± 25 mm, ≥6000 bis 13000 mm ± 50 mm.

Längenart für blanke Rundstäbe: Herstelllänge 3000 bis 9000 mm ± 500 mm; Lagerlänge 3000 oder 6000 mm + 200 mm; Genaulänge bis zu 9000 mm ± 5 mm (mindestens).

Bezeichnungsbeispiel: Warmgewalzter Rundstab aus Stahl nach DIN EN 10060, Durchmesser 30 mm, Genaulänge (E) 4000 mm, Gütenorm EN 10083-1, Kurzname 42CrMo4:

Rundstab EN 10060 – 30 × 4000 E;
Stahl EN 10083-1-42CrMo4.

Bezeichnungsbeispiel: Blanker Rundstab nach DIN EN 10278, Durchmesser 40 mm, Genaulänge 2500 ± 10 mm, Toleranzfeld h10, Werkstoffnorm DIN EN 10084, Kurzname 16MnCr5, Fertigzustand gezogen (+C), Oberflächengüteklasse 3:

Rund EN 10278 – 40h10 × 2500 ± 10;
EN 10084-16MnCr5 + C – Klasse 3.

TB 1-7 Flacherzeugnisse aus Stahl (Auszug)

a) Bleche und Bänder warmgewalzt (Auswahl) – Grenzabmaße und Lieferbedingungen

Bezeichnung	Norm	Stahlsorte	Grenzabmaße in mm	Lieferart
Warmgewalztes Stahlblech von 3 mm an	DIN EN 10029: 2011-02	DIN EN 10025-2 bis -6 DIN EN 10028-2 bis -6 DIN EN 10083-2 und -3 DIN EN 10084 DIN EN 10085 DIN EN 10207	**Dicke** (9 Dickenbereiche) **Klasse A:** Unteres Grenzabmaß abhängig von der Nenndicke (−0,3/+0,7 … −1,3/+3,5) **Klasse B:** Konstantes unteres Grenzabmaß von −0,3 mm (−0,3/+0,7 … −0,3/+4,5) **Klasse C:** Unteres Grenzabmaß Null (0/+1,0 … 0/+4,8) **Klasse D:** Symmetrisch zum Nennwert verteilte Grenzabmaße (−0,5/+0,5 … −2,4/+2,4) **Breite:** 0/+20 bis 0/+30 abhängig von der Nenndicke **Länge:** 0/+20 bis 0/+100 abhängig von der Nennlänge	**Nenndicke:** 3 mm $\leq t \leq$ 400 mm **Nennbreite:** $\geq$600 mm – mit bearbeiteten Kanten oder mit Naturwalzkanten (NK) – mit normaler oder eingeschränkter Seitengeradheit und Rechtwinkligkeit (G) – mit normaler (N) oder mit eingeschränkter (S) Ebenheitstoleranz
Kontinuierlich warmgewalztes Band und Blech abgelängt aus Warmbreitband aus unlegierten und legierten Stählen	DIN EN 10051: 2011-02	DIN EN 10025-2 bis -6 DIN EN 10028-2 bis -6 DIN EN 10083-2 und -3 DIN EN 10084 DIN EN 10085 DIN EN 10111 DIN EN 10149-2 und -3 DIN EN 10207	**Dicke** (11 Dicken- und 4 Breitenbereiche) **Klasse A:** (Stähle mit $R_{e\,min} \leq 300$ N/mm²) ±0,17 … ±0,50 **Klasse B:** (Stähle mit $R_{e\,min} \leq 360$ N/mm²) ±0,20 … ±0,58 **Klasse C:** (Stähle mit 360 N/mm² $< R_{e\,min} \leq$ 420 N/mm²) ±0,22 … ±0,65 **Klasse D:** (Stähle mit 420 N/mm² $< R_{e\,min} \leq$ 900 N/mm²) ±0,24 … ±0,70 **Breite:** 0/+3 … 0/+6 (für GK) abhängig von der Nennbreite **Länge:** 0/+10 … 0/+40 abhängig von der Nennlänge	**Nenndicke:** $\leq$25 mm – Breitband: Breite 600 mm $\leq w \leq$ 2200 mm – Blech aus Breitband geschnitten – längsgeteiltes Band aus Breitband: Breite $w \leq$ 600 mm Lieferung mit Naturwalzkanten (NK) oder mit bearbeiteten Kanten (GK)

Bezeichnungsbeispiel:

Blech nach DIN EN 10051 mit der Nenndicke 8,0 mm, Nennbreite 1500 mm, mit bearbeiteten Kanten (GK), Nennlänge 3000 mm, aus Stahl S235J0 nach DIN EN 10025-2:
Blech EN 10051 – 8,0 × 1500 GK × 3000
Stahl EN 10025-2 – S235J0

b) Bleche und Bänder – mechanische Eigenschaften und Lieferbedingungen

Stahlsorte Kurzname	Werstoff-nummer	A % min.	R_m N/mm²	R_e $R_{p0,2}$ N/mm²	Lieferbare Oberflächenart und -ausführung	Grenzabmaße der Dicke	Lieferform Hinweise
Kaltgewalzte Flacherzeugnisse aus weichen Stählen zum Kaltumformen nach DIN EN 10130							
DC01	1.0330	28	270 … 410	140 280	**Oberflächenart A:** Poren, Riefen und Warzen zulässig, solange Eignung zum Umformen und für Oberflächenüberzüge nicht beeinträchtigt wird. **Oberflächenart B:** bessere Blechseite muss Qualitätslakkierung zulassen, die andere Seite mindestens der Oberflächenart A entsprechen. **Oberflächenausführungen** b: besonders glatt ($Ra \leq 0{,}4$ µm) g: glatt ($Ra \leq 0{,}9$ µm) m: matt ($Ra = 0{,}6 \ldots 1{,}9$ µm) r: rau ($Ra \geq 1{,}6$ µm)	Entsprechend DIN EN 10131 abhängig von Nenndikke und Nennbreite (±0,04 … ±0,17)	Dickenbereich: 0,35 … 3,0 mm Blech, Breitband, längsgeteiltes Band oder Stäbe Lieferung erfolgt in kalt nachgewalztem Zustand, geölt. **Der kleinere R_e-Wert gilt für Konstruktionszwecke** Freiheit von Fließfiguren: DC01: 3 Monate DC03, DC04, DC05: 6 Monate DC06 und DC07: unbegrenzt Verwendung: Kalt umgeformte Blechteile im Maschinen-, Fahrzeug- und Gerätebau; schweißbar, lackierbar Die mechanischen Eigenschaften sind für DC01 nicht und für DC03 bis DC07 für 6 Monate garantiert.
DC03	1.0347	34	270 … 370	140 240			
DC04	1.0338	38	270 … 350	140 210			
DC05	1.0312	40	270 … 330	140 180			
DC06	1.0873	38	270 … 350	120 170			
DC07	1.0898	44	250 … 310	100 150			
Warmgewalzte Flacherzeugnisse aus Stählen mit höherer Streckgrenze im vergüteten Zustand nach DIN EN 10025-6							
			$(3 \leq t \leq 50)$	$(3 \leq t \leq 50)$	Für die zulässigen Oberflächenungänzen und das Ausbessern von Oberflächenfehlern durch Schleifen oder Schweißen gilt Klasse A bzw. B nach EN 10163-1 und -2	siehe EN 10029 Klasse A	Verwendung in Nenndicken von 3 mm bis 150 mm bei den Sorten S460, S500, S550, S620 und S690, maximal 100 mm bei S890 und max. 50 mm bei S960 Alle Sorten auch in den Gütegruppen L und L1 lieferbar (z. B. S690QL1) mit festgelegter Kerbschlagarbeit bei −40 °C oder −60 °C; ohne S960. Schweißeignung grundsätzlich vorhanden.
S460Q	1.8908	17	550 … 720	460			
S500Q	1.8924	17	590 … 770	500			
S550Q	1.8904	16	640 … 820	550			
S620Q	1,8914	15	700 … 890	620			
S690Q	1.8931	14	770 … 940	690			
S890Q	1.8940	11	940 … 1100	890			
S960Q	1.8941	10	980 … 1150	960			

Bezeichnungsbeispiel

Bezeichnung von Breitband aus der Stahlsorte DC06 nach EN 10130, Oberflächenart B, Oberflächenausführung matt (m):

Blech EN 10130 – DC06 – B – m

TB 1-8 Warmgewalzte gleichschenklige Winkel aus Stahl nach EN 10056-1

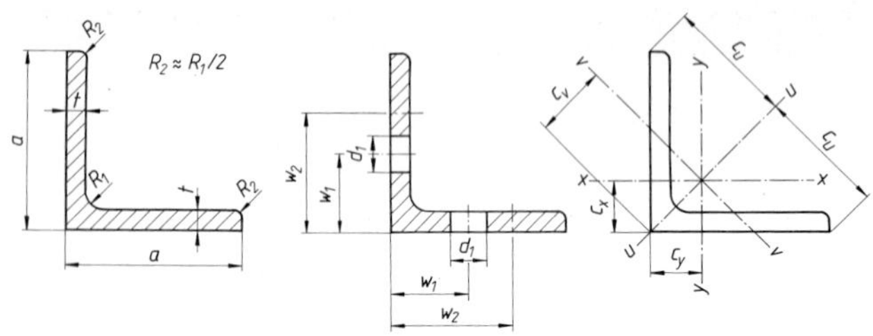

Bezeichnung eines warmgewalzten gleichschenkligen Wi-kels mit Schenkelbreite $a = 80$ mm und Schenkeldicke $t = 10$ mm:
L EN 10056-1-80 × 80 × 10

Kurzzeichen	Maße a mm	t mm	R_1 mm	längenbezogene Masse m' kg/m	Querschnitt A cm²	Abstände der Achsen $c_x = c_y$ cm	c_u cm	c_v cm	statische Werte für die Biegeachse $x-x=y-y$: $I_x = I_y$ cm⁴	$i_x = i_y$ cm	$W_x = W_y$ cm³	$u-u$: I_u cm⁴	i_u cm	$v-v$: I_v cm⁴	i_v cm	W_v cm³	Schenkellöcher nach DIN 997 d_1 max[1)] mm	w_1 mm	w… m…
20 × 20 × 3	20	3	3,5	0,882	1,12	0,598	1,41	0,846	0,392	0,59	0,279	0,618	0,742	0,165	0,383	0,195	4,3	12	
25 × 25 × 3	25	3	3,5	1,12	1,42	0,723	1,77	1,02	0,803	0,751	0,452	1,27	0,945	0,334	0,484	0,326	6,4	15	
25 × 25 × 4	25	4	3,5	1,45	1,85	0,762	1,77	1,08	1,02	0,741	0,586	1,61	0,931	0,430	0,482	0,399	6,4	15	
30 × 30 × 3	30	3	5	1,36	1,74	0,835	2,12	1,18	1,40	0,899	0,649	2,22	1,13	0,585	0,581	0,496	8,4	17	
30 × 30 × 4	30	4	5	1,78	2,27	0,878	2,12	1,24	1,80	0,892	0,850	2,85	1,12	0,754	0,577	0,607	8,4	17	
35 × 35 × 4	35	4	5	2,09	2,67	1,00	2,47	1,42	2,95	1,05	1,18	4,86	1,32	1,23	0,678	0,865	11	18	
40 × 40 × 4	40	4	6	2,42	3,08	1,12	2,83	1,58	4,47	1,21	1,55	7,09	1,52	1,86	0,777	1,17	11	22	
40 × 40 × 5	40	5	6	2,97	3,79	1,16	2,83	1,64	5,43	1,20	1,91	8,60	1,51	2,26	0,773	1,38	11	22	
45 × 45 × 4,5	45	4,5	7	3,06	3,90	1,25	3,18	1,78	7,14	1,35	2,20	11,4	1,71	2,94	0,870	1,65	13	25	
50 × 50 × 4	50	4	7	3,06	3,89	1,36	3,54	1,92	8,97	1,52	2,46	14,2	1,91	3,73	0,979	1,94	13	30	
50 × 50 × 5	50	5	7	3,77	4,80	1,40	3,54	1,99	11,0	1,51	3,05	17,4	1,90	4,55	0,973	2,29	13	30	
50 × 50 × 6	50	6	7	4,47	5,69	1,45	3,54	2,04	12,8	1,50	3,61	20,3	1,89	5,34	0,968	2,61	13	30	
60 × 60 × 5	60	5	8	4,57	5,82	1,64	4,24	2,32	19,4	1,82	4,45	30,7	2,30	8,03	1,17	3,46	17	35	
60 × 60 × 6	60	6	8	5,42	6,91	1,69	4,24	2,39	22,8	1,82	5,29	36,1	2,29	9,44	1,17	3,96	17	35	
60 × 60 × 8	60	8	8	7,09	9,03	1,77	4,24	2,50	29,2	1,80	6,89	46,1	2,26	12,2	1,16	4,86	17	35	
65 × 65 × 7	65	7	9	6,83	8,70	1,85	4,60	2,62	33,4	1,96	7,18	53,0	2,47	13,8	1,26	5,27	21	35	
70 × 70 × 6	70	6	9	6,38	8,13	1,93	4,95	2,73	36,9	2,13	7,27	58,5	2,68	15,3	1,37	5,60	21	40	
70 × 70 × 7	70	7	9	7,38	9,40	1,97	4,95	2,79	42,3	2,12	8,41	67,1	2,67	17,5	1,36	6,28	21	40	
75 × 75 × 6	75	6	9	6,85	8,73	2,05	5,30	2,90	45,8	2,29	8,41	72,7	2,89	18,9	1,47	6,53	23	40	
75 × 75 × 8	75	8	9	8,99	11,4	2,14	5,30	3,02	59,1	2,27	11,0	93,8	2,86	24,5	1,46	8,09	23	40	
80 × 80 × 8	80	8	10	9,63	12,3	2,26	5,66	3,19	72,2	2,43	12,6	115	3,06	29,9	1,56	9,37	23	45	
80 × 80 × 10	80	10	10	11,9	15,1	2,34	5,66	3,30	87,5	2,41	15,4	139	3,03	36,4	1,55	11,0	23	45	
90 × 90 × 7	90	7	11	9,61	12,2	2,45	6,36	3,47	92,6	2,75	14,1	147	3,46	38,3	1,77	11,0	25	50	
90 × 90 × 8	90	8	11	10,9	13,9	2,50	6,36	3,53	104	2,74	16,1	166	3,45	43,1	1,76	12,2	25	50	
90 × 90 × 9	90	9	11	12,2	15,5	2,54	6,36	3,59	116	2,73	17,9	184	3,44	47,9	1,76	13,3	25	50	
90 × 90 × 10	90	10	11	13,4	17,1	2,58	6,36	3,65	127	2,72	19,8	201	3,42	52,6	1,75	14,4	25	50	
100 × 100 × 8	100	8	12	12,2	15,5	2,74	7,07	3,87	145	3,06	19,9	230	3,85	59,9	1,96	15,5	25	55	
100 × 100 × 10	100	10	12	15,0	19,2	2,82	7,07	3,99	177	3,04	24,6	280	3,83	73,0	1,95	18,3	25	55	
100 × 100 × 12	100	12	12	17,8	22,7	2,90	7,07	4,11	207	3,02	29,1	328	3,80	85,7	1,94	20,9	25	55	
120 × 120 × 10	120	10	13	18,2	23,2	3,31	8,49	4,69	313	3,67	36,0	497	4,63	129	2,36	27,5	25	50	8
120 × 120 × 12	120	12	13	21,6	27,5	3,40	8,49	4,80	368	3,65	42,7	584	4,60	152	2,35	31,6	25	50	8
130 × 130 × 12	130	12	14	23,6	30,0	3,64	9,19	5,15	472	3,97	50,4	750	5,00	194	2,54	37,7	25	50	9
150 × 150 × 10	150	10	16	23,0	29,3	4,03	10,6	5,71	624	4,62	56,9	990	5,82	258	2,97	45,1	28	60	10
150 × 150 × 12	150	12	16	27,3	34,8	4,12	10,6	5,83	737	4,60	67,7	1170	5,80	303	2,95	52,0	28	60	10
150 × 150 × 15	150	15	16	33,8	43,0	4,25	10,6	6,01	898	4,57	83,5	1430	5,76	370	2,93	61,6	28	60	10
160 × 160 × 15	160	15	17	36,2	46,1	4,49	11,3	6,35	1100	4,88	95,6	1750	6,15	453	3,14	71,3	28	60	11
180 × 180 × 16	180	16	18	43,5	55,4	5,02	12,7	7,11	1680	5,51	130	2690	6,96	679	3,50	95,5	28	60	13
180 × 180 × 18	180	18	18	48,6	61,9	5,10	12,7	7,22	1870	5,49	145	2960	6,92	768	3,52	106	28	60	13
200 × 200 × 16	200	16	18	48,5	61,8	5,52	14,1	7,81	2340	6,16	162	3720	7,76	960	3,94	123	28	65	15
200 × 200 × 18	200	18	18	54,3	69,1	5,60	14,1	7,92	2600	6,13	181	4150	7,75	1050	3,90	133	28	65	15
200 × 200 × 20	200	20	18	59,9	76,3	5,68	14,1	8,04	2850	6,11	199	4530	7,70	1170	3,92	146	28	65	15
200 × 200 × 24	200	24	18	71,1	90,6	5,84	14,1	8,26	3330	6,06	235	5280	7,64	1380	3,90	167	28	70	15
250 × 250 × 28	250	28	18	104	133	7,24	17,7	10,2	7700	7,62	433	12200	9,61	3170	4,89	309	28	75	20
250 × 250 × 35	250	35	18	128	163	7,50	17,7	10,6	9260	7,54	529	14700	9,48	3860	4,87	364	28	80	20

1) Für Nieten und Schrauben von kleineren als den hier angegebenen Größtdurchmessern können die gleichen Anreißmaße ang-wendet werden.

TB 1-9 Warmgewalzte ungleichschenklige Winkel aus Stahl nach EN 10056-1

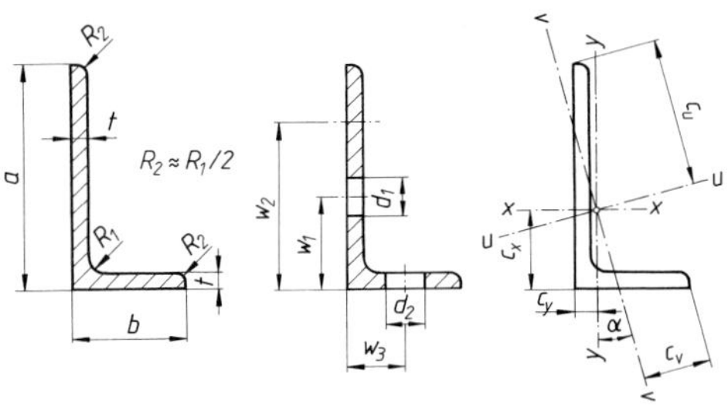

Bezeichnung eines warmgewalzten ungleichschenkligen Winkels mit Schenkelbreite $a = 100$ mm und $b = 50$ mm, Schenkeldicke $t = 8$ mm:
L EN 10056-1-100 × 50 × 8

Kurzzeichen	Maße a mm	Maße b mm	Maße t mm	Maße R_1 mm	längenbezogene Masse m' kg/m	Querschnitt A cm²	Abstände der Achsen c_x cm	c_y cm	c_u cm	c_v cm	Neigung der Achse $v-v$ $\tan\alpha$	statische Werte für die Biegeachse $x-x$ I_x cm⁴	$x-x$ W_x cm³	$y-y$ I_y cm⁴	$y-y$ W_y cm³	$u-u$ I_u cm⁴	$v-v$ I_v cm⁴	Schenkellöcher nach DIN 997 d_1 max mm [1)]	d_2 max mm [2)]	w_1 mm	w_2 mm	w_3 mm
30 × 20 × 3	30	20	3	4	1,12	1,43	0,990	0,502	2,05	1,04	0,427	1,25	0,621	0,437	0,292	1,43	0,256	8,4	4,3	17		12
30 × 20 × 4	30	20	4	4	1,46	1,86	1,03	0,541	2,02	1,04	0,421	1,59	0,807	0,553	0,379	1,81	0,330	8,4	4,3	17		12
40 × 20 × 4	40	20	4	4	1,77	2,26	1,47	0,48	2,58	1,17	0,252	3,59	1,42	0,600	0,393	3,80	0,393	11	4,3	22		12
40 × 25 × 4	40	25	4	4	1,93	2,46	1,36	0,623	2,69	1,35	0,380	3,89	1,47	1,16	0,619	4,35	0,700	11	6,4	22		15
45 × 30 × 4	45	30	4	4,5	2,25	2,87	1,48	0,74	3,07	1,58	0,436	5,78	1,91	2,05	0,91	6,65	1,18	13	8,4	25		17
50 × 30 × 5	50	30	5	5	2,96	3,78	1,73	0,741	3,33	1,65	0,352	9,36	2,86	2,51	1,11	10,3	1,54	13	8,4	30		17
60 × 30 × 5	60	30	5	5	3,36	4,28	2,17	0,684	3,88	1,77	0,257	15,6	4,07	2,63	1,14	16,5	1,71	17	8,4	35		17
60 × 40 × 5	60	40	5	6	3,76	4,79	1,96	0,972	4,10	2,11	0,434	17,2	4,25	6,11	2,02	19,7	3,54	17	11	35		22
60 × 40 × 6	60	40	6	6	4,46	5,68	2,00	1,01	4,08	2,10	0,431	20,1	5,03	7,12	2,38	23,1	4,16	17	11	35		22
65 × 50 × 5	65	50	5	6	4,35	5,54	1,99	1,25	4,53	2,39	0,577	23,2	5,14	11,9	3,19	28,8	6,32	21	13	35		30
70 × 50 × 6	70	50	6	7	5,41	6,89	2,23	1,25	4,83	2,52	0,500	33,4	7,01	14,2	3,78	39,7	7,92	21	13	40		30
75 × 50 × 6	75	50	6	7	5,65	7,19	2,44	1,21	5,12	2,64	0,435	40,5	8,01	14,4	3,81	46,6	8,36	23	13	40		30
75 × 50 × 8	75	50	8	7	7,39	9,41	2,52	1,29	5,08	2,62	0,430	52,0	10,4	18,4	4,95	59,6	10,8	23	13	40		30
80 × 40 × 6	80	40	6	7	5,41	6,89	2,85	0,884	5,20	2,38	0,258	44,9	8,73	7,59	2,44	47,6	4,93	23	11	45		22
80 × 40 × 8	80	40	8	7	7,07	9,01	2,94	0,963	5,14	2,34	0,253	57,6	11,4	9,61	3,16	60,9	6,34	23	11	45		22
80 × 60 × 7	80	60	7	8	7,36	9,38	2,51	1,52	5,55	2,92	0,546	59,0	10,7	28,4	6,34	72,0	15,4	23	17	45		35
100 × 50 × 6	100	50	6	8	6,84	8,71	3,51	1,05	6,55	3,00	0,262	89,9	13,8	15,4	3,89	95,4	9,92	25	13	55		30
100 × 50 × 8	100	50	8	8	8,97	11,4	3,60	1,13	6,48	2,96	0,258	116	18,2	19,7	5,08	123	12,8	25	13	55		30
100 × 65 × 7	100	65	7	10	8,77	11,2	3,23	1,51	6,83	3,49	0,415	113	16,6	37,6	7,53	128	22,0	25	21	55		35
100 × 65 × 8	100	65	8	10	9,94	12,7	3,27	1,55	6,81	3,47	0,413	127	18,9	42,2	8,54	144	24,8	25	21	55		35
100 × 65 × 10	100	65	10	10	12,3	15,6	3,36	1,63	6,76	3,45	0,410	154	23,2	51,0	10,5	175	30,1	25	21	55		35
100 × 75 × 8	100	75	8	10	10,6	13,5	3,10	1,87	6,95	3,65	0,547	133	19,3	64,1	11,4	162	34,6	25	23	55		40
100 × 75 × 10	100	75	10	10	13,0	16,6	3,19	1,95	6,92	3,65	0,544	162	23,8	77,6	14,0	197	42,2	25	23	55		40
100 × 75 × 12	100	75	12	10	15,4	19,7	3,27	2,03	6,89	3,65	0,540	189	28,0	90,2	16,5	230	49,5	25	23	55		40
120 × 80 × 8	120	80	8	11	12,2	15,5	3,83	1,87	8,23	4,23	0,437	226	27,6	80,8	13,2	260	46,6	25	23	50	80	45
120 × 80 × 10	120	80	10	11	15,0	19,1	3,92	1,95	8,19	4,21	0,435	276	34,1	98,1	16,2	317	58,8	25	23	50	80	45
120 × 80 × 12	120	80	12	11	17,8	22,7	4,00	2,03	8,15	4,20	0,431	323	40,4	114	19,1	371	66,7	25	23	50	80	45
125 × 75 × 8	125	75	8	11	12,2	15,5	4,14	1,68	8,44	4,20	0,360	247	29,6	67,6	11,6	274	40,9	25	23	50	85	40
125 × 75 × 10	125	75	10	11	15,0	19,1	4,23	1,76	8,39	4,17	0,357	302	36,5	82,1	14,3	334	49,9	25	23	50	85	40
125 × 75 × 12	125	75	12	11	17,8	22,7	4,31	1,84	8,33	4,15	0,354	354	43,2	95,5	16,9	391	58,5	25	23	50	85	40
135 × 65 × 8	135	65	8	11	12,2	15,5	4,78	1,34	8,79	3,95	0,245	291	33,4	45,2	8,75	307	29,4	25	21	50	85	35
135 × 65 × 10	135	65	10	11	15,0	19,1	4,88	1,42	8,72	3,91	0,243	356	41,3	54,7	10,8	375	35,9	25	21	50	85	35
150 × 75 × 9	150	75	9	12	15,4	19,6	5,26	1,57	9,82	4,50	0,261	455	46,7	77,9	13,1	483	50,2	28	23	60	105	40
150 × 75 × 10	150	75	10	12	17,0	21,7	5,31	1,61	9,79	4,48	0,261	501	51,6	85,6	14,5	531	55,1	28	23	60	105	40
150 × 75 × 12	150	75	12	12	20,2	25,7	5,40	1,69	9,72	4,44	0,258	588	61,3	99,6	17,1	623	64,7	28	23	60	105	40
150 × 75 × 15	150	75	15	12	24,8	31,7	5,52	1,81	9,63	4,40	0,253	713	75,2	119	21,0	753	78,6	28	23	60	105	40
150 × 90 × 10	150	90	10	12	18,2	23,2	5,00	2,04	10,1	5,03	0,360	533	53,3	146	21,0	591	88,3	28	25	60	105	45
150 × 90 × 12	150	90	12	12	21,6	27,5	5,08	2,12	10,1	5,00	0,358	627	63,3	171	24,8	694	104	28	25	60	105	45
150 × 90 × 15	150	90	15	12	26,6	33,9	5,21	2,23	9,98	4,98	0,354	761	77,7	205	30,4	841	126	28	25	60	105	45
150 × 100 × 10	150	100	10	12	19,0	24,2	4,81	2,34	10,3	5,29	0,438	553	54,2	199	25,9	637	114	28	25	60	105	55
150 × 100 × 12	150	100	12	12	22,5	28,7	4,89	2,42	10,2	5,28	0,436	651	64,4	233	30,7	749	134	28	25	60	105	55
200 × 100 × 10	200	100	10	15	23,0	29,2	6,93	2,01	13,2	6,05	0,263	1220	93,2	210	26,3	1290	135	28	25	60	150	55
200 × 100 × 12	200	100	12	15	27,3	34,8	7,03	2,10	13,1	6,00	0,262	1440	111	247	31,3	1530	159	28	25	60	150	55
200 × 100 × 15	200	100	15	15	33,75	43,0	7,16	2,22	13,0	5,84	0,260	1758	137	299	38,5	1864	193	28	25	60	150	55
200 × 150 × 12	200	150	12	15	32,0	40,8	6,08	3,61	13,9	7,34	0,552	1650	119	803	70,5	2030	430	28	28	60	150	60/
200 × 150 × 15	200	150	15	15	39,6	50,5	6,21	3,73	13,9	7,33	0,551	2022	147	979	86,9	2476	526	28	28	60	150	105

1) Trägheitsradius $i = \sqrt{\frac{I}{A}}$.

2) Für Nieten und Schrauben von kleineren als den hier angegebenen Größtdurchmessern können die gleichen Anreißmaße angewendet werden.

TB 1-10 Warmgewalzter U-Profilstahl mit geneigten Flanschflächen nach DIN 1026-1

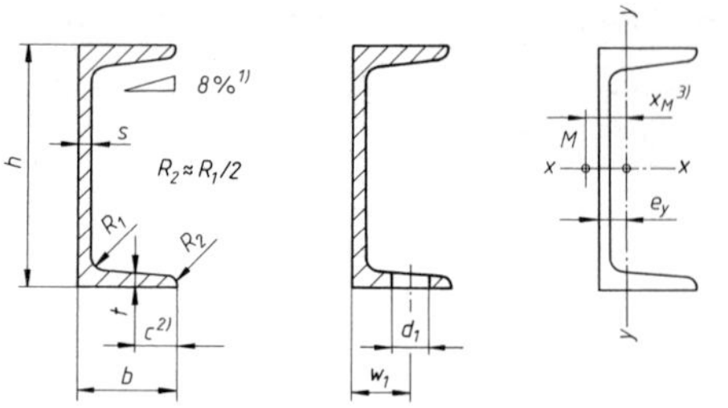

Bestellbeispiel: 30 warmgewalzte U-Profile mit geneigten Flanschflächen (U) mit einer Höhe $h = 300$ mm und der Länge 5000 mm aus Stahl DIN EN 10025-4 mit dem Kurznamen S420M bzw. der Werkstoffnummer 1.8825:

30 U-Profile DIN 1026-1–U300–5000
DIN EN 10025-4–S420

oder

30 U-Profile DIN 1026-1–U300–5000
DIN EN 10025-4–1.8825

Kurzzeichen U	Maße für				Querschnitt	längenbezogene Masse	für die Biegeachse x − x			y − y			Abstand der Achse y − y		Flanschenlöcher nach DIN 997	
	h	b	s	$t = R_1$	A	m'	I_x	W_x	i_x	I_y	W_y	i_y	e_y	x_M [3)]	d_1 [4) 5) 6)] max	w_1
	mm	mm	mm	mm	cm^2	kg/m	cm^4	cm^3	cm	cm^4	cm^3	cm	cm	cm	mm	mm
30 × 15	30	15	4	4,5	2,21	1,74	2,53	1,69	1,07	0,38	0,39	0,42	0,52	0,74	4,3	10
30	30	33	5	7	5,44	4,27	6,39	4,26	1,08	5,33	2,68	0,99	1,31	2,22	8,4	20
40 × 20	40	20	5	5,5	3,66	2,87	7,58	3,79	1,44	1,14	0,86	0,56	0,67	1,01	6,4	11
40	40	35	5	7	6,21	4,87	14,1	7,05	1,50	6,68	3,08	1,04	1,33	2,32	8,4	20
50 × 25	50	25	5	6	4,92	3,86	16,8	6,73	1,85	2,49	1,48	0,71	0,81	1,34	8,4	16
50	50	38	5	7	7,12	5,59	26,4	10,6	1,92	9,12	3,75	1,13	1,37	2,47	11	20
60	60	30	6	6	6,46	5,07	31,6	10,5	2,21	4,51	2,16	0,84	0,91	1,50	8,4	18
65	65	42	5,5	7,5	9,03	7,09	57,5	17,7	2,52	14,1	5,07	1,25	1,42	2,60	11	25
80	80	45	6	8	11,0	8,64	106	26,5	3,10	19,4	6,36	1,33	1,45	2,67	13	25
100	100	50	6	8,5	13,5	10,6	206	41,2	3,91	29,3	8,49	1,47	1,55	2,93	13	30
120	120	55	7	9	17,0	13,4	364	60,7	4,62	43,2	11,1	1,59	1,60	3,03	17	30
140	140	60	7	10	20,4	16,0	605	86,4	5,45	62,7	14,8	1,75	1,75	3,37	17	35
160	160	65	7,5	10,5	24,0	18,8	925	116	6,21	85,3	18,3	1,89	1,84	3,56	21	35
180	180	70	8	11	28,0	22,0	1350	150	6,95	114	22,4	2,02	1,92	3,75	21	40
200	200	75	8,5	11,5	32,2	25,3	1910	191	7,70	148	27,0	2,14	2,01	3,94	23	40
220	220	80	9	12,5	37,4	29,4	2690	245	8,48	197	33,6	2,30	2,14	4,20	23	45
240	240	85	9,5	13	42,3	33,2	3600	300	9,22	248	29,6	2,42	2,23	4,39	25	45
260	260	90	10	14	48,3	37,9	4820	371	9,99	317	47,7	2,56	2,36	4,66	25	50
280	280	95	10	15	53,3	41,8	6280	448	10,9	399	57,2	2,74	2,53	5,02	25	50
300	300	100	10	16	58,8	46,2	8030	535	11,7	495	67,8	2,90	2,70	5,41	28	55
320	320	100	14	17,5	75,8	59,5	10870	679	12,1	597	80,6	2,81	2,60	4,82	28	58
350	350	100	14	16	77,3	60,6	12840	734	12,9	570	75,0	2,72	2,40	4,45	28	58
380	380	102	13,5	16	80,4	63,1	15760	829	14,0	615	78,7	2,77	2,38	4,58	28	60
400	400	110	14	18	91,5	71,8	20350	1020	14,9	846	102	3,04	2,65	5,11	28	60

1) $h > 300$ mm: 5 %.
2) $h \leq 300$ mm: $c = 0{,}5b$, $h > 300$ mm: $c = 0{,}5(b - s)$.
3) x_M = Abstand des Schubmittelpunktes M von der y-y-Achse.
4) Für hochfeste Schrauben (DIN EN 14399) gilt bei U120, U160, U200 und U240 der nächst kleinere Lochdurchmesser.
5) Abweichend hiervon gelten nach DIN 101 für Nietverbindungen folgende Lochdurchmesser d_0: 4,2 6,3 10,5
6) Für Nieten und Schrauben von kleineren als den hier angegebenen Größtdurchmessern können die gleichen Anreißmaße angewendet werden.

Beachte: Bei der lotrechten Belastung eines U-Trägers (unsymmetrisches Profil) gilt die Spannungsformel $\sigma = M/W$ nur, wenn
a) die Wirkungslinie der Last F durch den Schubmittelpunkt M geht,
b) zwei U-Profile][oder [ ] mit Querverbindung zu einem symmetrischen Trägerprofil zusammengesetzt werden.
Geht bei einem einzelnen U-Profil die Lastebene nicht durch M, so biegen sich die Flansche seitlich aus (Bild) und es treten zusätzliche Biege- und Verdrehspannungen auf.

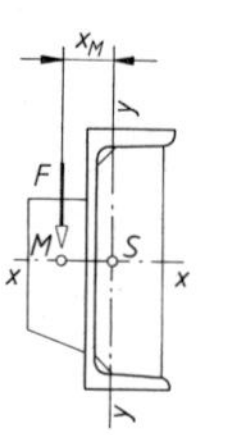

richtiger Lastangriff in M

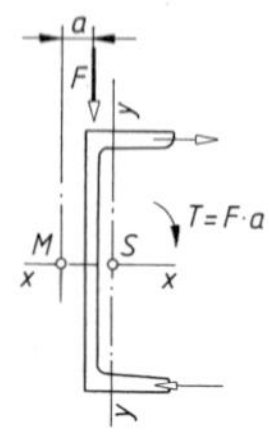

ungünstiger Lastangriff

U-Träger sind im Schubmittelpunkt M und wenn dies nicht möglich ist, in der Stegebene zu belasten

$I_y = 194000\ mm^4$

TB 1-11 Warmgewalzte I-Träger nach DIN 1025 (Auszug)

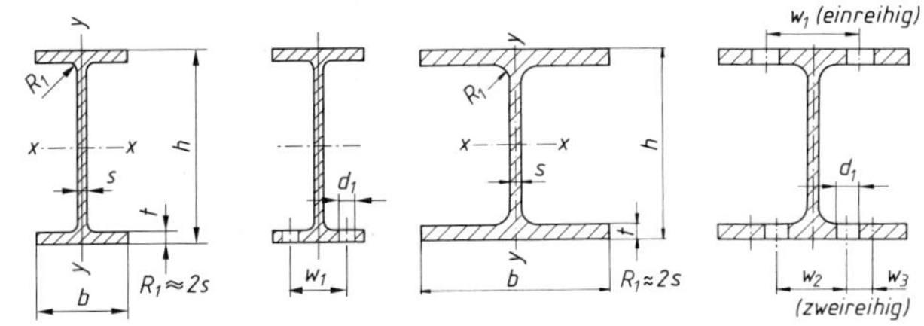

mittelbreite I-Träger mit parallelen Flanschflächen (IPE-Reihe) nach DIN 1025-5

breite I-Träger mit parallelen Flanschflächen (IPB-Reihe) nach DIN 1025-2

Bezeichnung eines warmgewalzten I-Trägers aus einem Stahl mit dem Kurznamen S235JR bzw. der Werkstoffnummer 1.0038 nach DIN EN 10025 mit dem Kurzzeichen IPE 300:

I-Profil DIN 1025 – S235JR – IPE300

oder

I-Profil DIN 1025 – 1.0038 – IPE300

Kurzzeichen	Maße für				Querschnitt	längenbezogene Masse	für die Biegeachse						Flanschenlöcher nach DIN 997		
							$x-x$			$y-y$					
	h	b	s	t	A	m'	I_x	W_x	i_x	I_y	W_y	i_y	d_1 [1,2,3] max	w_1 w_2	w_3
	mm	mm	mm	mm	cm^2	kg/m	cm^4	cm^3	cm	cm^4	cm^3	cm	mm	mm	mm
IPE	Mittelbreite I-Träger (IPE-Reihe) nach DIN 1025-5														
80	80	46	3,8	5,2	7,64	6,0	80,1	20,0	3,24	8,49	3,69	1,05	6,4	26	
100	100	55	4,1	5,7	10,3	8,1	171	34,2	4,07	15,9	5,79	1,24	8,4	30	
120	120	64	4,4	6,3	13,2	10,4	318	53,0	4,90	27,7	8,65	1,45	8,4	36	
140	140	73	4,7	6,9	16,4	12,9	541	77,3	5,74	44,9	12,3	1,65	11	40	
160	160	82	5,0	7,4	20,1	15,8	869	109	6,58	68,3	16,7	1,84	13	44	
180	180	91	5,3	8,0	23,9	18,8	1320	146	7,42	101	22,2	2,05	13	50	
200	200	100	5,6	8,5	28,5	22,4	1940	194	8,26	142	28,5	2,24	13	56	
220	220	110	5,9	9,2	33,4	26,2	2770	252	9,11	205	37,3	2,48	17	60	
240	240	120	6,2	9,8	39,1	30,7	3890	324	9,97	284	47,3	2,69	17	68	
270	270	135	6,6	10,2	45,9	36,1	5790	429	11,2	420	62,2	3,02	21 (17)	72	
300	300	150	7,1	10,7	53,8	42,2	8360	557	12,5	604	80,5	3,35	23	80	
330	330	160	7,5	11,5	62,6	49,1	11770	713	13,7	788	98,5	3,55	25 (23)	86	
360	360	170	8,0	12,7	72,7	57,1	16270	904	15,0	1040	123	3,79	25	90	
400	400	180	8,6	13,5	84,5	66,3	23130	1160	16,5	1320	146	3,95	28 (25)	96	
450	450	190	9,4	14,6	98,8	77,6	33740	1500	18,5	1680	176	4,12	28	106	
500	500	200	10,2	16,0	116	90,7	48200	1930	20,4	2140	214	4,31	28	110	
550	550	210	11,1	17,2	134	106	67120	2440	22,3	2670	254	4,45	28	120	
600	600	220	12,0	19,0	156	122	92080	3070	24,3	3390	308	4,66	28	120	
IPB	Breite I-Träger (IPB-Reihe) nach DIN 1025-2														
100	100	100	6	10	26,0	20,4	450	89,9	4,16	167	33,5	2,53	13	56	–
120	120	120	6,5	11	34,0	26,7	864	144	5,04	318	52,9	3,06	17	66	–
140	140	140	7	12	43,0	33,7	1510	216	5,93	550	78,5	3,58	21	76	–
160	160	160	8	13	54,3	42,6	2490	311	6,78	889	111	4,05	23	86	–
180	180	180	8,5	14	65,3	51,2	3830	426	7,66	1360	151	4,57	25	100	–
200	200	200	9	15	78,1	61,3	5700	570	8,54	2000	200	5,07	25	110	–
220	220	220	9,5	16	91,0	71,5	8090	736	9,43	2840	258	5,59	25	120	–
240	240	240	10	17	106	83,2	11260	938	10,3	3920	327	6,08	25	96	35
260	260	260	10	17,5	118	93,0	14920	1150	11,2	5130	395	6,58	25	106	40
280	280	280	10,5	18	131	103	19270	1380	12,1	6590	471	7,09	25	110	45
300	300	300	11	19	149	117	25170	1680	13,0	8560	571	7,58	28	120	45
320	320	300	11,5	20,5	161	127	30820	1930	13,8	9240	616	7,57	28	120	45
340	340	300	12	21,5	171	134	36660	2160	14,6	9690	646	7,53	28	120	45
360	360	300	12,5	22,5	181	142	43190	2400	15,5	10140	676	7,49	28	120	45
400	400	300	13,5	24	198	155	57680	2880	17,1	10820	721	7,40	28	120	45
450	450	300	14	26	218	171	79890	3550	19,1	11720	781	7,33	28	120	45
500	500	300	14,5	28	239	187	107200	4290	21,2	12620	842	7,27	28	120	45
550	550	300	15	29	254	199	136700	4970	23,2	13080	872	7,17	28	120	45
600	600	300	15,5	30	270	212	171000	5700	25,2	13530	902	7,08	28	120	45

1) Werte in ( ) gelten für hochfeste Schrauben DIN EN 14399.

2) Abweichend hiervon gelten nach DIN 101 für Nietverbindungen folgende Lochdurchmesser d_0: 6,3 10,5.

3) Für Nieten und Schrauben von kleineren als den hier angegebenen Größtdurchmessern können die gleichen Anreißmaße angewendet werden.

TB 1-12 Warmgewalzter gleichschenkliger T-Stahl mit gerundeten Kanten und Übergängen nach DIN EN 10055

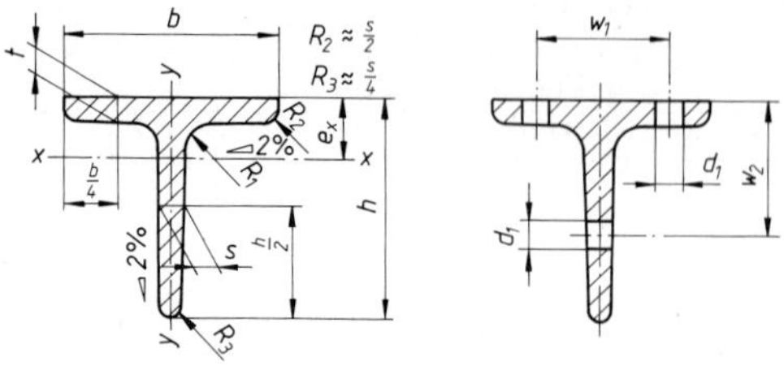

Bezeichnung eines T-Stahls mit 80 mm Höhe aus S235JR nach DIN EN 10025:

T-Profil EN 10055 – T80
Stahl EN 10025 – S235JR

Kurzzeichen T	Maße für $b = h$ mm	$s = t = R_1$ mm	Querschnitt A cm²	längenbezogene Masse m' kg/m	e_x cm	für die Biegeachse $x-x$: I_x cm⁴	W_x cm³	i_x cm	$y-y$: I_y cm⁴	W_y cm³	i_y cm	Anreißmaße nach DIN 997: d_1 1) 2) max. mm	w_1 mm	w_2 mm
30	30	4	2,26	1,77	0,85	1,72	0,80	0,87	0,87	0,58	0,62	4,3	17	17
35	35	4,5	2,97	2,33	0,99	3,10	1,23	1,04	1,57	0,90	0,73	4,3	19	19
40	40	5	3,77	2,96	1,12	5,28	1,84	1,18	2,58	1,29	0,83	6,4	21	22
50	50	6	5,66	4,44	1,39	12,1	3,36	1,46	6,60	2,42	1,03	6,4	30	30
60	60	7	7,94	6,23	1,66	23,8	5,48	1,73	12,2	4,07	1,24	8,4	34	35
70	70	8	10,6	8,32	1,94	44,5	8,79	2,05	22,1	6,32	1,44	11	38	40
80	80	9	13,6	10,7	2,22	73,7	12,8	2,33	37,0	9,25	1,65	11	45	45
100	100	11	20,9	16,4	2,74	179	24,6	2,92	88,3	17,7	2,05	13	60	60
120	120	13	29,6	23,2	3,28	366	42,0	3,51	178	29,7	2,45	17	70	70
140	140	15	39,9	31,3	3,80	660	64,7	4,07	330	47,2	2,88	21	80	75

1) Abweichend hiervon gelten nach DIN 101 für Nietverbindungen folgende Lochdurchmesser d_0: 4,2 6,3 10,5.
2) Für Nieten und Schrauben von kleineren als den hier angegebenen Größtdurchmessern können die gleichen Anreißmaße angewendet werden.

TB 1-13 Hohlprofile, Rohre

a) Warmgefertigte Hohlprofile für den Stahlbau aus unlegierten Baustählen und aus Feinkornbaustählen nach DIN EN 10210-2 (Standardgrößen)

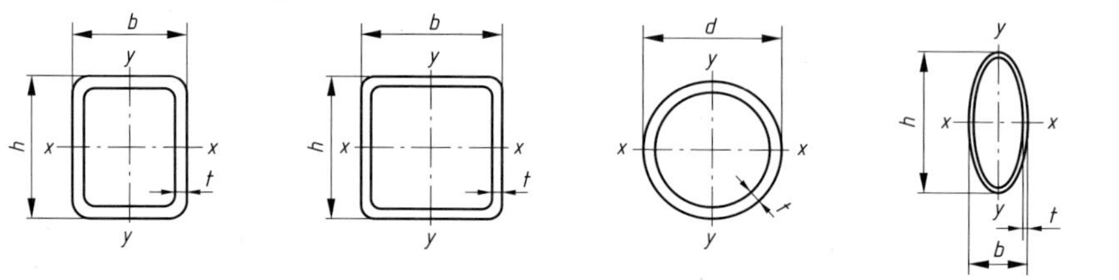

rechteckige Hohlprofile *quadratische Hohlprofile* *kreisförmige Hohlprofile* *elliptische Hohlprofile* 1)

Nenngröße h mm	b mm	Wanddicke 2) t mm	Querschnittsfläche A cm²	längenbezogene Masse m' kg/m	Flächenmoment 2. Grades I_x cm⁴	I_y cm⁴	elastisches Widerstandsmoment W_x cm³	W_y cm³	Trägheitsradius i_x cm	i_y cm	Torsion 3) I_t cm⁴	W_t cm³
Hohlprofile mit rechteckigem Querschnitt (Auszug)												
50	30	2,6 (3,2 4,0 5,0)	3,82	3,00	12,2	5,38	4,87	3,58	1,79	1,19	12,1	5,90
60	40	2,6 (3,2 4,0 5,0 6,3)	4,86	3,81	23,6	12,4	7,86	6,22	2,20	1,60	25,9	10,04
80	40	3,2 (4,0 5,0 6,3 8,0)	7,16	5,62	57,2	18,9	14,3	9,5	2,83	1,63	46,2	16,08
90	50	3,2 (4,0 5,0 6,3 8,0)	8,44	6,63	89,1	35,3	19,8	14,1	3,25	2,04	80,9	23,58
100	50	3,2 (4,0 5,0 6,3 8,0)	9,08	7,13	116	38,8	23,2	15,5	3,57	2,07	93,4	26,38
100	60	3,2 (4,0 5,0 6,3 8,0)	9,72	7,63	131	58,8	26,2	19,6	3,67	2,46	129	32,36
120	60	4,0 (5,0 6,3 8,0 10,0)	13,6	10,7	249	83,1	41,5	27,7	4,28	2,47	201	47,10
120	80	4,0 (5,0 6,3 8,0 10,0)	15,2	11,9	303	161	50,4	40,2	4,46	3,25	330	64,98
140	80	4,0 (5,0 6,3 8,0 10,0)	16,8	13,2	441	184	62,9	46,0	5,12	3,31	411	77
150	100	4,0 (5,0 6,3 8,0 10,0 12,5)	19,2	15,1	607	324	81,0	64,8	5,63	4,11	660	105
160	80	4,0 (5,0 6,3 8,0 10,0 12,5)	18,4	14,4	612	207	76,5	51,7	5,77	3,35	493	88
180	100	4,0 (5,0 6,3 8,0 10,0 12,5)	21,6	16,9	945	379	105	75,9	6,61	4,19	852	127
200	100	4,0 (5,0 6,3 8,0 10,0 12,5 16,0)	23,2	18,2	1223	416	122	83	7,26	4,24	983	142

TB 1-13 Fortsetzung

Nenngröße		Wanddicke[2]	Quer-schnitts-fläche	längen-bezogene Masse	Flächenmoment 2. Grades		elastisches Widerstandsmoment		Trägheitsradius		Torsion[3]	
h	*b*	*t*	*A*	*m'*	I_x	I_y	W_x	W_y	i_x	i_y	I_t	W_t
mm	mm	mm	cm^2	kg/m	cm^4	cm^4	cm^3	cm^3	cm	cm	cm^4	cm^3
Hohlprofile mit rechteckigem Querschnitt (Auszug)												
200	120	6,3 (8,0 10,0 12,5)	38,3	30,1	2065	929	207	155	7,34	4,92	2028	255
250	150	6,3 (8,0 10,0 12,5 14,2 16,0)	48,4	38,0	4143	1874	331	250	9,25	6,22	4054	413
260	180	6,3 (8,0 10,0 12,5 14,2 16,0)	53,4	41,9	5166	2929	397	325	9,83	7,40	5810	524
300	200	6,3 (8,0 10,0 12,5 14,2 16,0)	61,0	47,9	7829	4193	522	419	11,3	8,29	8476	681
350	250	6,3 (8,0 10,0 12,5 14,2 16,0)	73,6	57,8	13200	7885	754	631	13,4	10,4	15220	1011

Nenngröße	Wanddicke[2]	Quer-schnitts-fläche	längen-bezogene Masse	Flächen-moment 2. Grades	elastisches Widerstands-moment	Trägheits-radius	Torsion[3]	
	t	*A*	*m'*	*I*	*W*	*i*	I_t	W_t
mm	mm	cm	kg/m	cm^4	cm^2	cm	cm^4	cm^3
b	**Hohlprofile mit quadratischem Querschnitt (Auszug)**							
40	2,6 (3,2 4,0 5,0)	3,82	3,00	8,8	4,4	1,52	14,0	6,41
50	2,6 (3,2 4,0 5,0 6,3)	4,86	3,81	18,0	7,21	1,93	28,4	10,6
60	2,6 (3,2 4,0 5,0 6,3 8,0)	5,90	4,63	32,2	10,7	2,34	50,2	15,7
70	3,2 (4,0 5,0 6,3 8,0)	8,4	6,63	62,3	17,8	2,72	97,6	26,1
80	3,2 (4,0 5,0 6,3 8,0)	9,72	7,63	95	23,7	3,13	148	34,9
90	4,0 (5,0 6,3 8,0)	13,6	10,7	166	37,0	3,50	260	54,2
100	4,0 (5,0 6,3 8,0 10,0)	15,2	11,9	232	46,4	3,91	361	68,2
120	5,0 (6,3 8,0 10,0 12,5)	22,7	17,8	498	83,0	4,68	777	122
140	5,0 (6,3 8,0 10,0 12,5)	26,7	21,0	807	115	5,50	1253	170
150	5,0 (6,3 8,0 10,0 12,5 14,2 16,0)	28,7	22,6	1002	134	5,90	1550	197
160	5,0 (6,3 8,0 10,0 12,5 14,2 16,0)	30,7	24,1	1225	153	6,31	1892	226
180	5,0 (6,3 8,0 10,0 12,5 14,2 16,0)	34,7	27,3	1765	196	7,13	2718	290
200	5,0 (6,3 8,0 10,0 12,5 14,2 16,0)	38,7	30,4	2445	245	7,95	3756	362
220	6,3 (8,0 10,0 12,5 14,2 16,0)	53,4	41,9	4049	368	8,71	6240	544
250	6,3 (8,0 10,0 12,5 14,2 16,0)	61,0	47,9	6014	481	9,93	9238	712
260	6,3 (8,0 10,0 12,5 14,2 16,0)	63,5	49,9	6788	522	10,3	10420	773
300	6,3 (8,0 10,0 12,5 14,2 16,0)	74,0	57,8	10550	703	12,0	16140	1043
350	8,0 (10,0 12,5 14,2 16,0)	109	85,4	21130	1207	13,9	32380	1789
400	10,0 (12,5 14,2 16,0 20,0)	155	122	39130	1956	15,9	60090	2895
d	**Hohlprofile mit kreisförmigem Querschnitt (Auszug)**							
21,3	2,3 (2,6 3,2)	1,37	1,08	0,629	0,590	0,677	1,26	1,18
26,9	2,3 (2,6 3,2)	1,78	1,40	1,36	1,01	0,874	2,71	2,02
33,7	2,6 (3,2 4,0)	2,54	1,99	3,09	1,84	1,10	6,19	3,67
42,4	2,6 (3,2 4,0)	3,25	2,55	6,46	3,05	1,41	12,9	6,10
48,3	2,6 (3,2 4,0 5,0)	3,73	2,93	9,78	4,05	1,62	19,6	8,10
60,3	2,6 (3,2 4,0 5,0)	4,71	3,70	19,7	6,52	2,04	39,3	13,0
76,1	2,6 (3,2 4,0 5,0)	6,00	4,71	40,6	10,7	2,60	81,2	21,3
88,9	3,2 (4,0 5,0 6,0 6,3)	8,62	6,76	79,2	17,8	3,03	158	35,6
101,6	3,2 (4,0 5,0 6,0 6,3 8,0 10,0)	9,89	7,77	120	23,6	3,48	240	47,2
114,3	3,2 (4,0 5,0 6,0 6,3 8,0 10,0)	11,2	8,77	172	30,2	3,93	345	60,4
139,7	4,0 (5,0 6,0 6,3 8,0 10,0 12,0 12,5)	17,1	13,4	393	56,2	4,80	786	112
168,3	4,0 (5,0 6,3 8,0 10,0 12,5)	20,6	16,2	697	82,8	5,81	1394	166
177,8	5,0 (6,3 8,0 10,0 12,5)	27,1	21,3	1014	114	6,11	2028	228
193,7	5,0 (6,3 8,0 10,0 12,5 14,2 16,0)	29,6	23,3	1320	136	6,67	2640	273
219,1	5,0 (6,3 8,0 10,0 12,5 14,2 16,0 20,0)	33,6	26,4	1928	176	7,57	3856	352
244,5	5,0 (6,3 8,0 10,0 12,5 14,2 16,0 20,0 25,0)	37,6	29,5	2699	221	8,47	5397	441
273,0	5,0 (6,3 8,0 10,0 12,5 14,2 16,0 20,0 25,0)	42,1	33,0	3781	277	9,48	7562	554
323,9	5,0 (6,3 8,0 10,0 12,5 14,2 16,0 20,0 25,0)	50,1	39,3	6369	393	11,3	12740	787
355,6	6,3 (8,0 10,0 12,5 14,2 16,0 20,0 25,0)	69,1	54,3	10550	593	12,4	21090	1186
406,4	6,3 (8,0 10,0 12,5 14,2 16,0 20,0 25,0 30,0 40,0)	79,2	62,2	15850	780	14,1	31700	1560
457,0	6,3 (8,0 10,0 12,5 14,2 16,0 20,0 25,0 30,0 40,0)	89,2	70,0	22650	991	15,9	45310	1983
508,0	6,3 (8,0 10,0 12,5 14,2 16,0 20,0 25,0 30,0 40,0 50,0)	99,3	77,9	31250	1230	17,7	62490	2460
610,0	6,3 (8,0 10,0 12,5 14,2 16,0 20,0 25,0 30,0 40,0 50,0)	119	93,8	54440	1785	21,3	108900	3570

1) Maße (120 × 60 bis 500 × 250) und statische Werte siehe Normblatt
2) Statische Werte für kleinste Wanddicke. Weitere Wanddicken in ( ).
3) I_t = Torsionsflächenmoment (Torsionsträgheitskonstante, polares Trägheitsmoment bei Rohren)
W_t = Torsionswiderstandsmoment (Konstante des Torsionsmoduls)

TB 1-13 Fortsetzung

Längenart
Herstelllänge: 4000 bis 16 000 mm mit einem Längenunterschied von höchstens 2000 mm je Auftragsposition. 10 % der gelieferten Profile dürfen unter der für den bestellten Bereich geltenden Mindestlänge liegen, jedoch nicht kürzer als 75 % der Mindestlänge sein.
Festlänge: 4000 bis 16 000 mm, Grenzabmaß ± 500 mm
Die üblichen Längen betragen 6 bis 12 m
Genaulänge: 2000 mm $\leq L \leq$ 6000 mm, Grenzabmaß + 10/0 mm
$L \geq$ 6000 mm, Grenzabmaße + 15/0 mm

Werkstoffe
Unlegierte Baustähle: S235JRH, S275JOH, S275J2H, S355JOH, S355J2H.
Feinkornbaustähle: S275NH, S275NLH, S355NH, S355NLH, S460NH, S460NLH.

Bestellbeispiel
400 m warmgefertigte rechteckige Hohlprofile mit dem Format 140 mm × 80 mm und einer Wanddicke von 6 mm nach DIN EN 10210, hergestellt aus der Stahlsorte S355JOH (JO: Mindestwert der Kerbschlagarbeit 27J bei 0 °C, H: Hohlprofil), geliefert in Herstelllängen mit einem Abnahmeprüfzeugnis 3.1.B nach EN 10204:

400 m Profile – HFRHF – 140 × 80 × 6 – EN 10210 – S355JOH – Herstelllänge – EN 10204 – 3.1.B

b) Nahtlose und geschweißte Stahlrohre für allgemeine Anwendungen nach DIN EN 10220.

Es sind Vorzugsmaße für Außendurchmesser und Wanddicke und Werte der längenbezogenen Masse in kg/m festgelegt (Werte s. Normblatt). Werkstoffe, Grenzabmaße usw. sind den Anwendungsnormen zu entnehmen.
Die Einteilung der Rohre erfolgt in drei verschiedenen Außendurchmesserreihen und in Vorzugswanddicken. Es wird empfohlen, für Rohre die als Komponenten von Rohrleitungssystemen vorgesehen sind, Außendurchmesser der Reihe 1 auszuwählen.

Reihe 1: Außendurchmesser, für die das gesamte Zubehör genormt ist.
Außendurchmesser und Wanddickenbereich von ... bis (in mm):
10,2: 0,5 ... 2,6; **13,5:** 0,5 ... 3,6; **17,2:** 0,5 ... 4,5; **21,3:** 0,5 ... 5,4; **26,9:** 0,5 ... 8; **33,7:** 0,5 ... 8,8; **42,4:** 0,5 ... 10; **48,3:** 0,6 ... 12,5; **60,3:** 0,6 ... 16; **76,1:** 0,8 ... 20; **88,9:** 0,8 ... 25; **114,3:** 1,2 ... 32; **139,7:** 1,6 ... 40; **168,3:** 1,6 ... 50; **219,1:** 1,8 ... 70; **273:** 2,0 ... 80; **323,9/355,6/406,4:** 2,6 ... 100; **457/508/610:** 3,2 ... 100; **711:** 4 ... 100; **813/914/1016:** 4 ... 65; **1067/1118/1219:** 5 ... 65; **1422:** 5,6 ... 65; **1626:** 6,3 ... 65; **1829:** 7,1 ... 65; **2032:** 8 ... 65; **2235:** 8,8 ... 65; **2540:** 10 ... 65.

Vorzugswanddicken (in mm): 0,5 0,6 0,8 1 1,2 1,4 1,6 1,8 2 2,3 2,6 2,9 3,2 3,6 4 4,5 5,0 5,4 5,6 6,3 7,1 8 8,8 10 11 12,5 14,2 16 17,5 20 22,2 25 28 30 32 36 40 45 50 55 60 65 (70) (80) (90) (100)

Reihe 2: Außendurchmesser, für die nicht alle Zubehörteile genormt sind (in mm):
12 12,7 16 19 20 25 31,8 32 38 40 51 57 63,5 70 101,6 127 133 762 1168 1321 1524 1727 1930 2134 2337 2438

Reihe 3: Außendurchmesser, für die es kaum genormtes Zubehör gibt (in mm):
14 18 22 25,4 30 35 44,5 54 73 82,5 108 141,3 152,4 159 177,8 193,7 244,5 559 660 864
Wanddickenzuordnung bei Reihe 2 und 3 ähnlich wie bei Reihe 1

TB 1-13 Fortsetzung

c) Präzisionsstahlrohre, nahtlos kaltgezogene Rohre nach DIN EN 10305-1 (Auswahl)
Vorzugswerte für Durchmesser und Wanddicke entsprechen grauen Flächen.

Die Rohre sind durch genau definierte Grenzabmaße und eine festgelegte maximale Oberflächenrauheit charakterisiert. ($D \leq 260$ mm: $Ra \leq 4$ µm, $D > 260$ mm: $Ra \leq 6$ µm)

Maße in mm

<table>
<tr><th colspan="2" rowspan="3">Nenn-außen-durch-messer D[1] mit Grenz-abmaßen</th><th colspan="22">Wanddicke T[3]</th></tr>
<tr><th>1</th><th>1,2</th><th>1,5</th><th>1,8</th><th>2</th><th>2,2</th><th>2,5</th><th>2,8</th><th>3,0</th><th>3,5</th><th>4</th><th>4,5</th><th>5</th><th>5,5</th><th>6</th><th>7</th><th>8</th><th>9</th><th>10</th><th>12</th><th>14</th><th>16</th></tr>
<tr><th colspan="22">Grenzabmaße für Nenn-Innendurchmesser d[2]</th></tr>
<tr><td>10</td><td rowspan="12">±0,08</td><td colspan="7">±0,15</td><td colspan="2">±0,25</td><td></td><td></td><td></td><td></td><td></td><td></td><td></td><td></td><td></td><td></td><td></td><td></td><td></td></tr>
<tr><td>12</td><td colspan="8">±0,15</td><td colspan="3">±0,25</td><td></td><td></td><td></td><td></td><td></td><td></td><td></td><td></td><td></td><td></td><td></td></tr>
<tr><td>14</td><td></td><td colspan="9">±0,15</td><td colspan="2">±0,25</td><td></td><td></td><td></td><td></td><td></td><td></td><td></td><td></td><td></td><td></td></tr>
<tr><td>15</td><td colspan="2">±0,08</td><td colspan="9">±0,15</td><td colspan="2">±0,25</td><td></td><td></td><td></td><td></td><td></td><td></td><td></td><td></td><td></td></tr>
<tr><td>16</td><td colspan="3">±0,08</td><td colspan="9">±0,15</td><td colspan="3">±0,25</td><td></td><td></td><td></td><td></td><td></td><td></td><td></td></tr>
<tr><td>18</td><td colspan="5">±0,08</td><td colspan="8">±0,15</td><td colspan="2">±0,25</td><td></td><td></td><td></td><td></td><td></td><td></td><td></td></tr>
<tr><td>20</td><td colspan="5">±0,08</td><td colspan="9">±0,15</td><td colspan="2">±0,25</td><td></td><td></td><td></td><td></td><td></td><td></td></tr>
<tr><td>22</td><td colspan="6">±0,08</td><td colspan="9">±0,15</td><td>±0,25</td><td></td><td></td><td></td><td></td><td></td><td></td></tr>
<tr><td>25</td><td colspan="7">±0,08</td><td colspan="9">±0,15</td><td>±0,25</td><td></td><td></td><td></td><td></td><td></td></tr>
<tr><td>26</td><td colspan="7">±0,08</td><td colspan="9">±0,15</td><td>±0,25</td><td></td><td></td><td></td><td></td><td></td></tr>
<tr><td>28</td><td colspan="8">±0,08</td><td colspan="9">±0,15</td><td></td><td></td><td></td><td></td><td></td></tr>
<tr><td>30</td><td colspan="8">±0,08</td><td colspan="10">±0,15</td><td>±0,25</td><td></td><td></td><td></td></tr>
<tr><td>32</td><td rowspan="4">±0,15</td><td colspan="18">±0,15</td><td>±0,25</td><td></td><td></td><td></td></tr>
<tr><td>35</td><td colspan="19">±0,15</td><td></td><td></td><td></td></tr>
<tr><td>38</td><td colspan="19">±0,15</td><td></td><td></td><td></td></tr>
<tr><td>40</td><td colspan="19">±0,15</td><td></td><td></td><td></td></tr>
<tr><td>42</td><td rowspan="4">±0,20</td><td colspan="19">±0,20</td><td></td><td></td><td></td></tr>
<tr><td>45</td><td colspan="19">±0,20</td><td></td><td></td><td></td></tr>
<tr><td>48</td><td colspan="19">±0,20</td><td></td><td></td><td></td></tr>
<tr><td>50</td><td colspan="19">±0,20</td><td></td><td></td><td></td></tr>
<tr><td>55</td><td rowspan="2">±0,25</td><td colspan="20">±0,25</td><td></td><td></td></tr>
<tr><td>60</td><td colspan="20">±0,25</td><td></td><td></td></tr>
<tr><td>65</td><td rowspan="2">±0,30</td><td colspan="21">±0,30</td><td></td></tr>
<tr><td>70</td><td colspan="21">±0,30</td><td></td></tr>
<tr><td>75</td><td rowspan="2">±0,35</td><td colspan="22">±0,35</td></tr>
<tr><td>80</td><td colspan="22">±0,35</td></tr>
<tr><td>85</td><td rowspan="2">±0,40</td><td></td><td></td><td colspan="20">±0,40</td></tr>
<tr><td>90</td><td></td><td></td><td colspan="20">±0,40</td></tr>
<tr><td>95</td><td rowspan="2">±0,45</td><td></td><td></td><td></td><td></td><td colspan="18">±0,45</td></tr>
<tr><td>100</td><td></td><td></td><td></td><td></td><td colspan="18">±0,45</td></tr>
<tr><td>110</td><td rowspan="2">±0,50</td><td></td><td></td><td></td><td></td><td colspan="18">±0,50</td></tr>
<tr><td>120</td><td></td><td></td><td></td><td></td><td colspan="18">±0,50</td></tr>
<tr><td>130</td><td rowspan="2">±0,70</td><td></td><td></td><td></td><td></td><td></td><td></td><td colspan="16">±0,70</td></tr>
<tr><td>140</td><td></td><td></td><td></td><td></td><td></td><td></td><td colspan="16">±0,70</td></tr>
<tr><td>150</td><td rowspan="2">±0,80</td><td></td><td></td><td></td><td></td><td></td><td></td><td></td><td></td><td colspan="14">±0,80</td></tr>
<tr><td>160</td><td></td><td></td><td></td><td></td><td></td><td></td><td></td><td></td><td colspan="14">±0,80</td></tr>
</table>

1) Gesamter Durchmesserbereich zwischen 4 und 380 mm. Durchmesser-Grenzabmaße gelten für Lieferzustand +C oder +LC.
2) Die Rohre sind nach Außendurchmesser (D) und Innendurchmesser (d) festgelegt, $d = D - 2T$.
3) Wanddickengrenzabmaße: ±10 % oder ±0,1 mm. Der größere Wert gilt.

Lieferzustände
zugblank/hart: +C, zugblank/weich: +LC, zugblank und spannungsarm geglüht: +SR, geglüht: +A, normalgeglüht: +N.

TB 1-13 Fortsetzung

Rohrlänge

Längenart	Länge L in mm	Grenzabmaße in mm
Herstelllänge	≥ 3000	
Festlänge		±500
Genaulänge	$500 < L \leq 2000$	0/+3
	$2000 < L \leq 5000$	0/+5
	$5000 < L \leq 8000$	0/+10
	$\leq 500 > 8000$	0/+ nach Vereinbarung

Werkstoffe:
E215, E235, E355. Zusätzlich mögliche Stahlsorten: E255, E410, 26Mn5, C35E, C45E, 26Mo2, 25CrMo4, 42CrMo4, 10S10, 15S10, 18S10 und 37S10.

Bestellbeispiel:
180 m Rohre mit einem Außendurchmesser $D = 80$ mm und einem Innendurchmesser $d = 74$ mm nach EN 10305-1, gefertigt aus der Stahlsorte E235 in normalgeglühtem Zustand, geliefert in Herstelllängen mit Option 19 (Abnahmeprüfzeugnis 3.1.B nach EN 10204):

180 m Rohre – 80 × d 74 – EN 10305-1 – E235 + N – Herstelllänge – Option 19

d) Nahtlose Stahlrohre für Druckbeanspruchungen aus unlegierten Stählen nach DIN EN 10216-1

Die Rohre sind mit aus DIN EN 10220 ausgewählten Vorzugswerten nach Außendurchmesser D und Wanddicke T festgelegt.

Reihe 1: Außendurchmesser, für die das gesamte Zubehör genormt ist
Außendurchmesser und Wanddickenbereich von ... bis (in mm):
10,2: 1,6 ... 2,6; **13,5:** 1,8 ... 3,6; **17,2:** 1,8 ... 4,5; **21,3:** 2 ... 5; **26,9:** 2 ... 8; **33,7:** 2,3 ... 8,8; **42,4:** 2,6 ... 10; **48,3:** 2,6 ... 12,5; **60,3:** 2,9 ... 16; **76,1:** 2,9 ... 20; **88,9:** 3,2 ... 25; **114,3:** 3,6 ... 32; **139,7:** 4 ... 40; **168,3:** 4,5 ... 50; **219,1:** 6,3 ... 70; **273:** 6,3 ... 80; **323,9:** 7,1 ... 100; **355,6:** 8 ... 100; **406,4:** 8,8 ... 100; **457:** 10 ... 100; **508:** 11 ... 100; **610:** 12,5 ... 100; **711:** 25 ... 100.

Vorzugswanddicken (in mm): 1,6 1,8 2 2,3 2,6 2,9 3,2 3,6 4,0 4,5 5,0 5,6 6,3 7,1 8,0 8,8 10,0 11,0 12,5 14,2 16 17,5 20 22,2 25 28 30 32 36 40 45 50 55 60 65 70 80 90 100

Reihe 2 und 3: Außendurchmesser siehe DIN EN 10220, TB 1-13b

Lieferzustand: Die Rohre sind entweder normalgeglüht oder normalisierend umgeformt zu liefern.

Grenzabmaße

Außendurchmesser D mm	Grenzabmaße für D	Grenzabmaße für T bei einem T/D-Verhältnis von			
		≤0,025	>0,025 bis 0,050	>0,050 bis 0,10	>0,10
$D \leq 219,1$	±1 % oder ±0,5 mm, es gilt jeweils der größere Wert	±12,5 % oder ±0,4 mm, es gilt jeweils der größere Wert			
$D > 219,1$		±20 %	±15 %	±12,5 %	±10 %

Werkstoffe:
P195TR1, P235TR1, P265TR1 in Güte TR1 ohne festgelegten Al-Anteil, ohne festgelegte Werte der Kerbschlagarbeit und ohne spezifische Prüfung.
P195TR2, P235TR2, P265TR2 in Güte TR2 mit festgelegtem Al-Anteil, mit festgelegten Werten der Kerbschlagarbeit und mit spezifischer Prüfung.

Bestellbeispiel:
40 t nahtlose Stahlrohre mit einem Außendurchmesser von 219,1 mm und einer Wanddicke von 8 mm nach EN 10216-1, hergestellt aus der Stahlsorte P235TR2 in Genaulängen 8000 + 15 mm:

40 t Rohre – 219,1 × 8 – EN 10216-1 – P235TR2 – Option 8: 8000 mm.

TB 1-14 Flächenmomente 2. Grades und Widerstandsmomente[1)]

Querschnitt	Biegung: axiales Flächenmoment 2. Grades I_b	Biegung: axiales Widerstandsmoment W_b	Torsion: Flächenmoment 2. Grades I_t	Torsion: Widerstandsmoment W_t
Rechteck 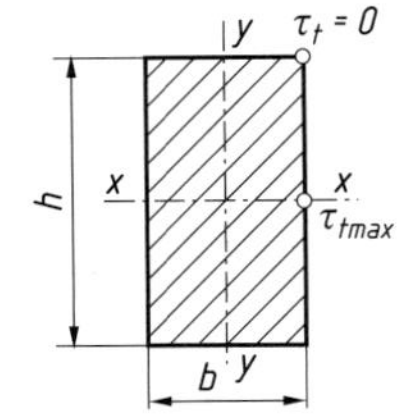	$I_x = \frac{b \cdot h^3}{12}$ $I_y = \frac{h \cdot b^3}{12}$	$W_x = \frac{b \cdot h^2}{6}$ $W_y = \frac{h \cdot b^2}{6}$	$I_t = c_1 \cdot h \cdot b^3$	$W_t = \frac{c_1}{c_2} \cdot h \cdot b^2$ wobei $c_1 = \frac{1}{3}\left(1 - \frac{0{,}63}{h/b} + \frac{0{,}052}{(h/b)^5}\right)$ $c_2 = 1 - \frac{0{,}65}{1 + (h/b)^3}$
Quadrat 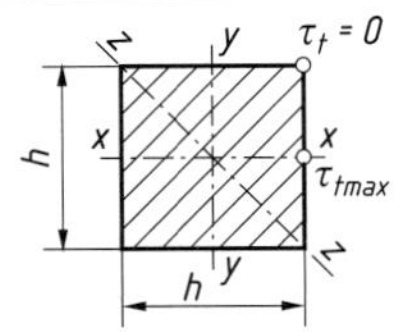	$I_x = I_y = I_z = \frac{h^4}{12}$	$W_x = W_y = \frac{h^3}{6}$ $W_z = \frac{\sqrt{2} \cdot h^3}{12}$	$I_t = 0{,}141 \cdot h^4$	$W_t = 0{,}208 \cdot h^3$
gleichseitiges Dreieck 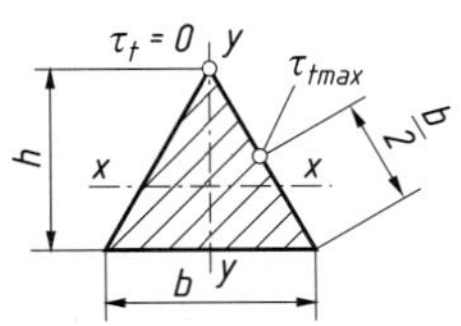	$I_x = I_y = \frac{b^4}{32 \cdot \sqrt{3}}$ $\left(h = \frac{\sqrt{3}}{2} \cdot b\right)$	$W_x = \frac{b^3}{32}$ $W_y = \frac{b^3}{16 \cdot \sqrt{3}}$	$I_t = \frac{b^4}{46{,}2}$	$W_t = \frac{b^3}{20}$
schmales schräggestelltes Rechteck 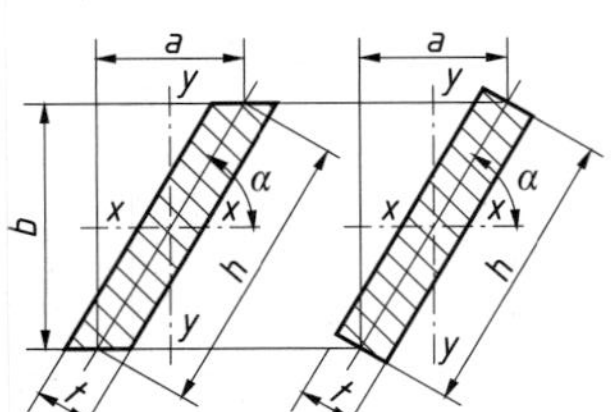	$I_x = \frac{t}{12} \cdot h \cdot b^2 = \frac{t}{12}\, h^3 \cdot \sin^2 \alpha$ $I_y = \frac{t}{12} \cdot h \cdot a^2 = \frac{t}{12} \cdot h^3 \cdot \cos^2 \alpha$		$I_t \approx \frac{1}{3} \cdot h \cdot t^3$	$W_t \approx \frac{1}{3} \cdot h \cdot t^2$

TB 1-14 Fortsetzung

Querschnitt	Biegung: axiales Flächenmoment 2. Grades I_b	Biegung: axiales Widerstandsmoment W_b	Torsion: Flächenmoment 2. Grades I_t	Torsion: Widerstandsmoment W_t
Viertelkreis 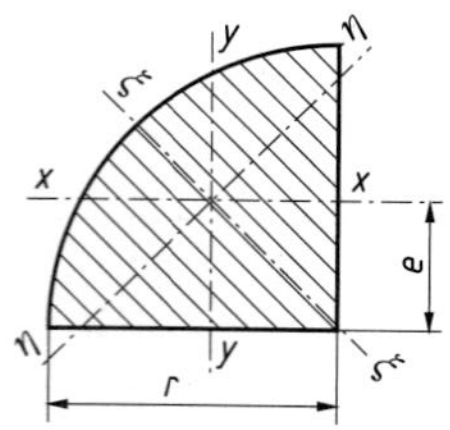	$I_x = I_y \approx 0{,}05488 \cdot r^4$ $I_\xi = 0{,}07135 \cdot r^4$ $I_\eta = 0{,}03384 \cdot r^4$ $(e = 0{,}4244 \cdot r)$	$W_x = W_y \approx 0{,}09534 \cdot r^3$ $W_\xi \approx 0{,}1009 \cdot r^3$ $W_\eta \approx 0{,}06399 \cdot r^3$		
rechteckiger Hohlkasten 1. Wanddicke t konstant 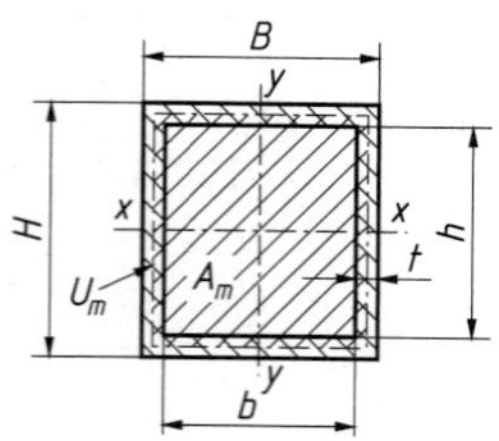	$I_x = \dfrac{B \cdot H^3 - b \cdot h^3}{12}$ $I_y = \dfrac{H \cdot B^3 - h \cdot b^3}{12}$	$W_x = \dfrac{B \cdot H^3 - b \cdot h^3}{6H}$ $W_y = \dfrac{H \cdot B^3 - h \cdot b^3}{6B}$	2. Bredtsche Formel $I_t = 2 \cdot (A_a + A_i) \cdot t \cdot \dfrac{A_m}{U_m}$ $\approx 4\,A_m^2 \cdot \dfrac{t}{U_m}$ A_m Fläche, die von der Profilmittellinie umschlossen wird U_m Länge der Profilmittellinie	1. Bredtsche Formel $W_t \approx 2 \cdot A_m \cdot t$
2. Wanddicke t veränderlich z. B. $t_1 < t_2 < t_3 < t_4$ 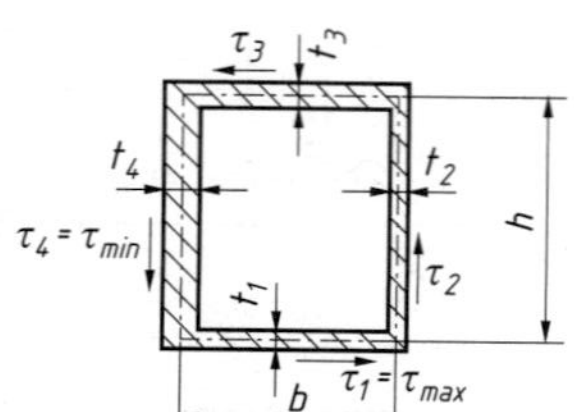			$I_t = \dfrac{4 \cdot b^2 \cdot h^2}{b\left(\dfrac{1}{t_1} + \dfrac{1}{t_3}\right) + h\left(\dfrac{1}{t_2} + \dfrac{1}{t_4}\right)}$	$W_{t\,min} = 2 \cdot b \cdot h \cdot t_{min}$ $W_{t\,max} = 2 \cdot b \cdot h \cdot t_{max}$

TB 1-14 Fortsetzung

Querschnitt	Biegung		Torsion	
	axiales Flächenmoment 2. Grades I_b	axiales Widerstandsmoment W_b	Flächenmoment 2. Grades I_t	Widerstandsmoment W_t
zusammengesetzte dünnwandige Querschnitte 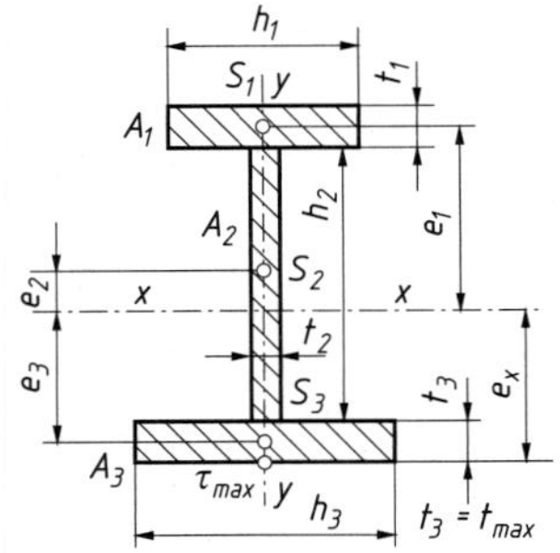	$I = \sum I_i + \sum A_i \cdot e_i^2$ Beispiel: $I_x = I_1 + I_2 + I_3 + A_1 \cdot e_1^2 + A_2 \cdot e_2^2 + A_3 \cdot e_3^2$	$W = \frac{I}{e}$	$I_t = \frac{1}{3} \sum_{i=1}^{n} h_i \cdot t_i^3$ Beispiel: $I_t \approx \frac{1}{3} (h_1 \cdot t_3^3 + h_2 \cdot t_2^3 + h_3 \cdot t_3^3)$	$W_t = \frac{1}{3 \cdot t_{max}} \cdot \sum_{i=1}^{n} h_i \cdot t_1^3$

[1] Flächen- und Widerstandsmomente für Wellenquerschnitte s. TB 11-3. Flächenmomente 2. Grades und axiale Widerstandmomente für Normprofile s. TB 1-8 bis TB 1-13.

TB 1-15 Maßstäbe in Abhängigkeit vom Längenmaßstab, Stufensprünge und Reihen zur Typung

Kenngröße	Maßstab	Stufensprung	Reihe
1. Länge L	$q_L = L_1/L_0$	$q_{r/p}$	Rr/p
2. Fläche A	$q_A = A_1/A_0 = q_L^2$	$q_{r/2p}$	Rr/2p
3. Volumen V	$q_V = V_1/V_0 = q_L^3$	$q_{r/3p}$	Rr/3p
Masse m	$q_m = m_1/m_0 = q_L^3$	$q_{r/3p}$	Rr/3p
4. Dichte ϱ	$q_\varrho = \varrho_1/\varrho_0 = 1$	–	–
5. Kraft F	$q_F = F_1/F_0 = q_L^2$	$q_{r/2p}$	Rr/2p
6. Spannung σ	$q_\sigma = \sigma_1/\sigma_0 = 1$	–	–
Druck p	$q_p = p_1/p_0 = 1$	–	–
7. Zeit t	$q_t = t_1/t_0 = q_L$	$q_{r/p}$	Rr/p
8. Geschwindigkeit v	$q_v = v_1/v_0 = 1$	–	–
9. Beschleunigung a	$q_a = a_1/a_0 = q_L^{-1}$	$q_{r/-p}$	Rr/−p (fallend)
Drehzahl n	$q_n = n_1/n_0 = q_L^{-1}$	$q_{r/-p}$	Rr/−p (fallend)
10. Winkelbeschleunigung α	$q_\alpha = \alpha_1/\alpha_0 = q_L^{-2}$	$q_{r/-2p}$	Rr/−2p (fallend)
11. Leistung P	$q_P = P_1/P_0 = q_L^2$	$q_{r/2p}$	Rr/2p
12. Moment M bzw. T	$q_M = M_1/M_0 = q_L^3 = T_1/T_0$	$q_{r/3p}$	Rr/3p
13. Widerstandsmoment W Arbeit W	$q_W = W_1/W_0 = q_L^3$	$q_{r/3p}$	Rr/3p
14. Flächenmoment 2. Grades I	$q_I = I_1/I_0 = q_L^4$	$q_{r/4p}$	Rr/4p
15. Massenmoment 2. Grades J	$q_J = J_1/J_0 = q_L^5$	$q_{r/5p}$	Rr/5p

TB 1-16 Normzahlen nach DIN 323

Hauptwerte				Rundwerte						nahe liegende Werte
Grundreihen				Rundwertreihen						
R5	R10	R20	R40	R″5	R′10	R″10	R′20	R″20	R′40	
1,00	1,00	1,00	1,00	1,00	1,00	1,00	1,00	1,00	1,00	
			1,06						1,05	
		1,12	1,12				1,10	1,10	1,10	
			1,18						1,20	
	1,25	1,25	1,25		1,25	(1,20)	1,25	(1,20)	1,25	$\sqrt[3]{2}$
			1,32						1,30	
		1,40	1,40				1,40	1,40	1,40	$\sqrt{2}$
			1,50						1,50	
1,60	1,60	1,60	1,60	(1,50)	1,60	(1,50)	1,60	1,60	1,60	$\sqrt[3]{4}$
			1,70						1,70	
		1,80	1,80				1,80	1,80	1,80	
			1,90						1,90	
	2,00	2,00	2,00		2,00	2,00	2,00	2,00	2,00	
			2,12						2,10	
		2,24	2,24				2,20	2,20	2,20	
			2,36						2,40	
2,50	2,50	2,50	2,50	2,50	2,50	2,50	2,50	2,50	2,50	$\frac{\text{mm}}{\text{Inch}} \approx 25$
			2,65						2,60	
		2,80	2,80				2,80	2,80	2,80	
			3,00						3,00	
	3,15	3,15	3,15		3,20	(3,00)	3,20	(3,00)	3,20	π, $\sqrt{10}$
			3,35						3,40	
		3,55	3,55				3,50	(3,50)	3,60	
			3,75						3,80	
4,00	4,00	4,00	4,00	4,00	4,00	4,00	4,00	4,00	4,00	$\frac{\pi}{8} \approx 0{,}4$
			4,25						4,20	
		4,50	4,50				4,50	4,50	4,50	
			4,75						4,80	
	5,00	5,00	5,00		5,00	5,00	5,00	5,00	5,00	
			5,30						5,30	
		5,60	5,60				5,60	(5,50)	5,60	
			6,00						6,00	
6,30	6,30	6,30	6,30	(6,00)	6,30	(6,00)	6,30	(6,00)	6,30	2π
			6,70						6,70	
		7,10	7,10				7,10	(7,00)	7,10	
			7,50						7,50	
	8,00	8,00	8,00		8,00	8,00	8,00	8,00	8,00	$\frac{\pi}{4} \approx 0{,}8$
			8,50						8,50	
		9,00	9.00				9,00	9,00	9,00	
			9,50						9,50	
10,00	10,00	10,00	10,00	10,00	10,00	10,00	10,00	10,00	10,00	π^2, g

Die in Klammern ( ) gesetzten Werte von R″5, R″10, R″20, insbesondere der Wert 1,5, sollten möglichst vermieden werden.

2 Toleranzen, Passungen, Oberflächenbeschaffenheit

TB 2-1 Grundtoleranzen IT in Anlehnung an DIN ISO 286-1

	Grundtoleranzgrade IT … 1	2	3	4	5	6	7	8	9	10	11	12	13	14	15	16	17	18
K	–	–	–	–	7	10	16	25	40	64	100	160	250	400	640	1000	1600	2500
Nennmaß-bereich (mm)	Grundtoleranz IT = $K \cdot i$ bzw. IT = $K \cdot I$; Toleranzfaktor $i(I)$ nach Gl. (2.4) µm											mm						
bis 3	0,8	1,2	2	3	4	6	10	14	25	40	60	0,1	0,14	0,25	0,4	0,6	1	1,4
> 3– 6	1	1,5	2,5	4	5	8	12	18	30	48	75	0,12	0,18	0,3	0,48	0,75	1,2	1,8
> 6– 10	1	1,5	2,5	4	6	9	15	22	36	58	90	0,15	0,22	0,36	0,58	0,9	1,5	2,2
> 10– 18	1,2	2	3	5	8	11	18	27	43	70	110	0,18	0,27	0,43	0,7	1,1	1,8	2,7
> 18– 30	1,5	2,5	4	6	9	13	21	33	52	84	130	0,21	0,33	0,52	0,84	1,3	2,1	3,3
> 30– 50	1,5	2,5	4	7	11	16	25	39	62	100	160	0,25	0,39	0,62	1	1,6	2,5	3,9
> 50– 80	2	3	5	8	13	19	30	46	74	120	190	0,3	0,46	0,74	1,2	1,9	3	4,6
> 80– 120	2,5	4	6	10	15	22	35	54	87	140	220	0,35	0,54	0,87	1,4	2,2	3,5	5,4
> 120– 180	3,5	5	8	12	18	25	40	63	100	160	250	0,4	0,63	1	1,6	2,5	4	6,3
> 180– 250	4,5	7	10	14	20	29	46	72	115	185	290	0,46	0,72	1,15	1,85	2,9	4,6	7,2
> 250– 315	6	8	12	16	23	32	52	81	130	210	320	0,52	0,81	1,3	2,1	3,2	5,2	8,1
> 315– 400	7	9	13	18	25	36	57	89	140	230	360	0,57	0,89	1,4	2,3	3,6	5,7	8,9
> 400– 500	8	10	15	20	27	40	63	97	155	250	400	0,63	0,97	1,55	2,5	4	6,3	9,7
> 500– 630	9	11	16	22	32	44	70	110	175	280	440	0,7	1,1	1,75	2,8	4,4	7	11
> 630– 800	10	13	18	25	36	50	80	125	200	320	500	0,8	1,25	2	3,2	5	8	12,5
> 800–1000	11	15	21	28	40	56	90	140	230	360	560	0,9	1,4	2,3	3,6	5,6	9	14
>1000–1250	13	18	24	33	47	66	105	165	260	420	660	1,05	1,65	2,6	4,2	6,6	10,5	16,5
>1250–1600	15	21	29	39	55	78	125	195	310	500	780	1,25	1,95	3,1	5	7,8	12,5	19,5
>1600–2000	18	25	35	46	65	92	150	230	370	600	920	1,5	2,3	3,7	6	9,2	15	23
>2000–2500	22	30	41	55	78	110	175	280	440	700	1100	1,75	2,8	4,4	7	11	17,5	28
>2500–3150	26	36	50	68	96	135	210	330	540	860	1350	2,1	3,3	5,4	8,6	13,5	21	33

TB 2-2 Zahlenwerte der Grundabmaße von Außenflächen (Wellen) in µm nach DIN ISO 286-1 (Auszug)

Nennmaß in mm	oberes Abmaß *es*[1]							unteres Abmaß *ei*[2]															
	c	d	e	f	g	h	js	j		k		m	n	p	r	s	t	u	x	z	za	zb	zc
	alle Grundtoleranzgrade							IT 5 und IT 6	IT 7	IT 4 bis IT 7	über IT 7	alle Grundtoleranzgrade											
> 3– 6	– 70	– 30	– 20	–10	– 4	0	Abmaße = ±(IT/2) mit IT nach TB 2-1	– 2	– 4	+1	0	+ 4	+ 8	+12	+ 15	+ 19	–	+ 23	+ 28	+ 35	+ 42	+ 50	+ 80
> 6– 10	– 80	– 40	– 25	–13	– 5	0		– 2	– 5	+1	0	+ 6	+10	+15	+ 19	+ 23	–	+ 28	+ 34	+ 42	+ 52	+ 67	+ 97
> 10– 14	– 95	– 50	– 32	–16	– 6	0		– 3	– 6	+1	0	+ 7	+12	+18	+ 23	+ 28	–	+ 33	+ 40	+ 50	+ 64	+ 90	+ 130
> 14– 18																			+ 45	+ 60	+ 77	+ 108	+ 150
> 18– 24	–110	– 65	– 40	–20	– 7	0		– 4	– 8	+2	0	+ 8	+15	+22	+ 28	+ 35	–	+ 41	+ 54	+ 73	+ 98	+ 136	+ 188
> 24– 30																	+ 41	+ 48	+ 64	+ 88	+ 118	+ 160	+ 218
> 30– 40	–120	– 80	– 50	–25	– 9	0		– 5	–10	+2	0	+ 9	+17	+26	+ 34	+ 43	+ 48	+ 60	+ 80	+ 112	+ 148	+ 200	+ 274
> 40– 50	–130																+ 54	+ 70	+ 97	+ 136	+ 180	+ 242	+ 325
> 50– 65	–140	–100	– 60	–30	–10	0		– 7	–12	+2	0	+11	+20	+32	+ 41	+ 53	+ 66	+ 87	+122	+ 172	+ 226	+ 300	+ 405
> 65– 80	–150														+ 43	+ 59	+ 75	+102	+146	+ 210	+ 274	+ 360	+ 480
> 80–100	–170	–120	– 72	–36	–12	0		– 9	–15	+3	0	+13	+23	+37	+ 51	+ 71	+ 91	+124	+178	+ 258	+ 335	+ 445	+ 585
>100–120	–180														+ 54	+ 79	+104	+144	+210	+ 310	+ 400	+ 525	+ 690
>120–140	–200	–145	– 85	–43	–14	0		–11	–18	+3	0	+15	+27	+43	+ 63	+ 92	+122	+170	+248	+ 365	+ 470	+ 620	+ 800
>140–160	–210														+ 65	+100	+134	+190	+280	+ 415	+ 535	+ 700	+ 900
>160–180	–230														+ 68	+108	+146	+210	+310	+ 465	+ 600	+ 780	+1000
>180–200	–240	–170	–100	–50	–15	0		–13	–21	+4	0	+17	+31	+50	+ 77	+122	+166	+236	+350	+ 520	+ 670	+ 880	+1150
>200–225	–260														+ 80	+130	+180	+258	+385	+ 575	+ 740	+ 960	+1250
>225–250	–280														+ 84	+140	+196	+284	+425	+ 640	+ 820	+1050	+1350
>250–280	–300	–190	–110	–56	–17	0		–16	–26	+4	0	+20	+34	+56	+ 94	+158	+218	+315	+475	+ 710	+ 920	+1200	+1550
>280–315	–330														+ 98	+170	+240	+350	+525	+ 790	+1000	+1300	+1700
>315–355	–360	–210	–125	–62	–18	0		–18	–28	+4	0	+21	+37	+62	+108	+190	+268	+390	+590	+ 900	+1150	+1500	+1900
>355–400	–400														+114	+208	+294	+435	+660	+1000	+1300	+1650	+2100
>400–450	–440	–230	–135	–68	–20	0		–20	–32	+5	0	+23	+40	+68	+126	+232	+330	+490	+740	+1100	+1450	+1850	+2400
>450–500	–480														+132	+252	+360	+540	+820	+1250	+1600	+2100	+2600

[1] $ei = es - IT$ (Grundtoleranz IT nach TB 2-1).
[2] $es = ei + IT$.

TB 2-3 Zahlenwerte der Grundabmaße von Innenpassflächen (Bohrungen) in µm nach DIN ISO 286-1 (Auszug)

Nennmaß in mm	unteres Abmaß *EI*[1]							oberes Abmaß *ES*[2]																		δ in µm					
	C	D	E	F	G	H	JS	J			K	M	N	P…ZC	P	R	S	T	U	X	Z	ZA	ZB	ZC						
	alle Grundtoleranzgrade							IT 6	IT 7	IT 8	bis IT 8	bis IT 8	bis IT 8	bis IT 7	Grundtoleranzgrade über IT 7										IT 3	IT 4	IT 5	IT 6	IT 7	IT 8
> 3– 6	+ 70	+ 30	+ 20	+10	+ 4	0	Abmaße = ±(IT/2) mit IT nach TB 2-1	+ 5	+ 6	+10	−1 + δ	− 4 + δ	− 8 + δ	Werte wie für Grundtoleranzgrade über IT 7, um δ erhöhen	−12	− 15	− 19	−	− 23	− 28	− 35	− 42	− 50	− 80	1	1,5	1	3	4	6
> 6– 10	+ 80	+ 40	+ 25	+13	+ 5	0		+ 5	+ 8	+12	−1 + δ	− 6 + δ	−10 + δ		−15	− 19	− 23	−	− 28	− 34	− 42	− 52	− 67	− 97	1	1,5	2	3	6	7
> 10– 14	+ 95	+ 50	+ 32	+16	+ 6	0		+ 6	+10	+15	−1 + δ	− 7 + δ	−12 + δ		−18	− 23	− 28	−	− 33	− 40	− 50	− 64	− 90	− 130	1	2	3	3	7	9
> 14– 18																				− 45	− 60	− 77	− 108	− 150						
> 18– 24	+110	+ 65	+ 40	+20	+ 7	0		+ 8	+12	+20	−2 + δ	− 8 + δ	−15 + δ		−22	− 28	− 35	−	− 41	− 54	− 73	− 98	− 136	− 188	1,5	2	3	4	8	12
> 24– 30																		− 41	− 48	− 64	− 88	− 118	− 160	− 218						
> 30– 40	+120	+ 80	+ 50	+25	+ 9	0		+10	+14	+24	−2 + δ	− 9 + δ	−17 + δ		−26	− 34	− 43	− 48	− 60	− 80	− 112	− 148	− 200	− 274	1,5	3	4	5	9	14
> 40– 50	+130																	− 54	− 70	− 97	− 136	− 180	− 242	− 325						
> 50– 65	+140	+100	+ 60	+30	+10	0		+13	+18	+28	−2 + δ	−11 + δ	−20 + δ		−32	− 41	− 53	− 66	− 87	−122	− 172	− 226	− 300	− 405	2	3	5	6	11	16
> 65– 80	+150															− 43	− 59	− 75	−102	−146	− 210	− 274	− 360	− 480						
> 80–100	+170	+120	+ 72	+36	+12	0		+16	+22	+34	−3 + δ	−13 + δ	−23 + δ		−37	− 51	− 71	− 91	−124	−178	− 258	− 335	− 445	− 585	2	4	5	7	13	19
>100–120	+180															− 54	− 79	−104	−144	−210	− 310	− 400	− 525	− 690						
>120–140	+200															− 63	− 92	−122	−170	−248	− 365	− 470	− 620	− 800						
>140–160	+210	+145	+ 85	+43	+14	0		+18	+26	+41	−3 + δ	−15 + δ	−27 + δ		−43	− 65	−100	−134	−190	−280	− 415	− 535	− 700	− 900	3	4	6	7	15	23
>160–180	+230															− 68	−108	−146	−210	−310	− 465	− 600	− 780	−1000						
>180–200	+240															− 77	−122	−166	−236	−350	− 520	− 670	− 880	−1150						
>200–225	+260	+170	+100	+50	+15	0		+22	+30	+47	−4 + δ	−17 + δ	−31 + δ		−50	− 80	−130	−180	−258	−385	− 575	− 740	− 960	−1250	3	4	6	9	17	26
>225–250	+280															− 84	−140	−196	−284	−425	− 640	− 820	−1050	−1350						
>250–280	+300	+190	+110	+56	+17	0		+25	+36	+55	−4 + δ	−20 + δ	−34 + δ		−56	− 94	−158	−218	−315	−475	− 710	− 920	−1200	−1550	4	4	7	9	20	29
>280–315	+330															− 98	−170	−240	−350	−525	− 790	−1000	−1300	−1700						
>315–355	+360	+210	+125	+62	+18	0		+29	+39	+60	−4 + δ	−21 + δ	−37 + δ		−62	−108	−190	−268	−390	−590	− 900	−1150	−1500	−1900	4	5	7	11	21	32
>355–400	+400															−114	−208	−294	−435	−660	−1000	−1300	−1650	−2100						
>400–450	+440	+230	+135	+68	+20	0		+33	+43	+66	−5 + δ	−23 + δ	−40 + δ		−68	−126	−232	−330	−490	−740	−1100	−1450	−1850	−2400	5	5	7	13	23	34
>450–500	+480															−132	−252	−360	−540	−820	−1250	−1600	−2100	−2600						

[1] $ES = EI + IT$ (Grundtoleranz IT nach TB 2-1).
[2] $EI = ES - IT$.

TB 2-4 Passungen für das System Einheitsbohrung nach DIN ISO 286-2 (Auszug)
Abmaße in µm

Nennmaß in mm	Spiel-		Über-gangs-		Übermaß-		Spiel-				Übergangs-			Über-maß-	
	Passungen						Passungen								
	H6	h5	j6	k6	n5	r5	H7	f7	g6	h6	k6	m6	n6	r6	s6
<3	+ 6 0	0 − 4	+ 4 − 2	+ 6 0	+ 8 + 4	+ 14 + 10	+10 0	− 6 − 16	− 2 − 8	0 − 6	+ 6 0	+ 8 + 2	+10 + 4	+ 16 + 10	+ 20 + 14
> 3– 6	+ 8 0	0 − 5	+ 6 − 2	+ 9 + 1	+13 + 8	+ 20 + 15	+12 0	− 10 − 22	− 4 −12	0 − 8	+ 9 + 1	+12 + 4	+16 + 8	+ 23 + 15	+ 27 + 19
> 6– 10	+ 9 0	0 − 6	+ 7 − 2	+10 + 1	+16 +10	+ 25 + 19	+15 0	− 13 − 28	− 5 −14	0 − 9	+10 + 1	+15 + 6	+19 +10	+ 28 + 19	+ 32 + 23
> 10– 18	+11 0	0 − 8	+ 8 − 3	+12 + 1	+20 +12	+ 31 + 23	+18 0	− 16 − 34	− 6 −17	0 −11	+12 + 1	+18 + 7	+23 +12	+ 34 + 23	+ 39 + 28
> 18– 30	+13 0	0 − 9	+ 9 − 4	+15 + 2	+24 +15	+ 37 + 28	+21 0	− 20 − 41	− 7 −20	0 −13	+15 + 2	+21 + 8	+28 +15	+ 41 + 28	+ 48 + 35
> 30– 50	+16 0	0 −11	+11 − 5	+18 + 2	+28 +17	+ 45 + 34	+25 0	− 25 − 50	− 9 −25	0 −16	+18 + 2	+25 + 9	+33 +17	+ 50 + 34	+ 59 + 43
> 50– 65	+19 0	0 −13	+12 − 7	+21 + 2	+33 +20	+ 54 + 41	+30 0	− 30 − 60	−10 −29	0 −19	+21 + 2	+30 +11	+39 +20	+ 60 + 41	+ 72 + 53
> 65– 80						+ 56 + 43								+ 62 + 43	+ 78 + 59
> 80–100	+22 0	0 −15	+13 − 9	+25 + 3	+38 +23	+ 66 + 51	+35 0	− 36 − 71	−12 −34	0 −22	+25 + 3	+35 +13	+45 +23	+ 73 + 51	+ 93 + 71
>100–120						+ 69 + 54								+ 76 + 54	+101 + 79
>120–140						+ 81 + 63								+ 88 + 63	+117 + 92
>140–160	+25 0	0 −18	+14 −11	+28 + 3	+45 +27	+ 83 + 65	+40 0	− 43 − 83	−14 −39	0 −25	+28 + 3	+40 +15	+52 +27	+ 90 + 65	+125 +100
>160–180						+ 86 + 68								+ 93 + 68	+133 +108
>180–200						+ 97 + 77								+106 + 77	+151 +122
>200–225	+29 0	0 −20	+16 −13	+33 + 4	+51 +31	+100 + 80	+46 0	− 50 − 96	−15 −44	0 −29	+33 + 4	+46 +17	+60 +31	+109 + 80	+159 +130
>225–250						+104 + 84								+113 + 84	+169 +140
>250–280	+32 0	0 −23	+16 −16	+36 + 4	+57 +34	+117 + 94	+52 0	− 56 −108	−17 −49	0 −32	+36 + 4	+52 +20	+66 +34	+126 + 94	+190 +158
>280–315						+121 + 98								+130 + 98	+202 +170
>315–355	+36 0	0 −25	+18 −18	+40 + 4	+62 +37	+133 +108	+57 0	− 62 −119	−18 −54	0 −36	+40 + 4	+57 +21	+73 +37	+144 +108	+226 +190
>355–400						+139 +114								+150 +114	+244 +208
>400–450	+40 0	0 −27	+20 −20	+45 + 5	+67 +40	+153 +126	+63 0	− 68 −131	−20 −60	0 −40	+45 + 5	+63 +23	+80 +40	+166 +126	+272 +232
>450–500						+159 +132								+172 +132	+292 +252

TB 2-4 Fortsetzung

Nennmaß in mm	Spiel-					Übermaß-			Spiel-					Übermaß-[1]
	Passungen								Passungen					
	H8	d9	e8	f8	h9	s8	u8	x8	H11	a11	c11	d9	h11	z11
< 3	+14 0	− 20 − 45	− 14 − 28	− 6 − 20	0 − 25	+ 28 + 14	+ 32 + 18	+ 34 + 20	+ 60 0	−270 −330	− 60 −120	− 20 − 45	0 − 60	+ 86 + 26
> 3– 6	+18 0	− 30 − 60	− 20 − 38	− 10 − 28	0 − 30	+ 37 + 19	+ 41 + 23	+ 46 + 28	+ 75 0	−270 −345	− 70 −145	− 30 − 60	0 − 75	+ 110 + 35
> 6– 10	+22 0	− 40 − 76	− 25 − 47	− 13 − 35	0 − 36	+ 45 + 23	+ 50 + 28	+ 56 + 34	+ 90 0	−280 −370	− 80 −170	− 40 − 76	0 − 90	+ 132 + 42
> 10– 14	+27 0	− 50 − 93	− 32 − 59	− 16 − 43	0 − 43	+ 55 + 28	+ 60 + 33	+ 67 + 40	+110 0	−290 −400	− 95 −205	− 50 − 93	0 −110	+ 160 + 50
> 14– 18								+ 72 + 45						+ 170 + 60
> 18– 24	+33 0	− 65 −117	− 40 − 73	− 20 − 53	0 − 52	+ 68 + 35	+ 74 + 41	+ 87 + 54	+130 0	− 300 − 430	−110 −240	− 65 −117	0 −130	+ 203 + 73
> 24– 30							+ 81 + 48	+ 97 + 64						+ 218 + 88
> 30– 40	+39 0	− 80 −142	− 50 − 89	− 25 − 64	0 − 62	+ 82 + 43	+ 99 + 60	+119 + 80	+160 0	− 310 − 470	−120 −280	− 80 −142	0 −160	+ 272 + 112
> 40– 50							+109 + 70	+136 + 97		− 320 − 480	−130 −290			+ 296 + 136
> 50– 65	+46 0	−100 −174	− 60 −106	− 30 − 76	0 − 74	+ 99 + 53	+133 + 87	+168 +122	+190 0	− 340 − 530	−140 −330	−100 −174	0 −190	+ 362 + 172
> 65– 80						+105 + 59	+148 +102	+192 +146		− 360 − 550	−150 −340			+ 408 + 210
> 80–100	+54 0	−120 −207	− 72 −126	− 36 − 90	0 − 87	+125 + 71	+178 +124	+232 +178	+220 0	− 380 − 600	−170 −390	−120 −207	0 −220	+ 478 + 258
>100–120						+133 + 79	+198 +144	+264 +210		− 410 − 630	−180 −400			+ 530 + 310
>120–140						+155 + 92	+233 +170	+311 +248		− 460 − 710	−200 −450			+ 615 + 365
>140–160	+63 0	−145 −245	− 85 −148	− 43 −106	0 −100	+163 +100	+253 +190	+343 +280	+250 0	− 520 − 770	−210 −460	−145 −245	0 −250	+ 665 + 415
>160–180						+171 +108	+273 +210	+373 +310		− 580 − 830	−230 −480			+ 715 + 465
>180–200						+194 +122	+308 +236	+422 +350		− 660 − 950	−240 −530			+ 810 + 520
>200–225	+72 0	−170 −285	−100 −172	− 50 −122	0 −115	+202 +130	+330 +258	+457 +385	+290 0	− 740 −1030	−260 −550	−170 −285	0 −290	+ 865 + 575
>225–250						+212 +140	+356 +284	+497 +425		− 820 −1110	−280 −570			+ 930 + 640
>250–280	+81 0	−190 −320	−110 −191	− 56 −137	0 −130	+239 +158	+396 +315	+556 +475	+320 0	− 920 −1240	−300 −620	−190 −320	0 −320	+1030 + 710
>280–315						+251 +170	+431 +350	+606 +525		−1050 −1370	−330 −650			+1110 + 790
>315–355	+89 0	−210 −350	−125 −214	− 62 −151	0 −140	+279 +190	+479 +390	+679 +590	+360 0	−1200 −1560	−360 −720	−210 −350	0 −360	+1260 + 900
>355–400						+297 +208	+524 +435	+749 +660		−1350 −1710	−400 −760			+1360 +1000
>400–450	+97 0	−230 −385	−135 −232	− 68 −165	0 −155	+329 +232	+587 +490	+837 +740	+400 0	−1500 −1900	−440 −840	−230 −385	0 −400	+1500 +1100
>450–500						+349 +252	+637 +540	+917 +820		−1650 −2050	−480 −880			+1650 +1250

[1] für $N > 65$ mm Übermaßpassung; bis $N = 65$ mm Übergangspassung.

TB 2-5 Passungen für das System Einheitswelle nach DIN ISO 286-2 (Auszug)
Grenzabmaße in µm

Nennmaß in mm	Spiel-Passungen		Übergangs-Passungen		Übermaß-Passungen		Spiel-Passungen			Übergangs-Passungen				Übermaß-Passungen	
	h5	G6	J6	M6	N6	P6	h6	F7	G7	J7	K7	M7	N7	R7	S7
<3	0 – 4	+ 8 + 2	+ 2 – 4	– 2 – 8	– 4 –10	– 6 –12	0 – 6	+ 16 + 6	+12 + 2	+ 4 – 6	0 –10	– 2 –12	– 4 –14	– 10 – 20	– 14 – 24
> 3– 6	0 – 5	+12 + 4	+ 5 – 3	– 1 – 9	– 5 –13	– 9 –17	0 – 8	+ 22 + 10	+16 + 4	+ 6 – 6	+ 3 – 9	0 –12	– 4 –16	– 11 – 23	– 15 – 27
> 6– 10	0 – 6	+14 + 5	+ 5 – 4	– 3 –12	– 7 –16	–12 –21	0 – 9	+ 28 + 13	+20 + 5	+ 8 – 7	+ 5 –10	0 –15	– 4 –19	– 13 – 28	– 17 – 32
> 10– 18	0 – 8	+17 + 6	+ 6 – 5	– 4 –15	– 9 –20	–15 –26	0 –11	+ 34 + 16	+24 + 6	+10 – 8	+ 6 –12	0 –18	– 5 –23	– 16 – 34	– 21 – 39
> 18– 30	0 – 9	+20 + 7	+ 8 – 5	– 4 –17	–11 –24	–18 –31	0 –13	+ 41 + 20	+28 + 7	+12 – 9	+ 6 –15	0 –21	– 7 –28	– 20 – 41	– 27 – 48
> 30– 50	0 –11	+25 + 9	+10 – 6	– 4 –20	–12 –28	–21 –37	0 –16	+ 50 + 25	+34 + 9	+14 –11	+ 7 –18	0 –25	– 8 –33	– 25 – 50	– 34 – 59
> 50– 65	0 –13	+29 +10	+13 – 6	– 5 –24	–14 –33	–26 –45	0 –19	+ 60 + 30	+40 +10	+18 –12	+ 9 –21	0 –30	– 9 –39	– 30 – 60	– 42 – 72
> 65– 80														– 32 – 62	– 48 – 78
> 80–100	0 –15	+34 +12	+16 – 6	– 6 –28	–16 –38	–30 –52	0 –22	+ 71 + 36	+47 +12	+22 –13	+10 –25	0 –35	–10 –45	– 38 – 73	– 58 – 93
>100–120														– 41 – 76	– 66 –101
>120–140														– 48 – 88	– 77 –117
>140–160	0 –18	+39 +14	+18 – 7	– 8 –33	–20 –45	–36 –61	0 –25	+ 83 + 43	+54 +14	+26 –14	+12 –28	0 –40	–12 –52	– 50 – 90	– 85 –125
>160–180														– 53 – 93	– 93 –133
>180–200														– 60 –106	–105 –151
>200–225	0 –20	+44 +15	+22 – 7	– 8 –37	–22 –51	–41 –70	0 –29	+ 96 + 50	+61 +15	+30 –16	+13 –33	0 –46	–14 –60	– 63 –109	–113 –159
>225–250														– 67 –113	–123 –169
>250–280	0 –23	+49 +17	+25 – 7	– 9 –41	–25 –57	–47 –79	0 –32	+108 + 56	+69 +17	+36 –16	+16 –36	0 –52	–14 –66	– 74 –126	–138 –190
>280–315														– 78 –130	–150 –202
>315–355	0 –25	+54 +18	+29 – 7	–10 –46	–26 –62	–51 –87	0 –36	+119 + 62	+75 +18	+39 –18	+17 –40	0 –57	–16 –73	– 87 –144	–169 –226
>355–400														– 93 –150	–187 –244
>400–450	0 –27	+60 +20	+33 – 7	–10 –50	–27 –67	–55 –95	0 –40	+131 + 68	+83 +20	+43 –20	+18 –45	0 –63	–17 –80	–103 –166	–209 –272
>450–500														–109 –172	–229 –292

TB 2-5 Fortsetzung

Nennmaß in mm	Spiel-Passungen							Übermaß-[1)] Passungen	Spiel-Passungen				Übermaß-[2)] Passungen
	h9	C11	D10	E9	F8	H8	H11	X9	h11	A11	C11	D10	Z11
<3	0 − 25	+120 + 60	+ 60 + 20	+ 39 + 14	+ 20 + 6	+14 0	+ 60 0	− 20 − 45	0 − 60	+ 330 + 270	+120 + 60	+ 60 + 20	− 26 − 86
> 3– 6	0 − 30	+145 + 70	+ 78 + 30	+ 50 + 20	+ 28 + 10	+18 0	+ 75 0	− 28 − 58	0 − 75	+ 345 + 270	+145 + 70	+ 78 + 30	− 35 − 110
> 6– 10	0 − 36	+170 + 80	+ 98 + 40	+ 61 + 25	+ 35 + 13	+22 0	+ 90 0	− 34 − 70	0 − 90	+ 370 + 280	+170 + 80	+ 98 + 40	− 42 − 132
> 10– 14	0 − 43	+205 + 95	+120 + 50	+ 75 + 32	+ 43 + 16	+27 0	+110 0	− 40 − 83	0 −110	+ 400 + 290	+205 + 95	+120 + 50	− 50 − 160
> 14– 18								− 45 − 88					− 60 − 170
> 18– 24	0 − 52	+240 +110	+149 + 65	+ 92 + 40	+ 53 + 20	+33 0	+130 0	− 54 −106	0 −130	+ 430 + 300	+240 +110	+149 + 65	− 73 − 203
> 24– 30								− 64 −116					− 88 − 218
> 30– 40	0 − 62	+280 +120	+180 + 80	+112 + 50	+ 64 + 25	+39 0	+160 0	− 80 −142	0 −160	+ 470 + 310	+280 +120	+180 + 80	− 112 − 272
> 40– 50		+290 +130						− 97 −159		+ 480 + 320	+290 +130		− 136 − 296
> 50– 65	0 − 74	+330 +140	+220 +100	+134 + 60	+ 76 + 30	+46 0	+190 0	−122 −196	0 −190	+ 530 + 340	+330 +140	+220 +100	− 172 − 362
> 65– 80		+340 +150						−146 −220		+ 550 + 360	+340 +150		− 210 − 400
> 80–100	0 − 87	+390 +170	+260 +120	+159 + 72	+ 90 + 36	+54 0	+220 0	−178 −265	0 −220	+ 600 + 380	+390 +170	+260 +120	− 258 − 478
>100–120		+400 +180						−210 −297		+ 630 + 410	+400 +180		− 310 − 530
>120–140	0 −100	+450 +200	+305 +145	+185 + 85	+106 + 43	+63 0	+250 0	−248 −348	0 −250	+ 710 + 460	+450 +200	+305 +145	− 365 − 615
>140–160		+460 +210						−280 −380		+ 770 + 520	+460 +210		− 415 − 665
>160–180		+480 +230						−310 −410		+ 830 + 580	+480 +230		− 465 − 715
>180–200	0 −115	+530 +240	+355 +170	+215 +100	+122 + 50	+72 0	+290 0	−350 −465	0 −290	+ 950 + 660	+530 +240	+335 +170	− 520 − 810
>200–225		+550 +260						−385 −500		+1030 + 740	+550 +260		− 575 − 865
>225–250		+570 +280						−425 −540		+1110 + 820	+570 +280		− 640 − 930
>250–280	0 −130	+620 +300	+400 +190	+240 +110	+137 + 56	+81 0	+320 0	−475 −605	0 −320	+1240 + 920	+620 +300	+400 +190	− 710 −1030
>280–315		+650 +330						−525 −655		+1370 +1050	+650 +330		− 790 −1110
>315–355	0 −140	+720 +360	+440 +210	+265 +125	+151 + 62	+89 0	+360 0	−590 −730	0 −360	+1560 +1200	+720 +360	+440 +210	− 900 −1260
>355–400		+760 +400						−660 −800		+1710 +1350	+760 +400		−1000 −1360
>400–450	0 −155	+840 +440	+480 +230	+290 +135	+165 + 68	+97 0	+400 0	−740 −895	0 −400	+1900 +1500	+840 +440	+480 +230	−1100 −1500
>450–500		+880 +480						−820 −975		+2050 +1650	+880 +480		−1250 −1650

[1)] für $N \leq 14$ mm Übergangspassung. [2)] für $N > 65$ mm Übermaßpassung; bis $N = 65$ mm Übergangspassung.

TB 2-6 Allgemeintoleranzen

a) Toleranzen für Längen- und Winkelmaße ohne einzelne Toleranzeintragung nach DIN ISO 2768-1

Toleranz-klasse	Grenzabmaße für Längenmaße							
	Nennmaßbereiche in mm							
	von 0,5[1] bis 3	über 3 bis 6	über 6 bis 30	über 30 bis 120	über 120 bis 400	über 400 bis 1000	über 1000 bis 2000	über 2000 bis 4000
f (fein)	±0,05	±0,05	±0,1	±0,15	±0,2	±0,3	±0,5	–
m (mittel)	±0,1	±0,1	±0,2	±0,3	±0,5	±0,8	±1,2	±2
c (grob)	±0,2	±0,3	±0,5	±0,8	±1,2	±2	±3	±4
v (sehr grob)	–	±0,5	±1	±1,5	±2,5	±4	±6	±8

Toleranz-klasse	Grenzabmaße für gebrochene Kanten[2]			Grenzabmaße für Winkelmaße				
	Nennmaßbereiche in mm			Nennmaßbereich für kürzeren Winkelschenkel in mm				
	von 0,5[1] bis 3	über 3 bis 6	über 6	bis 10	über 10 bis 50	über 50 bis 120	über 120 bis 400	über 400
f (fein)	±0,2	±0,5	±1	±1°	±0°30′	±0°20′	±0°10′	±0°5′
m (mittel)								
c (grob)	±0,4	±1	±2	±1°30′	±1°	±0°30′	±0°15′	±0°10′
v (sehr grob)				±3°	±2°	±1°	±0°30′	±0°20′

[1] Für Nennmaße unter 0,5 mm sind die Grenzabmaße direkt an dem entsprechenden Nennmaß anzugeben.
[2] Rundungshalbmesser und Fasenhöhen

Zeichnungseintragung im oder neben dem Schriftfeld:

z. B. „Allgemeintoleranz ISO 2768-c“ oder nur „ISO 2768-c“: Es gelten die Allgemeintoleranzen nach ISO 2768-1 für Längen- und Winkelmaße in Toleranzklasse grob (c).

b) Toleranzen für Form und Lage ohne einzelne Toleranzeintragung nach DIN ISO 2768-2 (Werte in mm)

Toleranz-klasse	Allgemeintoleranzen für														
	Geradheit und Ebenheit						Rechtwinkligkeit				Symmetrie				Lauf
	Nennmaßbereiche						Nennmaßbereiche für den kürzeren Winkelschenkel				Nennmaßbereiche				
	bis 10	über 10 bis 30	über 30 bis 100	über 100 bis 300	über 300 bis 1000	über 1000 bis 3000	bis 100	über 100 bis 300	über 300 bis 1000	über 1000 bis 3000	bis 100	über 100 bis 300	über 300 bis 1000	über 1000 bis 3000	
H	0,02	0,05	0,1	0,2	0,3	0,4	0,2	0,3	0,4	0,5	0,5				0,1
K	0,05	0,1	0,2	0,4	0,6	0,8	0,4	0,6	0,8	1,0	0,6		0,8	1,0	0,2
L	0,1	0,2	0,4	0,8	1,2	1,6	0,6	1,0	1,5	2,0	0,6	1,0	1,5	2,0	0,5

Beispiele für die Zeichnungseintragung:

„ISO 2768-mH“: Es gelten die Allgemeintoleranzen für Maße und für Form und Lage nach ISO 2768-1 und -2 mit den Toleranzklassen m und H. (Für nicht eingetragene 90°-Winkel gelten die Allgemeintoleranzen für Winkelmaße nach ISO 2768-1 nicht).

„ISO 2768-mK-E“: Die Hüllbedingung E soll auch für alle einzelnen Maßelemente gelten.

TB 2-7 Formtoleranzen nach DIN EN ISO 1101 (Auszug)

Symbol und tolerierte Eigenschaft		Toleranzzone	Anwendungsbeispiele Zeichnungsangabe	Erklärung
—	Geradheit	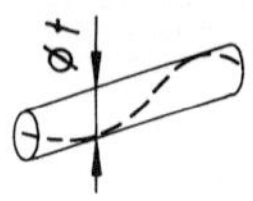	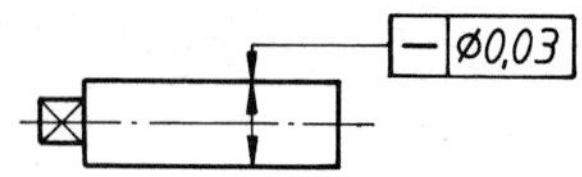	Die Achse des zylindrischen Teiles des Bolzens muss innerhalb eines Zylinders vom Durchmesser t = 0,03 mm liegen.
⏥	Ebenheit	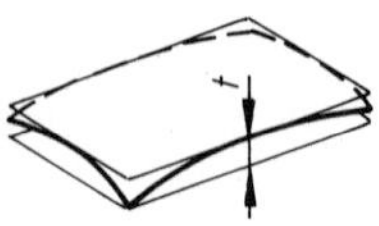	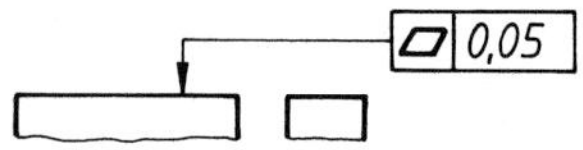	Die tolerierte Fläche muss zwischen zwei parallelen Ebenen vom Abstand t = 0,05 mm liegen.
○	Rundheit	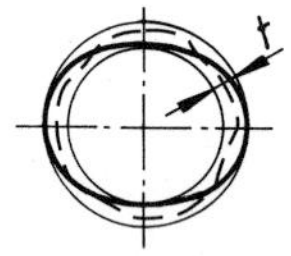	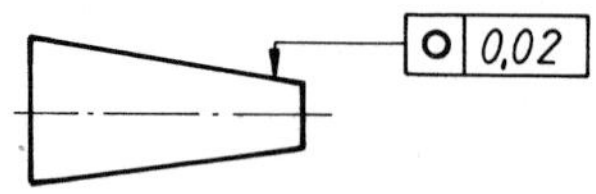	Die Umfangslinie jedes Querschnittes muss in einem Kreisring von der Breite t = 0,02 mm enthalten sein.
⌭	Zylinderform	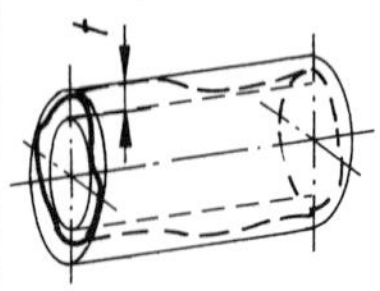	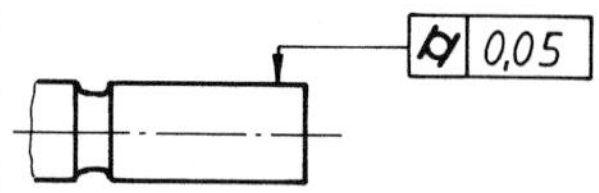	Die tolerierte Zylindermantelfläche muss zwischen zwei koaxialen Zylindern liegen, die einen radialen Abstand von t = 0,05 mm haben.
⌒	Profilform einer Linie (Linienform)		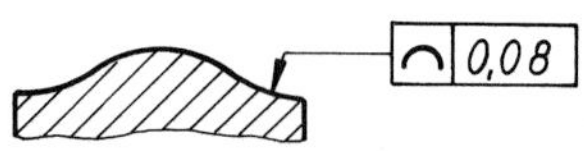	Das tolerierte Profil muss an jeder Stelle der Werkstückdicke zwischen zwei Hüll-Linien liegen, deren Abstand durch Kreise vom Durchmesser t = 0,08 mm begrenzt wird. Die Mittelpunkte dieser Kreise liegen auf der geometrisch idealen Linie.
⌓	Profilform einer Fläche (Flächenform)	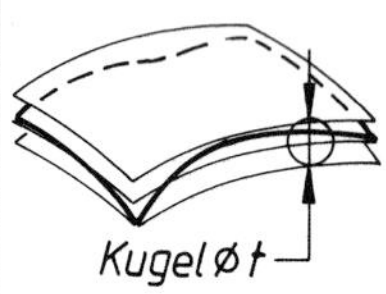	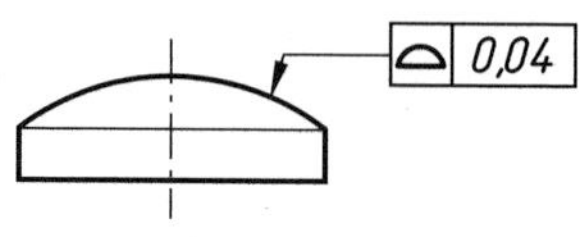	Die tolerierte Fläche muss zwischen zwei Hüll-Flächen liegen, deren Abstand durch Kugeln vom Durchmesser t = 0,04 mm begrenzt wird. Die Mittelpunkte dieser Kugeln liegen auf der geometrisch idealen Fläche.

TB 2-8 Lagetoleranzen nach DIN EN ISO 1101 (Auszug)

	Symbol und tolerierte Eigenschaft		Toleranzzone	Anwendungsbeispiele Zeichnungsangabe	Erklärung
Richtungstoleranzen	//	Parallelität	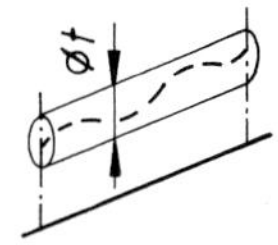	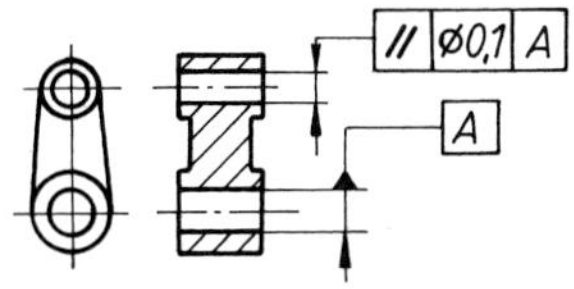	Die tolerierte Achse muss innerhalb eines zur Bezugsachse parallel liegenden Zylinders vom Durchmesser t = 0,1 mm liegen.
			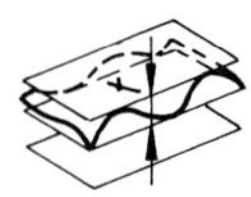	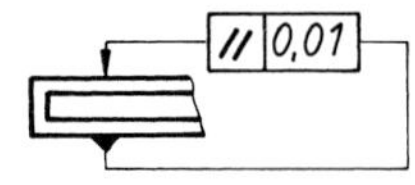	Die tolerierte Fläche muss zwischen zwei zur Bezugsfläche parallelen Ebenen vom Abstand t = 0,01 mm ligen.
	⊥	Rechtwinkligkeit	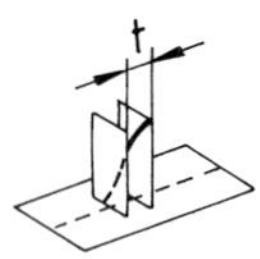	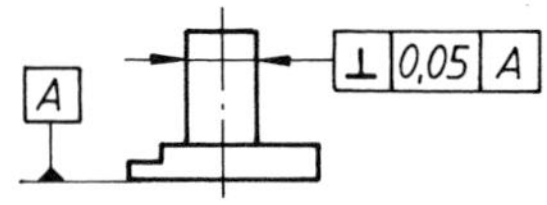	Die tolerierte Achse muss zwischen zwei parallelen zur Bezugsfläche und zur Pfeilrichtung senkrechten Ebenen vom Abstand t = 0,05 mm liegen.
	∠	Neigung (Winkligkeit)	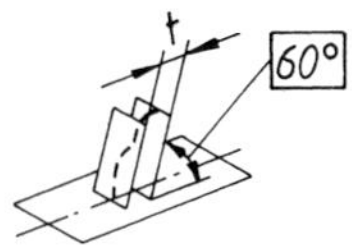	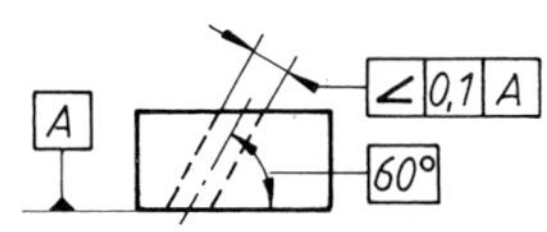	Die Achse der Bohrung muss zwischen zwei zur Bezugsfläche im Winkel von 60° geneigten und zueinander parallelen Ebenen vom Abstand t = 0,1 mm liegen.
Ortstoleranzen	⌖	Position	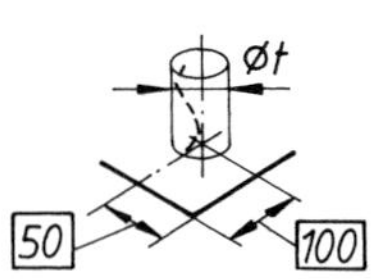	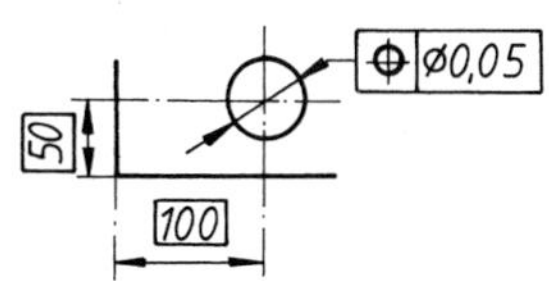	Die Achse der Bohrung muss innerhalb eines Zylinders vom Durchmesser t = 0,05 mm liegen, dessen Achse sich am geometrisch idealen Ort (mit eingerahmten Maßen) befindet.
	≡	Symmetrie	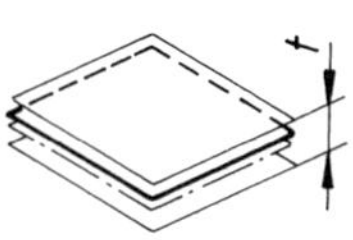	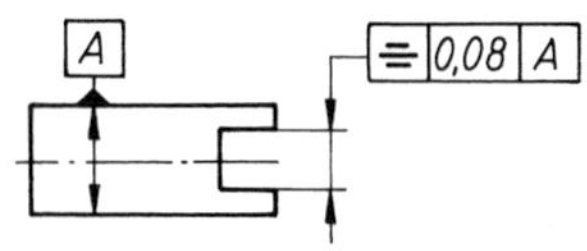	Die Mittelebene der Nut muss zwischen zwei parallelen Ebenen liegen, die einen Abstand von t = 0,08 mm haben und symmetrisch zur Mittelebene des Bezugselementes liegen.
	◎	Koaxialität Konzentrizität	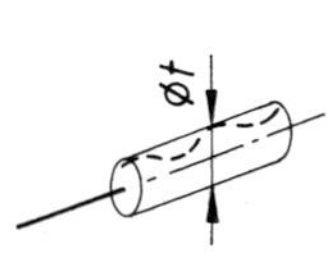	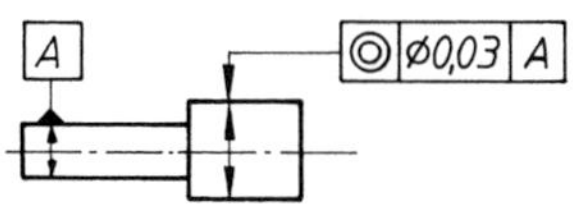	Die Achse des tolerierten Teiles der Welle muss innerhalb eines Zylinders vom Durchmesser t = 0,03 mm liegen, dessen Achse mit der Achse des Bezugselementes fluchtet.
Lauftoleranzen	↗	Rundlauf	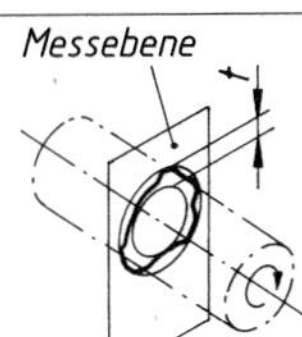	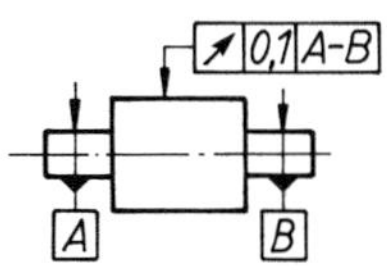	Bei einer Umdrehung um die Bezugsachse *A–B* darf die Rundlaufabweichung in jeder Messebene 0,1 mm nicht überschreiten.
		Planlauf	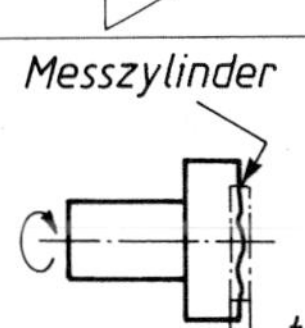	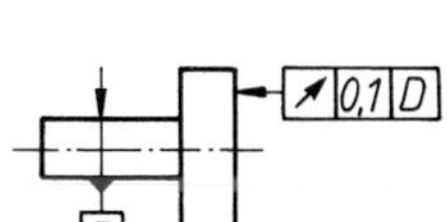	Bei einer Umdrehung um die Bezugsachse *D* darf die Planlaufabweichung an jeder beliebigen Messposition nicht größer als 0,1 mm sein.

TB 2-9 Anwendungsbeispiele für Passungen[1)]

System Einheits-bohrung	Passtoleranz-feldlage	System Einheits-welle	Montagehinweise, Passcharakter und Anwendungsbeispiele
		Übermaßpassungen	
H8/x8 **H8/u8**	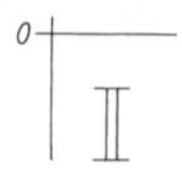	*X7/h6* *U7/h6*	*Nur durch Erwärmen bzw. Kühlen fügbar.* Auf Wellen feststitzende Zahnräder, Kupplungen, Schwungräder; Schrumpfringe. Zusätzliche Sicherung gegen Verdrehen nicht erforderlich.
H7/s6 **H7/r6**	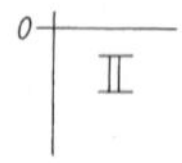	*S7/h6* *R7/h6*	*Teile unter größerem Druck oder Erwärmen bzw. Kühlen fügbar.* Lagerbuchsen in Gehäusen, Buchsen in Radnaben; Flansche auf Wellenenden. Zusätzliche Sicherung gegen Verdrehen nicht erforderlich.
		Übergangspassungen	
H7/n6	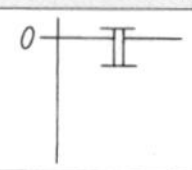	*N7/h6*	*Teile unter Druck fügbar.* Radkränze auf Radkörpern; Lagerbuchsen in Gehäusen und Radnaben; Kupplungen auf Wellenenden. Gegen Verdrehen zusätzlich sichern.
H7/k6	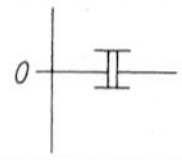	*K7/h6*	*Teile mit Hammerschlägen fügbar.* Zahnräder, Riemenscheiben, Kupplungen, Bremsscheiben auf längeren Wellen bzw. Wellenenden. Gegen Verdrehen zusätzlich sichern.
H7/j6	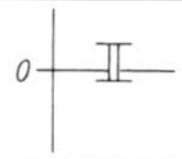	*J7/h6*	*Teile mit leichten Hammerschlägen oder von Hand fügbar.* Für leicht ein- und auszubauende Zahnräder, Riemenscheiben; Buchsen. Gegen Verdrehen zusätzlich sichern.
		Spielpassungen	
H7/h6 **H8/h9** H11/h9		**H7/h6** **H8/h9** H9/h11	*Teile von Hand noch verschiebbar.* Für gleitende Teile und Führungen; Zentrierflansche; Reitstockpinole; Stell- und Distanzringe.
H7/g6		G7/h6	*Teile ohne merkliches Spiel verschiebbar.* Gleitlager für Arbeitsspindeln, verschiebbare Räder und Kupplungen.
H7/f7 **H8/f7**	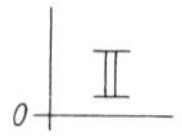	**F8/h6** **F8/h9**	*Teile mit geringem Spiel beweglich.* Gleitlager allgemein; Gleitbuchsen auf Wellen; Steuerkolben in Zylindern.
H8/e8		**E9/h9**	*Teile mit merklichem Spiel beweglich.* Mehrfach gelagerte Welle; Kurbelwellen- und Schneckenwellenlagerung; Hebellagerungen.
H8/d9 H11/d9		**D10/h9** D10/h11	*Teile mit reichlichem Spiel beweglich.* Für die Lagerungen an Bau- und Landmaschinen; Förderanlagen. Grobmaschinenbau allgemein.
H11/c11 H11/a11	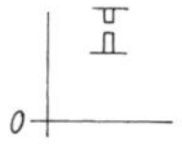	**C11/h9** C11/h11 A11/h11	*Teile mit sehr großem Spiel beweglich.* Lager mit hoher Verschmutzungsgefahr und bei mangelhafter Schmierung; Gelenkverbindungen, Waggonbau, Landmaschinen.

[1)] Für den praktischen Gebrauch genügt die Passungsauswahl nach DIN 7157, Reihe 1 **(Fettdruck)**. Von dieser Empfehlung ist nur in Ausnahmefällen (z. B. Wälzlagereinbau, TB 14-8) abzuweichen. Die *kursiv* gedruckten Passungen sind DIN 7155-1 (ISO-Passungen für Einheitswelle) entnommen und zu vermeiden.

TB 2-10 Zuordnung von *Rz* und *Ra* für spanend gefertigte Oberflächen nach DIN 4768-1, Beiblatt 1 (Norm zurückgezogen)

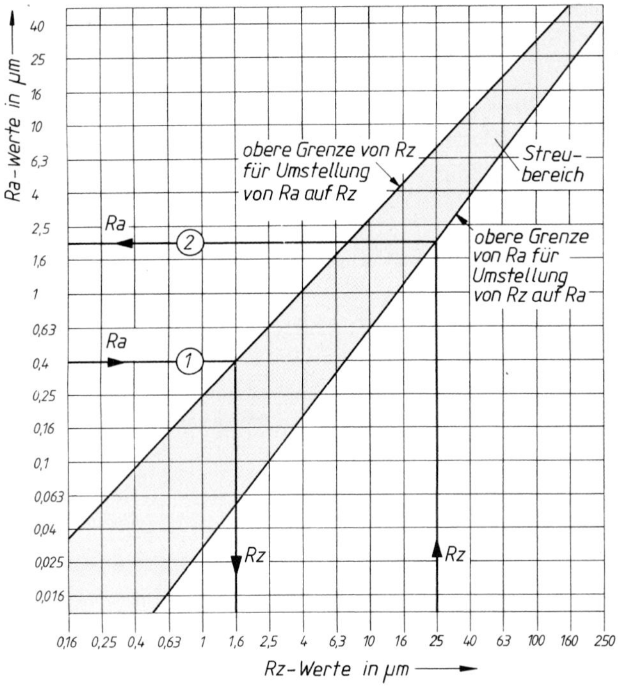

Ablesebeispiele:

① Soll der Mittenrauwert *Ra* = 0,4 µm in eine vergleichbare gemittelte Rautiefe *Rz* umgewandelt werden, so kann angenommen werden, dass *Rz* = 1,6 µm dem Wert *Ra* = 0,4 µm entspricht.

② Soll dagegen die gemittelte Rautiefe *Rz* = 25 µm in einen vergleichbaren Mittenrauwert *Ra* umgewandelt werden, so kann davon ausgegangen werden, dass *Ra* = 2 µm dem Wert *Rz* = 25 µm entspricht.

Hinweis: Eine genaue Umrechnung zwischen der gemittelten Rautiefe *Rz* und dem arithmetischen Mittenrauwert *Ra* und umgekehrt, lässt sich weder theoretisch begründen noch empirisch nachweisen.

TB 2-11 Empfehlung für gemittelte Rautiefe *Rz* in Abhängigkeit von Nennmaß, Toleranzklasse und Flächenfunktion (nach Rochusch)

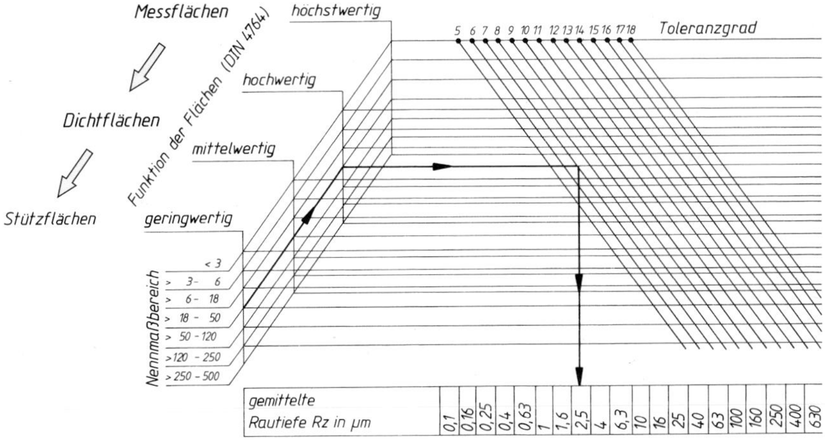

Ablesebeispiel: Die zu empfehlende gemittelte Rautiefe *Rz* ergibt sich für den Werkstückdurchmesser *d* = 40 mm einer vorgegebenen Toleranzklasse r7 bei einer hochwertigen Flächenfunktion (z. B. Pressverband) zu *Rz* = 2,5 µm.

TB 2-12 Rauheit von Oberflächen in Abhängigkeit vom Fertigungsverfahren (Auszug aus zurückgezogener DIN 4766-1)

Die Werte dienen der Orientierung. Sie sind nicht dazu geeignet, über ein bestimmtes Fertigungsverfahren eine bindende Festlegung für die Rauheitsangaben in Zeichnungen abzuleiten.

a) erreichbare gemittelte Rautiefe Rz [1)]

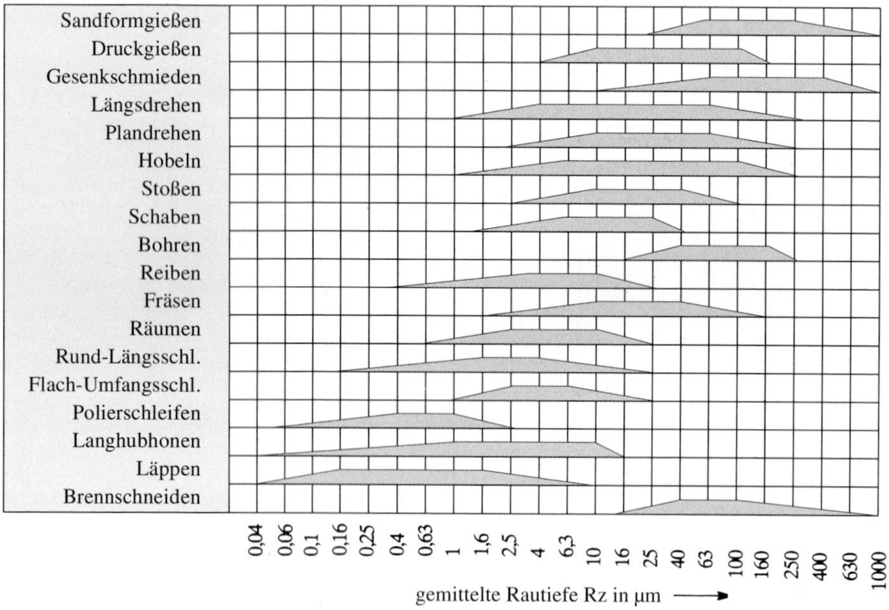

b) erreichbare Mittenrauwerte Ra [1)]

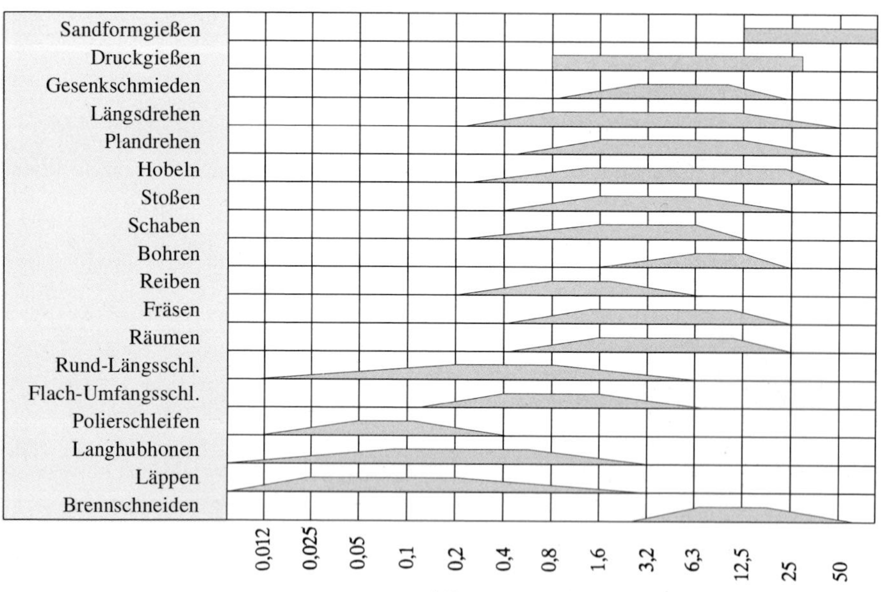

[1)] Ansteigender Balken gibt Rauwerte an, die nur durch besondere Maßnahmen erreichbar sind; abfallende Balken bei besonders grober Fertigung.

3 Festigkeitsberechnung

3

TB 3-1 Dauerfestigkeitsschaubilder

a) **Dauerfestigkeitsschaubilder der *Baustähle***
nach DIN EN 10025; Werte gerechnet, s. TB 1-1

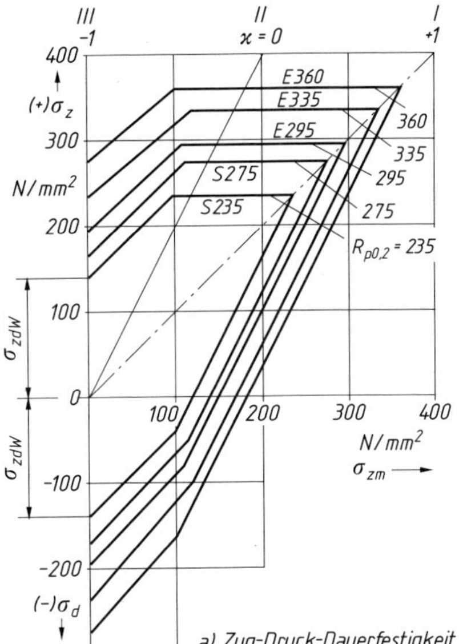

a) Zug-Druck-Dauerfestigkeit

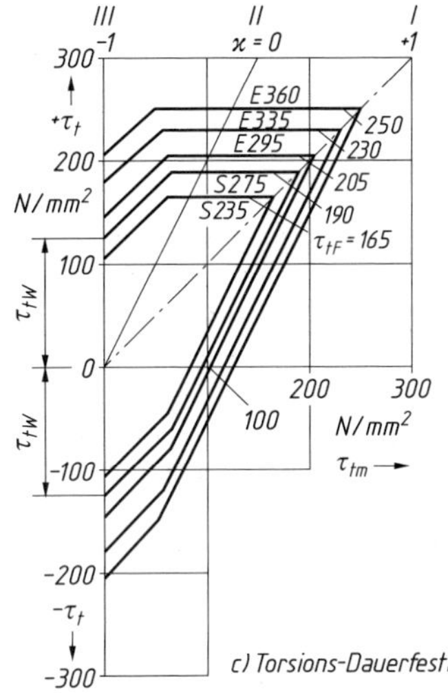

c) Torsions-Dauerfestigkeit

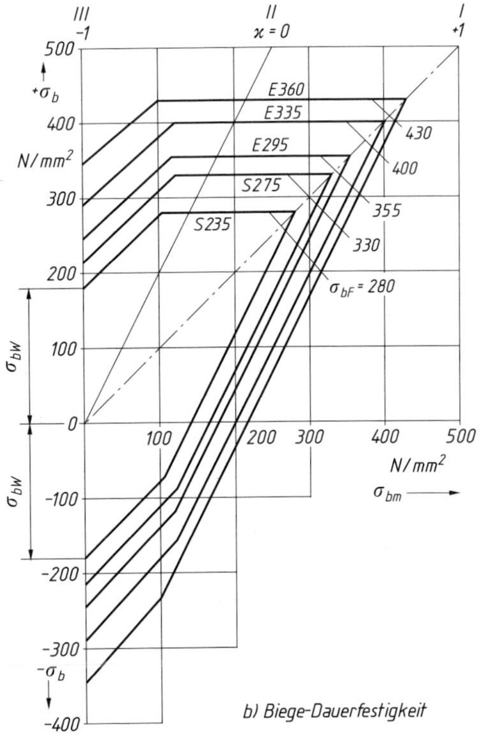

b) Biege-Dauerfestigkeit

TB 3-1 Fortsetzung

b) **Dauerfestigkeitsschaubilder der *Vergütungsstähle***
nach DIN EN 10083; (im vergüteten Zustand; Werte gerechnet, s. TB 1-1)

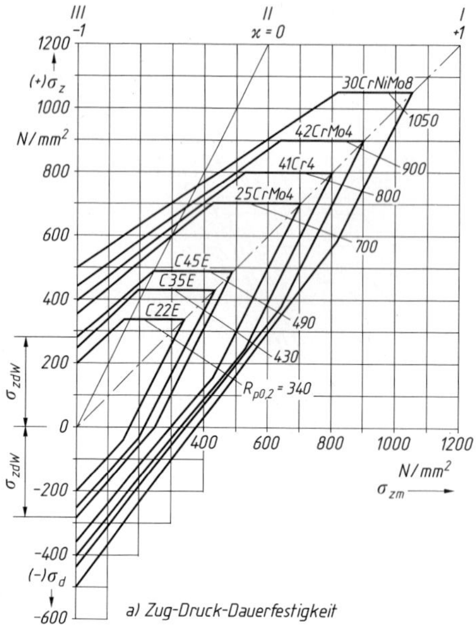

a) Zug-Druck-Dauerfestigkeit

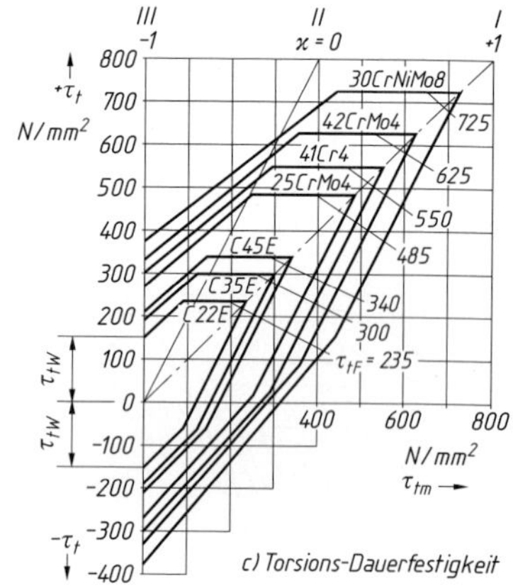

c) Torsions-Dauerfestigkeit

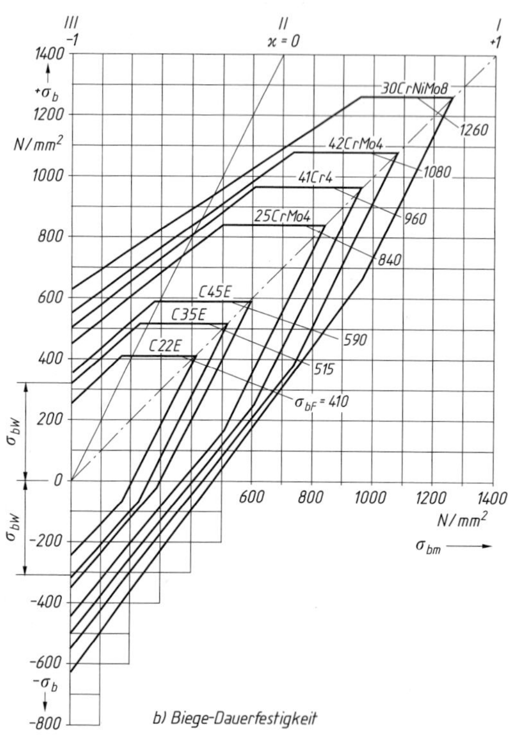

b) Biege-Dauerfestigkeit

TB 3-1 Fortsetzung

c) **Dauerfestigkeitsschaubilder der *Einsatzstähle***
nach DIN 17210 (DIN EN 10084
(im blindgehärteten Zustand; Werte gerechnet, s. TB 1-1)

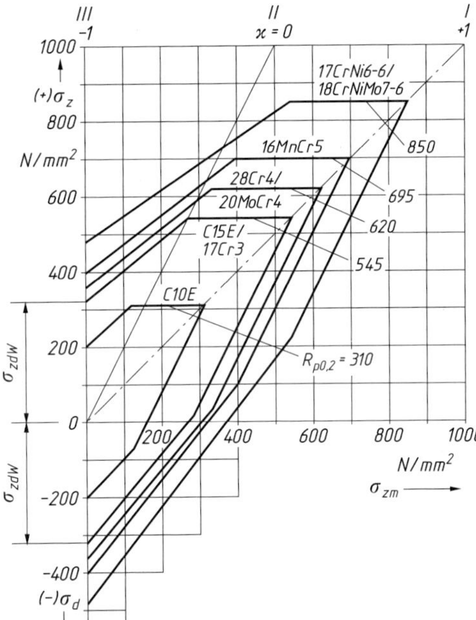

a) Zug-Druck-Dauerfestigkeit

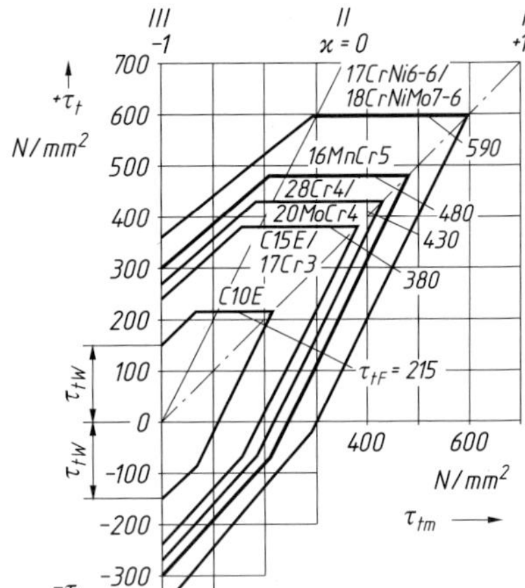

c) Torsions-Dauerfestigkeit

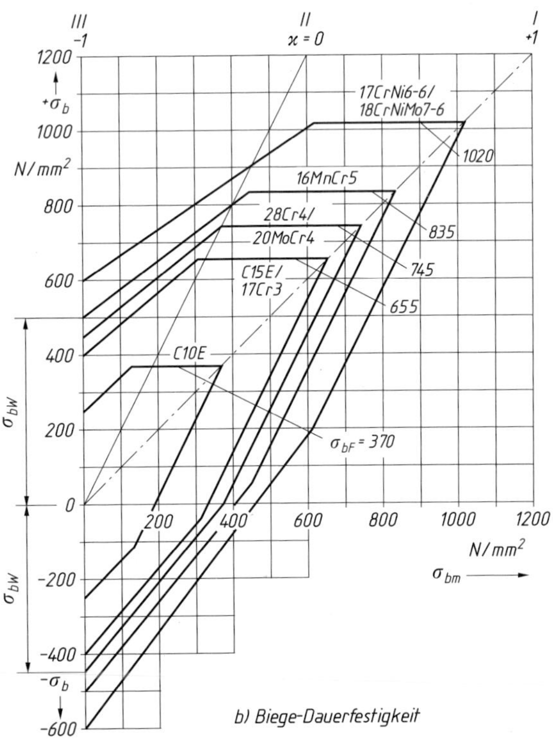

b) Biege-Dauerfestigkeit

TB 3-2 Umrechnungsfaktoren zur Berechnung der Werkstoff-Festigkeitswerte (nach FKM-Richtlinie)

Werkstoffgruppe	* Einsatzstahl Schmiedestahl nichtrost. Stahl	Stahl außer unter * genannten	GS	GJS	GJM	GJL
Zugdruckfestigkeit f_σ	1	1	1	1 (1,3)[1)]	1 (1,5)[1) 2)]	1 (2,5)[1) 2)]
Schubfestigkeit f_τ	0,58	0,58	0,58	0,65	0,75[2)]	0,85[2)]
Wechselfestigkeit $f_{W\sigma}$	0,40	0,45[3)]	0,34	0,34	0,30	0,30
Wechselfestigkeit $f_{W\tau}$	0,58	0,58	0,58	0,65	0,75	0,85

[1)] Klammerwert gilt für Druck
[2)] gültig für Nachweis mit örtlichen Spannungen
[3)] nach DIN 743 $f_{W\sigma} = 0{,}40$

TB 3-3 Plastische Formzahlen α_p für den statischen Festigkeitsnachweis

Querschnittsform	Rechteck	Kreis	Kreisring (dünnwandig)	Doppel-T oder Kasten
Biegung α_{bp}	1,5	1,70	1,27	$\alpha_{bp} = 1{,}5 \cdot \dfrac{1-(b/B)\cdot(h/H)^2}{1-(b/B)\cdot(h/H)^3}$ [1)]
Torsion α_{tp}	–	1,33	1	–

[1)] b, B innere bzw. äußere Breite; h, H innere bzw. äußere Höhe

TB 3-4 Charakteristische Werte der 0,2%-Dehngrenze $R_{p\,0,2}$ und der Zugfestigkeit R_m für tragende Bauteile aus Aluminium-Knetlegierungen im Aluminiumbau nach DIN EN 1999-1-1 (Auswahl)

Kurzname (Werkstoffnummer) ENAW –	Produktform: Bleche, Bänder Platten	Produktform: Profile, Rohre stranggepresst	Produktform: Rohre kaltgezogen	Werkstoffzustand[1)]	Dicke t (Durchmesser) mm	Dehngrenze $R_{p\,0,2}$ min. N/mm²	Zugfestigkeit R_m min. N/mm²	Bruchdehnung[2)] A min. %	Beständigkeitsklasse[3)]
AlMn1 (3103)	×			H14	≤25	120	140	2 … 5	A
	×			H24	≤12,5	110	140	4 … 8	
	×			H16	≤4	145	160	1 … 2	
	×			H26	≤4	135	160	2 … 3	
AlMg1 (B) (5005)	×			0, H111	≤50	35	100	15 … 22	A
	×			H12	≤12,5	95	125	2 … 7	
	×			H22, H32	≤12,5	80	125	4 … 10	
	×			H14	≤12,5	120	145	2 … 5	
	×			H24, H34	≤12,5	110	145	3 … 8	
AlMg2,5 (5052)	×			H12	≤40	160	210	4 … 9	A
	×			H22, H32	≤40	130	210	5 … 12	
	×			H14	≤25	180	230	3 … 4	
	×			H24, H34	≤25	150	230	4 … 12	
AlMg4,5Mn0,7 (5083)	×			0, H111	≤50	125	275	11 … 15	A
	×			0, H111	50 < t < 80	125	270	14	
	×			H12	≤40	250	305	3 … 6	
	×			H22, H32	≤40	215	305	5 … 9	
	×			H14	≤25	280	340	2 … 3	
	×			H24, H34	≤25	250	340	4 … 7	
		×		0, H111, F, H112	≤200	110	270	12	
			×	H12, H22, H32	≤10	200	280	6	
			×	H14, H24, H34	≤5	235	300	4	

TB 3-4 Fortsetzung

Kurzname (Werkstoffnummer) ENAW –	Produktform: Bleche, Bänder Platten	Produktform: Profile, Rohre stranggepresst	Produktform: Rohre kaltgezogen	Werkstoffzustand[1]	Dicke t (Durchmesser) mm	Dehngrenze $R_{p\,0,2}$ min. N/mm²	Zugfestigkeit R_m min. N/mm²	Bruchdehnung[2] A min. %	Beständigkeitsklasse[3]
Al Mg3 (5754)	×			0, H111	≤100	80	190	12 ... 17	
	×			H14	≤25	190	240	3 ... 5	
	×			H24, H34	≤25	160	240	6 ... 8	A
		×		H112	≤25	80	180	14	
			×	H12, H22, H32	≤10	200	280	6	
			×	H14, H24, H34	≤5	235	300	4	
AlMgSi (6060)		×		T5	≤5	120	160	8	
		×		T5	$5 \le t \le 25$	100	140	8	B
		×		T6	≤15	140	170	8	
			×	T6	≤20	160	215	12	
AlMg1SiCu (6061)	×			T4, T451	≤12,5	110	205	12 ... 14	
	×			T6, T651	≤12,5	240	290	6 ... 9	
	×			T651	$12{,}5 \le t \le 80$	240	290	6	
		×		T4	≤25	110	180	15	B
			×	T4	≤20	110	205	16	
		×		T6	≤25	240	260	8	
			×	T6	≤20	240	290	10	
AlSi1MgMn (6082)	×			T4, T451	≤12,5	110	205	12 ... 14	
	×			T61, T6151	≤12,5	205	280	10 ... 12	
	×			T6, T651	≤6	260	310	6 ... 10	
	×			T6, 651	$6 \le t \le 12{,}5$	255	300	9	
	×			T651	$12{,}5 \le t \le 100$	240	295	7	
		×		T4	≤25	110	205	14	B
		×		T5	≤5	230	270	8	
		×		T6	≤20	250	295	8	
		×		T6	$20 \le t \le 150$	260	310	8	
			×	T6	≤5	255	310	8	
			×	T6	$5 \le t \le 20$	240	310	10	
AlZn4,5Mg1 (7020)	×			T6	≤12,5	280	350	7 ... 10	
	×			T651	≤40	280	350	9	
		×		T6	≤15	290	350	10	C
		×		T6	$15 \le t \le 40$	275	350	10	
			×	T6	≤20	280	350	10	

[1] Zustandsbezeichnungen s. TB 1-3, Fußnote 4.
[2] Für die mit der Dicke ansteigende Bruchdehnung ist die Schwankungsbreite über dem Dickenbereich angegeben.
[3] Die Einstufung in Beständigkeitsklassen bedeutet:
A: hervorragend, B: befriedigend bis gut, C: mäßig
Korrision und Oberflächenschutz s. DIN EN 1999-1-1, Anhang C und D.

3

TB 3-5 Anhaltswerte für Anwendungs- bzw. Betriebsfaktor K_A

a) für Zahnradgetriebe (nach DIN 3990-1) [1]

Arbeitsweise	Antriebsmaschine			
getriebene Maschine	gleichmäßig z. B. Elektromotor Dampfturbine, Gasturbine	leichte Stöße z. B. wie gleichmäßig, aber größere, häufig auftretende Anfahrmomente	mäßige Stöße z. B. Mehrzylinder-Verbrennungsmotor	starke Stöße z. B. Einzylinder-Verbrennungsmotor
gleichmäßig z. B. Stromerzeuger, Gurtförderer, Plattenbänder, Förderschnecken, leichte Aufzüge, Elektrozüge, Vorschubantriebe von Werkzeugmaschinen, Lüfter, Turbogebläse, Turboverdichter, Rührer und Mischer für Stoffe mit gleichmäßiger Dichte, Scheren, Pressen, Stanzen bei Auslegung nach maximalem Schnittmoment	1,0	1,1	1,25	1,5
mäßige Stöße z. B. ungleichmäßig beschickte Gurtförderer, Hauptantrieb von Werkzeugmaschinen, schwere Aufzüge, Drehwerke von Kränen, Industrie- und Grubenlüfter, Kreiselpumpen, Rührer und Mischer für Stoffe mit unregelmäßiger Dichte, Kolbenpumpen mit mehreren Zylindern, Zuteilpumpen	1,25	1,35	1,5	1,75
mittlere Stöße z. B. Extruder für Gummi, Mischer mit unterbrochenem Betrieb (Gummi, Kunststoffe), Holzbearbeitung, Hubwerke, Einzylinder-Kolbenpumpen, Kugelmühlen	1,5	1,6	1,75	2,0 oder höher
starke Stöße z. B. Bagger, schwere Kugelmühlen, Gummikneter, Brecher (Stein, Erz), Hüttenmaschinen, Ziegelpressen, Brikettpressen, Schälmaschinen, Rotary-Bohranlagen, Kaltbandwalzwerke	1,75	1,85	2,0	2,25 oder höher

[1] Gültig für das Nennmoment der Arbeitsmaschine, ersatzweise für das Nennmoment der Antriebsmaschine, wenn es der Arbeitsmaschine entspricht. Die Werte gelten nur bei gleichmäßigem Leistungsbedarf. Bei hohen Anlaufmomenten, Aussetzbetrieb und bei extremen, wiederholten Stoßbelastungen sind Getriebe auf Sicherheit gegen statische Festigkeit und Zeitfestigkeit zu prüfen. Sind besondere Anwendungsfaktoren K_A aus Messungen bzw. Erfahrungen bekannt, so sind diese zu verwenden.

b) für Zahnrad-, Reibrad-, Riemen- und Kettengetriebe (nach *Richter-Ohlendorf*)

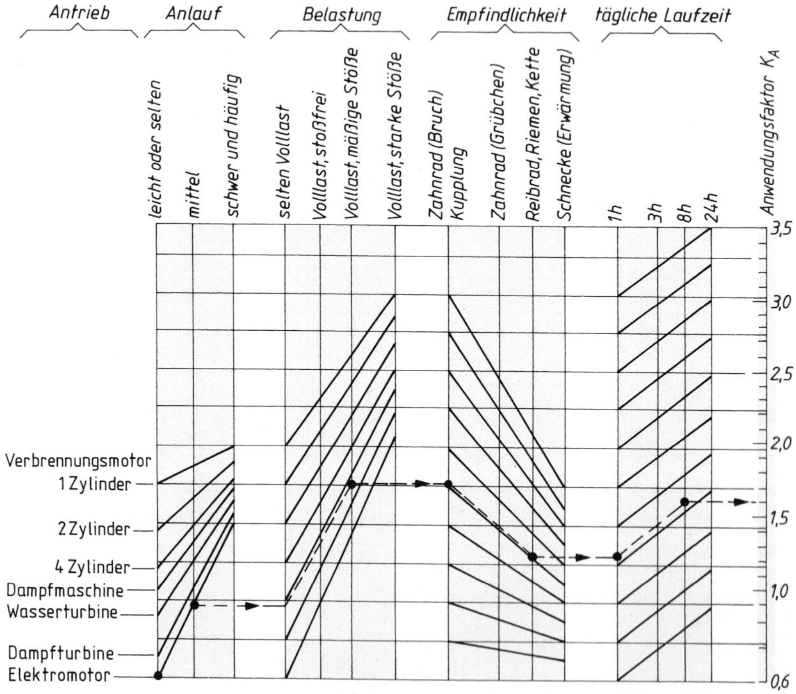

Ablesebeispiel: Antrieb durch Elektromotor; mittlere Anlaufverhältnisse; Volllast, mäßige Stöße; 8 h tägliche Laufzeit. Hierfür wird bei einem Kettengetriebe der Anwendungsfaktor $K_A = 1{,}6$.

TB 3-5 Fortsetzung

c) für Schweiß-, Niet-, Stift- und Bolzenverbindungen

Betriebsart	Art der Maschinen bzw. der Bauteile (Beispiele)	Art der Stöße	Anwendungsfaktor K_A
gleichförmige umlaufende Bewegungen	elektrische Maschinen, Schleifmaschinen, Dampf- und Wasserturbinen, umlaufende Verdichter	leicht	1,0 ... 1,1
gleichförmige hin- und hergehende Bewegungen	Dampfmaschinen, Verbrennungskraftmaschinen, Hobel- und Drehmaschinen, Kolbenverdichter	mittel	1,2 ... 1,4
umlaufende bzw. hin- und hergehende stoßüberlagerte Bewegungen	Kunststoffpressen, Biege- und Richtmaschinen, Walzwerksgetriebe	mittelstark	1,3 ... 1,5
stoßhafte Bewegungen	Spindelpressen, hydraulische Schmiedepressen, Abkantpressen, Profilscheren, Sägegatter	stark	1,5 ... 2,0
schlagartige Beanspruchung	Steinbrecher, Hämmer, Walzwerkskaltscheren, Walzenständer, Brecher	sehr stark	2,0 ... 3,0

TB 3-6 Kerbformzahlen α_k

a) Flachstab mit symmetrischer Außenkerbe

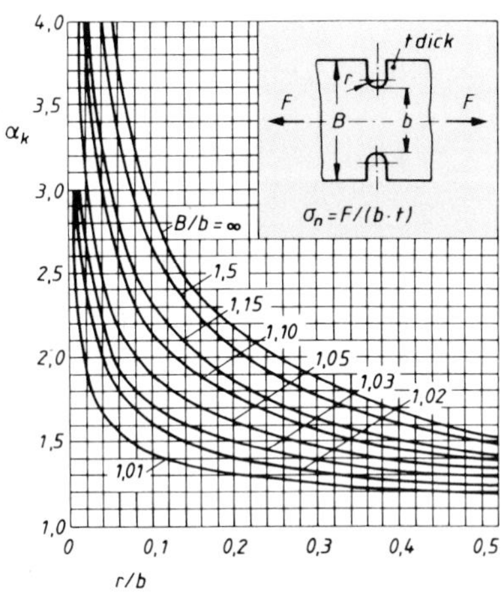

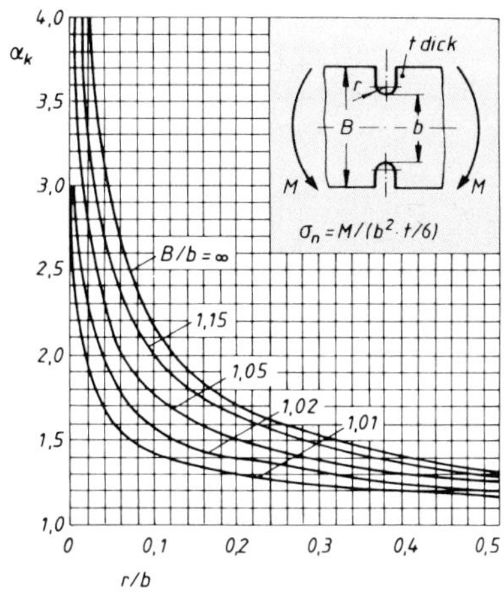

b) symmetrisch abgesetzter Flachstab

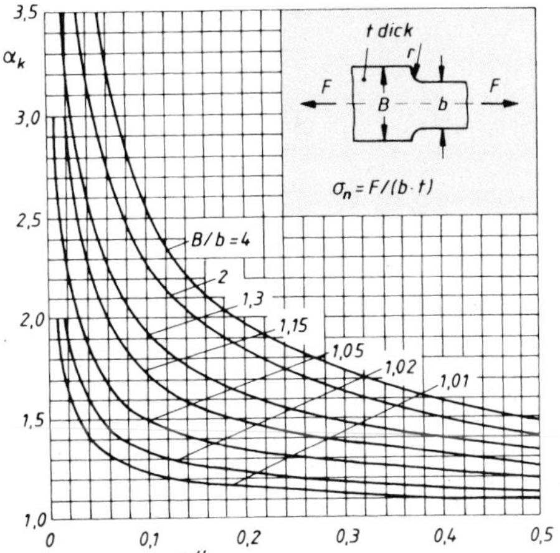

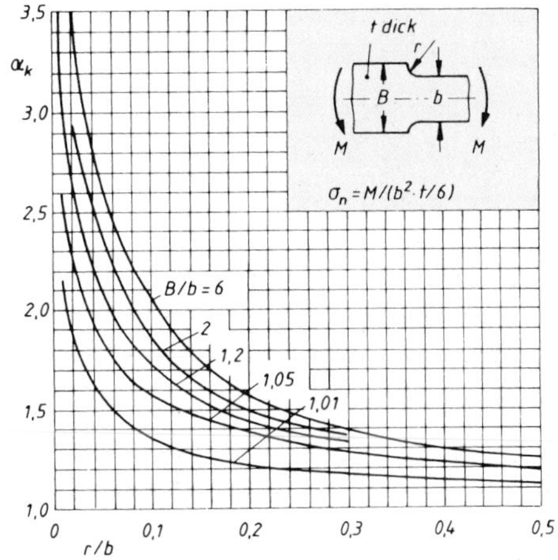

TB 3-6 Fortsetzung

c) Rundstab mit Ringnut

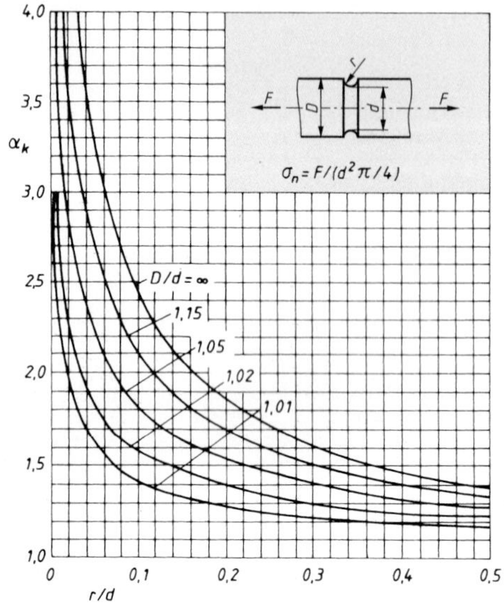

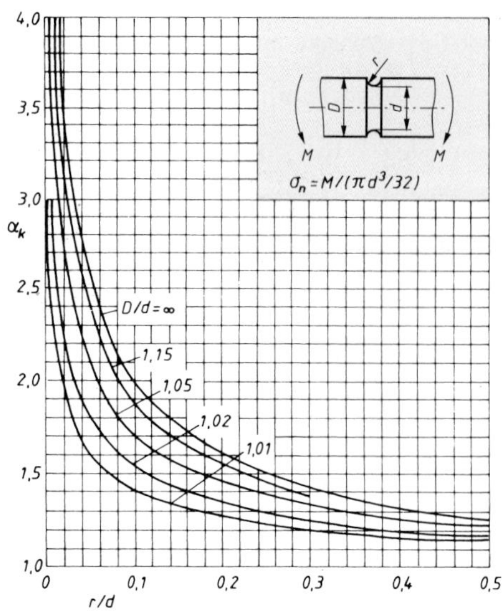

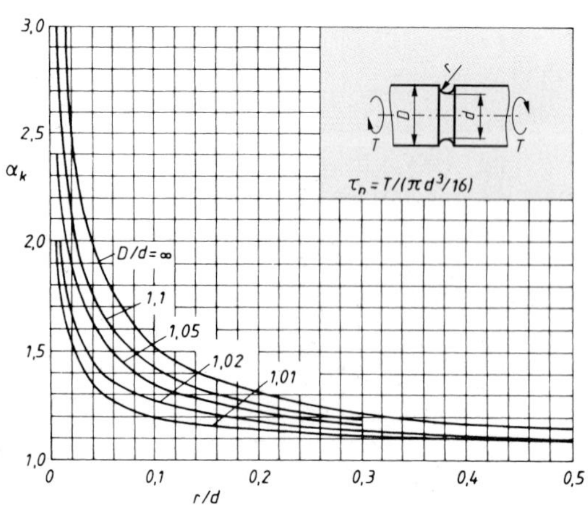

d) abgesetzter Rundstab

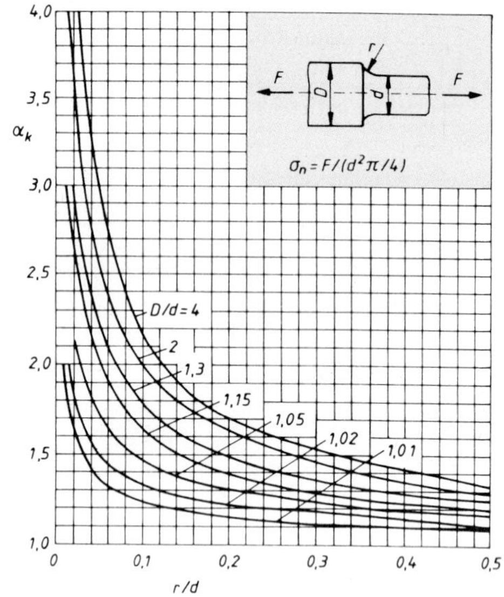

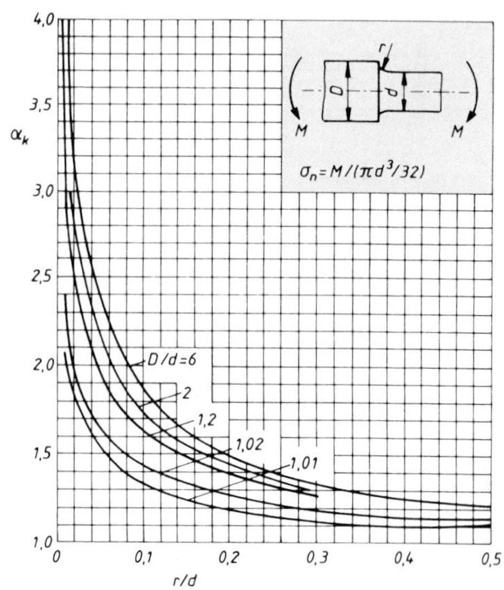

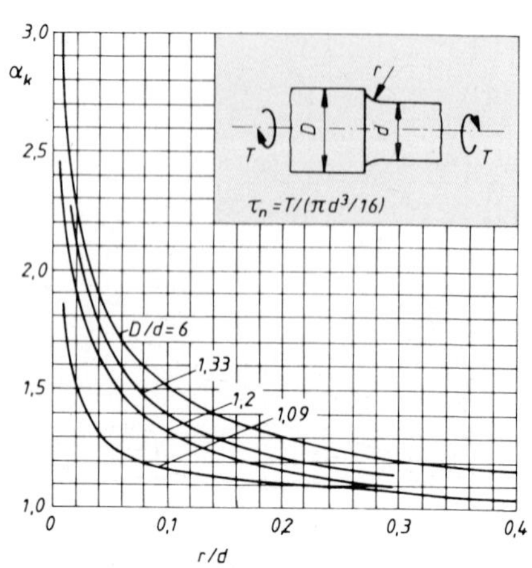

TB 3-6 Fortsetzung

e) Rundstab mit Querbohrung

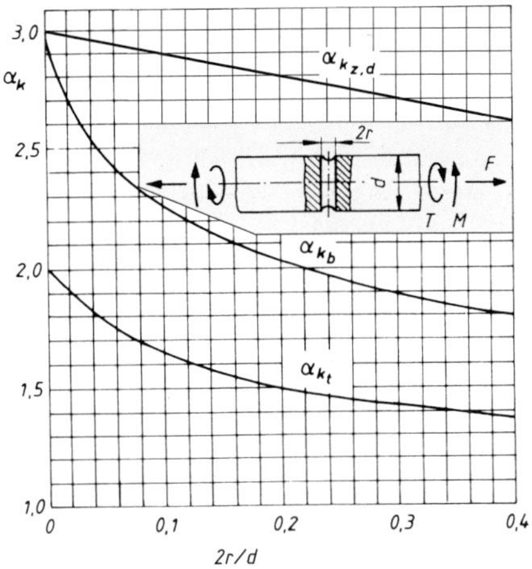

Zug	$\sigma_n = F/(\pi d^2/4 - 2r \cdot d)$	$G' = 2{,}3/r$
Biegung	$\sigma_n = M/(\pi d^3/32 - 2r \cdot d^2/6)$	$G' = 2{,}3/r + 2/d$
Torsion	$\tau_n = T/(\pi d^3/16 - 2r \cdot d^2/6)$	$G' = 1{,}15/r + 2/d$

f) Absatz mit Freistich

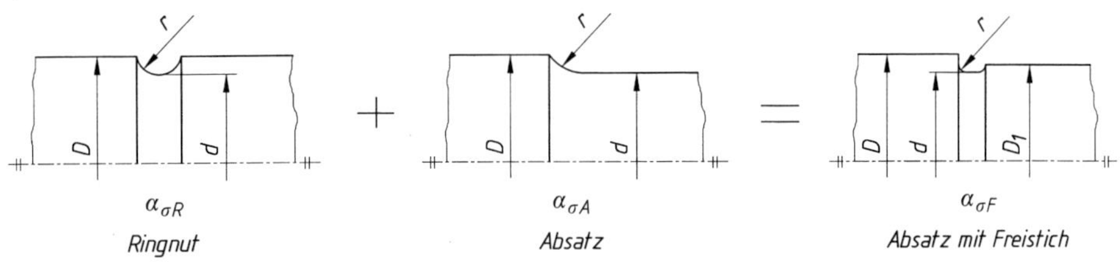

$$\alpha_{\sigma F} = (\alpha_{\sigma R} - \alpha_{\sigma A}) \cdot \sqrt{\frac{D_1 - d}{D - d}} + \alpha_{\sigma A}; \qquad \alpha_{\tau F} = 1{,}04 \cdot \alpha_{\tau A}$$

Hinweis: Die Kerbwirkungszahl β_k ist mit G' für Absatz nach TB 3-7 zu ermitteln.

TB 3-7 Stützzahl

a) Stützzahl für Walzstähle (nach DIN 743)

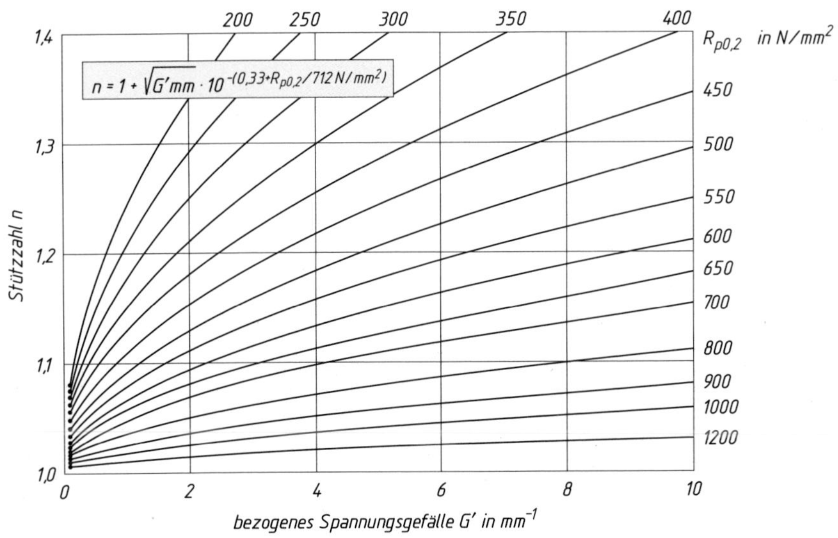

TB 3-7 Fortsetzung

b) Stützzahl für Gusswerkstoffe (nach FKM)

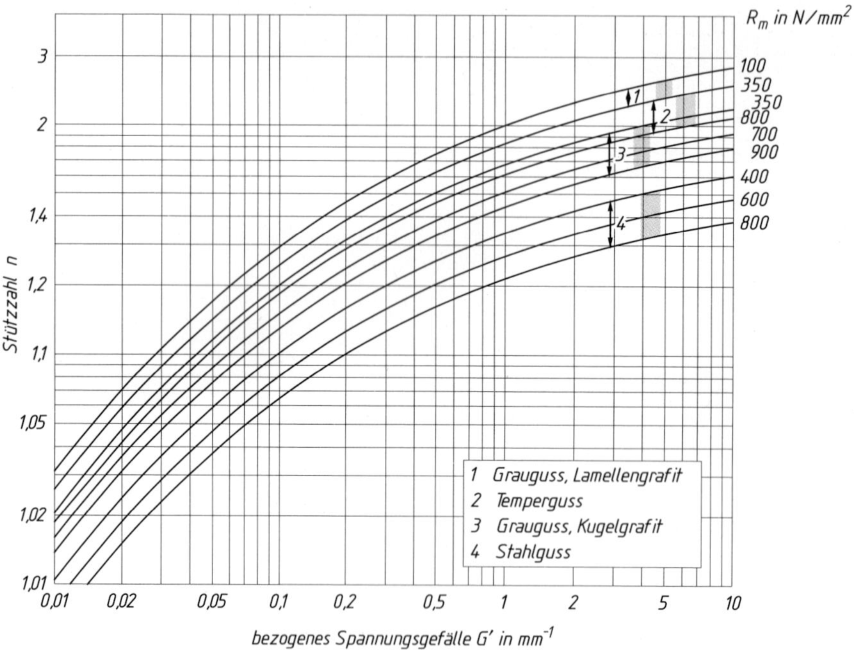

Anmerkung: Bei Torsion ist R_m durch $f_{W\tau} \cdot R_m$ zu ersetzen ($f_{W\tau}$ aus TB 3-2)

c) bezogenes Spannungsgefälle G'

Form des Bauteils	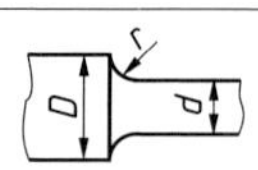	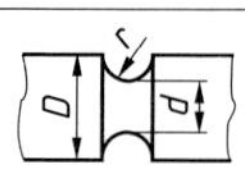	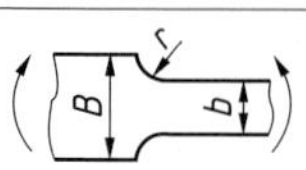	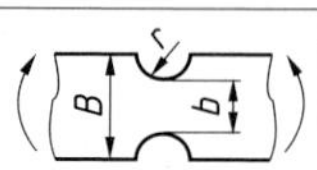	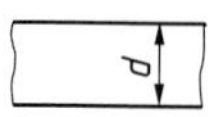 ungekerbt
Zug/Druck Biegung	$G' = \frac{2,3}{r}(1+\varphi)$	$G' = \frac{2}{r}(1+\varphi)$	$G' = \frac{2,3}{r}(1+\varphi)$	$G' = \frac{2}{r}(1+\varphi)$	$G' = \frac{2}{d}$
Torsion	$G' = \frac{1,15}{r}$	$G' = \frac{1}{r}$	–	–	$G' = \frac{2}{d}$

Für $(D-d)/d \le 0,5$ ist $\varphi = 1/\left(\sqrt{8(D-d)/r}+2\right)$ bzw. für $(B-b)/b \le 0,5$ ist $\varphi = 1/\left(\sqrt{8(B-b)/r}+2\right)$; sonst ist $\varphi = 0$

Rundstäbe mit Längsbohrung können näherungsweise wie volle Rundstäbe berechnet werden.

TB 3-8 Kerbwirkungszahlen (Anhaltswerte)[1]

	Kerbform	R_m (N/mm²)	β_{kb}	β_{kt}
1.	Hinterdrehung in Welle (Rundkerbe)[2]	300– 800	1,2–2,0	1,1–2,0
2.	Eindrehung für Sicherungsring in Welle[2]	300– 800	2,0–3,5	2,2–3,0
3.	Abgesetzte Welle (Lagerzapfen)[2]	300–1200	1,1–3,0	1,1–2,0
4.	Querbohrung (Rundstab, $2r/d \approx 0,15 \ldots 0,25$)[2]	400–1200	1,7–2,0	1,7–2,0
5.	Passfedernut in Welle (Schaftfräser)[2]	400–1200	1,7–2,6	1,2–2,4
6.	Passfedernut in Welle (Scheibenfräser)[2]	400–1200	1,5–1,8	1,2–2,4
7.	Keilwelle (parallele Flanken)[2]	400–1200	1,4–2,3	1,9–3,1
8.	Keilwelle (Evolventen-Flanken)	400–1200	1,3–2,0	1,7–2,6
9.	Kerbzahnwellen[2]	400–1200	1,6–2,6	1,9–3,1
10.	Pressverband[2]	400–1200	1,7–2,9	1,2–1,9
11.	Kegelspannringe	600	1,6	1,4

[1] Werte auf kleinsten Durchmesser bezogen; größere Werte mit zunehmender Kerbschärfe und Zugfestigkeit.
[2] genauere Werte nach TB 3-9.

TB 3-9 Kerbwirkungszahlen für

a) abgesetzte Rundstäbe

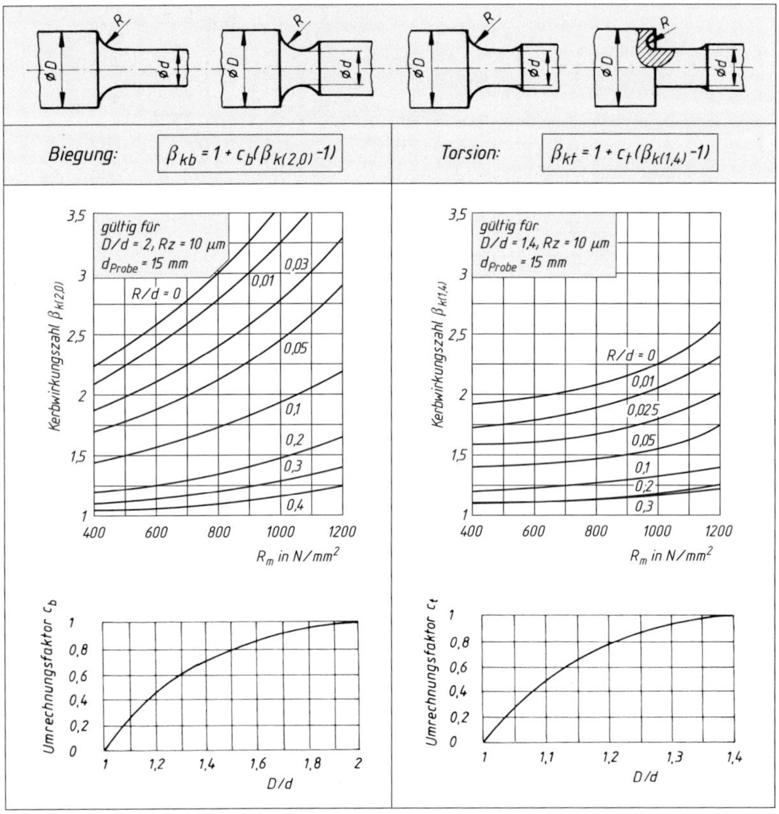

Biegung	$\sigma_n = M/(\pi d^3/32)$
Torsion	$\tau_n = T/(\pi d^3/16)$

TB 3-9 Fortsetzung

b) Welle-Nabe-Verbindungen und Spitzkerbe

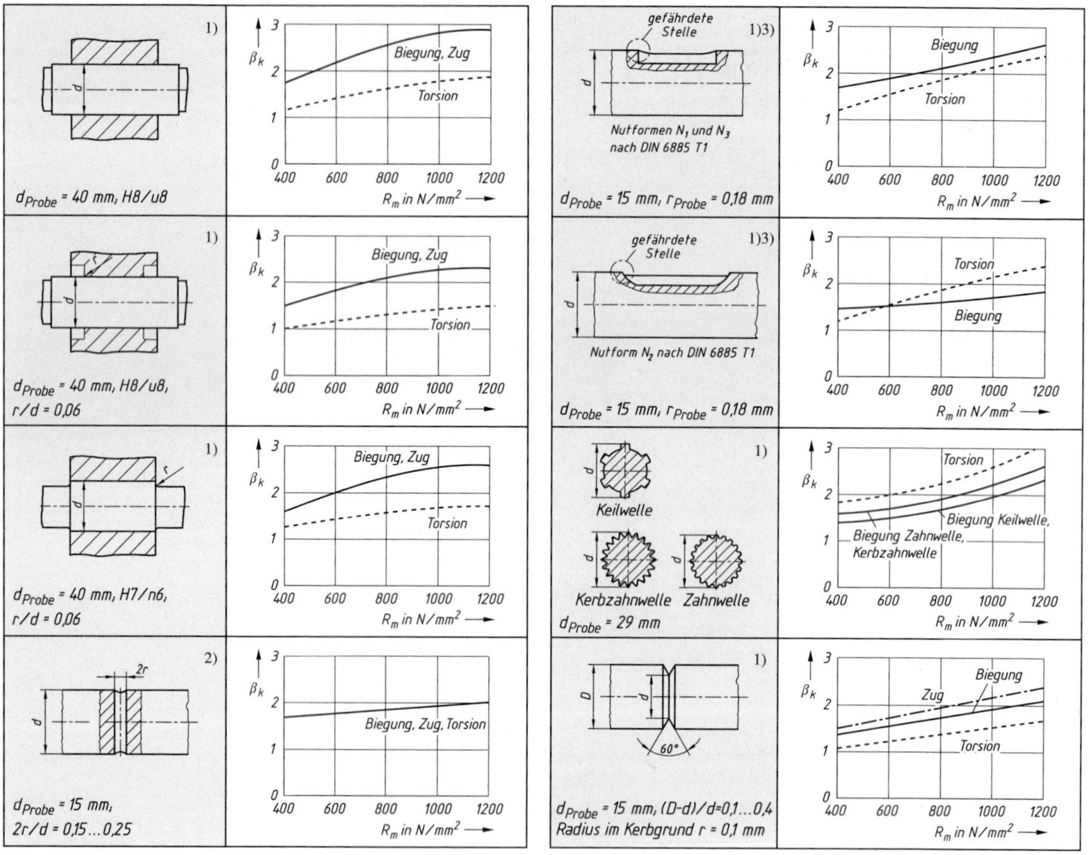

[1]

Zug	$\sigma_n = F/(\pi d^2/4)$
Biegung	$\sigma_n = M/(\pi d^3/32)$
Torsion	$\tau_n = T/(\pi d^3/16)$

[2]

Zug	$\sigma_n = F/(\pi d^2/4 - 2r \cdot d)$
Biegung	$\sigma_n = M/(\pi d^3/32 - r \cdot d^2/3)$
Torsion	$\tau_n = T/(\pi d^3/16 - r \cdot d^2/3)$

[3] Bei zwei Passfedern ist der β_k-Wert mit 1,15 zu multiplizieren.

c) umlaufende Rechtecknut nach DIN 471 für Wellen

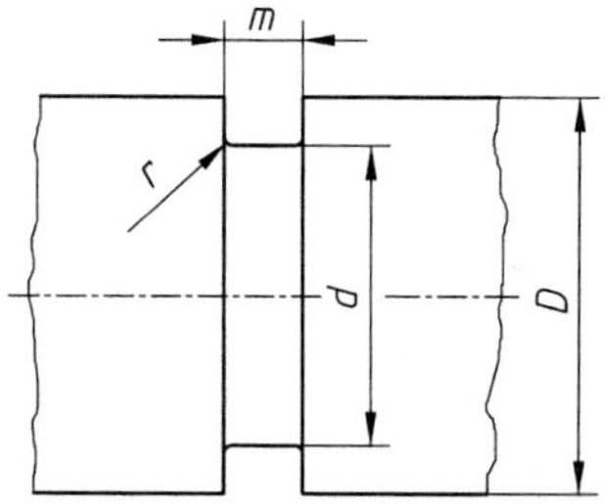

Zug/Druck: $\beta_{k\,zd} = 0{,}9 \cdot (1{,}27 + 1{,}17\sqrt{(D-d)/(2 \cdot r_f)}) \leq 4$

Biegung: $\beta_{kb} = 0{,}9 \cdot (1{,}14 + 1{,}08\sqrt{(D-d)/(2 \cdot r_f)}) \leq 4$

Torsion: $\beta_{kt} = 1{,}48 + 0{,}45\sqrt{(D-d)/(2 \cdot r_f)} \leq 2{,}5$

$r_f = r + 2{,}9 \cdot \varrho^*$ mit $\varrho^* \approx 0{,}1$ mm für Walzstahl, $R_m \leq 500$ N/mm²
$\varrho^* \approx 0{,}05$ mm für Walzstahl, $R_m > 500$ N/mm²
$\varrho^* \approx 0{,}4$ mm für Stahlguss und Gusseisen mit Kugelgrafit

r s. TB 9-7

Zug	$\sigma_n = F/(\pi d^2/4)$
Biegung	$\sigma_n = M/(\pi d^3/32)$
Torsion	$\tau_n = T/(\pi d^3/16)$

TB 3-10 Einflussfaktor der Oberflächenrauheit K_0 [1),2)]

a) Walzstahl

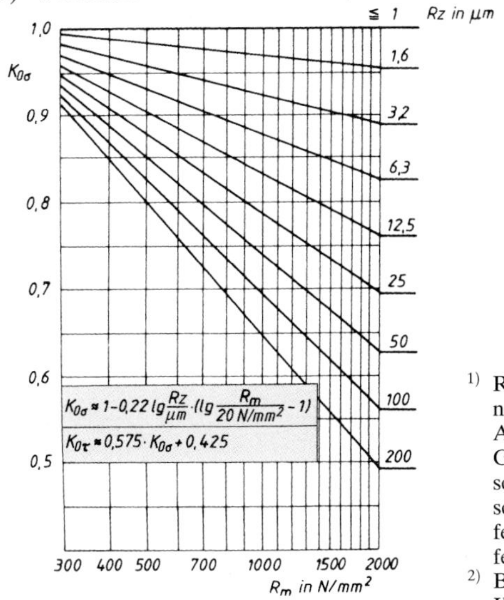

b) Gusswerkstoffe

Stahlguss	$K_{0\sigma} = 1 - 0{,}20\,\lg\frac{Rz}{\mu m}\left(\lg\frac{R_m}{20\,N/mm^2} - 1\right)$	$K_{0\tau} = 0{,}575 \cdot K_{0\sigma} + 0{,}425$
Grauguss, Kugelgrafit	$K_{0\sigma} = 1 - 0{,}16\,\lg\frac{Rz}{\mu m}\left(\lg\frac{R_m}{20\,N/mm^2} - 1\right)$	$K_{0\tau} = 0{,}35 \cdot K_{0\sigma} + 0{,}65$
Temperguss	$K_{0\sigma} = 1 - 0{,}12\,\lg\frac{Rz}{\mu m}\left(\lg\frac{R_m}{17{,}5\,N/mm^2} - 1\right)$	$K_{0\tau} = 0{,}25 \cdot K_{0\sigma} + 0{,}75$
Grauguss, Lamellen-grafit	$K_{0\sigma} = 1 - 0{,}06\,\lg\frac{Rz}{\mu m}\left(\lg\frac{R_m}{5\,N/mm^2} - 1\right)$	$K_{0\tau} = 0{,}15 \cdot K_{0\sigma} + 0{,}85$

1) Rautiefe Rz entsprechend dem Herstellverfahren nach TB 2-12
Allgemein kann gesetzt werden:

Guss-, Schmiede- und Walzhautoberflächen	$Rz \approx 200\,\mu m$
schruppbearbeitete Oberflächen	$Rz = 40 \ldots 200\,\mu m$
schlichtbearbeitete Oberflächen	$Rz = 6{,}3 \ldots 100\,\mu m$
feinbearbeitete Oberflächen	$Rz = 1 \ldots 12{,}5\,\mu m$
feinstbearbeitete Oberflächen	$Rz = <1 \ldots 1{,}6\,\mu m$

2) Bestimmung von $K_{0\sigma}$ bei Verwendung experimentell ermittelter Kerbwirkungszahlen und bekannter Oberflächenrauheit:

$$K_{0\sigma} = \frac{K_{0\sigma\,\text{Bauteil}}}{K_{0\sigma\,\text{Probe}}}$$

TB 3-11 Faktoren K für den Größeneinfluss

a) Technologischer Größeneinflussfaktor K_t für Walzstahl

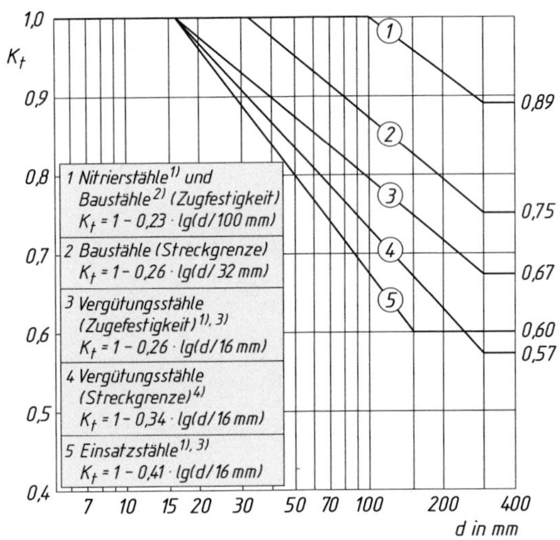

1) Bei Nitrier- und Einsatzstählen ist K_t für die Zugfestigkeit und Streckgrenze gleich.

2) ist auch für dynamische Festigkeitswerte zu verwenden.

3) für Cr-Ni-Mo-Einsatzstähle gelten die Werte der Vergütungsstähle nach Kurve 3 für die Zugfestigkeit und Streckgrenze.

4) gilt auch für spezielle Baustähle im vergüteten Zustand.

TB 3-11 Fortsetzung

b) Technologischer Größeneinflussfaktor K_t für Gusswerkstoffe

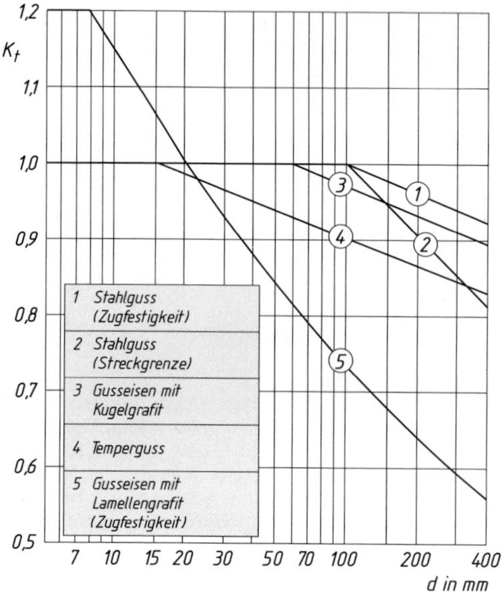

Bei Gusseisen mit Kugelgrafit und Temperguss ist K_t für Zugfestigkeit und Streckgrenze gleich

c) Geometrischer Größeneinflussfaktor K_g

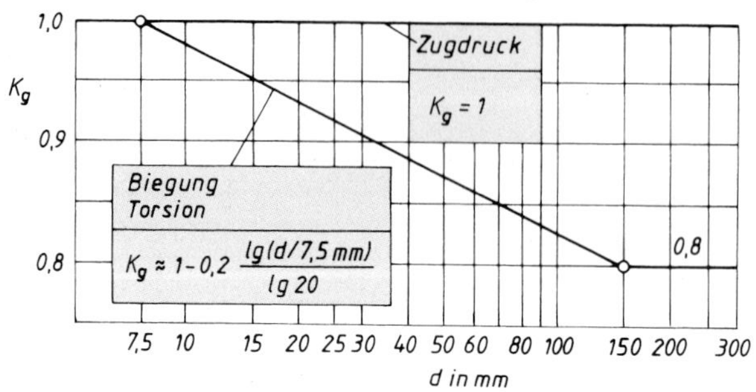

d) Formzahlabhängiger Größeneinflussfaktor K_α

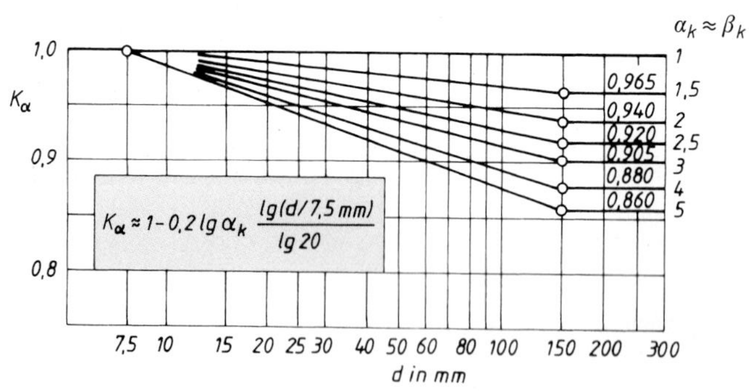

TB 3-11 Fortsetzung

e) gleichwertiger Durchmesser für andere Bauteilquerschnitte

Form des Querschnitts	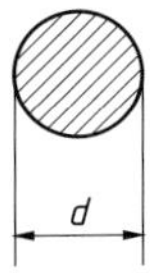	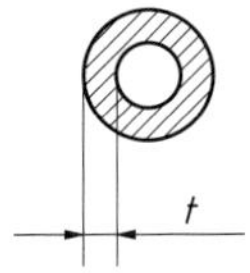	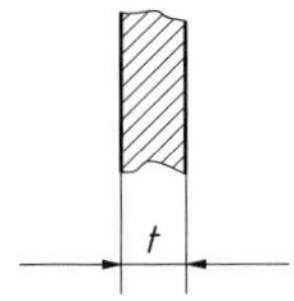	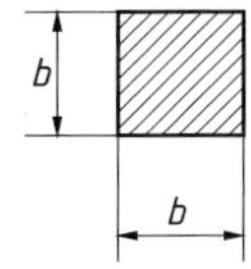	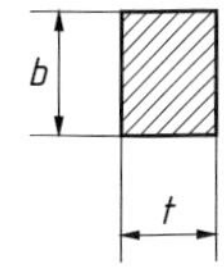
$d =$ [1]	d	t	t	b	t
$d =$ [2]	d	$2t$	$2t$	b	$\frac{2b \cdot t}{b+t}$

[1] Für unlegierte Baustähle, Feinkornstähle, normalgeglühte Vergütungsstähle und Stahlguss.
[2] Für vergüteten Vergütungsstahl, Einsatzstahl, Nitrierstahl, Vergütungsstahlguss, GJS, GJL, GJMB, GJMW, Schmiedestücke.

TB 3-12 Einflussfaktor der Oberflächenverfestigung K_V; Richtwerte für Stahl

Verfahren	Probe		K_V [1]
	Art	d in mm	
Chemisch-thermische Verfahren			
Nitrieren Nitrierhärtetiefe: 0,1 bis 0,4 mm	u	8 ... 25 25 ... 40	1,15 (1,25) 1,10 (1,15)
Oberflächenhärte: 700 bis 1000 HV10	g	8 ... 25 25 ... 40	1,5 (2,5) 1,2 (2,0)
Einsatzhärten Einsatzhärtetiefe: 0,2 bis 0,8 mm	u	8 ... 25 25 ... 40	1,2 (2,1) 1,1 (1,5)
Oberflächenhärte: 670 bis 750 HV10	g	8 ... 25 25 ... 40	1,5 (2,5) 1,2 (2,0)
Karbonierhärten Härtetiefe: 0,2 bis 0,4 mm	u	8 ... 25 25 ... 40	1,1 (1,9) 1 (1,4)
Oberflächenhärte: mind. 670 HV10	g	8 ... 25 25 ... 40	1,4 (2,25) 1,1 (1,8)
Alle Verfahren	u	>40	1,0
Mechanische Verfahren			
Festwalzen	u	7 ... 25 25 ... 40	1,2 (1,4) 1,1 (1,25)
	g	7 ... 25 25 ... 40	1,5 (2,2) 1,3 (1,8)
Kugelstrahlen	u	7 ... 25 25 ... 40	1,1 (1,3) 1,1 (1,2)
	g	7 ... 25 25 ... 40	1,4 (2,5) 1,1 (1,5)
Thermische Verfahren			
Induktivhärten **Flammhärten** Härtetiefe: 0,9 bis 1,5 mm	u	7 ... 25 25 ... 40	1,2 (1,6) 1,1 (1,4)
Oberflächenhärte: 51 bis 64 HRC	g	7 ... 25 25 ... 40	1,4 (2,0) 1,2 (1,8)
Alle Verfahren	g	40 ... 250 >250	1,1 1,0

[1] Wert in ( ) dient zur Orientierung und muss experimentell bestätigt werden.
Für ungekerbte Wellen ist bei Zug/Druck $K_V = 1$. Erfolgt die Berechnung über Stützzahlen, die für verfestigte Werkstoffe gelten oder mit experimentell bestimmten Kerbwirkungszahlen, gültig für den verfestigten Zustand, ist ebenfalls $K_V = 1$ zu setzen.
u ungekerbt g gekerbt

TB 3-13 Faktoren zur Berechnung der Mittelspannungsempfindlichkeit

Werkstoffgruppe	Walzstahl	GS	GJS	GJM	GJL
a_M mm²/N	0,00035	0,00035	0,00035	0,00035	0
b_M	−0,1	0,05	0,08	0,13	0,5

3

TB 3-14 Sicherheiten, Mindestwerte

a) Allgemeine Sicherheiten

	Walz- und Schmiedestähle	duktile Eisengusswerkstoffe nicht geprüft	duktile Eisengusswerkstoffe zerstörungsfrei geprüft
S_F	1,5	2,1	1,9
S_B	2,0	2,8	2,5
S_D	1,5	2,1	1,9

b) Spezifizierte Sicherheiten

S_F (S_B)		Walz- und Schmiedestähle		duktile Eisengusswerkstoffe			
		Schadensfolgen		nicht geprüft Schadensfolgen		zerstörungsfrei geprüft Schadensfolgen	
		groß	gering	groß	gering	groß	gering
Wahrscheinlichkeit des Auftretens der größten Spannungen oder der ungünstigsten Spannungskombination	groß	1,5	1,3	2,1	1,8	1,9	1,65
		(2,0)	(1,75)	(2,8)	(2,45)	(2,5)	(2,2)
	gering	1,35	1,2	1,9	1,65	1,7	1,5
		(1,8)	(1,6)	(2,55)	(2,2)	(2,25)	(2,0)
S_D							
regelmäßige Inspektion	nein	1,5	1,3	2,1	1,8	1,9	1,65
	ja	1,35	1,2	1,9	1,7	1,7	1,5

c) Sicherheitsfaktor S_z (für den vereinfachten dynamischen Festigkeitsnachweis)

Bedingung	S_z
Biegung und Torsion rein wechselnd	1,0
Biegung wechselnd, Torsion statisch oder schwellend	1,2
nur Biegung schwellend bzw. nur Torsion schwellend	1,2
Torsionsmittelspannung größer Biegeausschlagspannung	1,4
Biegung und Torsion mit hohen statischen Anteilen (Mittelspannungen)	1,4

Hinweis: Beim vereinfachten dynamischen Festigkeitsnachweis werden nur die Ausschlagspannungen von Biegung und Torsion (nicht die Mittelspannungen) berücksichtigt, deshalb müssen höhere Sicherheiten als bei der genaueren Berechnung verwendet werden.
Der vereinfachte dynamische Festigkeitsnachweis sollte nur für Überschlagsrechnungen verwendet werden. Bei Berücksichtigung von S_z liegt dieser in der Regel auf der sicheren Seite.

4 Tribologie

4

TB 4-1 Reibungszahlen

a) Haft- und Gleitreibungszahlen
Anhaltswerte für den Maschinenbau

Werkstoffpaarung	Haftreibungszahl μ_0 [1)]		Gleitreibungszahl μ	
	trocken [2)]	geschmiert	trocken [2)]	geschmiert
Stahl auf Stahl	0,5 ... 0,8	0,10	0,4 ... 0,7	0,10
Kupfer auf Kupfer	–	–	0,6 ... 1,0	0,10
Stahl auf Gusseisen	0,2	0,10	0,20	0,05
Gusseisen auf Gusseisen	0,25	0,15	0,20	0,10
Gusseisen auf Cu-Legierung	0,25	0,15	0,20	0,10
Bremsbelag auf Stahl	–	–	0,5 ... 0,6	–
Stahl auf Eis	0,03	–	0,015	–
Stahl auf Holz	0,5 ... 0,6	0,10	0,2 ... 0,5	0,05
Holz auf Holz	0,4 ... 0,6	0,15 ... 0,20	0,2 ... 0,4	0,10
Leder auf Metall	0,60	0,20	0,2 ... 0,25	0,12
Gummi auf Metall	–	–	0,50	–
Kunststoff auf Metall	0,25 ... 0,4	–	0,1 ... 0,3	0,04 ... 0,1
Kunststoff auf Kunststoff	0,3 ... 0,4	–	0,2 ... 0,4	0,04 ... 0,1

1) Die Haftreibungszahl μ_0 einer Werkstoffpaarung ist meist geringfügig größer als die Gleitreibungszahl μ. Sie ist nur für den Grenzfall des Übergangs in die Bewegung definiert.
2) Bei technisch üblichen, geringen Verunreinigungen.

b) Gleitreibungszahlen μ bei Festkörperreibung (nach Versuchen)

Hinweis: Die Reibungszahl ist keine Werkstoffeigenschaft, sondern die Kenngröße eines tribologischen Systems. Entsprechend den Einflussgrößen Werkstoffart, Oberflächenbeschaffenheit, Temperatur, Gleitgeschwindigkeit und Flächenpressung kann sie in bestimmten Grenzen schwanken. Verlässliche Reibungszahlen müssen unter anwendungsnahen Bedingungen experimentell ermittelt werden.

Werkstoff	Gleitreibungszahl μ	
	Paarung mit gleichem Werkstoff	Paarung mit gehärtetem Stahl
Aluminium	1,3	0,5
Chrom	1,5	1,2
Nickel	0,7	0,5
Gusseisen	0,4	0,4
Stahl, gehärtet	0,6	0,6
Lagermetall (PbSb)	–	0,5
CuZn-Legierung	–	0,5
Al_2O_3-Keramik	0,4	0,7
Polyamid (Nylon)	1,2	0,4
Polyethylen PE-HD	0,4	0,1
Polytetrafluorethylen	0,12	0,05
Polystyrol und Polyvinylchlorid PVC-U	–	0,5
Polyoxymethylen	–	0,4

Hinweis: Reibungszahl einer Stahlgleitpaarung in Abhängigkeit vom Gleitweg bei Festkörperreibung

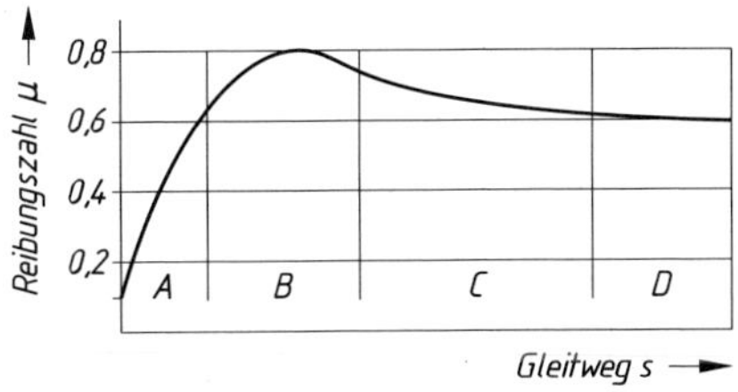

Phase	Reibungszahl
A	Anfangswert $\mu \approx 0,1$
B	Maximalwert $\mu \approx 0,8$
C	nimmt ab
D	konstanter Endwert $\mu \approx 0,6$

4

TB 4-2 Druckviskositätskoeffizient α für verschiedene Schmieröle

Öltyp	$\alpha_{25\,°C} \cdot 10^8$ [m²/N]	$\eta_{2000\,bar}/\eta_0$ bei 25 °C	$\eta_{2000\,bar}/\eta_0$ bei 80 °C
Paraffinbasische Mineralöle	1,5–2,4	15–100	10–30
Naphthenbasische Mineralöle	2,5–3,5	150–800	40–70
Polyolefine	1,3–2,0	10–50	8–20
Esteröle (Diester, verzweigt)	1,5–2,0	20–50	12–20
Polyätheröle (aliph.)	1,1–1,7	9–30	7–13
Siliconöle (aliph. Subst.)	1,2–1,4	9–16	7–9

TB 4-3 Eigenschaften der Schmieröle

Eigenschaft	**Beschreibung**
Alterungsbeständigkeit (Oxidationsbeständigkeit)	Beständigkeit gegen eine Veränderung der Schmieröleigenschaften unter Einwirkung von Luftsauerstoff, Wärme, Licht- und Strahlungsenergie, Katalyse sowie von Nachfolgeprozessen wie Polymerisation, Kondensation, Oxidation (bestimmt die Lebensdauer des Öls)
Biologische Abbaubarkeit	Kennzeichnet, inwieweit eine bestimmte prozentuale Menge der Grundsubstanzen des Schmieröls unter definierten Bedingungen durch Mikroorganismen biologisch (leicht) abgebaut werden (z. B. gefordert bei Verlustschmierung). Die Abbauprodukte sind ökotoxikologisch unbedenklich
Brennpunkt	Temperatur, bei der das Öldampf-Luft-Gemisch nach der Zündung weiterbrennt (liegt ca. 30 ... 40 C über dem Flammpunkt)
Dichtungsverträglichkeit (Elastomerverträglichkeit)	Kennzeichnet die Verträglichkeit des Öls bzw. bestimmter Additive mit Dichtungswerkstoffen (Kunststoffen)
Dispergiervermögen	Kennzeichnet, inwieweit die Bildung eines feinverteilten Öl-Wasser-Gemischs möglich ist
Demulgierbarkeit	Kennzeichnet, inwieweit das Abscheiden von Wasser aus dem Öl möglich ist
Emulgierfestigkeit	Widerstand eines Öls gegen Emulsionsbildung
Flammpunkt	Niedrigste Temperatur, bei der sich die Dämpfe des Öls (Luft-Dampf-Gemisch) bei offener Flamme entzünden.
Stockpunkt (Pourpoint) (Kälteverhalten)	Temperatur, bei der ein Öl so steif wird, das es unter Einwirkung der Schwerkraft gerade noch fließt
Neutralisationsvermögen	Kennzeichnet, inwieweit die während des Betriebs entstehenden sauren oder alkalischen Bestandteile durch das Öl neutralisiert werden können
Schaumverhalten	Luft in Ölen führt zur Schaumbildung (Luftblasen, umhüllt mit dünnen Ölschichten). Dieser zerfällt, bevor er erneut in die Schmierstelle gelangt (ungefährlich) oder es bildet sich ein stabiler Oberflächenschaum, der zu einer deutlichen Änderung der Schmierwirkung führen kann.
Scherstabilität	Kennzeichnet, inwieweit ein durch Scherung bedingter irreversibler Viskositätsabfall eintritt
Thermische Stabilität (Thermostabilität)	Widerstand des Öls gegen eine Änderung der chemischen Struktur bei hohen Temperaturen
Verdampfungsverhalten	Kennzeichnet den Umfang von entstehenden Ölverdampfungsverlusten bei hohen Temperaturen
Verkokungsneigung (Koksrückstand)	Kennzeichnet, in welchem Umfang sich bei hoher thermischer Belastung von Mineralölen Ölkohle bildet

TB 4-3 Fortsetzung

Eigenschaft	Beschreibung
Viskosität	Eigenschaft des fließfähigen Öls, unter Einwirkung einer Kraft (Spannung) zu fließen und reversibel verformt zu werden, s. auch Abschn. 24.4.1
Viskositäts-Temperatur-Verhalten (Viskositätsindex)	Kennzeichnet, in welchem Umfang sich eine Temperaturänderung auf die Änderung der Viskosität auswirkt, s. auch Abschnitt 24.4.1
Wärmeleitfähigkeit	Kenngröße zur Beschreibung des Wärmetransports im Öls
Wärmekapazität (spezifische)	Kenngröße zur Beschreibung der Wärmeaufnahmefähigkeit eines Öls

TB 4-4 Schmierstoffadditive, deren Verwendung und Wirkmechanismen

Additivtyp	Verwendung	Wirkungsweise
Emulgatoren	Stabilisierung von Öl-Wasser-Gemischen	Adsorption des Emulgators an der Grenzschicht Öl/Wasser, dadurch Feinverteilung (Dispergierung) beider Flüssigkeiten
Geruchsveränderer	Erzeugung eines kennzeichnenden, gewünschten Geruchs	Bildung stark riechender Verbindungen
Dispergent-Wirkstoffe	Verringerung oder Verhütung von Ablagerungen an Oberflächen bei hohen Betriebstemperaturen	Entstehung von öllöslichen oder im Öl suspendierten Produkten
Dispersant-Wirkstoffe	Verhinderung oder Verhütung von Schlammbildung bei niedrigen Temperaturen	Verunreinigungen werden mit öllöslichen Molekülen umhüllt, welche die Ablagerung des Schlamms verhindern
Farbstoffe	Erzeugung kräftiger Farben	Lösung im Öl unter Farbwirkung
Fressschutzwirkstoffe (Hochdruckzusätze, EP: Extreme Pressure)	Verhinderung von Mikroverschweißungen zwischen Metalloberflächen bei hohen Drücken und Temperaturen	Bildung einer wenig scherfesten Schicht durch chemische Reaktion mit der Metalloberfläche (ständiges Abscheren und Neubilden)
Haftverbesserer	Verbesserung des Haftvermögens des Schmierstoffs	Erhöhung der Viskosität an der Grenzfläche zum Werkstoff (Additiv ist zäh und klebrig)
Korrosionsinhibitoren (z. B. Rostschutzinhibitoren für Eisenwerkstoffe)	Verhinderung von Korrosion durch – für korrosive Medien undurchlässige – Deckschichten	Chemische Reaktion mit der Metalloberfläche oder Adsorption der Additive an der Metalloberfläche
Metalldeaktivatoren	Verhinderung des katalytischen Einflusses auf Oxidation und Korrosion	Reaktion mit Metallionen unter Bildung adsorptiver Schutzschichten
Oxidationsinhibitoren	Minimierung von Verfärbung, Schlamm-, Lack- und Harzbildung durch Oxidation	Unterbrechung der Oxidationskettenreaktion, Verhinderung katalytischer Reaktionen
Stockpunktserniedriger (Pourpointerniedriger)	Herabsetzung des Stockpunkts des Öls	Umhüllung der entstehenden Paraffinkristalle und Verhinderung des Wachstums

TB 4-4 Fortsetzung

Additivtyp	Verwendung	Wirkungsweise
Schauminhibitoren	Verhinderung der Bildung von stabilem Schaum	Zerstörung der Ölhäutchen, die die Luftblasen umgeben
Verschleißschutzadditiv (Anti-Wear)	Reduzierung des Verschleißes zwischen Metalloberflächen	Bildung von Oberflächenschichten durch Reaktion mit der Metalloberfläche, die plastisch deformiert werden und das Tragbild verbessern
Viskositätsindexverbesserer	Verringerung der Viskositätsänderung bei Veränderung der Temperatur	Polymermolekyle beeinflussen die Öleigenschaften temperaturabhängig, sie sind stark verkneult (kaltes Öl) oder entkneult (warmes Öl)

	paraffinbasisch	naphthenbasisch
paraffinischer Anteil	>60 %	<60 %
Dichte	niedrig	mittel
Viskositäts-Temperatur-Verhalten	gut	mittel
Alterungsbeständigkeit	gut	schlechter
Flammpunkt	hoch	mittel
Elastomerverträglichkeit	gut	gut
Verdampfungsneigung	gering	mittel
Kälteverhalten	schlecht	gut
Benetzungsfähigkeit	mittel	gut
Verkokungsneigung	mittel	gering
Oxidationsbeständigkeit	gut	gut
Thermostabilität	mittel	gut
Dispergiervermögen	mittel	gut
Demulgierbarkeit	mittel	gut
Aromatengehalt	niedrig	mittel

TB 4-5 Eigenschaften von Mineralölen in Abhängigkeit der Molekülstrukturanteile

TB 4-6 Eigenschaften und Anwendungen wichtiger synthetischer Schmieröle

Synthesebasisöl	Eigenschaften	Anwendungen	Kostenrelation zu Mineralöl
Polyalphaolefine (synthetische Kohlenwasserstoffe)	Sehr gute Oxidationsbeständigkeit, ausgezeichnetes Fließverhalten bei tiefen Temperaturen, gutes Viskositäts-Temperatur-Verhalten, geringe Verdampfungsverluste bei hohen Temperaturen, sehr gute Verträglichkeit mit Lack und Dichtungsmaterialien, mischbar mit Mineralölen und Estern, gute hydrolytische Beständigkeit, gutes Reibungsverhalten bei Mischreibung, gutes Korrosionsschutzverhalten, nicht toxisch, begrenzte biologische Abbaubarkeit, geringe thermische Beständigkeit.	Motorenöle, Kompressorenöle, Hydrauliköle, Getriebeöle, Schmierfette	3 ... 5
Polyalkylenglykole (Polyglykole)	Gutes Viskositäts-Temperatur-Verhalten, ausgezeichnete Verschleiß- und Fressschutzeigenschaften, ausgezeichnetes Reibungsverhalten bei Werkstoffpaarung Stahl/Bronze, gutes Fließverhalten bei tiefen Temperaturen, nicht toxisch, schnell biologisch abbaubar, nicht mischbar mit Mineralölen, schlechte Additivlöslichkeit, begrenzte Verträglichkeit mit Dichtungswerkstoffen, geringe Oxidationsbeständigkeit	Schneckengetriebe, schwerentflammbare Hydrauliköle, Kühlschmierstoffe	6 ... 10

TB 4-6 Fortsetzung

Synthese-basisöl	Eigenschaften	Anwendungen	Kosten-relation zu Mineralöl
Carbon-säureester	Gute Oxidationsbeständigkeit, ausgezeichnetes Fließverhalten bei tiefen Temperaturen, sehr gutes Viskositäts-Temperatur-Verhalten, sehr geringe Verdampfungsverluste bei hohen Temperaturen, mischbar mit Mineralölen, nicht toxisch, schnell biologisch abbaubar, geringe Verträglichkeit mit Lack und Dichtungsmaterialien, geringe hydrolytische Beständigkeit, mäßige Korrosionsschutzeigenschaften, begrenzte Additivlöslichkeit	Flugturbinenöle, Kompressorenöle, Motorenölkomponente, Tief- und Hochtemperaturfette	4 ... 10
Silikonöl	Ausgezeichnetes Viskositäts-Temperatur-Verhalten, sehr gute thermische und toxische Beständigkeit, ausgezeichnetes Fließverhalten bei tiefen Temperaturen, geringe Verdampfungsverluste, hohe chemische Beständigkeit, gute Verträglichkeit mit Lack und Dichtungswerkstoffen, gute elektrische Eigenschaften, sehr schlechte Schmierungseigenschaften im Mischreibungsgebiet, nicht mischbar mit Mineralölen, keine Additivlöslichkeit	Wärmeübertragungsöle, Hochtemperaturhydrauliköle, Sonderschmierfette, Sonderschmierstoffe für elektrische Kontakte	30 ... 100
Phosphor-säureester	Schwer entflammbar, gute Oxidationsbeständigkeit, gutes Fließverhalten bei tiefen Temperaturen, ausgezeichnete Verschleiß- und Frostschutzeigenschaften, hohe Strahlenbeständigkeit, nicht toxisch, schnell biologisch abbaubar, nicht mischbar mit Mineralölen, schlechtes Viskositäts-Temperatur-Verhalten, begrenzte Verträglichkeit mit Dichtungsmaterialien, mäßiges Korrosionsschutzverhalten	Schwer entflammbare Hydrauliköle	4 ... 8
Silikatester	Ausgezeichnetes Viskositäts-Temperatur-Verhalten, sehr gutes Fließverhalten bei tiefen Temperaturen, sehr gute Oxidationsbeständigkeit, gute thermische Beständigkeit, geringe hydrolytische Beständigkeit, nicht mischbar mit Mineralölen, begrenzte biologische Abbaubarkeit.	Hydrauliköle, Wärmeübertragungsöle	20 ... 30

TB 4-7 Klassifikation für Kfz-Getriebeöle nach API (American Petroleum Institute)

Klassifikation	Betriebs-bedingungen	Additive	Anwendungen
GL-1	leicht	keine	Getriebe mit geringen Belastungen und Umfangsgeschwindigkeiten; Kegelräder (spiralverzahnt), Schneckengetriebe
GL-2	leicht–mittel	Verschleißschutz-Wirkstoffe (2,7 Gew.%)	etwas höhere Beanspruchungen als bei GL-1; Stirnradgetriebe, Schneckengetriebe
GL-3	mittel	leichte EP-Zusätze (4 Gew.%)	schwere Belastungs- und Geschwindigkeitsverhältnisse; Kegelräder (spiralverzahnt), Stirnradgetriebe

TB 4-7 Fortsetzung

Klassifikation	**Betriebsbedingungen**	**Additive**	**Anwendungen**
GL-4	mittel–schwer	normale EP-Zusätze (6,5 Gew.%)	hohe Geschwindigkeiten oder hohe Drehmomente; Hypoidgetriebe, Handschaltgetriebe
GL-5	schwer	wirksame EP-Zusätze (10 Gew.%)	hohe Geschwindigkeiten oder hohe Drehmomente bei zusätzlicher Stoßbelastung; Hypoigetriebe mit großem Achsversatz, Handschaltgetriebe

TB 4-8 Eigenschaften der Schmierfette

a) mineralölbasische Schmierfette

Verdicker			Tropfpunkt °C	Einsatz-Temperaturbereich °C	°C	Beständigkeit gegen Wasser	Korrosionsschutz	Natürliches EP-Verhalten	Geeignet für Wälzlager	Gleitlager	Kostenrelation
Seife	Normal	Kalzium	80/100	−35	+50	+++	+	++	−	+	0,8
		Natrium	150/200	−30	+120	−	++	+	++	++	0,9
		Lithium	180/200	−40	+120/140	+	+	+	+++	++	1
		Aluminium	100/120	−30	+80/100	++	+++	+	+++	++	2,5–3,0
	Komplex	Kalzium	>260	−30	+140	++	++	++	++	++	0,9–1,2
		Natrium	>240	−30	+130	+	+	+	++	+	3,5
		Lithium	>250	−30	+150	++	+	+	+++	++	4–5
		Aluminium	>250	−30	+140	++	+	+	+++	+	2,5–4,0
	Gemisch	Li/Ca	170/180	−30	120/130	++	+	+	+++	++	1,3
Nicht-Seife	Anorganisch	Bentonit	ohne	−25	150/200	++	−	+	++	+	6–10
		Aerosil (Gel)	ohne	−20	150/180	++	−	−	++	+	5
	Organisch	Polyharnstoff	> 250	−25	150/200	++	+	+	++	+	6

b) syntheseölbasische Schmierfette

Verdicker		Grundöl	Tropfpunkt °C	Einsatz-Temperaturbereich °C	°C	Beständigkeit gegen Wasser	Korrosionsschutz	Natürliches EP-Verhalten	Geeignet für Wälzlager	Gleitlager	Kostenrelation
Seife	Lithium	Ester	>170	−60	+130	++	+	+	+++	+	5–6
		Polyalphaolefin	>190	−60	+140	++	+	+	+++	+	3–4
		Silikonöl	>190	−40	+170	+++	−	−	+++	+	20
	Lithiumkomplex	Ester	>260	−40	+160	+++	+	+	+++	+	6–8
	Bariumkomplex	Ester	>260	−40	+130	++	+++	+++	+++	++	7
	Bariumkomplex	Polyalphaolefin	>260	−60	+150	++	+++	+++	+++	++	6
	Natriumkomplex	Silikonöl	>220	−40	+200	+	+	−	++	+	20–25
Nicht-Seife	Bentonit	Polyalphaolefin	ohne	−50	+180	++	−	+	++	+	10–15
	Bentonit	Ester	ohne	−40	+180	++	−	+	++	+	10–12
	Aerosil (Gel)	Silikonöl	ohne	−40	+200	++	−	−	++	+	30–40
	Polyharnstoff	Silikonöl	>250	−40	+200	+++	+	−	++	+	35–40
	Polyharnstoff	Polyphenyläther	>250	>0	+220	+++	+	+	++	+	100
	PTFE	Alkoxyfluoröl	ohne	−40	+250	+++	+	+++	+++	++	250
	FEP	Alkoxyfluoröl	ohne	−40	+230	+++	+	+++	+++	++	100

(+++ sehr gut, ++ gut, + mäßig, − schlecht)

TB 4-9 Klassifikation für Schmierfette nach NLGI (National Lubricating Grease Institut)

NLGI-Klasse (DIN 51818)	**Walkpanetration[1] in 0,1 mm**	**Konsistenz**	**Anwendungen**
000	445 ... 475	fließend	Getriebefette, Zentralschmieranlagen
00	400 ... 430	schwach fließend	Getriebefette, Zentralschmieranlagen
0	355 ... 385	halbflüssig	Getriebefette, Wälzlagerfette, Zentralschmieranlagen
1	310 ... 340	sehr weich	Wälzlagerfette
2	265 ... 295	weich	Wälzlagerfette, Gleitlagerfette
3	220 ... 250	mittelfest	Wälzlagerfette, Gleitlagerfette, Wasserpumpenfette
4	175 ... 205	fest	Wälzlagerfette, Wasserpumpenfette
5	130 ... 160	sehr fest	Wasserpumpenfette, Blockfette
6	85 ... 115	hart	Blockfette

[1] Fett wird in einem genormten Fettkneter gewalkt, danach wird die Eindringtiefe eines standardisierten Konus in einer festgelegten Zeit gemessen

TB 4-10 Kriterien für die Auswahl von Zentralschmieranlagen

Schmiersystem	Schmierstoff	Anzahl der Schmierstellen (maximal)	Längste Schmierstoffleitung [m]	Dosierung je Schmierstelle
Einleitungssystem	Öl	500	50	0,1 ... 15 ml/Takt
Zweileitungssystem	Öl bzw. Fett	5000	200	0,02 ... 15 ml/Takt
Mehrleitungssystem	Öl bzw. Fett	30	50	0,18 ... 400 ml/h
Progressivsystem	Öl bzw. Fett	100	50	0,01 ... 500 ml/min
Ölnebelsystem	Öl	2500	200	0,2 ml/h
Öl-Luft-System	Öl	5000	200	>0,05 ml/h

TB 4-11 Elektrochemische Spannungsreihe (Elektrodenpotential in Volt von Metallen in wässriger Lösung gegen Wasserstoffelektrode)

Kalium	−2,92
Natrium	−2,71
Magnesium	−2,38
Aluminium	−1,66
Mangan	−1,05
Zink	−0,76
Eisen	−0,44
Kadmium	−0,40
Kobalt	−0,27
Nickel	−0,23
Zinn	−0,14
Blei	−0,12
Wasserstoff	+0
Kupfer	+0,35
Silber	+0,80
Quecksilber	+0,85
Platin	+1,20
Gold	+1,36

5 Kleb- und Lötverbindungen

5

TB 5-1 Oberflächenbehandlungsverfahren für Klebverbindungen

Werkstoff	Behandlungsfolge[1] für		
	niedrige[2] Beanspruchung	mittlere[2] Beanspruchung	hohe[2] Beanspruchung
Stähle	a–b–f–g	a–h–b–f–g	a–i–b–f–g
Stähle, verzinkt	a–b–f–g	a–b–f–g	a–b–f–g
Stähle, brüniert	a–c–f–g	a–c–f–g	a–i–b–f–g
Titan	a–b–f–g	a–h–b–f–g	a–i–b–f–g
Gusseisen	k	h	i
Al-Legierungen	a–b–f–g	a–c–h–f–g	a–i–c–f–g
Magnesium	a–b–f–g	a–b–h–f–g	a–i–b–e–f–g
Kupfer, -Legierungen	a–b–f–g	a–h–b–f–g	a–i–b–f–g

[1] **a** Reinigen von Schmutz, Farbresten, Zunder, Rost o.ä.; **b** Entfetten mit organischen Lösungsmitteln (gesetzliche Schutzvorschriften beachten!) oder mit wässrigen Reinigungsmitteln; **c** Beiz-Entfetten; **d** Beizen in wässriger Lösung von 27,5 % konz. Schwefelsäure und 7,5 % Natriumdichromat (30 min bei 60 °C); **e** Beizen in einer Lösung von 20 % Salpetersäure und 15 % Kaliumdichromat in Wasser (1 min bei 20 °C); **f** Spülen mit vollentsalztem oder destilliertem Wasser; **g** Trocknen in Warmluft; **h** mechanisches Aufrauhen der Fügeflächen (Schleifen, Bürsten); **i** mechanisches Aufrauhen der Fügeflächen durch Strahlen; **k** Gusshaut entfernen.

[2] *niedrig:* Zugscherfestigkeit bis 5 N/mm^2; Klima in geschlossenen Räumen; für Feinwerktechnik, Elektrotechnik, Modellbau, Schmuckindustrie, Möbelbau, einfache Reparaturen.
mittel: Zugscherfestigkeit bis 10 N/mm^2; gemäßigtes Klima; Kontakt mit Ölen und Treibstoffen; für Maschinen- und Fahrzeugbau, Reparaturen.
hoch: Zugscherfestigkeit über 10 N/mm^2; sämtliche Klimate; direkte Berührung mit wässrigen Lösungen, Ölen, Treibstoffen; für Fahrzeug-, Flugzeug-, Schiff- und Behälterbau.

TB 5-2 Klebstoffe zum Verbinden von Metallen nach Richtlinie VDI 2229: 1979-06

Handelsname		Hersteller[1]	chemische Basis[2]	Abbinde-temperatur °C	Abbinde-druck (bar)[3]	Zugscherfestigkeit τ_{kB} (N/mm²) bei °C						vorzugsweise zu verkleben[4]
						−25	+20	+55	+80	+105	+155	
überwiegend kalt abbindende Klebstoffe												
Agomet	P76	A	4	20 … 50	Kd	20	21	19	6	–	–	ME, HK, HO, GL
	M	A	6	20	Kd	32,5	37,5	32,8	22,5	–	–	AL, ST, HK
Araldit	AW2101/HW2951	B	4, 2	20	Kd	17	20	17	5	–	–	ME, KE, HO, KU
	Ay103/Hy991	B	4, 9	20	Kd	13	17	14	6	3	–	ME, (KU), TP
Pattex		C		20	>10	8	7	3	1	0,3	–	ME, KU
Stabilit-Express		C	1	20		–	6	–	–	–	–	ME, GL, KU, KE, PO
Sicomet	85	D	3	23	Kd	15,2	25,8	16	18	15,2	5,2	ME, KU, EL
	50	D	3	23	Kd	15,8	25,2	14	13,8	10,6	1,3	ME, KU, EL
	8300	D	3	23	Kd	20,4	26	13,6	12	9,4	0,9	ME, KU, EL
Technicoll	8202	E	3	20	Kd	12	19	6	6	–	–	ME, (KU), KE
	8258/59	E	4	20	Kd	28	33	30	8	3	–	ME und andere
Loctite	638	F	5	20	Kd	–	12	11	9	7	2	ME, KU
	648	F	5	20	Kd	–	20	20	20	18	14	ME, KU
warmbindende Klebstoffe												
Araldit	AT1	B	4	150 … 200	Kd	32	32	32	30	17	2	ME, KE
	AW142	B	4	150 … 200	Kd	23	23	25	25	23	3	ME, KE
Metallon	E2701	C	4	180	Kd	20	31	30	29	28	9	ME
	E2706	C	4	180	Kd	30	32	31	30	23	6	ME
Technicoll	8280	E	4	150 … 200	Kd	36	39	41	42	36	15	ME und andere
	8282	E	4	120 … 150	Kd	–	40	39	27	11	–	ME und andere
Loctite	307	F	5	20 … 120	Kd	–	23	22	18	14	5	ME
	317	F	5	20 … 120	Kd	–	35	29	19	12	7	GL, ME
Klebfilme (Klebfolien), bei erhöhten Temperaturen abbindend												
Redux	609	B	4	100 … 170	Kd	30	34	30	22	12	–	ME, KE, BM
Technicoll	8401	E	8, 11	120 … 200	5	–	32	16	12	9	–	ME, WK
Tegofilm	EP375	G	4	≥100	>1	21	23	22	17	10	–	AL, ST, CU, KU, HO
	M12B	G	11	130 … 165	4 … 15	31	33	24	13	7	–	AL, ST, RB
FM-73		H	7	120	1 … 5	40	40	–	28	–	–	AL, TI, ST
FM-1000		H	10	175	1 … 3	50	48	–	25	–	–	AL, TI, ST

1) **A** Degussa GB Chemie, Postfach 602, Hanau; **B** CIBA-GEIGY GmbH, Postfach, Wehr/Baden; **C** HENKEL, KGaA, Postfach 1100, Düsseldorf; **D** Sichel-Werke GmbH, Postfach 91 13 80, Hannover; **E** Beiersdorf AG, Unnastraße 48, Hamburg; **F** Loctite Deutschland GmbH, Postfach 81 05 80, München; **G** Th. Goldschmidt AG, Postfach 17, Essen; **H** Cyanamid B.V., P.O. Box 1523, NL-BM Rotterdam.

2) **1** Acrylharz; **2** Amin; **3** Cyanacrylat; **4** Epoxidharz; **5** Methacrylat; **6** Methylmethacrylat; **7** Nitrilepoxid; **8** Nitrilkautschuk; **9** Polyaminoamid; **10** Polyamidepoxid; **11** Phenolharz.

3) **Kd** Kontaktdruck.

4) **AL** Aluminium; **BM** Buntmetalle; **CU** Kupfer; **EL** Elastomere; **GL** Glas; **HK** Hartkunststoff; **HO** Holz; **KE** Keramik; **KU** Kunststoff; **ME** Metalle; **PO** Porzellan; **RB** Reibbeläge; **ST** Stahl; **TI** Titan; **TP** Thermoplaste; **VB** Verbundwerkstoffe; **WK** wärmefeste Kunststoffe; ( ) bedingt zu verkleben.

TB 5-3 Festigkeitswerte für kaltaushärtende Zweikomponentenklebstoffe (nach Herstellerangaben)

Handelsname	Hersteller	Harzbasis	Zugscherfestigkeit τ_{KB} in N/mm² bei Raumtemperatur	
			Al und Al-Legierung	Stahl, kalt gewalzt
Penloc GTR	Panacol-Elosol	Acrylat	18	20
Penloc GTI			22	27
Araldit 2011	Vantico GmbH & Co. KG	Epoxid	27	26
Collano A8 6400	Collano AG		12	–
UHU endfest 300 plus	UHU GmbH & Co. KG		17	–
Scotch Weld, DP 110	3 M		16	17
Scotch Weld, DP 410			25	19
Wevo, z. B. A10/B10	WEVO-Chemie GmbH		17	22
Terokal 221	Henkel Teroson		20	–
Teromix 6700		Polyurethan	13	–

TB 5-4 Hartlote nach DIN EN ISO 17672 und ihre Anwendung (Auswahl)

Gruppe	Kurz-zeichen	Legierungs-kurzzeichen nach DIN EN ISO 3677[1)]	vormals DIN 8513-1 bis DIN 8513-5	Arbeits-temperatur °C	geeignetes Flussmittel DIN EN 1045	Lötstelle Form[2)]	Lötstelle Lot-Zufuhr[3)]	Lötbare Werkstoffe: Baustähle	hochleg. Stähle	Temperguss	Hartmetall	Al und Al-Leg.	Cu und Cu-Leg.	Ni und Ni-Leg.	Co und Co-Leg.	Glas, Keramik	Sondermetalle	Anwendungsbeipiele
Aluminium-hartlote	Al107	B-Al92Si-575/615	L-AlSi7,5	610	FL10	S, F	a, e					x						Lötplattierte Bleche und Bänder, bei Gussstücken auch zum Fugenlöten und Auftragen; Wärmeaustauscher und Kühler
	Al112	B-Al88Si-575/585	L-AlSi12	590	FL20	S, F	a, e					x						
Silber-Hartlote	Ag212	B-Cu45ZnAg(Si)-800/830	L-Ag12	830	FH21	S	a, e	x		x			x	x				mechanisiertes Löten wärme-empfindlicher Werkstücke
	Ag244	B-Ag44CuZn-675/735	L-Ag44	730	FH21	S	a, e	x		x			x	x				Werkstücke mit erhöhten Betriebstemperaturen; Wärmeaustauscher, Bandsägen
	Ag340	B-Ag40ZnCdCu-595/630	L-Ag40Cd	610	FH10	S	a, e	x		x			x	x				ausgezeichnete Löteigen-schaften, Handlöten und automatisiertes Löten
	Ag449	B-Ag49ZnCuMnNi-680/705	L-Ag49	690	FH21	S	a, e	x			x						x	auch für schwer benetzbare Werkstoffe wie Mo und W, Auflöten von Hartmetall auf Stahlträger
	AG485	B-Ag85Mn-960/970	L-Ag85	960	FH21	S	a, e	x						x				Hochtemperatur-Hartlot, warmfeste Lötstellen bis 600 °C, ammoniakbeständig
Kupfer-Phosphor-Hartlote	CuP281	B-Cu89PAg-645/815	L-Ag5P	710	FH21, ohne	S, F	a, e						x					Kupferrohre für Wärme- und Kältetechnik
	CP284	B-Cu80AgP-645/800	L-Ag15P	700	FH21, ohne	S, F	a, e						x					für thermisch und mechanisch wechsel-beanspruchte Lötstellen
Kupfer-Hart-lote	Cu141	B-Cu100(P)-1085	L-SFCu	1100	FH21	S	e	x										Lötung mit hohen Anforde-rungen
	Cu925	B-Cu88Sn(P)-825/990	L-Sn12	990	ohne	S	e	x	x					x				Ofenlöten (Schutzgas, Vakuum)
	Cu470	B-Cu60Zn(Sn)(Si)-875/895	L-CuZn40	900	FH20	S, F	a, e	x		x	x		x	x				ohne hohe Festigkeits-ansprüche, dickwandige Werkstücke

TB 5-4 Fortsetzung

Gruppe	Kurz-zeichen	Legierungs-kurzzeichen nach DIN EN ISO 3677[1]	vormals DIN 8513-1 bis DIN 8513-5	Arbeits-temperatur °C	geeignetes Flussmittel DIN EN 1045	Lötstelle Form[2]	Lötstelle Lot-Zufuhr[3]	Lötbare Werkstoffe: Baustähle	hochleg. Stähle	Temperguss	Hartmetall	Al und Al-Leg.	Cu und Cu-Leg.	Ni und Ni-Leg.	Co und Co-Leg.	Glas, Keramik	Sondermetalle	Anwendungsbeipiele
Nickelhartlote und Nickel-Kobalthartlote	Ni610	B-Ni74CrFeSiB-980/1070	L-Ni1a	1130	FH30 Vakuum Schutzgas	S	a, e	x	x					x	x		x	Hochtemperaturlote warmfest, für schwer benetzbare Werkstoffe (W, Mo), auflöten von Hartmetall auf Stahlträger; Düsengehäuse, Turbinen-schaufeln, Raketentechnik
	Ni650	B-Ni71CrSi-1080/1135	L-Ni5	1150		S	a, e	x	x					x	x		x	
Palladiumhaltige Hartlote	Pd287	B-Ag68CuPd-805/810	–	815	FH20	S	a, e	x	x				x	x	x	x	x	Hochtemperaturlote Pd verbessert das Benetzungs-vermögen und das Ausbrei-tungsverhalten, warmfeste Lötstellen bis 600 °C; Gasturbinenbau, Ventile, Düsengehäuse, Raketentechnik, Metallkeramik
	Pd587	B-Ag54PdCu-900/950	–	955	FH20	S	a, e	x	x				x	x	x	x	x	
	Pd647	B-Pd60Ni-1235	–	1250	Schutzgas Vakuum	S	a, e		x				x	x			x	
Goldhaltige Hartlote	Au351	B-Cu62AuNi-975/1030	–	1030	Schutzgas (Helium) Vakuum	S	a, e	x	x				x	x				Hochtemperaturlote gute Lötbarkeit auf St, Ni und Co, hohe Festigkeit, geringe Anfälligkeit gegen H_2-Versprödung
	Au827	B-Au82Ni-950	–	950		S	a, e	x	x				x	x				hoher Widerstand gegen Oxidation und Korrosion, Löten von hitzebeständigen Stählen und Ni-Legierungen, Dauereinsatztemperatur bis 800 °C; Flugzeug- und Raum-fahrttechnik, Turbinenbau

[1] Die Bezeichnung enthält im dritten Teil die Solidus-/Liquidus-Temperatur in °C.
[2] S Spaltlöten F Fugenlöten
[3] a Lot angesetzt e Lot eingelegt

Bezeichnung
Das Lot muss mit der Benennung Lot, der Nummer der Norm ISO 17672 und einem Kurzzeichen bzw. nach DIN EN ISO 3677 bezeichnet werden. Beispiel: Für das Silberhartlot mit der Zusammensetzung 48% Cu, 12% Ag und 40% Zn können folgende Varianten angesetzt werden:

Lot ISO 17672–Ag212 oder
Lot ISO 1767–B–Cu48ZnAg(Si)-800/830

TB 5-5 Weichlote nach DIN EN ISO 9453 und ihre Anwendung (Auswahl)

Gruppe	Leg. Nr.	Legierungs-kurzzeichen nach ISO 3677	bisheriges Kurzzeichen (DIN 1707)	Schmelz-temperatur °C	geeignetes Flussmittel (DIN EN 29454-1) Beispiel	bevorzugtes Lötverfahren[1]	Anwendungsbeispiele
Zinn – Blei	101	S-Sn63Pb37	L-Sn63Pb	183	3.1.1.	LO	Elektroindustrie, gedruckte Schaltungen, Feinwerktechnik
	103	S-Sn60Pb40	L-Sn60Pb	183 … 190	1.1.1.	FL, LO, KO	Verzinnung, nichtrostende Stähle, Elektroindustrie
Blei – Zinn	114	S-Pb60Sn40	L-PbSn40	183 … 238	2.1.2.	FL, LO, KO	Metallwaren, Feinblechpackungen, Klempnerarbeiten
	116	S-Pb70Sn30	–	183 … 255	3.2.2.	FL, LO	Klempnerarbeiten, Zink, Zinklegierungen
Zinn – Blei – Antimon	132	S-Sn60Pb40Sb	L-Sn60Pb(Sb)	183 … 190	1.1.1.	FL, LO, KO	Feinwerktechnik, Elektroindustrie, nichtrostende Stähle
	136	S-Pb74Sn25Sb1	L-PbSn25Sb	185 … 263	3.1.1.	FL, LO	Bleilötungen, Schmierlote, Kühlerbau
Zinn – Blei – Bismut	141	S-Sn60Pb38Bi2	–	180 … 185	3.1.1.	KO	hochlegierte Stähle, Feinlötungen
Zinn – Blei – Cadmium	151	S-Sn50Pb32Cd18	L-SnPbCd18	145	1.1.2.	FL, KO	Schmelzlot, Thermosicherungen, versilberte Keramik, Kabellötungen
Zinn – Blei – Kupfer	161	S-Sn60Pb39Cu1	L-Sn60PbCu2	183 … 190	1.1.3.	KO	Elektrogerätebau, Elektronik
Zinn – Blei – Silber	171	S-Sn62Pb36Ag2	L-Sn60PbAg	179	1.1.3.	LO, KO, IL	Elektrogerätebau, Elektronik, gedruckte Schaltungen
Blei – Silber	182	S-Pb95Ag5	L-PbAg5	304 … 370	2.1.1.	FL, KO	für hohe Betriebstemperaturen; Luftfahrtindustrie
Blei – Zinn – Silber	191	S-Pb93Sn5Ag2	–	296 … 301	2.1.1.	FL, KO	Elektromotoren, Elektrotechnik, Luftfahrtindustrie
Bismut – Zinn	301	S-Bi58Sn42	–	139	1.1.3.	KO, FL	Niedertemperaturlötungen, Temperaturauslöser
Zinn – Kupfer	402	S-Sn97Cu3	L-SnCu3	227 … 310	3.1.1.	FL, LO, KO	Feinwerktechnik, Metallwaren, Kupferrohr-Installationen
Indium – Zinn	601	S-In52Sn48	L-SnIn50	118	1.1.1.	FL	Glas-Metall-Lötungen
Zinn – Silber	703	S-Sn96Ag4	L-SnAg5	221	2.1.2.	FL, LO, KO, IL	hervorragende Benetzungseigenschaften; Kälteindustrie, hochlegierte Stähle, Kupferrohr-Installation (Warmwasser, Heizung)

[1] FL Flammlöten KO Kolbenlöten LO Lotbadlöten IL Induktionslöten

Bezeichnung der Lote: Ein Zinn-Basis-Lot mit Massenanteil an Zinn von 60 %, an Blei von 40 %, Antimon von 0,2 % und einem Schmelzbereich S 183 °C bis L 190 °C wird bezeichnet nach DIN EN ISO 3677: **S-Sn60Pb40** oder nach DIN EN ISO 9453: **103** (Legierungsnummer).

TB 5-6 Flussmittel zum Hartlöten nach DIN EN 1045

Klasse	Typ	Wirktemperaturbereich °C	Zusammensetzung	Flussmittel-Rückstände	Verwendung
FH für Schwermetalle	FH10	550 ... 800	Borverbindungen Flouride	**korrosiv**, müssen durch Waschen oder Beizen entfernt werden	Vielzweck-Flussmittel für Löttemperaturen oberhalb 600 °C
	FH11	550 ... 800	Borverbindungen Flouride, Chloride		bevorzugt für Kupfer – Aluminium – Legierungen bei Löttemperaturen oberhalb 600 °C
	FH12	550 ... 850	Borverbindungen, Bor, Flouride		bevorzugt für rostfreie und hochlegierte Stähle, sowie Hartmetall bei Löttemperaturen oberhalb 600 °C
	FH20	700 ... 1000	Borverbindungen, Flouride		Vielzweck-Flussmittel für Löttemperaturen oberhalb von 750 °C
	FH21	750 ... 1100	Borverbindungen	**nicht korrosiv**, können durch Beizen oder mechanisch entfernt werden	Vielzweck-Flussmittel für Löttemperaturen oberhalb von 800 °C
	FH30	über 1000	Borverbindungen Phosphate, Silikate		bei Gebrauch von Kupfer- und Nickelloten
	FH40	600 ... 1000	borfrei Chloride, Flouride	**korrosiv**, müssen durch Waschen oder Beizen entfernt werden	wenn die Anwesenheit von Bor nicht erlaubt ist
FL Leichtmetalle	FL10	über 550	hygroskopische Chloride und Flouride, Lithiumverbindungen		ermöglichen hochwertige Leichtmetall-Hartlotverbindungen; Flussmittelreste müssten aber rückstandsfrei entfernt werden
	FL20	über 550	nicht hygroskopische Flouride	**nicht korrosiv**, können auf dem Werkstück verbleiben, das dann vor Feuchtigkeit zu schützen ist	keine so hochwertigen Verbindungen wie bei Verwendung von FL10

Bezeichnungsbeispiel für Flussmittel FH10 nach dieser Norm: Flussmittel EN 1045 – FH10

TB 5-7 Einteilung der Flussmittel zum Weichlöten nach DIN EN 29454-1

Flussmittel			
Typ	Basis	Aktivator	Art
1 Harz	**1** Kolophonium (Harz)	**1** ohne Aktivator	**A** flüssig
	2 ohne Kolophonium (Harz)		
2 organisch	**1** wasserlöslich	**2** mit Halogen aktiviert	
	2 nicht wasserlöslich	**3** ohne Halogene aktiviert	
3 anorganisch	**1** Salze	**1** mit Ammoniumchlorid	**B** fest
		2 ohne Ammoniumchlorid	
	2 Säuren	**1** Phosphorsäure	
		2 andere Säuren	**C** Paste
	3 alkalisch	**1** Amine und/oder Ammoniak	

Bezeichnungsbeispiel eines Flussmittels von Typ anorganisch (3), auf der Basis von Salzen (1), mit Ammoniumchlorid aktiviert (1), geliefert in fester Form (B): Flussmittel ISO 9454 – 3.1.1. B

TB 5-8 Gegenüberstellung der Typ-Kurzzeichen von Flussmitteln zum Weichlöten (DIN EN 29454-1 zu DIN 8511-2)

	Kurzzeichen		Wirkung der Flussmittelrückstände	Hinweise zur Verwendung
	DIN EN 29454-1	DIN 8511-2		
Schwermetalle	3.2.2. 3.1.1.	F-SW11 F-SW21	korrosiv, müssen abgewaschen werden	stark oxidierte Oberflächen, Kühlerbau, Klempnerarbeiten, Wischverzinnen
	3.1.1. 3.1.2.	F-SW21 F-SW22	bedingt korrosiv	Kupfer; Klempnerarbeiten, Tauchlöten, Metallwaren, Armaturen
	2.1.3. 2.2.1 2.2.3.	F-SW23		Blei und Bleilegierungen; Metallwaren, Feinlötungen
	2.1.2. 2.2.2.	F-SW25		Elektrotechnik, Metallwaren, Kupferrohr-Installationen, Feinlötungen
	1.1.1. 1.1.3 1.2.3.	F-SW31 F-SW32 F-SW33	nicht korrosiv	Elektrotechnik, Elektronik, gedruckte Schaltungen, Lötbäder
Leichtmetalle	3.1.1. 2.1.3. 2.1.2.	F-LW1 F-LW2 F-LW3	müssen entfernt werden	Kühlerbau

TB 5-9 Richtwerte für Lötspaltbreiten

Art der Lötstelle	günstiger Spaltbreitenbereich mm	Lötverfahren
Spaltlöten	0,01 … 0,05 0,01 … 0,1 0,05 … 0,2 0,05 … 0,5	Ofenlöten im Hochvakuum (ohne Flussmittel) Ofenlöten in Schutzgas oder im Vakuum (ohne Flussmittel) Löten mit Flussmittel, mechanisiert bzw. automatisiert Löten mit Flussmittel, manuell
Fugenlöten	> 0,5 (Fuge)	Löten mit Flussmittel, manuell

TB 5-10 Zug- und Scherfestigkeit von Hartlötverbindungen (nach BrazeTec – Umicore, ehem. Degussa)

Hartlote nach DIN EN ISO 17672, Bezeichnung nach		Arbeitstemperatur des Lotes °C	Zugfestigkeit σ_{lB} in N/mm² bei Grundwerkstoff					Scherfestigkeit τ_{lB} [1) 2)] in N/mm² bei Grundwerkstoff	
EN ISO 17672	ISO 3677		S235	E295	E335	X10CrNi18-8	CuZn37	S235	E335
Ag340	B-Ag40ZnCdCu-595/630	610[1)]	410[3)]	540	640	520	230	170	250
Ag330	B-Ag30CuCdZn-600/690	680	380[3)]	470	480	510	250	200	240
Ag244	B-Ag44CuZn-675/735	730	390[3)]	480	520	530	280	205	280
Ag212	B-Cu48ZnAg-800/830	830	370	460	460	440	210	170	200

1) Mittelwert bei Spaltbreite 0,1 mm.
2) Einstecktiefe 4 mm.
3) Bruch teilweise im Grundwerkstoff.

6 Schweißverbindungen

TB 6-1 Zeichnerische Darstellung von Schweißnähten nach DIN EN 22553

a) Grundsymbole für Nahtarten (Auszug)

Nr.	Benennung	Darstellung	Symbol
1	Bördelnaht	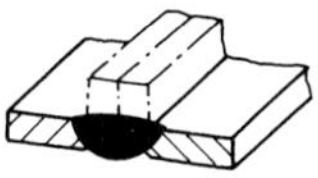	
2	I-Naht	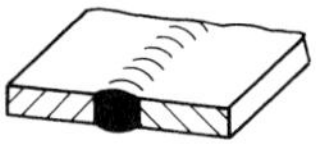	
3	V-Naht	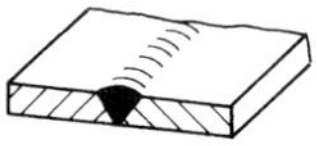	
4	HV-Naht	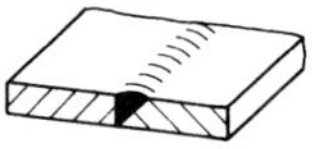	
5	Y-Naht	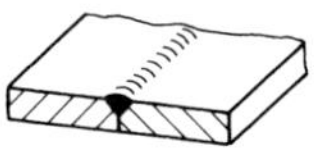	
6	HY-Naht	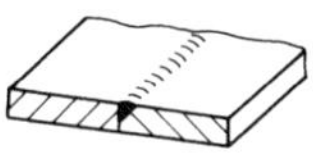	
7	U-Naht	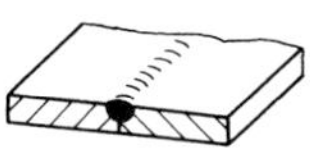	
8	HU-Naht (Jot-Naht)	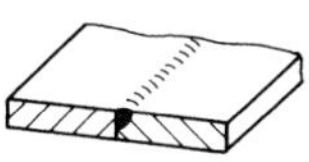	
9	Gegennaht (Gegenlage)	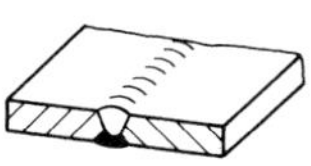	
10	Kehlnaht	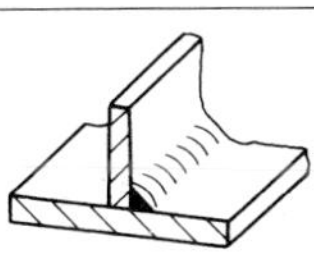	
11	Lochnaht	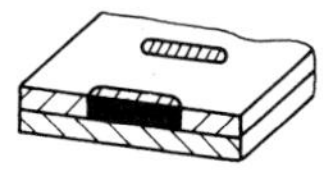 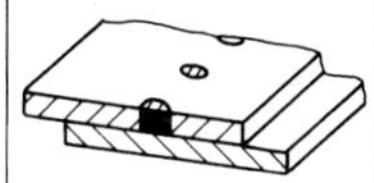	
12	Punktnaht	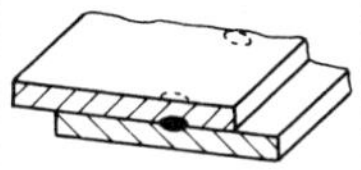 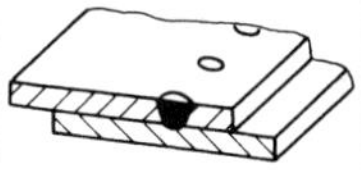	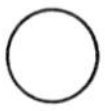

6

b) Zusammengesetzte Symbole (Beispiele)

Nummern nach TB 6-1a	Benennung	Darstellung	Symbol
3-3	D(oppel)-V-Naht (X-Naht)	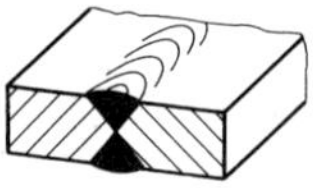	
4-4	D(oppel)-HV-Naht (K-Naht)	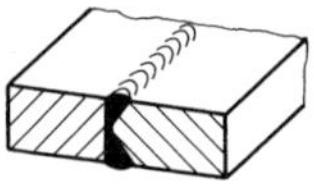	
5-5	D(oppel)-Y-Naht	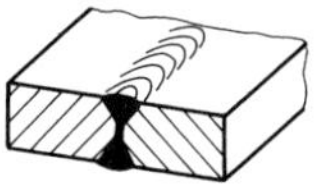	
6-6	D(oppel)-HY-Naht (K-Stegnaht)	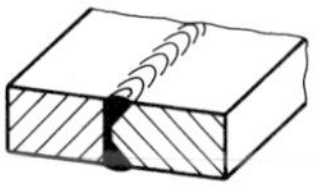	

TB 6-1 Fortsetzung

Nummern nach TB 6-1a	Benennung	Darstellung	Symbol
7-7	D(oppel)-U-Naht	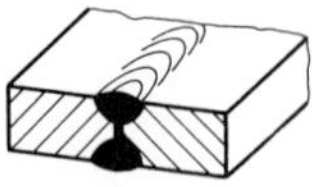	
3-7	V-U-Naht	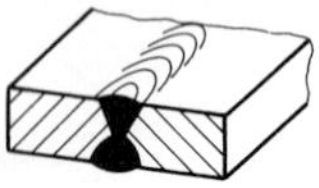	
3-9	V-Naht mit Gegennaht	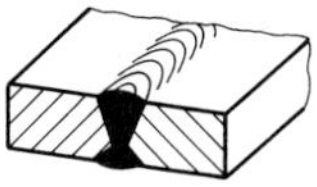	
10-10	Doppel-Kehlnaht	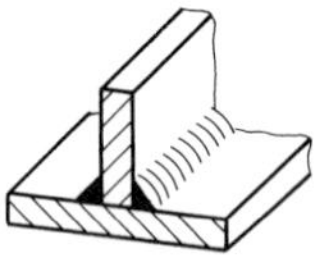	

c) Zusatzsymbole

Nr.	Oberflächenform der Naht	Symbol
1	flach	
2	gewölbt (konvex)	
3	hohl (konkav)	
	Nahtausführung	
4	Wurzel ausgearbeitet und Gegennaht ausgeführt	 [1]
5	Naht eingeebnet durch zusätzliche Bearbeitung	 [1]
6	Nahtübergänge kerbfrei gegebenenfalls bearbeitet	
7	verbleibende Beilage benutzt	
8	Unterlage benutzt	

[1] Nicht mehr genormt.

d) Ergänzungssymbole

Bedeutung	Symbol
ringsumverlaufende Naht	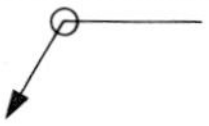
Baustellennaht	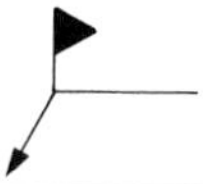
Schweißprozess (nach DIN EN ISO 4063)	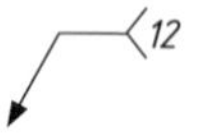
Bezugsangabe	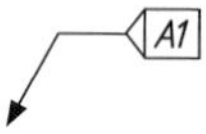

e) Anwendungsbeispiele für Zusatzsymbole

Benennung	Darstellung	Symbol
Flache V-Naht mit flacher Gegennaht		
Y-Naht mit ausgearbeiteter Wurzel und Gegennaht		
Kehlnaht mit hohler Oberfläche	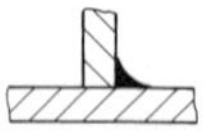	
Kehlnaht mit kerbfreiem Nahtübergang (ggf. bearbeitet)	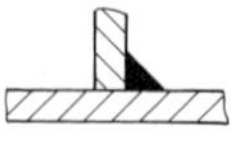	
Flache V-Naht von der oberen Werkstückfläche durch zusätzliche Bearbeitung eingeebnet		

TB 6-2 Bewertungsgruppen für Unregelmäßigkeiten für Schweißverbindungen aus Stahl nach DIN EN ISO 5817 (Auswahl)

Unregelmäßigkeit Benennung (Ordnungsnummer nach ISO 6520-1)	Bemerkungen	Grenzwerte für Unregelmäßigkeiten bei Bewertungsgruppen (für t > 3 mm)		
		D	**C**	**B**
Riss (100)	–	Nicht zulässig	Nicht zulässig	Nicht zulässig
Oberflächenpore (2017)	Größtmass einer Einzelpore für – Stumpfnähte – Kehlnähte	$d \leq 0{,}3s$, aber max. 3 mm $d \leq 0{,}3a$, aber max. 3 mm	$d \leq 0{,}2s$, aber max. 2 mm $d \leq 0{,}2a$, aber max. 2 mm	Nicht zulässig
Offener Endkraterlunker (2025)	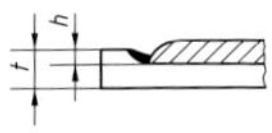	$h \leq 0{,}2t$, aber max. 2 mm	$h \leq 0{,}1t$, aber max. 1 mm	Nicht zulässig
Ungenügender Wurzeleinbrand (4021)	Nicht für einseitig geschweißte Stumpfnähte 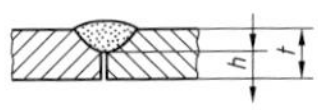	Kurze Unregelmäßigkeit: $h \leq 0{,}2t$, aber max. 2 mm	Nicht zulässig	Nicht zulässig
Einbrandkerbe – durchlaufend (5011) – nicht durchlaufend (5012)	Weicher Übergang wird verlangt. 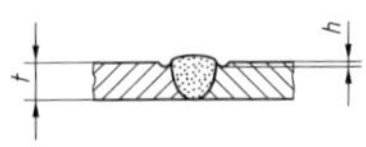	$h \leq 0{,}2t$, aber max. 1 mm	$h \leq 0{,}1t$, aber max. 0,5 mm	$h \leq 0{,}05t$, aber max. 0,5 mm
Gaskanal (2015) Schlauchpore (2016)	– Stumpfnähte	$h \leq 0{,}4s$, aber max. 4 mm $l \leq s$, aber max. 75 mm	$h \leq 0{,}3s$, aber max. 3 mm $l \leq s$, aber max. 50 mm	$h \leq 0{,}2s$, aber max. 2 mm $l \leq s$, aber max. 25 mm
	– Kehlnähte	$h \leq 0{,}4a$, aber max. 4 mm $l \leq a$, aber max. 75 mm	$h \leq 0{,}3a$, aber max. 3 mm $l \leq a$, aber max. 50 mm	$h \leq 0{,}2a$, aber max. 2 mm $l \leq a$, aber max. 25 mm
Lunker (202)	–	Kurze Unregelmäßigkeit zulässig, aber nicht bis zur Oberfläche – Stumpfnähte: $h \leq 0{,}4s$, aber max. 4 mm – Kehlnähte: $h \leq 0{,}4a$, aber max. 4 mm	Nicht zulässig	Nicht zulässig
Einschlüsse – feste (300) – Schlacke (301) – Flussmittel (302) – Oxid (303)	– Stumpfnähte	$h \leq 0{,}4s$, aber max. 4 mm $l \leq s$, aber max. 75 mm	$h \leq 0{,}3s$, aber max. 3 mm 1 ≤ s, aber max. 50 mm	$h \leq 0{,}2s$, aber max. 2 mm 1 ≤ s, aber max. 25 mm
	– Kehlnähte	$h \leq 0{,}4a$, aber max. 4 mm $l \leq a$, aber max. 75 mm	$h \leq 0{,}3a$, aber max. 3 mm $l \leq a$, aber max. 50 mm	$h \leq 0{,}2a$, aber max. 2 mm $l \leq a$, aber max. 25 mm
Kantenversatz (507)	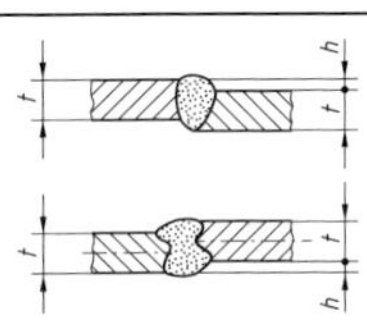	$h \leq 0{,}25t$, aber max. 5 mm	$h \leq 0{,}15t$, aber max. 4 mm	$h \leq 0{,}1t$, aber max. 3 mm
Schlechte Passung bei Kehlnähten (617)	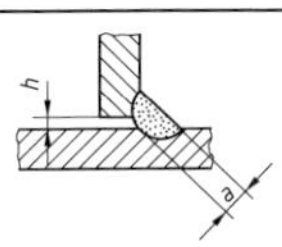	$h \leq 1$ mm + $0{,}3a$, aber max. 4 mm	$h \leq 0{,}5$ mm + $0{,}2a$, aber max. 3 mm	$h \leq 0{,}5$ mm + $0{,}1a$, aber max. 2 mm
Zu kleine Kehlnahtdicke (5213)	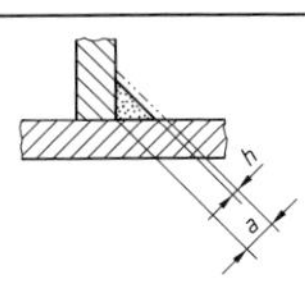	Kurze Unregelmäßigkeit: $h \leq 0{,}3$ mm + $0{,}1a$, aber max. 2 mm	Kurze Unregelmäßigkeit: $h \leq 0{,}3$ mm + $0{,}1a$, aber max. 1 mm	Nicht zulässig
Zündstelle (601)	–	Zulässig, wenn die Eigenschaften des Grundwerkstoffes nicht beeinflusst werden.	Nicht zulässig	Nicht zulässig

Symbole: (a) Nennmaß der Kehlnahtdicke, (d) Porendurchmesser, (h) Höhe oder Breite der Unregelmäßigkeit, (l) Länge der Unregelmäßigkeit, (s) Nennmaß der Stumpfnahtdicke, (t) Blechdicke

TB 6-3 Allgemeintoleranzen für Schweißkonstruktionen nach DIN EN ISO 13920

a) Grenzabmaße für Längen- und Winkelmaße

Toleranzklasse	Nennmaßbereich in mm										
	2 bis 30	über 30 bis 120	über 120 bis 400	über 400 bis 1000	über 1000 bis 2000	über 2000 bis 4000	über 4000 bis 8000	über 8000 bis 12000	bis 400[2]	über 400 bis 1000[2]	über 1000[2]
	Grenzabmaße für *Längenmaße*[1] in mm								Grenzabmaße für *Winkelmaße*[3] in Grad und Minuten		
A	±1	±1	±1	±2	± 3	± 4	± 5	± 6	±20′	±15′	±10′
B		±2	±2	±3	± 4	± 6	± 8	±10	±45′	±30′	±20′
C		±3	±4	±6	± 8	±11	±14	±18	± 1°	±45′	±30′
D		±4	±7	±9	±12	±16	±21	±27	±1°30′	±1°15′	±1°

[1] Nennmaßbereiche bis über 20000 mm s. Normblatt.
[2] Länge des kürzeren Schenkels.
[3] Gelten auch für nicht eingetragene Winkel von 90° oder Winkel regelmäßiger Vielecke.

b) Geradheits-, Ebenheits- und Parallelitätstoleranzen (Maße in mm)

Toleranzklasse	Nennmaßbereich (größere Seitenlänge der Fläche)									
	über 30 bis 120	über 120 bis 400	über 400 bis 1000	über 1000 bis 2000	über 2000 bis 4000	über 4000 bis 8000	über 8000 bis 12000	über 12000 bis 16000	über 16000 bis 20000	über 20000
E	0,5	1	1,5	2	3	4	5	6	7	8
F	1	1,5	3	4,5	6	8	10	12	14	16
G	1,5	3	5,5	9	11	16	20	22	25	25
H	2,5	5	9	14	18	26	32	36	40	40

TB 6-4 Zulässige Abstände von Schweißpunkten im Stahlbau (DIN EN 1993-1-3)

Richtung des Abstands		Bezeichnung (Bild 7-15)	Abstand
Schweißpunkte untereinander	in Kraftrichtung	e_1	(2 ... 6) d
	quer zur Kraftrichtung	e_2	$\leq 4d$
Randabstand	in Kraftrichtung	p_1	(3 ... 8) d
	quer zur Kraftrichtung	p_2	(3 ... 6) d

d Schweißpunktdurchmesser

TB 6-5 Nennwerte der Streckgrenze R_e und der Zugfestigkeit R_m für warmgewalzten Baustahl nach DIN EN 1993-1-1

Werkstoffnorm und Stahlsorte		Erzeugnisdicke t			
		$t \leq 40$ mm		40 mm $< t \leq 80$ mm	
		R_e N/mm²	R_m N/mm²	R_e N/mm²	R_m N/mm²
Baustahl DIN EN 10025-2	S235	235	360	215	360
	S275	275	430	255	410
	S355	355	510	335	470
	S450	440	550	410	550
Feinkornbaustahl DIN EN 10025-3	S275N/NL	275	390	255	370
	S355N/NL	355	490	335	470
	S420N/NL	420	520	390	520
	S460N/NL	460	540	430	540
Feinkornbaustahl DIN EN 10025-4	S275M/ML	275	370	255	360
	S355M/ML	355	470	335	450
	S420M/ML	420	520	390	500
	S460M/ML	460	540	430	530
Wetterfester Baustahl DIN EN 10025-5	S235W	235	360	215	340
	S355W	355	510	335	490
Baustahl vergütet DIN EN 10025-6	S460Q/QL/QL1	460	570	440	550
Warmgewalzte Hohlprofile DIN EN 10210-1	S235H	235	360	215	340
	S275H	275	430	255	410
	S355H	355	510	335	490
	S275NH/NLH	275	390	255	370
	S355NH/NLH	355	490	335	470
	S420NH/NLH	420	540	390	520
	S460NH/NLH	460	560	430	550

Hinweis: Für alle vorstehend genannten Baustähle sind in der Regel folgende Werte anzunehmen: Elastizitätsmodul $E = 210000$ N/mm²; Schubmodul $G = E/[2(1 + \nu)] \approx 81000$ N/mm²; Poissonsche Zahl $\nu = 0{,}3$; Wärmeausdehnungskoeffizient $\alpha = 12 \cdot 10^{-6}$ je K (für $\vartheta \leq 100$ °C).

TB 6-6 Nennwerte der Streckgrenze R_e und der Zugfestigkeit R_m für Gusswerkstoffe nach DIN EN 1993-1-8/NA.B.3

Gusswerkstoffe	Erzeugnisdicke t mm	Streckgrenze R_e N/mm²	Zugfestigkeit R_m N/mm²	E-Modul E N/mm²	Schubmodul G N/mm²	Temperaturdehnzahl α K^{-1}
GS200	$t \leq 100$	200	380	210000	81000	12×10^{-6}
GS240		240	450			
GE200	$t \leq 160$	200	380			
GE240		240	450			
G17Mn5 + QT	$t \leq 50$	240	450			
G20Mn5 + N	$t \leq 30$	300	480			
G20Mn5 + QT	$t \leq 100$	300	500			
EN-GJS-400-15	$t \leq 60$	250	390	169000	46000	$12{,}5 \times 10^{-6}$
EN-GJS-400-18		250	390			
EN-GJS-400-18-LT		230	380			
EN-GJS-400-18-RT		250	390			

TB 6-7 Korrelationsbeiwert β_w für Kehlnähte nach DIN EN 1993-1-8

Norm und Stahlsorte			Korrelationsbeiwert β_w
DIN EN 10025	DIN EN 10210	DIN EN 10219	
S235 S235W	S235H	S235H	0,8
S275 S275N/NL S275M/ML	S275H S275NH/NLH	S275H S275NH/NLH S275MH/MLH	0,85
S355 S355N/NL S355M/ML S355W	S355H S355NH/NLH	S355H S355NH/NLH S355MH/MLH	0,9
S420N/NL S420M/ML		S420MH/MLH	1,0
S460N/NL S460M/ML S460Q/QL/QL1	S460NH/NLH	S460NH/NLH S460MH/MLH	1,0
Stahlgusssorten aus DIN EN 10340			
GS200, GS240, G17Mn5 + QT, G20Mn5 + N			1,0
G20Mn5 + QT			1,1

TB 6-8 Maximales c/t-Verhältnis[1] von ein- und beidseitig gelagerten Plattenstreifen für volles Mittragen unter Druckspannungen nach DIN EN 1993-1-1 (Auszug)

Lagerung	ψ	Spannungsverlauf[2] + Druck – Zug	max. c/t-Verhältnis Formel	Beulwert k_σ	$(c/t)_{max}$ Stahlsorte S235[3] für $\psi = 0,+1,-1$
beidseitig gelagerter Plattenstreifen 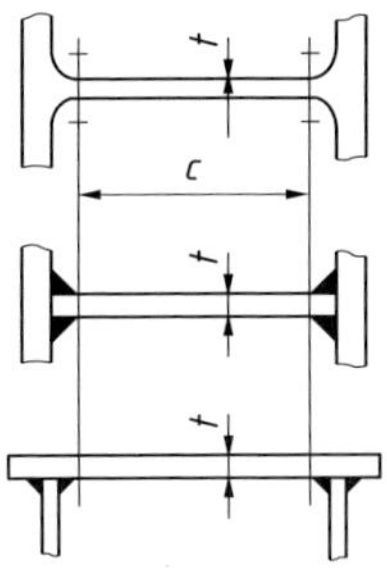	–1	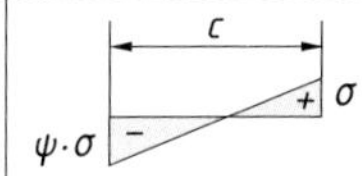	für $\psi > -1$: $\frac{42 \cdot \varepsilon}{0{,}67 + 0{,}33 \cdot \psi}$	23,9	124
	0	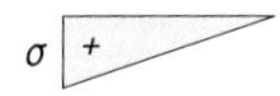		7,81	62,7
	+1	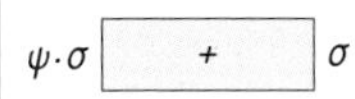		4,0	42
einseitig gelagerter Plattenstreifen 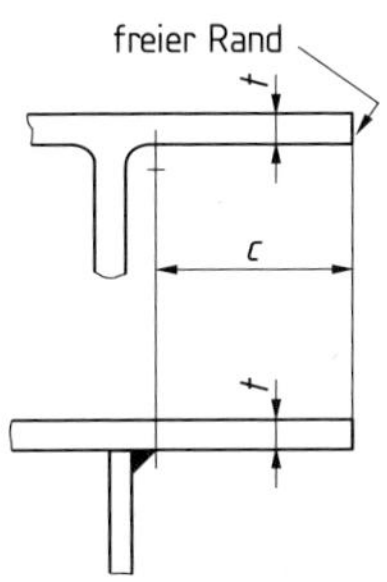	–1	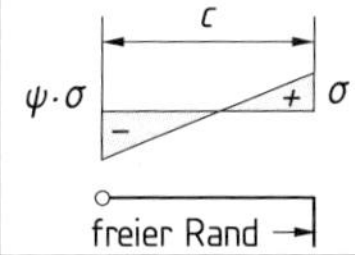	$21 \cdot \varepsilon \cdot \sqrt{k_\sigma}$	23,8	102
	0	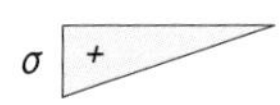		1,7 $\left(\frac{0{,}578}{\psi + 0{,}34}\right)$	27,4
	+1	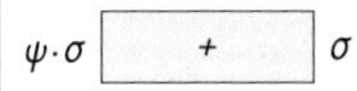		0,43	14
	0			0,57 $(0{,}57 - 0{,}21 \cdot \psi + 0{,}07 \cdot \psi^2)$	15,8
	–1	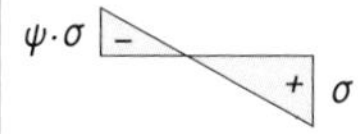		0,85	19,3

$\varepsilon = \sqrt{\frac{235}{R_e}}$						
	R_e	235	275	255	420	460
	ε	1,00	0,92	0,81	0,75	0,71

[1] Für elastisches Nachweisverfahren (Querschnittsklasse 3).

[2] Randspannungsverhältnis $\psi = \sigma_2/\sigma_1$; $\psi = +1$: reiner Druck; $\psi = -1$: reine Biegung, $\psi = 0$: Druckspannung an einem Rand Null.

[3] Für andere Stahlsorten als S235 gelten die ε-fachen Grenzwerte, wobei $\varepsilon = \sqrt{235/R_e}$.

6

TB 6-9 Zuordnung der Druckstabquerschnitte zu den Knicklinien nach TB 6-10 (DIN EN 1993-1-1)

Querschnitt		Begrenzungen		Ausweichen rechtwinklig zur Achse	Knicklinie S 235 S 275 S 355 S 420	Knicklinie S 460
gewalzte I-Querschnitte	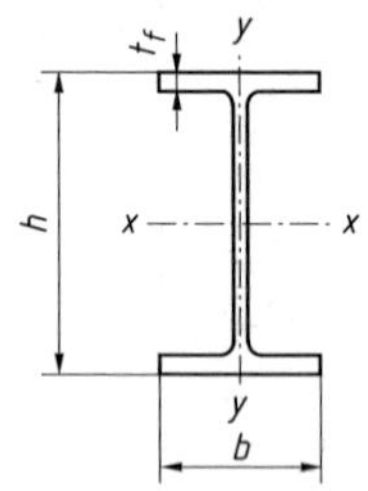	$h/b > 1{,}2$	$t_f \leq 40$ mm,	$x-x$ $y-y$	a b	a_0 a_0
			$40 \text{ mm} < t_f \leq 100$	$x-x$ $y-y$	b c	a a
		$h/b \leq 1{,}2$	$t_f \leq 100$ mm	$x-x$ $y-y$	b c	a a
			$t_f > 100$ mm	$x-x$ $y-y$	d d	c c
geschweißte I-Querschnitte	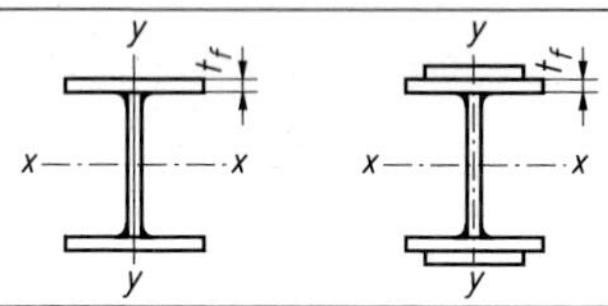	$t_f \leq 40$ mm		$x-x$ $y-y$	b c	b c
		$t_f > 40$ mm		$x-x$ $y-y$	c d	c d
Hohlquerschnitte	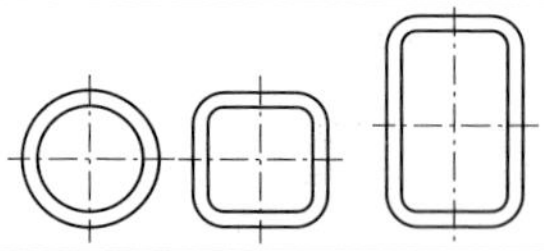	warmgefertigte		jede	a	a_0
		kaltgefertigte		jede	c	c
geschweißte Kastenquerschnitte	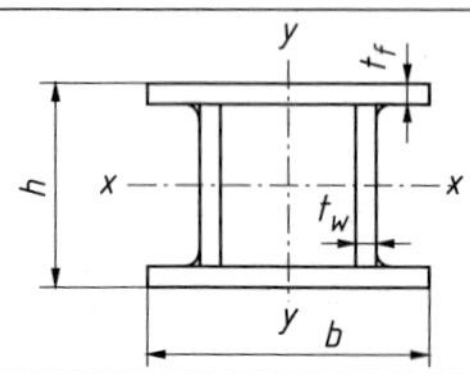	allgemein (außer den Fällen der nächsten Zeile)		jede	b	b
		dicke Schweißnähte: $a > 0{,}5\, t_f$ $b/t_f < 30$ $h/t_w < 30$		jede	c	c
U-, T- und Vollquerschnitte	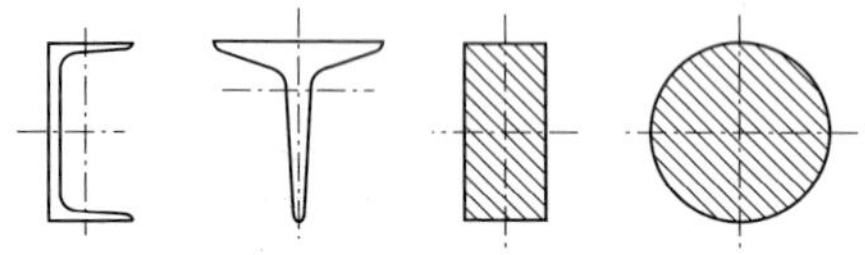			jede	c	c
L-Querschnitte	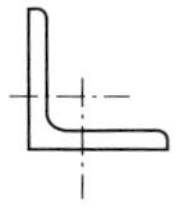			jede	b	b

TB 6-10 Knicklinien
Berechnung von χ s. Gl. (6.9)

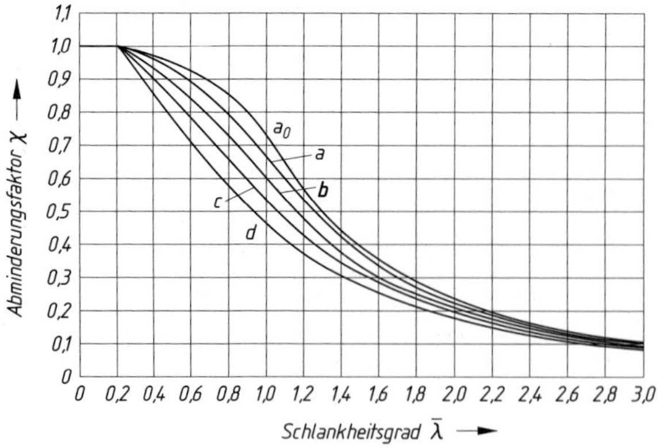

TB 6-11 Bauformenkatalog für die Ausführung und Dauerfestigkeitsbewertung von Schweißverbindungen an Stählen im Maschinenbau nach DVS-Richtlinie 1612 (Auszug)

Zugehörige Kerbfalllinien s. TB 6-12.

Nr.:	Darstellung	Beschreibung	Nahtart	Naht-bear-beitung	Prüfart und –umfang[1] 100 % zfP	10 % zfP	Sicht-prüfg	Bewer-tungs-gruppe[2]	Kerb-fall-linie
			Stumpf- und T-Stoßverbindungen, Normalbeanspruchung						
1	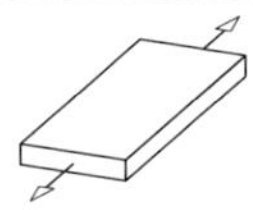	Grundwerkstoff (Vollstab) – mit Walzhaut, nicht reinigungsgestrahlt, unbeeinflußt	ohne Naht						**A**
2		– wärmebeeinflußt (thermisch getrennt)							**AB**
3	Stumpfstoßverbindungen Beanspruchung längs zur Naht 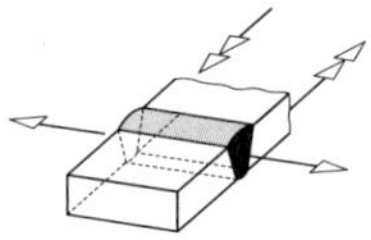	Stumpfnaht zwischen Teilen gleicher Dicke beidseitig durchgeschweißt und einseitig durchgeschweißt mit Gegenlage	V-Naht und HV-Naht mit Gegenlage DV-Naht DHV-Naht	ja	×			B+	**B**
4				nein		×		B	**C**
5				nein			×	C	**E1**
6		einseitig durchgeschweißt ohne Badsicherung	I-Naht V-Naht HV-Naht	nein	×			B+	**D**
7				nein		×		B	**E1**
8				nein			×	C	**E1–**
9	Stumpfstoßverbindung mit Beanspruchung quer zur Naht 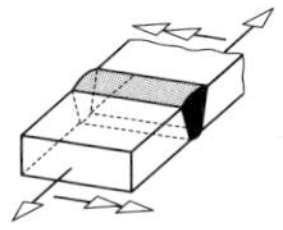	beidseitig durchgeschweißt und einseitig durchgeschweißt mit Gegenlage	V-Naht, HV-Naht, DV-Naht, DHV-Naht, Nahtwinkel > 30°	ja	×			B+	**B**
10				nein	×			B	**D+**
11				nein		×		C	**D**
12				nein			×	C	**E1**
13		einseitig durchgeschweißt ohne Badsicherung	I-Naht V-Naht HV-Naht	nein	×			B	**E1+**
14				nein		×		B	**E1**
15				nein			×	C	**F2**
16	Längsbeanspruchte T-Stoßverbindung 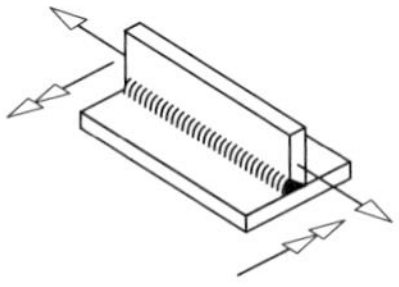	beidseitig durchgeschweißt mit Gegenlage	DHV-Naht HV-Naht mit Kehlnaht als Gegenlage HV-Naht mit Gegenlage	ja	×			B+	**B+**
17				ja		×		B	**B**
18				ja			×	C	**B–**
19				nein	×			B+	**C+**
20				nein		×		B	**C**
21				nein			×	C	**C–**
22		beidseitig nicht durchgeschweißt	DHY-Naht, HY-Naht mit Kehlnaht als Gegenlage, Doppelkehlnaht	ja		×		B	**B**
23				ja			×	C	**B–**
24				nein		×		B	**C**
25				nein			×	C	**C–**
26	Querbeanspruchte T-Stoßverbindung, durchlaufender Gurt beansprucht 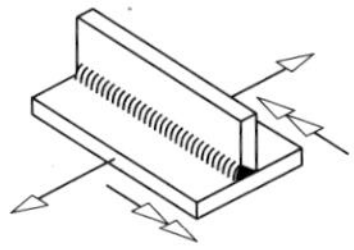	beidseitig durchgeschweißt mit Gegenlage	DHV-Naht, HV-Naht mit Kehlnaht als Gegenlage, HV-Naht mit Gegenlage	ja	×			B+	**C+**
27				ja		×		B	**C**
28				ja			×	C	**C–**
29				nein	×			B+	**E4–**
30				nein		×		B	**E5+**
31		Anrissort: Nahtübergang		nein			×	C	**E5**
32		beidseitig nicht durchgeschweißt	DHY-Naht, HY-Naht mit Kehlnaht als Gegenlage, Doppelkehlnaht	ja		×		B	**C**
33				ja			×	C	**C–**
34				nein		×		B	**E5+**
35		Anrissort: Nahtübergang		nein			×	C	**E5**

TB 6-11 Fortsetzung

Nr.:	Darstellung	Beschreibung	Nahtart	Naht-bearbeitung	Prüfart und -umfang[1)] 100 % zfP	10 % zfP	Sicht-prüfg	Bewer-tungs-gruppe[2)]	Kerb-fall-linie
36	Querbeanspruchte T-Stoßverbindung, angeschlossener Steg beansprucht 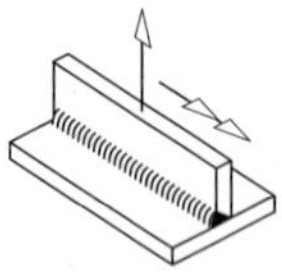	beidseitig durchgeschweißt mit Gegenlage	DHV-Naht, HV-Naht mit Kehlnaht als Gegenlage, HV-Naht mit Gegenlage	ja	×			B+	**D−**
37				ja		×		B	**E1+**
38				ja			×	C	**E1**
39				nein	×			B+	**E4−**
40				nein		×		B	**E5+**
41		Anrissort: Nahtübergang		nein			×	C	**E5**
42		einseitig durchgeschweißt	HV-Naht, HV-Naht mit aufgesetzter Kehlnaht, HV-Naht mit Badsicherung	nein	×			B+	**E6+**
43		Anrissort: Nahtübergang bzw. Nahtwurzel		nein		×		B	**E6**
44				nein			×	C	**E6−**
45	Stumpfstoßverbindung von Bauteilen unterschiedlicher Dicke 1. Symmetrischer Stoß 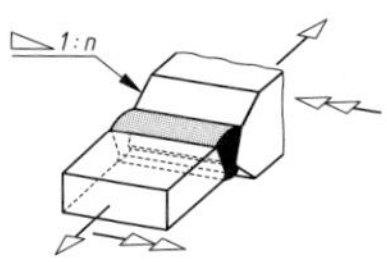	beidseitig durchgeschweißt mit Gegenlage Neigung ≥ 1:4	V-Naht mit Gegenlage, HV-Naht mit Gegenlage, DV-Naht, DHV-Naht, I-Naht	ja	×			B	**B−**
46				nein		×		B	**C−**
47		Neigung ≥ 1:2		nein		×		B	**E1−**
48				nein			×	C	**E4+**
49		ohne Anschrägen des dickeren Bleches beidseitig nicht durchgeschweißt Anrissort: Nahtübergang oder Nahtwurzel	DHY-Naht	nein			×	C	**F2**
50	2. unsymmetrischer Stoß 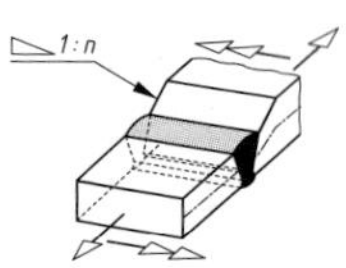	beidseitig durchgeschweißt mit Gegenlage Neigung ≥ 1:4	I-Naht, V-Naht mit Gegenlage, HV-Naht mit Gegenlage, DV-Naht, DHV-Naht	ja	×			B+	**B**
51				nein		×		B	**D**
52				nein			×	C	**D−**
53		Neigung ≥ 1:2		nein			×	C	**E5−**
54		ohne Anschrägen des dickeren Bleches Anrissort: Nahtübergang oder Nahtwurzel		nein			×	C	**F1+**
			Bauteilähnliche Verbindungen						
55	Längsbeanspruchte Kastenprofile 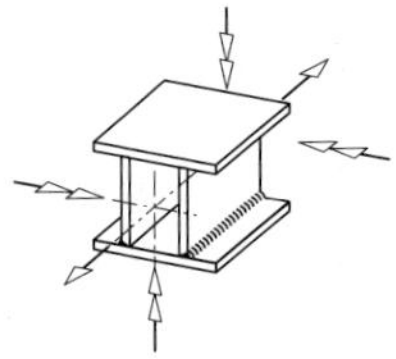	geschweißte Kastenträger	HV-Naht mit aufgesetzter Kehlnaht	ja		×		B	**B**
56				nein			×	C	**C−**
57			HV-Naht mit aufgesetzter Kehlnaht oben und Doppelkehlnaht unten	ja		×		B	**B**
58				nein			×	C	**C+**
59			HY-Naht mit aufgesetzter Kehlnaht	ja		×		B	**C+**
60				nein			×	C	**C−**
61			einseitige Kehlnaht oben und unten	ja		×		B	**E1+**
62				nein			×	C	**E4**
63	Längsbeanspruchte durchlaufende Bauteile mit aufgeschweißter Gurtplatte 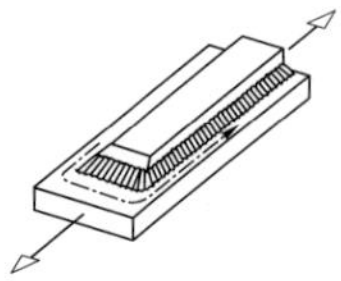	aufgeschweißte Gurtplatte und Kehlnähte an den Stirnflächen bearbeitet	Kehlnaht bzw. Überlappnaht	ja		×		B	**E1+**
64				ja			×	C	**E1**
65		aufgeschweißte Gurtplatte und unbearbeitete Kehlnähte		nein		×		B	**F1+**
66		Anrissort: Nahtübergang		nein			×	C	**F1**

TB 6-11 Fortsetzung

Nr.:	Darstellung	Beschreibung	Nahtart	Naht-bearbeitung	Prüfart und -umfang[1] 100 % zfP	10 % zfP	Sicht-prüfg	Bewer-tungs-gruppe[2]	Kerb-fall-linie
67	Längsbeanspruchte durchlaufende Bauteile mit aufgeschweißter Längssteife	Längssteife durch Stumpfnaht und bearbeitete Kehlnaht angeschlossen	DHV-Naht und Kehlnaht	ja	×			B	**E1**
68				ja		×		B	**E4+**
69	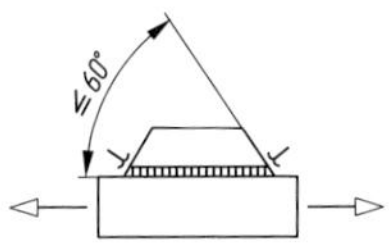	Anrissort: Nahtübergang		ja			×	C	**E4**
70	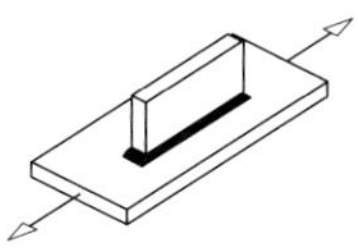	mit unbearbeiteten Kehlnähten aufgeschweißte Längssteife	umlaufende Kehlnaht	nein		×		B	**F+**
71		Anrissort: Nahtwurzel		nein			×	C	**F1**
72	Schweißverbindungen an Rohren und rohrförmigen Bauteilen 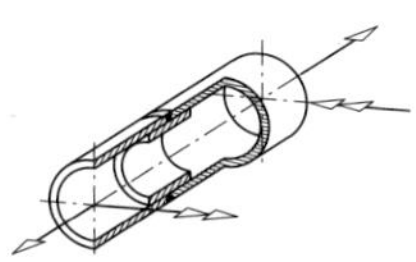	Wurzel unterlegt, Rohre gleicher Wandstärke Anrissort: Nahtwurzel	V-Naht mit Badsicherung, Steilflankennaht mit Badsicherung, HV-Naht mit Badsicherung	nein			×	C	**E5**
73	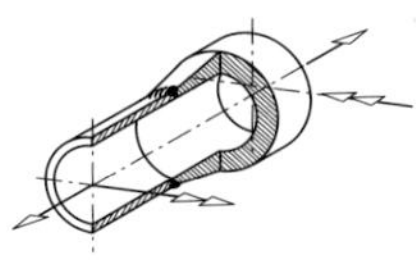	Rohre am Anschluss mit gleicher Wandstärke	V-Naht mit WIG-Wurzel	nein		×		B	**E1+**
74							×	C	**E1**
75		Anrissort: Nahtwurzel	Y-Naht, HY-Naht				×	C	**F2**
76	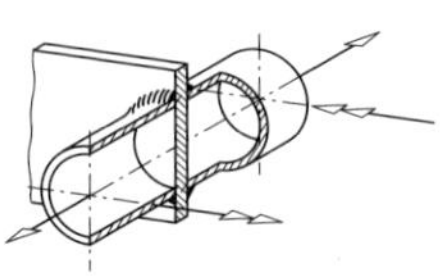	mit Zwischenplatte verbundene Rohre $t \leq 8$ mm	HY-Naht	nein			×	C	**E5**
77		Anrissort: Nahtwurzel	Kehlnaht				×	C	**F2**
78	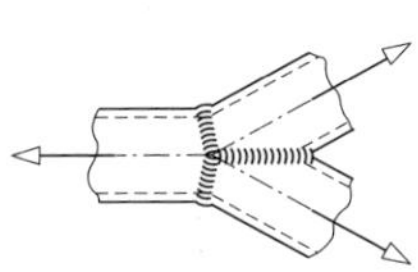	Naht längs und quer zur Kraftrichtung. Rohre mit gleicher Wanddicke Anrissort: Nahtwurzel	HY-Naht, Kantenversatz, Wurzelrückfall, nicht durchgeschweißt	nein			×	C	**F2**
79	geschweißte Rahmenecken 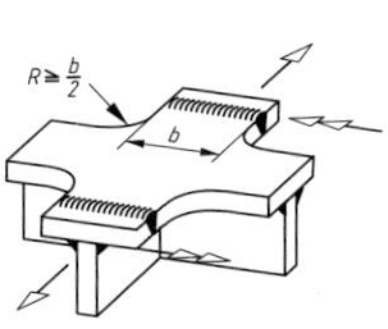	quer zur Kraftrichtung eingeschweißtes Knotenblech, gleiche Blechdicken	V-Naht mit WIG, V-Naht mit Gegenlage, HV-Naht mit Gegenlage, DV-Naht, DHV-Naht	ja	×			B+	**B**
80				nein		×		B	**D**
81							×	C	**D−**
82				ja	×			B+	**D**
83				nein		×		B	**E1+**
84							×	C	**E1**
85			V-Naht (vermeiden)				×	C	**F2**

TB 6-11 Fortsetzung

Nr.:	Darstellung	Beschreibung	Nahtart	Naht-bearbeitung	Prüfart und -umfang[1] 100 % zfP	10 % zfP	Sicht-prüfg	Bewer-tungs-gruppe[2]	Kerb-fall-linie
86	geschweißte Rahmenecken 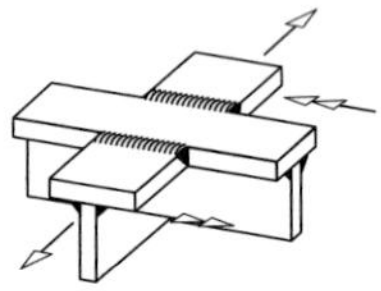	Naht quer zur Kraftrichtung, an Kreuzungsstellen von Gurtblechen ohne angeschweißte Blechecken; gleiche Blechdicken	V-Naht mit WIG, V-Naht mit Gegenlage, HV-Naht mit Gegenlage, DV-Naht, DHV-Naht	nein			×	C	**E5**
87			V-Naht, Y-Naht				×	C	**F2**
		Schubbeanspruchung[3]							
88	Grundwerkstoff 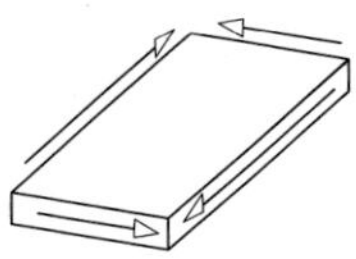	– reinigungsgestrahlt, ansonsten unbeeinflusst, – mit Walzhaut, nicht reinigungsgestrahlt – wärmebeeinflusst (thermisches Trennen)	ohne Naht						**G+**
89	Stumpfverbindungen 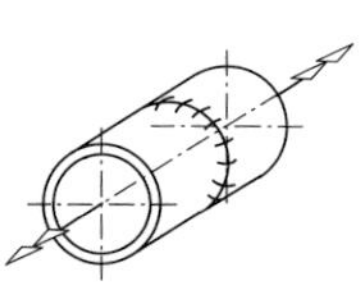	durchgeschweißt	DV-Naht, I-Naht						**G**
90		nicht durchgeschweißt	DY-Naht, DHY-Naht						**G–**
91	T-Stoßverbindung 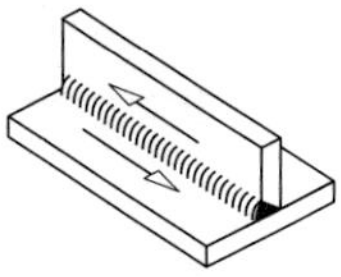	durchgeschweißt	DHV-Naht, HV-Naht mit Gegenlage						**H+**
92		beidseitig nicht durchgeschweißt	DHY-Naht, Doppelkehlnaht						**H**
93		einseitig nicht durchgeschweißt	HY-Naht, HY-Naht mit aufgesetzter Kehlnaht						**H–**

1) zfP zerstörungsfreie Schweißnahtprüfung; zfP-V volumenbezogene Prüfung bei durchgeschweißten Verbindungen (z. B. RT, UT), zfP-O Oberflächenrissprüfung bei nicht durchgeschweißten Verbindungen (z.B. PT)
2) B+ zusätzliche Bewertungsgruppe, die ein höheres Qualitätsniveau gegenüber der Bewertungsgruppe DIN EN ISO 5817 erfordert (Anforderungen an die Unregelmäßigkeit der Nahtausbildung und 100 % zfP-V)
3) keine Angaben hinsichtlich Nahtbearbeitung und Prüfung. Bei mittleren Sicherheitsbedürfnis Bewertungsgruppe C.

TB 6-13 Dickenbeiwert für geschweißte Bauteile im Maschinenbau nach DVS 1612

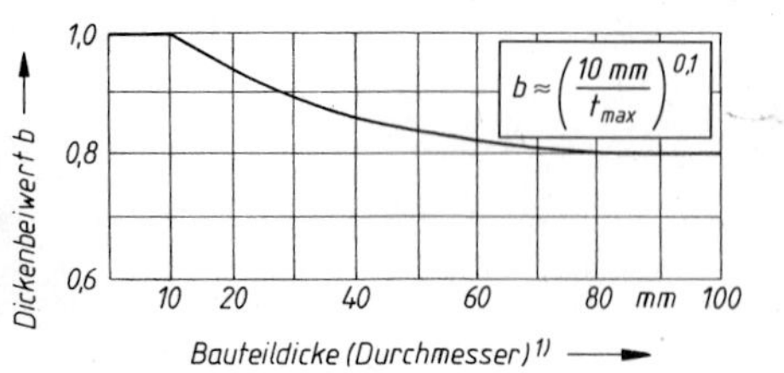

1) Maßgebend größte Dicke t_{max} bzw. d_{max} der zu verschweißenden Teile.

TB 6-12 Zulässige Dauerfestigkeitswerte (Oberspannungen) für Schweißverbindungen im Maschinenbau nach Richtlinie DVS 1612 (Gültig für Bauteildicke 2 mm $\leq t \leq$ 10 mm, $> 2 \cdot 10^6$ Lastwechsel, $S_D = 1{,}5$)
Erläuterung der Kerbfalllinien A bis H s. TB 6-11.

a) für Bauteile aus S235

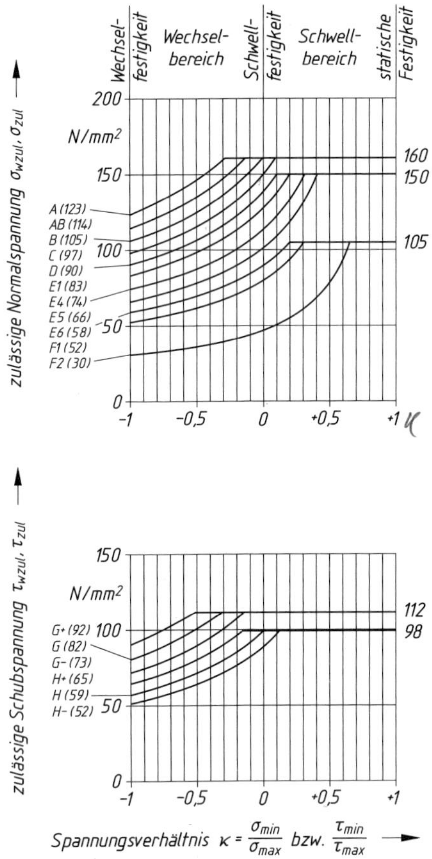

b) für Bauteile aus S355

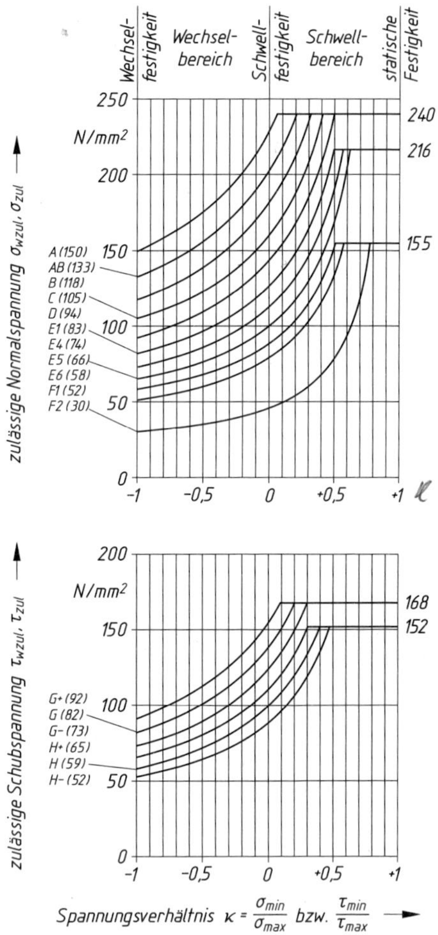

6

c) Rechnerische Bestimmung der zulässigen Dauerfestigkeitswerte

Normalspannungen: $\sigma_{zul} = 150\,\text{N/mm}^2 \cdot 1{,}04^{-x} \cdot \dfrac{2 \cdot (1 - 0{,}3 \cdot \kappa)}{1{,}3 \cdot (1 - \kappa)}$

$\kappa = \sigma_{min}/\sigma_{max} (1 > \kappa \geq -1)$; Exponent x, kerbfall- und teilweise werkstoffabhängig

Kerbfalllinie		A	AB	B	C	D	E1	E4	E5	E6	F1	F2
x	S235	5	7	9	11	13	15	18	21	24	27	41
	S355	0	3	6	9	12						

Schubspannungen: $\tau_{zul} = \dfrac{2 \cdot (1 - 0{,}17 \cdot \kappa)}{1{,}17 \cdot (1 - \kappa)} \cdot \tau_{zul,\,\kappa=-1}$

$\kappa = \tau_{min}/\tau_{max}\ (1 > \kappa \geq -1)$

σzul o. τzul immer x b! (6-13)

Kerbfalllinie	G+	G	G–	H+	H	H–
$\tau_{zul,\,\kappa=-1}$ in N/mm²	93	82	73	65	59	53

In den Diagrammen a und b sind die mit den Vorzeichen „+“ oder „–“ gekennzeichneten Kerbfalllinien für Normalspannungen nicht dargestellt. Sie liegen jeweils um den Faktor 1,04 höher bzw. niedriger.

TB 6-14 Festigkeitskennwerte K im Druckbehälterbau bei erhöhten Temperaturen

a) für Flacherzeugnisse aus Druckbehälterstählen (warmfeste Stähle) nach DIN EN 10028-2 (Auswahl)

1. 0,2%-Dehngrenze bei erhöhten Temperaturen (Mindestwerte)[1)]

Stahlsorte Kurzname	Werkstoff-nummer	Erzeugnisdicke[2)] mm über	bis	Zugfestigkeit N/mm²	Streckgrenze R_{eH} N/mm²	Festigkeitskennwert K[1)] in N/mm² bei der Berechnungstemperatur in °C Mindest-0,2%-Dehngrenze $R_{p0,2/\vartheta}$ 50	100	150	200	250	300	350	400	450	500
P235GH	1.0345		16	360 bis 480	235	227	214	198	182	167	153	142	133	–	–
		16	40		225	218	205	190	174	160	147	136	128	–	–
		40	60		215	208	196	181	167	153	140	130	122	–	–
P265GH	1.0425		16	410 bis 530	265	256	241	223	205	188	173	160	150	–	–
		16	40		255	247	232	215	197	181	166	154	145	–	–
		40	60		245	237	223	206	190	174	160	148	139	–	–
P295GH	1.0481		16	460 bis 580	295	285	268	249	228	209	192	178	167	–	–
		16	40		290	280	264	244	225	206	189	175	165	–	–
		40	60		285	276	259	240	221	202	186	172	162	–	–
16Mo3	1.5415		16	440 bis 590	275	273	264	250	233	213	194	175	159	147	141
		16	40		270	268	259	245	228	209	190	172	156	145	139
		40	60		260	258	250	236	220	202	183	165	150	139	134
13CrMo4-5	1.7335		16	450 bis 600	300	294	285	269	252	234	216	200	186	175	164
		16	60		290	285	275	260	243	226	209	194	180	169	159
10CrMo9-10	1.7380		16	480 bis 630	310	288	266	254	248	243	236	225	212	197	185
		16	40		300	279	257	246	240	235	228	218	205	191	179
		40	60		290	270	249	238	232	227	221	211	198	185	173

2. Langzeitwarmfestigkeitswerte (Mittelwerte)[3)]

Berechnungstemperatur °C	Festigkeitskennwerte K in N/mm² für Stahlsorte: 1%-Zeitdehngrenze für 100000 h[4)] $R_{p1,0/10^5/\vartheta}$ P235GH P265GH	P295GH P355GH	16Mo3	13CrMo4-5	10CrMo9-10	Zeitstandfestigkeit für 100000 h[5)] $R_{m/10^5/\vartheta}$ P235GH P265GH	P295GH P355GH	16Mo3	13CrMo4-5	10CrMo9-10
380	118	153				165	227			
390	106	137				148	203			
400	95	118				132	179			
410	84	105				118	157			
420	73	92				103	136			
430	65	80				91	117			
440	57	69				79	100			
450	49	59	167	191	166	69	85	239	285	221
460	42	51	146	172	155	59	73	208	251	205
470	35	44	126	152	145	50	63	178	220	188
480	30	38	107	133	130	42	55	148	190	170
490		33	89	116	116		47	123	163	152
500		29	73	98	103		41	101	137	135
510			59	83	90			81	116	118
520			46	70	78			66	94	103
530			36	57	68			53	78	90
540				46	58				61	78
550				36	49				49	68
560				30	41				40	58
570				24	35				33	51
580					30					44
590					26					38
600					22					34

1) Für Temperaturen zwischen 20 und 50 °C ist linear zwischen den für Raumtemperatur und 50 °C angegebenen Werten zu interpolieren; dabei ist von der Raumtemperatur auszugehen, und zwar von dem für die jeweilige Erzeugnisdicke angegebenen Streckgrenzenwert.

2) Festigkeitskennwerte für Erzeugnisdicken > 60 mm s. Normblatt.

3) Die Angaben von Festigkeitskennwerten bis zu den aufgeführten Temperaturen bedeuten nicht, dass die Stähle im Dauerbetrieb bis zu diesen Temperaturen eingesetzt werden können. Maßgebend dafür sind die Gesamtbeanspruchung im Betrieb, besonders die Verzunderungsbedingungen.

4) Beanspruchung, bei welcher nach 100000 h eine bleibende Dehnung von 1% gemessen wird. Anhaltswerte für 10000 h s. Normblatt.

5) Beanspruchung, bei welcher ein Bruch nach 100000 h eintritt. Anhaltswerte für 10000 h und 200000 h s. Normblatt.

TB 6-14 Fortsetzung

b) für sonstige Stähle, Gusswerkstoffe und NE-Metalle (Auswahl nach AD 2000-Merkblätter Reihe W)

Werkstoff: Art Verwendung	Werkstoff: Kurzname	Kennwert	Anwendungsgrenzen[7)]	Festigkeitskennwerte K[6)] in N/mm² bei der Berechnungstemperatur in °C: 20	100	150	200	250	300	350	400	450	500	550
Unlegierte Stähle und Feinkornbaustähle nach DIN EN 10025, DIN EN 10207 und DIN EN 10028-3 für Flacherzeugnisse	S235JR, S235J2	$R_{p0,2}$	$D_i \cdot p$ ≤20 000	235	187	–	161	143	122	–	–	–	–	–
	S275JR, S275J2			275	220	–	190	180	150	–	–	–	–	–
	S355J2, S355K2			355	254	–	226	206	186	–	–	–	–	–
	P235S			235	171	162	153	135	117	–	–	–	–	–
	P265S			265	194	185	176	158	140	–	–	–	–	–
	P275SL			275	221	203	176	159	132	–	–	–	–	–
Nahtlose und geschweißte Rohre aus unlegierten und legierten ferritischen Stählen nach DIN EN 10216 und DIN EN 10217	P195TR2	$R_{p0,2}$	8)	195	145	137	125	108	94	–	–	–	–	–
	P235TR2			235	185	175	161	145	130	–	–	–	–	–
	P265TR2			265	208	197	180	162	148	–	–	–	–	–
	P235GH			235	212	198	185	165	140	120	112	108	–	–
	P265GH			265	238	221	205	185	160	141	134	128	–	–
	16Mo3			280	255	240	225	205	180	170	160	155	150	–
	13CrMo4-5			290	267	253	245	236	215	200	190	180	175	–
Nichtrostende (austenitische) Stähle nach DIN EN 10028-7 für Flacherzeugnisse in lösungsgeglühtem Zustand	X5CrNi18-10	$R_{p1,0}$		210	191	172	157	145	135	129	125	122	120	120
	X5CrNiMo17-12-2			220	211	191	177	167	156	150	144	141	139	137
	X6CrNiMoTi17-12-2			220	218	206	196	186	175	169	164	160	158	157
	X2CrNiMoN17-13-3			280	246	218	198	183	175	169	164	160	158	157
Stahlguss, ferritische und austenitische Sorten nach DIN 1681, DIN 17182 und DIN EN 10213-2, -4, für allgemeine Verwendungszwecke und für Verwendung bei erhöhten Temperaturen	GS-38	$R_{p0,2}$		200	181	167	157	137	118	–	–	–	–	–
	GS-45			230	216	196	176	157	137	–	–	–	–	–
	GS-20Mn5N			300	216	205	197	193	186	178	–	–	–	–
	GS-20Mn5V			360	264	253	246	241	234	226	–	–	–	–
	GP240GH			240	210	–	175	–	145	135	130	125	–	–
	G20Mo5			245	–	–	190	–	165	155	150	145	135	–
	G17CrMoV5-10			440	–	–	385	–	365	350	335	320	300	260
	GX23CrMoV12-1			540	–	–	450	–	430	410	390	370	340	290
	GX5CrNi19-10	$R_{p1,0}$		200	160	–	125	–	110	–	–	–	–	–
	GX5CrNiMo19-11-2			210	170	–	135	–	115	–	105	–	–	–
Gusseisen mit Kugelgrafit nach DIN EN 1563	EN-GJS-700-2/2U	$R_{p0,2}$	$p \cdot V$ ≤65 000	420	400	390	370	350	320	280	–	–	–	–
	EN-GJS-600-3/3U		≤65 000	370	350	340	320	300	270	220	–	–	–	–
	EN-GJS-500-7/7U		≤80 000	320	300	290	270	250	230	200	–	–	–	–
	EN-GJS-400-15/15U		≤100 000	250	240	230	210	200	180	160	–	–	–	–
	EN-GJS-400-18/18U-LT		–	240	230	220	200	190	170	150	–	–	–	–
	EN-GJS-350-22/22U-LT		–	220	210	200	180	170	150	140	–	–	–	–
Gusseisen mit Lamellengrafit nach DIN EN 1561	EN-GJL-150	R_m	$p \cdot V$ ≤65 000	130	130	130	130	130	130	–				
	EN-GJL-200		≤65 000	180	180	180	180	180	180	–				
	EN-GJL-250		≤65 000	225	225	225	225	225	225	–				
	EN-GJL-300		≤65 000	270	270	270	270	270	270	270				
	EN-GJL-350		≤65 000	315	315	315	315	315	315	315				
Aluminium und Aluminiumlegierungen (Knetwerkstoffe)[9)] nach DIN EN 573-3 für Bleche, Rohre, Profile nach DIN EN 485-2 und DIN EN 755-2	ENAW-Al99,5 O/H111, H112	$R_{p1,0}$		30	27	–	–	–	–	–	–	–	–	–
	(ENAW-1050A)	$R_{m/10^5}$		–	27	18	11	8	(3)	–	–	–	–	–
	ENAW-AlMg3 O/H111, H112	$R_{p0,2}$		80	70	–	11	–	–	–	–	–	–	–
	(ENAW-5754)	$R_{m/10^5}$		–	(80)	45	–	–	–	–	–	–	–	–
	ENAW-AlMg2Mn0,8 H112	$R_{p0,2}$		100	90	–	–	–	–	–	–	–	–	–
	(ENAW-5049)	$R_{m/10^5}$		–	(120)	60	25	20	–	–	–	–	–	–
	ENAW-AlMg4,5Mn0,7 H112	$R_{p0,2}$		130	(120)	–	–	–	–	–	–	–	–	–
Kupfer und Kupferknetlegierungen[10)] nach DIN 1787, DIN 17660 und DIN 17664 für Bleche und Bänder nach DIN 17670	Cu-DHP, R200	$R_{p1,0}$		60	55	55	–	–	–	–	–	–	–	–
	Cu-DHP, R200	R_m		200	200	175	150	125	–	–	–	–	–	–
	Cu-DHP, R240	$R_{p0,2}$		180	170	160	150	–	–	–	–	–	–	–
	CuZn20Al2As, R300	$R_{p1,0}$		100	86	86	–	–	–	–	–	–	–	–
	CuZn38Sn1As, R340	$R_{p1,0}$		175	172	168	–	–	–	–	–	–	–	–
	CuNi30Mn1Fe, R370	$R_{p1,0}$		140	130	126	123	120	117	112	–	–	–	–

6) Die für 20 °C angegebenen Werte gelten bis 50 °C, die für 100 °C angegebenen Werte bis 120 °C (außer Al und Cu). In den übrigen Temperaturbereichen ist zwischen den angegebenen Werten linear zu interpolieren, wobei eine Aufrundung nicht zulässig ist. Die angegebenen Festigkeitswerte sind abhängig von der Erzeugnisdicke. Für Dicken bei St über 16 mm und bei GJS und GS über 60 mm, sowie max. Dicken s. AD 2000-Merkblätter. Die für GJL genannten Werte sind Erwartungswerte der Zugfestigkeit eines Gussstückes bei einer maßgebenden Wanddicke von 10 bis 20 mm und gelten bis 300 °C bzw. 350 °C. Andere Dickenbereiche s. DIN EN 1563.

7) $D_i \cdot p$: Produkt aus dem größten Innendurchmesser D_i in mm des Druckbehälters oder des Anbauteils und dem maximal zulässigen Druck p in bar.
$p \cdot V$: Produkt aus Behälterinhalt V in Litern und maximal zulässigem Druck p in bar.
Beschränkung des Druckinhaltprodukts $p \cdot V$ gilt für Druckbehälter aus den genannten Gusseisenwerkstoffen GJL und GJS bei einem Innendruck von mehr als 6 bar (10 bar bei EN-GJS-400-15/15U). Für Druckbehälter aus Gusseisen gelten für den maximal zulässigen Innenüberdruck 25 bar für GJL, GJS-700 und GJS-600, 64 bar für GJS 500 und 100 bar für GJS-400.

8) s. AD 2000-Merkblätter W4 und W12.

9) Die für 20 °C angegebenen Werte gelten im Temperaturbereich von −270 °C bis +20 °C. Zwischen den angegebenen Werten ist linear zu interpolieren, wobei diese nach unten auf die Einerstelle abzurunden sind.

10) Kennwerte K gelten für den Werkstoffzustand weich für geschweißte, hartgelötete oder wärmebehandelte Bauteile. Grenztemperaturen für ungeschweißte Bauteile meist −196 °C bis 250 °C. Die zulässigen Spannungen bei Raumtemperatur gelten bis 50 °C. Mechanische Eigenschaften für nahtlose Rohre, Platten und Stangen, sowie Zeitdehngrenzwerte enthält das AD 2000-Merkblatt W6/2.

TB 6-15 Berechnungstemperatur für Druckbehälter nach AD 2000-Merkblatt B0

Beheizung	Berechnungstemperatur[1]
keine	höchste Betriebstemperatur
durch Gase, Dämpfe oder Flüssigkeiten	höchste Temperatur des Heizmittels
Feuer-, Abgas- oder elektrische Beheizung	bei abgedeckter Wand die höchste Betriebstemperatur zuzüglich 20 °C
	bei unmittelbar berührter Wand die höchste Betriebstemperatur zuzüglich 50 °C

Betriebstemperatur: Zulässige maximale Temperatur (TS) nach Druckgeräterichtlinie.

[1] Höchste beim maximal zulässigen Druck zu erwartende Wandtemperatur zuzüglich einem Zuschlag für die Beheizungsart. Sie beträgt auch +20 °C, wenn die zu erwartende Wandtemperatur unter +20 °C liegt (bei unter −10 °C AD 2000-Merkblatt W10 beachten).

6

TB 6-16 Sicherheitsbeiwerte[1] für Druckbehälter nach AD 2000-Merkblatt B0 (Auszug)

Sicherheit gegen	Werkstoff und Ausführung	Sicherheitsbeiwert S für den Werkstoff bei Berechnungstemperatur	Sicherheitsbeiwert S' beim Prüfdruck p'[4]
Streck-, Dehngrenze oder Zeitstandfestigkeit (R_e, $R_{p0,2/\vartheta}$ oder $R_{m/10^5/\vartheta}$)	Walz- und Schmiedestähle	1,5	1,05
	Stahlguss	2,0	1,4
	Gusseisen mit Kugelgraphit nach DIN EN 1563		
	EN-GJS-700-2/2U	5,0	2,5
	EN-GJS-600-3/3U	5,0	2,5
	EN-GJS-500-7/7U	4,0	2,0
	EN-GJS-400-15/15U	3,5	1,7
	EN-GJS-400-18/18U-LT	2,4	1,2
	EN-GJS-350-22/22U-LT	2,4	1,2
	Aluminium und Aluminiumlegierungen (Knetwerkstoffe)	1,5	1,05
Zugfestigkeit (R_m)	Gusseisen (Grauguss) nach DIN EN 1561		
	– ungeglüht	9,0[2]	3,5
	– geglüht oder emailliert	7,0[3]	3,5
	Kupfer und Kupferlegierungen einschließlich Walz- und Gussbronze		
	– bei nahtlosen und geschweißten Behältern	3,5	2,5
	– bei gelöteten Behältern	4,0	2,5

[1] Bei allen Nachweisen für äußeren Überdruck gelten um 20 % höhere Werte (ausgenommen Grauguss und Gussbronze).

[2] Für gewölbte Böden 7,0. [3] Für gewölbte Böden 6,0.

[4] Hydrostatischer Prüfdruck (PT): $p' = \max.\left[1{,}43 p_e;\ 1{,}25 p_e\ \frac{K_{20}}{K_\vartheta}\right]$ (nach HP 30 bzw. Druckgeräte RL, mit K bei 20 °C bzw. Berechnungstemp. ϑ)

TB 6-17 Berechnungsbeiwerte C für ebene Platten und Böden nach AD 2000-Merkblatt B5 (Auszug)

Ausführungsform	Bild	Voraussetzungen	C
Gekrempter ebener Boden	6-50a	Krempenhalbmesser $r \geq 1{,}3t$ bzw. bei D_a mm: bis 500 / > 500 ≤ 1400 / > 1400 ≤ 1600 / > 1600 ≤ 1900 / über 1900 r mind. mm: 30 / 35 / 40 / 45 / 50 Bordhöhe: $h \geq 3{,}5\,t$	0,30
Beidseitig eingeschweißte Platte	6-50b	Plattenwanddicke: $t \leq 3\,t_1$ $t > 3\,t_1$	0,35 0,40
Ebene Platte mit Entlastungsnut	6-50c	$t_R \geq p_e\ (0{,}5\ D - r)\ \frac{1{,}3 \cdot S}{K}$, mindestens 5 mm; wenn $D_a > 1{,}2D$: $t_R \leq 0{,}77\,t_1$ $r \geq 0{,}2\,t$, mindestens 5 mm	0,40
Platte an einer Flanschverbindung mit durchgehender Dichtung	6-50d	$D \geq D_i$	0,35

7 Nietverbindungen

TB 7-1 Vereinfachte Darstellung von Verbindungselementen für den Zusammenbau nach DIN ISO 5845-1

Darstellung in der Zeichenebene parallel zur Achse der Verbindungselemente				
Loch	Loch ohne Senkung	Senkung auf einer Seite	Senkung auf beiden Seiten	Schraube mit Lageangabe der Mutter
in der Werkstatt gebohrt	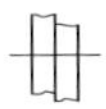	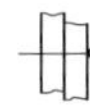	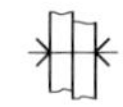	———
auf der Baustelle gebohrt	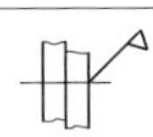	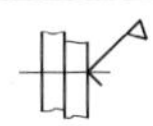	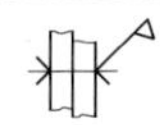	———
Schraube oder Niet				
in der Werkstatt eingebaut	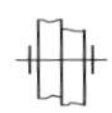	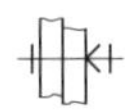	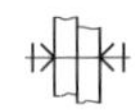	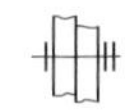
auf der Baustelle eingebaut	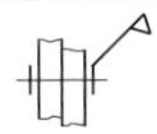	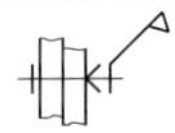	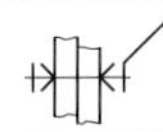	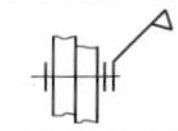
Loch auf der Baustelle gebohrt und Schraube oder Niet auf der Baustelle eingebaut	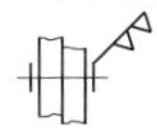	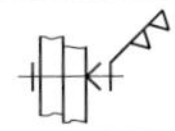	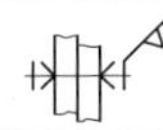	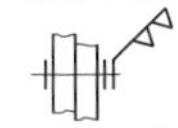
Darstellung in der Zeichenebene senkrecht zur Achse der Verbindungselemente				
Loch und Schraube oder Niet	Loch ohne Senkung	Senkung auf der Vorderseite	Senkung auf der Rückseite	Senkung auf beiden Seiten
in der Werkstatt gebohrt und eingebaut				
in der Werkstatt gebohrt und auf der Baustelle eingebaut	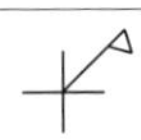	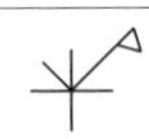	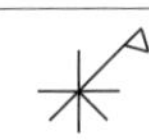	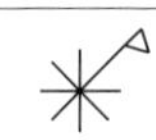
auf der Baustelle gebohrt und eingebaut	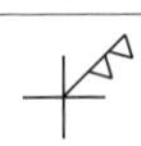	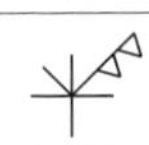	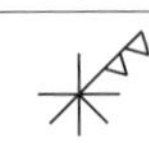	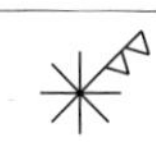

Anwendungsbeispiel:

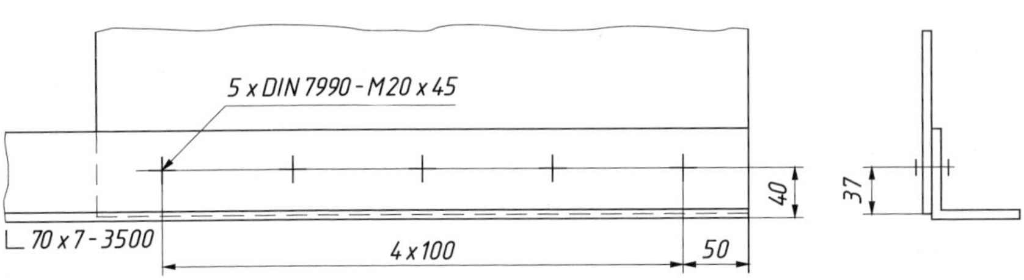

TB 7-2 Grenzwerte für Rand- und Lochabstände für Schrauben und Nieten an Stahl- und Aluminiumbauten nach EC 3 und EC 9 (Bezeichnungen nach Bild 7-15)

Versetzte Lochanordnung

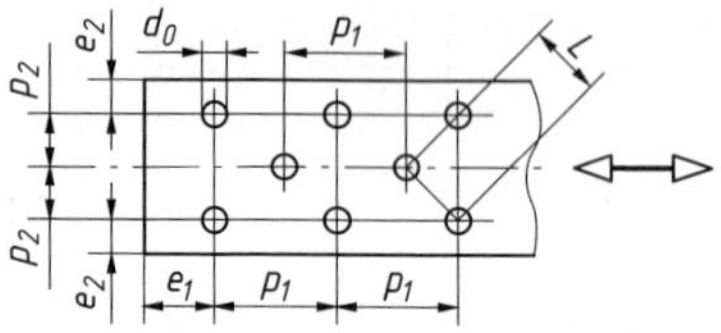

$p_2 \geq 1{,}2\, d_0$

$L \geq 2{,}4\, d_0$

Versetzte Lochanordnung bei druckbeanspruchten Bauteilen

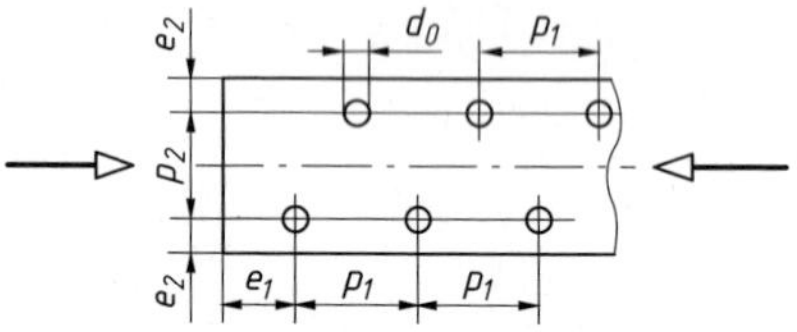

$p_1 \leq \min \begin{Bmatrix} 14\,t \\ 200\text{ mm} \end{Bmatrix}$

$p_2 \leq \min \begin{Bmatrix} 14\,t \\ 200\text{ mm} \end{Bmatrix}$

7

Rand- und Lochabstände	Minimum[1)]	Maximum[2)]	Volle Grenzlochleibungskraft
Randabstand $\boldsymbol{e}_1$	$1{,}2 \cdot d_0$	$4 \cdot t + 40$ mm	$\geq 3{,}0 \cdot d_0$
Randabstand $\boldsymbol{e}_2$	$1{,}2 \cdot d_0$	$4 \cdot t + 40$ mm bei Beulgefahr $9 \cdot t \cdot \varepsilon$	$\geq 1{,}5 \cdot d_0$
Lochabstand $\boldsymbol{p}_1$	$2{,}2 \cdot d_0$	min ($14 \cdot t$; 200 mm) bei Beulgefahr $9 \cdot t \cdot \varepsilon$	$\geq 3{,}75 \cdot d_0$
Lochabstand $\boldsymbol{p}_2$	$2{,}4 \cdot d_0$	min ($14 \cdot t$; 200 mm)	$\geq 3{,}0 \cdot d_0$

1) Regelabstand im Aluminiumbau: $e_1 = 2{,}0 \cdot d_0$, $e_2 = 1{,}5 \cdot d_0$, $p_1 = 2{,}5 \cdot d_0$ und $p_2 = 3{,}0 \cdot d_0$; d_0 Lochdurchmesser.

2) t ist die Dicke des dünnsten außenliegenden Bleches; $\varepsilon = \sqrt{235/R_e}$.

Die maximale Begrenzung der Abstände gilt nur bei Bauteilen, die dem Wetter oder anderen korrosiven Einflüssen ausgesetzt sind. Die Minimalwerte verhindern das Ausreißen zwischen den Löchern und am Rande des Bauteiles.

TB 7-3 Genormte Blindniete mit Sollbruchdorn (Übersicht)

DIN EN ISO	Form des Setzkopfes	Werkstoffe[1)]		Art des Nietschaftes	Niethülse	
		Niethülse	Nietdorn		Nenndurchmesser mm	Schaftlänge mm
15975	Flachkopf	Al	AlA	geschlossen	3,2 ... 4,8	8 ... 18
15976	Flachkopf	St	St	geschlossen	3,2 ... 6,4	6 ... 21
15977	Flachkopf	AlA	St	offen	2,4 ... 6,4	4 ... 30
15978	Senkkopf	AlA	St	offen	2,4 ... 4,8	4 ... 30
15979	Flachkopf	St	St	offen	2,4 ... 6,4	6 ... 30
15980	Senkkopf	St	St	offen	2,4 ... 6,4	6 ... 25
15981	Flachkopf	AlA	AlA	offen	2,4 ... 6,4	5 ... 30
15982	Senkkopf	AlA	AlA	offen	2,4 ... 6,4	6 ... 20
15983	Flachkopf	A2	A2	offen	3,0 ... 5,0	6 ... 25
15984	Senkkopf	A2	A2	offen	3,0 ... 5,0	6 ... 18
16582	Flachkopf	Cu	St, Br, SSt	offen	3,0 ... 4,8	5 ... 20
16583	Senkkopf	Cu	St, Br, SSt	offen	3,0 ... 4,8	5 ... 20
16584	Flachkopf	NiCu	St, SSt	offen	3,2 ... 6,4	5 ... 20
16585	Flachkopf	A2	SSt	geschlossen	3,2 ... 6,4	6 ... 20

1) Al Reinaluminium, AlA Aluminiumlegierung, A2 nichtrostender austenitischer Stahl, Br Bronze, Cu Kupfer, NiCu Nickel-Kupfer-Legierung, SSt nicht rostender Stahl, St Stahl.

TB 7-4 Nietverbindungen im Stahlbau mit Halbrundnieten nach DIN 124, s. Maßbild 7-11 Lehrbuch (Auszug)

Maße in mm

Nenndurchmesser	d_1	10	12	16	20	24	30	36
Nietlochdurchmesser	d_0	10,5	13	17	21	25	31	37
Halbrundkopf (Form A)	d_8	16	19	25	32	40	48	58
	k_1	6,5	7,5	10	13	16	19	23
	r_1	8,0	9,5	13	16,5	20,5	24,5	30
Senkkopf (Form B)	d_8	16	19	26	31	37	44	52
	w	1				2		
	t_1	4,2	5,1	7,0	10,0	11,7	17,5	20,0
	α	75°			60°		45°	
Querschnittsfläche des Nietloches	A_0 mm²	87	133	227	346	491	755	1075
Grenzabscherkraft[1] je Niet und Scherfuge, Stahlsorte S235	$F_{v\,Rd}$ kN	16,7	25,5	43,6	66,4	94,3	145,0	206,4
max. Grenzlochleibungskraft[2] bezogen auf Blechdicke $t = 10$ mm, Stahlsorte S235	$F'_{b\,Rd}$ kN	75,6	93,6	122,4	151,2	180,0	223,2	266,4

Schaftlänge ℓ[3]	Klemmlänge Σt_{max}													
	A	B	A	B	A	B	A	B	A	B	A	B	A	B
20	8	13	7	12										
22	10	14	8	13										
24	12	16	10	15	6	14								
26	13	17	11	16	7	15								
28	15	19	13	18	9	17								
30	17	21	15	20	11	19	6	18						
32	18	23	16	21	13	20	8	20						
34	20	25	18	23	15	22	10	22						
36	21	26	19	24	16	23	11	23						
38	23	28	21	26	17	25	13	25	7	23				
40	25	29	22	27	19	27	15	27	9	25				
42	27	31	24	29	21	29	16	28	12	27				
45	29	34	26	31	23	31	19	30	14	29				
48	32	36	29	34	26	34	21	33	17	32				
50	33	38	30	36	27	35	22	35	18	34	15	32		
52			32	37	29	37	25	37	20	35	17	34		
55			34	38	31	39	27	39	23	38	20	37		
58			37	40	34	42	30	41	25	40	22	39		
60			38	42	36	43	32	43	27	42	24	41		
62					37	45	33	45	29	43	26	43	19	42
65					40	48	36	48	31	47	28	45	21	44
68					42	50	38	50	34	48	31	48	24	47
70					44	52	40	52	35	51	33	50	25	49
72					45	53	42	53	38	52	34	51	27	50
75					48	56	44	56	40	55	37	54	30	53
78					50	59	47	59	43	57	40	56	32	56
80					52	60	48	60	44	59	41	58	34	57

Nicht aufgeführt sind die zu vermeidenden Nenndurchmesser 14 18 22 27 33 mm.

[1] $F_{v\,Rd} = 0{,}6 \cdot R_m \cdot A_0/\gamma_{M2}$, mit $R_m = 400$ N/mm² (Nietwerkstoff nach dem Schlagen), Nietlochquerschnitt A_0 und Teilsicherheitsbeiwert $\gamma_{M2} = 1{,}25$

[2] $F'_{b\,Rd} = k_1 \cdot \alpha_b \cdot R_m \cdot d \cdot t/\gamma_{M2}$, mit $k_1 = 2{,}5$, $\alpha_b = 1{,}0$, $R_m = 360$ N/mm² (S235), $t = 10$ mm und $\gamma_{M2} = 1{,}25$.

[3] Stufung der Nietlänge ℓ (DIN 124): 16 18 20 usw. bis 40, dann 42 45 48 50 usw. bis 80, dann 85 90 95 usw. bis 160 mm

7

TB 7-5 Mindestwerte der 0,2%-Dehngrenze $R_{p0,2}$ und der Zugfestigkeit R_m für Aluminium-Vollniete nach DIN EN 1999-1-1

Kurzname (Werkstoffnummer) EN AW-)	Werkstoffzustand[1)]	Durchmesser mm	0,2%-Dehngrenze $R_{p0,2}$ N/mm²	Zugfestigkeit R_m N/mm²
AlMg5 (5019)	H111	≤20	110	250
	H14, H34	≤18	210	300
AlMg3 (5754)	H111	≤20	80	180
	H14, H34	≤18	180	240
AlSi1MgMn (6082)	T4	≤20	110	205
	T6	≤20	240	300

[1)] Zustandsbezeichnung nach DIN EN 515: H111 = geringfügig kalt verfestigt; H14 = kalt verfestigt, 1/2 hart; H34 = kalt verfestigt und stabilisiert, 1/2 hart; T4 = lösungsgeglüht, abgeschreckt und kalt ausgelagert; T6 = lösungsgeglüht, abgeschreckt und warm ausgelagert.

TB 7-6 Zulässige Wechselspannungen $\sigma_{W\,zul}$ in N/mm² für gelochte Bauteile aus S235 (S355) nach DIN 15018-1

Häufigkeit der Höchstlast	Gesamte Anzahl der vorgesehenen Spannungsspiele			
	über $2 \cdot 10^4$ bis $2 \cdot 10^5$	über $2 \cdot 10^5$ bis $6 \cdot 10^5$	über $6 \cdot 10^5$ bis $2 \cdot 10^6$	über $2 \cdot 10^6$
	Gelegentliche nicht regelmäßige Benutzung mit langen Ruhezeiten	Regelmäßige Benutzung bei unterbrochenem Betrieb	Regelmäßige Benutzung im Dauerbetrieb	Regelmäßige Benutzung im angestrengten Dauerbetrieb
selten	168 (199)	141 (161)	118 (129)	100 (104)
mittel	141 (160)	119 (129)	100 (104)	84 (84)
ständig	119 (129)	100 (104)	84 (84)	84 (84)

Für schwellende Beanspruchung auf Zug gelten die $1,\overline{6}$-fachen Werte.
Die zulässigen Spannungen entsprechen bei einer Sicherheit $S_D = 4/3$ den ertragbaren Spannungen bei 90% Überlebenswahrscheinlichkeit.

TB 7-7 Zulässige Spannungen in N/mm² für Nietverbindungen aus thermoplastischen Kunststoffen (nach Erhard/Strickle)

Spannungsart	Bauteile und Niete aus			
	Polyoxymethylen Polyamid POM, PA66	Polyamid mit Glasfaserzusatz GF-PA	Polycarbonat PC	Acrylnitril-Butadien-Styrol ABS
Abscheren $\tau_{a\,zul}$	8	12	7	3
Lochleibungsdruck $\sigma_{l\,zul}$	20	30	17	8

Werte gelten für spitzgegossene Niete. Beim Warmstauchen gelten die 0,8-fachen und beim Ultraschall-Nieten die 0,9-fachen Werte.

TB 7-8 Statische Scherbruch- und Zugbruchkräfte von genormten Blindnieten in N je Nietquerschnitt

Werkstoff der Niethülse		DIN EN ISO	Mindestscherkräfte (einschnittig) darunter Mindestzugkräfte für Schaftdurchmesser d in mm							
			2,4	3	3,2	4	4,8	5	6	6,4
Reinaluminium (Al)		15975			460 540	720 760	1000 1400			
Aluminiumlegierung (AlA)	L[1)]	15977 15978	250 350	400 550	500 700	850 1200	1200 1700	1400 2000	2100 3000	2200 3150
	H		350 550	550 850	750 1100	1250 1800	1800 2600	2150 3100	3200 4600	3400 4850
Aluminiumlegierung (AlA)		15981 } 15982 }	250 350		500 670	850 1020	1160 1420			2050 2490

TB 7-8 Fortsetzung

Werkstoff der Niethülse	DIN EN ISO	Mindestscherkräfte (einschnittig) darunter Mindestzugkräfte für Schaftdurchmesser *d* in mm							
		2,4	3	3,2	4	4,8	5	6	6,4
Stahl	15976			1150 1300	1700 1550	2400 2800			3600 4000
	15979 } 15980 }	650 700	950 1100	1100 1200	1700 2200	2900 3100	3100 4000	4300 4800	4900 5700
Kupfer (Cu)	16582 } 16583 }		760 950	800 1000	1500 1800	2000 2500			
nichtrostender austenitischer Stahl (A2)	15983 } 15984 }		1800 2200	1900 2500	2700 3500	4000 5000	4700 5800		
	16585			2000 2200	3000 3500	4000 4400			6000 8000
Nickel-Kupfer-Legierung (NiCu)	16584			1400 1900	2200 3000	3300 3700			5500 6800

[1] Es sind zwei Festigkeitsklassen festgelegt: L (niedrig), H (hoch).

Die ermittelten Kennwerte dienen als Richtwerte und nicht als Auslegekriterium für Verbindungen am Bauteil.

TB 7-9 Anhaltswerte für die Gestaltung geclinchter Verbindungen aus Stahlblech. Bezeichnungen s. Bild 7-22.

Maße in mm

Verbindungsart	Runde Clinchverbindung Außennenndurchmesser d_0					Balkenförmige Clinchverbindung Innenbreite w_i		
	3	4	6	8	10	2	3	4
Einzelblechdicke, stempel- bzw. matrizenseitig t_1, t_2	0,2–1,6	0,4–2,5	0,4–2,5	0,4–3	1,35–3	0,5–1,25	0,5–1,5	0,5–2,5
Gesamtblechdicke	0,4–3,2	0,8–5	0,8–5	0,8–6	2,7–6	1–2,5	1–3	1–5
kleinster Randabstand in Kraftrichtung *a*	4	5	6	6,5	8	4,5	5	5,5
kleinster Punktabstand *e*	12	12	12	14	16	7	10	12
kleinster Randabstand senkrecht zur Kraftrichtung (Vormaß) *v*	4	5	6	6,5	8	7	7	7

TB 7-10 Von runden Clinchverbindungen max. übertragbare Scherzugkräfte je Punkt (Anhaltswerte nach Merkblatt DVS/EFB 3420) Scherzugprobe: St- und Al-Bleche 1 mm dick, Punktdurchmesser 8 mm

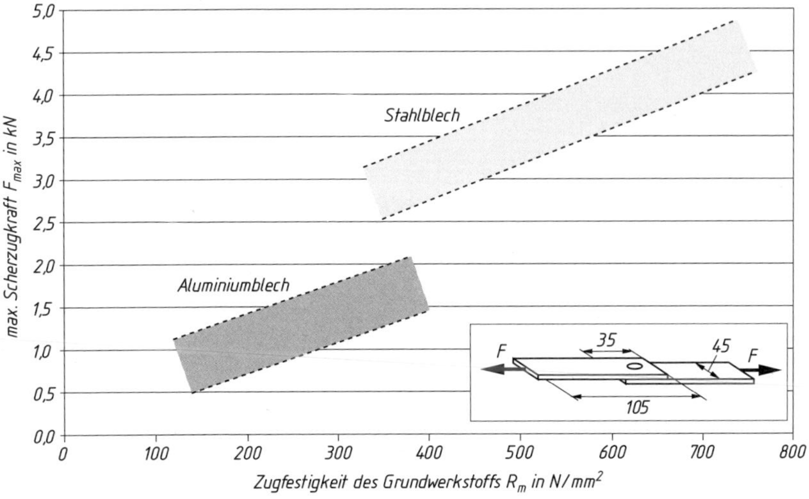

8 Schraubenverbindungen

TB 8-1 Metrisches ISO-Gewinde (Regelgewinde) nach DIN 13 T1 (Auszug)

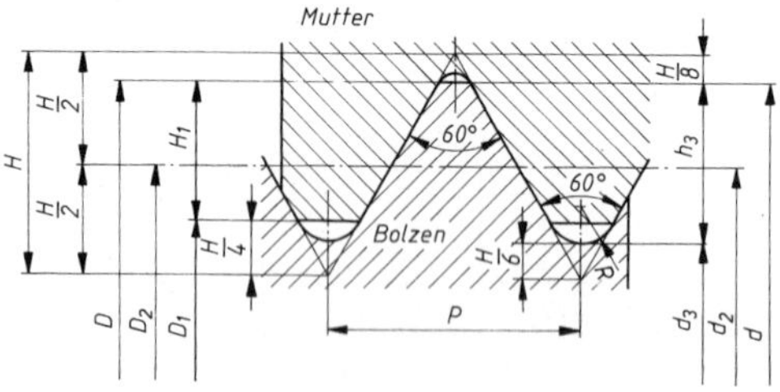

$H = 0{,}86603P$
$h_3 = 0{,}61343P$
$H_1 = 0{,}54127P$
$R = \frac{H}{6} = 0{,}14434P$

Maße in mm

Gewinde-Nenndurchmesser $d = D$ Reihe 1	Reihe 2	Steigung P	Flankendurchmesser $d_2 = D_2$	Kerndurchmesser d_3	D_1	Gewindetiefe h_3	H_1	Spannungsquerschnitt[1] A_s mm²	Kernquerschnitt[1] A_3 mm²	Steigungswinkel[1] φ Grad
1		0,25	0,838	0,693	0,729	0,153	0,135	0,460	0,377	5,43
1,2		0,25	1,038	0,893	0,929	0,153	0,135	0,732	0,626	4,38
1,6		0,35	1,373	1,170	1,221	0,215	0,189	1,27	1,075	4,64
2		0,4	1,740	1,509	1,567	0,245	0,217	2,07	1,788	4,19
2,5		0,45	2,208	1,948	2,013	0,276	0,244	3,39	2,980	3,71
3		0,5	2,675	2,387	2,459	0,307	0,271	5,03	4,475	3,41
	3,5	0,6	3,110	2,765	2,850	0,368	0,325	6,78	6,000	3,51
4		0,7	3,545	3,141	3,242	0,429	0,379	8,78	7,749	3,60
	4,5	0,75	4,013	3,580	3,688	0,460	0,406	11,3	10,07	3,41
5		0,8	4,480	4,019	4,134	0,491	0,433	14,2	12,69	3,25
6		1	5,350	4,773	4,917	0,613	0,541	20,1	17,89	3,41
8		1,25	7,188	6,466	6,647	0,767	0,677	36,6	32,84	3,17
	(9)	1,25	8,188	7,466	7,647	0,767	0,677	48,1	43,78	2,78
10		1,5	9,026	8,160	8,376	0,920	0,812	58,0	52,30	3,03
	(11)	1,5	10,026	9,160	9,376	0,920	0,812	72,3	65,90	2,73
12		1,75	10,863	9,853	10,106	1,074	0,947	84,3	76,25	2,94
	14	2	12,701	11,546	11,835	1,227	1,083	115	104,7	2,87
16		2	14,701	13,546	13,835	1,227	1,083	157	144,1	2,48
	18	2,5	16,376	14,933	15,294	1,534	1,353	193	175,1	2,78
20		2,5	18,376	16,933	17,294	1,534	1,353	245	225,2	2,48
	22	2,5	20,376	18,933	19,294	1,534	1,353	303	281,5	2,24
24		3	22,051	20,319	20,752	1,840	1,624	353	324,3	2,48
	27	3	25,051	23,319	23,752	1,840	1,624	459	427,1	2,18
30		3,5	27,727	25,706	26,211	2,147	1,894	561	519,0	2,30
	33	3,5	30,727	28,706	29,211	2,147	1,894	694	647,2	2,08
36		4	33,402	31,093	31,670	2,454	2,165	817	759,3	2,19
	39	4	36,402	34,093	34,670	2,454	2,165	976	913,0	2,00
42		4,5	39,077	36,477	37,129	2,760	2,436	1121	1045	2,10
	45	4,5	42,077	39,479	40,129	2,760	2,436	1306	1224	1,95
48		5	44,752	41,866	42,587	3,067	2,706	1473	1377	2,04
	52	5	48,752	45,866	46,587	3,067	2,706	1758	1652	1,87
56		5,5	52,428	49,252	50,046	3,374	2,977	2030	1905	1,91
	60	5,5	56,428	53,252	54,046	3,374	2,977	2362	2227	1,78
64		6	60,103	56,639	57,505	3,681	3,248	2676	2520	1,82
	68	6	64,103	60,639	61,505	3,681	3,248	3055	2888	1,71

Die Gewindedurchmesser der Reihe 1 sind zu bevorzugen. Die Gewinde in ( ) gehören zu der hier nicht aufgeführten Reihe 3 und sind möglichst zu vermeiden.

[1] Nach DIN 13 T28.

TB 8-2 Metrisches ISO-Feingewinde; Auswahl nach DIN 13 T12

Maße in mm (s. Bild zu TB 8-1)

Bezeichnung (Nenndurchmesser d × Steigung P)	Flankendurchmesser d_2	Kerndurchmesser d_3	Gewinde-Tiefe h_3	Spannungsquerschnitt[1)] A_s mm²	Kernquerschnitt[1)] A_3 mm²	Steigungswinkel[1)] φ Grad
M 8 × 1	7,35	6,773	0,613	39,2	36,0	2,48
M 12 × 1	11,35	10,773	0,613	96,1	91,1	1,61
M 16 × 1	15,35	14,773	0,613	178	171,4	1,19
M 20 × 1	19,35	18,773	0,613	285	276,8	0,942
M 10 × 1,25	9,188	8,466	0,767	61,2	56,3	2,48
M 12 × 1,25	11,188	10,466	0,767	92,1	86,0	2,04
M 16 × 1,5	15,026	14,16	0,92	167	157,5	1,82
M 20 × 1,5	19,026	18,16	0,92	272	259,0	1,44
M 24 × 1,5	23,026	22,16	0,92	401	385,7	1,19
M 30 × 1,5	29,026	28,16	0,92	642	622,8	0,942
M 36 × 1,5	35,026	34,16	0,92	940	916,5	0,781
M 42 × 1,5	41,026	40,16	0,92	1294	1267	0,667
M 48 × 1,5	47,026	46,16	0,92	1705	1674	0,582
M 24 × 2	22,701	21,546	1,227	384	364,6	1,61
M 30 × 2	28,701	27,546	1,227	621	596,0	1,27
M 56 × 2	54,701	53,546	1,227	2301	2252	0,667
M 64 × 2	62,701	61,546	1,227	3031	2975	0,582
M 72 × 2	70,701	69,546	1,227	3862	3799	0,516
M 80 × 2	78,701	77,546	1,227	4794	4723	0,463
M 90 × 2	88,701	87,546	1,227	6100	6020	0,411
M100 × 2	98,701	97,546	1,227	7560	7473	0,370
M110 × 2	108,701	107,546	1,227	9180	9084	0,336
M125 × 2	123,701	122,546	1,227	11900	11795	0,295
M 36 × 3	34,051	32,319	1,840	865	820,4	1,61
M 42 × 3	40,051	38,319	1,840	1206	1153	1,37
M 48 × 3	46,051	44,319	1,840	1604	1543	1,19
M160 × 3	158,051	156,319	1,840	19400	19192	0,346
M 56 × 4	53,402	51,093	2,454	2144	2050	1,37
M 64 × 4	61,402	59,093	2,454	2851	2743	1,19
M 72 × 4	69,402	67,093	2,454	3658	3536	1,05
M 80 × 4	77,402	75,093	2,454	4566	4429	0,942
M 90 × 4	87,402	85,093	2,454	5840	5687	0,835
M100 × 4	97,402	95,093	2,454	7280	7102	0,749
M125 × 4	122,402	120,093	2,454	11500	11327	0,596
M140 × 4	137,402	135,093	2,454	14600	14334	0.531
M 80 × 6	76,103	72,639	3,681	4344	4144	1,44
M 90 × 6	86,103	82,639	3,681	5590	5364	1,271
M100 × 6	96,103	92,639	3,681	7000	6740	1,139
M125 × 6	121,103	117,639	3,681	11200	10869	0,904

1) Nach DIN 13 T28.

8

TB 8-3 Metrisches ISO-Trapezgewinde nach DIN 103 (Auszug)

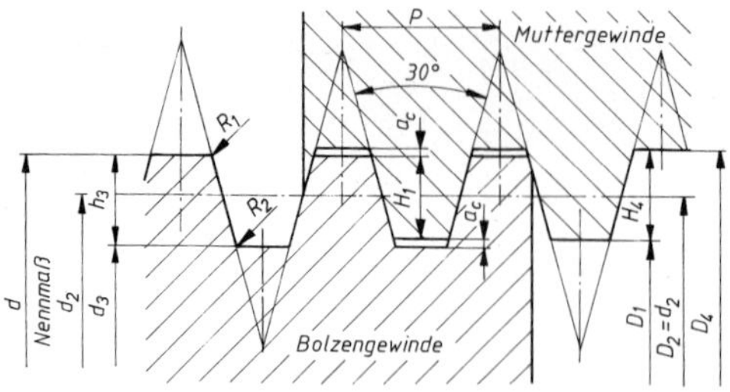

$D_1 = d - 2H_1 = d - P$
$D_4 = d + 2a_c$
$d_2 = D_2 = d - 0{,}5P$
$R_1 = \max 0{,}5 \cdot a_c$
$R_2 = \max a_c$

Maße in mm

Steigung P	1,5	2	3	4	5	6	7	8	9	10	12	14	16	18	20
Gewindetiefe $H_4 = h_3$	0,9	1,25	1,75	2,25	2,75	3,5	4	4,5	5	5,5	6,5	8	9	10	11
Spiel a_c	0,15	0,25	0,25	0,25	0,25	0,5	0,5	0,5	0,5	0,5	0,5	1	1	1	1

Hauptabmessungen in mm

Gewinde-Nenndurchmesser d	Steigung[2] P	Flanken-durchmesser[3] $d_2 = D_2$	Kern-durchmesser[3] d_3	Flanken-Überdeckung[3] $H_1 = 0{,}5 \cdot P$	Kern-querschnitt[3] A_3 in mm²
8	1,5	7,25	6,2	0,75	30,2
10	(1,5) 2	9	7,5	1	44,2
12	(2) 3	10,5	8,5	1,5	56,7
16	(2) 4	14	11,5	2	104
20	(2) 4	18	15,5	2	189
24	(3) 5 (8)	21,5	18,5	2,5	269
28	(3) 5 (8)	25,5	22,5	2,5	398
32	(3) 6 (10)	29	25	3	491
36	(3) 6 (10)	33	29	3	661
40	(3) 7 (10)	36,5	32	3,5	804
44	(3) 7 (12)	40,5	36	3,5	1018
48	(3) 8 (12)	44	39	4	1195
52	(3) 8 (12)	48	43	4	1452
60	(3) 9 (14)	55,5	50	4,5	1963
65[1]	(4) 10 (16)	60	54	5	2290
70	(4) 10 (16)	65	59	5	2734
75[1]	(4) 10 (16)	70	64	5	3217
80	(4) 10 (16)	75	69	5	3739
85[1]	(4) 12 (18)	79	72	6	4071
90	(4) 12 (18)	84	77	6	4656
95[1]	(4) 12 (18)	89	82	6	5281
100	(4) 12 (20)	94	87	6	5945
110[1]	(4) 12 (20)	104	97	6	7390
120	(6) 14 (22)	113	104	7	8495

[1] Diese Nenndurchmesser (Reihe 2, DIN 103) nur wählen, wenn unbedingt notwendig.
[2] Die nicht in ( ) stehenden Steigungen bevorzugen. Bei mehrgängigem Gewinde ist P die Teilung.
[3] Die angegebenen Werte gelten für die Gewinde mit den zu bevorzugenden Steigungen P.
Bezeichnungsbeispiel: Trapezgewinde Tr36 × 12P6 bedeutet Teilung $P = 6$ mm, Gangzahl $n = P_h/P = 2$, Steigung $P_h = n \cdot P = 12$ mm.

TB 8-4 Festigkeitsklassen, Werkstoffe und mechanische Eigenschaften von Schrauben nach DIN EN ISO 898-1 (Auszug)

Festigkeits-klasse (Kennzeichen)	Werkstoff und Wärmebehandlung	Zug-festigkeit[1] R_m N/mm²	Streckgrenze[1] bzw. 0,2%-Dehngrenze R_{eL} bzw. $R_{p0,2}$ N/mm²	Bruch-dehnung A_5 % min
4.6[2]	Stahl mit mittlerem C-Gehalt oder Stahl mit mittlerem C-Gehalt und Zusätzen	400	240	22
4.8[2]		400 (420)	320 (340)	0,24[5]
5.6		500	300	20
5.8[2]		500 (520)	400 (420)	0,22[5]
6.8[2]		600	480	0,20[5]
8.8 ≤M16	Stahl mit niedrigem C-Gehalt und Zusätzen (z. B. Bor, Mn, Cr) oder mit mittlerem C-Gehalt, oder legierter Stahl, jeweils gehärtet und angelassen	800	640	12
8.8 >M16		800 (830)	640 (660)	
9.8[3]		900	720	10
10.9	Stahl mit mittlerem C-Gehalt und Zusätzen (z. B. Bor, Mn, Cr) oder mit mittlerem C-Gehalt, oder legierter Stahl, jeweils gehärtet und angelassen	1000 (1040)	900 (940)	9
12.9[4]	legierter Stahl, gehärtet und angelassen	1200 (1220)	1080 (1100)	8
<u>12.9</u>[4]	Stahl mit mittlerem C-Gehalt und Zusätzen (z. B. Bor, Mn, Cr, Molybdän), gehärtet und angelassen			

[1] In ( ) Mindestwerte der Norm, wenn vom berechneten Nennwert abweichend.
[2] Automatenstahl zulässig mit S ≤ 0,34%, P ≤ 0,11%, Pb ≤ 0,35%.
[3] Nur für Schrauben bis M16. In Deutschland kaum verwendet.
[4] Bei einem Einsatz ist Vorsicht geboten. Durch spezielle Umgebungsbedingungen kann es zu Spannungsrisskorrosion kommen.
[5] Bruchverlängerung einer ganzen Schraube.

TB 8-5 Genormte Schrauben (Auswahl). Einteilung nach DIN ISO 1891 (zu den Bildern sind die Nummern der betreffenden DIN-Normen gesetzt)

Sechskantschrauben	ISO4014 ISO4016 ISO8765 mit Schaft	ISO4017 ISO4018 ISO8676 mit Gewinde bis Kopf	609 Passschraube	561 mit Zapfen
Schrauben mit Innensechskant bzw. Innensechsrund bzw. Innenvielzahn	ISO4762 ISO14579 34821 mit Zylinderkopf	6912 7984 ISO14580 mit niedrigem Kopf	ISO14583 mit Flachkopf	ISO10642 ISO14584 mit Senkkopf bzw. Linsensenkkopf
Sechskantschrauben Sechsrundschrauben mit Flansch	EN 1662 EN 1665 mit Sechskantkopf	34800 34801 mit Sechsrundkopf		
Schlitzschrauben	ISO1207 mit Zylinderkopf	ISO1580 mit Flachkopf	ISO2009 mit Senkkopf	ISO2010 mit Linsensenkkopf
Kreuzschlitz-schrauben	ISO7048 mit Zylinderkopf	ISO7045 mit Flachkopf	ISO7046 mit Senkkopf	ISO7047 mit Linsensenkkopf
Vierkantschrauben Dreikantschrauben	478 mit Bund	479 mit Kernansatz	480 mit Bund u. Ansatzkuppe	22424
Rundkopfschrauben Senkkopfschrauben	603 mit Vierkantansatz	607 mit Nase	605 608 mit Vierkantansatz	604 11014 mit Nase
Hammerschrauben	186 mit Vierkant	188 mit Nase	261	7992 mit großem Kopf
Schrauben mit unverlierbaren Unterlegteilen (Kombi-Schr.)	ISO10644 mit flacher Scheibe	6900 mit Spannscheibe	6900 mit Spannscheibe	
Schrauben verschiedener Formen	316 Flügelschrauben	444 Augenschrauben	580 Ringschrauben	529 Steinschrauben
Verschlussschrauben (Stopfen)	906	908	909	910
Stiftschrauben (Schraubenbolzen)	835 938 939 940	2509	2510 mit Dehnschaft	976 Gewindebolzen
Gewindestifte mit Schlitz, Innensechskant bzw. Innensechsrund	ISO 2342 mit Schaft	EN 27435 34827 mit Zapfen	EN 27434 34827 mit Spitze	ISO4026 34827 mit Kegelstumpf
Blechschrauben (Schraubenende mit Spitze oder Zapfen)	ISO1479 ISO7053 ohne bzw. mit Bund	ISO1481 ISO14585 mit Schlitz bzw. Innensechsrund	ISO148 ISO7050 ISO14586 m. Schlitz, Kreuzschlitz bzw. Innensechsrund	ISO1483 ISO7051 ISO14587 m. Schlitz, Kreuzschlitz bzw. Innensechsrund
Gewinde-Schneidschrauben	7513 Form A	7513 Form BE	7513 Form FE	7516 Form AE
gewindefurchende Schrauben mit Kreuzschlitz, Innensechskant, Innensechsrund	7500 Form DE	7500 Form EE, OE	7500 Form CE, PE	7500 Form NE, QE
gewindebohrende Schrauben (Bohrschrauben)	ISO 15480 mit Bund	ISO 15481 mit Flachkopf	ISO 15482 mit Senkkopf	ISO 15483 mit Linsensenkkopf
Holzschrauben mit Schlitz bzw. Kreuzschlitz	571 mit Sechskantkopf	96 7996 mit Halbrundkopf	97 7997 mit Senkkopf	95 7995 mit Linsensenkkopf

TB 8-6 Genormte Muttern (Auswahl). Einteilung nach DIN ISO 1891 (zu den Bildern sind die Nummern der betreffenden DIN-Normen gesetzt)

Sechskantmuttern	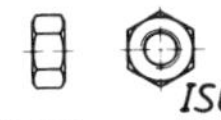 30386 ISO 4032 ISO 4033 ISO 4034 ISO 8673	 ISO 4035 ISO 4036 ISO 8675 niedrige Form	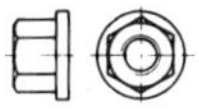 6331 74361 mit Bund	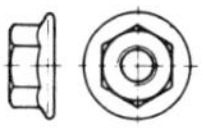 EN 1661 mit Flansch
	2510 30387 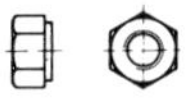 mit Ansatz	929 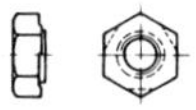 Schweißmutter	431 80705 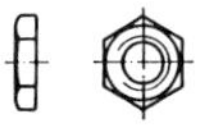 niedrige Form	6330  1,5d hoch
Vierkantmuttern	557 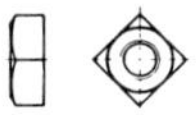	562 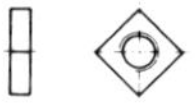 niedrige Form	928 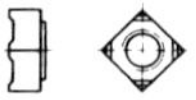 Schweißmuttern	
Sicherungsmuttern	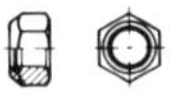 ISO 7042 ISO 7719 ISO 10513 Klemmteil aus Metall bzw. Polyamid	986 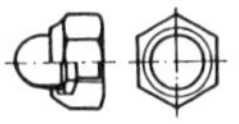 mit Polyamidring	Klemmteil ISO 7040 ISO 10511 ISO 10512 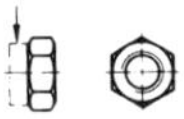 Klemmteil aus Metall bzw. Polyamid	Klemmteil EN 1663 EN 1664 EN 1666 EN 1667 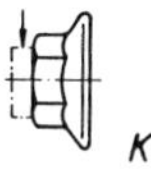 Klemmteil aus Metall bzw. Polyamid
			987 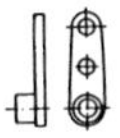 Annietmuttern	
Kronenmuttern	935 	935 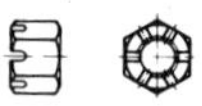	979  niedrige Form	979 70618 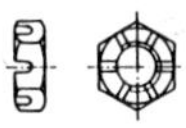 niedrige Form
Hutmuttern	1587 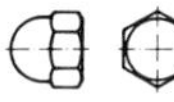 hohe Form	917  niedrige Form		
Rundmuttern	466 6303 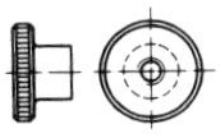 hohe Rändelmuttern	467 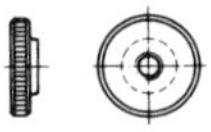 flache Rändelmuttern	546 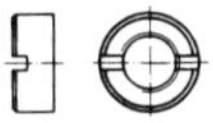 Schlitzmuttern	981 1804 70852 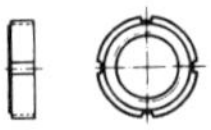 Nutmuttern
	1816 548 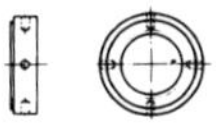 Kreuzlochmuttern	547 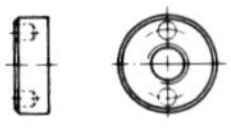 Zweilochmuttern		
Muttern verschiedener Formen	315 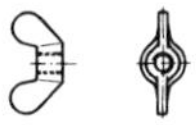 Flügelmuttern	582 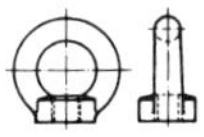 Ringmuttern	1480  Spannschlösser	28129 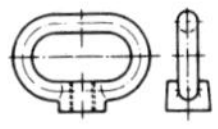 Bügelmuttern

TB 8-8 Konstruktionsmaße für Verbindungen mit Sechskantschrauben (Auswahl aus DIN-Normen) Gewindemaße s. TB 8-1

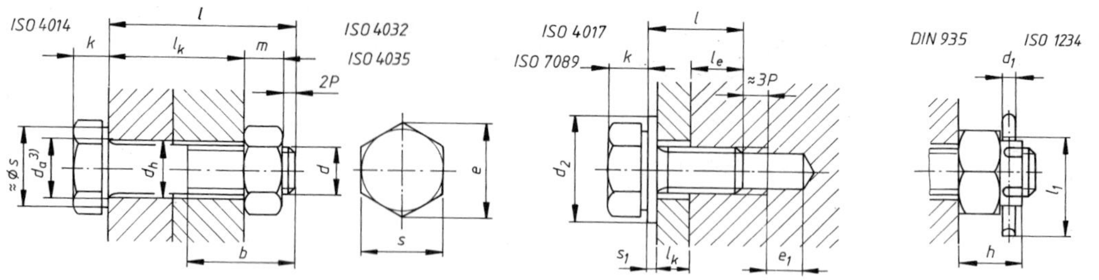

Maße in mm

1	2	3	4	5	6	7	8	9	10	11	12	13	14
DIN EN ISO	4014, 4032 u.a.		4014	4014	4017	4014	4014	4032	4035		1234	7089, 7090	
DIN EN DIN	475, ISO 272									935			
Gewinde	Schlüsselweite SW	Eckenmaß	Kopfhöhe	Nennlängenbereich	Nennlängenbereich	Gewindelänge für $l \leq 125$ mm	Gewindelänge für $l > 125$ bis 200 mm	Mutterhöhe Typ 1	Mutterhöhe niedrige Form	Kronenmutter	Splint	Scheiben	
d	s	e	k	l[1]	l[1]	b	b	m[2]	m	h	$d_1 \times l_1$	d_2	s_1
M 3	5,5	6,01	2	20 … 30	6 … 30	12	18	2,4	1,8	–	–	7	0,5
M 4	7	7,66	2,8	25 … 40	8 … 40	14	20	3,2	2,2	5	1 × 10	9	0,8
M 5	8	8,79	3,5	25 … 50	10 … 50	16	22	4,7	2,7	6	1,2 × 12	10	1
M 6	10	11,05	4	30 … 60	12 … 60	18	24	5,2	3,2	7,5	1,6 × 14	12	1,6
M 8	13	14,38	5,3	40 … 80	16 … 80	22	28	6,8	4	9,5	2 × 16	16	1,6
M10	16	17,77	6,4	45 … 100	20 … 100	26	32	8,4	5	12	2,5 × 20	20	2
M12	18	20,03	7,5	50 … 120	25 … 120	30	36	10,8	6	15	3,2 × 22	24	2,5
M14	21	23,38	8,8	60 … 140	30 … 140	34	40	12,8	7	16	3,2 × 25	28	2,5
M16	24	26,75	10	65 … 160	30 … 200	38	44	14,8	8	19	4 × 28	30	3
M20	30	33,53	12,5	80 … 200	40 … 200	46	52	18	10	22	4 × 36	37	3
M24	36	39,98	15	90 … 240	50 … 200	54	60	21,5	12	27	5 × 40	44	4
M30	46	51,28	18,7	110 … 300	60 … 200	66	72	25,6	15	33	6,3 × 50	56	4
M36	55	61,31	22,5	140 … 360	70 … 200	–	84	31	18	38	6,3 × 63	66	5

[1] Stufung der Längen l: … 6 8 10 12 16 20 25 30 35 40 45 50 55 60 65 70 80 90 100 110 120 130 140 150 160 180 200 220 240 260 280 300 320 340 … 500.

[2] Höhere Abstreiffestigkeit durch größere Mutterhöhen nach DIN EN ISO 4033 mit $m/d \approx 1$.

[3] Übergangsdurchmesser d_a begrenzt den max. Übergang des Radius in die ebene Kopfauflage. Nach DIN 267 T2 gilt allgemein für die Produktklassen $A(m)$ und $B(mg)$ bis M18: d_a = Durchgangsloch „mittel" + 0,2 mm und für M20 bis M39: d_a = Durchgangsloch „mittel" + 0,4 mm. Für die Produktklasse $C(g)$ gelten die gleichen Formeln mit Durchgangsloch „grob".

[4] Für Schrauben der hauptsächlich verwendeten Produktklasse $A(m)$ Reihe „mittel" ausführen, damit $d_h \approx d_a$.

TB 8-8 Fortsetzung

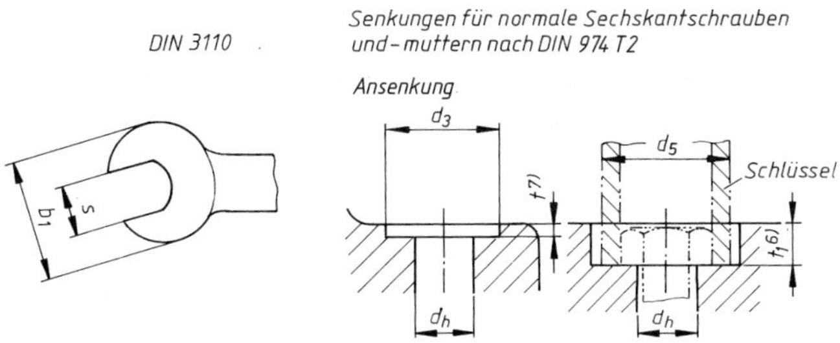

15	16	17	18	19	20	21	22	23	24	25	26	
20273				76	3129	3110	974T2					DIN EN ISO DIN EN DIN
Durchgangsloch[4] Reihe							Reihe 1	Reihe 2	Reihe 3			
fein	mittel	grob	Kopf- bzw. Mutterauflagefläche in mm²	Grundlochüberhang (Regel)	Steckschlüsseleinsatz Außendurchmesser	Maulschlüsselbreite	für Steckschlüssel, Steckschlüsseleinsätze nach DIN 3124	für gekröpfte Ringschlüssel, Steckschlüsseleinsätze nach DIN 3129	für Ansenkungen bei beengten Raumverhältnissen	für Schrauben ISO 4014 und ISO 4017 ohne Unterlegteile	für Muttern ISO 4032 und ISO 4035 ohne Unterlegteile und Gewindeüberstand	Gewinde
d_h	d_h	d_h	A_p[5]	e_1	d_5	b_1	d_3	d_3	d_3	t_1	t_1	d
3,2	3,4	3,6	7,5	2,8	9,7	19	11	11	9	2,6	2,8	M 3
4,3	4,5	4,8	11,4	3,8	12,8	20	13	15	10	3,4	3,6	M 4
5,3	5,5	5,8	13,6	4,2	15,3	22	15	18	11	4,1	5,1	M 5
6,4	6,6	7	28	5,1	17,8	27	18	20	13	4,6	5,6	M 6
8,4	9	10	42	6,2	21,5	34	24	26	18	6,1	7,4	M 8
10,5	11	12	72,3	7,3	27,5	38	28	33	22	7,3	9	M10
13	13,5	14,5	73,2	8,3	32,4	44	33	36	26	8,4	11,4	M12
15	15,5	16,5	113	9,3	36,1	49	36	43	30	9,7	13,4	M14
17	17,5	18,5	157	9,3	42,9	56	40	46	33	10,9	15,4	M16
21	22	24	244	11,2	50,4	66	46	54	40	13,4	18,4	M20
25	26	28	356	13,1	64,2	80	58	73	48	16,1	22,3	M24
31	33	35	576	15,2	76,7	96	73	82	61	20,1	26,6	M30
37	39	42	856	16,8	87,9	–	82	93	73	23,9	32	M36

[5] Ringförmige Auflagefläche ermittelt mit dem Mindestdurchmesser d_w der Auflagefläche und dem Durchgangsloch Reihe „mittel". Evtl. Anfasung des Durchgangsloches abziehen!

[6] Die Senktiefe für bündigen Abschluss ergibt sich aus der Summe der Maximalwerte von Kopfhöhe der Schraube und Höhe der Unterlegteile sowie einer Zugabe von: 0,4 mm für M3 bis M6; 0,6 mm für M8 bis M20; 0,8 mm für M24 bis M27 und 1,0 mm ab M30.
Die Senktiefe auf der Mutternseite ist unter Einbeziehung des Überstandes des Schraubenendes in geeigneter Weise festzulegen.

[7] t braucht nicht größer zu sein, als zur Herstellung einer spanend erzeugten und rechtwinklig zur Achse des Durchgangsloches stehenden Kreisfläche notwendig ist.

TB 8-9 Konstruktionsmaße für Verbindungen mit Zylinder- und Senkschrauben (Auswahl aus DIN-Normen) Gewindemaße s. TB 8-1. Maße für Sechskantmuttern, Scheiben und Durchgangslöcher s. TB 8-8

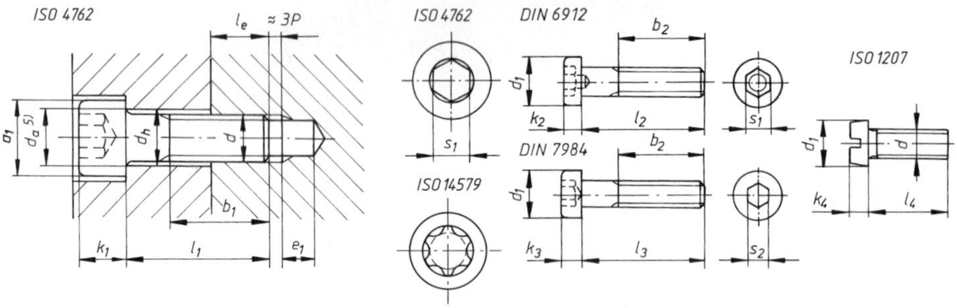

Maße in mm

1	2	3	4	5	6	7	8	9	10	11	12	13	14	15	16
DIN EN ISO		4762			1207	4762		11)	4762			1207	4762 10642		4762
DIN			6912	7984		6912	7984			6912	7984			6912 7984	6912
Gewinde	Kopfdurchmesser	Kopfhöhe				Schlüssel-weite		Innensechsrund	Nennlängenbereich[1]				Gewindelänge	Gewindelänge für $l \leq 125$	Kopfauflage-fläche in mm²
d	d_1	k_1	k_2	k_3	k_4	s_1	s_2	Nr.	l_1	l_2	l_3	l_4	b_1	b_2[2]	A_p[3]
M 3	5,5	3		2	2	2,5	2	10	5 ... 30		5 ... 20	4 ... 30	18	12	11,1
M 4	7	4	2,8	2,8	2,6	3	2,5	20	6 ... 40	10 ... 50	6 ... 25	5 ... 40	20	14	17,6
M 5	8,5	5	3,5	3,5	3,3	4	3	25	8 ... 50	10 ... 60	8 ... 30	6 ... 50	22	16	26,9
M 6	10	6	4	4	3,9	5	4	30	10 ... 60	10 ... 70	10 ... 40	8 ... 60	24	18	34,9
M 8	13	8	5	5	5	6	5	45	12 ... 80	12 ... 80	12 ... 80	10 ... 80	28	22	55,8
M10	16	10	6,5	6	6	8	7	50	16 ... 100	16 ... 90	16 ... 100	12 ... 80	32	26	89,5
M12	18	12	7,5	7	–	10	8	55	20 ... 120	16 ... 100	20 ... 80	–	36	30	90
M14	21	14	8,5	8	–	12	10	60	25 ... 140	20 ... 120	30 ... 80	–	40	34	131
M16	24	16	10	9	–	14	12	70	25 ... 160	20 ... 140	30 ... 80	–	44	38	181
M20	30	20	12	11	–	17	14	90	30 ... 200	30 ... 180	30 ... 100	–	52	46	274
M24	36	24	14	13	–	19	17	–	35 ... 200	60 ... 200	40 ... 100	–	60	54	421
M30	45	30	17,5	–	–	22	–	–	40 ... 200	70 ... 200	–	–	72	66	638

[1] Stufung der zu bevorzugenden Längen, in ( ) nur für DIN EN ISO 4762, DIN 7984, DIN EN ISO 1207 und DIN EN ISO 2009: 3 4 5 6 8 10 12 16 20 25 30 35 40 (45) 50 (55) 60 (65 nur DIN EN ISO 4762) 70 80 90 100 110 120 130 140 150 160 180 200, über $l = 200$ mm dann weiter von 20 zu 20.

[2] Für $l > 125$ bis 200: $b_2 = 2d + 12$, für $l > 200$: $b_2 = 2d + 25$.

[3] Ringförmige Auflagefläche ermittelt mit dem Mindestauflagedurchmesser des Kopfes und Durchgangsloch Reihe „mittel". Lochanfasung ggf. abziehen!

[4] Bis zu den Längen in ( ) werden die Senkschrauben mit Gewinde bis Kopf gefertigt.

[5] s. TB 8-8 unter [3].

[6] Ausführung „mittel" (m) für Durchgangslöcher Reihe „mittel", für $s \leq t_1$ ist das Anschlussteil ggf. nachzusenken.

[7] s. TB 8-8 unter [4].

[8] Reihe 1: Schrauben nach DIN EN ISO 1207, DIN EN ISO 4762, DIN 6912, DIN 7984, DIN EN ISO 14579 und DIN EN ISO 14580 ohne Unterlegteile;
Reihe 4: Schrauben mit Zylinderkopf und Scheiben DIN EN ISO 7092 und DIN EN ISO 10673 Form S;
Reihe 5: Schrauben mit Zylinderkopf und Scheiben DIN EN ISO 7089, DIN EN ISO 7090 und DIN EN ISO 10673 Form S;
Reihe 6: Schrauben mit Zylinderkopf und Spannscheiben DIN 6796 und DIN 6908.

TB 8-9 Fortsetzung

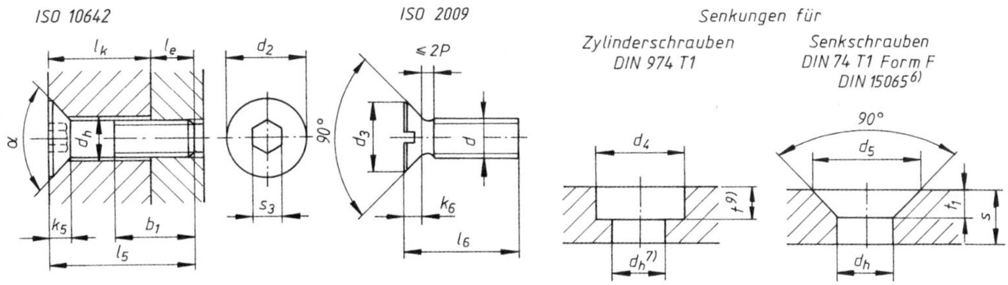

17	18	19	20	21	22	23	24	25	26	27	28	29	30	31	
10642	2009	10642	2009	10642	10642	2009									DIN EN ISO
							974T1				15065	74T1	15065	74T1	DIN
Kopf-durch-messer		Kopf-höhe		Schlüsselweite	Nennlängenbereich[1) 4)]		Senkdurchmesser[8)] Reihe 1	Reihe 4	Reihe 5	Reihe 6	für DIN EN ISO 2009[10)]	für DIN EN ISO 10642	für DIN EN ISO 2009	für DIN EN ISO 10642	Gewinde
d_2	d_3	k_5	k_6	s_3	l_5	l_6	d_4	d_4	d_4	d_4	d_5	d_5	$\approx t_1$	$\approx t_1$	d
6,72	5,5	1,86	1,65	2	8 ... 30 (25)	5 ... 30 (30)	6,5	7	9	8	6,3	7,5	1,6	1,8	M3
8,96	8,4	2,48	2,7	2,5	8 ... 40 (25)	6 ... 40 (40)	8	9	10	10	9,4	10	2,6	2,4	M4
11,2	9,3	3,1	2,7	3	8 ... 50 (30)	8 ... 50 (45)	10	11	13	13	10,4	12,5	2,6	3,1	M5
13,44	11,3	3,72	3,3	4	8 ... 60 (35)	8 ... 60 (45)	11	13	15	15	12,6	14,5	3,1	3,6	M6
17,92	15,8	4,96	4,65	5	10 ... 80 (45)	10 ... 80 (45)	15	16	18	20	17,3	19	4,3	4,6	M8
22,4	18,3	6,2	5	6	12 ... 100 (50)	12 ... 80 (45)	18	20	24	24	20	23,5	4,7	6	M10
26,88	–	7,44	–	8	20 ... 100 (60)	–	20	24	26	33	–	28	–	7	M12
–	–	8,4	–	–	25 ... 100 (65)	–	24	26	30	40	–	32	–	8	M14
33,6	–	8,8	–	10	30 ... 100 (70)	–	26	30	33	43	–	35	–	8,5	M16
40,32	–	10,16	–	12	35 ... 100 (90)	–	33	36	40	48	–	41,5	–	9,5	M20
–	–	–	–	–	–	–	40	43	48	58	–	–	–	–	M24
–	–	–	–	–	–	–	50	54	61	73	–	–	–	–	M30

9) s. TB 8-8 unter 6).
10) auch für DIN EN ISO 2010, 1482, 1483, 7046, 7047, 7050, 7051, 14584, 14586, 14587, 15482, 15483
11) DIN EN ISO 14579: Die Abmessungen der Innensechsrundschrauben (Torx-Schrauben) sind identisch mit DIN EN ISO 4762, bis auf die Abmessungen des Innensechsrund, s. DIN EN ISO 10664.

8

TB 8-7 Mitverspannte Zubehörteile für Schraubenverbindungen nach DIN (Auswahl). Einteilung nach DIN ISO 1891 (zu den Bildern sind die Nummern der betreffenden DIN-Normen gesetzt)

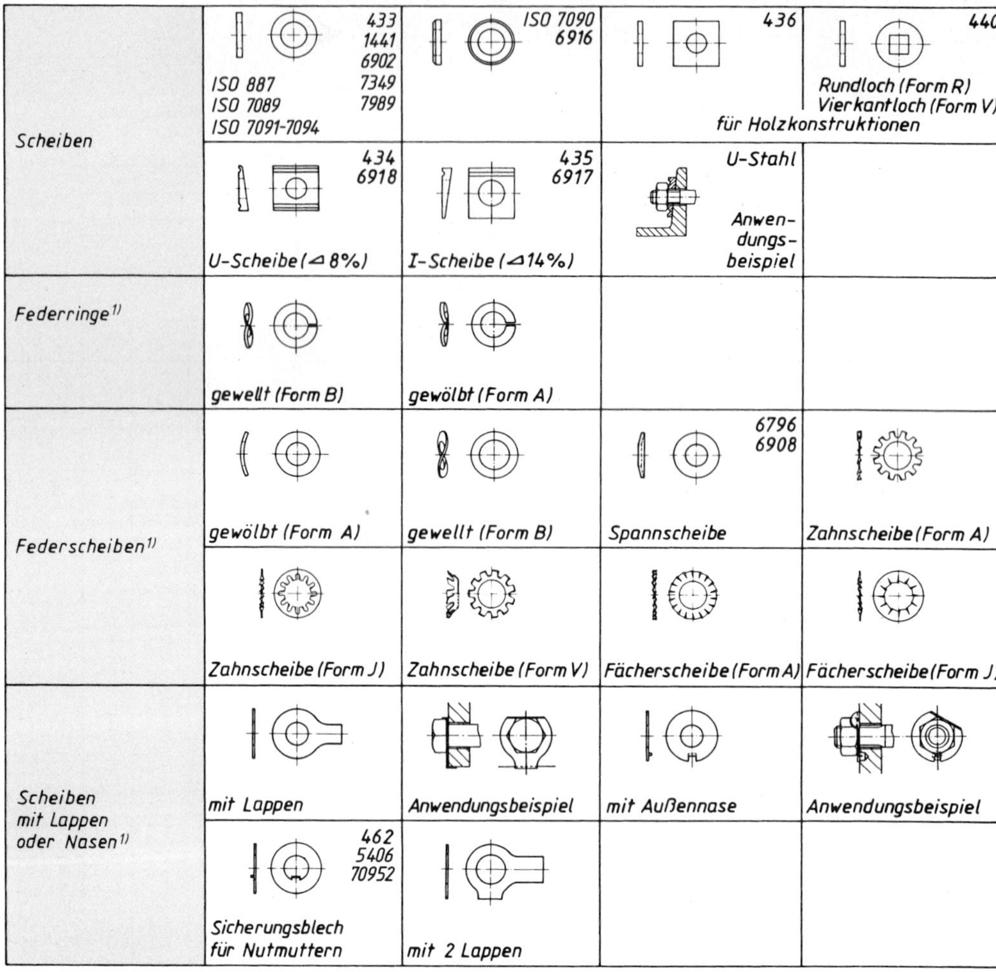

[1)] Die Normen für Federringe, Federscheiben (außer Spannscheiben) und Sicherungsbleche wurden wegen ihrer Unwirksamkeit als Losdreh- und Setzsicherung bei Schrauben ab Festigkeitsklasse 8.8 zurückgezogen.

TB 8-10 Richtwerte für Setzbetrag und Grenzflächenpressung (nach VDI 2230)

a) Richtwerte für Setzbeträge bei massiven Schraubenverbindungen

		Längskraft			Querkraft		
Rautiefe der Oberfläche Rz in µm		<10	10 … <40	40 … <160	<10	10 … <40	40 … <160
f_z in µm	im Gewinde	3	3	3	3	3	3
	je Kopf- oder Mutterauflage	2,5	3	4	3	4,5	6,5
	je innere Trennfuge	1,5	2	3	2	2,5	3,5
	Summe[1)]	9,5	11	14	11	14,5	19,5

[1)] Setzbetrag für Durchsteckschraube mit einer inneren Trennfuge.

0,011mm

TB 8-10 Fortsetzung

b) Richtwerte für die Grenzflächenpressung p_G an den Auflageflächen verschraubter Teile (nach VDI 2230)

Werkstoffgruppe	Werkstoff der gedrückten Teile	Zugfestigkeit R_m N/mm²	Grenzflächenpressung[1] p_G N/mm²
Unlegierte Baustähle	S235 E295 S355	340 470 490	490 710 760
Feinkorn-Baustähle	S315MC S420MC	390 480	540 670
Niedriglegierte Vergütungsstähle	C45E 34CrNiMo6 37Cr4 16MnCr5 42CrMo4 34CrMo4	700 1100 850 1000 1000 900	770 1430 1105 1300 300 1170
Sintermetalle	SINT-D30	510	450
Nichtrostende Stähle	X4CrNi18-12 X5CrNiMo17-12-2 X6NiCrTiMoVB25-15-2	500 530 960	630 630 1200
Nickel-Basis-Legierungen	NiCr20TiAl MP35N	1000 1580	1000 1500
Gusseisen	GJL-250 GJS-400 GJS-500 GJS-600 GJV-300	250 400 500 600 300	850 600 750 900 480
Aluminium-Knetlegierungen	AlMgSi1F31 AlMgSi1F28 AlMg4,5MnF27 AlZnMgCu1,5	290 260 260 540	360 325 325 540
Aluminium-Gusslegierungen	GK-AlSi9Cu3 GD-AlSi9Cu3 GK-AlSi7Mg wa	180 240 250	225 300 310
Magnesiumlegierungen	GK-AZ91-T4 GD-AZ91 (MgAl9Zn1) GD-AS41 (MgAl4Si)	240 200 190	290 280 230
Titanlegierung	TiAl6V4	890	1340

[1] Beim motorischen Anziehen können die Werte der Grenzflächenpressung bis zu 25 % kleiner sein.

TB 8-11 Richtwerte für den Anziehfaktor k_A (nach VDI 2230)

Anziehverfahren	Streuung der Vorspannkräfte	Bemerkungen	Anziehfaktor k_A
Längungsgesteuertes *Anziehen mit Ultraschall*	±5 % bis ±9 %	kleinerer Wert bei direkter mechanischer größerer bei indirekter Ankopplung	1,1 bis 1,2
Streckgrenzgesteuertes oder *drehwinkelgesteuertes Anziehen* von Hand oder motorisch	±9 % bis ±17 %	Schrauben werden mit $F_{V\,min}$ berechnet, d. h. $F_{V\,min} = F_{VM}$	1,2 bis 1,4
Hydraulisches Anziehen (reibungs- und torsionsfrei)	±5 % bis ±17 %	kleinerer Wert für Schrauben $l_k/d \geq 5$ bei Normschrauben und -muttern $k_A \geq 1{,}2$	1,1 bis 1,4
Drehmomentgesteuertes Anziehen mit *Drehmomentschlüssel, signalgebendem Schlüssel* oder *Drehschrauber* mit dynamischer Drehmomentmessung und versuchsmäßiger Bestimmung der Anziehdrehmomente am Originalverschraubungsteil	±17 % bis ±23 %	kleinerer Wert für große Anzahl von Einstell- und Kontrollversuchen (z. B. 20) und geringe Streuung des abgegebenen Momentes	1,4 bis 1,6
Drehmomentgesteuertes Anziehen mit *Drehmomentschlüssel, signalgebendem Schlüssel* oder *Drehschrauber* mit dynamischer Drehmomentmessung und Bestimmung der Anziehdrehmomente durch Schätzen der Reibungszahl (Oberflächen- und Schmierverhältnisse von großem Einfluss)	für $\mu_G = \mu_K = 0{,}04-0{,}10$ ±23 % bis ±33 % für $\mu_G = \mu_K = 0{,}08-0{,}16$ ±26 % bis ±43 %	kleinerer Wert für messende Drehmomentschlüssel bei gleichmäßigem Anziehen und für Präzisionsdrehschrauber größerer Wert für Signal gebende oder ausknickende Drehmomentschlüssel	1,6 bis 2,0 1,7 bis 2,5
Anziehen mit *Schlagschrauber* oder *Impulsschrauber* *Anziehen von Hand* ohne Messung des Anziehmomentes	±43 % bis ±60 %	kleinerer Wert für große Anzahl von Einstellversuchen (Nachziehmoment), spielfreie Impulsübertragung	2,5 bis 4,0

TB 8-12 Reibungszahlen für Schraubenverbindungen bei verschiedenen Oberflächen- und Schmierzuständen

a) Gesamtreibungszahl $\mu_{ges} = \mu_G = \mu_K$ bei Normalausführung (nach Bauer & Schaurte Karcher)

schwarz oder phosphatiert		galvanisch verzinkt 6 … 12 µm	galvanisch verkadmet 6 … 10 µm	mikroverkapselter Klebstoff (VERBUS-PLUS)[1]
leicht geölt	MoS_2 geschmiert			
0,12 … 0,18	0,08 … 0,12	0,12 … 0,18	0,08 … 0,12	0,14 … 0,20

[1] Für andere Klebstoffe $\mu_{ges} = 0{,}2 \ldots 0{,}3$.

Die Berechnung erfolgt mit der niedrigsten Reibungszahl. Die Streuung der Reibungszahlen wird durch den Anziehfaktor berücksichtigt.

b) Haftreibungszahlen in der Trennfuge (nach VDI-Richtlinie 2230)

Stoffpaarung		Stahl-Stahl/GS	Stahl-Stahl[1]	Stahl-Stahl[2]	Stahl-GJL	Stahl-GJL[1]	Stahl-GJS
Haftreibungszahl μ_T	trocken	0,1 … 0,3	0,15 … 0,40	0,04 … 0,15	0,11 … 0,24	0,26 … 0,31	0,1 … 0,23
	geschmiert	0,07 … 0,12			0,06 … 0,1		

Stoffpaarung		Stahl-GJS[1]	GJL-GJL	GJL-GJL[3]	GJS-GJS	GJS-GJS[3]	GJL-GJS
Haftreibungszahl μ_T	trocken	0,2 … 0,26	0,15 … 0,3	0,09 … 0,36	0,25 … 0,52	0,08 … 0,25	0,13 … 0,26
	geschmiert		0,06 … 0,2		0,08 … 0,12		

Stoffpaarung		Stahl-Bronze	GJL-Bronze	Stahl-Cu-Leg.	Stahl-Al-Leg.	Alu-Alu	Alu-Alu[3]
Haftreibungszahl μ_T	trocken	0,12 … 0,28	0,28	0,07 … 0,25	0,07 … 0,28	0,19 … 0,41	0,1 … 0,32
	geschmiert	0,18	0,15 … 0,2		0,05 … 0,18	0,07 … 0,12	

[1] gereinigt [2] einsatzgehärtet [3] gereinigt/entfettet

c) Reibungszahl μ_G im Gewinde (nach Strelow)

Gewinde					Außengewinde (Schraube)								
Werkstoff					Stahl								
Oberfläche					schwarzvergütet oder phosphatiert				galvanisch verzinkt (Zn6)		galvanisch cadmiert (Cd6)		Klebstoff
Gewindefertigung					gewalzt			geschnitten	geschnitten oder gewalzt				
Gewinde	Werkstoff	Oberfläche	Gewindefertigung	Schmierung	trocken	geölt	MoS_2	geölt	trocken	geölt	trocken	geölt	trocken
Innengewinde (Mutter)	Stahl	blank	geschnitten	trocken	0,12 bis 0,18	0,10 bis 0,16	0,08 bis 0,12	0,10 bis 0,16	–	0,10 bis 0,18	–	0,08 bis 0,14	0,16 bis 0,25
Innengewinde (Mutter)	Stahl	galvanisch verzinkt	geschnitten	trocken	0,10 bis 0,16	–	–	–	0,12 bis 0,20	0,10 bis 0,18	–	–	0,14 bis 0,25
Innengewinde (Mutter)	Stahl	galvanisch cadmiert	geschnitten	trocken	0,08 bis 0,14	–	–	–	–	–	0,12 bis 0,16	0,12 bis 0,14	–
Innengewinde (Mutter)	Gusseisen/Temperguss	blank	geschnitten	trocken	–	0,10 bis 0,18	–	0,10 bis 0,18	–	0,10 bis 0,18	–	0,08 bis 0,16	–
Innengewinde (Mutter)	AlMg	blank	geschnitten	trocken	–	0,08 bis 0,20	–	–	–	–	–	–	–

TB 8-12 Fortsetzung

d) Reibungszahl μ_K in der Kopf- bzw. Mutterauflage (nach Strelow)

<table>
<tr><th colspan="4">Auflagefläche</th><th colspan="10">Schraubenkopf</th></tr>
<tr><th colspan="4">Werkstoff</th><th colspan="10">Stahl</th></tr>
<tr><th colspan="4">Oberfläche</th><th colspan="6">schwarz oder phosphatiert</th><th colspan="2">galvanisch verzinkt (Zn6)</th><th colspan="2">galvanisch cadmiert (Cd6)</th></tr>
<tr><th colspan="4">Fertigung</th><th colspan="3">gepresst</th><th colspan="2">gedreht</th><th>geschliffen</th><th colspan="4">gepresst</th></tr>
<tr><th>Gegenlage: Werkstoff</th><th>Oberfläche</th><th>Fertigung</th><th>Schmierung</th><th>trocken</th><th>geölt</th><th>MoS$_2$</th><th>geölt</th><th>MoS_2</th><th>geölt</th><th>trocken</th><th>geölt</th><th>trocken</th><th>geölt</th></tr>
<tr><td>Stahl</td><td>blank</td><td>geschliffen</td><td>trocken</td><td>–</td><td>0,16 bis 0,22</td><td>–</td><td>0,10 bis 0,18</td><td>–</td><td>0,16 bis 0,22</td><td>0,10 bis 0,18</td><td>–</td><td>0,08 bis 0,16</td><td>–</td></tr>
<tr><td>Stahl</td><td>blank</td><td>spanend bearbeitet</td><td>trocken</td><td>0,12 bis 0,18</td><td>0,10 bis 0,18</td><td>0,08 bis 0,12</td><td>0,10 bis 0,18</td><td>0,08 bis 0,12</td><td>–</td><td colspan="2">0,10 bis 0,18</td><td>0,08 bis 0,16</td><td>0,08 bis 0,14</td></tr>
<tr><td>Stahl</td><td>galvanisch verzinkt</td><td>spanend bearbeitet</td><td>trocken</td><td colspan="2">0,10 bis 0,16</td><td>–</td><td>0,10 bis 0,16</td><td>–</td><td>0,10 bis 0,18</td><td>0,16 bis 0,20</td><td>0,10 bis 0,18</td><td>–</td><td>–</td></tr>
<tr><td>Stahl</td><td>galvanisch cadmiert</td><td>spanend bearbeitet</td><td>trocken</td><td colspan="6">0,08 bis 0,16</td><td>–</td><td>–</td><td>0,12 bis 0,20</td><td>0,12 bis 0,14</td></tr>
<tr><td>Gusseisen/Temperguss</td><td>blank</td><td>geschliffen</td><td>trocken</td><td>–</td><td>0,10 bis 0,18</td><td>–</td><td>–</td><td>–</td><td colspan="3">0,10 bis 0,18</td><td>0,08 bis 0,18</td><td>–</td></tr>
<tr><td>Gusseisen/Temperguss</td><td>blank</td><td>spanend bearbeitet</td><td>trocken</td><td>–</td><td>0,14 bis 0,20</td><td>–</td><td>0,10 bis 0,18</td><td>–</td><td>0,14 bis 0,22</td><td>0,10 bis 0,18</td><td>0,10 bis 0,16</td><td>0,08 bis 0,16</td><td>–</td></tr>
<tr><td>AlMg</td><td>blank</td><td>spanend bearbeitet</td><td>trocken</td><td>–</td><td colspan="4">0,08 bis 0,20</td><td>–</td><td>–</td><td>–</td><td>–</td><td>–</td></tr>
</table>

TB 8-13 Richtwerte zur Vorwahl der Schrauben

Festigkeitsklasse	Nenndurchmesser in mm für Schaftschrauben bei Kraft je Schraube[1)] F_B bzw. F_Q in kN bis												
	stat. axial	1,6	2,5	4	6,3	10	16	25	40	63	100	160	250
	dyn. axial	1	1,6	2,5	4,0	6,3	10	16	25	40	63	100	160
	quer	0,32	0,5	0,8	1,25	2	3,15	5	8	12,5	20	31,5	50
4.6		6	8	10	12	16	20	24	27	33	–	–	–
4.8, 5.6		5	6	8	10	12	16	20	24	30	–	–	–
5.8, 6.8		4	5	6	8	10	12	14	18	22	27	–	–
8.8		4	5	6	8	8	10	14	16	20	24	30	–
10.9		–	4	5	6	8	10	12	14	16	20	27	30
12.9		–	4	5	5	8	8	10	12	16	20	24	30

1) Für Dehnschrauben, bei exzentrisch angreifender Betriebskraft F_B oder bei sehr großen Anziehfaktoren sind die Durchmesser der nächsthöheren Laststufe zu wählen, bei sehr kleinen Anziehfaktoren die der nächstkleineren.

TB 8-14 Spannkräfte F_{sp} und Spannmomente M_{sp} für Schaft- und Dehnschrauben bei verschiedenen Gesamtreibungszahlen μ_{ges} 1)

Regel- bzw. Feingewinde	$\mu_{ges} = \mu_G = \mu_K$	Schaftschrauben: Spannkraft F_{sp} in kN bei Festigkeitsklasse 2)			Schaftschrauben: Spannmoment M_{sp} in Nm bei Festigkeitsklasse 2)			Dehnschrauben ($d_T \approx 0{,}9\,d_3$): Spannkraft F_{sp} in kN bei Festigkeitsklasse 1)			Dehnschrauben ($d_T \approx 0{,}9\,d_3$): Spannmoment M_{sp} in Nm bei Festigkeitsklasse 1)		
		8.8	10.9	12.9	8.8	10.9	12.9	8.8	10.9	12.9	8.8	10.9	12.9
M5	0,08	7,6	11,1	13,0	4,4	6,5	7,6	5,3	7,8	9,1	3,1	4,5	5,3
	0,10	7,4	10,8	12,7	5,2	7,6	8,9	5,1	7,6	8,9	3,6	5,3	6,2
	0,12	7,2	10,6	12,4	5,9	8,6	10,0	5,0	7,3	8,6	4,1	6,0	7,0
	0,14	7,0	10,3	12,0	6,5	9,5	11,2	4,8	7,1	8,3	4,5	6,6	7,7
M6	0,08	10,7	15,7	18,4	7,7	11,3	13,2	7,5	11,0	12,9	5,4	7,9	9,2
	0,10	10,4	15,3	17,9	9,0	13,2	15,4	7,3	10,7	12,5	6,2	9,1	10,7
	0,12	10,2	14,9	17,5	10,1	14,9	17,4	7,0	10,3	12,1	7,0	10,3	12,0
	0,14	9,9	14,5	17,0	11,3	16,5	19,3	6,8	9,9	11,6	7,7	11,3	13,2
M8	0,08	19,5	28,7	33,6	18,5	27,2	31,8	13,8	20,3	23,8	13,1	19,2	22,5
	0,10	19,1	28,0	32,8	21,3	31,8	37,2	13,4	19,7	23,1	15,2	22,3	26,1
	0,12	18,6	27,3	32,0	24,6	36,1	42,2	13,0	19,1	22,3	17,1	25,2	29,5
	0,14	18,1	26,6	31,1	27,3	40,1	46,9	12,5	18,4	21,5	18,9	27,8	32,5
M8 × 1	0,08	21,2	31,1	36,4	19,3	28,4	33,2	15,5	22,7	26,6	14,1	20,7	24,3
	0,10	20,7	30,4	35,6	22,8	33,5	39,2	15,0	22,1	25,8	16,6	24,3	28,5
	0,12	20,2	29,7	34,7	26,1	38,3	44,9	14,6	21,4	25,1	18,8	27,7	32,4
	0,14	19,7	28,9	33,9	29,2	42,8	50,1	14,1	20,7	24,3	20,9	30,7	35,9
M10	0,08	31,0	45,6	53,3	35,9	52,7	61,7	22,1	32,5	38,0	25,6	37,6	44,0
	0,10	30,3	44,5	52,1	42,1	61,8	72,3	21,5	31,5	36,9	29,8	43,7	51,2
	0,12	29,6	43,4	50,8	47,8	70,2	82,2	20,8	30,5	35,7	33,6	49,4	57,8
	0,14	28,8	42,3	49,5	53,2	78,1	91,3	20,1	29,5	34,6	37,1	54,5	63,8
M10 × 1,25	0,08	33,1	48,6	56,8	37,2	54,6	63,9	24,2	35,5	41,5	27,2	39,9	46,7
	0,10	32,4	47,5	55,6	43,9	64,5	75,4	23,5	34,5	40,4	31,9	46,8	54,8
	0,12	31,6	46,4	54,3	50,2	73,7	86,2	22,8	33,5	39,2	36,2	53,2	62,2
	0,14	30,8	45,2	53,0	56,0	82,3	96,3	22,1	32,4	37,9	40,2	59,0	69,0
M12	0,08	45,2	66,3	77,6	62,7	92,0	108	32,3	47,5	55,6	44,9	65,9	77,1
	0,10	44,1	64,9	75,9	73,5	108	126	31,4	46,1	54,0	52,3	76,8	89,8
	0,12	43,1	63,3	74,1	83,6	123	144	30,4	44,7	52,3	59,1	86,8	102
	0,14	41,9	61,6	72,1	93,1	137	160	29,4	43,1	50,6	65,3	95,9	112
M12 × 1,25	0,08	50,1	73,6	86,2	66,3	97,4	114	37,3	54,8	64,1	49,4	72,5	84,8
	0,10	49,1	72,1	84,4	78,8	116	135	36,4	53,4	62,5	52,3	85,6	100
	0,12	48,0	70,5	82,5	90,5	133	155	35,3	51,9	60,7	66,6	97,8	114
	0,14	46,8	68,8	80,5	101	149	174	34,2	50,3	58,9	74,2	109	127
M14	0,08	62,0	91,0	106	99,6	146	171	44,5	65,3	76,4	71,5	105	123
	0,10	60,6	88,9	104	117	172	201	43,2	63,4	74,2	83,4	122	143
	0,12	59,1	86,7	101	133	195	229	41,8	61,4	71,9	94,3	138	162
	0,14	57,5	84,4	98,8	148	218	255	40,4	59,4	69,5	104	153	179
M16	0,08	84,7	124	145	153	224	262	61,8	90,8	106	111	164	191
	0,10	82,9	122	142	180	264	309	60,1	88,3	103	131	192	225
	0,12	80,9	119	139	206	302	354	58,3	85,7	100	148	218	255
	0,14	78,8	116	135	230	338	395	56,5	82,9	97,0	165	242	283
M16 × 1,5	0,08	91,4	134	157	159	233	273	68,6	101	118	119	175	205
	0,10	89,6	132	154	189	278	325	66,9	98,3	115	141	207	243
	0,12	87,6	129	151	218	320	374	65,1	95,6	112	162	238	278
	0,14	85,5	125	147	244	359	420	63,1	92,7	108	181	265	310
M20	0,08	136	194	227	308	438	513	100	142	166	225	320	375
	0,10	134	190	223	363	517	605	97	138	162	264	376	440
	0,12	130	186	217	415	592	692	94	134	157	300	427	499
	0,14	127	181	212	464	661	773	91	130	152	332	473	554
M20 × 1,5	0,08	154	219	257	327	466	545	117	167	196	249	355	416
	0,10	151	215	252	392	558	653	115	163	191	298	424	496
	0,12	148	211	246	454	646	756	112	159	186	342	488	571
	0,14	144	206	241	511	728	852	108	154	181	384	547	640
M24	0,08	196	280	327	529	754	882	143	204	239	387	551	644
	0,10	192	274	320	625	890	1041	140	199	233	454	646	756
	0,12	188	267	313	714	1017	1190	135	193	226	515	734	859
	0,14	183	260	305	798	1136	1329	131	187	218	572	814	953
M24 × 2	0,08	217	310	362	557	793	928	165	235	274	422	601	703
	0,10	213	304	355	666	949	1110	161	229	268	502	715	837
	0,12	209	297	348	769	1095	1282	156	223	261	576	821	961
	0,14	204	290	339	865	1232	1442	152	216	253	645	919	1075

1) Die Tabellenwerte gelten für eine 90%ige Ausnutzung der Mindestdehngrenze. Für andere Ausnutzungsgrade ν sind die Werte mit $\nu/0{,}9$ zu multiplizieren.

2) Für Schrauben anderer Festigkeitsklassen sind die Tabellenwerte im Verhältnis der Streck- bzw. 0,2 %-Dehngrenzen proportional umzurechnen.

$\bar{F}_{sp\,5.6} = \bar{F}_{sp\,8.8} \frac{R_{eL\,5.6}}{R_{eL\,8.8}}$

Die Homepage zum Buch finden Sie unter:

http://roloff-matek.de

Dort finden Sie:

- **Interaktive EXCEL-Arbeitsblätter**
- **Kontroll- und Wiederholungsfragen**

TB 8-15 Einschraublängen l_e für Grundlochgewinde – Anhaltswerte nach Schraubenvademecum

Werkstoff der Bauteile		Mindest-Einschraublänge l_e ohne Ansenkungen bei Festigkeitsklasse der Schraube				
		8.8		10.9		12.9
	R_m in N/mm²	$d/P < 9$	$d/P \geq 10$	$d/P < 9$	$d/P \geq 10$	$d/P < 9$
Stahl	> 360 > 500 > 800	1,0*d* 0,9*d* 0,8*d*	1,25*d* 1,0*d* 0,8*d*	1,25*d* 1,0*d* 0,9*d*	1,4*d* 1,2*d* 0,9*d*	1,4*d* 1,2*d* 1,0*d*
GJL 250	> 220	1,0*d*	1,25*d*	1,25*d*	1,4*d*	1,4*d*
AlMg-Leg.	> 180 > 330	2–2,5*d* 2,0*d*	1,4*d* 1,4*d*	1,4*d* 1,4*d*	1,6*d* 1,6*d*	– –
AlCuMg-Leg.	> 550	1,1*d*	1,4*d*	1,4*d*	1,6*d*	–
AlZnMgCu-Leg.	> 550	1,0*d*	1,4*d*	1,4*d*	1,6*d*	–
GMgAl9Zn1	> 230	1,5–2*d*	1,4*d*	1,4*d*	1,6*d*	–

Normalgewinde: Gewindefeinheit $d/P < 9$; Feingewinde: Gewindefeinheit $d/P \geq 10$

8

TB 8-16 Funktion/Wirksamkeit von Schraubensicherungen (nach VDI 2230)

Ursache des Lösens	Elemente/ Wirkprinzip	Funktion	Beispiele (TB 8-5 bis TB 8-8) Wirksamkeit
Lockern durch Setzen und/oder Relaxion	mitverspannte federnde Elemente	teilweise Kompensation von Setz- und Relaxionsverlusten	Tellerfedern Spannscheiben DIN 6796 und DIN 6908 Kombischrauben DIN 6900 Kombimuttern Federringe, Federscheiben, Zahnscheiben, Fächerscheiben – Normen zurückgezogen wegen Unwirksamkeit
Losdrehen durch Aufhebung der Selbsthemmung	formschlüssige Elemente	Verliersicherung	Kronenmuttern DIN 935 und DIN 979 (Schrauben nach dem Verspannen bohren und mit Splint sichern) – bei schwingender Querbelastung unwirksam Drahtsicherung (Mutter mit Schraube nach dem Verspannen durchbohren und mit Draht sichern) – unwirksam bei hochfesten Schrauben Sicherungsbleche – unwirksam bei hochfesten Schrauben
	klemmende Elemente		Ganzmetallmuttern mit Klemmteil DIN EN ISO 7042, 7719, 10513, DIN EN 1664 und 1667 Muttern mit Kunststoffeinsatz[1] DIN EN ISO 7040, 10511, 10512, DIN EN 1663 und 1666 Schrauben mit klemmender Beschichtung nach DIN 267-28 gewindefurchende Schrauben DIN 7500
	sperrende Elemente	Losdrehsicherung	Keilsicherungsscheiben, SC-Keilsicherungsscheiben[2] Flanschschrauben und -muttern mit Verzahnung/ Verrippung[2] Sperrkantscheiben[2]
	stoffschlüssige Elemente		mikroverkapselte Schrauben nach DIN 267-27[1] Flüssig-Klebstoff[1]
Lockern und Losdrehen	sperrende und federnde Elemente	Losdrehsicherung mit Setzkompensation	Keilsicherungsfederscheiben[2]

[1] Temperaturabhängigkeit beachten.
[2] Wirksamkeit nur bis zu bestimmten Oberflächenhärten, siehe Herstellerangaben.

TB 8-17 Beiwerte α_b und k_1 zur Ermittlung der Lochleibungstragfähigkeit im Stahl- und Aluminiumbau (EC3 und EC9)

Beiwert	Innere Schrauben (Niet)	Randschrauben (-niet)	jedoch
in Kraftrichtung	$\alpha_b = \frac{p_1}{3 \cdot d_0} - \frac{1}{4}$ für $p_1 \geq 2{,}2\, d_0$	$\alpha_b = \frac{e_1}{3 \cdot d_0}$ für $e_1 \geq 1{,}2\, d_0$	$\alpha_b \leq R_{mS}/R_m$ und $\alpha_b \leq 1$
senkrecht zur Kraftrichtung	$k_1 = 1{,}4 \cdot \frac{p_2}{d_0} - 1{,}7$ empfohlen: $p_2 \geq 3{,}0 d_0$ interpolieren wenn: $2{,}4 d_0 \leq p_2 < 3{,}0 d_0$	$k_1 = \min \begin{cases} 2{,}8 \cdot \frac{e_2}{d_0} - 1{,}7 \\ 1{,}4 \cdot \frac{p_2}{d_0} - 1{,}7 \end{cases}$ empfohlen: $e_2 \geq 1{,}5 d_0$ interpolieren wenn: $1{,}2 d_0 \leq e_2 < 1{,}5 d_0$	$k_1 \leq 2{,}5$

Rand- und Lochabstände e_1, e_2, p_1 und p_2 siehe TB 7-2
d_0 Lochdurchmesser

8

TB 8-18 Richtwerte für die zulässige Flächenpressung p_{zul} bei Bewegungsschrauben

Gleitpartner (Werkstoff)		p_{zul} in N/mm^2
Schraube (Spindel)	Mutter	
Stahl (z. B. C15, 35S20, E295)	Gusseisen GS, GJMW CuSn- und CuAl-Leg. Stahl (z. B. C35) Kunststoff „Turcite-A“[1)] Kunststoff „Nylatron“[2)]	3 … 7 5 … 10 10 … 20 10 … 15 5 … 15 … 55
CuSn- und CuAl-Legierung	Stahl (z. B. C35)	10 … 20

[1)] Hersteller: Busak + Luyken, Stuttgart-Vaihingen.
[2)] Gusspolyamid mit MoS_2. Hersteller: Neff Gewindespindeln GmbH, Waldenbuch.
[1) 2)] wartungs- und geräuscharm, kein Spindelverschleiß, stick-slip-frei.

Hohe Werte bei aussetzendem Betrieb, hoher Festigkeit der Gleitpartner und niedriger Gleitgeschwindigkeit. Bei seltener Betätigung (z. B. Schieber) bis doppelte Werte.

9 Bolzen-, Stiftverbindungen und Sicherungselemente

TB 9-1 Richtwerte für die zulässige mittlere Flächenpressung (Lagerdruck) p_{zul} bei niedrigen Gleitgeschwindigkeiten (z. B. Gelenke, Drehpunkte)

p_{zul} wird durch die Verschleißrate des Lagerwerkstoffes bestimmt. ( )-Werte gelten für kurzzeitige Lastspitzen

Bei Schwellbelastung gelten die 0,7-fachen Werte.

Zeile	Gleitpartner (Lager-/Bolzenwerkstoff)[1)]	p_{zul} in N/mm^2
	bei Trockenlauf (wartungsfrei):	
1	PTFE Composite[2)]/St	80 (250)
2	iglidur X[3)]/St gehärtet	150
3	iglidur G[3)]/St gehärtet	80
4	DU-Lager[4)]/St	60 (140)
5	Sinterbronze mit Festschmierstoff/St	80
6	Verbundlager (Laufschicht PTFE)/St	30 (150)
7	PA oder POM/St	20
8	PE/St	10
9	Sintereisen, ölgetränkt (Sint-B20)/St	8
	bei Fremdschmierung:	
10	Tokatbronze[5)]/St	100
11	St gehärtet/St gehärtet	25
12	Cu-Sn-Pb-Legierung/St gehärtet	40 (100)
13	Cu-Sn-Pb-Legierung/St	20
14	GG/St	5
15	Pb-Sn-Legierung/St	3 (20)

1) Harte und geschliffene Bolzenoberfläche ($Ra \approx 0,4$ µm) günstig.
2) Kunststoffbeschichteter Stahlrücken Hersteller: SKF.
3) Thermoplastische Legierung mit Fasern und Festschmierstoffen. Hersteller: igus GmbH, Bergisch Gladbach
4) Auf Stahlrücken (Buchse, Band) aufgesinterte Zinnbronzeschicht, deren Hohlräume mit PTFE und Pb gefüllt sind. Hersteller: Karl Schmidt GmbH, Neckarsulm.
5) Mit Bleibronze beschicheter Stahl Hersteller: Kugler Bimetal, Le Lignon/Genf.

TB 9-2 Bolzen nach DIN EN 22340 (ISO 2340), DIN EN 22341 (ISO 2341) und DIN 1445, Lehrbuch Bild 9-1 (Auswahl)

Maße in mm

d_1	h11	5	6	8	10	12	16	20	24	30	36	40	50	60
d_2	h14	8	10	14	18	20	25	30	36	44	50	55	66	78
d_3	H13	1,2	1,6	2	3,2	3,2	4	5	6,3	8	8	8	10	10
d_4		–	–	M6	M8	M10	M12	M16	M20	M24	M27	M30	M36	M42
b min.	Hilfsmaß	–	–	11	14	17	20	25	29	36	39	42	49	58
k	js14	1,6	2	3	4	4	4,5	5	6	8	8	8	9	12
w		2,9	3,2	3,5	4,5	5,5	6	8	9	10	10	10	12	14
z_1 max.		2	2	2	2	3	3	4	4	4	4	4	4	6
SW		–	–	11	13	17	22	27	32	36	46	50	60	70
Splint DIN EN ISO 1234		1,2 × 10	1,6 × 12	2 × 14	3,2 × 18	3,2 × 20	4 × 25	5 × 32	6,3 × 36	8 × 45	8 × 50	8 × 56	10 × 71	10 × 80
Scheibe DIN EN 28738	s	1	1,6	2	2,5	3	3	4	4	5	6	6	8	10
	d_5	10	12	15	18	20	24	30	37	44	50	56	66	78
Federstecker d_4 DIN 11024		–	–	–	2,5	3,2	4	5	5	6	7	7	8	–

Bolzen mit d_1 3 4 14 18 22 27 33 45 55 70 80 90 100 siehe Normen.
Die handelsüblichen Längen l_1 liegen zwischen $2d_1$ und $10d_1$.
Längen über 200 mm sind von 20 mm zu 20 mm zu stufen.
Stufung der Länge l_1: 6 8 10 12 14 16 18 20 22 24 26 28 30 32 35 40 45 50 55 60 65 70 75 80 85 90 95 100 120 140 160 180 200
Kopfanfasung $z_2 \times 45°$ mit $z_2 \approx z_1/2$. Übergangsradius r: 0,6 mm bis $d_1 = 16$ mm, 1 mm ab $d_1 = 18$ mm.
Bei Bolzen der Form B mit Splintlöchern errechnet sich die Gesamtlänge aus der Klemmlänge l_K z. B. nach Bild 9-1b: $l_1 = l_k + 2(s + w) + d_3$. Das so errechnete Kleinstmaß l_1 ist möglichst auf die nächstgrößere Länge l_1 der Tabelle aufzurunden. Sollte sich hierdurch eine konstruktiv nicht vertretbare zu große Klemmlänge l_k ergeben, so ist der erforderliche Splintabstand $l_2 = l_k + 2s + d_3$ in der Bezeichnung anzugeben.
Bezeichnung eines Bolzens ohne Kopf, Form B, mit Nenndurchmesser $d_1 = 16$ mm und Nennlänge $l_1 = 55$ mm, mit verringertem Splintlochabstand $l_2 = 40$ mm, aus Automatenstahl (St):
Bolzen ISO 2340–B–16 × 55 × 40–St.
Bei Bolzen mit Gewindezapfen errechnet sich die Länge l_1 aus der Klemmlänge l_3 plus Zapfenlänge b. Die so ermittelte Länge l_1 ist auf den nächstgrößeren Tabellenwert aufzurunden. Die Zapfenlänge b vergrößert sich dann entsprechend.
Bezeichnung eines Bolzens mit Kopf und Gewindezapfen DIN 1445 von Durchmesser $d_1 = 30$ mm, mit Toleranzfeld h11, Klemmlänge $l_3 = 63$ mm und (genormter) Länge $l_1 = 100$ mm, aus Automatenstahl (St):
Bolzen DIN 1445–30h11 × 63 × 100–St.

TB 9-3 Abmessungen in mm von ungehärteten Zylinderstiften DIN EN ISO 2338 (Auswahl), Lehrbuch Bild 9-6a

d m6/h8	1,5	2	2,5	3	4	5	6	8	10	12	16	20	25	30	40	50
$c \approx$	0,3	0,35	0,4	0,5	0,63	0,8	1,2	1,6	2	2,5	3	3,5	4	5	6,3	8
l von	4	6	6	8	8	10	12	14	16	22	26	35	50	60	80	95
l bis	16	20	24	30	40	50	60	80	95	140	180	200	200	200	200	200

Stufung der Länge l: 4 5 6 bis 32 Stufung 2 mm, 35 bis 95 Stufung 5 mm, 100 bis 200 und darüber Stufung 20 mm
Werkstoff: St = Stahl mit Härte 125 HV30 bis 245 HV30
A1 = austenitischer nichtrostender Stahl (Härte 210 HV30 bis 280 HV30)
Oberflächenbeschaffenheit: blank, falls nichts anderes vereinbart.
Bezeichnung eines ungehärteten Zylinderstiftes aus austenitischem nichtrostendem Stahl der Sorte A1, mit Nenndurchmesser $d = 12$ mm, Toleranzklasse h8 und Nennlänge $l = 40$ mm: Zylinderstift ISO 2338-12h8 × 40-A1

TB 9-4 Mindest-Abscherkraft in kN für zweischnittige Stiftverbindungen (Scherversuch nach DIN EN 28749, Höchstbelastung bis zum Bruch)

Stiftart	Stiftdurchmesser d in mm												
	1,5	2	2,5	3	4	5	6	8	10	12	16	20	25
Zylinderkerbstifte DIN EN ISO 8740 Stahl (Härte 125 bis 245 HV30)	1,6	2,84	4,4	6,4	11,3	17,6	25,4	45,2	70,4	101,8	181	283	444
Spannstifte (-hülsen) leichte Ausführung DIN EN ISO 13337[1]		1,5	2,4	3,5	8	10,4	18	24	40	48	98	158	202
Spannstifte (-hülsen) schwere Ausführung DIN EN ISO 8752[1]	1,58	2,82	4,38	6,32	11,24	17,54	26,04	42,76	70,16	104,1	171	280,6	438,5
Spiralspannstifte Regelausführung DIN EN ISO 8750[1]	1,45	2,5	3,9	5,5	9,6	15	22	39	62	89	155	250	

[1] Werkstoff: Stahl und martensitischer nichtrostender Stahl, gehärtet.

TB 9-5 Pass- und Stützscheiben DIN 988 (Auswahl); Abmessungen in mm, Maßbild 9-11c

Lochdurchmesser d_1 (D12)	13	14	15	16	17	18	19	20	22	22	25	25	26	28	30	32	35	36	37	40	42
Aussendurchmesser d_2 (d12)	19	20	21	22	24	25	26	28	30	32	35	36	37	40	42	45	45	45	47	50	52
Dicke s der Stützscheibe[1]	1,5−0,05							2−0,05							2,5−0,05						

Lochdurchmesser d_1 (D12)	45	45	48	50	50	52	55	56	56	60	63	65	70	75	80	85	90	95	100	100	105
Aussendurchmesser d_2 (d12)	55	56	60	62	63	65	68	70	72	75	80	85	90	95	100	105	110	115	120	125	130
Dicke s der Stützscheibe[1]	3−0,06											3,5−0,06									

Pass- und Stützscheiben von $d_1 = 3$ bis 12 und 110 bis 170 s. Norm
[1] Dicke s der Passscheiben für alle Durchmesser: 0,1 0,15 0,2 0,3 0,5 1,0 1,1 1,2 1,3 1,4 1,5 1,6 1,7 1,8 1,9 2,0
Toleranzen der Passscheiben: −0,03 für $s = 0{,}1$ und 0,15; −0,04 für $s = 0{,}2$ und −0,05 für $s \geq 0{,}3$.
Bezeichnung einer Passscheibe mit Lochdurchmesser $d_1 = 30$ mm, Außendurchmesser $d_2 = 42$ mm und Dicke $s = 1{,}2$ mm: Passscheibe DIN 988 – 30 × 42 × 1,2.
Bezeichnung einer Stützscheibe (S) mit Lochdurchmesser $d_1 = 30$ mm, Außendurchmesser $d_2 = 42$ mm: Stützscheibe DIN 988 – S 30 × 42.

TB 9-6 Achshalter nach DIN 15058 (Auswahl), Maßbild 9-16. Maße in mm

Breite × Dicke $a \times b$	20 × 5				25 × 6						30 × 8					
Achsdurchmesser d_2	18	20	22	25	28	(30)	32	(35)	36	40	45	50	(55)	56	(60)	63
Länge c_1	60				80						100					
Lochabstand c_2	36				50						70					
Lochdurchmesser d_1	9 (M8)				11 (M10)						13,5 (M12)					
Abstand f	16	16	17	18	22	22	23	24	24	26	31	33	35	35	36	37
Nuttiefe g	3	4	4	4,5	4,5	5,5	5,5	6	6,5	6,5	6,5	7	7,5	8	9	9,5
Überstand h	10				12						16					

Eingeklammerte Größen möglichst vermeiden.

9

TB 9-7 Sicherungsringe und -scheiben für Wellen und Bohrungen (Auswahl); Abmessungen in mm

Sicherungsringe für Wellen (Regelausführung) DIN 471

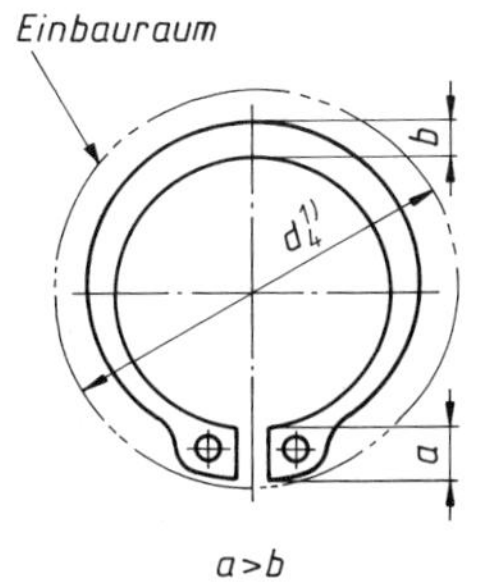

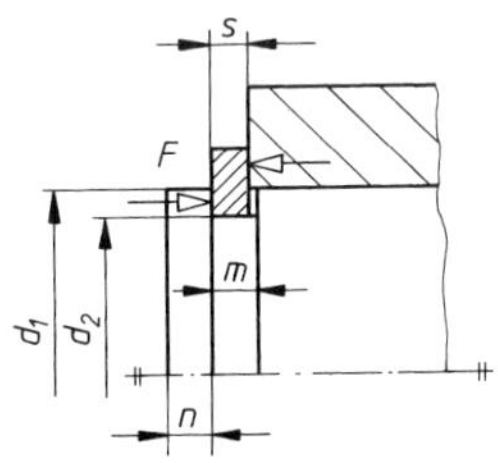

Wellendurchmesser d_1	Ring s 3)	Ring a max	Nut 8) d_2 4)	Nut 8) m H13	Nut 8) n min	Tragfähigkeit Nut F_N 6) kN	Tragfähigkeit Ring F_R 7) kN
6	0,7	2,7	5,7	0,8	0,5	0,46	1,45
8	0,8	3,2	7,6	0,9	0,6	0,81	3,0
10	1	3,3	9,6	1,1	0,6	1,01	4,0
12	1	3,3	11,5	1,1	0,8	1,53	5,0
15	1	3,6	14,3	1,1	1,1	2,66	6,9
17	1	3,8	16,2	1,1	1,2	3,46	8
20	1,2	4	19	1,3	1,5	5,06	17,1
25	1,2	4,4	23,9	1,3	1,7	7,05	16,2
30	1,5	5	28,6	1,6	2,1	10,73	32,1
35	1,5	5,6	33	1,6	3	17,8	30,8
40	1,75	6	37,5	1,85	3,8	25,3	51,0
45	1,75	6,7	42,5	1,85	3,8	28,6	49,0
50	2	6,9	47	2,15	4,5	38,0	73,3
55	2	7,2	52	2,15	4,5	42,0	71,4
60	2	7,4	57	2,15	4,5	46,0	69,2
65	2,5	7,8	62	2,65	4,5	49,8	135,6
70	2,5	8,1	67	2,65	4,5	53,8	134,2
75	2,5	8,4	72	2,65	4,5	57,6	130,0
80	2,5	8,6	76,5	2,65	5,3	71,6	128,4
85	3	8,7	81,5	3,15	5,3	76,2	215,4
90	3	8,8	86,5	3,15	5,3	80,8	217,2
95	3	9,4	91,5	3,15	5,3	85,5	212,2
100	3	9,6	96,5	3,15	5,3	90,0	206,4
105	4	9,9	101	4,15	6	107,6	471,8
110	4	10,1	106	4,15	6	113,0	457,0
120	4	11	116	4,15	6	123,5	424,6
130	4	11,6	126	4,15	6	134,0	395,5
140	4	12	136	4,15	6	144,5	376,5
150	4	13	145	4,15	7,5	193,0	357,5

DIN 471 umfasst Ringe von $d_1 = 3$ bis 300 mm in der Regelausführung und von $d_1 = 15$ bis 100 mm in der schweren Ausführung.

Bei Umfangsgeschwindigkeiten der Wellen bis ∅ 100 mm ≤ 22 m/s und ∅ >100 mm ≤ 15 m/s ist das Aufspreizen der Ringe für Wellen nicht zu befürchten. Genaue Ablösedrehzahlen siehe Norm.

1) $d_4 = d_1 + 2{,}1a$.

2) $d_4 = d_1 - 2{,}1a$.

3)

Dicke s	≤0,8	1 … 1,75	2 … 2,5	3	4
zul. Abw.	−0,05	−0,06	−0,07	−0,08	−0,1

4)

Nutdurchm. d_2	≤9,6	10,5 … 21	22,9 … 96,5	≥101
Toleranzklasse	h10	h11	h12	h13

5)

Nutdurchm. d_2	≤23	25,2 … 103,5	≥106
Toleranzklasse	H11	H12	H13

6) Tragfähigkeit der Nut bei $R_{eL} = 200\ \text{N/mm}^2$ ohne Sicherheit gegen Fließen und Dauerbruch. Bei stat. Belastung 2fache Sicherheit gegen Bruch. Für abweichende Nuttiefen t' und Streckgrenzen R'_{eL} gilt:

$F'_N = F_N \cdot \frac{t'}{t} \cdot \frac{R'_{eL}}{200}$. Bei Sicherungsscheiben $\frac{d_1 - d_2}{d'_1 - d_2}$ statt $\frac{t}{t'}$.

7) Tragfähigkeit des Sicherungsringes bei scharfkantiger Anlage der andrückenden Teile. Stark verringerte Tragfähigkeit bei Kantenabstand (Fase) siehe Norm.

8) Die Ausrundung r des Nutgrundes darf auf der Lastseite maximal $0{,}1s$ betragen. Bewährte Nutausführungen s. Bild 9-12.

9) zul. Abweichung: $s \leq 0{,}9$: ±0,02, $s \geq 1{,}0$: ±0,03.

Bezeichnung eines Sicherungsringes für Wellendurchmesser $d_1 = 30$ mm und Ringdicke $s = 1{,}5$ mm: Sicherungsring DIN 471 – 30 × 1,5.

Sicherungsringe werden im Regelfall phosphatiert und geölt (lfd. Nr. 1) oder brüniert und geölt (lfd. Nr. 2) geliefert (nach Wahl des Herstellers).

Bezeichnung des Ringes mit phosphatiertem Überzug (lfd. Nr. 1): Sicherungsring DIN 471 – 30 × 1,5 – 1.

Für galvanische Überzüge gelten die Kurzzeichen nach DIN EN ISO 4042.

Bezeichnung des Ringes mit einem Überzug aus Zink (A), Schichtdicke 10 μm (9), keine Farbe (J): Sicherungsring DIN 471 – 30 × 1,5 – A9J.

TB 9-7 Fortsetzung

Sicherungsringe für Bohrungen (Regelausführung) DIN 472

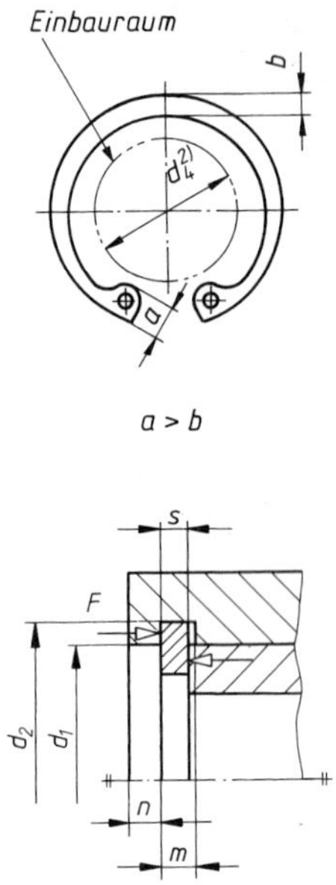

Bohrungsdurchmesser d_1	Ring s[3)]	Ring a max	Nut[8)] d_2[5)]	Nut[8)] m H13	Nut[8)] n min	Tragfähigkeit Nut F_N[6)] kN	Tragfähigkeit Ring F_R[7)] kN
16	1	3,8	16,8	1,1	1,2	3,4	5,5
19	1	4,1	20	1,1	1,5	5,1	6,8
22	1	4,2	23	1,1	1,5	5,9	8,0
24	1,2	4,4	25,2	1,3	1,8	7,7	13,9
26	1,2	4,7	27,2	1,3	1,8	8,4	13,85
28	1,2	4,8	29,4	1,3	2,1	10,5	13,3
32	1,2	5,4	33,7	1,3	2,6	14,6	13,8
35	1,5	5,4	37	1,6	3	18,8	26,9
40	1,75	5,8	42,5	1,85	3,8	27,0	44,6
42	1,75	5,9	44,5	1,85	3,8	28,4	44,7
47	1,75	6,4	49,5	1,85	3,8	31,4	43,5
52	2	6,7	55	2,15	4,5	42,0	60,3
55	2	6,8	58	2,15	4,5	44,4	60,3
62	2	7,3	65	2,15	4,5	49,8	60,9
68	2,5	7,8	71	2,65	4,5	54,5	121,5
72	2,5	7,8	75	2,65	4,5	58	119,2
75	2,5	7,8	78	2,65	4,5	60	118
80	2,5	8,5	83,5	2,65	5,3	74,6	120,9
85	3	8,6	88,5	3,15	5,3	79,5	201,4
90	3	8,6	93,5	3,15	5,3	84	199
95	3	8,8	98,5	3,15	5,3	88,6	195
100	3	9,2	103,5	3,15	5,3	93,1	188
110	4	10,4	114	4,15	6	117	415
120	4	11	124	4,15	6	127	396
130	4	11	134	4,15	6	138	374
140	4	11,2	144	4,15	6	148	350
150	4	12	155	4,15	7,5	191	326
160	4	13	165	4,15	7,5	212	321
170	4	13,5	175	4,15	7,5	225	349

DIN 472 umfasst Ringe von $d_1 = 8$ bis 300 mm in der Regelausführung und von $d_1 = 20$ bis 100 mm in der schweren Ausführung.

Sicherungsscheiben für Wellen DIN 6799

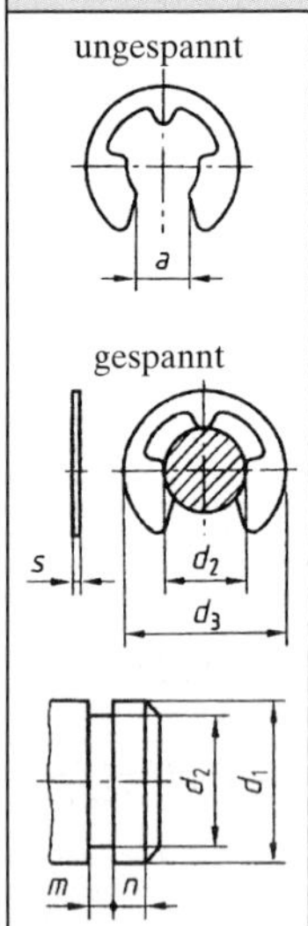

Wellendurchmesserbereich d_1 von	Wellendurchmesserbereich d_1 bis	Sicherungsscheibe s[9)]	Sicherungsscheibe a	Sicherungsscheibe d_3 max	Nut[8)] d_2 h11 Nennmaß	Nut[8)] m	Nut[8)] n min	Tragfähigkeit Nut F_N[6)] kN	Tragfähigkeit Scheibe F_S[7)] kN
6	8	0,7	4,11	11,3	5	0,74	1,2	0,90	1,15
7	9	0,7	5,26	12,3	6	0,74	1,2	1,10	1,35
8	11	0,9	5,84	14,3	7	0,94	1,5	1,25	1,80
9	12	1,0	6,52	16,3	8	1,05	1,8	1,42	2,50
10	14	1,1	7,63	18,8	9	1,15	2,0	1,60	3,00
11	15	1,2	8,32	20,4	10	1,25	2,0	1,70	3,50
13	18	1,3	10,45	23,4	12	1,35	2,5	3,10	4,70
16	24	1,5	12,61	29,4	15	1,55	3,0	7,00	7,80
20	31	1,75	15,92	37,6	19	1,80	3,5	10,00	11,00
25	38	2,0	21,88	44,6	24	2,05	4,0	13,00	15,00
32	42	2,5	25,8	52,6	30	2,55	4,5	16,50	23,00

Weitere Größen $d_2 < 5$ mm s. Norm. Bei Umfangsgeschwindigkeit $v > 12$ m/s Gefahr des Ablösens durch Fliehkrafteinwirkung. Ablösedrehzahlen s. Norm.
Bezeichnung einer Sicherungsscheibe für Nutdurchmesser (Nennmaß) $d_2 = 15$ mm: Sicherungsscheibe DIN 6799-15

10 Elastische Federn

TB 10-1 Festigkeitsrichtwerte von Federwerkstoffen in N/mm² (Auswahl)

Federart	Werkstoff und Behandlungszustand	E-Modul G-Modul	statische Festigkeitswerte	dynamische Festigkeitswerte
Blattfedern	Federstahl, DIN EN 10089 vergütet 51CrV4	E = 206 000 G = 78 000	$R_m = 1200 \ldots 1800$	s. Herstellerangaben
	Stahlbänder DIN EN 10132-4 kaltgewalzt (+CR) C67S	E = 206 000 G = 78 000	$R_m \approx 1100$	
			$\sigma_{b\,zul} \approx 0{,}7 \cdot R_m$	$\sigma_{b\,zul} \approx \sigma_m + 0{,}75 \cdot \sigma_A$
Drehfedern	Federstahldraht DIN EN 10270-1 Drahtsorten SL, SM, SH, DM, DH	E = 206 000 G = 81 500	abhängig von d $\sigma_{b\,zul}$ s. TB 10-3	σ_H nach TB 10-5 vorzugsweise Drahtsorte DH verwenden
	DIN EN 10270-3 nichtrostend X10CrNi18-8, X7CrNiAl17-7	E = 185 000 G = 70 000	s. Schraubenfedern	
Spiralfedern	Stahlbänder DIN EN 10132-4 C67S, 51CrV4, 56Si7	E = 206 000 G = 78 000	Banddicke 0,3 ... 3 mm $\sigma_{zul} \approx 1100$	nach Herstellerangaben
Tellerfedern	DIN EN 10089, DIN EN 10132-4 C67S, 51CrV4	E = 206 000 G = 78 000	bei $s_c = h_0$ $\sigma_{Ic} = -3400$ bei $R_e = 1350 \ldots 1650$; σ_{OM} nach TB 10-6	$\sigma_O = f(\sigma_u)$ nach TB 10-9
Drehstabfedern	Warmgewalzte Stähle DIN EN 10089 vergütet 55Cr3, meist 51CrV4 Oberfläche geschliffen und kugelgestrahlt	E = 206 000 G = 78 000	Rundstäbe nicht vorgesetzt $\tau_{t\,zul} = 700$ vorgesetzt $\tau_{t\,zul} = 1020$ für $R_m = 1350 \ldots 1700$	$\tau_m \pm \tau_A$ gesetzt $\tau_m \approx 600$ nach TB 10-10b
zylindrische Schraubenfedern (Druck- und Zugfedern aus rundem Federdraht)	runder Federstahldraht patentiert-gezogen DIN EN 10270-1 Drahtsorten SL, SM, SH, DM, DH	E = 206 000 G = 81 500	$\tau_{t\,zul} \approx 0{,}5 \cdot R_m$ nach TB 10-11 bzw. $\tau_{t\,zul} \approx 0{,}45 \cdot R_m$ nach TB 10-19 entsprechend für $R_m = 2330 \ldots 1060$ für $d = 1 \ldots 10$ mm	s. TB 10-13 bis TB 10-16
	vergütet DIN EN 10270-2 Drahtsorten FD, TD, VD	E = 206 000 G = 81 500		
	warmgewalzt DIN EN 10089 z. B. 55Cr3, 50CrV4	E = 206 000 G = 78 000		
	nicht rostend DIN EN 10270-3 X7CrNiAl17-7	E = 200 000 G = 73 000	$R_m = 2220 \ldots 1250$ ($d \leq 0{,}2 \ldots 10$ mm)	
	X5CrNiMo17-12-2	E = 180 000 G = 68 000	$R_m = 1725 \ldots 1050$ ($d \leq 0{,}2 \ldots 10$ mm)	
	X10CrNi18-8	E = 185 000 G = 70 000	$R_m = 1975 \ldots 1250$ ($d \leq 0{,}2 \ldots 10$ mm)	
	aus Cu-Knetlegierung EN 12166, kaltverfestigt, angelassen z. B. CuZn36R700 (CuSn6R950)	E = 110 000 (115 000) G = 39 000 (42 000)	für $d \leq 3$ mm $R_m \approx 930 \ldots 700$ ($\approx 900 \ldots 1180$)	nach Herstellerangaben
	aushärtbar (ausgehärtet) z. B. CuBe2	E = 120 000 (135 000) G = 47 000 (47 000)	für $d \leq 3$ mm $R_m \approx 950 \ldots 1150$ ($\approx 1400 \ldots 1550$)	
Gummifedern	Weichgummi Shore-Härte 40 ... 70	E = 2 ... 8 G = 0,4 ... 1,4	$\sigma_{z\,zul} \approx 1 \ldots 2$ $\sigma_{d\,zul} \approx 3 \ldots 5$ $\tau_{zul} \approx 1 \ldots 2$	$\sigma_{z\,zul} \approx 0{,}5 \ldots 1$ $\sigma_{d\,zul} \approx 1 \ldots 1{,}5$ $\tau_{zul} \approx 0{,}3 \ldots 0{,}8$

TB 10-2 Runder Federstahldraht

a) Federdraht nach DIN EN 10270 (Auszug)

Durchmesser d Nennmaß mm	Zulässige Abweichung bei Drahtsorten SL, SM, DM, SH, DH mm	Zulässige Abweichung bei Drahtsorten FD, TD, VD mm
0,07 …		
0,85 0,90 0,95 1,00	±0,015	±0,015
1,05 1,10 1,20 1,25 1,30 1,40 1,50 1,60	±0,020	±0,020
1,70	±0,020	±0,025
1,80 1,90 2,00 2,10 2,25 2,40 2,50 2,60	±0,025	±0,025
2,80 3,00 3,20	±0,030	±0,030
3,40 3,60 3,80 4,00	±0,030	±0,030
4,25 4,50 4,75 5,00 5,30	±0,035	±0,035
5,60	±0,040	±0,035
6,00 6,30 6,50 7,00	±0,040	±0,040
7,50 8,00 8,50	±0,045	±0,045
9,00 9,50	±0,045	±0,050
10,00	±0,050	±0,050
10,50 11,00	±0,070	±0,070
12,00	±0,080	±0,070
12,50 13,00 14,00	±0,080	±0,080
15,00	±0,090	±0,080
16,00 17,00	±0,090	±0,090
18,00	±0,090	
19,00 20,00	±0,100	

Bezeichnungsbeispiel: Federdraht EN 10270-1-SM-4,00
d. h. Draht der Sorte SM mit $d = 4$ mm ($d_{max} = 4{,}030$ mm)

b) Federdraht, warmgewalzt nach DIN 2077 (Auszug)

Durchmesser d ≥	Durchmesser d ≤	Stufung der bestellbaren Durchmesser	Zulässige Abweichungen von d
7	11,5	0,5	+0,15
12	21,5	0,5	±0,2
22	29,5	0,5	±0,25
30	39	1,0	±0,3
40	50	2,0	±0,4
52	60	2,0	±0,5
65[1)]	80	5,0	$\pm 0{,}01 \cdot d$[1)]

1) Für den Durchmesser 65 mm beträgt die zulässige Abweichung ±0,5 mm

Bezeichnungsbeispiel: Rund (bzw. Rd) DIN 2077-50CrV4G25 d. h. warmgewalzter, runder Federstahl aus 50CrV4, geglüht mit Nenndurchmesser $d = 25$ mm ($d_{max} = 25{,}25$ mm; $d_{min} = 24{,}75$ mm)

10

c) Hinweise zur Wahl der Drahtsorten

Draht-Sorte	Verwendung für	Durchmesser d mm	Zugfestigkeit[1)] R_m N/mm²
SL	Zug-, Druck- und Drehfedern mit geringer statischer Beanspruchung	1 … 10	$R_m \approx 1720 - 660 \cdot \lg d$
SM	Zug-, Druck-, und Drehfedern mit mittlerer statischer oder selten dynamischer Beanspruchung	0,3 … 20	$R_m \approx 1980 - 740 \cdot \lg d$
DM	Zug-, Druck- und Drehfedern mit mittlerer dynamischer Beanspruchung	0,3 … 20	$R_m \approx 1980 - 740 \cdot \lg d$
SH	Zug-, Druck- und Drehfedern mit hoher statischer oder geringer dynamischer Beanspruchung	0,3 … 20	$R_m \approx 2330 - 900 \cdot \lg d$
DH	Zug-, Druck-, Dreh- und Formfedern mit hoher statischer oder mittlerer dynamischer Beanspruchung	0,3 … 20	$R_m \approx 2330 - 900 \cdot \lg d$
FD	Federstahldraht für statische Beanspruchung	0,5 … 17	FDC: $R_m \approx 1860 - 495 \cdot \lg d$ FDCrV: $R_m \approx 1960 - 455 \cdot \lg d$ FDSiCr: $R_m \approx 2100 - 445 \cdot \lg d$
TD	Ventilfederdraht für mittlere dynamische Beanspruchung	0,5 … 10	TDC: $R_m \approx 1850 - 460 \cdot \lg d$ TDCrV: $R_m \approx 1910 - 520 \cdot \lg d$ TDSiCr: $R_m \approx 2080 - 470 \cdot \lg d$
VD	Ventilfederdraht für hohe dynamische Beanspruchung	0,5 … 10	VDC: $R_m \approx 1850 - 460 \cdot \lg d$ VDCrV: $R_m \approx 1910 - 520 \cdot \lg d$ VDSiCr: $R_m \approx 2080 - 470 \cdot \lg d$

1) Für Draht im angegebenen Durchmesserbereich für $d \geq 1$ mm (ca. Werte).

TB 10-3 Zulässige Biegespannung für kaltgeformte Drehfedern aus Federdraht SL, SM, DM, SH, DH bei überwiegend ruhender Beanspruchung

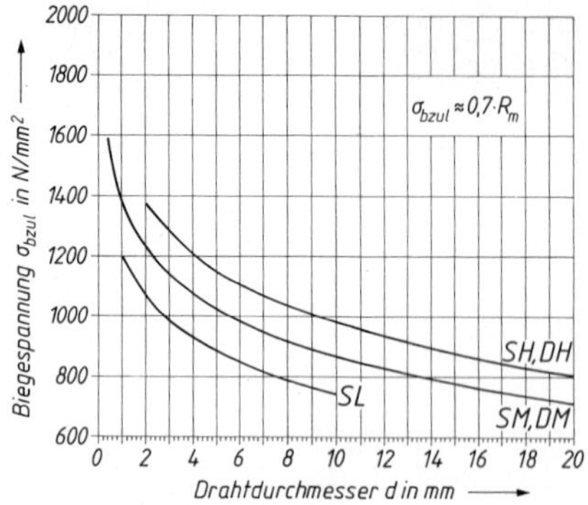

TB 10-4 Spannungsbeiwert q für Drehfedern

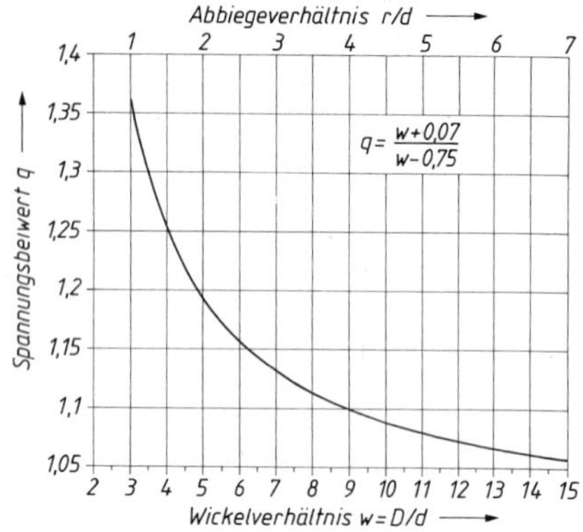

TB 10-5 Dauerfestigkeitsschaubild für zylindrische Drehfedern aus patentiert-gezogenem Federdraht DH (Grenzlastspielzahl $N = 10^7$). Durch Kugelstrahlen der fertigen Federn ist eine Steigerung der Dauerhubfestigkeit σ_H bis etwa 30 % möglich (Herstelleranfrage).

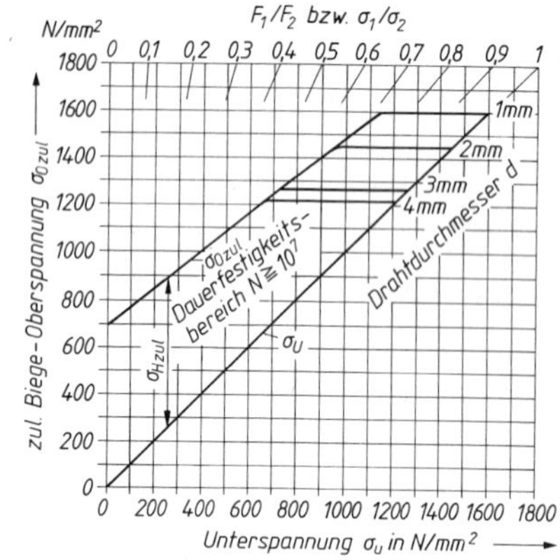

TB 10-6 Tellerfedern nach DIN 2093 (Auszug)

Hinweis: Für Federn der Reihe A kann eine angenähert gerade Kennlinie angenommen werden; für die Reihen B, C ergibt sich ein degressiver Kennlinienverlauf, der sich mit $F_{0,25}$, $F_{0,5}$, $F_{0,75}$ bzw. $\sigma_{0,25}$, $\sigma_{0,5}$, $\sigma_{0,75}$ bei $s_{0,25}$, $s_{0,5}$, $s_{0,75}$ genügend genau darstellen lässt. Die Tabellenwerte sind teilweise gerundet. Werte der rechnerischen maximalen Zugspannungen entsprechen $\sigma_{II} = \sigma_{0,75}$ (Stelle II) $\sigma_{III} = \sigma_{0,75}$ (Stelle III). Rechnerische Druckspannung σ_{OM} am oberen Mantelpunkt des Einzeltellers (s. Lehrbuch Bild 10-19).

a) Tellerfedern der Reihe A mit $D_e/t \approx 18$, $h_0/t \approx 0{,}4$

Gruppe	D_e h12 mm	D_i H12 mm	t bzw. (t') mm	h_0 mm	$F_{0,75}$ N	σ_{II} N/mm²	σ_{OM} $s = h_0$ N/mm²
			$l_0 = t + h_0$		$s_{0,75} = 0{,}75 \cdot h_0$		
1	8	4,2	0,4	0,2	210	1218	−1605
	10	5,2	0,5	0,25	325	1218	−1595
	12,5	6,2	0,7	0,3	660	1382	−1666
	14	7,2	0,8	0,3	797	1308	−1551
	16	8,2	0,9	0,35	1013	1301	−1555
	18	9,2	1	0,4	1254	1295	−1558
	20	10,2	1,1	0,45	1521	1290	−1560
2	22,5	11,2	1,25	0,5	1929	1296	−1534
	25	12,2	1,5	0,55	2926	1419	−1562
	28	14,2	1,5	0,65	2841	1274	−1562
	31,5	16,3	1,75	0,7	3871	1296	−1570
	35,5	18,3	2	0,8	5187	1332	−1611
	40	20,4	2,25	0,9	6500	1328	−1595
	45	22,4	2,5	1	7716	1296	−1534
	50	25,4	3	1,1	11976	1418	−1659
	56	28,5	3	1,3	11388	1274	−1565
	63	31	3,5	1,4	15025	1296	−1524
	71	36	4	1,6	20535	1332	−1594
	80	41	5	1,7	33559	1453	−1679
	90	46	5	2	31354	1295	−1558
	100	51	6	2,2	48022	1418	−1663
	112	57	6	2,5	43707	1239	−1505
3	125	64	8 (7,5)	2,6	85926	1326	−1708
	140	72	8 (7,5)	3,2	85251	1284 [1)]	−1675
	160	82	10 (9,4)	3,5	138331	1338	−1753
	180	92	10 (9,4)	4	125417	1201 [1)]	−1576
	200	102	12 (11,25)	4,2	183020	1227	−1611
	225	112	12 (11,25)	5	171016	1137 [1)]	−1489
	250	127	14 (13,1)	5,6	248828	1221 [1)]	−1596

[1)] Größte Zugspannung σ_{III} an der Stelle III

TB 10-6 Fortsetzung

b) Tellerfedern der Reihe B mit $D_e/t \approx 28$, $h_0/t \approx 0{,}75$

Gruppe	D_e h12	D_i H12	t bzw. (t')	h_0	$F_{0,75}$	σ_{III}	σ_{OM}	$F_{0,5}$	$\sigma_{0,5}$	$F_{0,25}$	$\sigma_{0,25}$
			$l_0 = t + h_0$		$s_{0,75} = 0{,}75 \cdot h_0$		$s = h_0$	bei $s_{0,5} = 0{,}5 \cdot h_0$		bei $s_{0,25} = 0{,}25 \cdot h_0$	
	mm	mm	mm	mm	N	N/mm²	N/mm²	N	N/mm²	N	N/mm²
1	8	4,2	0,3	0,25	118	1 312	−1 505	89	945	52	505
	10	5,2	0,4	0,3	209	1 281	−1 531	155	919	88	489
	12,5	6,2	0,5	0,35	294	1 114	−1 388	215	798	120	423
	14	7,2	0,5	0,4	279	1 101	−1 293	210	792	120	423
	16	8,2	0,6	0,45	410	1 109	−1 333	304	796	172	423
	18	9,2	0,7	0,5	566	1 114	−1 363	417	798	233	424
	20	10,2	0,8	0,55	748	1 118	−1 386	547	799	304	424
	22,5	11,2	0,8	0,65	707	1 079	−1 276	533	778	306	415
	25	12,2	0,9	0,7	862	1 023	−1 238	644	736	367	392
	28	14,2	1	0,8	1 107	1 086	−1 282	832	781	476	417
2	31,5	16,3	1,25	0,9	1 913	1 187	−1 442	1 410	850	791	452
	35,5	18,3	1,25	1	1 699	1 073	−1 258	1 280	772	731	412
	40	20,4	1,5	1,15	2 622	1 136	−1 359	1 950	816	1 110	435
	45	22,4	1,75	1,3	3 646	1 144	−1 396	2 700	821	1 520	437
	50	25,4	2	1,4	4 762	1 140	−1 408	3 490	816	1 950	433
	56	28,5	2	1,6	4 438	1 092	−1 284	3 340	784	1 910	418
	63	31	2,5	1,75	7 189	1 088	−1 360	5 270	779	2 940	414
	71	36	2,5	2	6 725	1 055	−1 246	5 050	759	2 890	405
	80	41	3	2,3	10518	1 142	−1 363	7 840	820	4 450	437
	90	46	3,5	2,5	14161	1 114	−1 363	10 400	798	5 840	424
	100	51	3,5	2,8	13070	1 049	−1 235	9 820	749	5 620	402
	112	57	4	3,2	17752	1 090	−1 284	13 300	784	7 640	418
	125	64	5	3,5	29908	1 149	−1 415	21 900	823	12 200	437
	140	72	5	4	27920	1 101	−1 293	21 000	792	12 000	423
	160	82	6	4,5	41008	1 109	−1 333	30 400	828	17 200	445
	180	92	6	5,1	37502	1 035	−1 192	28 600	776	16 600	419
3	200	102	8 (7,5)	5,6	76378	1 254	−1 409	58 000	892	33 400	475
	225	112	8 (7,5)	6,5	70749	1 176	−1 267	55 400	842	32 900	450
	250	127	10 (9,4)	7	119050	1 244	−1 406	90 200	886	52 000	470

c) Tellerfedern der Reihe C mit $D_e/t \approx 40$, $h_0/t \approx 1{,}3$

Gruppe	D_e h12	D_i H12	t bzw. (t')	h_0	$F_{0,75}$	σ_{III}	σ_{OM}	$F_{0,5}$	$\sigma_{0,5}$	$F_{0,25}$	$\sigma_{0,25}$
			$l_0 = t + h_0$		$s_{0,75} = 0{,}75 \cdot h_0$		$s = h_0$	bei $s_{0,5} = 0{,}5 \cdot h_0$		bei $s_{0,25} = 0{,}25 \cdot h_0$	
	mm	mm	mm	mm	N	N/mm²	N/mm²	N	N/mm²	N	N/mm²
1	8	4,2	0,2	0,25	39	1 034	−1 003	33	759	21	411
	10	5,2	0,25	0,3	58	965	−957	48	706	30	383
	12,5	6,2	0,35	0,45	151	1278	−1 250	130	940	84	511
	14	7,2	0,35	0,45	123	1 055	−1 018	106	775	68	421
	16	8,2	0,4	0,5	154	1 009	−988	131	740	84	402
	18	9,2	0,45	0,6	214	1 106	−1 052	186	815	121	443
	20	10,2	0,5	0,65	254	1 063	−1 024	219	782	141	425
	22,5	11,2	0,6	0,8	426	1227	−1 178	370	904	240	492
	25	12,2	0,7	0,9	600	1259	−1 238	515	926	331	503
	28	14,2	0,8	1	801	1304	−1 282	681	957	435	519
	31,5	16,3	0,8	1,05	687	1 130	−1 077	594	831	384	451
	35,5	18,3	0,9	1,15	832	1 078	−1 042	712	792	548	430
	40	20,4	1	1,3	1 017	1 063	−1 024	876	782	565	425
2	45	22,4	1,25	1,6	1 891	1253	−1 227	1 620	922	1 040	501
	50	25,4	1,25	1,6	1 550	1 035	−1 006	1 330	761	854	413
	56	28,5	1,5	1,95	2 622	1218	−1 174	2 260	896	1 460	487
	63	31	1,8	2,35	4 238	1351	−1 315	3 660	995	2 360	541
	71	36	2	2,6	5 144	1342	−1 295	4 430	987	2 860	537
	80	41	2,25	2,95	6 613	1370	−1 311	5 720	1010	3 700	548
	90	46	2,5	3,2	7 684	1286	−1 246	6 580	945	4 230	513
	100	51	2,7	3,5	8 609	1235	−1 191	7 410	908	4 780	493
	112	57	3	3,9	10489	1218	−1 174	9 040	896	5 830	487
	125	64	3,5	4,5	15416	1318	−1 273	13 200	968	8 510	526
	140	72	3,8	4,9	17195	1249	−1 203	14 800	918	9 510	499
	160	82	4,3	5,6	21 843	1238	−1 189	18 800	911	12 200	495
	180	92	4,8	6,2	26 442	1201	−1 159	22 700	883	14 600	480
	200	102	5,5	7	36 111	1247	−1 213	30 980	916	19 800	498
3	225	112	6,5 (6,2)	7,1	44 580	1 137	−1 119	36 300	816	22 300	443
	250	127	7 (6,7)	7,8	50 466	1 116	−1 086	41 300	805	25 600	437

TB 10-7 Reibungsfaktor w_M (w_R) zur Abschätzung der Paketfederkräfte (Randreibung) in $1 \cdot 10^{-3}$

Schmierung	Öl	Fett	Molykote + Öl (1 : 1)
Reihe A	15 ... 32 (27 ... 40)	12 ... 27 (24 ... 37)	5 ... 22 (27 ... 33)
Reihe B	10 ... 22 (17 ... 26)	8 ... 19 (16 ... 24)	3 ... 15 (17 ... 21)
Reihe C	8 ... 17 (12 ... 18)	7 ... 15 (11 ... 17)	3 ... 12 (12 ... 15)

TB 10-8 Tellerfedern; Kennwerte und Bezugsgrößen

a) Kennwert K_1

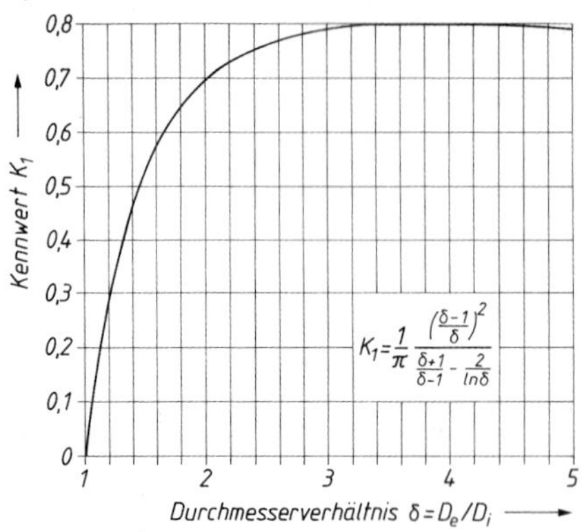

b) Kennwerte K_2 und K_3

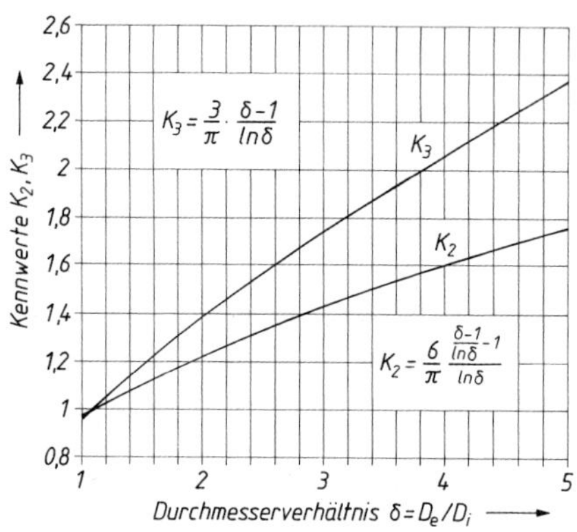

c) Bezogener rechnerischer Kennlinienverlauf des Einzeltellers bei unterschiedlichem h_0/t bzw. h_0'/t', für F/F_c und Federwegverhältnis s/h_0 bzw. s/h_0'

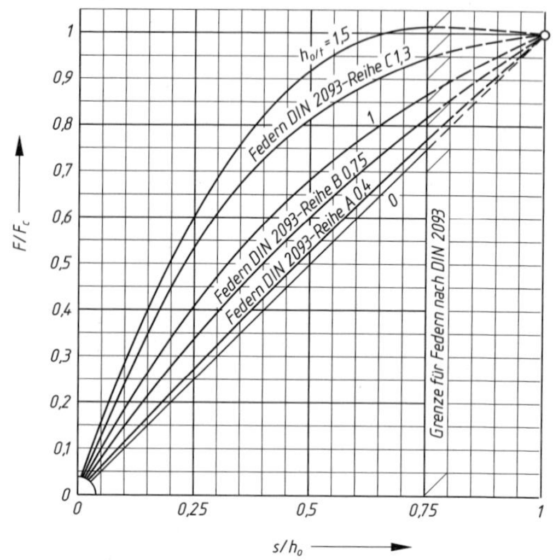

d) Bezogene rechnerische Spannungen an den Querschnittsecken I ... IV und OM für Federn der Gruppen 1 und 2 (nach Mubea)

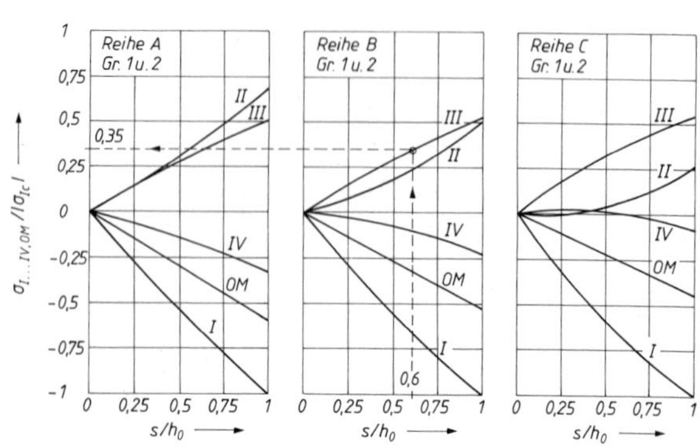

Beispiel: Für eine Feder der Reihe B wird bei einem Federweg $s = 0{,}6 \cdot h_0$ die bezogene Spannung an der Querschnittsecke III $\sigma_{III}/\sigma_c \approx 0{,}35$ abgelesen. Mit der nach Gl. (10.30) mit $s = h_0$ ermittelten Spannung σ_c (Planlage) wird bei dem o. a. Federweg s die Spannung $\sigma_{III} = 0{,}35 \cdot \sigma_c$ ermittelt.

TB 10-9 Dauer- und Zeitfestigkeitsschaubilder für nicht kugelgestrahlte Tellerfedern nach DIN 2093

a) für $N = 10^5$ Lastspiele

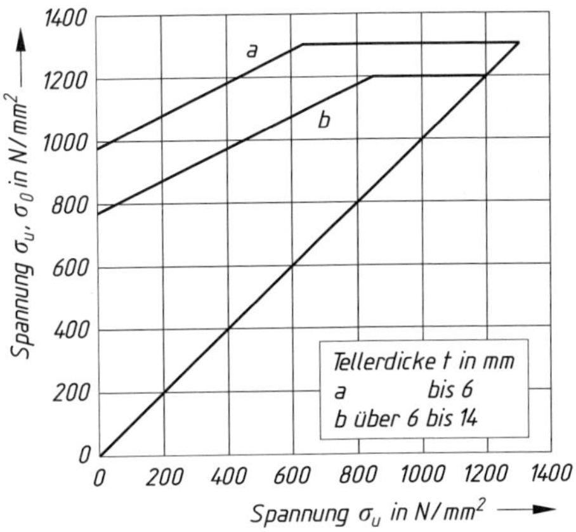

b) für $N = 5 \cdot 10^5$ Lastspiele

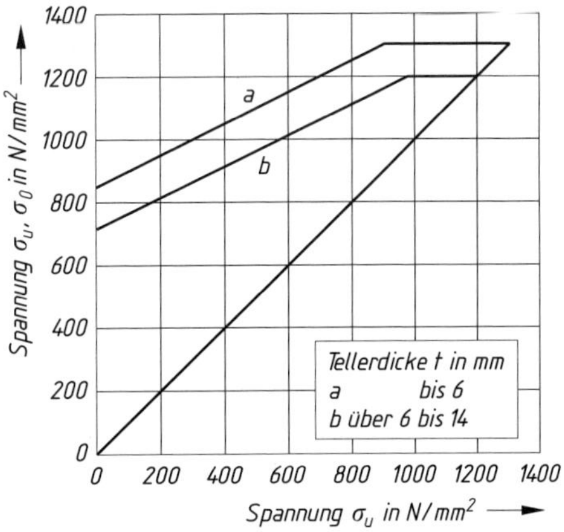

c) für $N = 2 \cdot 10^6$ Lastspiele

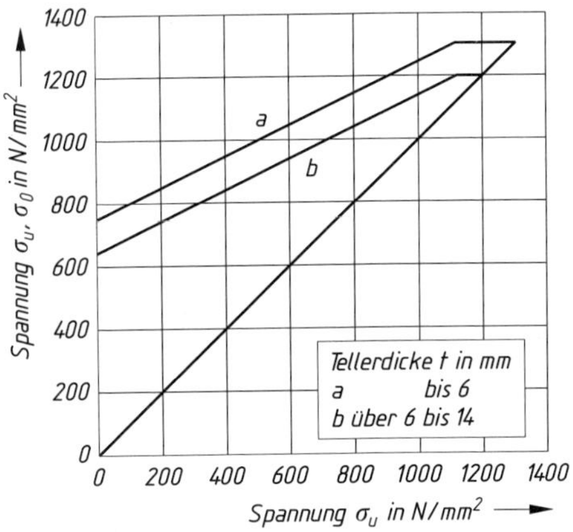

d) Wöhlerlinien für $N < 2 \cdot 10^6$ Lastspiele

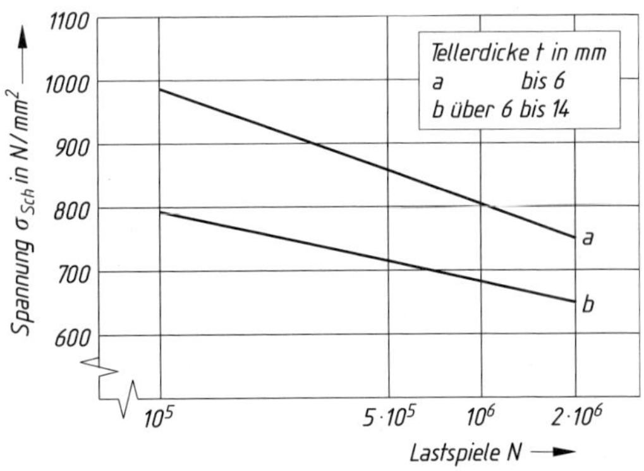

TB 10-10 Drehstabfedern mit Kreisquerschnitt

a) Kurven zur Ermittlung der Ersatzlänge l_e

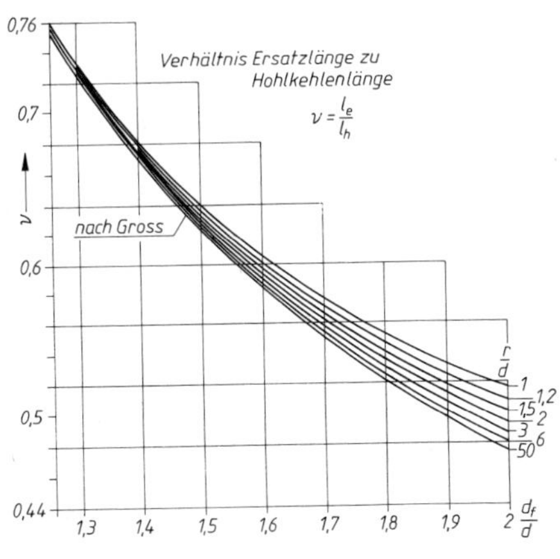

b) Dauerfestigkeitsschaubild für Drehstabfedern aus warmgewalztem Stahl nach DIN 17221 mit geschliffener und kugelgestrahlter Oberfläche (Vorsetzgrad 2 %)

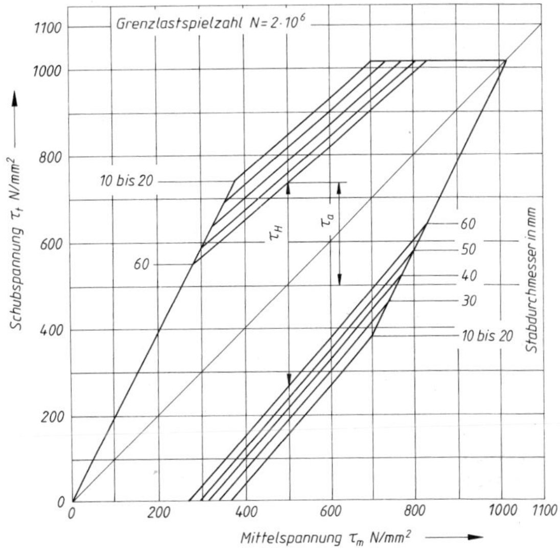

TB 10-11 Zulässige Spannungen für Druckfedern aus Werkstoffen nach DIN EN 10270-1 bzw. DIN EN 13906-2 bei statischer Beanspruchung

a) Zulässige Schubspannung $\tau_{zul} = f(d)$

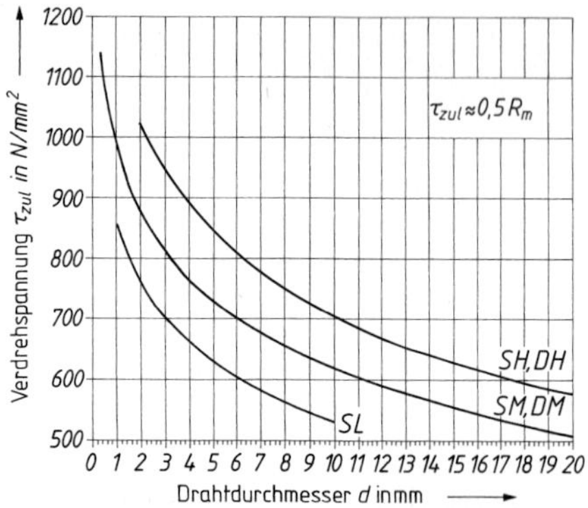

b) Zulässige Schubspannung bei Blocklänge $\tau_{c\,zul} = f(d)$

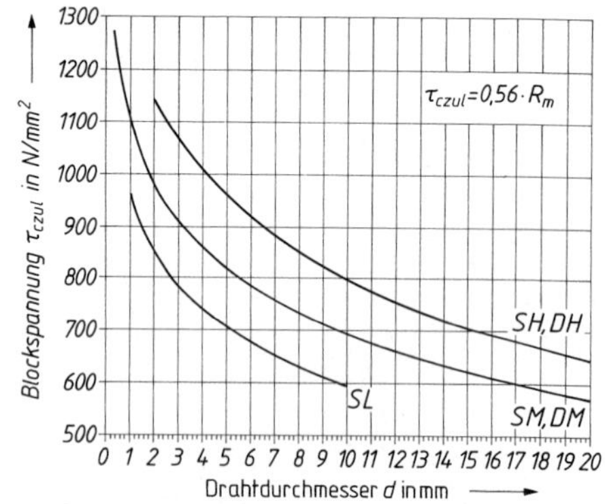

c) Zulässige Schubspannung bei Blocklänge für *warmgeformte* Druckfedern aus Edelstahl nach DIN 17221; $\tau_{c\,zul} = f(d)$

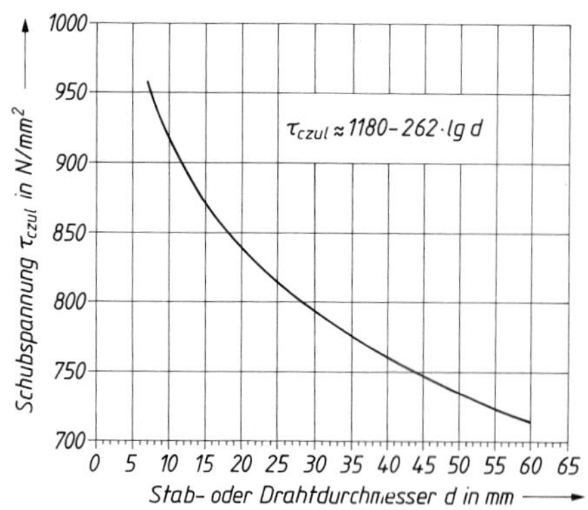

d) Spannungsbeiwert k

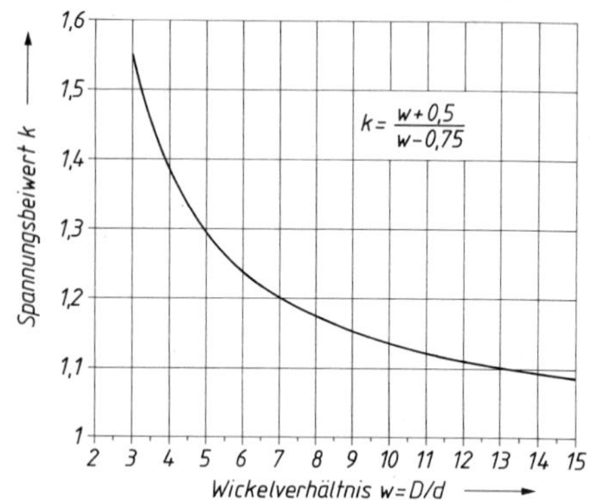

TB 10-12 Theoretische Knickgrenze von Schraubendruckfedern nach DIN EN 13906-1

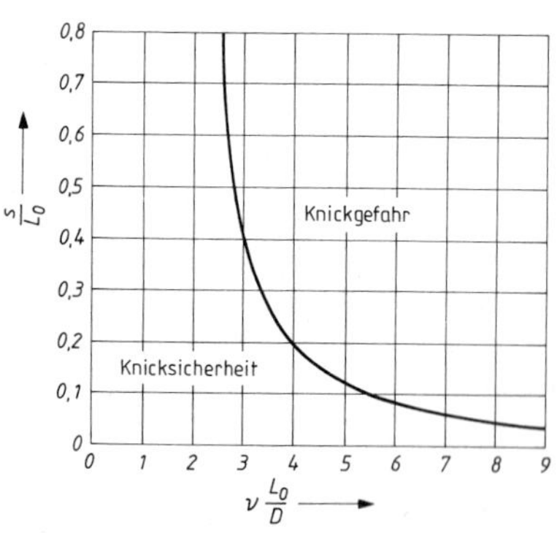

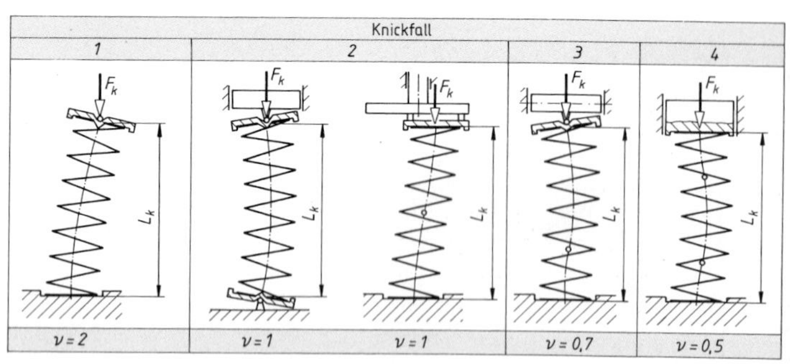

Für Federn aus Federdraht nach DIN EN 10270 ($E = 206\,000$ N/mm², $G = 81\,500$ N/mm²) wird mit $G/E \approx 0{,}396$ die Knicklänge $L_k = L_0 - s_k$ mit $s_k = 0{,}827 \cdot L_0 \cdot \left\{1 - \sqrt{1 - 6{,}66[D/(\nu \cdot L_0)]^2}\right\}$.

TB 10-13 Dauerfestigkeitsschaubilder für kaltgeformte Schraubendruckfedern aus patentiert-gezogenem Federstahldraht der Sorte DH nach DIN EN 13906-1; Grenzlastspielzahl $N = 10^7$

a) kugelgestrahlt

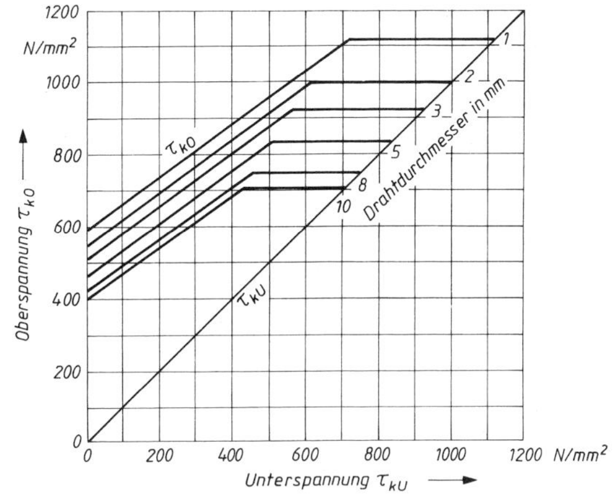

b) nicht kugelgestrahlt

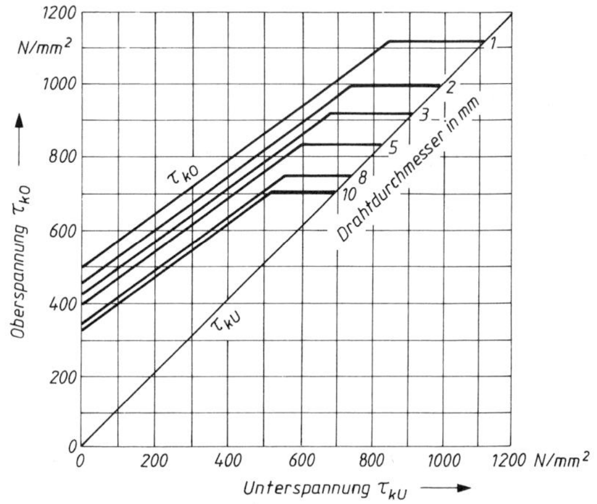

TB 10-14 Dauerfestigkeitsschaubilder für kaltgeformte Schraubendruckfedern aus vergütetem Federstahldraht (TD) nach DIN EN 13906-1; Grenzlastspielzahl $N = 10^7$

a) kugelgestrahlt

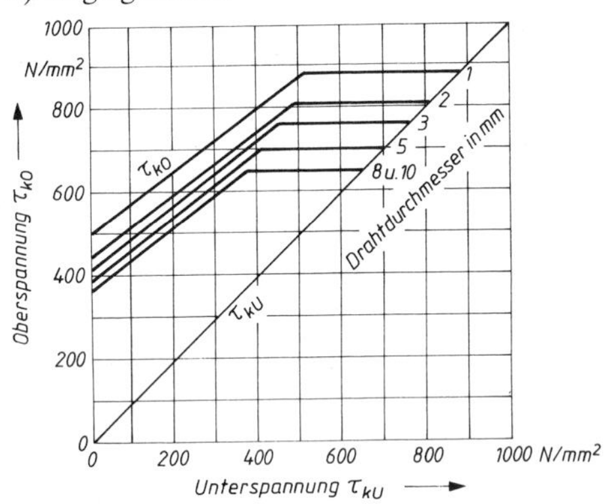

b) nicht kugelgestrahlt

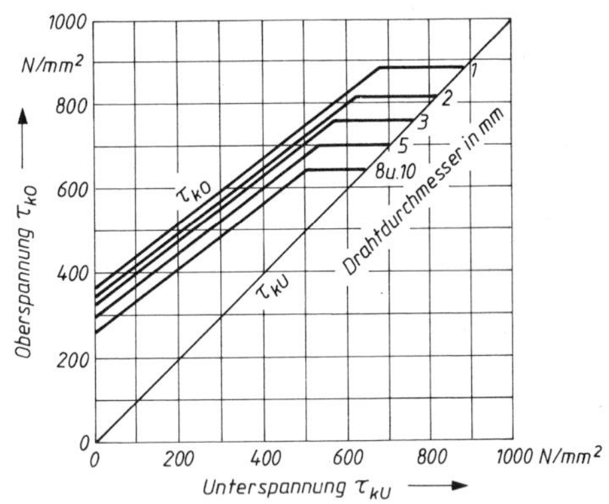

TB 10-15 Dauerfestigkeitsschaubilder für kaltgeformte Schraubendruckfedern aus vergütetem Ventilfederstahldraht (VD) nach DIN EN 13906-1; Grenzlastspielzahl $N = 10^7$

a) kugelgestrahlt

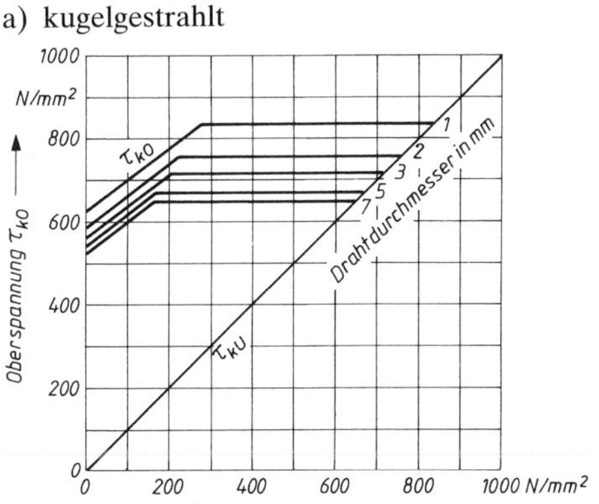

b) nicht kugelgestrahlt

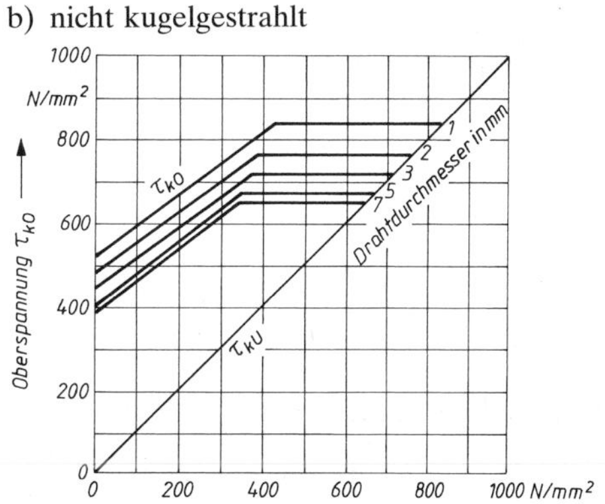

TB 10-16 Zeit- und Dauerfestigkeitsschaubild für warmgeformte Schraubendruckfedern aus Edelstahl nach DIN EN 13906-1 mit geschliffener oder geschälter Oberfläche; kugelgestrahlt

a) Bruchlastspielzahl $N = 10^5$

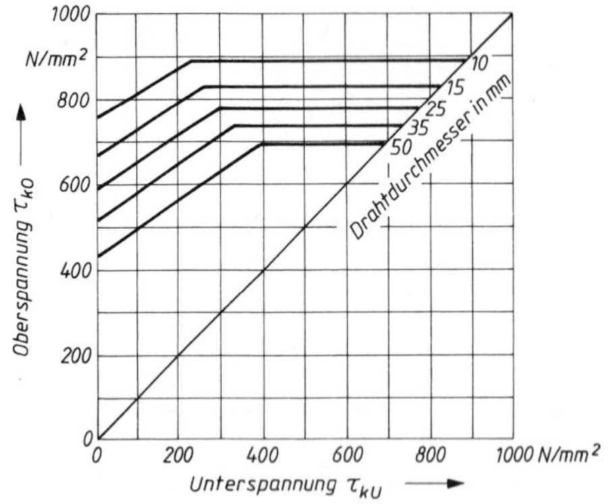

b) Grenzlastspielzahl $N = 2 \cdot 10^6$

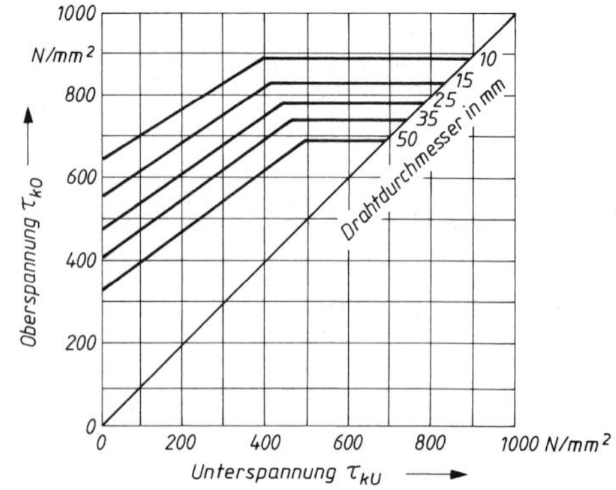

TB 10-17 Abhängigkeit des E- und G-Moduls von der Arbeitstemperatur

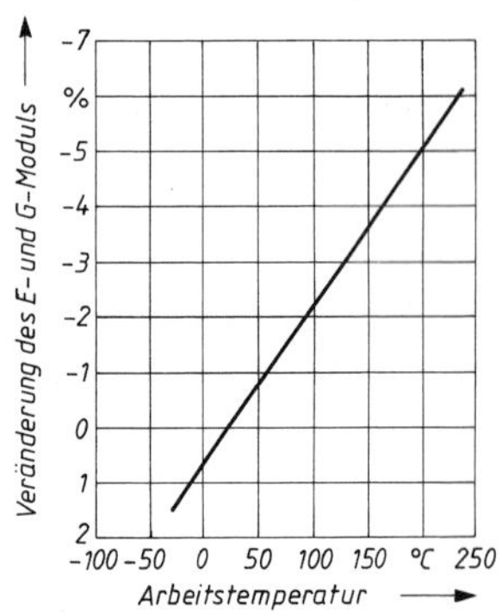

TB 10-18 Relaxation nach 48 Stunden von warmgeformten Druckfedern bei Betriebstemperaturen (als Anhaltswerte) für $R_m = 1500$ N/mm²

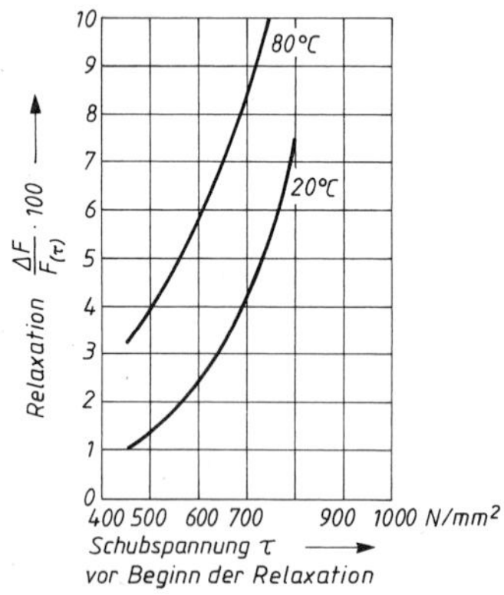

TB 10-19 Zulässige Spannungen für Zugfedern aus Werkstoffen nach DIN EN 10270 bzw. DIN EN 13906-2 bei statischer Beanspruchung

a) Zulässige Schubspannung

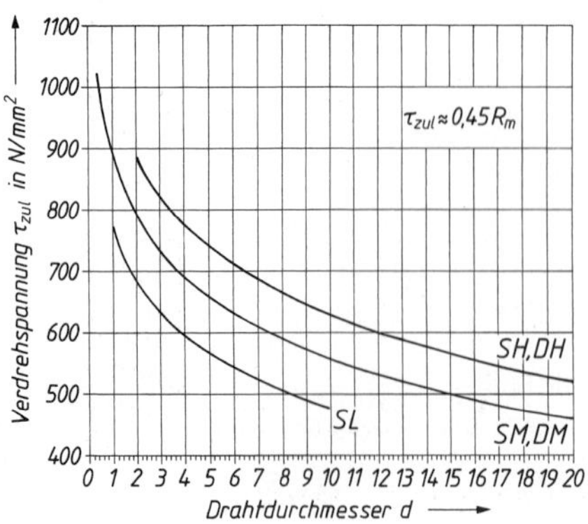

b) Korrekturfaktoren zur Ermittlung der inneren Schubspannung
α_1 Wickeln auf Wickelbank
α_2 Winden auf Federwindeautomat

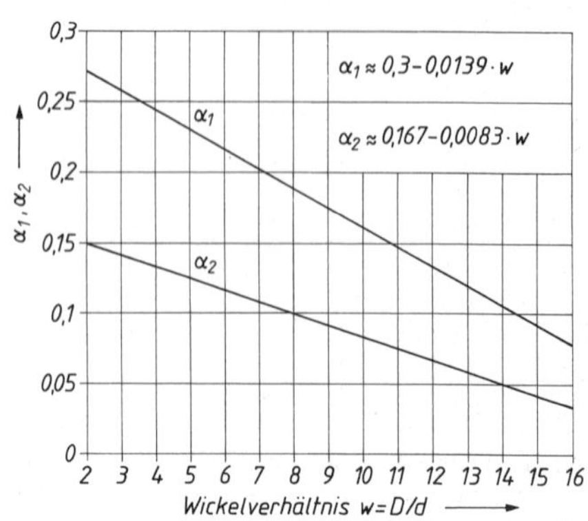

11 Achsen, Wellen und Zapfen

TB 11-1 Zylindrische Wellenenden nach DIN 748, T1 (Auszug)

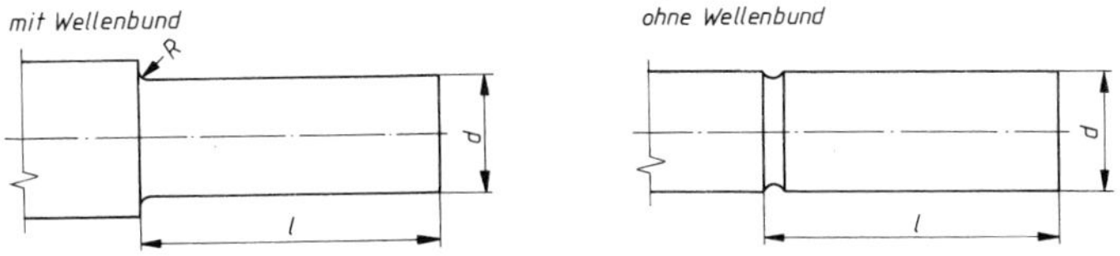

Maße in mm

Durchmesser d	6	7	8	9	10	11	12	14	16	19	20	22	24	25	28
Länge l lang kurz	16 –		20 –		23 15		30 18		40 28		50 36			60 42	
Toleranzklasse[1]	k6														
Rundungsradius R[2]	0,6													1	
Durchmesser d	30	32	35	38	40	42	45	48	50	55	60	65	70	75	80
Länge l lang kurz	80 58				110 82						140 105				170 130
Toleranzklasse[1]	k6									m6					
Rundungsradius R[1]	1								1,6						

[1] Andere Toleranzen sind in der Bezeichnung anzugeben.
[2] Die Rundungsradien sind max. Werte: an Stelle der Rundungen können auch Freistriche nach DIN 509 (siehe TB 11-4) vorgesehen werden.

Bezeichnung eines Wellenendes mit $d = 40$ mm Durchmesser und $l = 110$ mm Länge:
Wellenende DIN 748 – 40k6 × 110.

TB 11-2 Kegelige Wellenenden mit Außengewinde nach DIN 1448, T1 (Auszug)

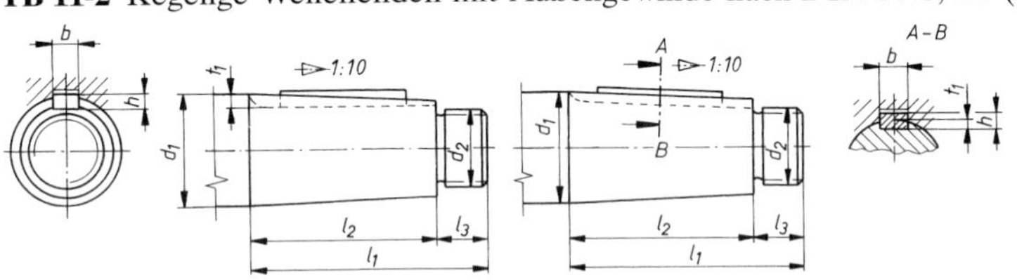

Maße in mm

Durchmesser d_1	6	7	8	9	10	11	12	14	16	19	20	22	24	25	28
Kegellänge l_2 lang kurz	10 –		12 –		15 –		18 –		28 16		36 22			42 24	
Gewindelänge l_3	6		8		8		12				14			18	
Gewinde d_2	M4		M6				M8 × 1		M10 × 1,25		M12 × 1,25			M16 × 1,5	
Passfeder[1] $b \times h$	–					2 × 2		3 × 3		4 × 4			5 × 5		
Nuttiefe t_1 lang	–					1,6	1,7	2,3	2,5	3,2	3,4		3,9	4,1	
Nuttiefe t_1 kurz	–					–	–	–	2,2	2,9	3,1		3,6	3,6	
Durchmesser d_1	30	32	35	38	40	42	45	48	50	55	60	65	70	75	80
Kegellänge l_2 lang kurz	58 36				82 54						105 70				130 90
Gewindelänge l_3	22				28						35				40
Gewinde d_2	M20 × 1,5			M24 × 2			M30 × 2		M36 × 3		M42 × 3		M48 × 3		[2]
Passfeder $b \times h$	5 × 5	6 × 6			10 × 8		12 × 8			14×9	16 × 10		18 × 11		20×12
Nuttiefe t_1 lang	4,5	5			7,1					7,6	8,6		9,6		10,8
Nuttiefe t_1 kurz	3,9	4,4			6,4					6,9	7,8		8,8		9,8

[1] Passfeder nach DIN 6885, Blatt 1 [2] Gewinde M56 × 4

Bezeichnung eines langen kegeligen Wellenendes mit Passfeder und Durchmesser $d_1 = 40$ mm:
Wellenende DIN 1448 – 40 × 82.

TB 11-3 Flächenmomente 2. Grades und Widerstandsmomente für häufig vorkommende Wellenquerschnitte (ca.-Werte)

	Biegung		Torsion	
	I_b	W_b	I_t	W_t
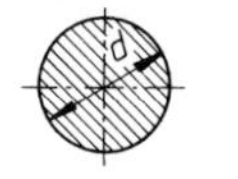	$\frac{\pi}{64} \cdot d^4$	$\frac{\pi}{32} \cdot d^3$	$\frac{\pi}{32} \cdot d^4$	$\frac{\pi}{16} \cdot d^3$
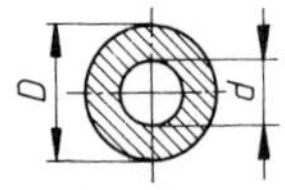	$\frac{\pi}{64} \cdot (D^4 - d^4)$	$\frac{\pi}{32} \cdot \frac{D^4 - d^4}{D}$	$\frac{\pi}{32} \cdot (D^4 - d^4)$	$\frac{\pi}{16} \cdot \frac{D^4 - d^4}{D}$
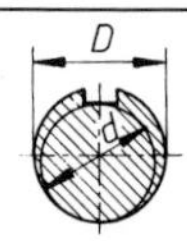	$0{,}003 \cdot (D + d)^4$	$0{,}012 \cdot (D + d)^3$	$0{,}1 \cdot d^4$	$0{,}2 \cdot d^3$
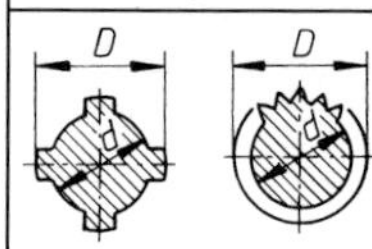			$0{,}006 \cdot (D + d)^4$	$0{,}024 \cdot (D + d)^3$
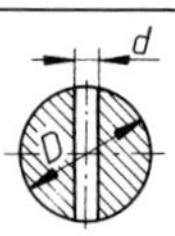	$0{,}01 \cdot D^3 \cdot (5 \cdot D - 8{,}5 \cdot d)$	$0{,}1 \cdot D^2 \cdot (D - 1{,}7 \cdot d)$	$0{,}02 \cdot D^3 \cdot (5 \cdot D - 8{,}5 \cdot d)$	$0{,}2 \cdot D^2 \cdot (D - 1{,}7 \cdot d)$
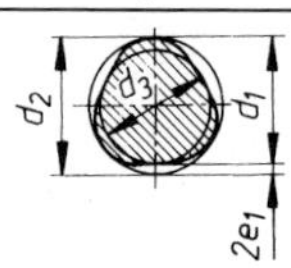	$0{,}05 \cdot d_1^2 \cdot (d_1^2 - 24 \cdot e_1^2)$	$0{,}1 \cdot \frac{d_1^2}{d_2} (d_1^2 - 24 \cdot e_1^2)$	$0{,}1 \cdot d_1^2 \cdot (d_1^2 - 24 \cdot e_1^2)$	$0{,}162 \cdot d_1^3$
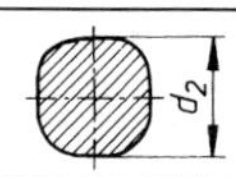	$0{,}075 \cdot d_2^4$	$0{,}15 \cdot d_2^3$	$0{,}15 \cdot d_2^4$	$0{,}2 \cdot d_2^3$

TB 11-4 Freistiche nach DIN 509 (Auszug)

Form E für Werkstücke mit *einer* Bearbeitungsfläche

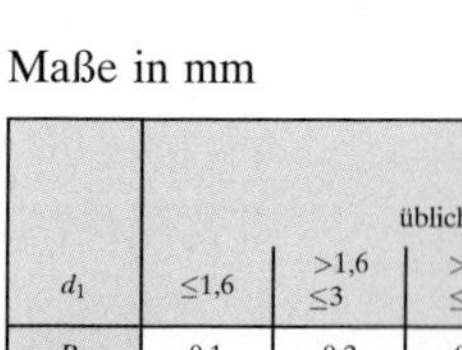

z Bearbeitungszugabe
d_1 Fertigmaß

Form F für Werkstücke mit *zwei* rechtwinklig zueinander stehenden Bearbeitungsflächen

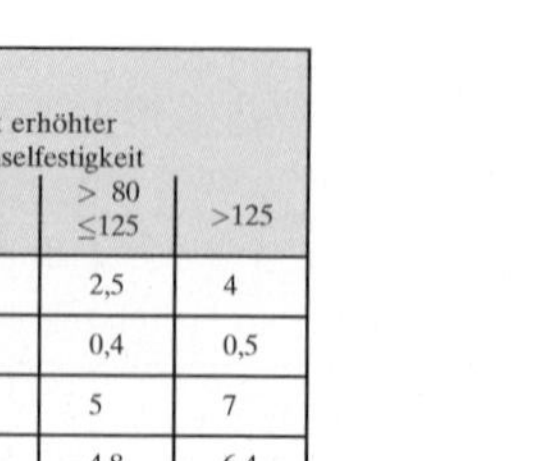

Maße in mm

d_1	empfohlene Zuordnung zum Durchmesser d_1 – übliche Beanspruchung						empfohlene Zuordnung zum Durchmesser d_1 – mit erhöhter Wechselfestigkeit			
	≤1,6	>1,6 ≤3	>3 ≤10	>10 ≤18	>18 ≤80	>80	>18 ≤50	>50 ≤80	> 80 ≤125	>125
R_1	0,1	0,2	0,4	0,6		1		1,6	2,5	4
t_1	0,1		0,2		0,3	0,4	0,2	0,3	0,4	0,5
f_1	0,5	1	2		2,5	4	2,5	4	5	7
≈ g	0,8	0,9	1,1	1,4	2,1	3,2	1,8	3,1	4,8	6,4
t_2	0,1				0,2	0,3	0,1	0,2	0,3	

Bezeichnung eines Freistiches Form E mit Halbmesser $R_1 = 0{,}4$ mm und Tiefe $t_1 = 0{,}2$ mm:
Freistich DIN 509 – E0,4 × 0,2

TB 11-5 Richtwerte für zulässige Verformungen

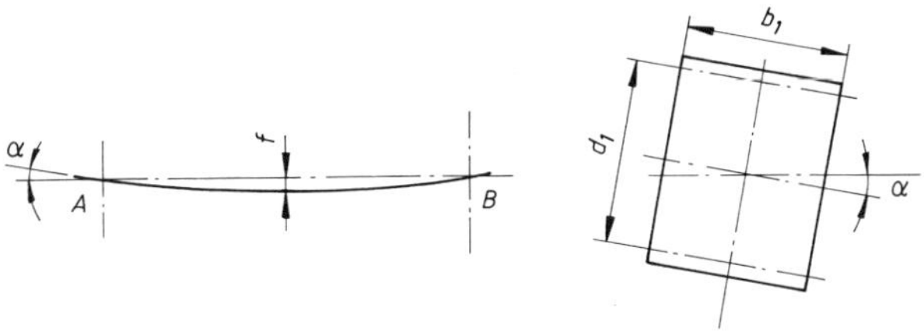

a) zulässige Neigungen

Anwendungsfall	α_{zul}
Gleitlager mit feststehenden Schalen	$3 \cdot 10^{-4}$
Gleitlager mit beweglichen Schalen und starre Wälzlager	$10 \cdot 10^{-4}$
unsymmetrische oder fliegende Anordnung von Zahnrädern	$d_1/(b_1/2) \cdot 10^{-4}$

b) zulässige Durchbiegungen

Anwendungsfall		f_{zul}
Allgemeiner Maschinenbau		$l/3000$
Werkzeugmaschinenbau		$l/5000$
Zahnradwellen (unterhalb des Zahnrades)		$m_n/100$
Schneckenwellen,	Schnecke vergütet	$m_n/100$
	Schnecke gehärtet	$m_n/250$

11

TB 11-7 Kenngrößen für die Verformungsberechnung für Achsen und Wellen mit Querschnittsveränderung bei Belastungen links (a) bzw. rechts (b) von der Lagerstelle

Belastungsfall	Durchbiegung f_A, Neigungswinkel α'
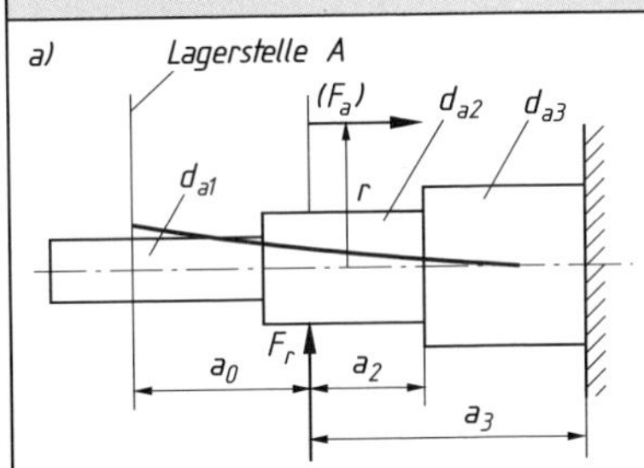	$f_A = \frac{6{,}79 \cdot F}{E} \cdot C_1 \cdot \left(\frac{a_2^x}{d_{a2}^4} + \frac{a_3^x - a_2^x}{d_{a3}^4} + \dots\right) + \alpha' \cdot a_0$ [1), 2), 3)] $\alpha' = \frac{10{,}19 \cdot F}{E} \cdot C_2 \left(\frac{a_2^y}{d_{a2}^4} + \frac{a_3^y - a_2^y}{d_{a3}^4} + \dots\right)$ [1), 2), 3)]
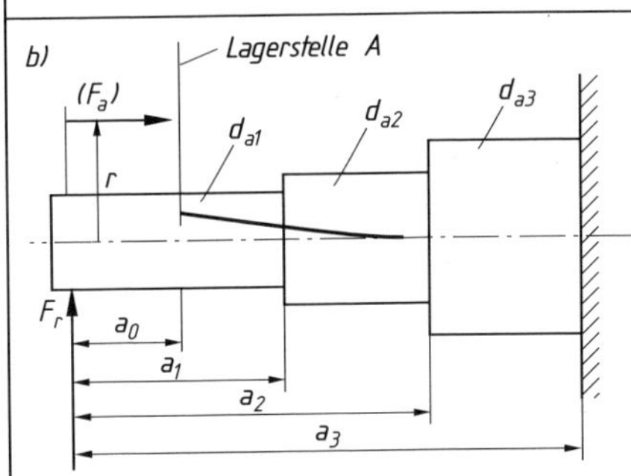	$f_A = \frac{6{,}79 \cdot F}{E} \cdot C_1 \cdot \left(\frac{a_1^x - a_0^x}{d_{a1}^4} + \frac{a_2^x - a_1^x}{d_{a2}^4} + \frac{a_3^x - a_2^x}{d_{a3}^4} + \dots\right)$ $- \alpha' \cdot a_0$ [1), 2), 3), 4)] $\alpha' = \frac{10{,}19 \cdot F}{E} \cdot C_2 \left(\frac{a_1^y - a_0^y}{d_{a1}^4} + \frac{a_2^y - a_1^y}{d_{a2}^4} + \frac{a_3^y - a_2^y}{d_{a3}^4} + \dots\right)$ [1), 2), 3), 4)]

1) bei weiteren Absätzen sind die Gleichungen entsprechend zu ergänzen; für den zweiten Freiträger sind die Bezeichnungen nach Bild 11-26 und Gl. (11.26b) zu verwenden.
2) bei Belastung durch eine Radialkraft $F = F_r$ gilt: $C_1 = C_2 = 1$, $x = 3$, $y = 2$.
3) bei Belastung durch eine Axialkraft $F = F_a$ gilt: $C_1 = r$, $C_2 = 2r$, $x = 2$, $y = 1$.
4) bei Belastung durch die Lagerkraft ist für $F_r = F_A$ einzusetzen, ansonsten siehe [2)].

TB 11-6 Stützkräfte und Durchbiegungen bei Achsen und Wellen von gleichbleibendem Querschnitt

11

	Belastungsfall	Auflagerkräfte	Biegemomente
1	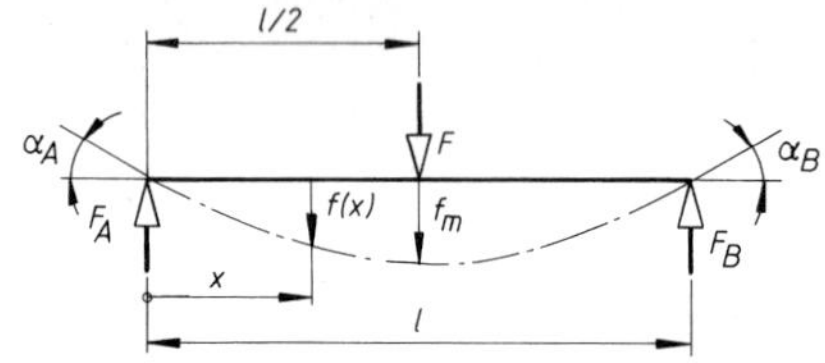	$F_A = F_B = \frac{F}{2}$	$0 \le x \le \frac{l}{2}$: $M(x) = \frac{F}{2} \cdot x$ $M_{max} = \frac{F \cdot l}{4}$
2	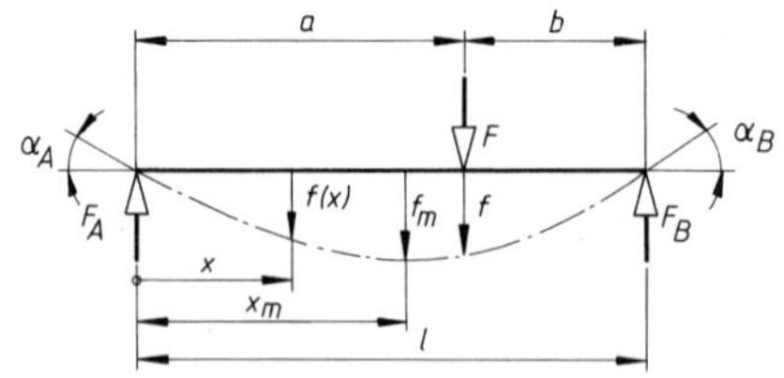	$F_A = \frac{F \cdot b}{l}$ $F_B = \frac{F \cdot a}{l}$	$0 \le x \le a$: $M(x) = \frac{F \cdot b \cdot x}{l}$ $a \le x \le l$: $M(x) = F \cdot \left(\frac{b \cdot x}{l} - x + a\right)$ $M_{max} = \frac{F \cdot b \cdot a}{l}$
3	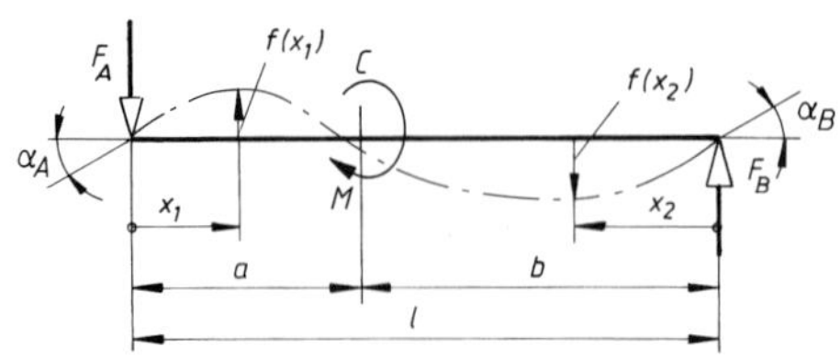	$F_A = F_B = \frac{M}{l}$	$0 \le x_1 \le a$: $M_{(x_1)} = \frac{M}{l} \cdot x_1$ $0 \le x_2 \le b$: $M_{(x_2)} = \frac{M}{l} \cdot x_2$
4	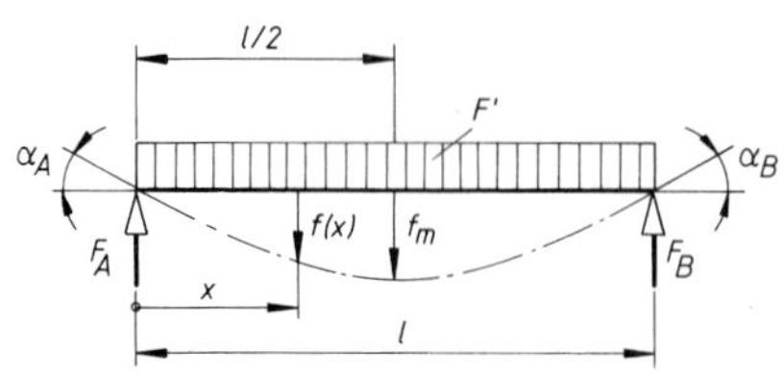	$F_A = F_B = \frac{F' \cdot l}{2}$	$M(x) = \frac{F' \cdot x}{2} \cdot (l - x)$ $M_{max} = \frac{F' \cdot l^2}{8}$
5	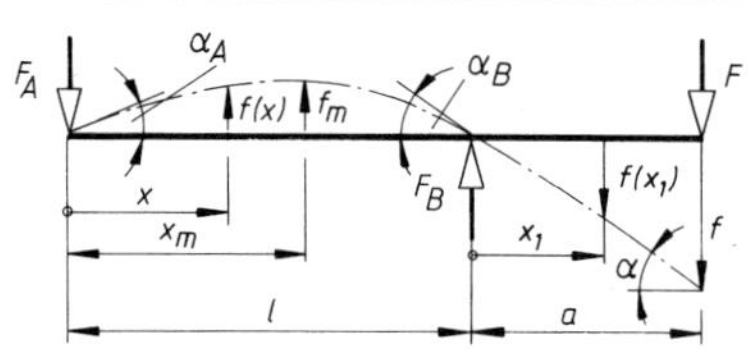	$F_A = \frac{F \cdot a}{l}$ $F_B = \frac{F \cdot (a + l)}{l}$	$0 \le x \le l$: $M(x) = -\frac{F \cdot a \cdot x}{l}$ $M_{(B)} = -F \cdot a$ $0 \le x_1 \le a$: $M(x_1) = F \cdot (a - x_1)$ $M_{max} = F \cdot a$
6	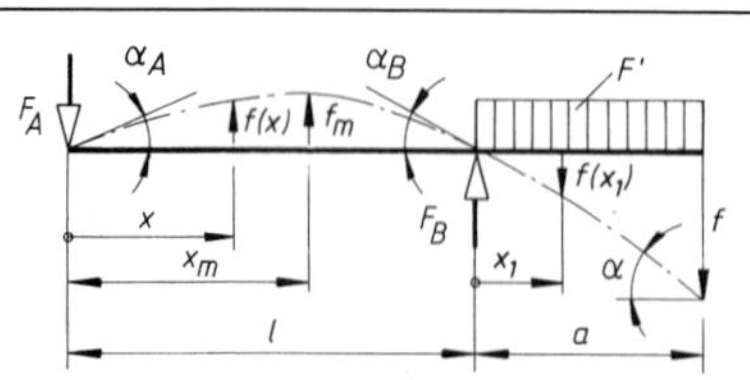	$F_A = \frac{F' \cdot a^2}{2 \cdot l}$ $F_B = F' \cdot a \cdot \left(1 + \frac{a}{2 \cdot l}\right)$	$0 \le x \le l$: $M(x) = -\frac{F' \cdot a^2 \cdot x}{2 \cdot l}$ $M_{(B)} = -\frac{F' \cdot a^2}{2}$ $0 \le x_1 \le a$: $M(x_1) = -\frac{F' \cdot x_1^2}{2}$ $M_{max} = \frac{F' \cdot a^2}{2}$

TB 11-6 Fortsetzung

Gleichung der Biegelinie	Durchbiegung	Neigungswinkel
$0 \le x \le \frac{l}{2}$: $f(x) = \frac{F \cdot l^3}{16 \cdot E \cdot I} \cdot \frac{x}{l} \cdot \left[1 - \frac{4}{3} \cdot \left(\frac{x}{l}\right)^2\right]$	$f_m = \frac{F \cdot l^3}{48 \cdot E \cdot I}$	$\tan\alpha_A = \frac{F \cdot l^2}{16 \cdot E \cdot I}$ $\tan\alpha_B = \tan\alpha_A$
$0 \le x \le a$: $f(x) = \frac{F \cdot a \cdot b^2}{6 \cdot E \cdot I} \cdot \left[\left(1 + \frac{l}{b}\right) \cdot \frac{x}{l} - \frac{x^3}{a \cdot b \cdot l}\right]$ $a \le x \le l$: $f(x) = \frac{F \cdot a^2 \cdot b}{6 \cdot E \cdot I} \cdot \left[\left(1 + \frac{l}{a}\right) \cdot \frac{l - x}{l} - \frac{(l-x)^3}{a \cdot b \cdot l}\right]$	$f = \frac{F \cdot a^2 \cdot b^2}{3 \cdot E \cdot I \cdot l}$ $a > b$: $f_m = \frac{F \cdot b \cdot \sqrt{(l^2 - b^2)^3}}{9 \cdot \sqrt{3} \cdot E \cdot I \cdot l}$ in $x_m = \sqrt{(l^2 - b^2)/3}$ $a < b$: $f_m = \frac{F \cdot a \cdot \sqrt{(l^2 - a^2)^3}}{9 \cdot \sqrt{3} \cdot E \cdot I \cdot l}$ in $x_m = l - \sqrt{(l^2 - a^2)/3}$	$\tan\alpha_A = \frac{F \cdot a \cdot b \cdot (l + b)}{6 \cdot E \cdot I \cdot l}$ $\tan\alpha_B = \frac{F \cdot a \cdot b \cdot (l + a)}{6 \cdot E \cdot I \cdot l}$
$0 \le x_1 \le a$: $f_{(x_1)} = \frac{-M}{6 \cdot E \cdot I \cdot l} \cdot x_1 \cdot (l^2 - 3 \cdot b^2 - x_1^2)$ $0 \le x_2 \le b$: $f_{(x_2)} = \frac{M}{6 \cdot E \cdot I \cdot l} \cdot x_2 \cdot (l^2 - 3 \cdot a^2 - x_2^2)$	$f_{mC} = \frac{M}{3 \cdot E \cdot I} \cdot \frac{a \cdot b}{l} \cdot (a - b)$ (negativ für $a > b$)	$\tan\alpha_A = \frac{M}{6 \cdot E \cdot I \cdot l} \cdot (l^2 - 3 \cdot b^2)$ $\tan\alpha_B = \frac{M}{6 \cdot E \cdot I \cdot l} \cdot (l^2 - 3 \cdot a^2)$
$f(x) = \frac{F' \cdot l^4}{24 \cdot E \cdot I} \cdot \left[\frac{x}{l} - 2 \cdot \left(\frac{x}{l}\right)^3 + \left(\frac{x}{l}\right)^4\right]$	$f_m = \frac{5 \cdot F' \cdot l^4}{384 \cdot E \cdot I}$	$\tan\alpha_A = \frac{F' \cdot l^3}{24 \cdot E \cdot I}$ $\tan\alpha_B = \tan\alpha_A$
$0 \le x \le l$: $f(x) = -\frac{F \cdot a \cdot l^2}{6 \cdot E \cdot I} \cdot \left[\frac{x}{l} - \left(\frac{x}{l}\right)^3\right]$ $0 \le x_1 \le a$: $f(x_1) = \frac{F \cdot a^3}{6 \cdot E \cdot I} \cdot \left[2 \cdot \frac{l \cdot x_1}{a^2} + 3 \cdot \left(\frac{x_1}{a}\right)^2 - \left(\frac{x_1}{a}\right)^3\right]$	$f = \frac{F \cdot a^2 \cdot (l + a)}{3 \cdot E \cdot I}$ $f_m = \frac{F \cdot a \cdot l^2}{9 \cdot \sqrt{3} \cdot E \cdot I}$ in $x_m = \frac{l}{\sqrt{3}}$	$\tan\alpha = \frac{F \cdot a \cdot (2 \cdot l + 3 \cdot a)}{6 \cdot E \cdot I}$ $\tan\alpha_A = \frac{F \cdot a \cdot l}{6 \cdot E \cdot I}$ $\tan\alpha_B = \frac{F \cdot a \cdot l}{3 \cdot E \cdot I}$
$0 \le x \le l$: $f(x) = -\frac{F' \cdot a^2 \cdot l^2}{12 \cdot E \cdot I} \cdot \left[\frac{x}{l} - \left(\frac{x}{l}\right)^3\right]$ $0 \le x_1 \le a$: $f(x_1) = \frac{F' \cdot a^4}{24 \cdot E \cdot I} \cdot \left[\frac{4 \cdot l \cdot x_1}{a^2} + 6 \cdot \left(\frac{x_1}{a}\right)^2 - 4 \cdot \left(\frac{x_1}{a}\right)^3 + \left(\frac{x_1}{a}\right)^4\right]$	$f = \frac{F' \cdot a^3 \cdot (4 \cdot l + 3 \cdot a)}{24 \cdot E \cdot I}$ $f_m = \frac{F' \cdot a^2 \cdot l^2}{18 \cdot \sqrt{3} \cdot E \cdot I}$ in $x_m = \frac{l}{\sqrt{3}}$	$\tan\alpha = \frac{F' \cdot a^2 \cdot (l + a)}{24 \cdot E \cdot I}$ $\tan\alpha_A = \frac{F' \cdot a^2 \cdot l}{12 \cdot E \cdot I}$ $\tan\alpha_B = \frac{F' \cdot a^2 \cdot l}{6 \cdot E \cdot I}$

RINGFEDER
POWER TRANSMISSION

12 Elemente zum Verbinden von Wellen und Naben

TB 12-1 Welle-Nabe-Verbindungen (Richtwerte für den Entwurf)

a) Nabenabmessungen D und L (d = Wellendurchmesser)

Verbindungsart	Nabendurchmesser D		Nabenlänge L	
	GJL	Stahl, GS	GJL	Stahl, GS
Passfederverbindung	$(2{,}0 \ldots 2{,}2)\,d$	$(1{,}8 \ldots 2{,}0)\,d$	$(1{,}6 \ldots 2{,}1)\,d$	$(1{,}1 \ldots 1{,}4)\,d$
Keilwelle, Zahnwelle	$(1{,}8 \ldots 2{,}0)\,d_1$	$(1{,}8 \ldots 2{,}0)\,d_1$	$(1{,}0 \ldots 1{,}3)\,d_1$	$(0{,}6 \ldots 0{,}9)\,d_1$
zylindr. Pressverband, Kegelpressverband, Polygon-Festsitz	$(2{,}2 \ldots 2{,}6)\,d$	$(2{,}0 \ldots 2{,}5)\,d$	$(1{,}2 \ldots 1{,}5)\,d$	$(0{,}8 \ldots 1{,}0)\,d$
Spannverbindung, Klemm-, Keilverbindung, Polygon-Schiebesitz	$(2{,}0 \ldots 2{,}2)\,d$	$(1{,}8 \ldots 2{,}0)\,d$	$(1{,}6 \ldots 2{,}0)\,d$	$(1{,}2 \ldots 1{,}5)\,d$

Die Werte für Keilwelle und Kerbverzahnung gelten bei einseitig wirkendem T für leichte Reihe, bei mittlerer Reihe ≈70 %, bei schwerer Reihe ≈45 % der Werte annehmen (d_1 = „Kerndurchmesser").
Bei größeren Scheiben oder Rädern mit seitlichen Kippkräften ist die Nabenlänge noch zu vergrößern.
Allgemein gelten die größeren Werte bei Werkstoffen geringerer Festigkeit, die kleineren Werte bei Werkstoffen mit höherer Festigkeit.

b) Zulässige Fugenpressung $p_{F\,zul}$

Verbindungsart		Nabenwerkstoff	
		Stahl, GS $p_{F\,zul} = R_e/S_F$	GJL $p_{F\,zul} = R_m/S_B$
Passfeder[1]		$S_F \approx 1{,}1 \ldots 1{,}5$	$S_B \approx 1{,}5 \ldots 2{,}0$
Gleitfeder[2] und Keile		3,0 … 4,0	3,0 … 4,0
Polygonverbindung		1,5 … 2,0	2,0 … 3,0
Profilwelle[2]	einseitig, stoßfrei	1,3 … 1,5	1,7 … 1,8
	wechselnd, stoßhaft	2,7 … 3,6	3,4 … 4,0
Pressverband[3]		(1,0) 1,1 … 1,3	2,0 … 3,0
Kegelpressverband[3]		(1,0) 1,1 … 1,3	2,0 … 3,0
Spannverbindung, Keilverbindung		1,5 … 3,0	2,0 … 3,0

1) für einseitig wirkendes Moment. Bei Berechnung nach Methode B ist $p_{F\,zul} = f_S \cdot f_H \cdot R_e/S_F$ bzw. $= f_S \cdot R_m/S_B$ mit Stützfaktor f_S und Härteeinflussfaktor f_H nach TB 12-2d.

2) $S_F(S_B)$ sind zu erhöhen
für unbelastet verschiebbare Radnabe um Faktor ≥3(3);
für unter Last verschiebbare Nabe um Faktor ≥6(12).

3) Hier gilt: $p_{F\,zul} = R_e/S_F \cdot (1 - Q_A^2)/\sqrt{3}$ bzw. $p_{F\,zul} = R_m/S_B \cdot (1 - Q_A^2)/\sqrt{3}$.

12

TB 12-2 Angaben für Passfederverbindungen

a) Abmessungen und Nuttiefen für Federn und Keile (Auszug)

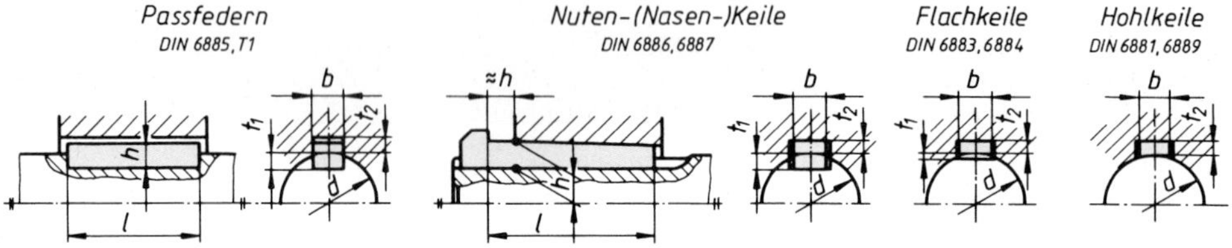

Maße in mm

Wellen-durch-messer d über ... bis	Nutenkeile und Federn: Breite × Höhe $b \times h$	Nutenkeile und Federn: Wellen-Nuttiefe t_1	Nabennuttiefe für Keile t_2	Nabennuttiefe für Federn t_2	Flach- und Hohlkeile: Flachkeile Breite × Höhe $b \times h$	Hohlkeile Breite × Höhe $b \times h$	Wellen-abflachung t_1	Naben-nuttiefe t_2
10 ... 12	4 × 4	2,5	1,2	1,8	–	–	–	–
12 ... 17	5 × 5	3	1,7	2,3	–	–	–	–
17 ... 22	6 × 6	3,5	2,2	2,8	–	–	–	–
22 ... 30	8 × 7	4	2,4	3,3	8 × 5	8 × 3,5	1,3	3,2
30 ... 38	10 × 8	5	2,4	3,3	10 × 6	10 × 4	1,8	3,7
38 ... 44	12 × 8	5	2,4	3,3	12 × 6	12 × 4	1,8	3,7
44 ... 50	14 × 9	5,5	2,9	3,8	14 × 6	14 × 4,5	1,4	4,0
50 ... 58	16 × 10	6	3,4	4,3	16 × 7	16 × 5	1,9	4,3
58 ... 65	18 × 11	7	3,4	4,4	18 × 7	18 × 5	1,9	4,5
65 ... 75	20 × 12	7,5	3,9	4,9	20 × 8	20 × 6	1,9	5,5
75 ... 85	22 × 14	9	4,4	5,4	22 × 9	22 × 7	1,8	6,5
85 ... 95	25 × 14	9	4,4	5,4	25 × 9	25 × 7	1,9	6,4
95 ... 110	28 × 16	10	5,4	6,4	28 × 10	28 × 7,5	2,4	6,9
110 ... 130	32 × 18	11	6,4	7,4	32 × 11	32 × 8,5	2,3	7,9
130 ... 150	36 × 20	12	7,1	8,4	36 × 12	36 × 9	2,8	8,4
150 ... 170	40 × 22	13	8,1	9,4	40 × 14	–	4,0	9,1
170 ... 200	45 × 25	15	9,1	10,4	45 × 16	–	4,7	10,4

Passfeder- und Keillängen l	8	10	12	14	16	18	20	22	25	28	32
	36	40	45	50	56	63	70	80	90	100	110
	125	140	160	180	200	220	250	280	320	360	400

Bezeichnung einer Passfeder Form A mit Breite $b = 10$ mm, Höhe $h = 8$ mm und Länge $l = 50$ mm nach DIN 6885:
Passfeder DIN 6885 – A10 × 8 × 50

b) Empfohlene Passungen bzw. Toleranzen

b1 Passung Wellen- und Nabendurchmesser

Anordnung der Nabe	Passung bei Einheitsbohrung	Passung bei Einheitswelle
auf längeren Wellen, fest	H7/j6	J7/h6, h8, h9
auf Wellenenden, fest	H7/k6, m6	K7, M7/h6, N7/h8
auf Wellen, verschiebbar	H7/h6, j6	H7, J7/h6, h8

b2 Toleranzfelder für Nutenbreite

Sitzcharakter	Nutenbreite Welle	Nutenbreite Nabe	Passungscharakter
beweglich	H9	D10	Gleitsitz
leicht montierbar	N9	JS9	Übergangssitz
für wechselseitiges Drehmoment	P9	P9	Festsitz

c) Lastverteilungsfaktor K_λ (Richtwerte)[1]

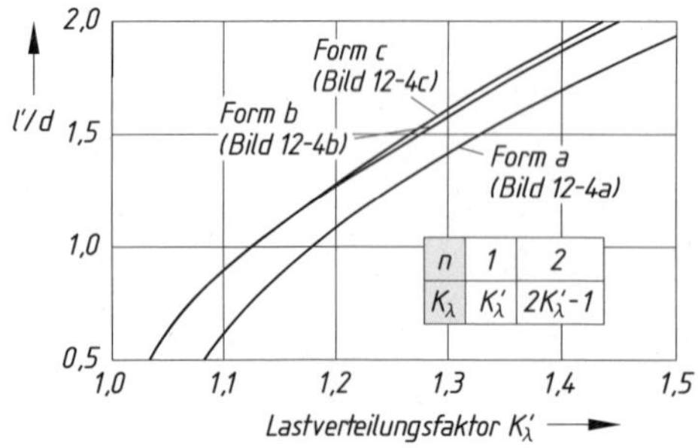

[1] für $D/d = 1{,}6 \dots 3{,}0$, bei dünneren Naben gelten größere Werte bei Form a, kleinere Werte bei Form b und c.

d) Stützfaktor f_S und Härteeinflussfaktor f_H

	Passfeder	Welle	Nabe
f_S	1,0	1,2[1]	1,5[1]
f_H	1,0[2]	1,0[2]	1,0[2]

[1] Bei Gusseisen mit Lamellengrafit ist $f_S = 1{,}0$ (Welle) bzw. $f_S = 2{,}0$ (Nabe).

[2] Bei Einsatzstahl (einsatzgehärtet) ist $f_H = 1{,}15$.

TB 12-3 Keilwellen-Verbindungen

a) Abmessungen (n = Anzahl der Keile)

Maße in mm

Leichte Reihe DIN ISO 14 (Auszug)				
Zentrierung	n	d	D	b
Innen-Zentrierung	6	23	26	6
		26	30	6
		28	32	7
Innen- oder Flanken zentrierung	8	32	36	6
		36	40	7
		42	46	8
		46	50	9
		52	58	10
		56	62	10
		62	68	12
	10	72	78	12
		82	88	12
		92	98	14
		102	108	16
		112	120	18

Bezeichnungsbeispiel Nabe:
Keilnaben-Profil DIN ISO 14-8 × 62 × 72
Bezeichnungsbeispiel Welle:
Keilwellen-Profil DIN ISO 14-8 × 62 × 72

Mittlere Reihe DIN ISO 14 (Auszug)				
Zentrierung	n	d	D	b
Innen-zentrierung	6	11	14	3
		13	16	3,5
		16	20	4
		18	22	5
		21	25	5
		23	28	6
		26	32	6
		28	34	7
Innen- oder Flanken-zentrierung	8	32	38	6
		36	42	7
		42	48	8
		46	54	9
		52	60	10
		56	65	10
		62	72	12
	10	72	82	12
		82	92	12
		92	102	14
		102	112	16
		112	125	18

Schwere Reihe DIN 5464 (Auszug)				
Zentrierung	n	d	D	b
Innen- oder Flanken-zentrierung	10	16	20	2,5
		18	23	3
		21	26	3
		23	29	4
		26	32	4
		28	35	4
		32	40	5
		36	45	5
		42	52	6
		46	56	7
Flanken-zentrerierung	16	52	60	5
		56	65	5
		62	72	6
		72	82	7
	20	82	92	6
		92	102	7
		102	115	8
		112	125	9

b) Toleranzen für Nabe und Welle (Profil nach DIN ISO 14)

Toleranzen für die Nabe						Toleranzen für die Welle			
Nach dem Räumen nicht behandelt			Nach dem Räumen behandelt						
b	d	D	b	d	D	b	d	D	Einbauart
H9	H7	H10	H11	H7	H10	d10	f7	a11	Gleitsitz
						f9	g7	a11	Übergangssitz
						h10	h7	a11	Festsitz

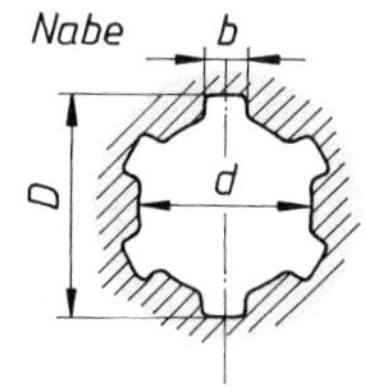

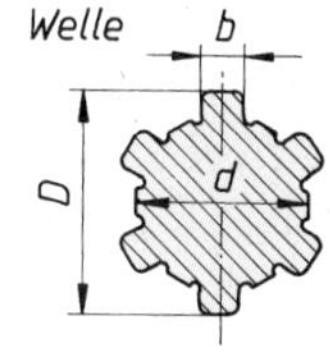

c) Toleranzen für Nabe und Welle (Profil nach DIN 5464)

Bauteil	Art der Zentrierung		b		d	D
Nabe	Innen- und Flankenzentrierung		unge-härtet D9	gehärtet F10	H7	H11
Welle	Innen-zentrierung	in Nabe beweglich	h8	e8	f7	a11
		in Nabe fest	p6	h6	f6	
	Flanken-zentrierung	in Nabe beweglich	h8	e8	–	
		in Nabe fest	u6	k6	–	

TB 12-4 Zahnwellenverbindungen

a) Passverzahnung mit Kerbflanken nach DIN 5481 (Auszug)

Maße in mm

Nenn-durch-messer $d_1 \times d_2$	Nenn-maß d_1 A11	Fußkreis d_2	Nenn-maß d_3 a11	Fußkreis d_4	Teilkreis d_5	Zähne-zahl z
8 × 10	8,1	9,93	10,1	8,25	9	28
10 × 12	10,1	12,01	12	10,16	11	30
12 × 14	12	14,19	14,2	12,02	13	31
15 × 17	14,9	17,32	17,2	14,9	16	32
17 × 20	17,3	20,02	20	17,33	18,5	33
21 × 30	20,8	23,8	23,9	20,69	22	34
26 × 30	26,5	30,03	30	26,36	28	35
30 × 34	30,5	34,18	34	30,32	32	36
36 × 40	36	40,23	39,9	35,95	38	37
40 × 44	40	44,34	44	39,72	42	38
45 × 50	45	50,34	50	44,86	47,5	39
50 × 55	50	55,25	54,9	49,64	52,5	40
55 × 60	55	60,42	60	54,69	57,5	42

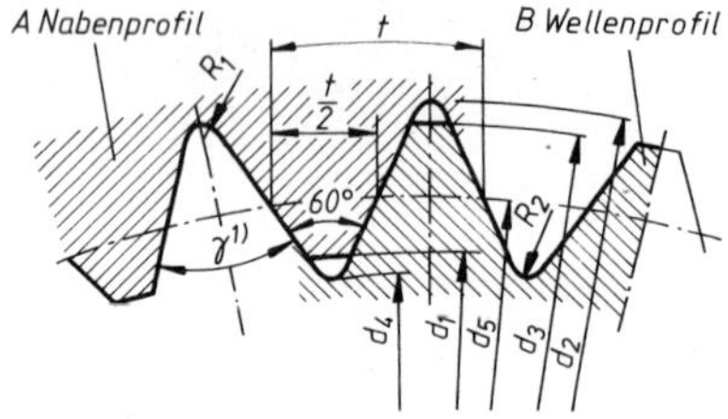

1) Flankenwinkel $\gamma \approx 47\ldots51°$ mit wachsendem Nenndurchmesser.

b) Passverzahnung mit Evolventenflanken (Eingriffswinkel 30°) nach DIN 5480 (Auszug)

Maße in mm

Bezugs-durch-messer d_B	Zähne-zahl z	Modul m	Teil-kreis d	Welle		Nabe	
				Kopfkreis d_{a1}	Fußkreis d_{f1}	Kopfkreis d_{a2}	Fußkreis d_{f2}
20	14	1,25	17,5	19,75	17,25	17,5	20
22	16	1,25	20	21,75	19,25	19,5	22
25	18	1,25	22,5	24,75	22,25	22,5	25
26	19	1,25	23,75	25,75	23,25	23,5	26
28	21	1,25	26,25	27,75	25,25	25,5	28
30	22	1,25	27,5	29,75	27,25	27,5	30
32	24	1,25	30	31,25	29,25	29,5	32
35	16	2	32	34,6	30,6	31	35
37	17	2	34	36,6	32,6	33	37
40	18	2	36	39,6	35,6	36	40
42	20	2	40	41,6	37,6	38	42
45	21	2	42	44,6	40,6	41	45
48	22	2	44	47,6	43,6	44	48
50	24	2	48	49,6	45,6	46	50
55	17	3	51	54,4	48,4	49	55
60	18	3	54	59,4	53,4	54	60
65	20	3	60	64,4	58,4	59	65
70	22	3	66	69,4	63,4	64	70
75	24	3	72	74,4	68,4	69	75
80	25	3	75	79,4	73,4	74	80
90	16	5	80	89	79	80	90
100	18	5	90	99	89	90	100

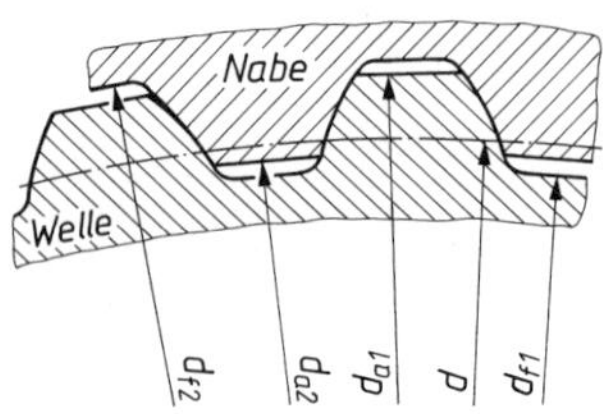

TB 12-5 Abmessungen der Polygonprofile in mm

a) A Polygonwellen-Profil P3G
B Polygonnaben-Profil P3G
(DIN 32711, Auszug)

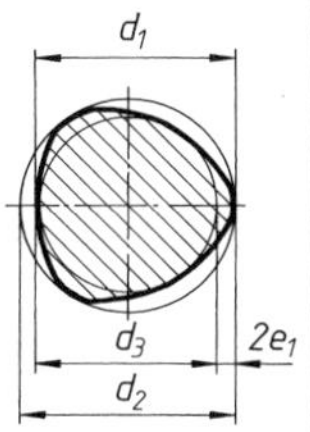

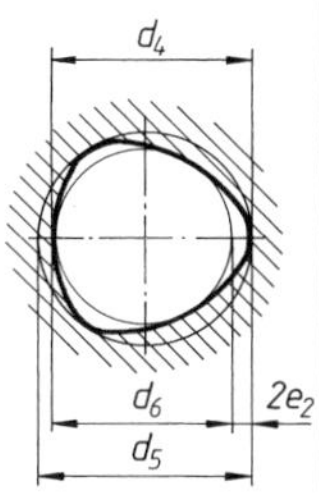

Welle	d_1 [1]	d_2	d_3	e_1
Nabe	d_4 [2]	d_5	d_6	e_2
	14	14,88	13,12	0,44
	16	17	15	0,5
	18	19,12	16,88	0,56
	20	21,26	18,74	0,63
	22	23,4	20,6	0,7
	25	26,6	23,4	0,8
	28	29,8	26,2	0,9
	30	32	28	1
	32	34,24	29,76	1,12
	35	37,5	32,5	1,25
	40	42,8	37,2	1,4
	45	48,2	41,8	1,6
	50	53,6	46,4	1,8
	55	59	51	2
	60	64,5	55,5	2,25
	65	69,9	60,1	2,45
	70	75,6	64,4	2,8
	75	81,3	68,7	3,15
	80	86,7	73,3	3,35
	85	92,1	77,9	3,55
	90	98	82	4
	95	103,5	86,5	4,25
	100	109	91	4,5

[1] für nicht unter Drehmoment längsverschiebbare Verbindungen: g6;
für ruhende Verbindungen: k6.
[2] H7

Bezeichnung eines Polygonwellen-Profils P3G mit $d_1 = 20$ und $d_2 = 21{,}26$ k6:
Profil DIN 32711 – AP3G20k6

b) A Polygonwellen-Profil P4C
B Polygonnaben-Profil P4C
(DIN 32712, Auszug)

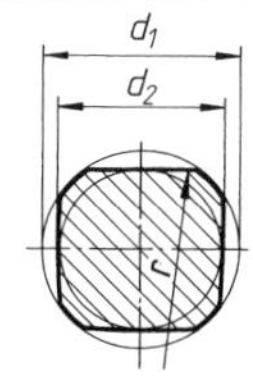

$$r = \frac{d_2}{2} + 16\,e$$

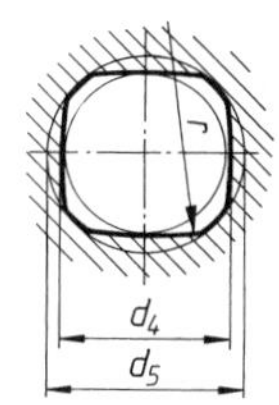

Welle	d_1 [1]	d_2 [2]	e_1
Nabe	d_3 [3]	d_4 [4]	e_2
	14	11	1,6
	16	13	2
	18	15	2
	20	17	3
	22	18	3
	25	21	5
	28	24	5
	30	25	5
	32	27	5
	35	30	5
	40	35	6
	45	40	6
	50	43	6
	55	48	6
	60	53	6
	65	58	6
	70	60	6
	75	65	6
	80	70	8
	85	75	8
	90	80	8
	95	85	8
	100	90	8

[1] e9
[2] s. Fußnote [1] zu a)
[3] H11
[4] H7

Bezeichnung eines Polygonnaben-Profils P4C mit $d_3 = 40$ und $d_4 = 35$ H7;
Profil DIN 32712 – BP4C40H7

12

TB 12-6 Haftbeiwert, Querdehnzahl und Längenausdehnungskoeffizient, max. Fügetemperatur

a) Haftbeiwert für Längs- und Umfangsbelastung (Richtwerte)

Innenteil Stahl		Längspresspassung – Haftbeiwert		Querpresspassung – Haftbeiwert μ
Außenteil	Schmierung	bei Lösen μ_e	bei Rutschen μ	(Schrumpfpassung)
Stahl, GS	Öl trocken	0,07 ... 0,08 0,1 ... 0,11	0,06 ... 0,07 0,08 ... 0,09	0,12 0,18 ... 0,2
Gusseisen	Öl trocken	0,06 0,10 ... 0,12	0,05 0,09 ... 0,11	0,1 0,16
Cu-Leg. u. a.	Öl trocken	– 0,07	– 0,06	– 0,17 ... 0,25
Al-Leg. u. a.	Öl trocken	0,05 0,07	0,04 0,06	– 0,1 ... 0,15

TB 12-6 Fortsetzung

b) Querdehnzahl, E-Modul, Längenausdehnungskoeffizient

Werkstoff	Querdehnzahl $\nu =$	E-Modul in N/mm²	Längenausdehnungskoeffizient α in K^{-1}		Dichte $\varrho \approx$ in kg/m³
			Erwärmen	Unterkühlen	
Stahl	0,3	s. TB 1-1 bis TB 1-3	$11 \cdot 10^{-6}$	$8{,}5 \cdot 10^{-6}$	7800
Gusseisen	0,24 ... 0,26		$10 \cdot 10^{-6}$	$8 \cdot 10^{-6}$	7200
Cu-Leg.	0,35 ... 0,37		$(16 \dots 18) \cdot 10^{-6}$	$(14 \dots 16) \cdot 10^{-6}$	≤8900[1)]
Al-Leg.	0,3 ... 0,34		$23 \cdot 10^{-6}$	$18 \cdot 10^{-6}$	≥2700[1)]

[1)] je nach Legierungsbestandteilen.

c) maximale Fügetemperatur

Werkstoff der Nabe	Fügetemperatur °C
Baustahl niedriger Festigkeit Stahlguss Gusseisen mit Kugelgrafit	350
Stahl oder Stahlguss vergütet	300
Stahl randschichtgehärtet	250
Stahl einsatzgehärtet oder hochvergüteter Baustahl	200

12

TB 12-7 Bestimmung der Hilfsgröße K für Vollwellen aus Stahl

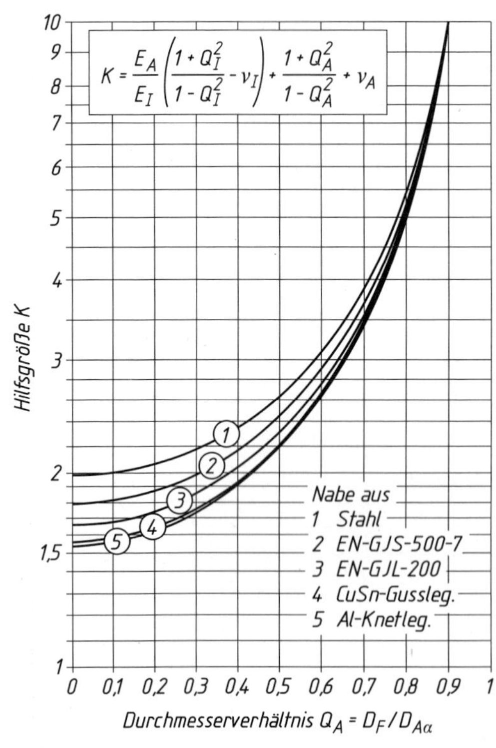

	E in N/mm²	ν
Stahl	210000	0,3
EN-GJS-500-7	169000	0,25
EN-GJL-200	100000	0,25
CuSn-Gussleg.	95000	0,36
Al-Knetleg.	70000	0,32

TB 12-8 Kegel nach DIN 254 (Auszug)

Kegelverhältnis C	Kegelwinkel α	Einstellwinkel (α/2)	Beispiele und Verwendung
1 : 0,2887	120°	60°	Schutzsenkungen für Zentrierbohrungen
1 : 0,5000	90°	45°	Ventilkegel, Kegelsenker, Senkschrauben
1 : 0,8660	60°	30°	Dichtungskegel für leichte Rohrverschraubung, V-Nuten, Zentrierspitzen, Spannzangen
1 : 3,429	16°35′40″	8°17′50″	Steilkegel für Frässpindelköpfe, Fräsdorne
1 : 5	11°25′16″	5°42′38″	Spurzapfen, Reibungskupplungen, leicht abnehmbare Maschinenteile bei Beanspruchung quer zur Achse und bei Verdrehbeanspruchung
1 : 6	9°31′38″	4°45′49″	Dichtungskegel an Armaturen
1 : 10	5°43′30″	2°51′45″	Kupplungsbolzen, nachstellbare Lagerbuchsen, Maschinenteile bei Beanspruchung quer zur Achse, auf Verdrehung und längs der Achse, Wellenenden
1 : 12	4°46′18″	2°23′9″	Wälzlager (Spannhülsen), Bohrstangenkegel
1 : 20	2°51′22″	1°25′56″	metrischer Kegel, Schäfte von Werkzeugen und Aufnahmekegel der Werkzeugmaschinenspindeln
1 : 30	1°54′34″	57′17″	Bohrungen der Aufsteckreibahlen und Aufstecksenker
1 : 50	1°8′46″	34′23″	Kegelstifte, Reibahlen

Bezeichnung eines Kegels mit dem Kegelwinkel $\alpha = 60°$: **Kegel 60°**
Bezeichnung eines Kegels mit dem Kegelverhältnis $C = 1 : 10$: **Kegel 1 : 10**

TB 12-9 Kegel-Spannsysteme (Auszüge aus Werksnormen)

a) Ringfeder Spannelement RfN 8006

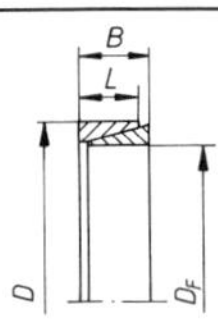

b) Tollok-Konus-Spannelement RLK 250

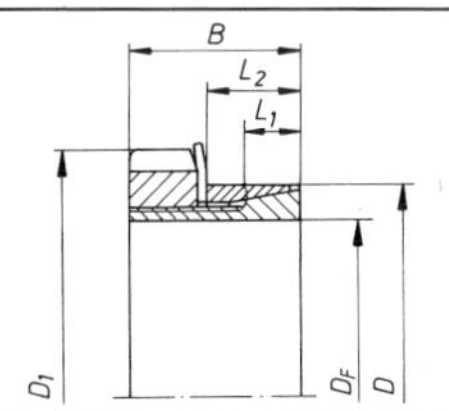

	a) Ringfeder Spannelement RfN 8006									b) Tollok-Konus-Spannelement RLK 250									
	Abmessungen			übertragbar		Pressung Welle Nabe		Spannkraft $F_S = F_o + F_{So}$		Abmessungen					übertragbar		Pressung Welle Nabe		
D_F mm	D mm	B mm	L mm	T Nm	F_a kN	p_W N/mm²	p_N N/mm²	F_o kN	F_{So} kN	D mm	D_1 mm	B mm	L_1 mm	L_2 mm	T Nm	F_a kN	p_W N/mm²	p_N N/mm²	M_s Nm
15	19	6,3	5,3	23	3	100	78,9	10,7	13,5	25	32	16,5	6,5	9,5	29	4	120	72	46
16	20	6,3	5,3	26	3,19	100	80,0	10,1	14,4	25	32	16,5	6,5	9,5	33	4	120	76	49
17	21	6,3	5,3	29	3,4	100	81,0	9,5	15,3	–	–	–	–	–	–	–	–	–	–
18	22	6,3	5,3	33	3,6	100	81,8	9,1	16,2	–	–	–	–	–	–	–	–	–	–
19	24	6,3	5,3	36	3,79	100	79,2	12,6	17,1	30	38	18	6,5	10	46	5	120	76	72
20	25	6,3	5,3	40	4	100	80,0	12,0	18	30	38	18	6,5	10	51	5	120	80	75
22	26	6,3	5,3	48	4,4	100	84,6	9,0	19,8	–	–	–	–	–	–	–	–	–	–
24	28	6,3	5,3	58	4,8	100	85,7	8,3	21,6	35	45	18	6,5	10	73	6	120	82	106
25	30	6,3	5,3	62	5	100	83,3	9,9	22,5	35	45	18	6,5	10	79	6	120	85	111
28	32	6,3	5,3	78	5,6	100	87,5	7,4	25,2	–	–	–	–	–	–	–	–	–	–
30	35	6,3	5,3	90	6	100	85,7	8,5	27	40	52	19,5	7	10,5	123	8	120	90	164
32	36	6,3	5,3	102	6,4	100	88,9	7,8	28,8	–	–	–	–	–	–	–	–	–	–
35	40	7	6	138	7,9	100	87,5	10,1	35,6	45	58	21,5	8	10,5	191	11	120	93	247
36	42	7	6	147	8,2	100	85,7	11,6	36,6	45	58	21,5	8	10,5	202	11	120	96	254
38	44	7	6	163	8,6	100	86,4	11	38,7	–	–	–	–	–	–	–	–	–	–
40	45	8	6,6	199	9,95	100	88,9	13,8	45	52	65	24,5	10	12,5	312	16	120	92	401
42	48	8	6,6	219	10,4	100	87,5	15,6	47	–	–	–	–	–	–	–	–	–	–
45	52	10	8,6	328	14,6	100	86,5	26,1	66	57	70	25,5	10	12,5	395	18	119	94	496
48	55	10	8,6	373	15,6	100	87,3	24,6	70	62	75	25,5	10	12,5	450	19	120	92	583
50	57	10	8,6	405	16,2	100	87,7	23,5	73	62	75	25,5	10	12,5	488	20	120	96	607
55	62	10	8,6	490	17,8	100	88,7	21,8	80	68	80	27,5	12	15	618	23	104	84	762
56	64	12	10,4	615	22	100	87,5	29,4	99	68	80	27,5	12	15	629	23	102	84	762
60	68	12	10,4	705	23,5	100	88,2	27,4	106	73	85	28,5	12	16,5	727	24	103	85	886
63	71	12	10,4	780	24,8	100	88,7	26,3	111	79	92	30,5	14	17	892	28	98	78	1115
65	73	12	10,4	830	25,6	100	89,0	25,4	115	79	92	30,5	14	17	920	28	95	78	1115
70	79	14	12,2	1120	32	100	88,6	31	145	84	98	31,5	14	17	1075	31	96	80	1290
71	80	14	12,2	1160	32,6	100	88,8	31	147	–	–	–	–	–	–	–	–	–	–
75	84	14	12,2	1290	34,4	100	89,3	34,6	155	–	–	–	–	–	–	–	–	–	–
80	91	17	15	1810	45	100	87,9	48	203	–	–	–	–	–	–	–	–	–	–
85	96	17	15	2040	48	100	88,5	45,6	216	–	–	–	–	–	–	–	–	–	–
90	101	17	15	2290	51	100	89,1	43,4	229	–	–	–	–	–	–	–	–	–	–
95	106	17	15	2550	54	100	89,6	41,2	242	–	–	–	–	–	–	–	–	–	–
100	114	21	18,5	3520	70	100	87,7	60,7	317	–	–	–	–	–	–	–	–	–	–

12

TB 12-9 Fortsetzung

c) Spannsatz DOBIKON 1012

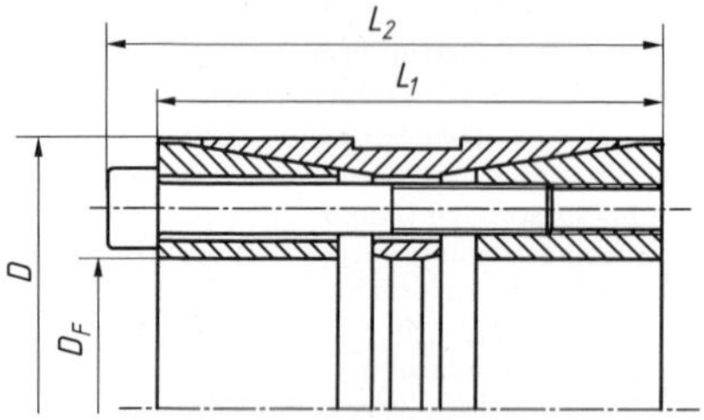

D_F mm	Abmessungen D mm	L_1 mm	L_2 mm	übertragbar T Nm	F_a kN	Pressung Welle p_w N/mm²	Nabe p_N N/mm²	Schrauben	M_A Nm
25	55	40	46	840	67	297	101	M6	17
28	55	40	46	940	67	265	101		
30	55	40	46	1 000	67	248	101		
35	60	54	60	1 300	74	165	87		
40	75	54	62	2 900	145	282	116	M8	41
45	75	54	62	3 260	145	251	116		
50	80	64	72	4 150	165	200	98		
55	85	64	72	5 150	186	205	104		
60	90	64	72	6 200	207	202	106		
65	95	64	72	6 750	207	187	100		
70	110	78	88	11 500	329	223	114	M10	83
80	120	78	88	14 500	362	215	115		
90	130	78	88	17 800	390	208	115		
100	145	100	112	26 300	527	200	107	M12	145
110	155	100	112	31 800	575	198	110		
120	165	100	112	40 400	670	212	120		
130	180	116	130	51 500	789	192	112	M14	230
140	190	116	130	64 700	920	208	124		
150	200	116	130	74 200	986	208	127		
160	210	116	130	84 500	1 050	208	128		
170	225	146	162	108 200	1 280	182	113	M16	355
180	235	146	162	123 250	1 370	184	115		
190	250	146	162	133 800	1 460	186	116		
200	260	146	162	146 000	1 460	177	112		
220	285	146	162	181 000	1 640	188	115		
240	305	146	162	218 000	1 820	184	119		
260	325	146	162	250 000	1 920	178	117		
280	355	177	197	360 000	2 550	185	117	M20	690
300	375	177	197	428 000	2 850	192	123		
320	405	177	197	480 000	3 000	188	119		

d) Schrumpfscheibe HSD Baureihe 22

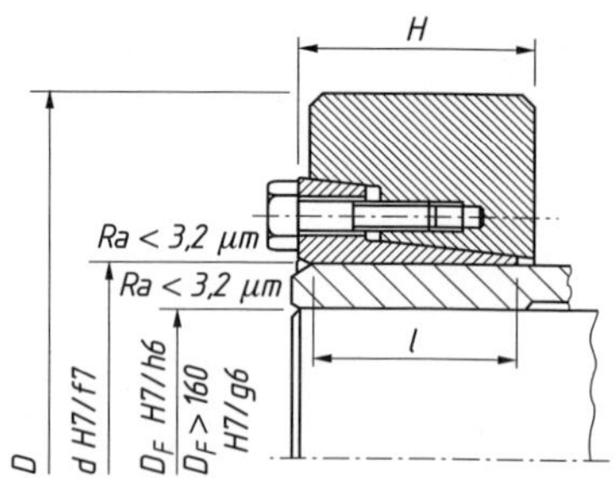

D_F mm	Abmessungen d mm	D mm	l mm	H mm	übertragbar T Nm	F_a kN	Schrauben	M_A Nm
24					270	23		
25	30	60	16	20	320	25	M6	12
26					360	28		
27	36				440	32		
30	38	72	18	22	610	41	M8	29
33					820	50		
34	44				690	41		
35	40	80	20	24	770	44	M8	29
37					920	50		
38					1 110	58		
40	50	90	22	26	1 290	65	M8	29
42					1 510	71		
42					1 230	59		
45	55	100	23	29	1 530	68	M8	29
48					1 860	78		
48	62				1 670	70		
50	60	110	23	29	1 890	76	M8	29
52					2 120	81		
55					2 330	85		
60	75	138	25	31	3 020	101	M8	29
65					3 810	117		
70	100				6 000	171		
75	95	170	34	43	7 200	192	M10	58
80					8 500	213		
85	120				11 900	280		
90	115	197	42	53	13 800	307	M12	100
95					15 900	334		
100					19 600	392		
105	140	230	46	58	22 100	421	M14	160
115					27 600	481		

12

13 Kupplungen und Bremsen

TB 13-1 Scheibenkupplungen nach DIN 116, Lehrbuch Bild 13-9, Formen A, B und C
Hauptmaße und Auslegungsdaten

Baugröße	Maße in mm						Passschrauben DIN 609, 8.8		max. Drehzahl	Drehmoment	axiale Tragkraft[1]	Trägheitsmoment[1] Form B	Gewicht[1] Form B
d_1 N7	d_2	d_3	l_1	l_3	l_4	l_6	Anzahl	Größe Form B	n_{max} min^{-1}	T_k Nm	Form C kN	J kg m²	m kg
25	58	125	101	117	50	31	3	M10 × 60	2120	46,2	3	0,0104	5,5
30	58	125	101	117	50	31	3	M10 × 60	2120	87,5	5	0,0104	5,3
35	72	140	121	141	60	31	3	M10 × 60	2000	150	7,5	0,0167	7,3
40	72	140	121	141	60	31	3	M10 × 60	2000	236	7,5	0,0167	7
45	95	160	141	169	70	34	3	M10 × 65	1900	355	14	0,0297	11,4
50	95	160	141	169	70	34	3	M10 × 65	1900	515	14	0,0323	11
55	110	180	171	203	85	37	4	M12 × 70	1800	730	22	0,0572	16
60	110	180	171	203	85	37	4	M12 × 70	1800	975	22	0,0569	15,4
70	130	200	201	233	100	41	6	M12 × 80	1700	1700	22	0,108	23,6
80	145	224	221	261	110	41	8	M12 × 80	1600	2650	32	0,179	31,2
90	164	250	281	281	120	54	8	M16 × 100	1500	4120	32	0,332	45
100	180	280	261	301	130	54	8	M16 × 100	1400	5800	32	0,516	57,5
110	200	300	281	329	140	60	8	M16 × 105	1320	8250	50	0,760	72,9
120	225	335	311	359	155	60	10	M16 × 105	1250	12500	50	1,254	99,5
140	250	375	341	397	170	70	10	M20 × 125	1180	19000	75	2,181	135
160	290	425	401	457	200	75	10	M24 × 125	1120	30700	75	4,036	199
180	325	450	451	–	225	80	12	M24 × 140	1060	45000	–	6,115	262
200	360	500	501	–	250	80	16	M24 × 140	1000	61500	–	9,870	348
220	400	560	541	–	270	95	14	M30 × 160	950	82500	–	17,00	478
250	450	630	601	–	300	95	16	M30 × 160	900	118000	–	28,47	645

Bezeichnung einer vollständigen Scheibenkupplung Form A von Durchmesser $d_1 = 80$ mm: Scheibenkupplung DIN 116 – A80

1) nach Desch KG, Arnsberg
l_7 und t_1 in ( ) für $d_1 = 25 \ldots 60$: 16 (3); 70 … 160: 18 (4); 180 … 250: 20 (5)
$l_2 = l_1 + 9$ d_7: M10 bis $d1 = 120$, darüber M12
Passschraubenlänge bei Form A und C um 15 mm bzw. 20 mm (bei $d_1 > 50$) kürzer als bei Form B.

TB 13-2 Biegenachgiebige Ganzmetallkupplung, Lehrbuch Bild 13-14b
(Thomas-Kupplung, Bauform 923, nach Werknorm)
Hauptmaße und Auslegungsdaten

Baugröße	Maße in mm						max. Drehzahl	Nenndrehmoment[1]	Nachgiebigkeiten			Federsteifen				Trägheitsmoment	Gewicht
	d_1 H7 max	d_2	d_3	l_1	l_2	l_3	n_{max} min^{-1}	T_{KN} Nm	$\pm\Delta K_a$ mm	ΔK_r[2] mm	ΔK_w °	C_a N/mm	C_r N/mm	C_w Nm/rad	$C_{T\,dyn}$ Nm/rad	J kg m²	m kg
10	28	42,5	80	40	95	71,5	36000	200	1,4	1,2		83	250	5155	24150	0,0022	2,51
16	35	51	95	45	97	72,5	29000	320	1,6	1,3		105	531	5730	42250	0,0040	3,43
25	50	70	110	50	102	77	23000	500	1,8	1,3		130	650	6015	80100	0,0086	4,81
40	65	90	140	55	120	91	18600	800	2,4	1,6		245	1100	6100	169550	0,0265	9,29
63	70	98	147	70	128	97	17600	1260	2,6	1,7		475	475	7735	285000	0,0385	11,9
100	80	109	173	75	153	116	14700	2000	3,0	2,0		590	520	8020	438500	0,0818	18,5
160	100	134	200	80	179	139	13100	3200	3,4	2,4	2	670	625	8310	858000	0,1634	26,1
250	110	148	225	90	195	148	11300	5000	3,8	2,6		660	810	12605	1247500	0,3029	37,8
400	125	165	250	125	219	166,5	10300	8000	4,2	2,9		985	1300	16615	1725000	0,5739	58,0
630	145	190	290	150	245	184,5	9000	12600	5,0	3,2		1270	2000	21485	2614000	1,1980	94,2
1000	160	210	330	185	278	205,5	8200	20000	5,6	3,6		1515	3100	28650	4107000	1,9720	126
1600	180	238	370	190	296	218	7700	32000	6,4	3,8		2390	4700	37245	5789500	3,3280	167
2500	200	262	410	240	315	234	6800	50000	7,0	4,1		2475	6500	57295	7585000	5,8200	242

1) Maximaldrehmoment $T_{K\,max} = 2{,}5 T_{KN}$, Dauerwechseldrehmoment $T_{KW} = 0{,}25 T_{KN}$.
2) $\Delta K_r = l_3 \cdot \tan \Delta K_w/2$, mit dem zul. Beugungswinkel eines Lamellenpaketes $\Delta K_w/2 = 1°$ bei $\Delta K_a = 0$ (vgl. Beispiel 13.2).

TB 13-3 Elastische Klauenkupplung, Lehrbuch Bild 13-26 (N-Eupex-Kupplung, Bauform B, nach Werknorm)

Hauptmaße und Auslegungsdaten

Baugröße	Maße in mm									max. Drehzahl	Nenndrehmoment	Trägheitsmoment	Gewicht
	d_1 H7 max	d_2 H7 max	d_3	d_4	d_5	l_1	l_2	l_3	s	n_{max} min^{-1}	T_{KN} Nm	J kg m²	m kg
B 58	19	24	–	40	58	20	20	8	2 … 4	5000	19	0,0002	0,45
B 68	24	28	–	46	68	20	20	8	2 … 4	5000	34	0,0003	0,63
B 80	30	38	–	68	80	30	20	10	2 … 4	5000	60	0,0012	2,51
B 95	42	42	76	76	95	35	30	12	2 … 4	5000	100	0,0027	2,6
B110	48	48	86	86	110	40	34	14	2 … 4	5000	160	0,0055	3,9
B125	55	55	100	100	125	50	36	18	2 … 4	5000	240	0,0107	6,2
B140	60	60	100	100	140	55	34	20	2 … 4	4900	360	0,014	6,9
B160	65	65	108	108	160	60	39	20	2 … 6	4250	560	0,025	9,4
B180	75	75	125	125	180	70	42	20	2 … 6	3800	880	0,045	14
B200	85	85	140	140	200	80	47	24	2 … 6	3400	1340	0,08	20
B225	90	90	150	150	225	90	52	18	2 … 6	3000	2000	0,135	24,5
B250	100	100	165	165	250	100	60	18	3 … 8	2750	2800	0,23	34
B280	110	110	180	180	280	110	65	20	3 … 8	2450	3900	0,37	45

Elastische Elemente (Pakete) aus Perbunan

TB 13-4 Elastische Klauenkupplung, Lehrbuch Bild 13-27 (Hadeflex-Kupplung, Bauform XW1, nach Werknorm)

Hauptmaße und Auslegungsdaten

Baugröße	Maße in mm								max. Drehzahl	Nenndrehmoment[1]	Nachgiebigkeiten			Drehfedersteife $C_{T\,dyn}$ Nm/rad bei		Trägheitsmoment[2]	Gewicht[2]
	d_1 H7 min	d_1 H7 max	d_2	d_3	l	l_1	l_2	s	n_{max} min^{-1}	T_{KN} Nm	$\pm\Delta K_a$ mm	ΔK_r mm	ΔK_w °	$1/2T_{KN}$	T_{KN}	J kg m²	m kg
24	–	24	55	55	66	24	–	18	12500	30	1,2	0,3	0,7	2750	4200	0,0001	0,55
28	–	28	62	62	76	28	–	20	11100	50	1,2	0,3	0,7	3700	6400	0,0002	0,76
32	–	32	52	70	86	32	22	22	9800	70	1,2	0,3	0,7	4600	8000	0,0003	1,09
38	16	38	60	84	100	38	27	24	8100	120	1,5	0,4	0,7	7300	12600	0,0007	1,76
42	16	42	68	92	110	42	31	26	7400	160	1,5	0,4	0,7	9450	16800	0,001	2,38
48	19	48	76	105	124	48	36	28	6500	240	1,5	0,4	0,7	13350	24800	0,002	3,38
55	19	55	88	120	140	55	43	30	5700	360	1,8	0,5	0,7	19500	36350	0,004	4,89
60	24	60	96	130	152	60	47	32	5200	460	1,8	0,5	0,7	24700	45850	0,006	6,29
65	26	65	104	142	165	65	51	35	4800	600	1,8	0,5	0,7	34800	59900	0,009	8,15
75	32	75	120	165	190	75	59	40	4100	900	2,1	0,6	0,7	54150	93650	0,019	12,6
85	42	85	136	185	214	85	68	44	3700	1350	2,1	0,7	0,7	74350	135450	0,034	17,9
100	60	100	160	220	250	100	80	50	3100	2250	2,4	0,8	0,7	138800	220400	0,078	29,3
110	70	110	176	240	275	110	88	55	2800	3000	2,4	0,9	0,7	171000	309500	0,123	38,5
125	70	125	200	275	310	125	100	60	2500	4400	3,0	1,0	0,7	284900	463400	0,235	56,7
140	80	140	224	310	345	140	113	65	2200	6000	3,0	1,1	0,7	356000	602400	0,412	79,0
160	90	160	255	360	395	160	130	75	1900	9000	3,0	1,2	0,7	409000	823000	0,827	119,0

[1] Maximaldrehmoment $T_{K\,max} = 3T_{KN}$, Dauerwechseldrehmoment $T_{KW} = 0{,}5T_{KN}$; Resonanzfaktor $V_R = 6$, Elastisches Element (einteiliger Stern) aus Vulkollan; Passfedernuten nach DIN 6886.

[2] Gewichte und Massenträgheitsmomente beziehen sich auf die max. Bohrungen d_1 ohne Nut.

TB 13-5 Hochelastische Wulstkupplung, Lehrbuch Bild 13-29 (Radaflex-Kupplung, Bauform 300, nach Werknorm)

Hauptmaße und Auslegungsdaten

Baugröße	Maße in mm						max. Drehzahl	Nenndrehmoment[1)]	Nachgiebigkeiten			Federsteifen			$C_{T\,dyn}$ Nm/rad bei		Trägheitsmoment	Gewicht
	d_1 H7 max	d_2	d_3	l_1	l_2	l_3	n_{max} min^{-1}	T_{KN} Nm	$\pm\Delta K_a$ mm	ΔK_r mm	ΔK_w °	C_a N/mm	C_r N/mm	C_w Nm/rad	$0{,}5T_{KN}$	T_{KN}	J kg m²	m kg
1,6	25	40	85	28	60	64	4000	16	0,5	0,5	0,5	180	120	85	352	305	0,0014	1,7
4	30	50	110	35	75	85	4000	40	1	1	1	185	130	138	573	573	0,0042	2,9
10	50	75	150	55	88	125	3000	100	1,5	1,5	1,5	300	210	535	1146	917	0,0156	7
16	55	85	175	60	106	135	3000	160	2	2	2	330	215	600	1117	1146	0,0366	10
25	60	100	205	65	120	150	2000	250	2,5	2,5	2,5	340	240	900	1432	1364	0,0795	16
40	70	115	240	75	140	170	2000	400	3	3	3	345	270	1500	2292	2578	0,1750	26
63	80	130	275	85	156	195	2000	630	3,5	3,5	3,5	440	280	1800	4985	4584	0,3090	37
100	90	150	325	100	188	225	1500	1000	4	4	4	510	290	2200	5959	6016	0,7780	60

1) Maximaldrehmoment $T_{K\,max} = 3T_{KN}$, Dauerwechseldrehmoment $T_{KW} = 0{,}4T_{KN}$;
Verhältnismäßige Dämpfung $\psi = 1{,}2$;
Elastisches Element (Reifen) aus Vollgummi.

TB 13-6 Mechanisch betätigte BSD-Lamellenkupplungen, Lehrbuch Bild 13-37a und b (Bauformen 493 und 491, nach Werknorm)

Hauptmaße und Auslegungsdaten

Baugröße	Maße in mm										Hub	max. Drehzahl[2)] Nasslauf	Schaltkraft Ein/Aus		Drehmoment[3)] Nasslauf		Trägheitsmoment J in kg m² innen	außen Bauform		zul. Schaltarbeit/ Schaltung[4)]	Gewicht m in kg Bauform	
	d_1 H7[1)] max	d_2	d_3	d_4	d_5 H7	l_1	l_2	l_3	l_4	s	h	n_{max} min^{-1}	F_1 N	F_2 N	$T_{KNü}$ Nm	T_{KNs} Nm		493	491	W_{zul} Nm	493	491
4	30	70	82	55	50	60	35	29	47,5	10	8,5	3000	100	50	55	40	0,0006	0,00098	0,00045	$7 \cdot 10^3$	1,6	1,2
6,3	35	80	92	60	60	60	40	34	47,5	10	8,5	3000	120	50	90	63	0,00083	0,00185	0,00075	$11 \cdot 10^3$	1,8	1,4
10	40	90	110	70	65	70	40	34	56	10	11	3000	150	60	140	100	0,0025	0,00375	0,00213	$15{,}5 \cdot 10^3$	3,5	3,1
16	45	90	120	85	75	75	50	44	58	15	11	2500	300	100	220	160	0,00375	0,0050	0,00275	$20{,}5 \cdot 10^3$	5,0	4,0
25	50	100	130	85	85	78	50	42	61	15	12	2200	400	120	350	250	0,0050	0,0075	0,00425	$27 \cdot 10^3$	6,5	4,3
40	65	120	160	105	110	97	60	52	79	15	14	2000	500	160	550	400	0,015	0,0208	0,0125	$39 \cdot 10^3$	15	8,5
63	70	140	180	130	120	111	70	60	91	18	14	1800	700	200	900	630	0,025	0,0378	0,020	$49 \cdot 10^3$	19	11

Reibpaarung: Stahl – Sinterbronze

1) Innenmitnehmer und Nabengehäuse auf ca. $0{,}5d_{1\,max}$ vorgebohrt.
2) Von den Schmierungsverhältnissen am Schaltring abhängig. Im Trockenlauf niedrigere Drehzahlen oder Kugellagerschaltringe verwenden.
3) Im Trockenlauf gelten ungefähr für $T_{KNü}$ die 1,6fachen und für T_{KNs} die 1,8fachen Werte.
4) Für Nass- und Trockenlauf. Die bei Dauerschaltungen pro Stunde zulässige Schaltarbeit $W_{h\,zul}$ beträgt bei Trockenlauf $20W_{zul}$ und bei Nasslauf $40W_{zul}$.

13

TB 13-7 Elektromagnetisch betätigte BSD-Lamellenkupplung, Lehrbuch Bild 13-41 (Bauform 100, nach Werknorm)

Hauptmaße und Auslegungsdaten

Baugröße	Maße in mm											max. Drehzahl	Drehmoment[2] Nasslauf		Trägheitsmoment J		Leistung[3]	zul. Schaltarbeit/ Schaltung[4]	Gewicht
	d_1 H7 max	d_2 H7	d_3	d_4	d_6[1]	l_1	l_2	l_3	l_4	l_5	l_6	n_{max} min^{-1}	$T_{KNü}$ Nm	T_{KNs} Nm	innen kg m²	außen kg m²	P W	W_{zul} Nm	m kg
2,5	22	68	82	106	6 × M6	59	55	6	6	8,5	4,5	3000	35	25	0,003	0,001	25	$30 \cdot 10^3$	2,0
4	30	85	100	124	6 × M6	63	59	6	6	8,5	4,5	3000	55	40	0,004	0,002	24	$40 \cdot 10^3$	3,8
6,3	36	90	110	138	6 × M8	68	64	7	6	8,5	4,5	3000	90	63	0,006	0,004	23,6	$50 \cdot 10^3$	4,7
10	42	105	122	154	6 × M8	69	65	8	6	8,5	5	2500	140	100	0,010	0,005	26,1	$60 \cdot 10^3$	6,2
16	48	115	135	170	6 × M8	75	70	8	6	9	5,5	2500	220	160	0,017	0,008	38,7	$70 \cdot 10^3$	8,3
25	55	135	155	190	6 × M10	80	72	9	6	9	5,5	2000	350	250	0,03	0,013	40,0	$90 \cdot 10^3$	10,5
40	62	140	170	212	6 × M10	90	80	10	7	11	6,5	2000	550	400	0,06	0,03	59,4	$0,11 \cdot 10^6$	16
63	72	170	200	254	6 × M12	97	87	12	7	11,5	6,5	1500	900	630	0,11	0,05	62,5	$0,27 \cdot 10^6$	23
100	82	190	235	280	6 × M12	110	99	13	7	11,5	7	1500	1400	1000	0,21	0,09	74,5	$0,32 \cdot 10^6$	34
160	95	230	260	324	6 × M16	120	109	15	8	13,5	7,5	1250	2200	1600	0,41	0,19	100	$0,38 \cdot 10^6$	50
250	110	270	305	370	6 × M16	148	133	17	9	14	9	1250	3500	2500	0,88	0,38	142	$0,54 \cdot 10^6$	75
400	130	310	350	420	12 × M20	204	185	20	9	14	7,5	1000	5500	4000	2,25	0,88	144	$0,67 \cdot 10^6$	135
630	135	350	400	480	12 × M24	260	237	25	9	14	7,5	900	9000	6300	4,50	2,38	130	$0,76 \cdot 10^6$	220
1000	170	420	475	560	12 × M24	280	252	25	9	14	7,5	750	14000	10000	10,4	4,00	133	$0,98 \cdot 10^6$	340

Reibpaarung: Stahl – Sinterbronze
$d_5 = d_4 - 1$ bis Größe 16 bzw. $d_4 - 2$ ab Größe 25, $d_5 = 252$ mm ab Größe 400

1) Bei Montage gebohrt.
2) Im Trockenlauf gelten ungefähr für $T_{KNü}$ die 1,6-fachen und für T_{KNs} die 1,8-fachen Werte.
3) Gleichspannung 24 V.
4) Für Nass- und Trockenlauf. Die bei Dauerschaltungen pro Stunde zulässige Schaltarbeit $W_{h\,zul}$ beträgt bei Trockenlauf $10W_{zul}$ und bei Nasslauf $20W_{zul}$.

TB 13-8 Faktoren zur Auslegung drehnachgiebiger Kupplungen nach DIN 740 T2

a) Anlauffaktor S_z

Anläufe je Stunde z[1]	≤120	120...240	>240
S_z	1,0	1,3	Rückfrage beim Hersteller erforderlich

1) Bei Anläufen und Bremsungen oder bei Reversieren ist z zu verdoppeln.

b) Temperaturfaktor S_t

Werkstoffmischung	Umgebungstemperatur t in °C[1]			
	über −20 bis +30	über +30 bis +40	über +40 bis +60	über +60 bis +80
Naturgummi (NR)	1,0	1,1	1,4	1,8
Polyurethan Elastomere (PUR)	1,0	1,2	1,5	nicht zulässig
Acrylnitril-Budatienkautschuk (NBR) (Perbunan N)	1,0	1,0	1,0	1,2

1) Einwirkende Strahlungswärme ist besonders zu berücksichtigen für Stahl bis +270 °C: $S_t = 1,0$.

Anmerkung: Vulkollan ist ein Urethan-Kautschuk (UR)
Temperaturfaktor ungefähr wie für NR bzw. PUR.

c) Frequenzfaktor S_f (für gummielastische Kupplungen)

bei $\omega \le 63\ s^{-1}$: $S_f = 1$

bei $\omega > 63\ s^{-1}$: $S_f = \sqrt{\dfrac{\omega}{63}}$, mit ω in s^{-1}

TB 13-9 Positionierbremse ROBA-stopp, Lehrbuch Bild 13-64b (nach Werknorm)

Hauptmaße und Auslegungsdaten

Baugröße	Maße in mm								max. Drehzahl	Bremsmoment	Trägheitsmoment[1)]	zul. Reibarbeit pro Bremsung W_{zul}		zul. Reibleistung	Gewicht[1)]
	d_1 H7 min	d_1 H7 max	d_2 H7	d_3	d_4	d_5	l_1	l_2	n_{max} min^{-1}	T_{Br} Nm	J_{Br} kg m² × 10^{-4}	bei Schaltbetrieb Nm	bei Einzelbremsung Nm	P_{zul} W	m kg
3	8	12	21,9	58	79	3 × M4	30,2	15	6000	3	0,077	250	500	50	0,6
4	10	15	26,9	72	98	3 × M4	32,2	20	5000	6	0,23	500	900	70	0,95
5	10	20	30,9	90	114	3 × M5	39,3	20	4800	12	0,68	1000	1800	105	1,8
6	15	25	38,9	112	142	3 × M6	43,2	25	4000	26	1,99	2000	3500	155	3,1
7	20	32	50,9	124	165	3 × M6	58,2	30	3800	50	4,02	2800	5000	250	5,4
8	25	45	73,9	156	199	3 × M8	66,7	35	3400	100	13,2	5300	10000	300	9,4
9	30	50	80,4	175	220	6 × M8	74,3	35	3000	200	24,2	8000	20000	370	15,5
10	30	60	90	215	275	6 × M8	96,3	50	3000	400	56,4	13800	30000	450	30
11	30	80	129	280	360	6 × M12	116,3	60	3000	800	242	27700	50000	900	55

1) Gewichte und Massenträgheitsmomente beziehen sich auf die max. Bohrungen d_1 ohne Nut.

13

14 Wälzlager

TB 14-1 Maßpläne für Wälzlager

a) Maßplan für Radiallager (ausgenommen Kegelrollenlager), Auszug aus DIN 616
Lagerart s. TB 14-2 (Lagerreihe)

Vgl. Lehrbuch Bilder 14-7, 14-8, 14-9, 14-14 und TB 14-2: alle Maße in mm
DR Durchmesserreihe. MR Maßreihe r_{1s} Kantenabstand. Abstandmaße a für Schrägkugellager (s. Lehrbuch Bilder 14-8b und 14-23)

d	Kennzahl	DR 0			2					3					4			Schrägkugellager Reihe[1)]				
		MR 10			02			22	32	03			23	33	04			72	73	32	33	03[4)]
		D	B	r_{1s}[2)]	D	B	r_{1s}[2)]	B[3)]	B[3)]	D	B	r_{1s}[2)]	B[3)]	B[3)]	D	B	r_{1s}[2)]	a	a	a	a	a
10	00	26	8	0,3	30	9	0,6	14	14,3	35	11	0,6	17	19	–	–	–	13	15	20	–	–
12	01	28	8	0,3	32	10	0,6	14	15,9	37	12	1,6	17	19	–	–	–	14	16	22	–	–
15	02	32	9	0,3	35	11	0,6	14	15,9	42	13	1,0	17	19	–	–	–	16	18	23	30	–
17	03	35	10	0,3	40	12	0,6	16	17,5	47	14	1,0	19	22,2	62	17	1,0	18	20	25	34	–
20	04	42	12	0,6	47	14	1,0	18	20,6	52	15	1,1	21	22,2	72	19	1,1	21	23	30	36	26
25	05	47	12	0,6	52	15	1,0	18	20,6	62	17	1,1	24	25,4	80	21	1,5	24	27	33	43	31
30	06	55	13	1,0	62	16	1,0	20	23,8	72	19	1,1	27	30,2	90	23	1,5	27	31	44	51	36
35	07	62	14	1,0	72	17	1,1	23	27	80	21	1,5	31	34,9	100	25	1,5	31	35	44	57	41
40	08	68	15	1,0	80	18	1,1	23	30,2	90	23	1,5	33	36,5	110	27	2,0	34	39	57	64	46
45	09	75	16	1,0	85	19	1,1	23	30,2	100	25	1,5	36	39,7	120	29	2,0	37	43	53	72	51
50	10	80	16	1,0	90	20	1,1	23	30,2	110	27	2,0	40	44,4	130	31	2,1	39	47	56	79	56
55	11	90	18	1,1	100	21	1,5	25	33,3	120	29	2,0	43	49,2	140	33	2,1	43	51	71	87	61
60	12	95	18	1,1	110	22	1,5	28	36,5	130	31	2,1	46	54	150	35	2,1	47	55	78	96	67
65	13	100	18	1,1	120	23	1,5	31	38,1	140	33	2,1	48	58,7	160	37	2,1	50,5	60	84	102	72
70	14	110	20	1,1	125	24	1,5	31	39,7	150	35	2,1	51	63,5	180	42	3,0	53	64	88	109	77
75	15	115	20	1,1	130	25	1,5	31	41,3	160	37	2,1	55	68,3	190	45	3,0	56	68	92	117	82
80	16	125	22	1,1	140	26	2,0	33	44,4	170	39	2,1	58	68,3	200	48	3,0	59	72	99	123	88
85	17	130	22	1,1	150	28	2,0	36	49,2	180	41	3,0	60	73	210	52	4,0	63	76	106	131	93
90	18	140	24	1,5	160	30	2,0	40	52,4	190	43	3,0	64	73	225	54	4,0	67	80	113	136	98
95	19	145	24	1,5	170	32	2,1	43	55,6	200	45	3,0	67	77,8	–	–	–	72	84	120	143	103
100	20	150	24	1,5	180	34	2,1	46	60,3	215	47	3,0	73	82,6	–	–	–	76	90	127	153	110
105	21	160	26	2,0	190	36	2,1	50	65,1	225	49	3,0	77	87,3	–	–	–	80	94	135	–	103
110	22	170	28	2,0	200	38	2,1	53	69,8	240	50	3,0	80	92,.1	–	–	–	84	98	144	171	123
120	24	180	28	2,0	215	40	2,1	58	76	260	55	3,0	86	106	–	–	–	90	107	–	–	133

1) siehe TB 14-2. 2) r_{1s} min nach FAG. 3) D, r_{1s} wie für 02 bzw. 03. 4) Vierpunktlager.

b) Maßplan für Kegelrollenlager, Auszug aus DIN 616
Lagerart s. TB 14-2 (Lagerreihe)

Vgl. Lehrbuch Bild 14-13 und TB 14-2: alle Maße in mm
Abstandsmaße a und Kantenabstand min, r_{1s}, r_{2s} nach FAG

d	Kennzahl	DR 2							3							2				3				2		
		MR 02							03							22				23				32		
		D	B	C	T	r_{1s}	r_{2s}	$\approx a$	D	B	C	T	r_{1s}	r_{2s}	$\approx a$	B[1)]	C	T	$\approx a$	B[2)]	C	T	$\approx a$	B/T[1)]	C	$\approx a$
15	02	35	11	10	11,75	0,6	0,6	10	42	13	11	14,25	1,0	1,0	10	–	–	–	–	–	–	–	–	–	–	–
17	03	40	12	11	13,25	1,0	1,0	10	47	14	12	15,25	1,0	1,0	10	–	–	–	–	19	16	20,25	12	–	–	–
20	04	47	14	12	15,25	1,0	1,0	11	52	15	13	16,25	1,5	1,5	11	–	–	–	–	21	18	22,25	14	–	–	–
25	05	52	15	13	16,25	1,0	1,0	13	62	17	15	18,25	1,5	1,5	13	18	15	19,25	13	24	20	25,25	16	22	18	14
30	06	62	16	14	17,25	1,0	1,0	14	72	19	16	20,75	1,5	1,5	15	20	17	21,25	16	27	23	28,75	18	25	19,5	16
35	07	72	17	15	18,25	1,5	1,5	15	80	21	18	22,75	2,0	1,5	16	23	19	24,25	18	31	25	32,75	20	18	22	18
40	08	80	18	16	19,75	1,5	1,5	17	90	23	20	25,25	2,0	1,5	20	23	19	24,75	19	33	27	35,25	23	32	25	21
45	09	85	19	16	20,75	1,5	1,5	18	100	25	22	27,25	2,0	1,5	21	23	19	24,75	20	35	30	38,25	25	32	25	22
50	10	90	20	17	21,75	1,5	1,5	20	110	27	23	29,25	2,5	2,0	23	23	19	24,75	21	40	33	42,25	28	32	24,5	23
55	11	100	21	18	22,75	2,0	1,5	21	120	29	25	31,5	2,5	2,0	25	25	21	26,75	23	43	35	45,5	30	35	27	26
60	12	110	22	19	23,75	2,0	1,5	22	130	31	26	33,5	3,0	2,5	26	28	24	29,75	24	46	37	48,5	32	38	29	28
65	13	120	23	20	24,75	2,0	1,5	23	140	33	28	36	3,0	2,5	28	31	27	32,75	27	48	39	51	34	41	32	30
70	14	125	24	21	26,75	2,0	1,5	25	150	35	30	38	3,0	2,5	30	31	27	33,25	28	51	42	54	37	41	32	31
75	15	130	25	22	27,75	2,0	1,5	27	160	37	31	40	3,0	2,5	32	31	27	33,25	29	55	45	58	39	41	31	32
80	16	140	26	22	28,75	2,5	2,0	28	170	39	33	42,5	3,0	2,5	34	33	28	35,25	31	58	48	61,5	42	46	35	35
85	17	145	28	24	30,5	2,5	2,0	30	180	41	34	44,5	4,0	3,0	36	36	30	38,5	34	60	49	63,5	44	49	37	37
90	18	160	30	26	32,5	2,5	2,0	32	190	43	36	46,5	4,0	3,0	37	40	34	42,5	36	64	53	67,5	47	–	–	–
95	19	170	32	27	34,5	3,0	2,5	34	200	45	38	49,5	4,0	3,0	40	43	37	45,5	39	67	55	71,5	49	–	–	–
100	20	180	34	29	37	3,0	2,5	36	215	47	39	51,5	4,0	3,0	42	46	39	49	42	73	60	77,5	53	63	48	46
105	21	190	36	30	39	3,0	2,5	38	–	–	–	–	4,0	3,0	–	50	43	53	44	77	63	81,5	56	–	–	–
110	22	200	38	32	41	3,0	2,5	39	240	50	42	54,5	4,0	3,0	45	53	46	56	46	80	65	84,5	58	–	–	–
120	24	215	40	34	43,5	3,0	2,5	43	260	55	46	59,5	4,0	3,0	48	58	50	61,5	51	86	69	90,5	65	–	–	–

1) D, r_{1s}, r_{2s} wie bei MR 02. 2) D, r_{1s}, r_{2s} wie bei MR 03.

TB 14-1 Fortsetzung

c) Maßplan für einseitig und zweiseitig wirkende Axiallager mit ebenen Gehäusescheiben (vgl. Lehrbuch Bild 14-15a, b) bzw. kugeliger Gehäuse- und Unterlagscheibe U (vgl. Lehrbuch Bild 14-15c). Auszug aus DIN 616 und FAG, s. auch TB 14-2; alle Maße in mm (erste Ziffer von MR: Höhenreihe ≙ Breitenreihe), Lagerart s. TB 14-2 (Lagerreihe)

d_w	Kenn-zahl	einseitig wirkend: DR1				2				3				2								
		MR 11				12				13				32				mit U2				
		d_g	$D_g = D_w$	H	r_{1s}	d_g	$D_g = D_w$	H	r_{1s}	d_g	$D_g = D_w$	H	r_{1s}	d_g	$D_g = D_w$	H	r_{1s}	R/A	d_u	D_u	s_u	H_u
10	00	11	24	9	0,3	12	26	11	0,6	–	–	–	–	–	–	–	–	–	–	–	–	–
12	01	13	26	9	0,3	14	28	11	0,6	–	–	–	–	–	–	–	–	–	–	–	–	–
15	02	16	28	9	0,3	17	32	12	0,6	–	–	–	–	–	–	–	–	–	–	–	–	–
17	03	18	30	9	0,3	19	35	12	0,6	–	–	–	–	19	35	13,2	0,6	32/16	26	38	4	15
20	04	21	35	10	0,3	22	40	14	0,6	–	–	–	–	22	40	14,7	0,6	36/18	30	42	5	17
25	05	26	42	11	0,6	27	47	15	0,6	27	52	18	1	27	47	16,7	0,6	40/19	36	50	5,5	19
30	06	32	47	11	0,6	32	52	16	0,6	32	60	21	1	32	52	17,8	0,6	45/22	42	55	5,5	20
35	07	37	52	12	0,6	37	62	18	1	37	68	24	1	37	62	19,9	1	50/24	48	65	7	22
40	08	42	60	13	0,6	42	68	19	1	42	78	26	1	42	68	20,3	1	56/28,5	55	72	7	23
45	09	47	65	14	0,6	47	73	20	1	47	85	28	1	47	73	21,3	1	56/26	60	78	7,5	24
50	10	52	70	14	0,6	52	78	22	1	52	95	31	1	52	78	23,5	1	64/32,5	62	82	7,5	26
55	11	57	78	16	0,6	57	90	25	1	57	105	35	1,1	57	90	27,3	1	72/35	72	95	9	30
60	12	62	85	17	1	62	95	26	1	62	110	35	1,1	62	95	28	1	72/32,5	78	100	9	31
65	13	67	90	18	1	67	100	27	1	67	115	36	1,1	67	100	28,7	1	80/40	82	105	9	32
70	14	72	95	18	1	72	105	27	1	72	125	40	1,1	72	105	28,8	1	80/38	88	110	9	32
75	15	77	100	19	1	77	110	27	1	77	135	44	1,5	77	110	28,3	1	90/49	92	115	9,5	32
80	16	82	105	19	1	82	115	28	1	82	140	44	1,5	82	115	29,5	1	90/46	98	120	10	33
85	17	87	110	19	1	88	125	31	1	88	150	49	1,5	88	125	33,1	1	100/52	105	130	11	37
90	18	92	120	22	1	93	135	35	1,1	93	155	50	1,5	93	135	38,5	1	100/45	110	140	13,5	42
100	20	102	135	25	1	103	150	38	1,1	103	170	55	1,5	103	150	40,9	1,1	112/52	125	155	14	45
110	22	112	145	25	1	113	160	38	1,1	113	187/190	63	2	113	160	40,2	1,1	125/65	135	165	14	45
120	24	122	155	25	1	123	170	39	1,1	123	205/210	70	2,1	123	170	40,8	1,1	125/61	145	175	15	46

d_w	Kenn-zahl	zweiseitig wirkend[1]: 2					3				
		22					23				
		d_g	D_g	H	s_w	r_{1s}/r_{2s}	d_g	D_g	H	s_w	r_{1s}/r_{2s}
10	02	17	32	22	5	0,6/0,3	–	–	–	–	–
12	–	–	–	–	–	–	–	–	–	–	–
15	04	22	40	26	6	0,6/0,3	–	–	–	–	–
17	–	–	–	–	–	–	–	–	–	–	–
20	05	27	47	28	7	0,6/0,3	27	52	34	8	1/0,3
25	06	32	52	29	7	0,6/0,3	32	60	38	9	1/0,3
30	07[2]	37	62	34	8	1/0,3	37	68	44	10	1/0,3
35	09	47	73	37	9	1/0,6	47	85	52	12	1/0,6
40	10	52	78	39	9	1/0,6	52	95	58	14	1,1/0,6
45	11	57	90	45	10	1/0,6	57	105	64	15	1,1/0,6
50	12	62	95	46	10	1/0,6	62	110	64	15	1,1/0,6
55	13[3]	67	100	47	10	1/0,6	67	115	65	15	1,1/0,6
60	15	77	110	47	10	1/1	77	135	79	18	1,5/1
65	16	82	115	48	10	1/1	82	140	79	18	1,5/1
70	17	88	125	55	12	1/1	88	150	87	19	1,5/1
75	18	93	135	62	14	1,1/1	93	155	88	19	1,5/1
80	–	–	–	–	–	–	–	–	–	–	–
85	20	103	150	67	15	1,1/1	103	170	97	21	1,5/1
90	22[4]	113	160	67	15	1,1/1	113	190	110	24	2/1
100	24	123	170	68	15	1,1/1,1	123	210	123	27	2,1/1,1
110	26	133	190	80	18	1,5/1,1	134	225	130	30	2,1/1,1
120	28	143	200	81	18	1,5/1,1	144	240	140	31	2,1/1,1

[1] Beachte für d_w die entsprechenden Kennzahlen der zweiseitig wirkenden Axiallager.

[2] Kennzahl 08 auch für $d_w = 30$ mm: MR 22
$d_g = 42$; $D_g = 68$; $H = 36$; $s_w = 9$; $r_{1s}/r_{2s} = 1/0{,}6$
MR 23
$d_g = 42$; $D_g = 78$; $H = 49$; $s_w = 12$; $r_{1s}/r_{2s} = 1/0{,}6$.

[3] Kennzahl 14 auch für $d_w = 55$ mm: MR 22
$d_g = 72$; $D_g = 105$; $H = 47$; $s_w = 10$; $r_{1s}/r_{2s} = 1/1$
MR 23
$d_g = 72$; $D_g = 125$; $H = 72$; $s_w = 16$; $r_{1s}/r_{2s} = 1{,}1/1$.

[4] Kennzahl 22 für $d_w = 95$ mm.

TB 14-1 Fortsetzung

d) Spannhülsen mit Mutter und Sicherung (Auszug aus DIN 5415)

Maße in mm

d_1 Nennmaß der Spannhülsenbohrung = Nennmaß des Wellendurchmessers

Die Spannhülsen sind einmal durchgehend geschlitzt.
Spannhülsen mit Mutter und Sicherungsblech sind nur als Ganzes austauschbar.
Einzelteile verschiedener Herkunft sind nicht untereinander austauschbar.

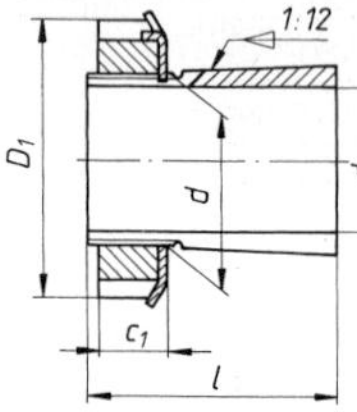

Kurzzeichen	d	d_1	l	D_1	c_1	Kurzzeichen	d	d_1	l	D_1	c_1	Kurzzeichen	d	d_1	l	D_1	c_1
Reihe H 2[1]						Reihe H 3[2]						Reihe H 23[3]					
H 204	20	17	24	32	7	H 304	20	17	28	32	7	H 2304	20	17	31	32	7
H 205	25	20	26	38	8	H 305	25	20	29	38	8	H 2305	25	20	35	38	8
H 206	30	25	27	45	8	H 306	30	25	31	45	8	H 2306	30	25	38	45	8
H 207	35	30	29	52	9	H 307	35	30	35	52	9	H 2307	35	30	43	52	9
H 208	40	35	31	58	10	H 308	40	35	36	58	10	H 2308	40	35	46	58	10
H 209	45	40	33	65	11	H 309	45	40	39	65	11	H 2309	45	40	50	65	11
H 210	50	45	35	70	12	H 310	50	45	42	70	12	H 2310	50	45	55	70	12
H 211	55	50	37	75	12	H 311	55	50	45	75	12	H 2311	55	50	59	75	12
H 212	60	55	38	80	13	H 312	60	55	47	80	13	H 2312	60	55	62	80	13
H 213	65	60	40	85	14	H 313	65	60	50	85	14	H 2313	65	60	65	85	14
H 214	70	60	41	92	15	H 314	70	60	52	92	15	H 2314	70	60	68	92	15
H 215	75	65	43	98	15	H315	75	65	55	98	15	H 2315	75	65	73	98	15
H 216	80	70	46	105	17	H 316	80	70	59	105	17	H 2316	80	70	78	105	17
H 217	85	75	50	110	18	H 317	85	75	63	110	18	H 2317	85	75	82	110	18
H 218	90	80	52	120	18	H 318	90	80	65	120	18	H 2318	90	80	86	120	18
H 219	95	85	55	125	19	H 319	95	85	68	125	19	H 2319	95	85	90	125	19
H 220	100	90	58	130	20	H 320	100	90	71	130	20	H 2320	100	90	97	130	20
H 222	110	100	63	145	21	H 322	110	100	77	145	21	H 2322	110	100	105	145	21

passend für Wälzlager [1] MR 02, [2] MR 03 und 22, [3] MR 23

TB 14-2 Dynamische Tragzahlen C, statische Tragzahlen C_0 und Ermüdungsgrenzbelastung C_u in kN (nach FAG-Angaben Ausg. 2006)

Maße s. TB 14-1a, b, c; d Bohrungskennzahl s. TB 14-1

Längenart		Rillenkugellager												Schrägkugellager einreihig					
Lagerreihe		60			62			63			64[1]			72 … B[2]			73 … B[2]		
Maßreihe		10			02			03			04			02			03		
Tragzahlen		C	C_0	C_u	C	C_0	C_u	C	C_0	C_u	C	C_0	C_u	C	C_0	C_u	C	C_0	C_u
Bohrungskennzahl	00	4,55	1,96	0,09	6	2,6	0,171	8,15	3,45	0,23	–	–	–	5	2,6	0,174	–	–	–
	01	5,1	2,36	0,13	6,95	3,1	0,198	9,65	4,15	0,28	–	–	–	6,95	3,55	0,241	10,6	5,3	0,355
	02	5,6	2,85	0,13	7,8	3,75	0,22	11,4	5,4	0,35	–	–	–	8	4,45	0,3	13,2	7,2	0,485
	03	6	3,25	0,16	9,5	4,75	0,275	13,4	6,55	0,43	22,4	11,4	0,75	10	5,7	0,38	16,3	9	0,61
	04	9,3	5	0,29	12,7	6,55	0,44	16	7,8	0,53	29	16,3	1,02	13,4	7,5	0,47	19	11	0,75
	05	10	5,85	0,31	14	7,8	0,51	22,4	11,4	0,75	33,5	19	1,25	14,6	9,3	0,58	26	15,8	1,07
	06	12,7	8	0,39	19,3	11,2	0,68	29	16,3	1,02	42,5	25	1,64	20,4	12,5	0,77	33	22,1	1,49
	07	16	10,2	0,55	25,5	15,3	0,92	33,5	19	1,25	53	31,5	2,18	27	19	1,28	40	27,5	1,86
	08	16,6	11,6	0,58	29	18	1,05	42,5	25	1,64	62	38	2,5	32	23,5	1,58	50	34,5	2,32
	09	20	14,3	0,73	31	20,4	1,15	53	31,5	2,18	76,5	47,5	3,05	36	27	1,81	61	43	2,9
	10	20,8	15,6	0,77	36,5	24	1,42	62	38	2,6	81,5	52	3,4	37,5	28,5	1,92	70	50	3,4
	11	28,5	21,2	1,12	43	29	1,72	76,5	47,5	3,05	93	60	3,95	46,5	38,5	2,6	80	61	4,1
	12	29	23,2	1,19	52	36	2,24	81,5	52	3,4	104	68	4,45	56	45	3,05	90	66,9	4,65
	13	30,5	25	1,27	60	41,5	2,55	93	60	3,95	114	76,5	4,65	64	55	3,7	103	82	5,4
	14	38	31	1,85	62	44	2,9	104	68	4,45	132	96,5	5,8	69,5	62	4,2	117	93	6
	15	39	33,5	1,96	65,5	49	3,35	114	76,5	4,65	132	96,5	5,8	68	62	4,1	130	107	6,7
	16	47,5	40	2,34	72	54	3,45	122	86,5	5,2	163	125	6,9	80	72	4,65	144	124	7,5
	17	49	43	2,43	83	64	4,05	132	96,5	5,8	173	137	7,5	90	86	5,3	155	138	8,1
	18	58,5	50	2,65	96,5	72	4,2	134	102	5,8	196	163	8,9	106	98	5,9	167	155	8,8
	19	60	54	2,8	108	81,5	4,7	146	114	6,4	–	–	–	116	106	6,2	176	167	9,3
	20	60	54	2,7	122	93	5,4	163	134	7,4	–	–	–	132*	124*	7,1*	199	197	10,6
	21	71	64	3,1	132	104	5,7	173	146	7,5	–	–	–	144	142	7,9	209	214	11,2
	22	80	71	3,45	143	116	6,3	190	166	8,6	–	–	–	155	154	8,3	232	245	12,5
	24	83	78	3,55	146	122	6,2	212	190	9	–	–	–	169*	178*	9,3*	255*	285*	13,9*

[1] ab 6415 mit Massivkäfig aus Messing, Nachsetzzeichen M; z. B. Rillenkugellager 6415-M

[2] Druckwinkel $\alpha = 40°$, Tragzahlen für Lagerpaare: $C = 1{,}625 \cdot C_{\text{Einzellager}}$; $C_0 = 2 \cdot C_{0\,\text{Einzellager}}$.
Lager mit Blechkäfig aus Stahl oder Massivkäfig aus Polyamid, außer Schrägkugellager 7221 und 7321 (Käfig aus Messing); Tragzahlen mit * Käfig aus Polyamid.

TB 14-2 Fortsetzung

Lagerart	Schrägkugellager zweireihig						Vierpunktlager			Pendelkugellager						
Lagerreihe	32 ... B[1]			33 ... B[2]			QJ3[3]			12; 12 ... K[4]						
Maßreihe	32			33			03			02						
Bohrungskennzahl	C	C_0	C_u	C	C_0	C_u	C	C_0	C_u	C	e	Y_1[5]	Y_2[5]	C_0	Y_0	C_u
00	7,8	4,55	0,22	–	–	–	–	–	–	5,7	0,32	1,95	3,02	1,18	2,05	0,073
01	10,6	5,85	0,3	–	–	–	–	–	–	5,7	0,37	1,69	2,62	1,26	1,77	0,078
02	11,8	7,1	0,36	16,3	10	0,46	–	–	–	7,7	0,34	1,86	2,88	1,73	1,95	0,108
03	14,6	9	0,42	20,8	12,5	0,57	–	–	–	8,1	0,33	1,93	2,99	2	2,03	0,124
04	19,6	12,5	0,61	23,2	15	0,69	30	19,6	0,99	10,1	0,28	2,24	3,46	2,6	2,34	0,161
05	21,2	14,6	0,71	30	20	0,9	44	31,5	1,59	12,3	0,27	2,37	3,66	3,25	2,48	0,203
06	30	21,2	0,98	41,5	28,2	1,31	58,5	43	2,17	15,9	0,25	2,53	3,91	4,6	2,65	0,285
07	39	28,5	1,37	51	34,5	1,65	62	51	2,55	16	0,22	2,8	4,34	5,1	2,94	0,315
08	48	36,5	1,84	62	45	2,5	86,5	68	3,5	19,4	0,22	2,9	4,49	6,5	3,04	0,4
09	48	37,5	1,8	68	51	2,75	102	83	4,55	22	0,21	3,04	4,7	7,3	3,18	0,455
10	51	42,5	2,12	81,5	62	3,45	110	91,5	4,95	22,9	0,2	3,17	4,9	8	3,32	0,5
11	58,5	49	2,39	102	78	4,25	127	108	5,9	27	0,19	3,31	5,12	9,9	3,47	0,62
12	72	61	3,45	125	98	5,2	146	127	6,7	30,5	0,18	3,47	5,37	11,4	3,64	0,71
13	80	73,5	3,7	143	112	6,1	163	146	7,9	31	0,18	3,57	5,52	12,4	3,74	0,77
14	83	76,5	4,15	163	167	8,8	183	166	8,6	35	0,19	3,36	5,21	13,7	3,52	0,85
15	91,5	85	4,25	185	192	9,7	212	204	10,5	39	0,19	3,32	5,15	15,5	3,48	0,95
16	98	93	4,95	209	213	11,5	224	220	10,8	40	0,16	3,9	6,03	16,8	4,08	0,99
17	126	151	7,3	223	229	10,9	245	255	11,7	49,5	0,17	3,73	5,78	20,6	3,91	1,18
18	140	169	7,9	245	275	12,8	265	285	12,9	57	0,17	3,74	5,79	23,3	3,92	1,3
19	156	186	8,6	260	285	12,9	285	310	14,1	64	0,17	3,73	5,78	27	3,91	1,45
20	181	224	10	270	320	13,9	325	365	16,3	70	0,18	3,58	5,53	29,5	3,75	1,55
21	213	247	11,1	–	–	–	–	–	–	75	0,18	3,54	5,48	32	3,71	1,64
22	229	280	12,1	320	385	16	345	415	17,4	89	0,17	3,61	5,59	38	3,78	1,9
24	–	–	–	–	–	–	380	480	19,3	121	0,2	3,11	4,81	52	3,25	2,5

1) bis Kennzahl 16 mit Druckwinkel $\alpha = 25°$, Zusatzzeichen B; ab Kennzahl 17 Druckwinkel $\alpha = 35°$, ohne Zusatzzeichen.
2) bis Kennzahl 13 mit Druckwinkel $\alpha = 25°$, Zusatzzeichen B; ab Kennzahl 14 Druckwinkel $\alpha = 35°$, ohne Zusatzzeichen.
3) Druckwinkel $\alpha = 35°$, ab Kennzahl 15 mit zwei Haltenuten, Zusatzzeichen N2.
4) ab Kennzeichen 04 auch Ausführung K (mit kegeliger Bohrung, Kegel 1 : 12), außer 1221 und 1224.
5) Es gilt $Y = Y_1$, wenn $F_a/F_r \leq e$,
$Y = Y_2$, wenn $F_a/F_r > e$.

TB 14-2 Fortsetzung

Lagerart	Pendelkugellager (Fortsetzung)																				
Lagerreihe	13; 13 ... K[1]							22; 22 ... K[1], 2RS[2]							23; 23 ... K[1], 2RS[3]						
Maßreihe	03							22							23						
Bohrungskennzahl	C	e	Y_1[4]	Y_2[4]	C_0	Y_0	C_u	C	e	Y_1[4]	Y_2[4]	C_0	Y_0	C_u	C	e	Y_1[4]	Y_2[4]	C_0	Y_0	C_u
00	–	–	–	–	–	–	–	8,8	0,58	1,09	1,69	1,73	1,14	0,107	–	–	–	–	–	–	–
01	–	–	–	–	–	–	–	9,4	0,53	1,2	1,85	1,92	1,25	0,12	–	–	–	–	–	–	–
02	–	–	–	–	–	–	–	9,6	0,46	1,37	2,13	2,08	1,44	0,13	17	0,51	1,23	1,91	3,7	1,29	0,2
03	12,9	0,32	1,94	3	3,15	2,03	0,197	11,8	0,46	1,37	2,12	2,75	1,43	0,171	13,9	0,53	1,19	1,85	3,15	1,25	0,2
04	12,7	0,29	2,17	3,35	3,3	2,27	0,206	14,7	0,44	1,45	2,24	3,5	1,51	0,219	17,6	0,51	1,23	1,9	4,25	1,29	0,3
05	18,3	0,28	2,29	3,54	4,95	2,4	0,31	17,3	0,35	1,78	2,75	4,4	1,86	0,275	25	0,48	1,32	2,04	6,5	1,38	0,4
06	21,7	0,26	2,39	3,71	6,3	2,51	0,39	26	0,3	2,13	3,29	6,9	2,23	0,43	32,5	0,45	1,4	2,17	8,7	1,47	0,5
07	25,5	0,26	2,47	3,82	7,8	2,59	0,485	33	0,3	2,13	3,29	8,9	2,23	0,56	40,5	0,47	1,35	2,1	11,1	1,42	0,7
08	30	0,25	2,52	3,9	9,6	2,64	0,6	32,5	0,26	2,43	3,76	9,4	2,54	0,58	46	0,43	1,45	2,25	13,4	1,52	0,8
09	38,5	0,25	2,5	3,87	12,6	2,62	0,78	28,5	0,26	2,43	3,76	8,9	2,54	0,55	55	0,43	1,48	2,29	16,5	1,55	1
10	42	0,24	2,6	4,03	14,1	2,73	0,88	28,5	0,24	2,61	4,05	9,4	2,74	0,58	66	0,43	1,47	2,27	19,9	1,54	1,2
11	52	0,24	2,66	4,12	17,7	2,79	1,1	39	0,22	2,92	4,52	12,4	3,06	0,77	77	0,42	1,51	2,33	23,8	1,58	1,5
12	58	0,23	2,77	4,28	20,6	2,9	1,28	48	0,23	2,69	4,16	16,3	2,82	1,02	89	0,41	1,55	2,4	28	1,62	1,7
13	63	0,23	2,75	4,26	22,7	2,88	1,38	58	0,23	2,78	4,31	19	2,92	1,19	98	0,39	1,62	2,51	32	1,7	2
14	75	0,23	2,79	4,32	27,5	2,93	1,62	44	0,27	2,34	3,62	16,9	2,45	1,05	112	0,38	1,65	2,55	37	1,73	2,2
15	80	0,23	2,77	4,29	29,5	2,9	1,69	44,5	0,26	2,47	3,83	17,6	2,59	1,08	124	0,38	1,64	2,54	42	1,72	2,4
16	89	0,22	2,87	4,44	33	3	1,81	49,5	0,25	2,48	3,84	19,8	2,6	1,18	139	0,37	1,7	2,62	48,5	1,78	2,7
17	99	0,22	2,88	4,46	37,5	3,02	2,01	59	0,26	2,46	3,81	23,4	2,58	1,34	143	0,37	1,68	2,61	51	1,76	2,8
18	109	0,22	2,83	4,38	42,5	2,97	2,23	71	0,27	2,33	3,61	28,5	2,44	1,58	156	0,39	1,63	2,53	57	1,71	3
19	134	0,23	2,73	4,23	50	2,86	2,55	84	0,27	2,32	3,59	34	2,43	1,84	167	0,38	1,66	2,57	63	1,74	3,3
20	145	0,23	2,68	4,15	57	2,87	2,8	98	0,27	2,68	3,61	40	2,44	2,12	196	0,38	1,67	2,58	78	1,75	3,9
21	158	0,23	2,75	4,23	64	2,88	3,1	–	–	–	–	–	–	–	–	–	–	–	–	–	–
22	165	0,23	2,79	4,32	71	2,92	3,3	126	0,28	2,23	3,45	51	2,33	2,55	221	0,37	1,69	2,62	94	1,77	4,4
24	–	–	–	–	–	–	–	–	–	–	–	–	–	–	–	–	–	–	–	–	–

1) ab Kennzahl 05 auch Ausführung K (mit kegeliger Bohrung, Kegel 1 : 12), außer Kennzahl 14 und 21 sowie Lager 2310.
2) bis Kennzahl 13 auch Ausführung mit beidseitig schleifender Dichtung (Nachsetzzeichen 2RS). Bei Ausführung 2RS sind die Werte der Baureihe 12 zu verwenden.
3) von Kennzahl 03 bis 11 auch Ausführung mit beidseitig schleifender Dichtung (Nachsetzzeichen 2RS). Bei Ausführung 2RS sind die Werte der Baureihe 13 zu verwenden.
4) Es gilt $Y = Y_1$, wenn $F_a/F_r \leq e$,
$Y = Y_2$, wenn $F_a/F_r > e$.

TB 14-2 Fortsetzung

Lagerart	Zylinderrollenlager[1), 2)]																
Lagerreihe	NU 10			N2; NJ2; NU2; NUP2		N2; NJ2 NUP2	NU2	N3, NJ3 NU3, NUP3		N3; NJ3 NUP3	NU3	NJ22; NU22; NUP22			NJ23; NU23; NUP23		
Maßreihe	10			02				03				22			23		
Bohrungskennzahl	C	C_0	C_u	C	C_0	C_u	C_u	C	C_0	C_u	C_u	C	C_0	C_u	C	C_0	C_u
02	–	–	–	15,1*	10,4*	1,47* **	1,29	–	–	–	–	–	–	–	–	–	–
03	–	–	–	20,8	14,6	2,11**	1,82	30*	21,2*	3,3*	2,65	28,5	21,9	3,5	–	–	–
04	–	–	–	32,5	24,7	3,85	3,1	36,5*	26*	4,05*	3,25	38,5	31	5	48,5	38	6,3
05	16,7	12,9	1,52	34,5	27,5	4,35	3,5	48	36,5	5,8	4,7	41,5	34,5	5,7	66	55	9,4
06	22,9	19,3	2,4	45	36	5,7	4,65	61	48	8	6,4	57	48,5	8,1	86	75	13,2
07	29	26	3,15	58	48,5	7,9	6,4	76	63	10,7	8,6	72	64	10,8	108	98	17,4
08	33,5	30,5	3,35	63	53	8,7	7	95	78	12,9	10,4	83	75	12,9	132	119	20,7
09	40	37,5	4,8	72	63	10,6	8,6	108**	91**	15,2**	13,3	87	82	14,1	162	153	27
10	42,5	41,5	5,3	75	69	11,5	9,3	130	113	19,1	15,5	92	88	15,3	192	187	33
11	53	62	6,6	99	95	16,3	13,2	159	139	23,6	19,1	117	118	20,7	235	230	41
12	52	55	7,1	111	102	16,8	13,9	177	157	26,5	21,7	151	152	26,5	265	260	47
13	53	58	7,5	127	119	19,8	16,3	214	191	32	26	176	181	32	295	285	50
14	75	78	10,6	140	137	23,1	19	242	222	37	30	184	194	34	325	325	56
15	76	82	11,1	154	156	26,5	21,7	285	265	43	34,5	191	207	36	390	395	67
16	91	99	13,6	165	167	27,5	22,6	300	275	46	37	220	243	42	420	425	73
17	93	103	14	194	194	31,5	26	320**	300**	49,5**	40	255	275	46**	435	445	75
18	111	124	16,8	215	217	35	28,5	370	350	55	44	285	315	52	510	530	86
19	113	130	17,3	260	265	41,5	34	390	380	59	48	340	370	60	540	580	92**
20	116	135	17,9	295	305	47,5	38,5	450	425	65	53	395	445	72	680	720	114
21	131	153	19,4	310	320	49	40	–	–	–	–	–	–	–	–	–	–
22	166	190	24,2	345	365	56**	56	495**	475**	73**	59	455	520	81	750	800	126
24	174	207	26	390	415	64	52	610	600	87	70	530	610	96**	930	1010	153

1) Bei als Stützlager (NJ oder NU mit einem Winkelring HJ) oder Festlager (NUP oder NJ mit HJ) eingesetztem Lager muss $F_a/F_r \leq 0{,}4$ sein. Ständige axiale Belastung ist nur zulässig, wenn das Lager gleichzeitig radial belastet ist. F_a darf die zulässige Axialkraft $F_{a\,zul}$ nicht überschreiten. Werte für $F_{a\,zul}$ s. Herstellerkataloge.

2) Lagerreihe 10 mit rollengeführten Käfigen aus Messing (Nachsetzzeichen M1); Lagerreihe 2, 3, 22, 23 verstärkte Ausführung, (Nachsetzzeichen E, z. B. NJ 2205 E).
* nicht NUP202, N303, N304;
** bei NJ202: $C_u = 1{,}46$; NJ203/NUP203: $C_u = 2{,}1$; NJ222/NUP222: $C_u = 55$; NU2217: $C_u = 46{,}5$; NU2224: $C_u = 97$; NU2319: $C_u = 93$; bei N309 und NU309: $C = 115$, $C_0 = 98$, $C_u = 16{,}4$; N317: $C = 340$, $C_0 = 325$, $C_u = 53$; N322: $C = 520$, $C_0 = 510$, $C_u = 78$.

TB 14-2 Fortsetzung

14

Lagerart	Kegelrollenlager[1)]																							
Lagerreihe	302A[2)]						303A[2)]						322A[2)]						323A[2)]					
Maßreihe	02						03						22						23					
Bohrungskennzahl	C	e	Y	C_0	Y_0	C_u	C	e	Y	C_0	Y_0	C_u	C	e	Y	C_0	Y_0	C_u	C	e	Y	C_0	Y_0	C_u
02	14,2	0,35	1,73	13,5	0,95	1,32	22,9	0,29	2,11	20,3	1,16	2,11	–	–	–	–	–	–	–	–	–	–	–	–
03	18,5	0,35	1,74	17,8	0,96	1,89	27,5	0,29	2,11	24,5	1,16	2,6	28,5	0,31	1,92	29	1,06	3,25	36	0,29	2,11	35	1,16	4,05
04	26,5	0,35	1,74	26,5	0,96	2,9	34	0,3	2	32	1,1	3,6	–	–	–	–	–	–	45,5	0,3	2	47,5	1,1	5,6
05	32	0,37	1,6	34,5	0,88	3,9	47	0,3	2	45	1,1	5,1	39,5	0,33	1,81	43,5	0,92	5,1	62	0,3	2	65	1,1	7,8
06	43,5	0,37	1,6	47,5	0,88	5,5	60	0,31	1,9	61	1,05	6,9	53	0,37	1,6	62	0,88	7,4	81	0,31	1,9	90	1,05	10,8
07	53	0,37	1,6	58	0,88	6,8	75	0,31	1,9	78	1,05	8,6	70	0,37	1,6	83	0,88	10,2	101	0,31	1,9	114	1,05	13,6
08	61	0,37	1,6	66	0,88	7,6	92	0,35	1,74	103	0,96	11,9	79	0,37	1,6	93	0,88	11,2	121	0,35	1,74	148	0,96	17,9
09	70	0,4	1,48	82	0,81	9,6	112	0,35	1,74	127	0,96	14,8	82	0,4	1,48	99	0,81	12	147	0,35	1,74	192	0,96	23,5
10	79	0,42	1,43	95	0,79	11,3	130	0,35	1,74	148	0,96	17,6	87	0,42	1,43	109	0,79	13,2	187	0,35	1,74	237	0,96	29,5
11	91	0,4	1,48	107	0,81	12,4	151	0,35	1,74	174	0,96	20,6	110	0,4	1,48	137	0,81	16,2	211	0,35	1,74	270	0,96	33,5
12	102	0,4	1,48	121	0,81	14	176	0,35	1,74	204	0,96	24,2	133	0,4	1,48	170	0,81	20,6	242	0,35	1,74	310	0,96	38,5
13	119	0,4	1,48	142	0,81	16,6	201	0,35	1,74	236	0,96	27	156	0,4	1,48	200	0,81	24,5	275	0,35	1,74	350	0,96	43,5
14	130	0,42	1,43	160	0,79	19	227	0,35	1,74	270	0,96	31	163	0,42	1,43	214	0,79	26,5	315	0,35	1,74	410	0,96	49,5
15	137	0,44	1,32	172	0,76	20,3	255	0,35	1,74	300	0,96	34,5	171	0,44	1,38	229	0,76	28	360	0,35	1,74	475	0,96	57
16	154	0,42	1,43	191	0,79	21,9	290	0,35	1,74	350	0,96	39,5	198	0,42	1,43	260	0,79	31	405	0,35	1,74	540	0,96	64
17	175	0,42	1,43	220	0,79	25,5	315	0,35	1,74	380	0,96	42	226	0,42	1,43	305	0,79	36	435	0,35	1,74	580	0,96	68
18	199	0,42	1,43	255	0,79	28,5	335	0,35	1,74	405	0,96	43,5	260	0,42	1,43	355	0,79	42	490	0,35	1,74	670	0,96	76
19	225	0,42	1,43	290	0,79	32	370	0,35	1,74	450	0,96	47,5	300	0,42	1,43	420	0,79	48,5	530	0,35	1,74	720	0,96	80
20	250	0,42	1,43	330	0,79	35,5	420	0,35	1,74	510	0,96	63	335	0,42	1,43	475	0,79	54	620	0,35	1,74	850	0,96	108
21	280	0,42	1,43	370	0,79	40	–	–	–	–	–	–	385	0,42	1,43	550	0,79	63	670	0,35	1,74	940	0,96	118
22	315	0,42	1,43	425	0,79	45,5	475	0,35	1,74	580	0,96	71	415	0,42	1,43	590	0,79	66	740	0,35	1,74	1030	0,96	127
24	335	0,44	1,38	455	0,76	57	570	0,35	1,74	710	0,96	83	490	0,44	1,38	730	0,76	93	670*	0,39	1,53	970*	0,84	118*

1) Lagerpaar in O- oder X-Anordnung $C = 1{,}715 \cdot C_{\text{Einzel}}$; $P = F_r + 1{,}12 \cdot Y \cdot F_a$ wenn $F_a/F_r \leq e$,
$P = 0{,}67 \cdot F_r + 1{,}68 \cdot Y \cdot F_a$ wenn $F_a/F_r > e$;
$C_0 = 2 \cdot C_{0\,\text{Einzel}}$; $P_0 = F_r + 2 \cdot Y_0 \cdot F_a$.

2) Nachsetzzeichen A – Lager mit geänderter Innenkonstruktion; Tragzahlen mit * Normalausführung (ohne A).

TB 14-2 Fortsetzung

Lagerart		Tonnenlager[1),4)]				Pendelrollenlager[1),2),4)]						
Lagerreihe		202; 202 K		203; 203 K		213 … E[1)]; 213 … E1-K						
Maßreihe		02		03		13[5)]						
		C	C_0	C	C_0	C	e	Y_1[3)]	Y_2[3)]	C_0	Y_0	C_u
Bohrungskennzahl	04	20,4	19,3	27	24,5	40,5	0,3	2,25	3,34	33,5	2,2	3,7
	05	24	25	36	34,5	52	0,28	2,43	3,61	43	2,37	4,75
	06	27,5	28,5	49	49	72	0,27	2,49	3,71	63	2,43	7
	07	40,5	43	58,5	61	83	0,26	2,55	3,8	73,5	2,5	8,1
	08	49	53	76,5	81,5	108	0,24	2,81	4,19	106	2,75	14,3
	09	52	57	86,5	95	129	0,23	2,92	4,35	129	2,86	17,3
	10	58,5	68	108	118	129	0,23	2,92	4,35	129	2,86	17,1
	11	73,5	85	120	137	170	0,24	2,84	4,23	166	2,78	21,2
	12	85	100	146	170	212	0,23	2,95	4,4	228	2,89	28
	13	95	116	170	196	250	0,22	3,14	4,67	270	3,07	34
	14	106	134	183	216	250	0,22	3,14	4,67	270	3,07	34
	15	112	143	216	255	305	0,22	3,04	4,53	325	2,97	38,5
	16	125	163	245	285	305	0,22	3,04	4,53	325	2,97	38,5
	17	156	200	270	320	345	0,23	2,9	4,31	375	2,83	42,5
	18	173	220	300	360	380	0,24	2,87	4,27	415	2,8	47
	19	208	265	335	400	430	0,22	3,04	4,53	455	2,97	47,5
	20	224	290	365	440	490	0,22	3,14	4,67	530	3,07	61
	21	245	315	–	–	–	–	–	–	–	–	–
	22	285	375	430	520	600	0,21	3,24	4,82	640	3,16	69
	24	305	415	490	630	–	–	–	–	–	–	–

Lagerart		Pendelrollenlager[1),2),4)]												
Lagerreihe		222 … E[1)]; 222 … E1-K							223 … E[1)]; 223 … E1-K					
Maßreihe		22							23					
		C	e	Y_1[3)]	Y_2[3)]	C_0	Y_0	C_u	C	e	Y_1[3)]	Y_2[3)]	C_0	Y_0
Bohrungskennzahl	04	–	–	–	–	–	–	–	–	–	–	–	–	–
	05	48	0,34	1,98	2,94	42,5	1,93	4,8	–	–	–	–	–	–
	06	64	0,31	2,15	3,2	57	2,1	6,9	–	–	–	–	–	–
	07	88	0,31	2,16	3,22	81,5	2,12	9,4	–	–	–	–	–	–
	08	102	0,28	2,41	3,59	90	2,35	11,8	156	0,36	1,86	2,77	150	1,82
	09	104	0,26	2,62	3,9	98	2,56	12,7	186	0,36	1,9	2,83	183	1,86
	10	108	0,24	2,81	4,19	106	2,75	14,3	228	0,36	1,86	2,77	224	1,82
	11	129	0,23	2,92	4,35	129	2,86	17,3	265	0,36	1,89	2,81	260	1,84
	12	170	0,24	2,84	4,23	166	2,78	21,2	310	0,35	1,91	2,85	310	1,87
	13	200	0,24	2,81	4,19	208	2,75	25,5	355	0,34	2	2,98	365	1,96
	14	212	0,23	2,95	4,4	228	2,89	28	390	0,34	2	2,98	390	1,96
	15	216	0,22	3,1	4,62	236	3,03	29,5	440	0,34	1,99	2,96	450	1,94
	16	250	0,22	3,14	4,67	270	3,07	34	500	0,34	1,99	2,96	510	1,94
	17	305	0,22	3,04	4,53	325	2,97	38,5	540	0,33	2,04	3,04	560	2
	18	345	0,23	2,9	4,31	375	2,83	42,5	610	0,33	2,03	3,02	630	1,98
	19	380	0,24	2,87	4,27	415	2,8	47	670	0,33	2,03	3,02	695	1,98
	20	430	0,24	2,84	4,23	475	2,78	52	815	0,33	2,03	3,02	915	1,98
	21	–	–	–	–	–	–	–	–	–	–	–	–	–
	22	550	0,25	2,71	4,04	600	2,65	62	950	0,33	2,07	3,09	1060	2,03
	24	640	0,25	2,71	4,04	735	2,65	71	1080	0,33	2,06	3,06	1160	2,01

1) Ausführung K (mit kegeliger Bohrung 1:12) nicht für Lager 20204, 20214, 20219 und 20221, sowie 20304 … 10, 20314 … 17, 20319 und 20321 … 24.

2) Lager verstärkte Ausführung (Nachsetzzeichen E1), mit Schmiernut und Schmierbohrungen im Außenring (keine Schmiernut Lager 21304 … 07); Ausführung K nicht für Lager 21304 … 06.

3) Es gilt: $Y = Y_1$, wenn $F_a/F_r \leq e$,
$Y = Y_2$, wenn $F_a/F_r > e$.

4) fehlende Werte für C_u sind den Herstellerkatalogen zu entnehmen.

5) D, B, r_{1s} entspricht Maßreihe 03

TB 14-2 Fortsetzung

Lagerart		Axial-Rillenkugellager einseitig wirkend[1),3)]								
Lagerreihe		511			512, 532 U2			513, 533 U3		
Maßreihe		11			12, 32			13, 33		
		C	C_0	C_u	C	C_0	C_u	C	C_0	C_u
Bohrungskennzahl	00	10	14	0,62	12,7	17	0,76	–	–	–
	01	10,4	15,3	0,69	13,2	19	0,84	–	–	–
	02	10,6	16,6	0,75	16,6	25	1,1	–	–	–
	03	11,4	19,6	0,87	17,3	27,5	1,21	–	–	–
	04	15	26,5	1,18	22,4	37,5	1,66	–	–	–
	05	18	35,5	1,57	28	50	2,22	34,5	55	2,45
	06	19	40	1,77	25	46,5	2,04	38	65,5	2,85
	07	20	46,5	2,06	35,5	67	3	50	88	3,9
	08	27	63	2,75	46,5	98	4,3	61	112	5
	09	28	69,5	3,05	39	80	3,55	75	140	6,3
	10	29	75	3,3	50	106	4,7	86,5	170	7,5
	11	30,5	75	3,3	61	134	6,1	102	208	9
	12	41,5	112	5	62	140	6,2	100	208	9
	13	38	100	4,4	64	150	6,6	106	220	9,7
	14	40	110	4,85	65,5	160	7	134	290	12,9
	15	44	122	5,5	67	170	7,5	163	360	15,4
	16	45	129	5,7	75	190	8,5	160	360	15,1
	17	45,5	134	6	98	250	10,9	186	415	16,7
	18	45,5	140	6,1	118	300	12,3	193	455	17,7
	20	85	270	13	122	320	14,4	240	585	21,9
	22	86,5	290	13,4	134	365	16	280	750	27
	24	90	310	13,9	134	390	14,5	325	915	31,5

Lagerart		Axial-Rillenkugellager zweiseitig wirkend[2),3)]					
Lagerreihe		522, 542 U2			523, 543 U3		
Maßreihe		22, 42			23, 43		
		C	C_0	C_u	C	C_0	C_u
Bohrungskennzahl[4)]	02	16,6*	25*	1,1*	–	–	–
	04	22,4*	37,5*	1,66*	–	–	–
	05	28	50	2,22	34,5	55	2,45
	06	25	46,5	2,04	38	65,5	2,85
	07	35,5	67	3	50	88	3,9
	08	46,5	98	4,3	61**	112**	5**
	09	39	80	3,55	75	140	6,3
	10	50	106	4,7	86,5	170	7,5
	11	61	134	6,1	102	208	9
	12	62	140	6,2	100	208	9
	13	64*	150*	6,6*	106**	220**	9,7**
	14	65,5*	160*	7*	134	290	12,9
	15	67	170	7,5	163	360	15,4
	16	75	190	8,5	160	360	15,1
	17	98	250	10,9	186	415	16,7
	18	118	300	12,3	193	455	17,7
	20	122	320	14,4	240	585	21,9
	22	134*	365*	16*	280	750	27
	24	134*	390*	14,2*	325**	915**	31,5**
	26	183*	540*	18,9*	360**	1060**	35**
	28	190*	570*	19,2*	405**	1250**	40**
	30	236*	735*	24,2*	415**	1340**	41,5**

1) Lager der Reihen 511, 512 und 513 haben eine ebene Gehäusescheibe; Lager der Reihen 532 und 533 haben eine kugelige Gehäusescheibe. In Verbindung mit den Unterlegscheiben U2 und U3 sind sie winkelbeweglich.
* nur Lagerreihe 522.

2) Lager der Reihen 522 und 523 haben zwei ebene Gehäusescheiben; Lager der Reihen 542 und 543 haben kugelige Gehäusescheiben. In Verbindung mit den Unterlegscheiben U2 und U3 sind sie winkelbeweglich.
** nur Lagerreihe 523.

3) Zur Vermeidung von Gleitbewegungen infolge von Fliehkräften und Kreiselmomenten müssen die Lager mit $F_{a\,min}$ belastet werden. Werte für $F_{a\,min}$ s. Herstellerkatalog.

4) Bohrungskennzahl für d_w siehe TB 14-1c zweiseitig wirkend.

14

TB 14-3 Richtwerte für Radial- und Axialfaktoren X, Y bzw. X_0, Y_0

a) bei dynamisch äquivalenter Beanspruchung

Lagerart	F_a/C_0	e	$\frac{F_a}{F_r} \le e$		$\frac{F_a}{F_r} > e$	
			X	Y	X	Y
Rillenkugellager[1)] ein- und zweireihig mit Radialluft normal übliche Passung k5 … j5 und J6	0,025	0,22	1	0	0,56	2,0
	0,04	0,24				1,8
	0,07	0,27				1,6
	0,13	0,31				1,4
	0,25	0,37				1,2
	0,50	0,44				1,0
Schrägkugellager						
• Reihe 72B, 73B $\alpha = 40°$; Einzellager und Tandem-Anordnung		1,14	1	0	0,35	0,57
• –; Lagerpaar in O- oder X-Anordnung		1,14	1	0,55	0,57	0,93
• Reihe 32 B, 33 B $\alpha = 25°$		0,68	1	0,92	0,67	1,41
• Reihe 32, 33 $\alpha = 35°$		0,95	1	0,66	0,6	1,07
Vierpunktlager, möglichst $F_a \ge 1{,}2 \cdot F_r$		0,95	1	0,66	0,6	1,07
Pendelkugellager		s. TB 14-2	1	s. TB 14-2	0,65	s. TB 14-2
Zylinderrollenlager[2)]						
• Reihe 10, 2, 3 und 4		0,2	1	0	0,92	0,6
• Reihe 22, 23		0,3	1	0	0,92	0,4
Kegelrollenlager[3)]		s. TB 14-2	1	0	0,4	s. TB 14-2
Tonnenlager		–	1	9,5	1	9,5
Pendelrollenlager		s. TB 14-2	1	s. TB 14-2	0,67	s. TB 14-2
Axial-Rillenkugellager		–	–	–	0	1
Axial-Pendelrollenlager[4)]		1,82	–	–	1,2	1

1) für $0{,}02 < F_a/C_0 \le 0{,}5$, $e \approx 0{,}51 \cdot (F_a/C_0)^{0{,}233}$, $Y \approx 0{,}866(F_a/C_0)^{-0{,}229}$ bei $F_a/F_r > e$.
2) Richtwerte nach SKF-Katalog.
3) für Lagerpaar in O- oder X-Anordnung s. TB 14-2 Legende.
4) Die Radialkraft muss $F_r \le 0{,}55\, F_a$ sein, um die zentrische Lage der Scheiben nicht zu gefährden.

14

b) bei statisch äquivalenter Beanspruchung

Lagerart	e	einreihige Lager[1)] $\frac{F_{a0}}{F_{r0}} \le e$		einreihige Lager[1)] $\frac{F_{a0}}{F_{r0}} > e$		zweireihige Lager $\frac{F_{a0}}{F_{r0}} \le e$		zweireihige Lager $\frac{F_{a0}}{F_{r0}} > e$	
		X_0	Y_0	X_0	Y_0	X_0	Y_0	X_0	Y_0
Rillenkugellager[1)]	0,8	1	0	0,6	0,5	1	0	0,6	0,5
Schrägkugellager									
• Reihe 72B, 73B $\alpha = 40°$; Einzellager und Tandem-Anordnung	1,9	1	0	0,5	0,26	–	–	–	–
• –; Lagerpaar in O- oder X-Anordnung	–	1	0,52	1	0,52	–	–	–	–
• Reihe 32B, 33B $\alpha = 25°$	–	–	–	–	–	1	0,76	1	0,76
• Reihe 32, 33 $\alpha = 35°$	–	–	–	–	–	1	0,58	1	0,58
Vierpunktlager	–	1	0,58	1	0,58	–	–	–	–
Pendelkugellager	–	–	–	–	–	1	s. TB 14-2	1	s. TB 14-2
Zylinderrollenlager	–	1	0	1	0	–	–	–	–
Kegelrollenlager[2)]	$\frac{1}{2Y_0}$	1	0	0,5	s. TB 14-2	–	–	–	–
Tonnenlager	–	1	5	1	5	–	–	–	–
Pendelrollenlager	–	–	–	–	–	1	s. TB 14-2	1	s. TB 14-2
Axial-Rillenkugellager	–	–	–	0	1	–	–	–	–
Axial-Pendelrollenlager[3)]	–	2,7	1	2,7	1	–	–	–	–

1) Es muss stets $P_0 \le F_r$ sein.
2) für Lagerpaar in O- oder X-Anordnung s. TB 14-2 Legende.
3) Die Radialkraft muss $F_{r0} \le 0{,}55 \cdot F_{a0}$ sein, um die zentrische Lage der Scheiben nicht zu gefährden.

TB 14-4 Drehzahlfaktor f_n für Wälzlager

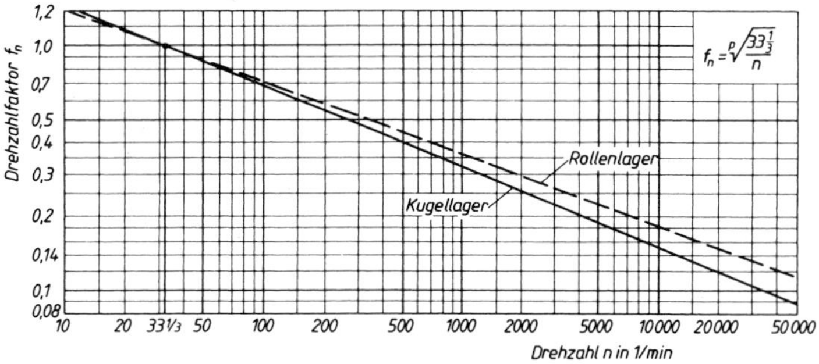

TB 14-5 Lebensdauerfaktor f_L für Wälzlager

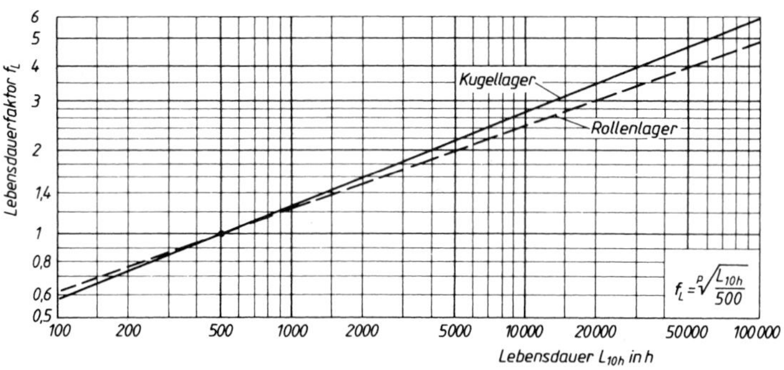

TB 14-6 Härteeinflussfaktor f_H

a) bei verminderter Härte der Laufbahnoberfläche

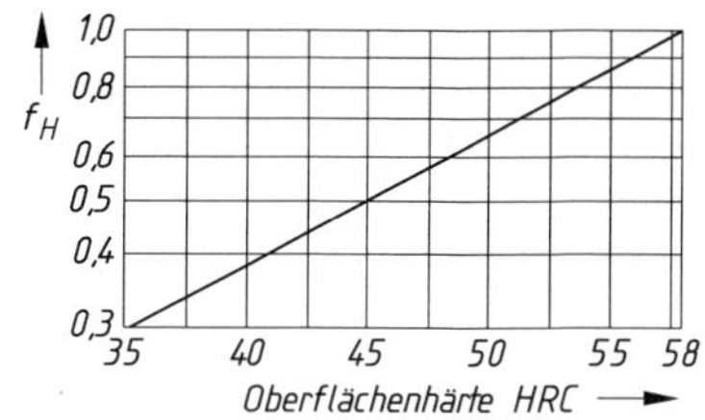

b) bei maßstabilisierten Lagern (S1 bis S4) und höheren Temperaturen

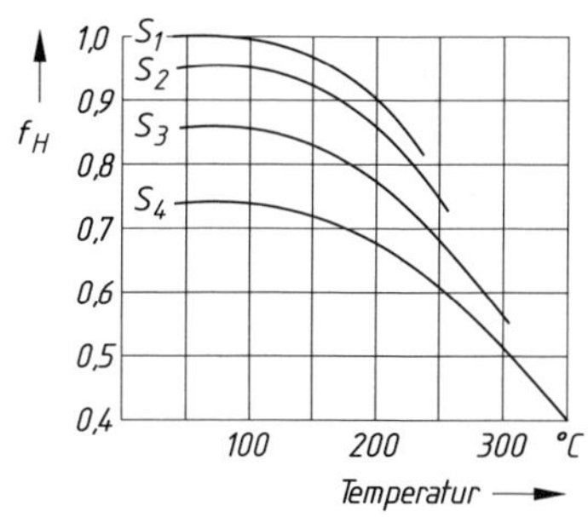

TB 14-7 Richtwerte für anzustrebende nominelle Lebensdauerwerte L_{10h} für Wälzlagerungen (nach Schaeffler-AG)

Nr.	Einsatzgebiet	Anzustrebende Lebensdauer L_{10h} in h[1]	
		Kugellager	Rollenlager
1	E-Motoren für Haushaltsgeräte	1700 ... 4000	–
2	Serienelektromotoren	21000 ... 32000	35000 ... 50000
3	große Elektromotoren (>100 kW)	32000 ... 63000	50000 ... 110000
4	elektrische Fahrmotoren	14000 ... 21000	20000 ... 35000
5	Universalgetriebe, Getriebemotoren	4000 ... 14000	5000 ... 20000
6	Großgetriebe, stationär	14000 ... 46000	20000 ... 75000
7	Werkzeugmaschinengetriebe	14000 ... 32000	20000 ... 50000
8	Motorräder	400 ... 2000	400 ... 2400
9	PKW-Radlager	1400 ... 5300	1500 ... 7000
10	mittlere Lastkraftwagen	2900 ... 5300	3600 ... 7000
11	schwere Lastkraftwagen	4000 ... 8800	5000 ... 12000
12	Straßenbahnwagen, Triebwagen, Außenlager v. Lokomotiven	–	35000 ... 50000
13	Reise- und Güterzugwagen, Abraumwagen	–	20000 ... 35000
14	Landmaschinen (selbstfahr. Arbeitsmaschinen, Ackerschlepper)	1700 ... 4000	2000 ... 5000
15	Schiffsdrucklager	–	20000 ... 50000
16	Förderbandrollen/allgemein, Seilrollen	7800 ... 21000	10000 ... 35000
17	Förderbandrollen/Tagebau	46000 ... 63000	75000 ... 110000
18	Förderseilscheiben	32000 ... 46000	50000 ... 75000
19	Sägegatter/Pleuellager	–	10000 ... 20000
20	Ventilatoren, Gebläse	21000 ... 46000	35000 ... 75000
21	Kreiselpumpen	14000 ... 46000	20000 ... 75000
22	Zentrifugen	7800 ... 14000	10000 ... 20000
23	Spinnmaschinen, Spinnspindeln	21000 ... 46000	35000 ... 75000
24	Papiermaschinen	–	75000 ... 250000
25	Druckmaschinen	32000 ... 46000	50000 ... 75000

[1] Überdimensionierung sollte vermieden werden. Bei einer Lebensdauer über 60000 h ist die Lagerung, wenn nicht Dauerbetrieb vorliegt, meist überdimensioniert. Die Mindestbelastung der Lager sollte sein: Kugellager mit Käfig $P/C \geq 0{,}01$; Rollenlager mit Käfig $P/C \geq 0{,}02$; Vollrollige Lager $P/C \geq 0{,}04$.

14

TB 14-8 Toleranzklassen für Wellen und Gehäuse bei Wälzlagerungen – allgemeine Richtlinien n. DIN 5425 (Auszug)

a) Toleranzklassen für Vollwellen

Voraussetzungen		Zylindrische Lagerbohrung									Kegelige Lagerbohrung mit Spannhülse nach DIN 5415 und Abziehhülse nach DIN 5416
			Punktbeanspruchung		Umfangsbeanspruchung						
		Reine Axialbeanspruchung	Verschiebbarkeit des Innenringes: erforderlich	nicht unbedingt erforderlich	Mittlere Beanspruchungen und Betriebsverhältnisse						Größe und Richtung der Beanspruchung beliebig
Beispiele		–	Laufräder mit stillstehender Achse	Spannrollen, Seilrollen	Allgemeiner Maschinenbau Elektrische Maschinen, Turbinen, Pumpen, Zahnradgetriebe						Allgemeiner Maschinenbau
Wellendurchmesser mm	Radial-Kugellager	alle Durchmesser			bis 18	über 18 bis 100	über 100 bis 140	über 140 bis 200	–	–	alle Durchmesser
	Radial-Zylinder- und Kegelrollenlager				–	bis 40	über 40 bis 100	über 100 bis 140	über 140 bis 200	–	
	Radial-Pendelrollenlager				–	bis 40	über 40 bis 65	über 65 bis 100	über 100 bis 140	über 140 bis 200	
Toleranzklasse		j6	g6[1]	h6[1]	h5	k5[2,3]	m5[2,3]	m6[1]	n6[4]	p6	h9/IT 5[5]

1) Für Lagerungen mit erhöhter Laufgenauigkeit Qualität 5 verwenden.
2) Wird für zweireihige Schrägkugellager eine Toleranzklasse verwendet, die ein größeres oberes Abmaß als j5 hat, so sind Lager mit größerer Radialluft erforderlich.
3) Für Radial-Kegelrollenlager kann in der Regel k6 bzw. m6 verwendet werden, weil Rücksichtnahme auf Verminderung der Lagerluft entfällt.
4) Für Achslagerungen von Schienenfahrzeugen mit Zylinderrollenlagern bereits ab 100 mm Achsschenkeldurchmesser n6 bis p6.
5) h9/IT 5 bedeutet, dass außer der Maßtoleranz der Qualität 9 eine Zylinderformtoleranz der Qualität 5 vorgeschrieben ist.

14

b) Toleranzklassen für Gehäuse

Voraussetzung	Reine Axialbeanspruchung	Punktbeanspruchung				Unbestimmte Richtung der Beanspruchung			Umfangsbeanspruchung		
		Wärmezufuhr durch die Welle	Beliebige Beanspruchungen	Stoßbeanspruchung Möglichkeit vollkommener Entlastung		Mittlere Beanspruchungen Verschiebbarkeit des Außenringes: erwünscht	nicht erforderlich	Große Stoßbeanspruchungen	Niedrige Beanspruchung $P \leq 0{,}07C$	Mittlere Beanspruchung $P \approx 0{,}1C$	Hohe Beanspruchung, dünnwandige Gehäuse $P > 0{,}15C$
	Außenring leicht verschiebbar				Außenring in der Regel **noch** | **nicht** verschiebbar				Außenring nicht verschiebbar		
Beispiele	Alle Lager	Trockenzylinder	Allgemeiner Maschinenbau	Achslager für Schienenfahrzeuge: ungeteilt	geteilt	Elektrische Maschinen	Kurbelwellenhauptlager		Förderband- und Seilrollen, Riemenspannrollen	Dickwandige Radnaben, Pleuellager	Dünnwandige Radnaben
Toleranzklasse[6]	H8 … E8	G7	H7		J7	J6	K7		M7	N7	P7

6) Gilt für Gehäuse aus Grauguss und Stahl; für Gehäuse aus Leichtmetall in der Regel Toleranzklassen verwenden, die festere Passungen ergeben. Für genaue Lagerungen wird Qualität 6 empfohlen. Bei Schulterkugellagern, deren Mantel das obere Abmaß + 10 µm hat, ist die nächstweitere Toleranzklasse anzuwenden, z. B. H7 an Stelle von J7.

TB 14-9 Wälzlager-Anschlussmaße, Auszug aus DIN 5418
Maße in mm

a) Rundungen und Schulterhöhen der Anschlussbauteile bei Radial- und Axiallager (ausgenommen Kegelrollenlager)

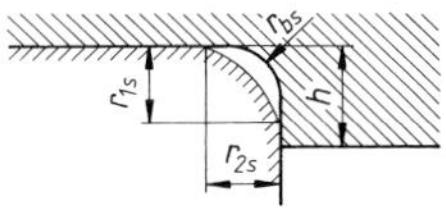

wahlweise Ausführung mit Freistich Form *F* n. DIN 509 (s. TB 11-4); es muss sein: $h_1 \leq r_{1s}$

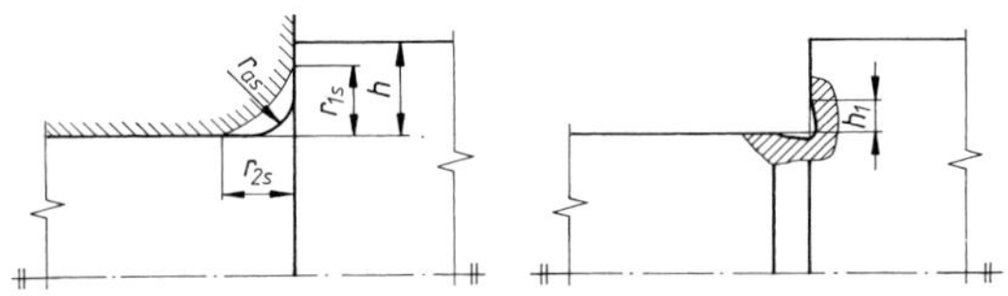

h	Schulterhöhe bei Welle und Gehäuse
h_1	Einstichmaß
r_{as}	Hohlkehlradius an der Welle
r_{bs}	Hohlkehlradius am Gehäuse
r_{1s}	Kantenabstand in radialer Richtung
r_{2s}	Kantenabstand in axialer Richtung

Bei Axiallagern soll die Schulter mindestens bis zur Mitte der Wellen- bzw. Gehäusescheibe reichen

r_{1s}, r_{2s}	r_{as}, r_{bs}	h min Durchmesserreihe nach DIN 616		
min	max	8, 9, 0	1, 2, 3	4
0,15	0,15	0,4	0,7	–
0,2	0,2	0,7	0,9	–
0,3	0,3	1	1,2	–
0,6	0,6	1,6	2,1	–
1	1	2,3	2,8	–
1,1	1	3	3,5	4,5
1,5	1,6[1)]	3,5	4,5	5,5
2	2	4,4	5,5	6,5
2,1	2,1	5,1	6	7
3	2,5	6,2	7	8
4	3	7,3	8,5	10
5	4	9	10	12
6	5	11,5	13	15

[1)] Nur bei Freistichen nach DIN 509 (siehe TB 11-4); andernfalls nicht über 1,5 mm.

b) Durchmessermaße der Anschlussbauteile bei Zylinderrollenlagern (*D* und *d* sind Nennwerte)

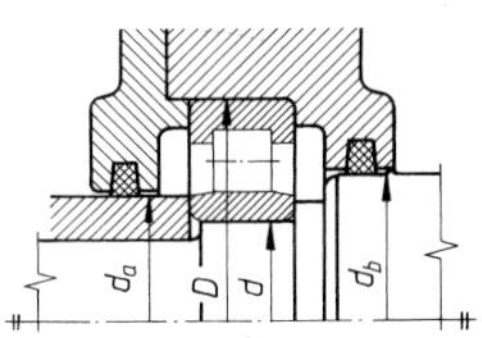

NU

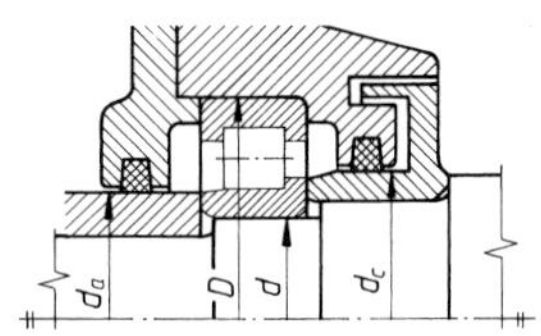

NJ

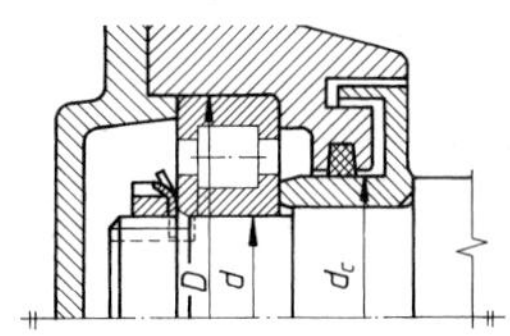

NUP

Mit verstärkter Ausführung, Nachsetzzeichen E (erhöhte Tragfähigkeit)

Lager-bohrung d	Lagerreihen														
	NU 10 NU 20 E			NU 2 / NJ 2 / NUP 2, NU 2 E / NJ 2 E / NUP 2 E, NU 22 / NJ 22 / NUP 22, NU 22 E / NJ 22 E / NUP 22 E				NU 3 / NJ 3 / NUP 3, NU 3 E / NJ 3 E / NUP 3 E, NU 23 / NJ 23 / NUP 23, NU 23 E / NJ 23 E / NUP 23 E				NU 4 NJ 4 NUP 4			
	D	d_a max	d_b min	D	d_a max	d_b min	d_c min	D	d_a max	d_b min	d_c min	D	d_a max	d_b min	d_c min
17	–	–	–	40	21	25	27	–	–	–	–	–	–	–	–
20	42	25	27	47	26	29	32	52	27	30	33	–	–	–	–
25	47	30	32	52	31	34	37	62	33	37	40	–	–	–	–
30	55	35	38	62	37	40	44	72	40	44	48	90	44	47	52
35	62	41	44	72	43	48	50	80	45	48	53	100	52	55	61
40	68	46	49	80	49	52	56	90	51	55	60	110	57	60	67
45	75	52	54	85	54	57	61	100	57	60	66	120	63	66	74
50	80	57	59	90	58	62	67	110	63	67	73	130	69	73	81
55	90	63	66	100	65	68	73	120	69	72	80	140	76	79	87
60	95	68	71	110	71	75	80	130	75	79	86	150	82	85	94
65	100	73	76	120	77	81	87	140	81	85	93	160	88	91	100
70	110	78	82	125	82	86	92	150	87	92	100	180	99	102	112
75	115	83	87	130	87	90	96	160	93	97	106	190	103	107	118
80	125	90	94	140	94	97	104	170	99	105	114	200	109	112	124
85	130	95	99	150	99	104	110	180	106	110	119	210	111	115	128
90	140	101	106	160	105	109	116	190	111	117	127	225	122	125	139
95	145	106	111	170	111	116	123	200	119	124	134	240	132	136	149
100	150	111	116	180	117	122	130	215	125	132	143	250	137	141	156
105	160	118	122	190	124	129	137	226	132	137	149	260	143	147	162
110	170	124	128	200	130	135	144	240	140	145	158	280	158	157	173
120	180	134	138	215	141	146	156	260	151	156	171	310	168	172	190
130	200	146	151	230	151	158	168	280	164	169	184	340	183	187	208

TB 14-10 Viskositätsverhältnis $\kappa = \nu/\nu_1$

a) Betriebsviskosität ν

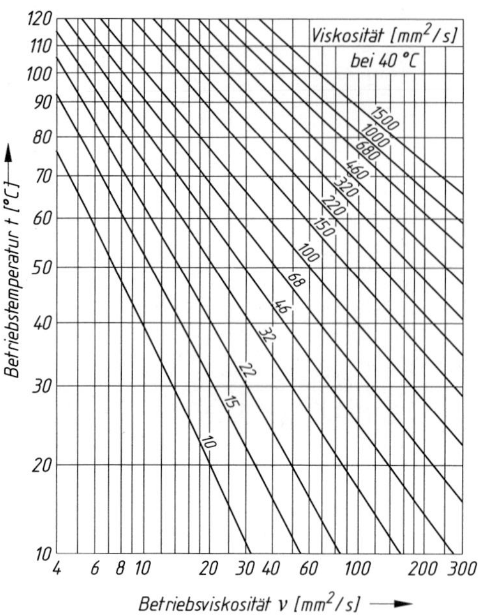

b) Bezugsviskosität ν_1

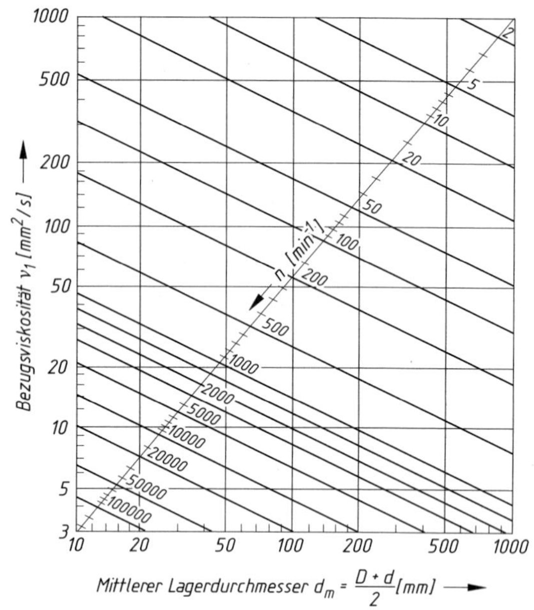

Betriebszustände für κ

κ < 0,4 Grenzschichtreibung: Festkörperreibung verursacht Verschleiß, starker Einfluss von Additiven
0,4 < κ < 4 Mischreibung: teilweise metallische Berührung, anteiliger Einfluss von Additiven.
Bei κ < 1 und $e_c \geq 0{,}2$ kann bei Verwendung von Schmierstoffen mit nachgewiesen wirksamen EP-Zusätzen mit dem Wert κ = 1 gerechnet werden. In diesem Fall ist der Lebensdauerwert auf $a_{ISO} \leq 3$ zu begrenzen.
κ > 4 Flüssigkeitsreibung: völlige Trennung der Oberflächen durch Schmierfilm. Kein Einfluss von Additiven. Es ist mit κ = 4 zu rechnen.

14

TB 14-11 Verunreinigungsbeiwert e_c

Grad der Verunreinigung, Anwendungsbereich	Beiwert e_c $d_m < 100$ mm[1]	$d_m \geq 100$ mm
Größte Sauberkeit Partikelgröße ≤ Schmierfilmhöhe; Laborbedingungen	1	1
Große Sauberkeit Vom Hersteller abgedichtete, gefettete Lager Ölumlaufschmierung mit Feinstfilterung der Ölzufuhr	0,8 bis 0,6	0,9 bis 0,8
Normale Sauberkeit Gefettete Lager mit Deckscheiben Öltauch- oder Ölspritzschmierung aus dem Ölsumpf im Gehäuse, Kontrolle der empfohlenen Ölwechselfristen, normale Sauberkeit des Öls	0,6 bis 0,5	0,8 bis 0,6
Leichte Verunreinigungen Fettgeschmierte Lager ohne Dicht- oder Deckscheiben Öltauch- oder Ölspritzschmierung, unsichere Kontrolle der Ölwechselfristen	0,5 bis 0,3	0,6 bis 0,4
Typische Verunreinigungen Lager mit Abrieb von anderen Maschinenelementen verschmutzt	0,3 bis 0,1	0,4 bis 0,2
Starke Verunreinigungen Nicht oder schlecht gereinigte Gehäuse (Formsand, Schweißpartikel), stark verschmutzte Lagerumgebung, unzureichende Abdichtung der Lager, Wasser oder Kondenswasser verursacht Stillstandskorrosion oder mindert die Schmierstoffqualität	0,1 bis 0	0,1 bis 0
Sehr starke Verunreinigungen	0	0

[1] d_m mittlere Lagerdurchmesser: $d_m = (D + d)/2$.

TB 14-12 Lebensdauerbeiwert a_{ISO}[1)]

a) a_{ISO} für Radial-Kugellager

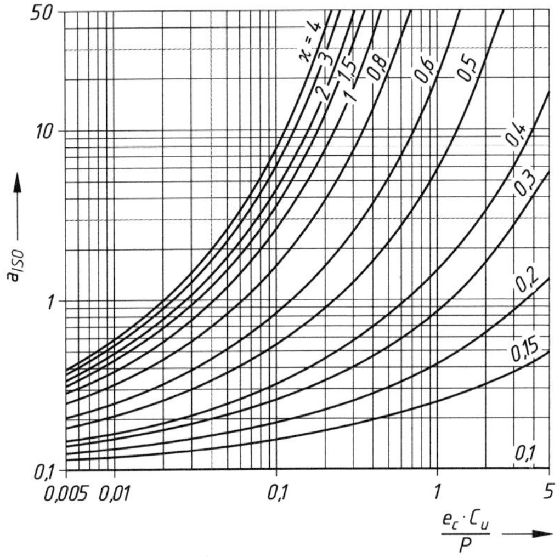

b) a_{ISO} für Radial-Rollenlager

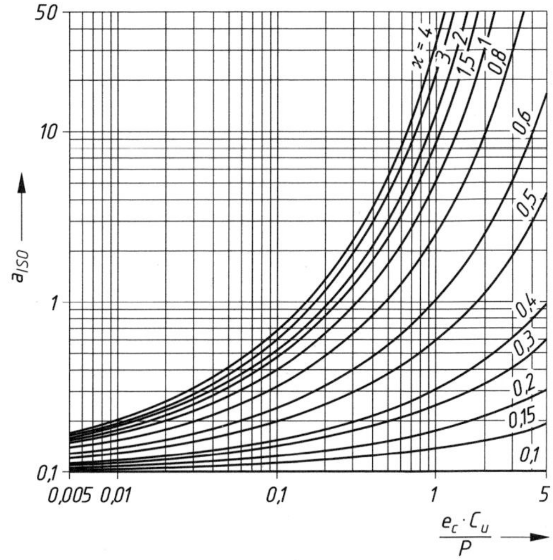

c) a_{ISO} für Axial-Kugellager

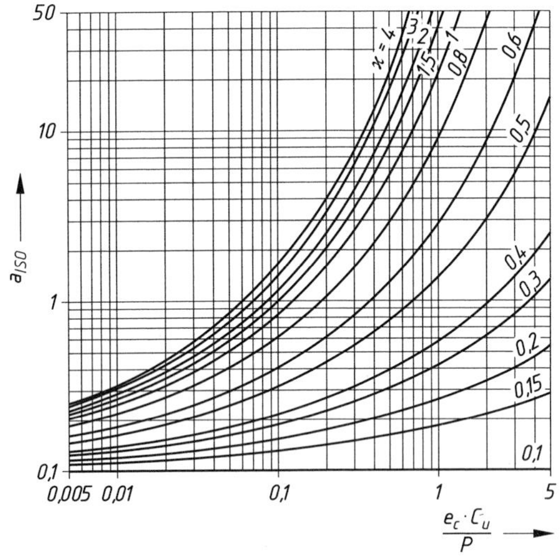

d) a_{ISO} für Axial-Rollenlager

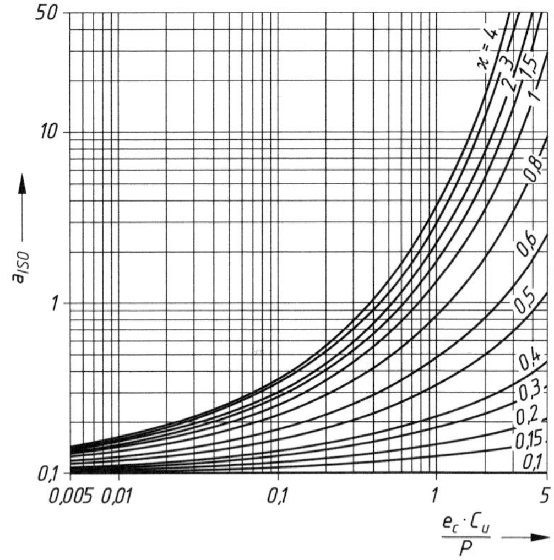

1) Die Werte gelten für Schmierstoffe ohne Additive. Für $\kappa < 0{,}1$ ist das Berechnungsverfahren nicht anwendbar.

TB 14-13 Richtwerte für Belastungsverhältnisse (nach Rexroth)

Anwendungsbereich	Beispiel	C/P[1)]	C_0/P_0[1)]
Werkzeugmaschinen	allgemein Drehen Fräsen Schleifen Gravieren	6 ... 9 6 ... 7 6 ... 7 9 ... 10 5	>4 >4 >4 >4 >3
Gummi- und Kunststoffmaschinen	Spritzgießen	8	>2
Holzbearbeitungs- und Holzverarbeitungsmaschinen	Sägen, Fräsen	5	>3
Montagetechnik, Handhabungstechnik und Industrieroboter	Handling	5	>3
Ölhydraulik und Pneumatik	Heben/Senken	6	>4

1) Es gilt jeweils die maximale Lagerbelastung des am höchsten belasteten Führungswagens

14

15 Gleitlager

TB 15-1 Genormte Radial-Gleitlager (Auszüge)

Maße in mm zu Bild 15-25 im Lehrbuch

a) Flanschlager DIN 502

d_1 [1] Form A D10	d_1 [1] Form B D7	a	b	c	d_2 D7	d_3 h9	d_5	d_6	d_7	f	h	m ±1
– –	25 30	135	60	20	–	50	35	13,5	M12	20	60	100
25 30	35 40	155	60	20	35 40	65	35	13,5	M12	20	75	120
35 40	45 50	180	70	25	45 50	80	40	17,5	M16	20	90	140
45 50	55 60	210	80	30	55 60	90	50	22	M20	20	100	160
(55) 60	(65) 70	240	90	30	65 70	110	50	22	M20	25	120	190
(65) 70	(75) 80	275	100	35	75 80	130	55	26	M24	25	140	220

[1] eingeklammerte Größen möglichst vermeiden
Allgemeintoleranzen für bearbeitete Flächen ISO 2768-m, für unbearbeitete Flächen ISO 8062-CT10.

b) Flanschlager DIN 503

d_1 [1] Form A D10	d_1 [1] Form B D7	a	b	c	d_2 D7	d_3 h9	d_4	d_5	d_6	d_7	f	h	m ±1	n ±1	t
(35) 40	(45) 50	145	70	20	45 50	80	$G\frac{1}{4}$	35	13,5	M12	20	85	110	50	12
(45) 50	(55) 60	175	80	25	55 60	100		45	17,5	M16	20	105	130	60	
(55) 60	(65) 70	195	90	25	65 70	120		45	17,5	M16	25	125	150	80	
(65) 70	(75) 80	220	100	30	75 80	140		50	22	M20	25	150	170	100	
(75) 80	90	240	100	30	85 90	160		50	22	M20	30	170	190	120	
90	100 110	260	120	30	100	180		50	22	M20	30	190	210	140	

[1] eingeklammerte Größen möglichst vermeiden
Allgemeintoleranzen wie bei a)

c) Augenlager, DIN 504

d_1[1] Form A D10	d_1[1] Form B D7	a	b_1	b_2	c	d_2 D7	d_3 max	d_4	d_6	d_7	h_1 ±0,2	h_2 max	m	t
–	20	110	50	35	18	–	45		12	M10	30	56	75	
–	25 30	140	60	40	25	–	60		14,5	M12	40	75	100	
25 30	35 40	160	60	45	25	35 40	80		14,5	M12	50	95	120	
35 40	45 50	190	70	50	30	45 50	90		18,5	M16	60	110	140	
45 50	55 60	220	80	55	35	55 60	100	G $\frac{1}{4}$	24	M20	70	125	160	10
(55) 60	(65) 70	240	90	60	35	65 70	120		24	M20	80	145	180	
(65) 70	(75) 80	270	100	70	45	75 80	140		28	M24	90	165	210	
(75) 80	90	300	100	80	45	85 90	160		28	M24	100	185	240	
90	100 (110)	330	120	90	45	100	180		28	M24	100	195	270	

[1] eingeklammerte Größen möglichst vermeiden. Allgemeintoleranzen wie bei a).

d) Deckellager, DIN 505

d_1[1] D10	a	b_1 0 −0,3	b_2[2] −0,05 −0,15	b_3	c	d_2 K7	d_6	d_7	d_8	h_1 ±0,2	h_2 max	m_1[3]	m_2
25 30	165	45	35	40	22	35 40	15	M12	M10	40	78	125	65
35 40	180	50	40	45	25	45 50				50	95	140	75
45 50	210	55	45	50	30	55 60	19	M16	M12	60	114	160	90
55 60	225	60	50	55	35	65 70				70	132	175	100
(65) 70	270	65	53	60	40	80 85	24	M20	M16	80	154	210	120
(75) 80	290	75	63	70	45	90 95				90	170	230	130
90	330	85	73	80	50	105	28	M24	M20	100	188	265	150
100 110	355	95	81	90	55	115 125				110	210	290	170

[1] eingeklammerte Größen möglichst vermeiden.
[2] Lagerschale ohne Toleranzangabe.
[3] Freimaßtoleranz nach ISO 8062-CT8.
Allgemeintoleranzen wie bei a).

15

e) Steh-Gleitlager DIN 118 (Hauptmaße nach Bild 15-26a)

Wellendurchmesser d_1 D9 Form G	Wellendurchmesser d_1 D9 Form K	b_1 max	b_2 max	c	d_2[1]	d_3	h_1 0 −0,2	h_2 max	l_1 max	l_2	zugehörige Sohlplatte DIN 189 l_1
25 30		45	100	20	M10	13	60	130	180	140	290
35 40	25 30	55	110	25	M12	15	65	140	200	150	330
45 50	35 40	65	125	25	M12	15	75	160	220	170	360
55 60	45 50	75	140	30	M16	20	90	190	260	200	410
70	55 60	85	160	30	M16	20	100	210	290	230	450
80 90	70 80	95 110	180 200	35 35	M20 M20	25 25	110 125	230 260	330 370	260 290	510 570
100 110	90	125	224	50	M24	30	140	290	410	320	650

[1] Befestigung Hammerschrauben mit Nase (DIN 188).

TB 15-2 Buchsen für Gleitlager (Auszüge)

a) nach DIN ISO 4379, Form C und F, aus Kupferlegierungen, Maße in mm nach Lehrbuch Bild 15-23a und b
Bezeichnungsbeispiel: Buchse Form C von $d_1 = 40$ mm, $d_2 = 48$ mm, $b_1 = 30$ mm, aus CuSn8P nach ISO 4382-2: Buchse ISO 4379 – C40 × 48 × 30 – CuSn8P

Form C

d_1 [1)] E6	d_2 s6			b_1 h13			C_1, C_2 [2)] 45° max
6	8	10	12	6	10	–	0,3
8	10	12	14	6	10	–	0,3
10	12	14	16	6	10	–	0,3
12	14	16	18	10	15	20	0,5
14	16	18	20	10	15	20	0,5
15	17	19	21	10	15	20	0,5
16	18	20	22	12	15	20	0,5
18	20	22	24	12	20	30	0,5
20	23	24	26	15	20	30	0,5
22	25	26	28	15	20	30	0,5
(24)	27	28	30	15	20	30	0,5
25	28	30	32	20	30	40	0,5
(27)	30	32	34	20	30	40	0,5
28	32	34	36	20	30	40	0,5
30	34	36	38	20	30	40	0,5
32	36	38	40	20	30	40	0,8
(33)	37	40	42	20	30	40	0,8
35	39	41	45	30	40	50	0,8
(36)	40	42	46	30	40	50	0,8
38	42	45	48	30	40	50	0,8
40	44	48	50	30	40	60	0,8
42	46	50	52	30	40	60	0,8
45	50	53	55	30	40	60	0,8
48	53	56	58	40	50	60	0,8
50	55	58	60	40	50	60	0,8
55	60	63	65	40	50	70	0,8
60	65	70	75	40	60	80	0,8
65	70	75	80	50	60	80	1
70	75	80	85	50	70	90	1
75	80	85	90	50	70	90	1
80	85	90	95	60	80	100	1
85	90	95	100	60	80	100	1
90	100	105	110	60	80	120	1
95	105	110	115	60	100	120	1
100	110	115	120	80	100	120	1

Form F Reihe 2

d_1 [1)] E6	d_2 s6	d_3 d11	b_1 h13			b_2	C_1, C_2 [2)] 45° max
6	12	14	–	10	–	3	0,3
8	14	18	–	10	–	3	0,3
10	16	20	–	10	–	3	0,3
12	18	22	10	15	20	3	0,5
14	20	25	10	15	20	3	0,5
15	21	27	10	15	20	3	0,5
16	22	28	12	15	20	3	0,5
18	24	30	12	20	30	3	0,5
20	26	32	15	20	30	3	0,5
22	28	34	15	20	30	3	0,5
(24)	30	36	15	20	30	3	0,5
25	32	38	20	30	40	4	0,5
(27)	34	40	20	30	40	4	0,5
28	36	42	20	30	40	4	0,5
30	38	44	20	30	40	4	0,5
32	40	46	20	30	40	4	0,8
(33)	42	48	20	30	40	5	0,8
35	45	50	30	40	50	5	0,8
(36)	46	52	30	40	50	5	0,8
38	48	54	30	40	50	5	0,8
40	50	58	30	40	60	5	0,8
42	52	60	30	40	60	5	0,8
45	55	63	30	40	60	5	0,8
48	58	66	40	50	60	5	0,8
50	60	68	40	50	60	5	0,8
55	65	73	40	50	70	5	0,8
60	75	83	40	60	80	7,5	0,8
65	80	88	50	60	80	7,5	1
70	85	95	50	70	90	7,5	1
75	90	100	50	70	90	7,5	1
80	95	105	60	80	100	7,5	1
85	100	110	60	80	100	7,5	1
90	110	120	60	80	120	10	1
95	115	125	60	100	120	10	1
100	120	130	80	100	120	10	1

1) vor dem Einpressen, Aufnahmebohrung H7; nach dem Einpressen etwa H8.
2) Einpressfase C_2 von 15°: Y in der Bezeichnung angeben.
Eingeklammerte Werte möglichst vermeiden.

15

b) nach DIN 8221, Maße nach Lehrbuch Bild 15-23c aus Cu-Legierung DIN EN 1982

verwendbar

für Lager DIN 502, Form A $d_1 = 25 \ldots 70$ mm
DIN 503, Form B $d_1 = 35 \ldots 180$ mm
DIN 504, Form A $d_1 = 25 \ldots 150$ mm

Bezeichnung einer Lagerbuchse mit Bohrung $d_1 = 80$ mm:
Lagerbuchse DIN 8221 – 80

d_1	b	1)	d_2	1)	f
25 30	60 ± 0,2	C8	35 40	z6	0,6
35 40	70 ± 0,3	C8	45 50	y6	0,6
45 50	80 ± 0,3	C8	55 60	y6	0,8
(55) 60	90 ± 0,3	B8	65 70	x6	0,8
(65) 70	100 ± 0,3	B8	75 80	x6	0,8 1
(75) 80	100 ± 0,3	B8	85 90	x6	1
90 100 110	120 ± 0,3	B8	100 115 125	x6 v6	1
(120) 125 (130)	140 ± 0,3	B8	135 140 145	v6	1 1,2
140 (150)	160 ± 0,3	B8	155 165	v6	1,2

1) Passung vor dem Einpressen
Eingeklammerte d_1 möglichst vermeiden.

TB 15-3 Lagerschalen DIN 7473, 7474, mit Schmiertaschen DIN 7477 (Auszug)

Maße in mm nach Lehrbuch Bild 15-24a, b, c. Bezeichnung: Gleitlager DIN 7474 – A80 × 80 – 2K. (Form A für $d_1 = 80$ mm, $b_1 = 80$ mm mit 2 Schmiertaschen DIN 7477 – K80)

d_1 Nennmaß	b_1 Bauform kurz	b_1 Bauform lang	b_2 Bauform kurz	b_2 Bauform lang	b_3	b_4 Bauform kurz	b_4 Bauform lang	c	d_2	d_2 Toleranzfeld	d_3	d_4	d_5	d_6	d_7	s	t_1	t_2	Schmiertaschen[1] DIN 7477 a	$c \approx$ Form K	$c \approx$ Form L	d	t
50	35	50	25	35	10	29	44	10	65	m6	70	59	57	4	–	1,5	3	–	4	10	25	5	2
56	40	56	30	40	10	33	49	10	70	m6	75	64	63	4	–	1,5	3	–	4	11	30	5	2
60	45	60	30	40	12	38	53	10	80	m6	85	74	67	4	–	1,5	4	–	4	12	30	5	2
63	45	63	30	40	12	38	56	10	80	m6	85	74	70	4	–	1,5	4	–	4	12	30	5	2
70	50	70	35	50	12	42	62	12	90	m6	95	84	78	5	–	1,5	4	–	4	14	35	5	2
75	55	75	40	50	15	47	67	12	95	m6	101	87	83	5	–	2	4	–	4	15	35	5	2,8
80	60	80	40	55	15	52	72	15	105	m6	112	97	88	5	–	2	5	–	4	16	40	5	2,8
85	65	85	45	60	15	56	76	15	110	m6	117	102	93	6	–	2	5	–	5	17	45	8	2,8
90	65	90	45	65	15	56	81	15	115	m6	123	107	99	6	–	2	5	–	5	18	45	8	2,8
100	75	100	50	70	15	65	90	20	130	m6	138	122	110	7	–	2,5	6	–	5	20	50	8	2,8
110	80	110	55	75	20	69	99	20	140	k6	150	130	121	7	–	2,5	6	–	5	22	55	8	3,5
125	95	125	65	90	20	83	113	20	160	k6	170	150	137	9	–	2,5	8	–	6	25	60	8	3,5
130	100	130	70	90	20	88	118	25	170	k6	180	160	142	9	–	2,5	8	–	6	26	65	8	3,5
140	105	140	75	100	20	93	128	25	180	k6	190	170	152	9	–	2,5	8	–	6	28	70	8	3,5
150	115	150	80	105	20	102	137	32	195	k6	205	185	163	11	M8	2,5	10	15	6	30	75	12	3,5
160	120	160	85	110	25	106	146	32	205	k6	215	193	174	11	M8	2,5	10	15	6	32	80	12	3,5
170	130	170	90	120	25	115	155	32	220	k6	232	208	185	11	M8	2,5	10	15	10	34	85	12	3,5
180	135	180	95	125	25	119	164	32	230	k6	245	218	196	11	M8	2,5	10	15	10	36	90	12	3,5
190	145	190	100	135	25	129	174	40	245	k6	260	233	206	13	M8	3	15	15	10	38	95	12	3,5
200	150	200	105	140	25	134	184	40	260	k6	275	248	216	13	M8	3	15	15	10	40	100	12	3,5
225	170	225	120	160	32	152	207	40	290	k6	305	274	243	13	M10	3	15	20	12	45	110	12	4,2
250	190	250	130	175	32	170	230	50	325	k6	345	309	270	15	M10	3	18	20	15	50	125	12	4,2
265	200	265	140	185	32	180	245	50	345	j6	365	329	285	15	M10	3	18	20	15	53	130	15	4,2
280	210	280	145	195	32	190	260	60	360	j6	380	344	300	15	M10	3	20	20	15	56	140	15	4,2

Toleranzklasse für d_1: H7 vor Einbau: b_1: f7 Form B; b_2: E9 Form A, H7 Form B; Gleitflächen: $Rz = 6{,}3$ µm, Passflächen: $Rz = 25$ µm

[1] Schmiertaschen kreisförmig oder tangential verlaufend (Tiefe t, vgl. auch Lehrbuch Bild 15-22c). Ölzulaufbohrungen (d) an tiefster Stelle.

TB 15-4 Abmessungen für lose Schmierringe in mm nach DIN 322 (Auszug)

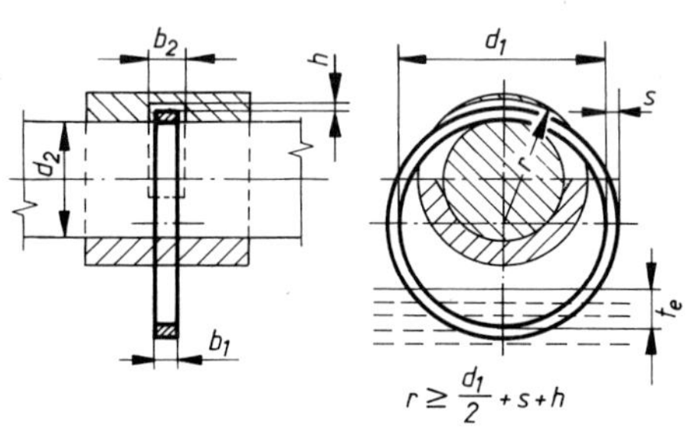

U ungeteilt
G geteilt
Werkstoff: St
CuZn
Innenflächen $Rz = 6{,}3$ µm
übrige Flächen $Rz = 25$ µm
Eintauchtiefe $t_e \approx 0{,}1 \ldots 0{,}4 \cdot d_1$

Bezeichnung z. B. ungeteilter Schmierring (U), $d_1 = 120$: Schmierring DIN 322 – U120 – Stahl

Wellendurchmesser d_2 über	bis	Schmierring d_1	b_1	s	Schlitz b_2	h min
20	23	45	6	2	8	2
23	28	50	8	3	10	
28	30	55	8	3	10	
30	34	60	8	3	10	
34	36	65	10	3	12	3
36	40	70	10	3	12	
40	44	75	10	3	12	
44	48	80	10	3	12	
48	55	90	12	4	15	
55	60	100	12	4	15	
60	68	110	12	4	15	
68	75	120	12	4	15	
75	80	130	12	4	15	
80	85	140	15	5	18	4
85	90	150	15	5	18	
90	100	160	15	5	18	
100	105	170	15	5	18	
105	110	180	15	5	18	
110	120	200	15	5	18	
120	130	210	18	6	22	
130	140	235	18	6	22	
140	160	250	18	6	22	
160	170	265	18	6	22	
170	180	280	18	6	22	
180	190	300	20	8	24	8
190	200	315	20	8	24	

15

TB 15-5 Schmierlöcher, Schmiernuten, Schmiertaschen nach DIN ISO 12128 (Auszug)

a) Schmierlöcher

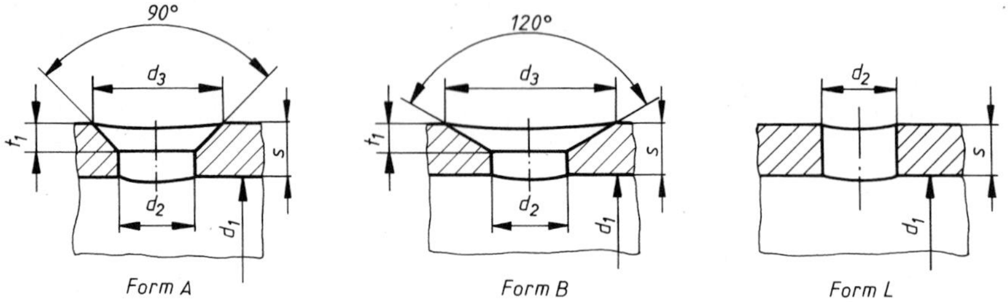

Bezeichnung eines Schmierloches Form B mit $d_2 = 4$ mm Bohrung: Schmierloch ISO 12128 – B4

d_1	≤30	≤30	>30…100	>30…100	>30…100	>100	>100	>100
d_2	2,5	3	4	5	6	8	10	12
t_1	1	1,5	2	2,5	3	4	5	6
$d_3 \approx$ Form A	4,5	6	8	10	12	16	20	24
$d_3 \approx$ Form B	6	8,2	10,8	13,6	16,2	21,8	27,2	32,6
s	≤2	>2…2,5	>2,5…3	>3…4	>4…5	>5…7,5	>7,5…10	>10

b) Schmiernuten

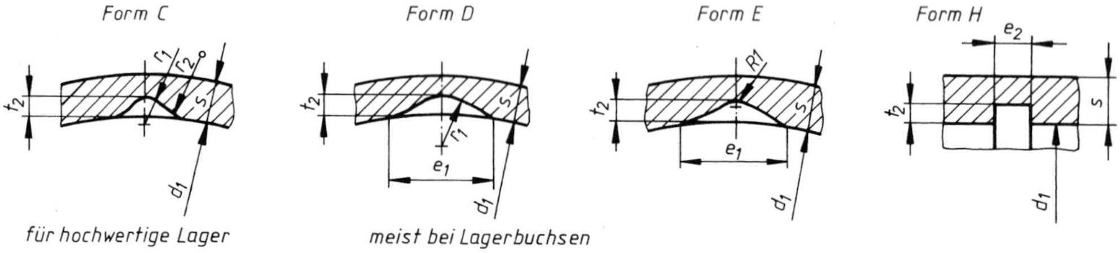

Bezeichnung einer Schmiernut Form C mit $t_2 = 1{,}2$ mm Nuttiefe: Schmiernut ISO 12128 – C1,2

d_1	t_2	e_1	e_2	Form C r_1	Form D r_1	r_2	s
≤30	0,8	5	3	1,5	2,5	3	>1,5 … 2
≤30	1	8	4	2	4	4,5	>2 … 2,5
≤100	1,2	10,5	5	2,5	6	6	>2,5 … 3
≤100	1,6	14	6	3	8	9	>3 … 4
≤100	2	19	8	4	12	12	>4 … 5
>100	2,5	28	10	5	20	15	>5 … 7,5
>100	3,2	38	12	7	28	21	>7,5 … 10
>100	4	49	15	9	35	27	>10

Geschlossene Enden von Schmiernuten

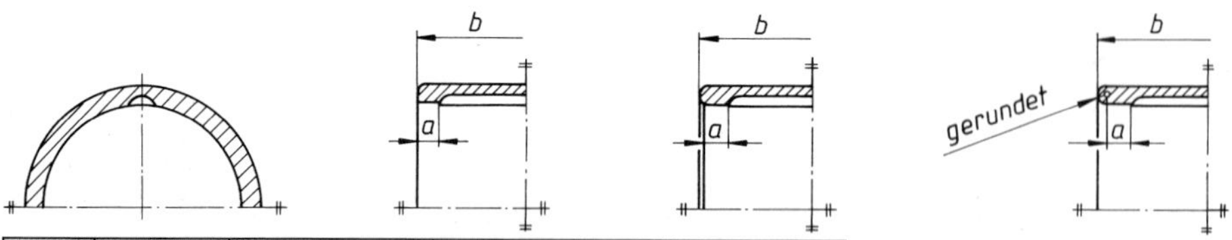

b	15 bis 30	über 30 bis 60	über 60 bis 100	über 100
a	3	4	6	10

c) Schmiertaschen

Schmiertaschen sind im Allgemeinen dann vorgesehen, wenn größere Schmierräume erforderlich sind. Form und Maße s. Norm.

TB 15-6 Lagerwerkstoffe (Auswahl)

Werkstoff: Norm	Werkstoff: Kurzzeichen Werkstoffnummer	0,2 %-Dehngrenze $R_{p0,2}$ N/mm² min.	Elastizitätsmodul E kN/mm²	Brinellhärte min.	Längenausdehnungskoeffizient α 10^{-6}/K	spezifische Lagerbelastung[1] p_L N/mm²	Mindesthärte der Welle	Merkmale und Hinweise für die Verwendung
Blei-Gusslegierungen DIN ISO 4381	PbSb15Sn10 2.3391	43	31	HB 10/250/180 21	24	7,2	160 HB	Geeignet bei mittleren Belastungen und mittleren Gleitgeschwindigkeiten ($u = 1 \ldots 4$ m/s); für Gleitlager, Gleitschuhe, Kreuzköpfe
Zinn-Gusslegierungen DIN ISO 4381	SnSb12Cu6Pb 2.3790	61	56	HB 10/250/180 25	22,7	10,2	160 HB	Geeignet bei mittleren Belastungen und hohen bis niedrigen Gleitgeschwindigkeiten ($u < 1$ bis >5 m/s), hoher Verschleißwiderstand bei rauen Zapfen; für Gleitlager in Turbinen, Verdichtern, Elektromaschinen
Kupfer-Blei-Zinn-Gusslegierungen DIN ISO 4382-1	G-CuPb10Sn10 2.1816 G-CuPb15Sn8 2.1817 G-CuPb20Sn5 2.1818	80 80 60	90 85 75	HB 10/1000/10 65 60 45	18 18 19	18,3 15 11,7	250 HB 200 HB 150 HB	Geeignet für mittlere Belastungen und mittlere bis hohe Gleitgeschwindigkeiten, zunehmender Pb-Gehalt vermindert die Empfindlichkeit gegen Fluchtungsfehler und kurzzeitigen Schmierstoffmangel, brauchbar für Wasserschmierung
Kupfer-Zinn-Gusslegierungen DIN ISO 4382-1	G-CuSn8Pb2 2.1810	130	75	HB 10/1000/10 60	18	21,7	280 HB	Geeignet bei geringen bis mäßigen Belastungen, ausreichende Schmierung
	G-CuSn10P 2.1811	130	95	70	18	50	300 HB	Für gehärtete Wellen, bei einer Kombination von hoher Belastung, hoher Gleitgeschwindigkeit, Schlag- oder Stoßbeanspruchung; ausreichende Schmierung und gute Fluchtung erforderlich
Kupfer-Knetlegierungen DIN ISO 4382-2	CuSn8P 2.1830	200 300 400 480	115	HB 2,5/62,5/10 80 120 140 160	17	56,7	55 HRC	
	CuZn31Si1 2.1831	250 350 450	105	100 135 160	18	58,3		
Gusseisen mit Lamellengraphit DIN EN 1561	EN-GJL-200 EN-JL 1030 EN-GJL-300 EN-JL 1050	(100) $\sigma_{d0,1} \approx 260$ (200) $\sigma_{d0,1} \approx 390$	78 bis 103 108 bis 137	HB 30 150 200	11,7 11,7	(3) (5)	55 HRC	Geeignet bei geringen Ansprüchen, Wellen gehärtet und geschliffen, für Hebezeuge, Landmaschinen
Thermoplastische Kunststoffe für Gleitlager DIN ISO 6691	Polyamid (PA6)	$\sigma_y \approx 50$	2,6		85	12	50 HRC	Schlagzäher Werkstoff, besonders stoß- und verschleißfest, empfohlener nichtmetallischer Gleitpartner: POM; für stoß- und schwingungsbeanspruchte Lager, Gelenksteine, Landmaschinen, Bremsgestänge
	Polyoxymethylen (POM)	$\sigma_y \approx 65$	2,8		120	18		Im Vergleich zu PA härter, stoßempfindlicher, weniger verschleißfest, kleinerer Reibwert; empfohlener nichtmetallischer Gleitpartner: PA; gut bei Trockenlauf- oder Mangelschmierung; Gleitlager für die Feinwerktechnik, Elektromechanik und Haushaltsgeräte

[1] nach VDI 2204-1

Bezeichnung eines thermoplastischen Kunststoffes für Gleitlager nach DIN ISO 6691, z. B. Polyamid 6 (PA6) für Spritzgussverarbeitung (M) mit Entformungshilfsmittel (R), der Viskositätszahl 140 ml/g (14), einem Elastizitätsmodul 2600 N/mm² (030) und schnell erstarrend (N): Thermoplast ISO 6691 – PA6, M R, 14 – 030 N

Bezeichnung eines Lagermetalls mit dem Kurzzeichen CuSn8P und einer Mindest-Brinell-Härte von 120: Lagermetall ISO 4382 – CuSn8P – HB120.

TB 15-7 Höchstzulässige spezifische Lagerbelastung nach DIN 31652-1 (Erfahrungsrichtwerte)[1)]

Lagerwerkstoff-Gruppe[2)]	Grenzrichtwerte $p_{L\,zul}$ in N/mm^2 [3)] max.
Sn- und Pb-Legierungen	5 (15)
Cu-Pb-Legierungen	7 (20)
Cu-Sn-Legierungen	7 (25)
Al-Sn-Legierungen	7 (18)
Al-Zn-Legierungen	7 (20)

1) Berechnungsnorm zurückgezogen.
2) s. DIN ISO 4381, 4382, 4383.
3) Klammerwerte nur in Einzelfällen verwirklicht, zugelassen aufgrund besonderer Betriebsbedingungen, z. B. bei sehr niedriger u.

TB 15-8 Eigenschaften von Lager-Schmierstoffen (Auswahl)

a) Schmieröle[1)] (vgl. Lehrbuch 15.1.4)

ISO-Viskositätsklasse DIN 51519	DIN 51517[2)] ν_{40} in mm^2/s			Flammpunkt ≥ °C nach Cleveland für			Pourpoint ≤ °C		
	C	CL	CLP	C	CL	CLP	C	CL	CLP
ISO VG 32	32	32	32	180	180	180	–12	–12	–12
ISO VG 46	46	46	46	180	180	180	–12	–12	–12
ISO VG 68	68	68	68	180	180	180	–12	–12	–12
ISO VG 100	100	100	100	200	200	200	–12	–12	–12
ISO VG 150	150	150	150	200	210	200	– 9	– 9	– 9
ISO VG 220	220	220	220	200	220	200	– 9	– 9	– 9
ISO VG 320	320	–	320	200	200	200	– 9	– 9	– 9
ISO VG 460	460	460	460	200	200	200	– 9	– 9	– 9
ISO VG 680	680	680	680	200	200	200	– 3	– 3	– 3
ISO VG 1000	1000	1000	1000	200	200	200	– 3	– 3	– 3
ISO VG 1500	1500	1500	1500	200	200	200	– 3	– 3	– 3

1) Allgemein gilt: Je größer p_L und je geringer u, desto höher ν bzw. η; bei großer u ist eine geringere ν bzw. η erwünscht (Lagerspiel).
2) Bezeichnung eines Schmieröles C vom Typ C68: Schmieröl DIN 51517 – C68.

TB 15-8 Fortsetzung

b) Schmierfette K[1] nach DIN 51825
(vgl. Lehrbuch 14.2.4-1 und 15.3.3-1)

Zusatzkennzahlen	
Konsistenzkennzahl (NLGI-Klassen nach DIN 51818)	Walkpenetration nach DIN ISO 2137 (0,1 mm)
1	310 bis 340 (sehr weich)
2	265 bis 295 (mittelfest)
4	175 bis 205 (fest)

Zusatz-Kennbuchstaben		
Zusatz-Kennbuchstabe nach DIN 51502	Obere Gebrauchstemperatur	Verhalten gegenüber Wasser[2] nach DIN 51807-1
C D	+60 °C	0 oder 1 2 oder 3
E F	+80 °C	0 oder 1 2 oder 3
G H	+100 °C	0 oder 1 2 oder 3
K M	+120 °C	0 oder 1 2 oder 3
N P R S T U	+140 °C +160 °C +180 °C +200 °C +220 °C über +220 °C	nach Vereinbarung

Zusatzkennzahlen	
Zusatzkennzahl nach DIN 51502	Untere Gebrauchstemperatur
−10	−10 °C
−20	−20 °C
−30	−30 °C
−40	−40 °C
−50	−50 °C
−60	−60 °C

[1] Zusätze von Wirkstoffen (P) und/oder Festschmierstoffen (F) sind zulässig:
Schmierfette KP mit Wirkstoffen, **Schmierfette KF** mit Festschmierstoff-Zusätzen und **Schmierfette KPF** mit Wirkstoffen und Festschmierstoff-Zusätzen.

[2] Die Bewertungsstufen 0 bis 3 bedeuten: keine, geringe, mäßige und starke Veränderung.

Bezeichnung eines Schmierfettes (K) mit Wirkstoff-Zusätzen (P), Konsistenzkennzahl (NLGI-Klasse) (2), Zusatzkennzahl (−20): Schmierfett DIN 51825 – KP 2 H – 20.

c) spezifische Wärmekapazität *c* von Mineralölen (Mittelwerte) in Abhängigkeit von Temperatur und Dichte

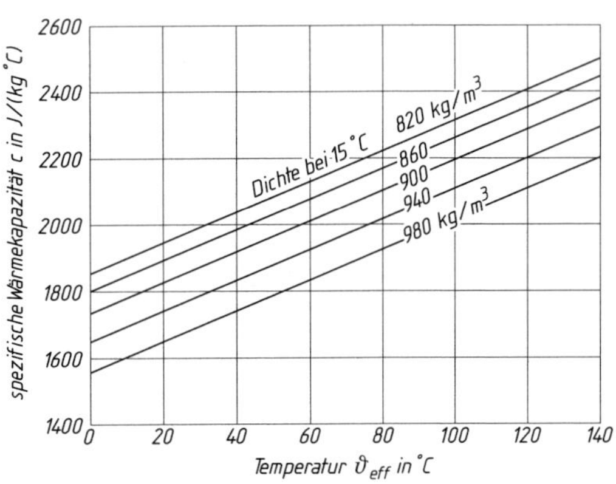

TB 15-9 Effektive dynamische Viskosität η_{eff} in Abhängigkeit von der effektiven Schmierfilmtemperatur ϑ_{eff} für Normöle (Dichte $\varrho = 900$ kg/m^3)

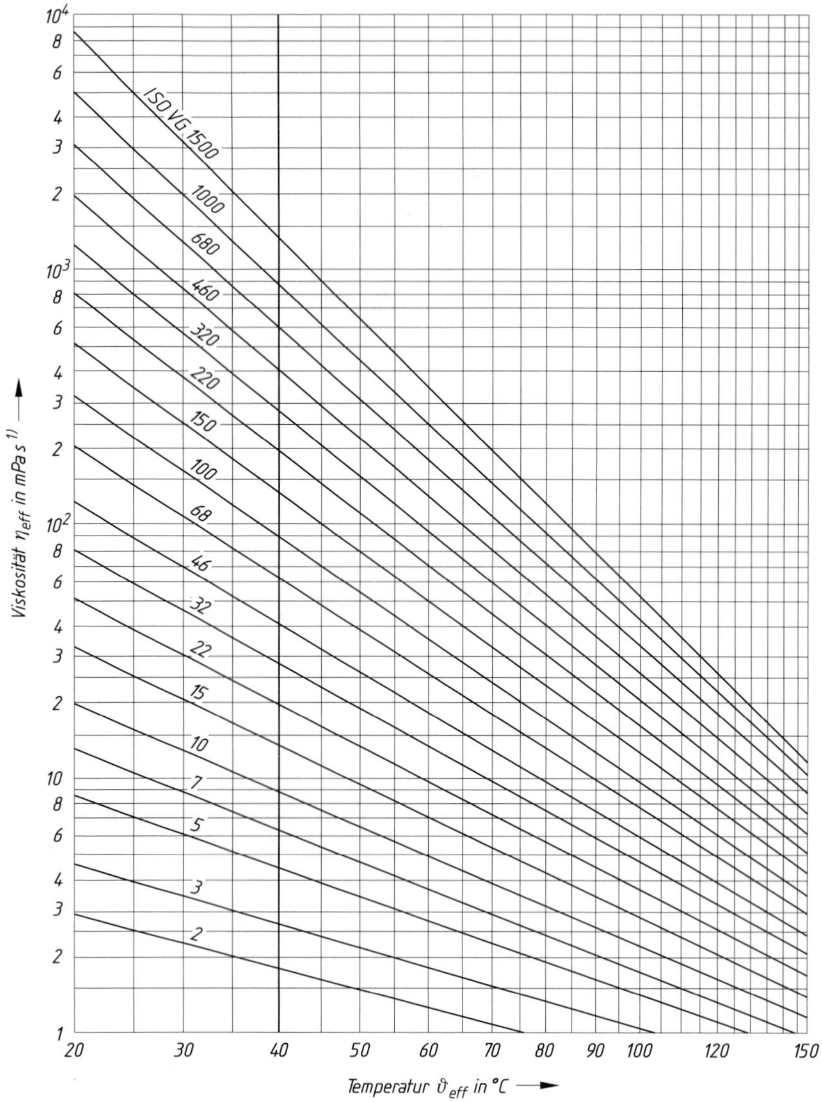

1) DIN 1342-2: 1 Pa s = 1 N s m^{-2} = 1 kg m^{-1} s^{-1} = 10^3 m Pa s = 10^{-6} N s mm^{-2}.

TB 15-10 Relative Lagerspiele ψ_E bzw. ψ_B in ‰

a) Richtwerte abhängig von der Gleitgeschwindigkeit u_w
(vgl. Lehrbuch Gl. 15.6)

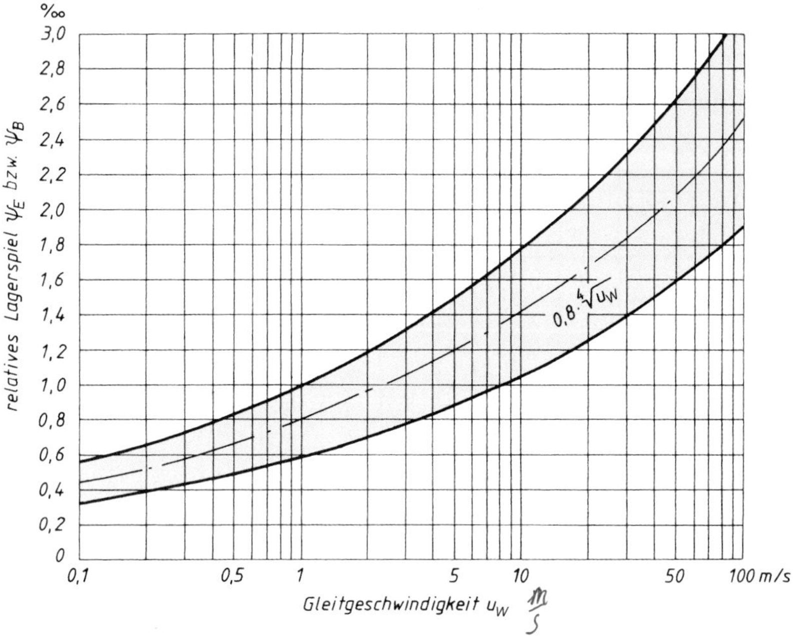

b) Richtwerte abhängig von d_W und u_W

d_W mm		u_W m/s				
>		–	3	10	25	50
	≤	3	10	25	50	125
–	100	1,32	1,6	1,9	2,24	2,24
100	250	1,12	1,32	1,6	2,0	2,24
250	–	1,12	1,12	1,32	1,6	1,9

c) Richtwerte abhängig von u_W und p_L

u_W in m/s	$p_L < 2$	$> 2 \dots 10$	> 10 N/mm²
<20	0,3 … 0,6	0,6 … 1,2	1,2 … 2
>20 … 100	0,6 … 1,2	1,2 … 2	2 … 3
>100	1,2 … 2	2 … 3	3 … 4,5

d) Richtwerte abhängig von Lagerwerkstoff

Sn- und Pb-Legierungen	0,4 … 1,0
Cu-Pb-Legierungen, Cu-Sn-Legierungen	0,5 … 2,5
Al-Legierungen	1,0 … 2,5
Gusseisen	1,0 … 3,0
Sinterwerkstoffe	1,0 … 2,5

TB 15-11 Passungen für Gleitlager nach DIN 31 698 (Auswahl)

Für das Höchst- und Mindestspiel ergibt sich das mittlere absolute Einbau-Lagerspiel $s_E = 0{,}5\ (s_{max} + s_{min})$ in µm und mit dem arithmetischen Mittel des Nennmaßbereiches d_m in mm wird das mittlere relative Einbau-Lagerspiel $\psi_E \approx s_E/d_m$ in ‰

Nennmaßbereich mm		Abmaße der Welle[1] in µm für ψ_E in ‰								Größt- und Kleinstspiel zwischen Welle und Lagerbohrung[2] in µm für ψ_E in ‰							
über	bis	0,56	0,8	1,12	1,32	1,6	1,9	2,24	3,15	0,56	0,8	1,12	1,32	1,6	1,9	2,24	3,15
25	30	–	−15 −21	−23 −29	−29 −35	−37 −43	−45 −51	−51 −60	−76 −85	–	30 15	38 23	44 29	52 37	60 45	73 51	98 76
30	35	–	−17 −24	−27 −34	−34 −41	−43 −50	−48 −59	−59 −70	−89 −100	–	35 17	45 27	52 34	61 43	75 48	86 59	116 89
35	40	−12 −19	−21 −28	−33 −40	−36 −47	−47 −58	−58 −69	−71 −82	−105 −116	30 12	39 21	51 33	63 36	74 47	85 58	98 71	132 105
40	45	−14 −21	−25 −32	−34 −45	−43 −54	−55 −66	−67 −78	−82 −93	−120 −131	31 14	43 25	61 34	70 43	82 55	94 67	109 82	147 120
45	50	−18 −25	−25 −36	−40 −51	−50 −60	−63 −74	−77 −88	−93 −104	−136 −147	36 18	52 25	67 40	76 49	90 63	104 77	120 93	163 136
50	55	−19 −27	−26 −39	−43 −56	−53 −66	−68 −81	−84 −97	−102 −115	−149 −162	40 19	58 26	75 43	85 53	100 68	116 84	144 102	181 149
55	60	−22 −30	−30 −43	−48 −61	−60 −73	−76 −89	−93 −106	−113 −126	−165 −178	43 22	62 30	80 48	92 60	108 76	125 93	145 113	197 165
60	70	−20 −33	−36 −49	−57 −70	−70 −83	−80 −99	−99 −118	−121 −140	−180 −199	53 20	68 36	90 57	102 70	129 80	148 99	170 121	229 180
70	80	−26 −39	−44 −57	−60 −79	−75 −94	−96 −115	−118 −137	−144 −162	−212 −231	58 26	76 44	109 60	124 75	145 96	167 118	193 144	261 212
80	90	−29 −44	−50 −65	−67 −89	−84 −106	−108 −130	−133 −155	−162 −184	−239 −261	66 29	87 50	124 67	141 84	165 108	190 133	219 162	296 239
90	100	−35 −50	−58 −73	−78 −100	−97 −119	−124 −146	−152 −174	−184 −206	−271 −293	72 35	95 58	135 78	154 97	181 124	209 152	241 184	328 271
100	110	−40 −55	−56 −78	−89 −111	−110 −132	−140 −162	−171 −193	−207 −229	−302 −324	77 40	113 56	146 89	167 110	197 140	228 171	264 207	359 302
110	120	−36 −60	−64 −86	−100 −122	−122 −145	−156 −178	−190 −212	−229 −251	−334 −356	93 36	121 64	157 100	180 122	213 156	247 190	286 229	391 334
120	140	−40 −65	−72 −97	−113 −138	−139 −164	−176 −201	−215 −240	−259 −284	−377 −402	105 40	137 72	178 113	204 139	241 176	280 215	324 259	442 377
140	160	−52 −77	−88 −113	−136 −161	−166 −191	−208 −233	−253 −278	−304 −329	−440 −465	117 52	153 88	201 136	231 166	273 208	318 253	369 304	505 440
160	180	−63 −88	−104 −129	−158 −183	−192 −217	−240 −265	−291 −316	−348 −373	−503 −528	128 63	179 104	223 158	257 192	305 240	356 291	413 348	568 503
180	200	−69 −98	−115 −144	−175 −204	−213 −242	−267 −296	−324 −353	−388 −417	−561 −590	144 69	190 115	250 175	288 213	342 267	399 324	463 388	636 581

[1] Die Abmaße der Welle entsprechen oberhalb der Stufenlinie IT4, zwischen den Stufenlinien IT5 und unterhalb der Stufenlinie IT6.

[2] Das Höchst- und Mindestspiel entspricht für die Passung Welle/Lagerbohrung oberhalb der Stufenlinie IT4/H5, zwischen den Stufenlinien IT5/H6 und unterhalb der Stufenlinie IT6/H7.

TB 15-12 Streuungen von Toleranzklassen für ISO-Passungen bei relativen Einbau-Lagerspielen ψ_E in ‰ abhängig von d_L (nach VDI 2201)

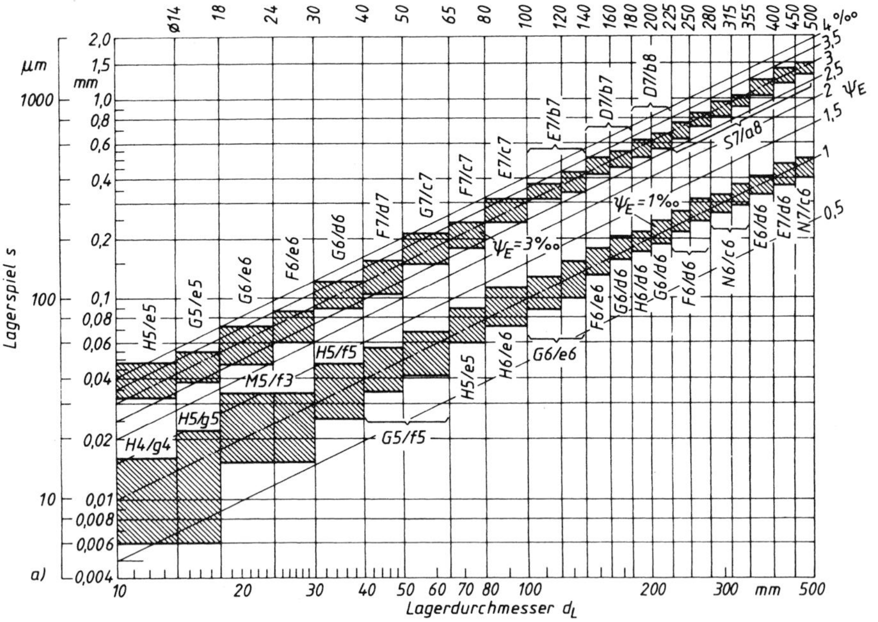

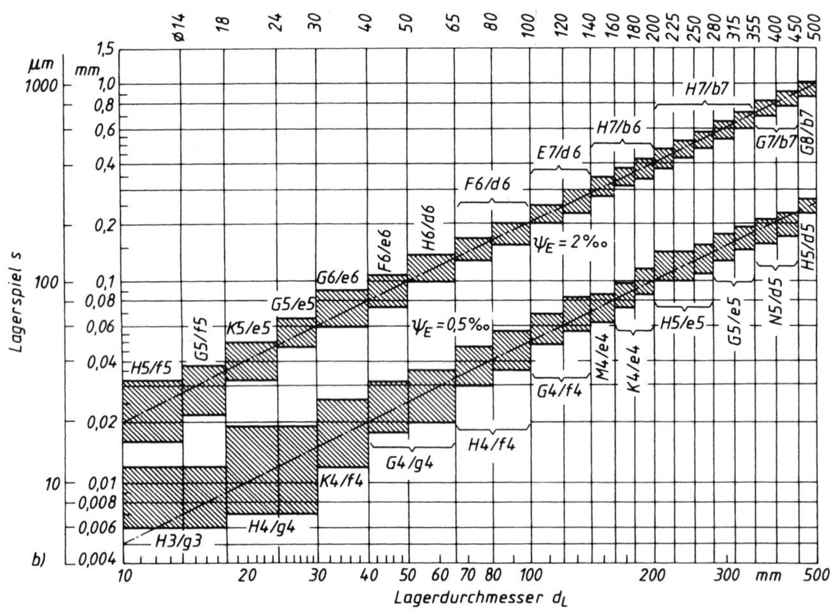

TB 15-13 Sommerfeld-Zahl $So = f(\varepsilon, b/d_L)$ bei reiner Drehung

a) für vollumschließende (360°)-Lager

$$So = \left(\frac{b}{d_L}\right)^2 \cdot \frac{\varepsilon}{2(1-\varepsilon^2)^2} \cdot \sqrt{\pi^2 \cdot (1-\varepsilon^2) + 16 \cdot \varepsilon^2} \cdot \frac{\alpha_1 \cdot (\varepsilon - 1)}{\alpha_2 + \varepsilon}$$

wenn $a_1 = 1{,}1642 - 1{,}9456 \cdot \left(\frac{b}{d_L}\right) + 7{,}1161 \cdot \left(\frac{b}{d_L}\right)^2 - 10{,}1073 \cdot \left(\frac{b}{d_L}\right)^3 + 5{,}0141 \cdot \left(\frac{b}{d_L}\right)^4$

$$a_2 = -1{,}000\,026 - 0{,}023\,634 \cdot \left(\frac{b}{d_L}\right) - 0{,}4215 \cdot \left(\frac{b}{d_L}\right)^2 - 0{,}038\,817 \cdot \left(\frac{b}{d_L}\right)^3 - 0{,}090\,551 \cdot \left(\frac{b}{d_L}\right)^4$$

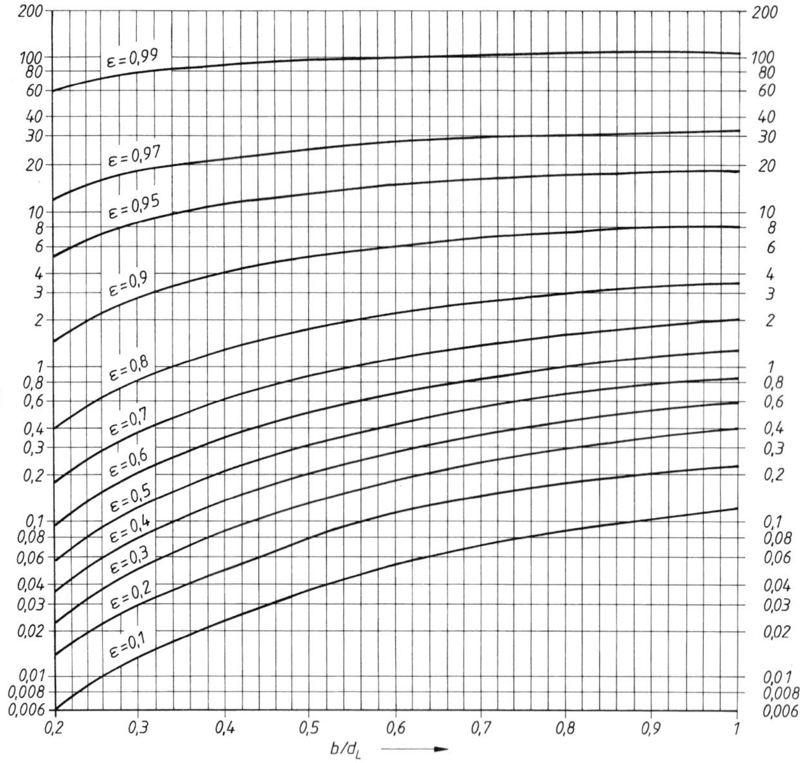

b) Verlagerungsbereiche *A*, *B*, *C* für 360°-Lager (s. Lehrbuch 15.4.1-1c unter Hinweis)

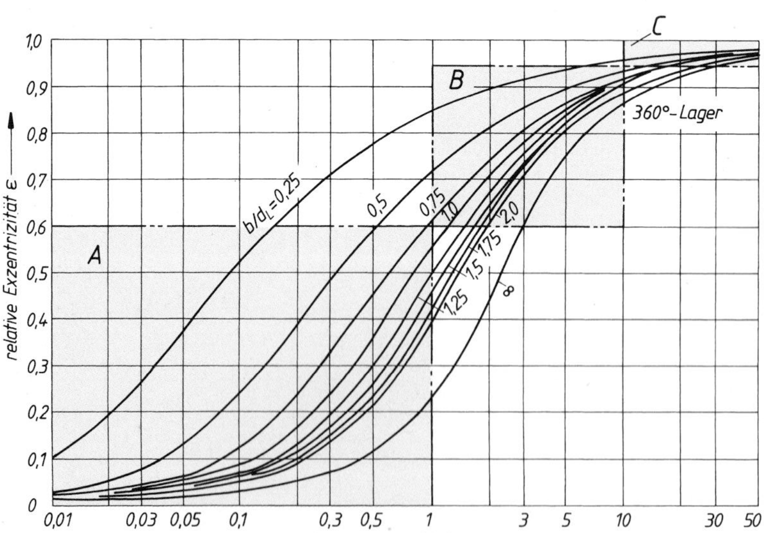

Bereich A:
Durch Instabilität bedingte Störung möglich

Bereich B:
Störungsfreier Betrieb

Bereich C:
Verschleißerscheinungen infolge Mischreibung möglich

TB 15-14 Reibungskennzahl $\mu/\psi_B = f(\varepsilon, b/d_L)$ bei reiner Drehung

a) für vollumschließende Lager

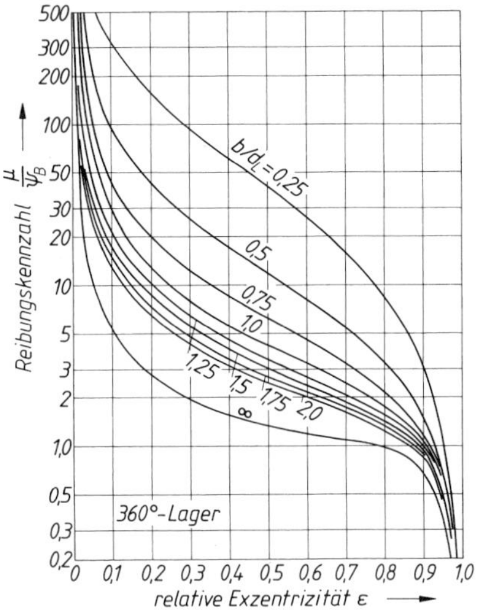

b) für halbumschließende Lager

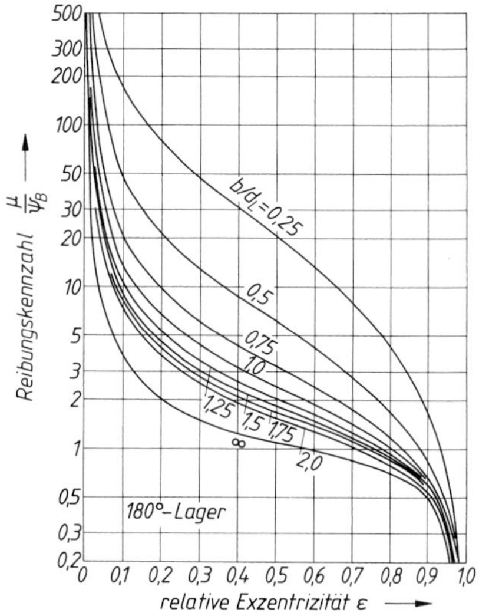

c) für vollumschließende Lager $\mu/\psi_B = f(So, b/d_L)$

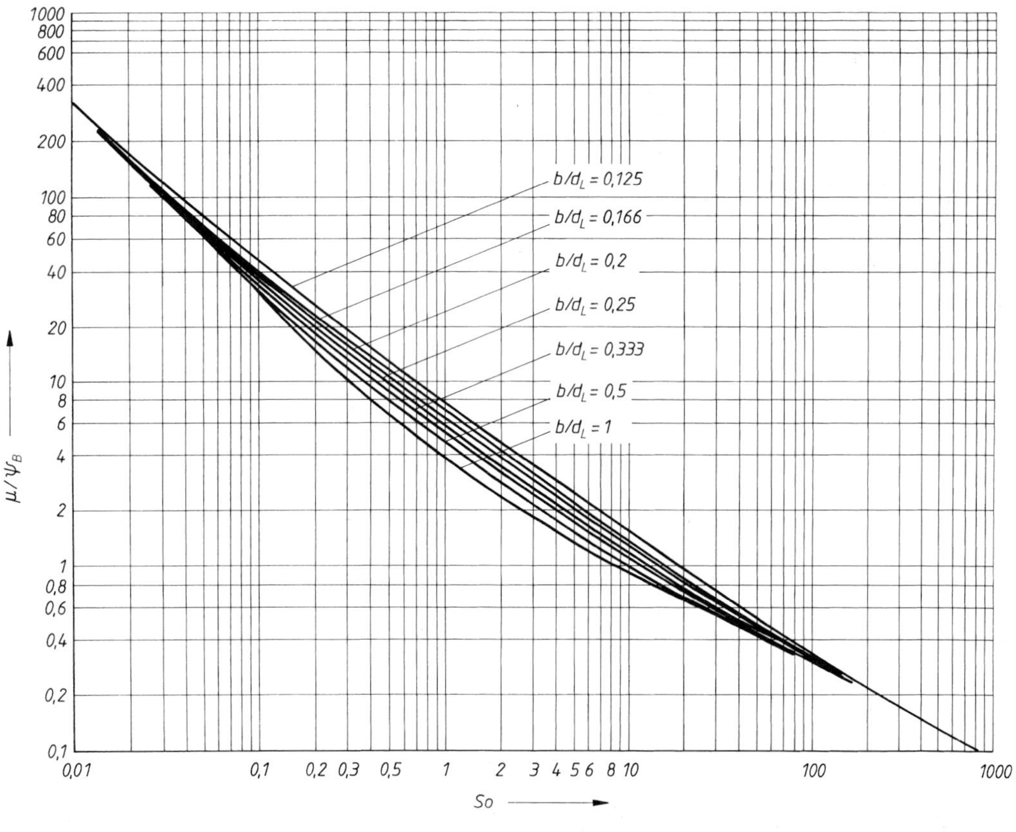

15

TB 15-15 Verlagerungswinkel $\beta = f(\varepsilon, b/d_L)$ bei reiner Drehung (s. Lehrbuch unter Gl. 15.8)

a) für das vollumschließende Radiallager b) für das halbumschließende Radiallager

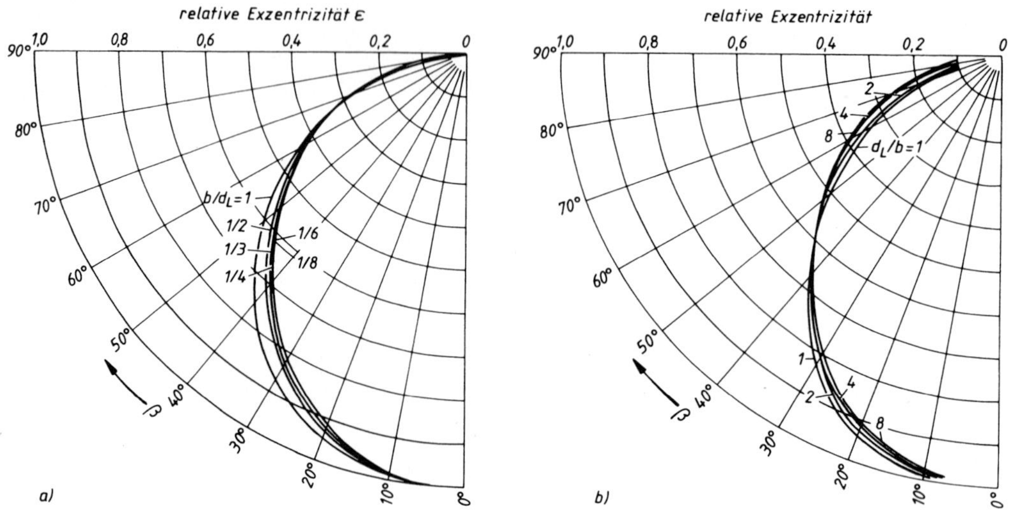

TB 15-16 Erfahrungswerte für die zulässige kleinste Spalthöhe $h_{0\,zul}$ nach DIN 31652, wenn Wellen-$Rz_W \leq 4\,\mu m$ und Lagergleitflächen-$Rz_L \leq 1\,\mu m$

Wellendurchmesser d_W in mm		Grenzrichtwerte $h_{0\,zul}$ in μm — Wellenumfangsgeschwindigkeit u_W in m/s				
über	bis	0 bis 1	über 1 bis 3	über 3 bis 10	über 10 bis 30	über 30
25[1]	63	3	4	5	7	10
63	160	4	5	7	9	12
160	400	6	7	9	11	14
400	1000	8	9	11	13	16
1000	2500	10	12	14	16	18

[1] einschließlich

TB 15-17 Grenzrichtwerte für die maximal zulässige Lagertemperatur $\vartheta_{L\,zul}$ nach DIN 31652-3

Art der Lagerschmierung	$\vartheta_{L\,zul}$ in °C[2]
Druckschmierung[1] (Umlaufschmierung)	100 (115)
drucklose Schmierung (Eigenschmierung)	90 (110)

[1] Beträgt das Verhältnis von Gesamtschmierstoffvolumen zu Schmierstoffvolumen je Minute (Schmierstoffdurchsatz) über 5, so kann $\vartheta_{L\,zul}$ auf 110 (125) °C erhöht werden.

[2] Die in Klammern gesetzten Temperaturen können nur ausnahmsweise – z. B. aufgrund besonderer Betriebsbedingungen – zugelassen werden.

Hinweis: Ab $\vartheta_{L\,zul} = 80\,°C$ tritt bei Schmierstoffen auf Mineralölbasis eine verstärkte Alterung in Erscheinung.

TB 15-18 Bezogener bzw. relativer Schmierstoffdurchsatz

a) $\dot{V}_{\mathrm{D\,rel}}$ für halbumschließende (180°)-Lager infolge Eigendruckentwicklung zu Gl. (15.16)

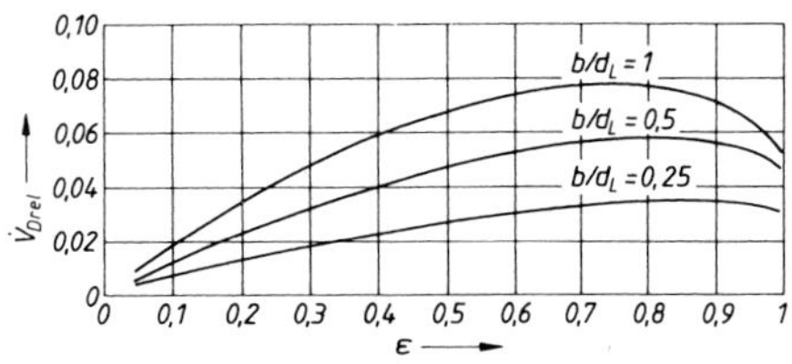

$$\dot{V}_{\mathrm{D\,rel}} = 0{,}125 \cdot (a_1 \cdot \varepsilon + a_2 \cdot \varepsilon^2 + a_3 \cdot \varepsilon^3 + a_4 \cdot \varepsilon^4) \text{ mit}$$
$$a_1 = 2{,}2346 \cdot (b/d_L) + 0{,}1084 \cdot (b/d_L)^2 - 0{,}5641 \cdot (b/d_L)^3$$
$$a_2 = -1{,}5421 \cdot (b/d_L) - 2{,}8215 \cdot (b/d_L)^2 + 1{,}955 \cdot (b/d_L)^3$$
$$a_3 = 2{,}2351 \cdot (b/d_L) + 4{,}2087 \cdot (b/d_L)^2 - 3{,}4813 \cdot (b/d_L)^3$$
$$a_4 = -1{,}751 \cdot (b/d_L) - 2{,}5113 \cdot (b/d_L)^2 + 2{,}3426 \cdot (b/d_L)^3$$

b) $\dot{V}_{\mathrm{pZ\,rel}}$ infolge des Zuführdrucks (nach DIN 31652-2, vgl. Lehrbuch 15.4.1-3, Gl. (15.17))

<table>
<tr><td colspan="3">Schmierlöcher mit
$q_L = 1{,}204 + 0{,}368 \cdot (d_0/b) - 1{,}046 \cdot (d_0/b)^2 + 1{,}942 \cdot (d_0/b)^3$</td><td colspan="3">Schmiertaschen gültig für $0{,}05 \le (b_T/b) \le 0{,}7$ mit
$q_T = 1{,}188 + 1{,}582 \cdot (b_T/b) - 2{,}585 \cdot (b_T/b)^2 + 5{,}563 \cdot (b_T/b)^3$</td></tr>
<tr><td colspan="6">entgegengesetzt zur Lastrichtung</td></tr>
<tr><td colspan="3">1.
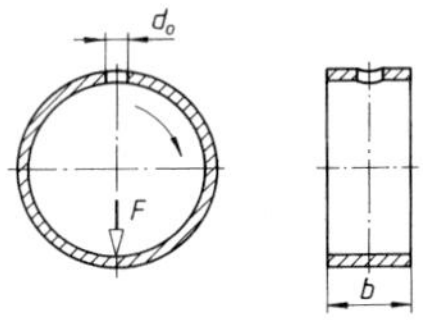
$\dot{V}_{\mathrm{pZrel}} = \frac{\pi}{48} \cdot \frac{(1+\varepsilon)^3}{\ln (b/d_0) \cdot q_L}$</td><td colspan="3">2.
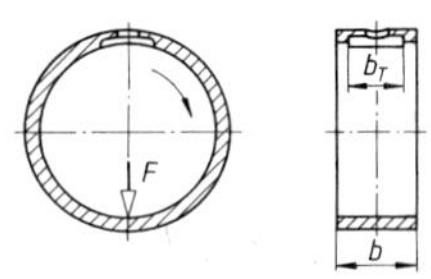
$\dot{V}_{\mathrm{pZrel}} = \frac{\pi}{48} \cdot \frac{(1+\varepsilon)^3}{\ln (b/b_T) \cdot q_T}$</td></tr>
<tr><td colspan="6">um 90° gedreht zur Lastrichtung</td></tr>
<tr><td colspan="3">3.
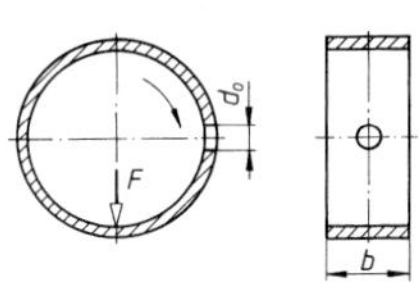
$\dot{V}_{\mathrm{pZrel}} = \frac{\pi}{48} \cdot \frac{1}{\ln (b/d_0) \cdot q_L}$</td><td colspan="3">4.
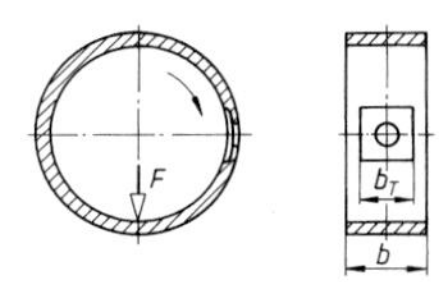
$\dot{V}_{\mathrm{pZrel}} = \frac{\pi}{48} \cdot \frac{1}{\ln (b/b_T) \cdot q_T}$</td></tr>
<tr><td colspan="2">2 Schmierlöcher</td><td colspan="2">senkrecht zur Lastrichtung</td><td colspan="2">2 Schmiertaschen</td></tr>
<tr><td colspan="3">5.
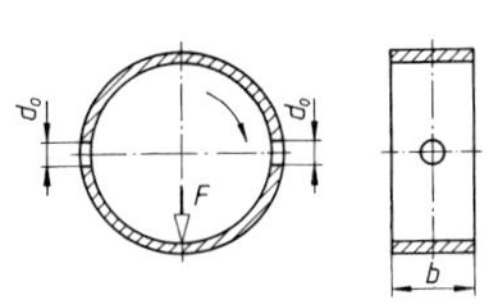
$\dot{V}_{\mathrm{pZrel}} = \frac{\pi}{48} \cdot \frac{2}{\ln (b/d_0) \cdot q_L}$</td><td colspan="3">6.
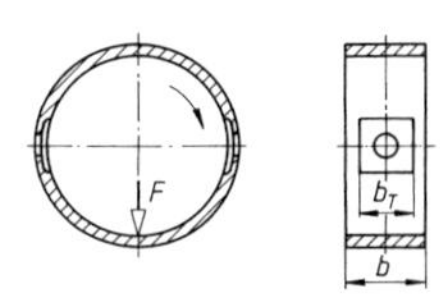
$\dot{V}_{\mathrm{pZrel}} = \frac{\pi}{48} \cdot \frac{2}{\ln (b/b_T) \cdot q_T}$</td></tr>
<tr><td colspan="3">Ringnut (360°-Nut) 7.
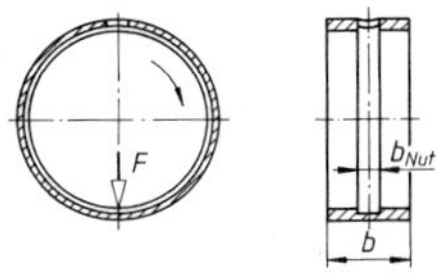
$\dot{V}_{\mathrm{pZrel}} = \frac{\pi}{24} \cdot \frac{1 + 1{,}5 \cdot \varepsilon^2}{(b/d_L)} \cdot \frac{b}{(b - b_{\mathrm{Nut}})}$</td><td colspan="3">180°-Nut 8.
$\dot{V}_{\mathrm{pZrel}} = \frac{1}{48} \cdot \frac{\pi (1 + 1{,}5 \cdot \varepsilon^2) + 6 \cdot \varepsilon + 1{,}33 \cdot \varepsilon^3}{(b - b_{\mathrm{Nut}})/d_L}$</td></tr>
</table>

15

16 Riemengetriebe

TB 16-1 Mechanische und physikalische Kennwerte von Flachriemen-Werkstoffen (Anhaltswerte)

	Riemenwerkstoff Riemensorte	Elastizitätsmodul E_z N/mm²	Elastizitätsmodul E_b N/mm²	Dichte ϱ kg/dm³	zul. Riemenspannung $\sigma_{z\,zul}$ N/mm²	max. Verhältnis t/d –	max. Biegehäufigkeit $f_{B\,max}$ [5] 1/s	zul. Nennumfangskraft $F'_{t\,max}$ N/mm	Riemengeschwindigkeit v_{max} [5] m/s	Reibungszahl μ [6] –	Temperatur ϑ_{max} °C
Leder-	Standard S	250	50 … 90	1,0	3,6 … 4,1	0,033	5	–	30	*Fleischseite* $(0{,}25 + 0{,}02\sqrt{v})$ *Haarseite* $(0{,}33 + 0{,}02\sqrt{v})$	35
	Geschmeidig G	350	40 … 80	0,95	4,3 … 5	0,04	10	–	40		
	Hochgeschmeidig HGL	450	30 … 70	0,9	4,3 … 6,5	0,05	25	–	50		45
	Hochgeschmeidig HGC				4,3 … 7,5						70
Gewebe-	*einlagig:* Gummi-Polyamid- bzw. Polyesterfasern	350 … 1200		1,1 … 1,4	3,3 … 5,4	0,35	10 … 50	100	80	(0,5)	−20 … 100
	mehrlagig: Gummi-, Polyamid- bzw. Polyester- oder Baumwollfasern	900 … 1500					10 … 20	300	20 … 50		
Textil-	Baumwolle	500 … 1400	40	1,3	2,3 … 5	0,05	40	–	50	(0,3)	–
	Kunstseide (imprägniert)	–		1,0	3,3 … 5	0,04		–		(0,35)	–
	Nylon, Perlon	500 … 1400		1,1	9	0,07	80	–	60	(0,3)	70
Mehrschicht-	Kordfäden aus Polyamid oder Polyester in Gummi gebettet [3] [1]	600 … 700	300	1,1 … 1,4	14 … 25	0,008 … 0,025	100	200	60 … 120	(0,7)	−20 … 100
	[2]	500 … 600	250		4 … 12	0,01 … 0,035		400		(0,6)	
	ein oder mehrere Polyamidbänder geschichtet und vorgereckt [4] [1]	500 … 600	250		6 … 18	0,008 … 0,025		800	60 (80)	(0,7)	
	[2]	400 … 500	200		4 … 15	0,01 … 0,035				(0,6)	

[1] Laufschicht Gummi
[2] Laufschicht Leder
[3] z. B. Extremultus 81 der Fa. Siegling, Hannover.
[4] z. B. Extremultus 85/80 der Fa. Siegling, Hannover.
[5] nur unter günstigen Verhältnissen erreichbar; von den Anwendungsbedingungen abhängig.
[6] μ-Werte sind von vielen Einflussgrößen abhängig (z. B. Alter bzw. Laufzeit des Riemens, Umwelteinflüsse, Riemengeschwindigkeit).

TB 16-2 Keilriemen, Eigenschaften und Anwendungsbeispiele

Bauart	P'_{max} kW/Riemen	v_{max} [1] m/s	$f_{B\,max}$ [1] 1/s	i_{max} –	Eigenschaften, Anwendungsbeispiele
Normalkeilriemen (DIN 2215)	70	30	80	15	$b_0/h \approx 1{,}6$; universeller Einsatz im Maschinenbau (Größen 13 … 22); Größen 25 … 40 für Schwermaschinenbau und bei rauem Betrieb; Riemenwirklängen bis 18 000 mm (Größen 22 … 40)
Schmalkeilriemen (DIN 7753)	70	42	100	10	$b_0/h \approx 1{,}2$; für raumsparende Antriebe, meist verwendeter Riementyp; größere Leistungsfähigkeit als Normalkeilriemen bei gleicher Riemenbreite; größere Scheibendurchmesser gegenüber Normalkeilriemen; Riemenrichtlängen bis 12 500 mm (Größe SPC)
flankenoffene Keilriemen	70	50	120	20	$b_0/h \approx 1{,}2$; für raumsparende Antriebe; kleinere Scheibendurchmesser gegenüber Normalkeilriemen möglich; kostengünstig; höchste Leistungsübertragung
Verbundkeilriemen	65	30	60	15	Schwingungs- und stoßunempfindlich; kein Verdrehen in den (Keil)scheiben; Anwendung für Stoßbetrieb und große Trumlängen
Doppelkeilriemen	30	30	80	5	$b_0/h \approx 1{,}25$; für Vielwellenantriebe mit gegenläufigen Scheiben; übertragbare Leistung ca. 10 % geringer gegenüber den Normalkeilriemen
Keilrippenriemen	20 [2]	60	200	35	bis zu 75 Rippen möglich ($P_{max} \approx 350$ kW); kleine Biegeradien; für große Übersetzungen; Spezialscheiben erforderlich
Breitkeilriemen	70	25	40	9 [3]	$b_0/h \approx 2 \dots 5$; Spezialriemen für stufenlos verstellbare Getriebe

[1] nur unter günstigen Verhältnissen erreichbar; von den Anwendungsbedingungen abhängig, [2] kW/Rippe, [3] Stellbereich

TB 16-3 Synchronriemen, Eigenschaften und Anwendungen

P_{max} kW/cm Riemenbreite	v_{max} [1)] m/s	$f_{B\,max}$ [1)] s^{-1}	i_{max} –	Eigenschaften und Anwendung
60	80	200	10	universeller Einsatz im Maschinen-, Geräte- und Fahrzeugbau, besonders bei Umkehrantrieben (Lineartechnik), wenn Schlupffreiheit gefordert wird; Synchronriemen und Zahnscheiben teurer als andere Riemen und Riemenscheiben; Geräuschminderung durch bogenverzahnte Synchronriemen und Zahnscheiben, jedoch noch teurer

[1)] nur unter günstigen Verhältnissen erreichbar; von den Anwendungsbedingungen abhängig.

TB 16-4 Trumkraftverhältnis m; Ausbeute κ (bei Keil- und Keilrippenriemen gilt $\mu = \mu'$)

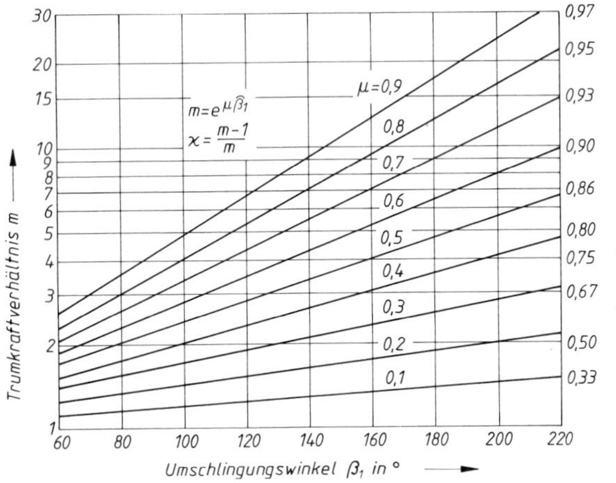

TB 16-5 Faktor k zur Ermittlung der Wellenbelastung für Flachriemengetriebe
Gilt näherungsweise auch für Keil- und Keilrippenriemen (μ entspricht dann μ')

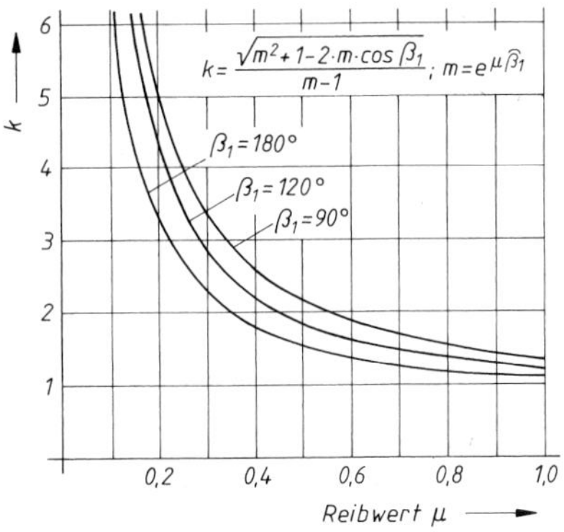

16

TB 16-6 Ausführungen und Eigenschaften der Mehrschichtflachriemen Extremultus (Bauart 80/85*, nach Werknorm)

* Für Antriebe mit höchsten Geschwindigkeiten wird noch die Bauart 81 angeboten

a) Ausführung

Extremultus Bauart	Aufbau Zugschicht	Aufbau Reibschicht	Aufbau Deckschicht	Einsatzfall	
80 LT	Polyamidband	Ch	Pg	für Mehrscheibenantrieb mit einseitiger Leistungsübertragung	für normale sowie erschwerte Betriebsbedingungen und wenn starker Einfluss von Öl und Fett zu erwarten ist
80 LL			CH	für Mehrscheibenantrieb mit beidseitiger Leistungsübertragung	
85 GT		E	Pg	für Mehrscheibenantrieb mit einseitiger Leistungsübertragung	normal, staubig, feucht, Einfluss von Öl und Fett nicht zu erwarten bzw. unbedeutend gering
85 GG			E	für Mehrscheibenantrieb mit beidseitiger Leistungsübertragung	

Ch Chromleder, E Elastomer, Pg Polyamidgewebe

b) Eigenschaften

Riementyp ($\hat{=}$ k_1)		10	14	20	28	40	54 [1]	80 [1]
Zugfestigkeit in N/mm Riemenbreite		225	315	450	630	900	1200	1800
spezifische Umfangskraft F'_t [2] in N/mm Riemenbreite		12,5	17,5	25	35	48	67,5	110
Nenndurchmesser d_{1N} in mm		100	140	200	280	400	540	800
Bruchdehnung ε_B in %		22						
Riemendicke t in mm	80 LT	2,2	2,6	2,9	3,6	4,4	5,6	6,3
	80 LL	3,2	3,6	4,1	5,0	6,2	6,5	–
	85 GT	1,6	1,8	2,5	2,9	3,7	4,5	6,0
	85 GG [3]	1,9	2,1	2,6	3,1	–	–	–

[1] nur in den Ausführungen LT und GT.

[2] die zulässige Spannung kann als fiktiver Wert ermittelt werden aus $\sigma_{z\,zul} \approx F'_t/t$ mit $F'_t = f(d_1, \beta_1, \text{Riementyp})$ nach TB 16-8, angegebene Werte gelten für $\beta = 180°$.

[3] bei der Bauart 85 GG ist hinter der Zahl des Riementyps noch ein N anzufügen, z. B. 14 N.

TB 16-7 Ermittlung des kleinsten Scheibendurchmessers (nach Fa. Siegling, Hannover)

P/n kW · min	d mm	P/n kW · min	d mm	P/n kW · min	d mm
0,00075	63	0,008	140	0,14	315
0,0009	71	0,01	160	0,17	355
0,001	80	0,015	180	0,2	400
0,0016	90	0,04	200	0,25	450
0,0018	100	0,06	224	0,3	500
0,003	112	0,1	250	0,4	560
0,0045	125	0,12	280	0,44	630

TB 16-8 Diagramme zur Ermittlung von F'_t, ε_1, Riementyp für Extremultus-Riemen (nach Fa. Siegling, Hannover)

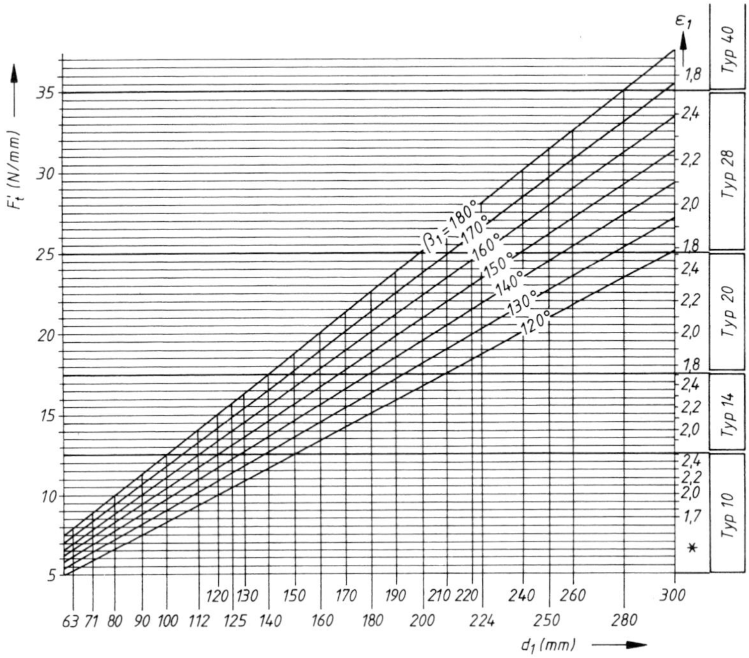

* bei $\varepsilon_1 < 1{,}7$ Rückfrage beim Hersteller

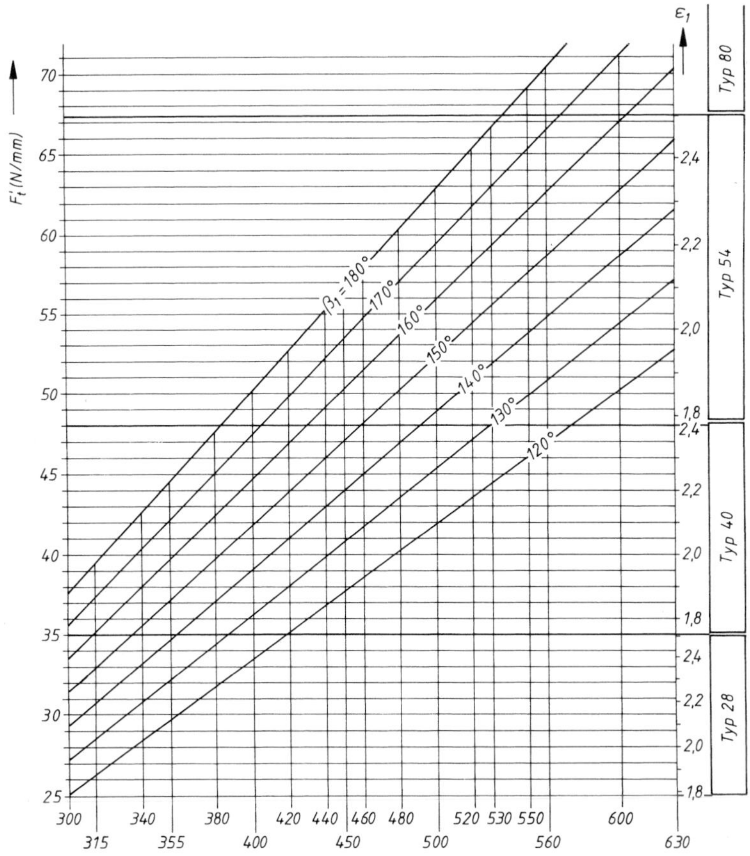

16

TB 16-9 Flachriemenscheiben, Hauptmaße, nach DIN 111 (Auszug)

a) Hauptmaße in mm (evtl. abweichende Maße für B für eine Scheibe notwendig)

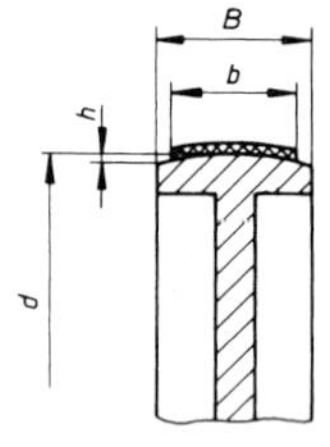

<table>
<tr><td>d</td><td>40</td><td>50</td><td>63</td><td>71</td><td>80</td><td>90</td><td>100</td><td>112</td><td>125</td><td>140</td></tr>
<tr><td>B min</td><td colspan="2">25</td><td>32</td><td colspan="2">40</td><td colspan="2">50</td><td colspan="3">63</td></tr>
<tr><td>B max</td><td>50</td><td colspan="3">100</td><td>140</td><td colspan="5">200</td></tr>
<tr><td>h</td><td colspan="8">0,3</td><td colspan="2">0,4</td></tr>
<tr><td>d</td><td>160</td><td>180</td><td>200</td><td>224</td><td>250</td><td>280</td><td>315</td><td>355</td><td>400</td><td>450</td></tr>
<tr><td>B min</td><td colspan="10">63</td></tr>
<tr><td>B max</td><td colspan="2">200</td><td colspan="7">315</td><td>400</td></tr>
<tr><td>h</td><td colspan="2">0,5</td><td colspan="2">0,6</td><td colspan="4">0,8</td><td colspan="2">1,0</td></tr>
<tr><td>d</td><td>500</td><td>560</td><td>630</td><td>710</td><td>800</td><td>900</td><td>1000</td><td>1120</td><td>1250</td><td>1400</td></tr>
<tr><td>B min</td><td colspan="3">63</td><td colspan="4">100</td><td colspan="3">125</td></tr>
<tr><td>B max</td><td colspan="10">400</td></tr>
<tr><td>h</td><td>1,0</td><td colspan="3">1,2</td><td colspan="3">1,2*</td><td colspan="3">1,5**</td></tr>
</table>

* bei Kranzbreiten > 250: $h = 1{,}5$, ** bei Kranzbreiten > 250: $h = 2$

b) Zuordnung Riemenbreite b – kleinste Scheibenkranzbreite B

b	20	25	32	40	50	71	90	112	125
B	25	32	40	50	63	80	100	125	140
b	140	160	180	200	224	250	280	315	355
B	160	180	200	224	250	280	315	355	400

TB 16-10 Fliehkraft-Dehnung ε_2 in % für Extremultus-Mehrschichtriemen (nach Fa. Siegling, Hannover)

<table>
<tr><td rowspan="2">Riemen-bezeichnung</td><td colspan="7">Riemengeschwindigkeit v in m/s</td></tr>
<tr><td>10</td><td>20</td><td>30</td><td>40</td><td>50</td><td>60</td><td>70</td></tr>
<tr><td>GT 10</td><td rowspan="24">< 0,1*</td><td rowspan="4">0,2</td><td rowspan="3">0,3</td><td rowspan="3">0,6</td><td rowspan="3">0,9</td><td rowspan="12"></td><td rowspan="20"></td></tr>
<tr><td>GG 10N</td></tr>
<tr><td>LL 10</td></tr>
<tr><td>LT 10</td><td>0,4</td><td>0,8</td><td>1,1</td></tr>
<tr><td>GT 14</td><td rowspan="20">0,1</td><td rowspan="3">0,3</td><td rowspan="3">0,5</td><td rowspan="3">0,8</td></tr>
<tr><td>GG 14N</td></tr>
<tr><td>LL 14</td></tr>
<tr><td>LT 14</td><td>0,4</td><td>0,7</td><td>1,0</td></tr>
<tr><td>GT 20</td><td rowspan="3">0,2</td><td rowspan="3">0,4</td><td rowspan="3">0,7</td></tr>
<tr><td>GG 20N</td></tr>
<tr><td>LL 20</td></tr>
<tr><td>LT 20</td><td>0,3</td><td>0,6</td><td>0,9</td></tr>
<tr><td>GT 28</td><td rowspan="3">0,2</td><td rowspan="3">0,4</td><td rowspan="3">0,6</td><td rowspan="3">0,8</td></tr>
<tr><td>GG 28N</td></tr>
<tr><td>LL 28</td></tr>
<tr><td>LT 28</td><td>0,3</td><td>0,6</td><td>0,8</td><td>1,0</td></tr>
<tr><td>GT 40</td><td rowspan="3">0,2</td><td rowspan="3">0,3</td><td rowspan="3">0,5</td><td rowspan="3">0,7</td></tr>
<tr><td>GG 40N</td></tr>
<tr><td>LL 40</td></tr>
<tr><td>LT 40</td><td>0,3</td><td>0,5</td><td>0,7</td><td>0,9</td></tr>
<tr><td>GT 54</td><td>0,2</td><td>0,3</td><td>0,5</td><td>0,7</td><td>0,9</td></tr>
<tr><td>LT 54</td><td>0,3</td><td>0,5</td><td>0,7</td><td>0,9</td><td>1,0</td></tr>
<tr><td>GT 80</td><td>0,2</td><td>0,3</td><td>0,5</td><td>0,7</td><td>0,9</td></tr>
<tr><td>LT 80</td><td>0,3</td><td>0,5</td><td>0,7</td><td>0,9</td><td>1,0</td></tr>
</table>

* ohne nennenswerten Einfluss

16

TB 16-11 Wahl des Profils der Keil- und Keilrippenriemen

a) Normalkeilriemen

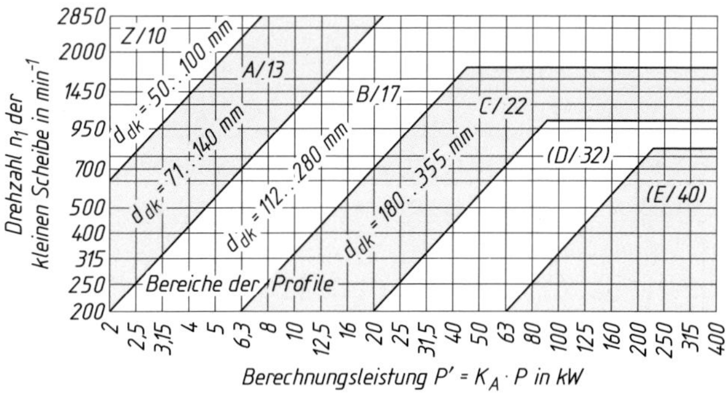

b) Schmalkeilriemen

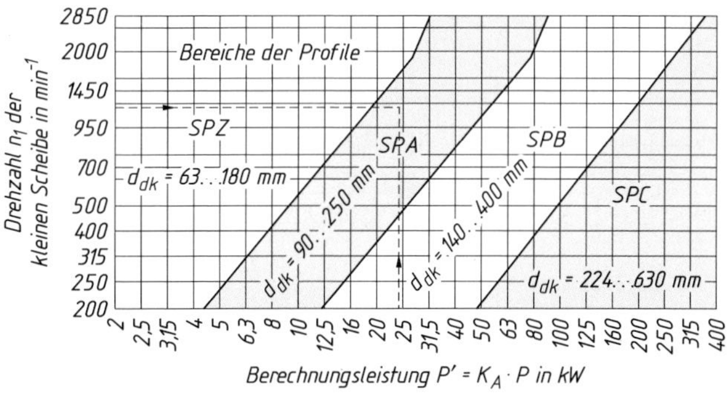

Beispiel: Für die Berechnungsleistung $P' = 24$ kW und $n_1 = 1200$ min^{-1} wird gewählt: Schmalkeilriemen **SPA**

c) Keilrippenriemen

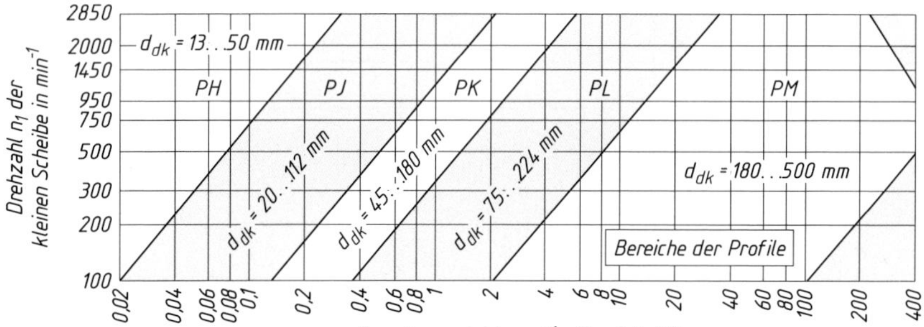

16

TB 16-12 Keilriemenabmessungen (in Anlehnung an DIN 2215, ISO 4184, DIN 7753 sowie Werksangaben; Auszug)

Normalkeilriemen								
Profilkurzzeichen nach	DIN 2215	6	10	13	17	22	32	40
	ISO 4184	Y	Z	A	B	C	D	E
obere Riemenbreite	$b_0 \approx$	6	10	13	17	22	32	40
Richtbreite	$b_d \approx$	5,3	8,5	11	14	19	27	32
Riemenhöhe	$h \approx$	4	6	8	11	14	20	25
Abstand	$h_d \approx$	1,6	2,5	3,3	4,2	5,7	8,1	12
Mindestscheibenrichtdurchmesser	$d_{d\,min} \approx$	28	50	71	112	180	355	500
Innenlängen[1] (= Bestelllänge) Richtlänge $L_d = L_i + \Delta L$)	L_i	185 bis 850	300 bis 2800	560 bis 5300	670 bis 7100	1180 bis 18000	2000 bis 18000	3000 bis 18000
Längendifferenz ΔL		15	22	30	40	58	75	80
Biegewechsel (s^{-1})	$f_{B\,max} \approx$	80						
Riemengeschwindigkeit (m/s)	v_{max}	30						
Schmalkeilriemen								
Profilkurzzeichen nach	DIN 7753 T1	–	SPZ	SPA	SPB	SPC	–	–
obere Riemenbreite	$b_0 \approx$	–	9,7	12,7	16,3	22	–	–
Richtbreite	$b_d \approx$	–	8,5	11	14	19	–	–
Riemenhöhe	$h \approx$	–	8	10	13	18	–	–
Abstand	$h_d \approx$	–	2	2,8	3,5	4,8	–	–
Mindestscheibenrichtdurchmesser	$d_{d\,min} \approx$	–	63	90	140	224	–	–
Richtlängen[1] (= Bestelllänge)	L_d	–	587 bis 3550	732 bis 4500	1250 bis 8000	2000 bis 12500	–	–
Biegewechsel (s^{-1})	$f_{B\,max} \approx$	100						
Riemengeschwindigkeit (m/s)	v_{max}	42						

[1] Herstellerangaben beachten (vorzugsweise nach DIN 323, R40).

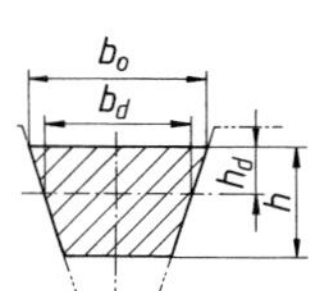

TB 16-13 Abmessungen der Keilriemenscheiben (nach DIN 2211; Auszug)

Nennabmessungen der Riemenscheiben								
für Keilriemen nach	DIN 2215	6	10	13	17	22	32	40
	ISO 4184	Y	Z	A	B	C	D	E
für Schmalkeilriemen nach	DIN 7753 T1	–	SPZ	SPA	SPB	SPC	–	–
Rillenbreite	b_1 ≈	6,3	9,7	12,7	16,3	22	32	40
Rillenprofil	c ≈	1,6	2	2,8	3,5	4,8	8,1	12
	e ≈	8	12	15	19	25,5	37	44,5
	f ≈	6	8	10	12,5	17	24	29
	t ≈	7	11	14	18	24	33	38
Mindestscheibendurchmesser Normalkeilriemen	$d_{d\,min}$ ≈	28	50	71	112	180	355	500
Schmalkeilriemen		–	63	90	140	224	–	–
Keilwinkel α bei Richtdurchmesser d_d	32°	≤63	–	–	–	–	–	–
	34°	–	≤80	≤118	≤190	≤315	–	–
	36°	>63	–	–	–	–	≤500	≤630
	38°	–	>80	>118	>190	>315	>500	>630

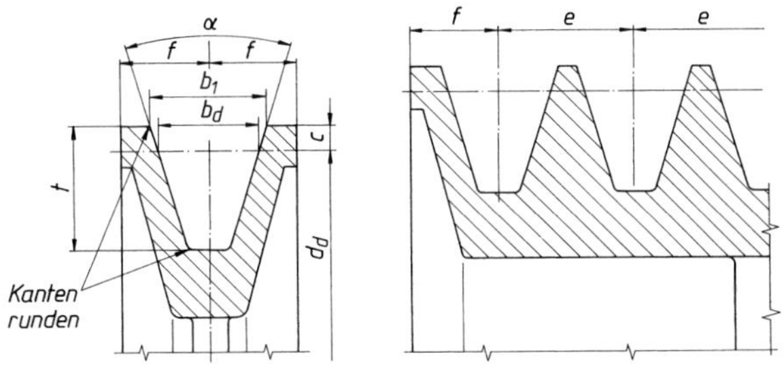

16

TB 16-14 Keilrippenriemen und Keilrippenscheiben nach DIN 7867
(Tabellenwerte in Anlehnung an DIN 7867 und Werksangaben)

Keilrippenriemen nach DIN 7867	Profil-Kurzzeichen		PH	PJ	PK	PL	PM
	Rippenabstand	s	1,60 ± 0,2	2,34 ± 0,2	3,56 ± 0,2	4,70 ± 0,2	9,40 ± 0,2
	Riemenhöhe	h max[1)]	3	4	6	10	17
	Anzahl der Rippen	z[2)]	2 … 31	2 … 50	2 … 50	2 … 60	2 … 45
	Riemenbreite	b	$b = s \cdot z$				
	Rippengrundradius	r_g max	0,15	0,20	0,25	0,40	0,75
	Rippenkopfradius	r_k min	0,30	0,40	0,50	0,40	0,75
	Standard-Richtlänge L_d[2)]	min	559	330	559	954	2286
		max	2155	2489	3492	6096	15 266
	zul. Riemengeschwindigkeit	v max[2)]	60 m/s	50 m/s	50 m/s	40 m/s	30 m/s
Keilrippenscheiben nach DIN 7867	Profil-Kurzzeichen		H	J	K	L	M
	Rillenabstand	e	1,60 ± 0,03	2,34 ± 0,03	3,56 ± 0,05	4,70 ± 0,05	9,40 ± 0,08
	Gesamtabstand	c	$c =$ (Rippenanzahl $n - 1$) e Toleranz für c: ±0,30				
	Richtdurchmesser	$d_{d\,min}$	13	20	45	75	180
		Stufung	nach DIN 323 Normzahlreihe R20 (s. TB 1-16)				
	Innenradius	$r_{i\,max}$	0,30	0,40	0,50	0,40	0,75
	Außenradius	$r_{a\,min}$	0,15	0,20	0,25	0,40	0,75
	Profiltiefe	t_{min}[2)]	1,33	2,06	3,45	4,92	10,03
	Randabstand	f_{min}	1,3	1,8	2,5	3,3	6,4
	Wirkdurchmesser	d_w	$d_w = d_d + 2h_b$				
	Bezugshöhe	h_b	0,8	1,25	1,6	3,5	5,0

1) Maße nach Wahl des Herstellers.
2) Hersteller-Angaben; vorzugsweise nach DIN 323 R′40.

16

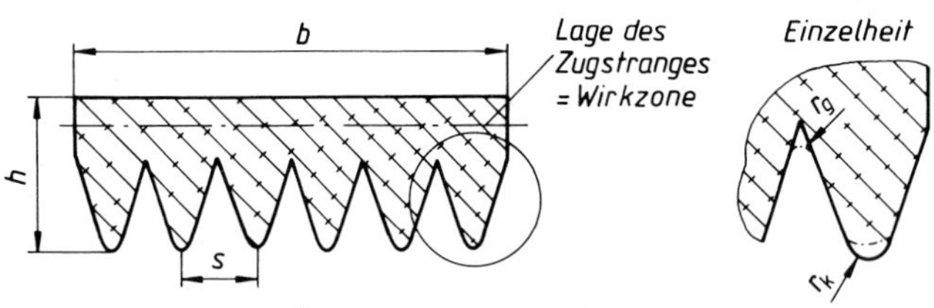

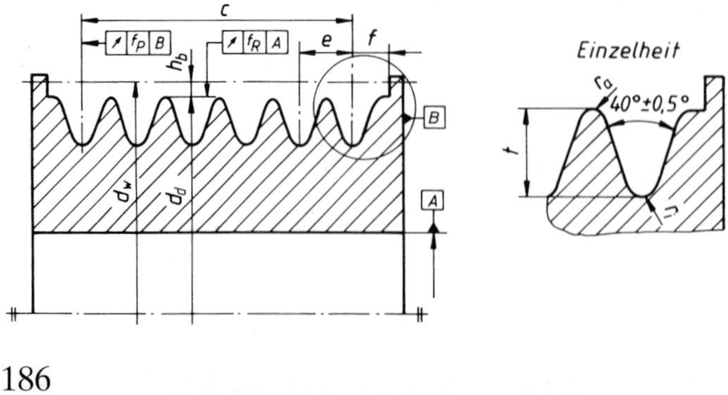

d_d … 74 mm: $f_R = 0{,}13$ mm
$d_d > 74 \ldots 250$ mm: $f_R = 0{,}25$ mm
$d_d > 250$ mm: $f_R = 0{,}25$ mm + 0,004
je mm Bezugs-∅ über 250 mm
$f_P = 0{,}0002 \cdot d_d$

TB 16-15 Nennleistung der Keil- und Keilrippenriemen

a) Nennleistung je Riemen für Normalkeilriemen

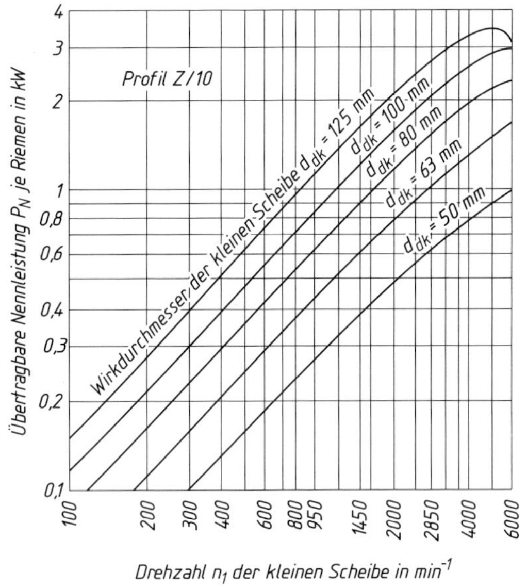

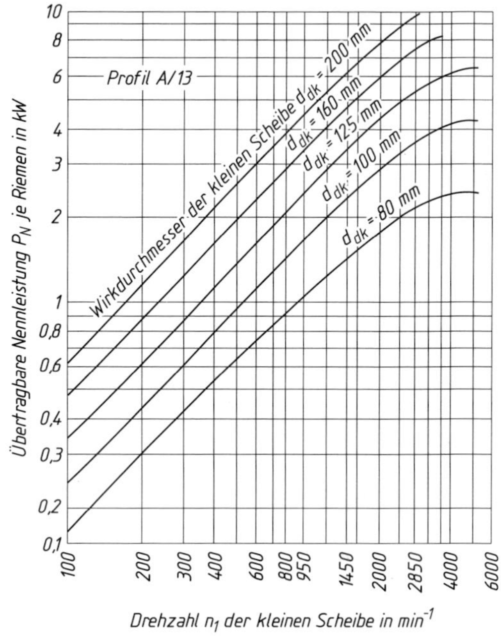

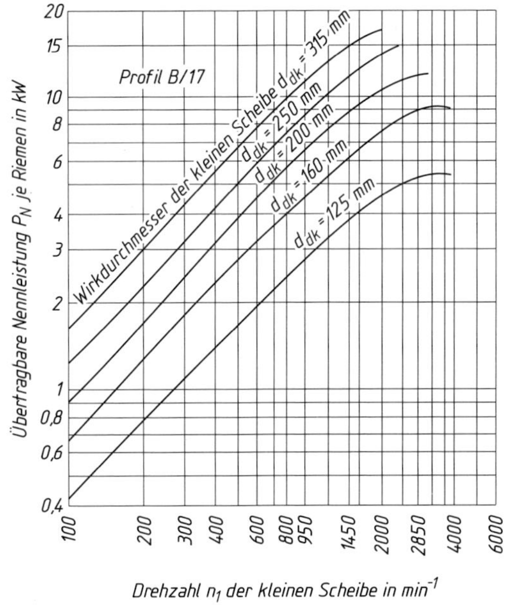

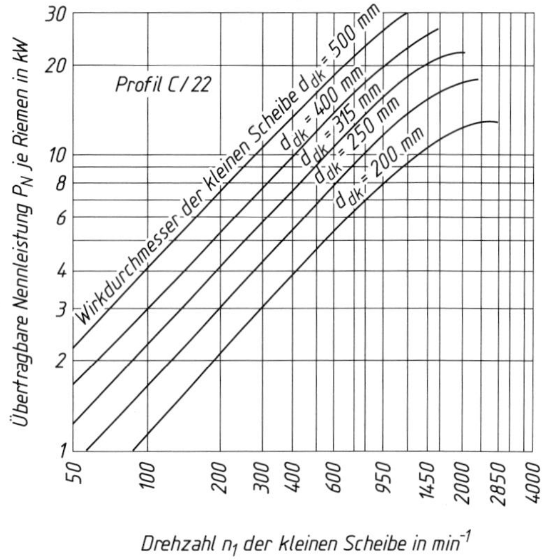

16

TB 16-15 Fortsetzung

b) Nennleistung je Riemen für Schmalkeilriemen

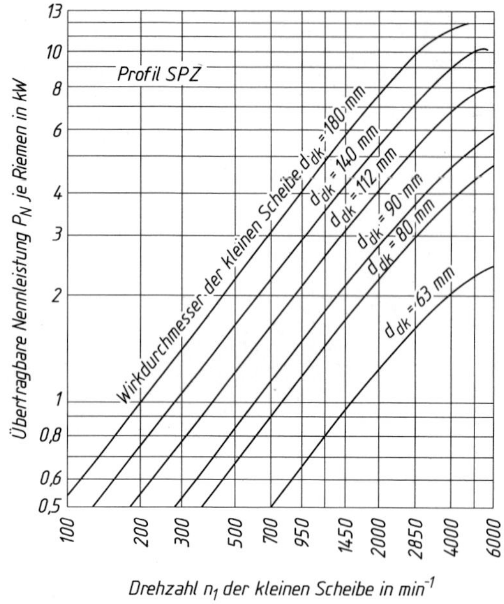

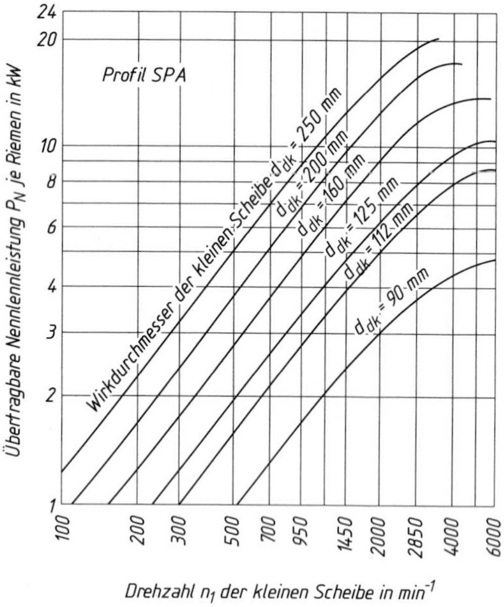

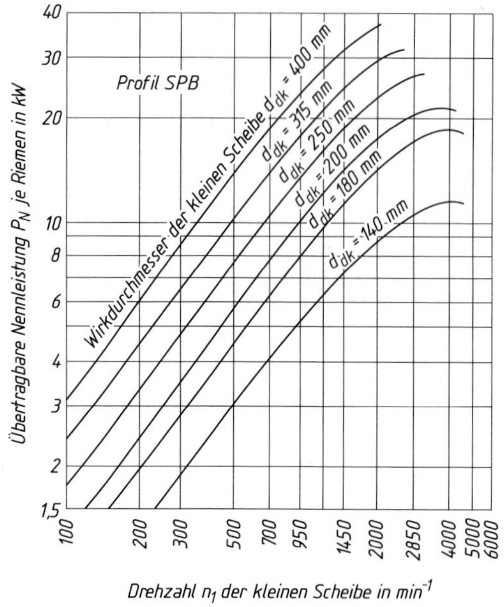

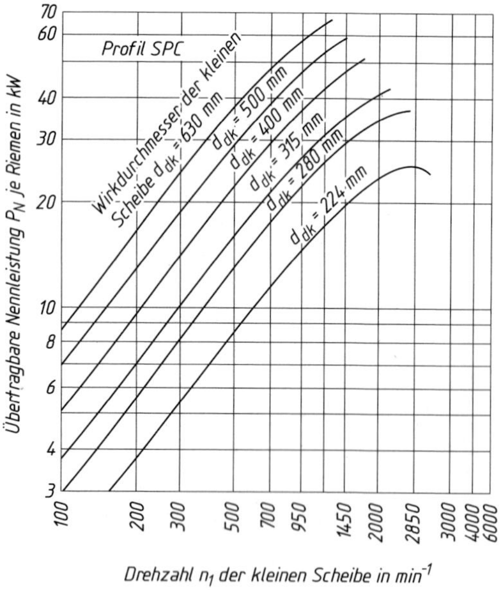

16

TB 16-15 Fortsetzung

c) Nennleistung je Rippe für Keilrippenriemen

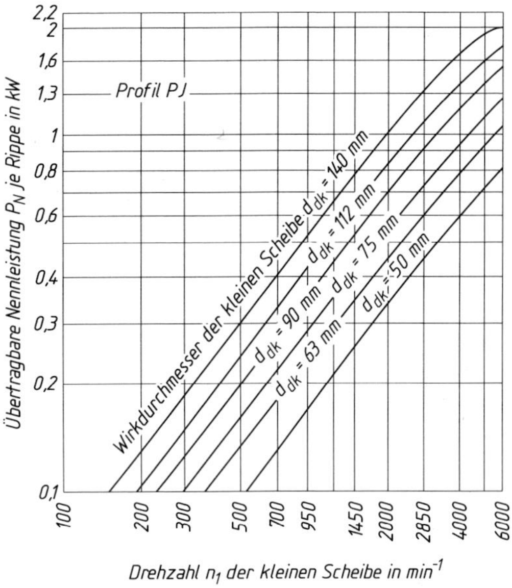

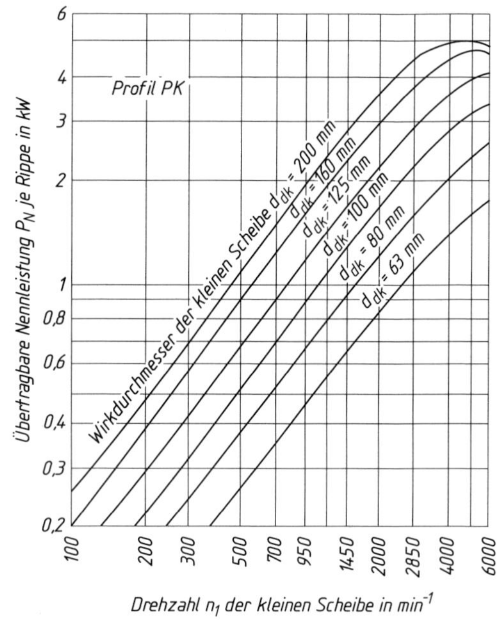

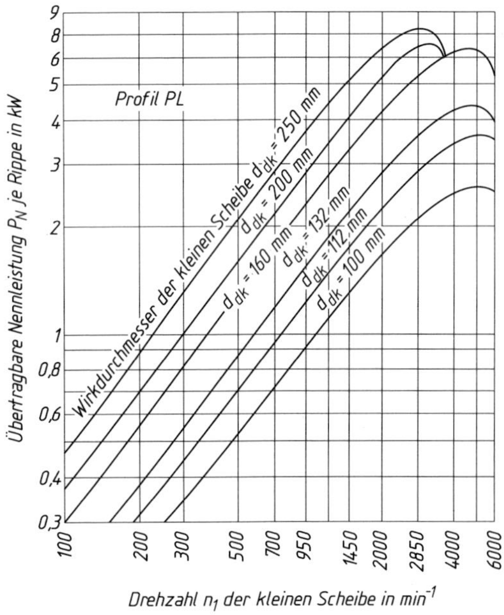

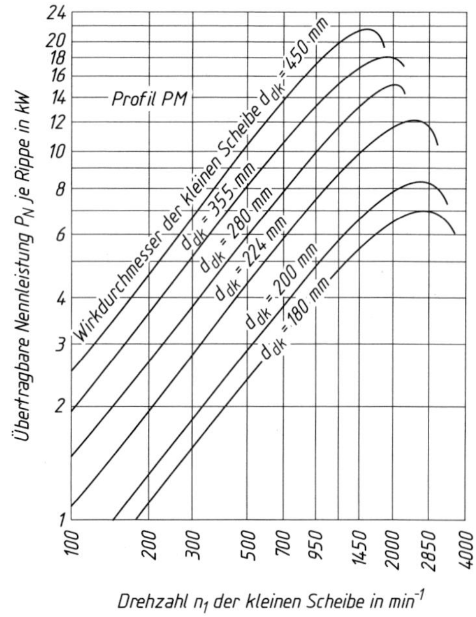

TB 16-16 Leistungs-Übersetzungszuschlag $\ddot{U}_z$ in kW (bei $i < 1$ wird $\ddot{U}_z = 1$)

a) je Riemen für Normalkeilriemen

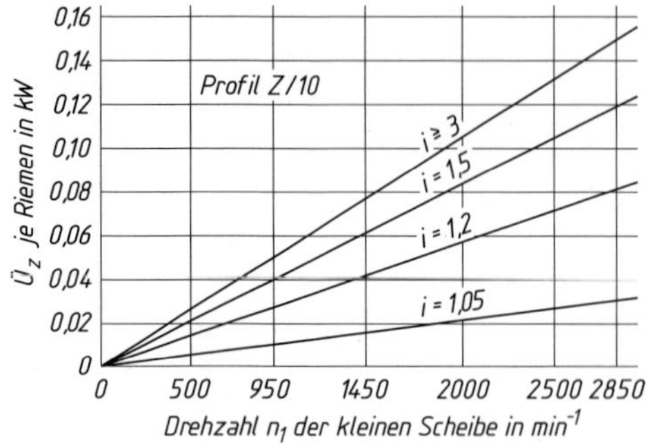

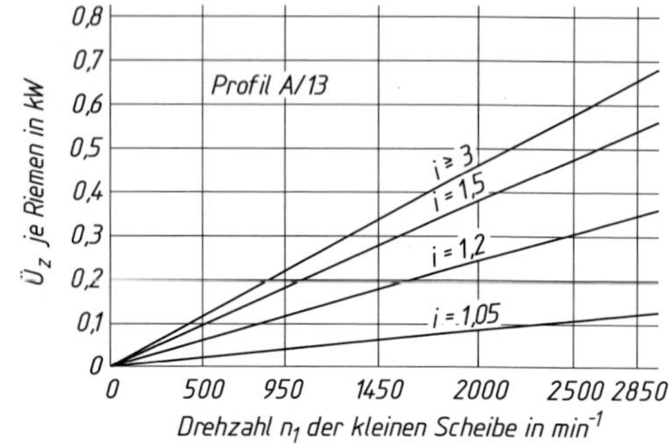

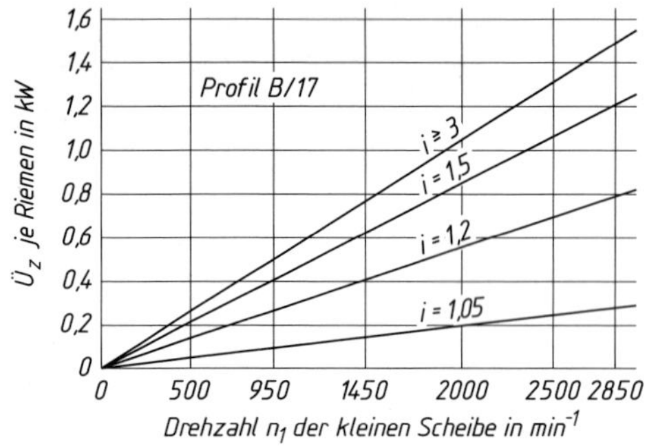

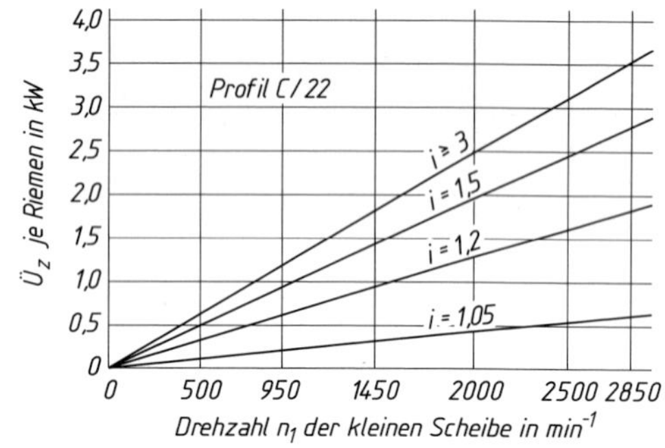

b) je Riemen für Schmalkeilriemen

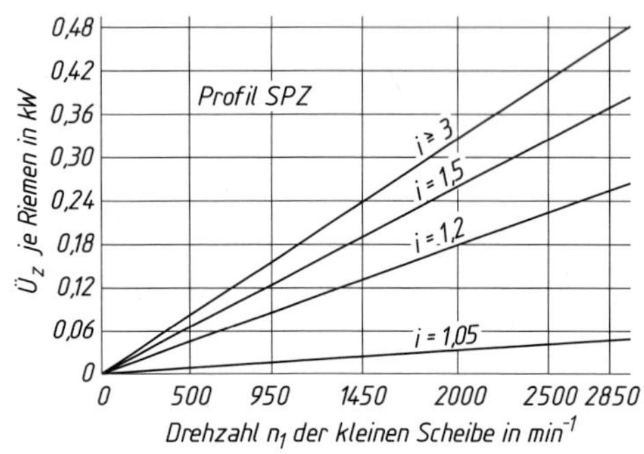

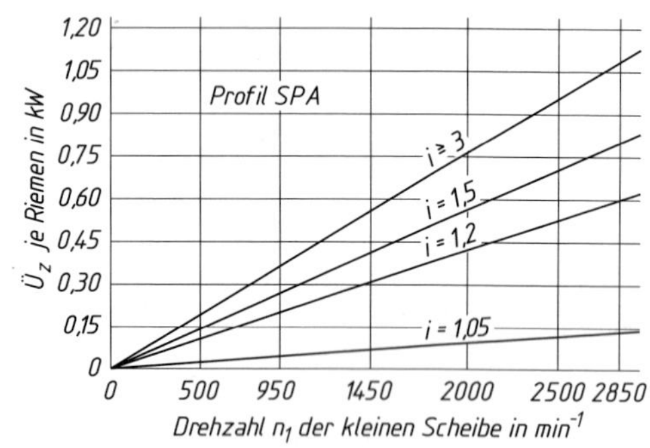

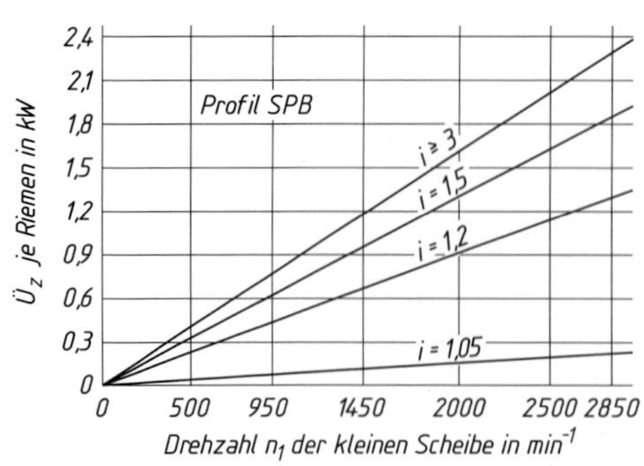

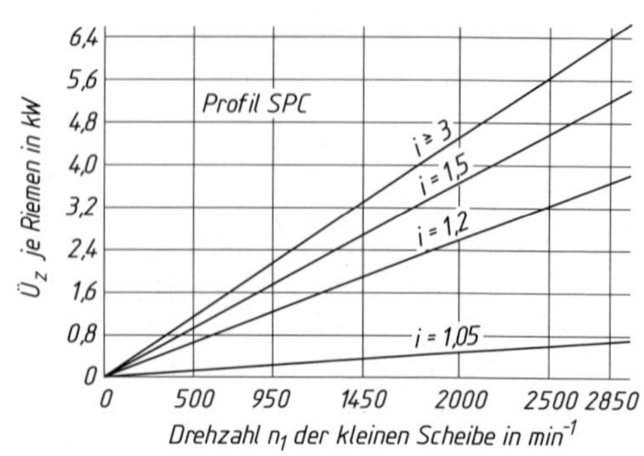

TB 16-16 Fortsetzung

c) je Rippe für Keilrippenriemen

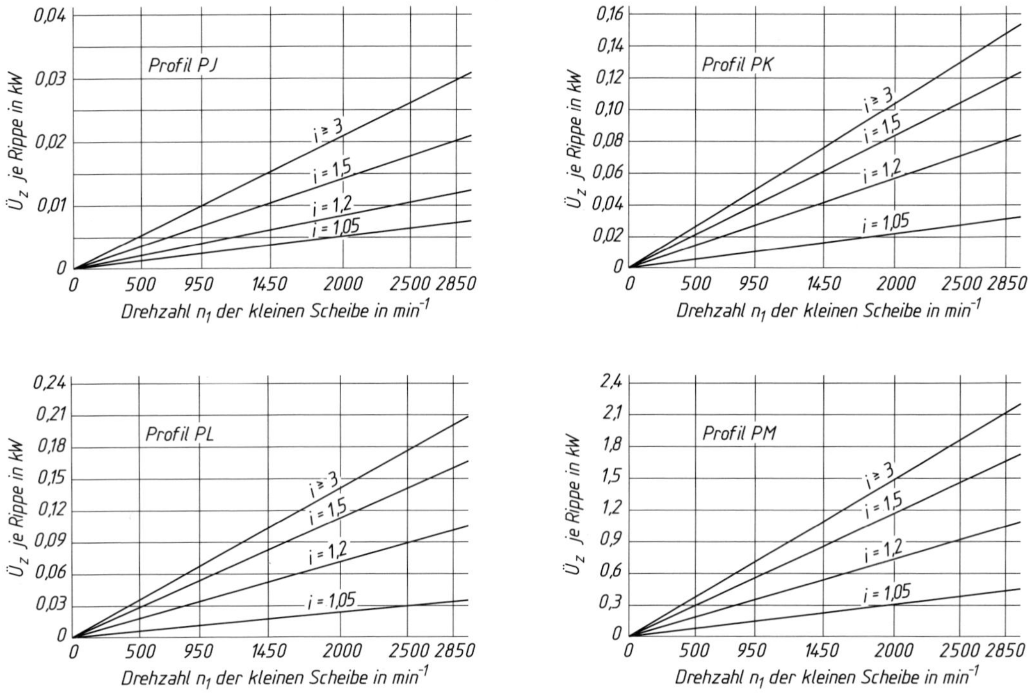

TB 16-17 Korrekturfaktoren zur Berechnung der Keil- und Keilrippenriemen

a) Winkelfaktor c_1

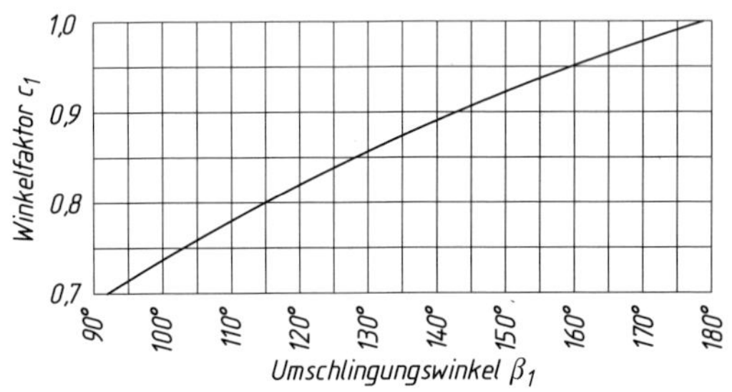

b) Längenfaktor c_2 für Normalkeilriemen

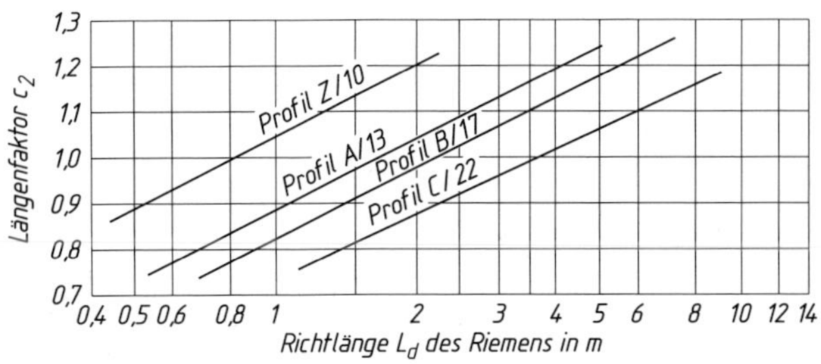

TB 16-17 Fortsetzung

c) Längenfaktor c_2 für Schmalkeilriemen

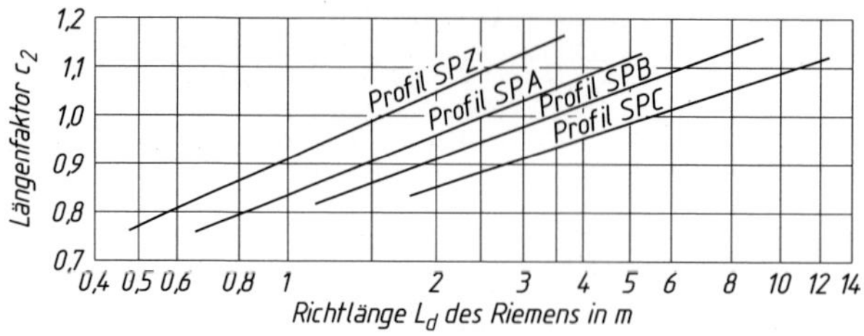

d) Längenfaktor c_2 für Keilrippenriemen

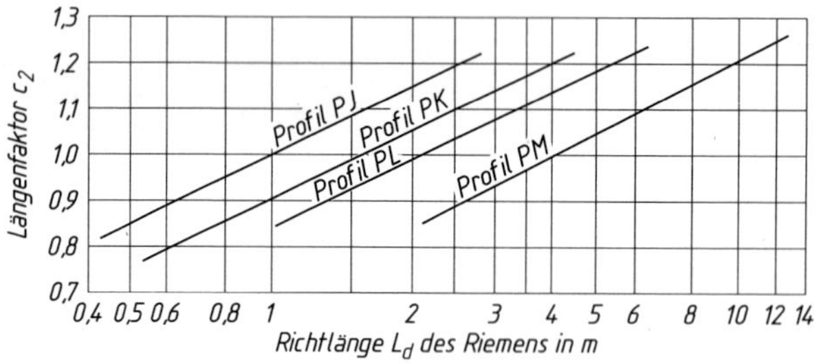

TB 16-18 Wahl des Profils von Synchronriemen

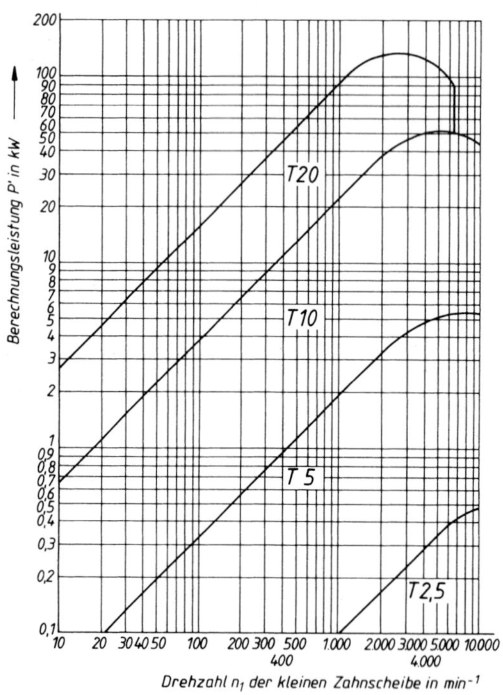

TB 16-19 Daten von Synchroflex-Zahnriemen nach Werknorm

a) Einsatzbereiche

Riemenprofil	P_{max} kW	n_{max} 1/min	v_{max} m/s	typische Anwendungsbereiche
T 2,5	0,5	20 000	80	Feinwerkantriebe, Filmkameraantriebe, Steuerantriebe
T 5	5	10 000	80	Büromaschinenantriebe, Küchenmaschinenantriebe, Tachoantriebe, Steuer- und Regelantriebe
T 10	30	10 000	60	Werkzeugmaschinen (Haupt- und Nebenantriebe), Textilmaschinen- und Druckereimaschinenantriebe
T 20	100	6 500	40	schwere Baumaschinen, Papiermaschinen, Textilmaschinen, Pumpen, Verdichter

b) Scheibenzähnezahl

Riemenprofil	Teilung p mm	Zahnhöhe h_z mm	Länge L_d mm	Scheibenzähnezahl		Mindestzähnezahl bei Gegenbiegung
				z_{min}	z_{max}	
T 2,5	2,5	0,7	120 ... 1475	10	114	11
T 5	5	1,2	100 ... 1500	10	114	12
T 10	10	2,5	260 ... 4780	12	114	15
T 20	20	5,0	1260 ... 3620	15	114	20

c) Riemenbreiten und zulässige Umfangskraft

Riemenprofil	zulässige Umfangskraft $F_{t\,zul}$ in N bei der Riemenbreite b in mm									
	4	6	10	16	25	32	50	75	100	150
T 2,5	39	65	117	195	312	403	–	–	–	–
T 5	–	150	300	510	870	1110	1800	2 730	3 660	–
T 10	–	–	–	1200	2000	2700	4300	6 600	8 800	13 400
T 20	–	–	–	–	–	4750	7750	12 000	16 000	24 500

d) Riemen-Zähnezahlen z_R (Auszug)

Profil T 2,5	64 71 72 73 80 84 90 92 98 106 114 116 122 127 132 152 168 192 200 216 240 248 260 312 380 520 590
Profil T 5	66 68 71 73 78 80 82 84 91 92 96 100 101 102 105 109 110 112 115 118 122 124 126 130 138 140 144 145 150 153 156 160 163 168 180 184 185 188 198 215 220 232 243 263 276 300
Profil T 10	66 68 69 70 72 73 75 76 78 80 81 84 85 88 89 92 96 97 98 101 108 111 114 115 121 124 125 130 132 135 139 140 142 145 146 150 156 161 175 178 188 196 225 310 478
Profil T 20	63 73 89 94 118 130 155 181

TB 16-20 Zahntragfähigkeit – spezifische Riemenzahnbelastbarkeit von Synchroflex-Zahnriemen (nach Werknorm)

Riemenprofil T 2,5

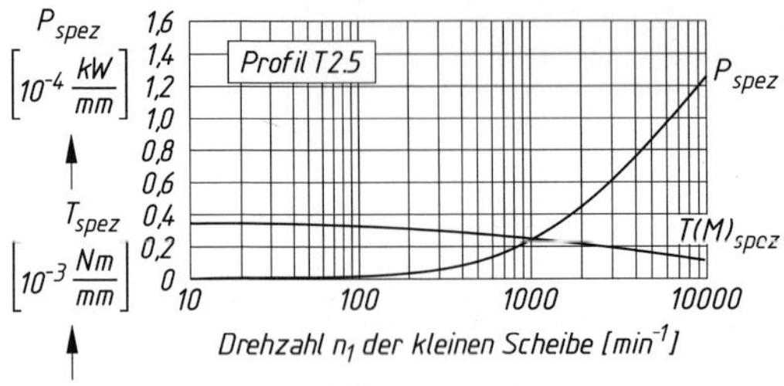

a)

Riemenprofil T 5

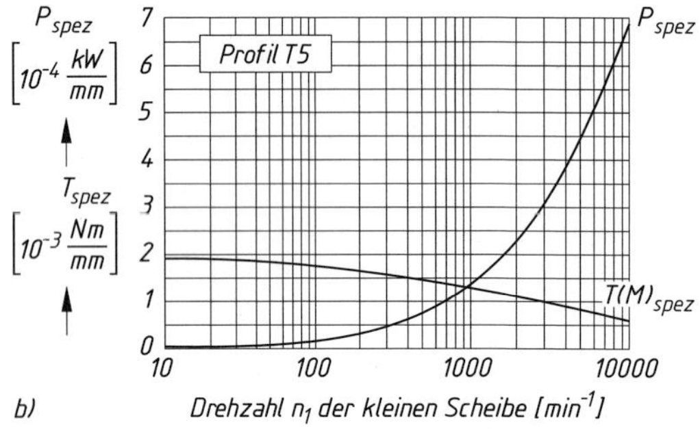

b)

Riemenprofil T 10

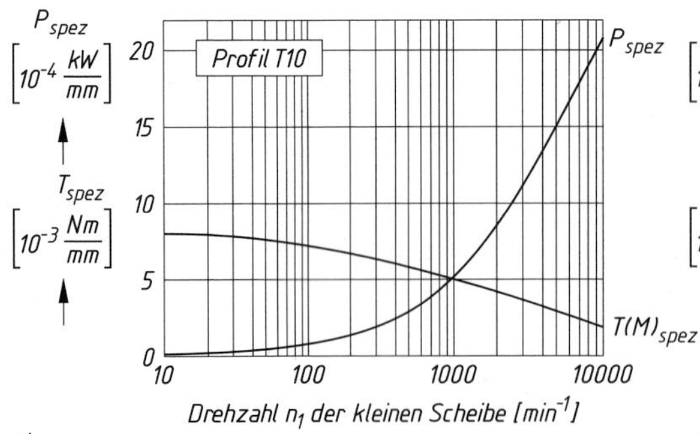

c)

Riemenprofil T 20

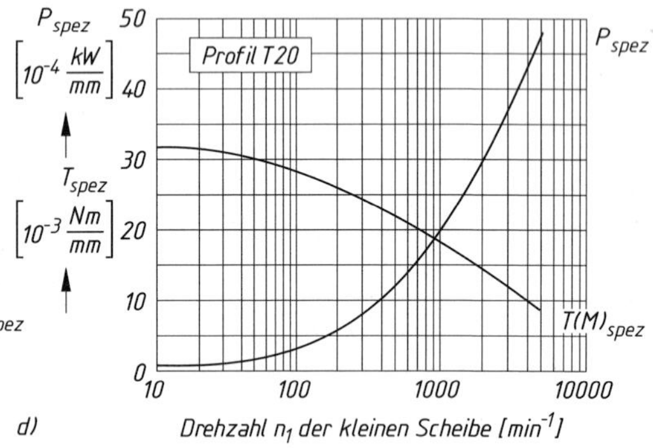

d)

16

TB 16-21 Oberflächengekühlte Drehstromasynchronmotoren mit Käfigläufer nach DIN EN 50347

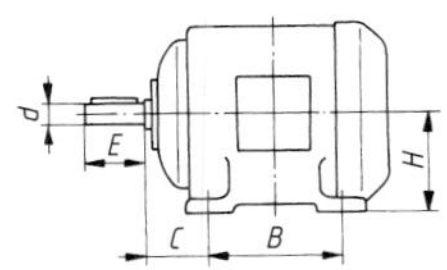

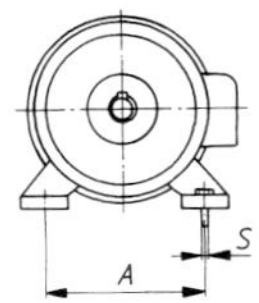

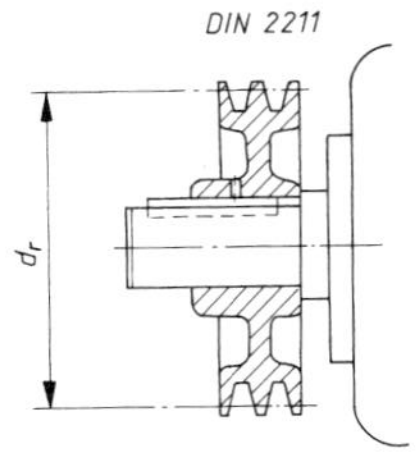

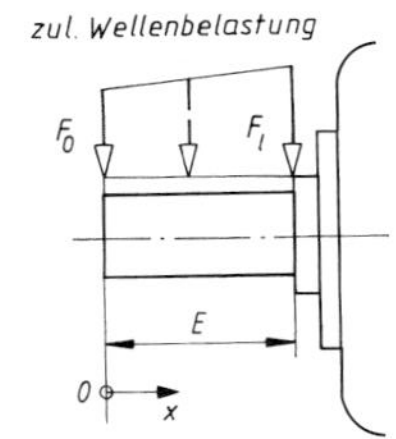

Bezeichnung eines Drehstrommotors Bauform IM B3, Baugröße 112M, Leistung 4 kW bei einer Drehzahl von etwa 1500 min^{-1}:

Motor DIN EN 50347 – IM B3 – 4 – 1500

Maße in mm

Baugröße	Anbaumaße in mm					Wellenende $d \times E$[1] bei n_s in min^{-1}		Leistung P in kW bei Synchrondrehzahl n_s in min^{-1} [1,2]				Läufer-Trägheitsmoment J in kg m^2 [4] bei n_s in min^{-1}		Kipp- zu Nenndrehmoment T_{Ki}/T_N [4,5] bei n_s in min^{-1}		zul. Wellenbelastung[6] für n_s = 1500 min^{-1}, wenn Kraftangriff bei		Schmalkeilriemenscheibe DIN 2211[7] bei n_s = 1500 min^{-1}			Kupplung bei n_s = 1500 min^{-1} z. B. Bauart
	H	B	A	C	S	3000	≤1500	3000	1500	1000	750	3000	1500	3000	1500	$x = 0$ F_0 in kN	$x = E$ F_l in kN	Profil	d_{dk} mm	Rillen z	Hadeflex XW Größe[7]
71M	71	90	112	45	M6	14 × 30		0,37	0,25	–	–	0,00034	0,00054	2,0	1,9	0,45	0,53	–	–	–	24
71M	71	90	112	45	M6	14 × 30		0,55	0,37	–	–	0,00039	0,00068	2,4	2,25	0,45	0,53	–	–	–	24
80M	80	100	125	50	M8	19 × 40		0,75	0,55	0,37	–	0,00089	0,00134	2,2	2,0	0,52	0,63	SPZ	63	1	24
80M	80	100	125	50	M8	19 × 40		1,1	0,75	0,55	–	0,00120	0,00182	2,4	2,3	0,52	0,63	SPZ	63	1	24
90S	90	100	140	56	M8	24 × 50		1,5	1,1	0,75	–	0,00210	0,00316	2,6	2,2	0,78	0,92	SPZ	71	1	24
90L	90	125	140	56	M8	24 × 50		2,2	1,5	1,1	–	0,00250	0,00383	3,0	2,6	0,78	0,92	SPZ	71	2	24
100L	100	140	160	63	M10	28 × 60		3	2,2 [3]	1,5	0,75 [3]	0,00325	0,00488	2,8	2,4	1,06	1,31	SPZ	90	2	28
112M	112	140	190	70	M10	28 × 60		4	4	2,2	1,5	0,0055	0,0094	3,3	2,5	1,04	1,27	SPZ	112	2	28
132S	132	140	216	89	M10	38 × 80		5,5 [3]	5,5	3	2,2	0,0080	0,0180	3,4	3,4	1,53	1,94	SPZ	125	2	38
132M	132	178	216	89	M10	38 × 80		–	7,5	4 [3]	3	–	0,0318	–	3,1	1,53	1,94	SPZ	140	3	38
160M	160	210	254	108	M12	42 × 110		11 [3]	11	7,5	4 [3]	0,0230	0,045	4,0	3,6	1,59	2,04	SPZ	140	4	42
160L	160	254	254	108	M12	42 × 110		18,5	15	11	7,5	0,0615	0,101	2,9	2,7	1,59	2,04	SPZ	140	5	48
180M	180	241	279	121	M12	48 × 110		22	18,5	–	–	0,0753	0,118	3,0	2,9	1,95	2,35	SPZ	160	5	48
180L	180	279	279	121	M12	48 × 110		–	22	15	11	–	0,141	–	3,0	1,95	2,35	SPA	180	4	55
200L	200	305	318	133	M16	55 × 110		30 [3]	30	18,5 [3]	15	0,142	0,222	2,6	2,7	2,75	3,35	SPA	180	5	55
225S	225	286	356	149	M16	55 × 110	60 × 140	–	37	–	18,5	–	0,356	–	2,8	2,95	3,75	SPA	200	5	60
225M	225	311	356	149	M16	55 × 110	60 × 140	45	45	30	22	0,270	0,461	3,0	2,8	2,95	3,75	SPB	224	4	65
250M	250	349	406	168	M20	60 × 140	65 × 140	55	55	37	30	0,424	0,677	2,7	2,7	3,60	4,40	SPB	224	4	75
280S	280	368	457	190	M20	65 × 140	75 × 140	75	75	45	37	0,816	1,06	3,2	2,7	7,20	8,70	–	–	–	75
280M	280	419	457	190	M20	65 × 140	75 × 140	90	90	55	45	0,957	1,26	3,2	2,7	7,20	8,70	–	–	–	85
315S	315	406	508	216	M24	65 × 140	80 × 170	110	110	75	55	1,19	2,00	3,2	2,8	8,10	9,90	–	–	–	85
315M	315	457	508	216	M24	65 × 140	80 × 170	132	132	90	75	1,45	2,35	3,2	2,8	8,10	9,90	–	–	–	100

1) Toleranzklassen: $d \leq 48$: k6, $d \geq 55$: m6.
2) Nenndrehzahl bei asynchronen Drehstrommotoren etwa 0,5 ... 10 % (bei großen ... kleinen Leistungen) niedriger.
3) oder nächsthöhere Leistung (s. DIN EN 50347).
4) nach AEG.
5) bei direkter Einschaltung.
6) nach Siemens. Bei Kraftangriff innerhalb des Wellenendes gilt: $F_{zul} \approx F_0 + (F_l - F_0)\,x/E$.
7) für normale Betriebsbedingungen.

17 Kettengetriebe

TB 17-1 Rollenketten nach DIN 8187 (Auszug)

Bezeichnung einer Einfach-Rollenkette nach DIN 8187 mit Ketten-Nr. 16 B mit 92 Gliedern:

Rollenkette DIN 8187 – 16 B – 1 × 92

Bezeichnung einer Zweifach-Rollenkette nach DIN 8187 mit Ketten-Nr. 08 B mit 120 Gliedern:

Rollenkette DIN 8187 – 08 B – 2 × 120

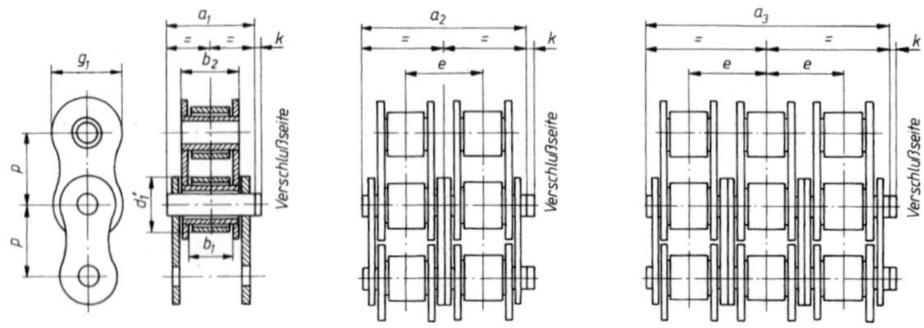

Maße in mm

								Einfach-Rollenkette (-1)				Zweifach-Rollenkette (-2)				Dreifach-Rollenkette (-3)			
Ketten-Nr.	p	b_1 min	b_2 max	d_1' max	e	g_1 max	k max	a_1 max	Bruchkraft N min	Gelenkfläche cm^2	Gewicht kg/m ≈	a_2 max	Bruchkraft N min	Gelenkfläche cm^2	Gewicht kg/m ≈	a_3 max	Bruchkraft N min	Gelenkfläche cm^2	Gewicht kg/m ≈
03	5	2,5	4,15	3,2	–	4,1	2,5	7,4	2200	0,06	0,08	–	–	–	–	–	–	–	–
04	6	2,8	4,1	4	–	5	2,9	7,4	3000	0,08	0,12	–	–	–	–	–	–	–	–
05 B	8	3	4,77	5	5,64	7,1	3,1	8,6	5000	0,11	0,18	14,3	7800	0,22	0,36	19,9	11100	0,33	0,54
06 B	9,525	5,72	8,53	6,35	10,24	8,2	3,3	13,5	9000	0,28	0,41	23,8	16900	0,56	0,78	34	24900	0,84	1,18
081	12,7	3,3	5,8	7,75	–	9,9	1,5	10,2	8200	0,21	0,28	–	–	–	–	–	–	–	–
082	12,7	2,38	4,6	7,75	–	9,9	–	8,2	10000	0,17	0,26	–	–	–	–	–	–	–	–
083	12,7	4,88	7,9	7,75	–	10,3	1,5	12,9	12000	0,32	0,42	–	–	–	–	–	–	–	–
084	12,7	4,88	8,8	7,75	–	11,1	1,5	14,8	16000	0,36	0,59	–	–	–	–	–	–	–	–
085	12,7	6,38	9,07	7,77	–	9,9	2	14	6800	0,32	0,38	–	–	–	–	–	–	–	–
08 B	12,7	7,75	11,3	8,51	13,92	11,8	3,9	17	18000	0,5	0,70	31	32000	1,01	1,35	44,9	47500	1,51	2,0
10 B	15,875	9,65	13,28	10,16	16,59	14,7	4,1	19,6	22400	0,67	0,95	36,2	44500	1,34	1,8	52,8	66700	2,02	2,8
12 B	19,05	11,68	15,62	12,07	19,46	16,1	4,6	22,7	29000	0,89	1,25	42,2	57800	1,79	2,5	61,7	86700	2,68	3,8
16 B	25,4	17,02	25,4	15,88	31,8	21	5,4	36,1	60000	2,1	2,7	68	106000	4,21	5,4	99,9	160000	6,31	8
20 B	31,75	19,56	29	19,05	36,45	26,4	6,1	43,2	95000	2,96	3,6	79	170000	5,91	7,2	116	250000	8,87	11
24 B	38,1	25,4	37,9	25,4	48,36	33,4	6,6	53,4	160000	5,54	6,7	101	280000	11,09	13,5	150	425000	16,63	21
28 B	44,45	30,99	46,5	27,95	59,56	37,0	7,4	65,1	200000	7,39	8,3	124	360000	14,79	16,6	184	530000	22,18	25
32 B	50,8	30,99	45,5	29,21	58,55	42,2	7,9	67,4	250000	8,1	10,5	126	450000	16,21	21	184	670000	24,31	32
40 B	63,5	38,1	55,7	39,37	72,29	52,9	10	82,6	355000	12,75	16	154	630000	25,5	32	227	950000	38,25	48
48 B	76,2	45,72	70,5	48,26	91,21	63,8	10	99,1	560000	20,61	25	190	1000000	23	50	281	1500000	61,84	75
56 B	88,9	53,34	81,3	53,98	106,6	77,8	11	114	850000	27,9	35	221	1600000	55,8	70	330	2240000	83,71	105
64 B	101,6	60,96	92	63,5	119,89	90,1	13	130	1120000	36,25	60	250	2000000	72,5	120	370	3000000	108,74	180
72 B	114,3	68,58	103,8	72,39	136,27	103,6	14	147	1400000	46,19	80	283	2500000	92,4	160	420	3750000	137,57	240

TB 17-2 Haupt-Profilabmessungen der Kettenräder nach DIN 8196 (Auszug), s. hierzu Lehrbuch, Bild 17-12

Maße in mm

Ketten-Nr.	B_1 (h14) einfach	B_1 (h14) mehrfach	B_2	B_3	e	A min	F 1) min	r_4 max
03	2,3	–	–	–	–	9	3,0	
04	2,6	2,5	8,0	–	5,5	9	3,5	0,4
05 B	2,8	2,7	8,3	14,0	5,65	10	5	
06 B	5,3	5,2	15,4	25,7	10,24	15	6	
08 B	7,2	7,0	21,0	34,8	13,92	20	8	
10 B	9,1	9,0	25,6	42,2	16,59	23	10	0,6
12 B	11,1	10,8	30,3	49,7	19,46	27	11	
16 B	16,2	15,8	47,7	79,6	31,88	42	15	
20 B	18,5	18,2	54,6	91,1	36,45	50	18	0,8
24 B	24,1	23,6	72,0	120,3	48,36	63	23	
28 B	29,4	28,8	88,4	147,9	59,56	76	25	
32 B	29,4	28,8	87,4	145,9	58,55	79	29	1
40 B	36,2	35,4	107,7	180,0	72,19	97	36	
48 B	43,4	42,5	133,7	224,9	91,21	116	43	

1) nach Herstellerangaben

TB 17-3 Leistungsdiagramm nach DIN ISO 10823 für die Auswahl von Einfach-Rollenketten Typ B nach DIN 8187-1

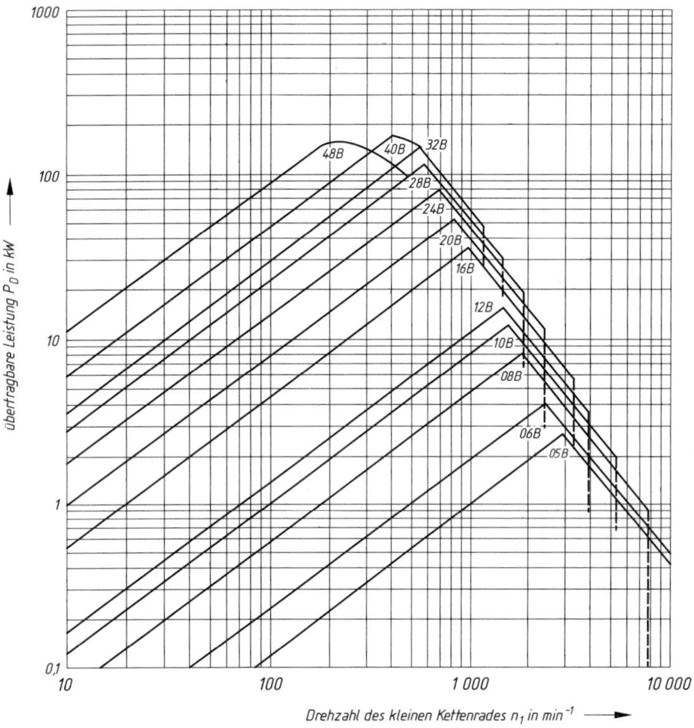

Anmerkung 1: Die Nennwerte für die Leistung von Zweifach- bzw. Dreifachketten können errechnet werden, indem der P_D-Wert für Einfachketten mit dem Faktor 1,7 bzw. 2,5 multipliziert wird.
Anmerkung 2: Für das Leistungsschaubild gelten folgende Bedingungen: $z_1 = 19$ Zähne, $X = 120$ Glieder, $i = 1 : 3$ bis $3 : 1$, $L_h = 15\,000$ h, optimale Betriebsbedingungen.

TB 17-4 Spezifischer Stützzug

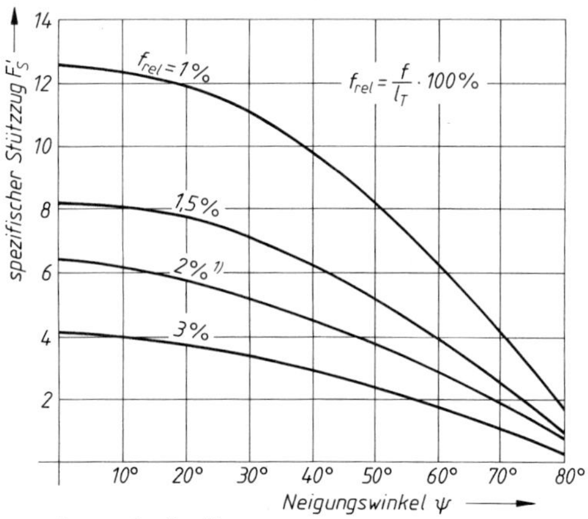

1) normaler Durchhang

TB 17-5 Faktor f_1 zur Berücksichtigung der Zähnezahl des kleinen Rades nach DIN ISO 10823

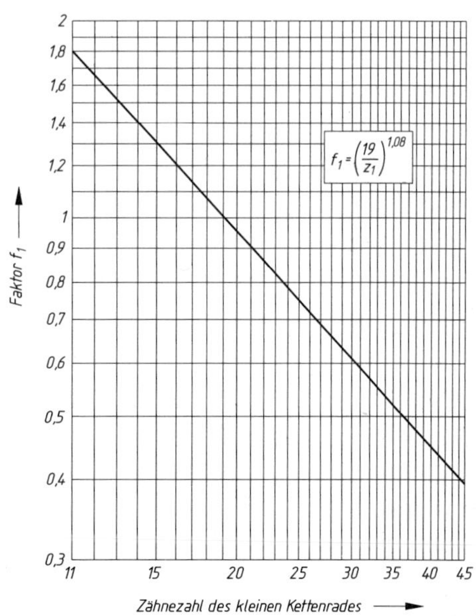

17

TB 17-6 Achsabstandsfaktor f_2

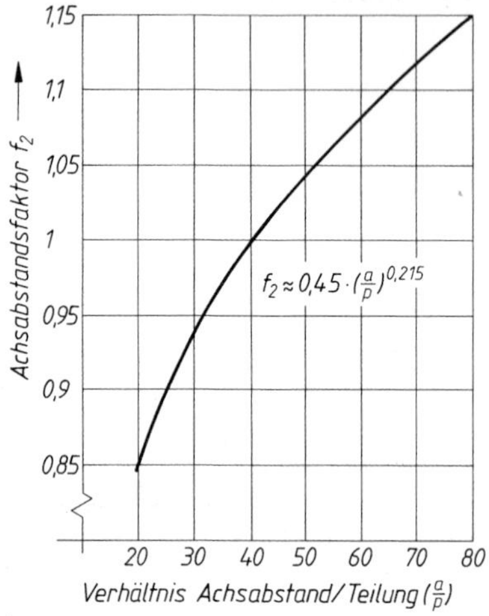

TB 17-7 Umweltfaktor f_6 (nach Niemann)

Umweltbedingungen	f_6
Staubfrei und beste Schmierung	1
Staubfrei und ausreichende Schmierung	0,9
Nicht staubfrei und ausreichende Schmierung	0,7
Nicht staubfrei und Mangelschmierung	0,5 für $v \leq 4$ m/s 0,3 für $v = 4 \ldots 7$ m/s
Schmutzig und Mangelschmierung	0,3 für $v \leq 4$ m/s 0,15 für $v = 4 \ldots 7$ m/s
Schmutzig und Trockenlauf	0,15 für $v \leq 4$ m/s

TB 17-8 Schmierbereiche nach DIN ISO 10823

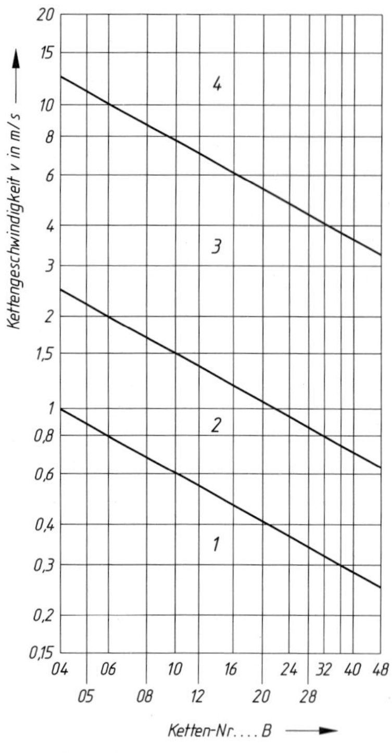

Bereiche:

1 Manuell in regelmäßigen Abständen erfolgende Ölzufuhr durch Sprühdose, Ölkanne oder Pinsel
2 Tropfschmierung
3 Ölbad oder Schleuderscheibe
4 Druckumlaufschmierung mit Filter und gegebenenfalls Ölkühler

18 Elemente zur Führung von Fluiden (Rohrleitungen)

TB 18-1 Rohrarten – Übersicht

Rohrart Benennung	Technische Lieferbedingungen	Maßnorm	Werkstoffe Beispiele	Anwendung
nahtlose Stahlrohre für Druckbeanspruchung (für Gefahrenkategorie I bis III)	DIN EN 10216-1	DIN EN 10220	P195TR1 P265TR2	unlegierte Stähle bei Raumtemperatur $d_a = 10{,}2$ bis 711 mm
	DIN EN 10216-2	DIN EN 10220	16Mo3 X11CrMo9-1+NT	warmfeste Stähle für höhere Temperaturen, $d_a = 10{,}2$ bis 711 mm
	DIN EN 10216-3	DIN EN 10220	P275NL1 P690QH	legierte Feinkornbaustähle für höhere Beanspruchung, $d_a = 10{,}2$ bis 711 mm
	DIN EN 10216-4	DIN EN 10220	P265NL X10Ni9	kaltzähe Stähle für tiefe Temperaturen $d_a = 10{,}2$ bis 711 mm
	DIN EN 10216-5	DIN EN 10220	X2CrNi18-9	nichtrostende Stähle $d_a = 10{,}2$ bis 711 mm
geschweißte Rohre für Druckbeanspruchung (für Gefahrenkategorie I bis III)	DIN EN 10217-1	DIN EN 10220	P195TR1 P265TR2	unlegierte Stähle bei Raumtemperatur $d_a = 10{,}2$ bis 2540 mm, Güte TR1 und TR2
	DIN EN 10217-2	DIN EN 10220	P195GH 16Mo3	warmfeste Stähle für höhere Temperaturen, $d_a = 10{,}2$ bis 508 mm
	DIN EN 10217-3	DIN EN 10220	P275NL1 P460NL2	legierte Feinkornstähle für höhere Beanspruchung, HWF: $d_a = 10{,}2$ bis 508 mm SAW: $d_a = 406{,}4$ bis 2540 mm
	DIN EN 10217-4	DIN EN 10220	P215NL P265NL	kaltzähe Stähle für tiefe Temperaturen, $d_a = 10{,}2$ bis 508 mm
	DIN EN 10217-5	DIN EN 10220	P235GH P265GH 16Mo3	unterpulvergeschweißte Rohre für höhere Temperaturen (mit Längs- bzw. Spiralnaht) $d_a = 406{,}4$ bis 2540 mm
	DIN EN 10217-6	DIN EN 10220	P215NL P265NL	unterpulvergeschweißte Rohre für tiefe Temperaturen (mit Längs- bzw. Spiralnaht) $d_a = 406{,}4$ bis 2540 mm
geschweißte Rohre für den Maschinenbau und allgemeine technische Anwendungen	DIN EN 10296-1	DIN EN 10220	E235 E335K E420M	unlegierte und legierte Stähle bei Raumtemperatur $d_a = 10{,}2$ bis 2540 mm
nahtlose Rohre für den Maschinenbau und allgemeine Anwendungen	DIN EN 10297-1	DIN EN 10220	E335K2 34CrMo4 16MnCr5	legierte und unlegierte Stähle bei Raumtemperatur, $d_a = 26{,}9$ bis 610 mm (teilweise zur Wärmebehandlung geeignet)
Rohre und Fittings für den Transport wässriger Flüssigkeiten und Trinkwasser, verfügbar mit Beschichtung und Auskleidung	DIN EN 10224	DIN EN 10224	L235 L275 L355	nahtlose und geschweißte Rohre aus unlegierten Stählen $d_a = 26{,}9$ bis 2743 mm
Stahlrohre für Rohrleitungen für brennbare Medien	DIN EN 10208-1	DIN EN 10220	L235GA L360GA	unlegierte nahtlose und geschweißte Stahlrohre in der Anforderungsklasse A $d_a = 33{,}7$ bis 1626 mm
	DIN EN 10208-2	DIN EN 10220	L245NB L360QB L555MB	unlegierte und legierte nahtlose und geschweißte Stahlrohre in der Anforderungsklasse B $d_a = 33{,}7$ bis 1626 mm
nahtlose kaltgezogene Präzisionsstahlrohre	DIN EN 10305-1	DIN EN 10305-1	E235 E410 42CrMo4 15S10	Fahrzeugbau, Möbelindustrie, allgemeiner Maschinenbau glatte Oberfläche ($Ra \leq 4\,\mu$m), maßgenau, $d_a = 4$ bis 260 mm
geschweißte kaltgezogene Präzisionsstahlrohre	DIN EN 10305-2	DIN EN 10305-2	E155 E355	wie DIN EN 10305-1 $d_a = 4$ bis 150 mm

TB 18-1 Fortsetzung

Rohrart Benennung	Technische Liefer-bedingungen	Maßnorm	Werkstoffe Beispiele	Anwendung
geschweißte maßgewalzte Präzisionsstahlrohre	DIN EN 10305-3	DIN EN 10305-3	E155 E355	wie DIN EN 10305-1 $d_a = 6$ bis 193,7 mm
Präzisionsstahlrohre für Hydraulik und Pneumatik	DIN EN 10305-4	DIN EN 10305-4	E215 E235 E355	nahtlose kaltgezogene Rohre $d_a = 4$ bis 80 mm
	DIN EN 10305-6	DIN EN 10305-6	E155 E195 E235	geschweißte kaltgezogene Rohre $d_a = 4$ bis 80 mm
geschweißte Rohre aus nichtrostenden Stählen für allgemeine Anforderungen	DIN 17455	DIN EN ISO 1127	X6Cr17 X5CrNi18-10 X2CrNiMo17-12-2	Lebensmittel-, Pharma-, Automobildindustrie, Hausinstallation Berechnungsspannung 80 % ($v = 0{,}8$) $d_a = 6$ bis 1016 mm
geschweißte Rohre aus nichtrostendem Stahl	DIN EN 10312	DIN EN ISO 1127	X5CrNi18-10	Transport von Wasser und anderen wässrigen Flüssigkeiten
nahtlose Stahlrohre für schwellende Beanspruchung	DIN 2445-1 DIN EN 10216-1	DIN EN 10220	P195TR2 P235TR2	hydraulische Hochdruckanlagen bis 500 bar warmgefertigte Rohre $d_a = 21{,}3$ bis 355,6 mm
	DIN 2445-2 DIN EN 10305-4	DIN EN 10305-4	E235 E355	hydraulische Hochdruckanlagen bis 500 bar Präzisionsstahlrohre $d_a = 4$ bis 50 mm
Stahlrohre für Wasserleitungen	DIN EN 10216-1 DIN EN 10217-1	DIN 2460	P195TR1 P235TR1	Trinkwasserleitungen, meist mit Umhüllung und Auskleidung, bis 120 °C DN 80 bis DN 2000 (geschweißt) DN 80 bis DN 500 (nahtlos) PN 16 bis PN 125
Gasleitungen aus Stahlrohren	DIN EN 10216-1 DIN EN 10217-1	DIN 2470-1	P195TR1 P235TR1	Öffentliche Gasversorgung DN 25 bis > DN 600 ≤16 bar, ≤120 °C
Rohre aus unleg. Stahl mit Eignung zum Schweißen und Gewindeschneiden	DIN EN 10255	DIN EN 10255	S195T	Transport von flüssigen und gasförmigen Medien. Nicht für Trinkwasser. $d_a = 10{,}2$ bis 165,1 mm (R1/8 bis R6)
Gewinderohre mit Gütevorschrift	DIN EN 10216-1 DIN EN 10217-1	DIN 2442	P195TR1 P235TR1	Flüssigkeiten, Luft und ungefährliche Gase Ausführung: nahtlos und geschweißt $d_a = 10{,}2$ bis 165,1 mm PN 1 bis PN 100
Rohre und Formstücke aus duktilem Gusseisen	DIN EN 545	DIN EN 545	$R_m \geq 420$ N/mm²	Wasserleitungen, oberirdisch oder erdverlegt, DN 40 bis DN 2000 Muffenrohre bis 64 bar Flanschrohre PN 10 bis PN 40
	DIN EN 969	DIN EN 969		Transport von Luft oder brennbaren Gasen bis zu einem Druck von 16 bar oberirdisch oder erdverlegt DN 40 bis DN 600
nahtlose Rohre aus Kupfer und Kupferlegierungen	DIN EN 12449	DIN EN 12449	Cu-DHP, CuFe2P, CuSn6, CuZn37, CuZn38Mn1Al	allgemeine Verwendung $d_a = 3$ bis 450 mm, $t = 0{,}3$ bis 20 mm
nahtlose Rohre aus Kupfer	DIN EN 1057	DIN EN 1057	CW024A (Cu-DHP)	Kalt- und Warmwasseranlagen, Heizungssysteme, gasförmige und flüssige Hausbrennstoffe, Abwasser $d_a = 6$ bis 267 mm
nahtlose Rohre aus Aluminium, gezogen	DIN EN 754-7	DIN EN 754-7		Rohrleitungen, auch bei tiefen Temperaturen $d_a = 3$ bis 350 mm
nahtlose Rohre aus Aluminium, stranggepresst	DIN EN 755-7	DIN EN 755-7	ENAW-1080A-H112	Rohrleitungen, auch bei tiefen Temperaturen $d_a = 8$ bis 450 mm −270 °C bis 100 °C
Rohre aus Polypropylen	DIN 8078	DIN 8077	PP-H100 PP-B80 PP-R80	Rohrleitungen für Säuren, Laugen, schwache Lösungsmittel, Gas, Wasser, Getränke $d_a = 100$ bis 1000 mm, PN 2,5 bis PN 20 −10 °C bis 80 °C

18

TB 18-2 Anschlussmaße für runde Flansche PN 6, PN 40 und PN 63 nach DIN EN 1092-2[1)] (Auszug DN 20 bis DN 600)

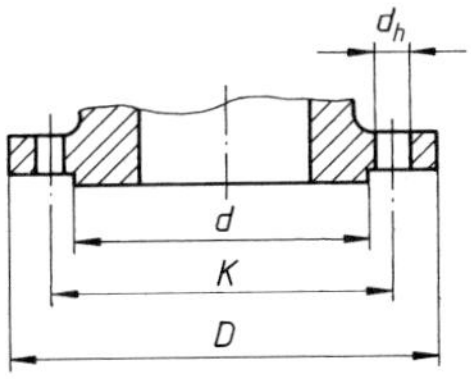

Maße in mm

Nennweite	PN 6[2)]						PN 40[3)]						PN 63					
					Schrauben						Schrauben						Schrauben	
	Außen-durchmesser	Dichtleiste	Lochkreis-durchmesser	Lochdurch-messer	Anzahl	Nenngröße	Außen-durchmesser	Dichtleiste	Lochkreis-durchmesser	Lochdurch-messer	Anzahl	Nenngröße	Außen-durchmesser	Dichtleiste	Lochkreis-durchmesser	Lochdurch-messer	Anzahl	Nenngröße
DN	D	d	K	d_h			D	d	K	d_h			D	d	K	d_h		
20	90	48	65	11	4	M10	105	56	75	14	4	M12	–	–	–	–	–	–
25	100	58	75	11	4	M10	115	65	85	14	4	M12	–	–	–	–	–	–
32	120	69	90	14	4	M12	140	76	100	19	4	M16	–	–	–	–	–	–
40	130	78	100	14	4	M12	150	84	110	19	4	M16	170	84	125	23	4	M20
50	140	88	110	14	4	M12	165	99	125	19	4	M16	180	99	135	23	4	M20
60	150	98	120	14	4	M12	175	108	135	19	8	M16	190	108	145	23	8	M20
65	160	108	130	14	4	M12	185	118	145	19	8	M16	205	118	160	23	8	M20
80	190	124	150	19	4	M16	200	132	160	19	8	M16	215	132	170	23	8	M20
100	210	144	170	19	4	M16	235	156	190	23	8	M20	250	156	200	28	8	M24
125	240	174	200	19	8	M16	270	184	220	28	8	M24	295	184	240	31	8	M27
150	265	199	225	19	8	M16	300	211	250	28	8	M24	345	211	280	34	8	M30
200	320	254	280	19	8	M16	375	284	320	31	12	M27	415	284	345	37	12	M33
250	375	309	335	19	12	M16	450	345	385	34	12	M30	470	345	400	37	12	M33
300	440	363	395	23	12	M20	515	409	450	34	16	M30	530	409	460	37	16	M33
350	490	413	445	23	12	M20	580	465	510	37	16	M33	600	465	525	41	16	M36
400	540	463	495	23	16	M20	660	535	585	41	16	M36	670	535	585	44	16	M39
450	595	518	550	23	16	M20	685	560	610	41	20	M36	–	–	–	–	–	–
500	645	568	600	23	20	M20	755	615	670	44	20	M39	–	–	–	–	–	–
600	755	676	705	28	20	M24	890	735	795	50	20	M45	–	–	–	–	–	–

1) Teil 1: Stahlflansche, Teil 2: Gusseisenflansche, Teil 3: Flansche für Kupferlegierungen, Teile 4 bis 6: Flansche aus Al-Legierungen, anderen metallischen und nichtmetallischen Werkstoffen.
Die Anschlußmaße der Flansche nach dieser Norm sind mit Flanschen aus anderen Werkstoffen kompatibel.
2) Die Anschlussmaße gelten bis DN 100 auch für PN 2,5.
3) Die Anschlussmaße gelten bis DN 100 auch für PN 25.

TB 18-3 Auswahl von PN nach DIN EN 1333 (bisher „Nenndruckstufen“)

PN 2,5		PN 6	PN 10	PN 16
PN 25	PN 40	PN 63	PN 100	

PN: Alphanumerische Kenngröße für Referenzzwecke, bezogen auf eine Kombination von mechanischen und maßlichen Eigenschaften eines Bauteils eines Rohrleitungssystems.

Der zulässige Druck eines Rohrleitungsteiles hängt von der PN-Stufe (ausgedrückt in bar), dem Werkstoff und der Auslegung des Bauteiles, der zulässigen Temperatur usw. ab und ist in den Tabellen der Druck/Temperatur-Zuordnungen in den entsprechenden Normen angegeben.

TB 18-4 Bevorzugte DN-Stufen (Nennweiten) nach DIN EN ISO 6708

DN 10	DN 15	DN 20	DN 25	DN 32	DN 40	DN 50	DN 60	DN 65	DN 80	DN 100	DN 125	DN 150	DN 200
DN 250	DN 300	DN 350	DN 400	DN 450	DN 500	DN 600	DN 700	DN 800	DN 900	DN 1000	DN 1100	DN 1200	DN 1400
DN 1500	DN 1600	DN 1800	DN 2000	DN 2200	DN 2400	DN 2600	DN 2800	DN 3000	DN 3200	DN 3400	DN 3600	DN 3800	DN 4000

DN: Die Bezeichnung umfasst die Buchstaben DN, gefolgt von einer dimensionslosen ganzen Zahl, die indirekt mit der physikalischen Größe der Bohrung oder Außendurchmesser der Anschlüsse, ausgedrückt in mm, in Beziehung steht.

TB 18-5 Wirtschaftliche Strömungsgeschwindigkeiten in Rohrleitungen für verschiedene Medien (Richtwerte) bezogen auf den Zustand in der Leitung

Leitungssystem Fluid	Strömungs- geschwindigkeit v in m/s
Wasserleitungen	
Allgemein	1 ... 3
Hauptleitungen	1 ... 2
Nebenleitungen	0,5 ... 0,7
Fernleitungen	1,5 ... 3
Saugleitungen von Pumpen	0,5 ... 1
Druckleitungen von Pumpen	1,5 ... 3
Presswasserdruckleitungen	15 ... 20
Wasserturbinen	2 ... 6
Luftleitungen	
Pressluftleitungen	2 ... 10
Luft (bezogen auf Normzustand)	10 ... 40
Gasleitungen	
Hochdrucknetze	5 ... 15
Niederdrucknetz, Hauptleitungen	3 ... 10
Hausleitungen	0,5 ... 1
Dampfleitungen	
Sattdampf	15 ... 25
Heißdampf	30 ... 60
Ölleitungen	
viskose Flüssigkeiten allgemein	1 ... 2
Schmierölleitungen in Kraftmaschinen	0,5 ... 1
Brennstoffleitungen in Kraftmaschinen	20
Ölhydraulik	
Saugleitungen (v groß ... klein)	0,6 ... 1,3
Druckleitungen (*p* klein ... groß)	3 ... 6
Rückleitungen	2 ... 4

TB 18-6 Mittlere Rauigkeitshöhe *k* von Rohren (Anhaltswerte)

Rohrart	Zustand der Rohrinnenwand	*k* in mm
neue gezogene und gepresste Rohre aus Kupfer, Cu-Legierungen, Al-Legierungen, Glas, Kunststoff	technisch glatt (auch Rohre mit Metallüberzug)	0,001 ... 0,002
nahtlose Stahlrohre	neu, mit Walzhaut gebeizt gleichmäßige Rostnarben mäßig verrostet und leicht verkrustet starke Verkrustung	0,02 ... 0,06 0,03 ... 0,04 0,15 0,15 ... 0,4 2 ... 4
neue Stahlrohre mit Überzug	Metallspritzüberzug verzinkt, handelsüblich bitumiert zementiert	0,08 ... 0,09 0,10 ... 0,16 0,01 ... 0,05 ca. 0,18
neue geschweißte Stahlrohre	mit Walzhaut	0,04 ... 0,10
gusseiserne Rohre	neu, typische Gusshaut neu, bituminiert gebraucht, angerostet verkrustet	0,2 ... 0,6 0,1 1 ... 1,5 1,5 ... 4
Stahlrohre nach mehrjährigem Betrieb	Mittelwert für Erdgasleitungen Mittelwert für Ferngasleitungen Mittelwert für Wasserleitungen	0,2 ... 0,4 0,5 ... 1 0,4 ... 1,2
Betonrohre, Holzrohre	neu	0,2 ... 1
Rohre aus Asbestzement	neu, glatt	0,03 ... 0,1

TB 18-7 Widerstandszahl ζ von Rohrleitungselementen (Richtwerte)

Kreiskrümmer 90°[1)] (Rohrbogen), glatt (rau) 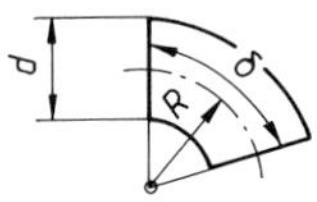		$R/d = 1$ $R/d = 2$ $R/d = 4$ $R/d = 10$	0,21 (0,51) 0,14 (0,30) 0,11 (0,23) 0,11 (0,20)
Kniestücke, glatt (rau), Abknickwinkel 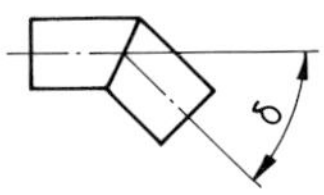		22,5° 30° 60° 90°	0,07 (0,11) 0,11 (0,17) 0,47 (0,68) 1,13 (1,27)
Gusskrümmer 90°		DN 50 DN 200 DN 500	1,3 1,8 2,2
Abzweigstücke (T-Stücke), rechtwinklig (strömungsgerecht) 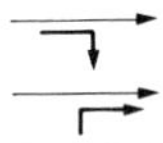		Strom-Trennung Strom-Vereinigung	1,3 (0,9) 0,9 (0,4)
Rohrerweiterung 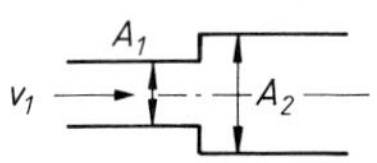	plötzlich von A_1 nach A_2		$\zeta_1 = (1 - A_1/A_2)^2$
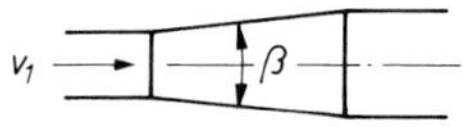	stetig, Erweiterungswinkel β	10° 20° 30°	0,20 0,45 0,60
Ausströmung			1,0
Rohrverengung 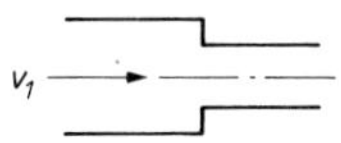	stetig plötzlich, scharfkantig Kante gebrochen		ca. 0,05 0,5 0,25
Rohreinläufe 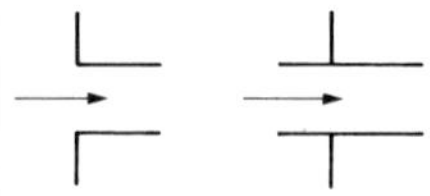	kantig, scharfkantig (gebrochen) vorstehendes Rohrstück, scharfkantig Saugkorb mit Fußventil		0,5 (0,25) 3 ca. 2,5
Durchgangsventil	DIN Freifluss		4 ... 5 0,6 ... 2
Eckventil	DIN Bauart Boa		2 ... 4 1,3 ... 2
Schieber ohne Leitrohr			0,2 ... 0,3
Rückschlagklappen		DN 50 DN 200	1,4 0,8
Hähne mit vollem Durchgang			0,1 ... 0,15

1) $\delta \neq 90°: \zeta = k \cdot \zeta_{90°}$, wobei

δ	30°	60°	120°	180°
k	0,4	0,7	1,25	1,7

.

18

TB 18-8 Rohrreibungszahl λ

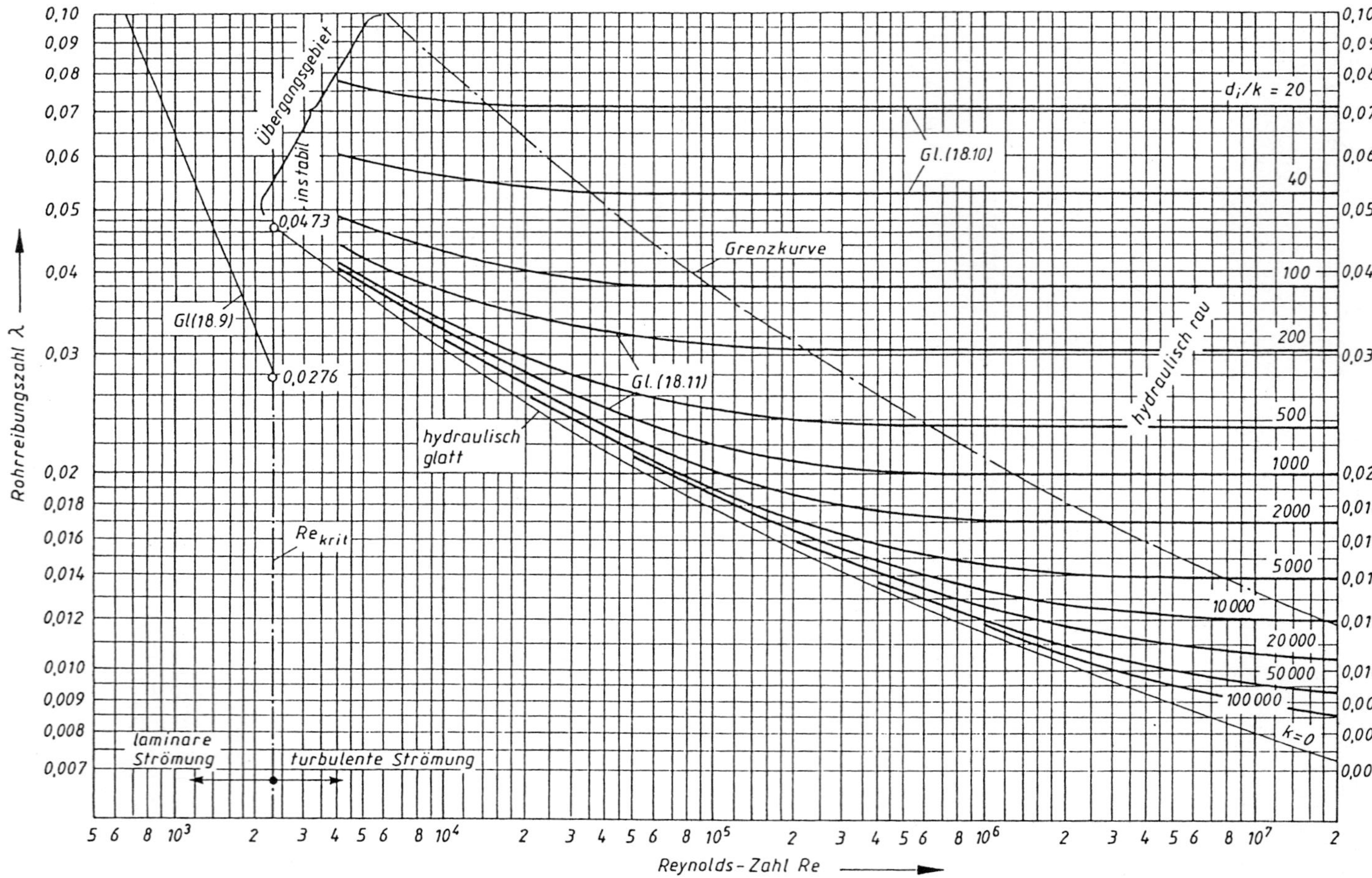

18

TB 18-9 Dichte und Viskosität verschiedener Flüssigkeiten und Gase

a) Flüssigkeiten (bei ca. 1 bar)

Medium	Temperatur t in °C	Dichte ϱ in kg/m³	kinematische Viskosität ν in m²/s
Wasser	0 10 20 40 60 100	999,8 999,7 998,2 992,2 983,2 958,4	$1{,}792 \cdot 10^{-6}$ $1{,}307 \cdot 10^{-6}$ $1{,}004 \cdot 10^{-6}$ $0{,}658 \cdot 10^{-6}$ $0{,}475 \cdot 10^{-6}$ $0{,}295 \cdot 10^{-6}$
Erdöl roh (Persien)	10 30 50	895 880 868	$700 \cdot 10^{-6}$ $25 \cdot 10^{-6}$ $12 \cdot 10^{-6}$
Spindelöl	20 60 100	871 845 820	$15 \cdot 10^{-6}$ $4{,}95 \cdot 10^{-6}$ $2{,}44 \cdot 10^{-6}$
Dieselkraftstoff	20	850	$4{,}14 \cdot 10^{-6}$
Heizöl	20	930	$51{,}8 \cdot 10^{-6}$
Benzin	15	720	$0{,}78 \cdot 10^{-6}$
$MgCl_2$-Sole (20 %)	–20 0 20	1184 1184 1184	$10{,}94 \cdot 10^{-6}$ $4{,}64 \cdot 10^{-6}$ $2{,}41 \cdot 10^{-6}$
Frigen 11	0	1536	$0{,}357 \cdot 10^{-6}$
Spiritus (90 %)	15	823	$2{,}19 \cdot 10^{-6}$
Glyzerin	20	1255	$680 \cdot 10^{-6}$
Bier	15	1030	$1{,}15 \cdot 10^{-6}$
Milch	15	1030	$2{,}9 \cdot 10^{-6}$
Wein	15	1000	$1{,}15 \cdot 10^{-6}$

b) Gase (Normzustand)[1)]

Medium	Dichte ϱ_n[2)] in kg/m³	dynamische Viskosität η_n[3)] in Pa s	Konstante C	Gaskonstante R in J/(kg K)
Luft	1,293	$17{,}16 \cdot 10^{-6}$	110,4	287,06
Sauerstoff (O_2)	1,429	$19{,}19 \cdot 10^{-6}$	138	259,8
Stickstoff (N_2)	1,251	$16{,}62 \cdot 10^{-6}$	103	296,8
Kohlenoxid (CO)	1,250	$16{,}57 \cdot 10^{-6}$	101	296,8
Kohlendioxid (CO_2)	1,977	$13{,}70 \cdot 10^{-6}$	274	188,9
Wasserstoff (H_2)	0,0899	$8{,}41 \cdot 10^{-6}$	83	4124
Methan (CH_4)	0,717	$10{,}01 \cdot 10^{-6}$	198	518,3
Propan (C_3H_8)	2,019	$7{,}50 \cdot 10^{-6}$		188,6
Stadtgas	0,585	$12{,}70 \cdot 10^{-6}$	120	
Erdgas	0,78	$10{,}40 \cdot 10^{-6}$	165	

1) Durch Normtemperatur $T_n = 273{,}15$ K bzw. $t_n = 0\,°C$ und Normdruck $p_n = 101\,325$ Pa $= 1{,}013$ bar festgelegter Zustand eines Stoffes.

2) Bei der Betriebstemperatur T und dem Betriebsdruck p gilt

$$\varrho = \varrho_n \frac{p}{p_n} \frac{T_n}{T} = \frac{p}{RT}.$$

3) Für die dynamische Viskosität bei der Betriebstemperatur gilt näherungsweise

$$\eta = \eta_n \sqrt{\frac{T}{T_n}} \frac{1 + C/T_n}{1 + C/T}.$$

Statt T_n und η_n können auch andere zusammengehörende Werte von T und η eingesetzt werden.

Es bedeuten:
- C Konstante
- p Druck im Betriebszustand (Absolutdruck)
- p_n Normdruck (101 325 Pa = 1,013 bar)
- R individuelle Gaskonstante
- T absolute Temperatur im Betriebszustand
- T_n Normtemperatur (273,15 K)
- η_n dynamische Viskosität im Normzustand
- ϱ Dichte im Betriebszustand
- ϱ_n Dichte im Normzustand.

TB 18-10 Festigkeitskennwerte[1)] zur Wanddickenberechnung von Stahlrohren (Auswahl)

Stahlsorte (Werkstoffnummer)	R_m N/mm² min	Spannungsart	Dehngrenze R_{eH} bzw. $R_{p0,2}$ und Zeitstandfestigkeit[2)] $R_{m/t/\vartheta}$ in N/mm²															
			20 °C	100 °C	150 °C	200 °C	250 °C	300 °C	350 °C	400 °C	450 °C	500 °C	550 °C	600 °C	650 °C	700 °C	750 °C	800 °C
Nahtlose und geschweißte Rohre aus unlegierten und legierten Stählen bei Raumtemperatur (DIN EN 10216-1 und DIN EN 10217-1)																		
P195 (1.0107 und 1.0108)	320	R_{eH}, $R_{p0,2/\vartheta}$	195															
P235 (1.0254 und 1.0255)	360	R_{eH}, $R_{p0,2/\vartheta}$	235															
P265 (1.0258 und 1.0259)	410	R_{eH}, $R_{p0,2/\vartheta}$	265															
Nahtlose Rohre aus warmfesten Stählen (DIN EN 10216-2)																		
P235GH (1.0345)	360	R_{eH}, $R_{p0,2/\vartheta}$	235	198	187	170	150	132	120	112	108							
		$R_{m/2 \cdot 10^5/\vartheta}$								128	66	24						
16Mo3 (1.5415)	450	R_{eH}, $R_{p0,2/\vartheta}$	280	243	237	224	205	173	159	156	150	146						
		$R_{m/2 \cdot 10^5/\vartheta}$									218	84	25					
10CrMo9-10 (1.7380)	480	R_{eH}, $R_{p0,2/\vartheta}$	280	249	241	234	224	219	212	207	193	180						
		$R_{m/2 \cdot 10^5/\vartheta}$									204	124	57	28				
Geschweißte Rohre aus warmfesten Stählen (DIN EN 10217-2)																		
P195GH (1.0348)	320	R_{eH}, $R_{p0,2/\vartheta}$	195	175	165	150	130	113	102	94								
P235GH (1.0345)	360	R_{eH}, $R_{p0,2/\vartheta}$	235	198	187	170	150	132	120	112								
P265GH (1.0425)	410	R_{eH}, $R_{p0,2/\vartheta}$	265	226	213	192	171	154	141	134								
16Mo3 (1.5415)	450	R_{eH}, $R_{p0,2/\vartheta}$	280	243	237	224	205	173	159	156								
Nahtlose Rohre aus nichtrostenden austenitischen Stählen (DIN EN 10216-5)[3)]																		
X5CrNi18-10 (1.4301)	500	$R_{p0,2/\vartheta}$	195	155	140	127	118	110	104	98	95	92	90					
		$R_{m/10^5/\vartheta}$												74	45	23	11	5
X6CrNiTi18-10 (1.4541)	460	$R_{p0,2/\vartheta}$	180	147	132	118	108	100	94	89	85	81	80					
		$R_{m/10^5/\vartheta}$												65	39	22	13	8
X5CrNiMo17-12-2 (1.4401)	510	$R_{p0,2/\vartheta}$	205	175	158	145	135	127	120	115	112	110	108					
		$R_{m/10^5/\vartheta}$												118	69	34	20	10

1) R_e für Wanddicke ≤ 16 mm.
2) Die für 20 °C angegebenen Festigkeitskennwerte gelten bis 50 °C, die für 100 °C angegebenen Werte bis 120 °C. Sonst ist zwischen den angegebenen Werten linear zu interpolieren, z. B. für 80 °C zwischen 20 und 100 °C und für 170 °C zwischen 150 und 200 °C. Aufrundung ist dabei nicht zulässig.
3) Lösungsgeglüht

TB 18-11 Rohrleitungen und Rohrverschraubungen für hydraulische Anlagen

Auslegung für schwellend beanspruchte Hochdruckanlagen als nahtlose Präzisionsstahlrohre nach DIN 2445-2, Lastfall A für Schwingbreite 120 bar. Rohraußendurchmesser und Wanddicken nach DIN EN 10305-1. Werkstoff: E235+N

Volumenstrom $\dot{V}$ l/min	Rohrabmessungen in mm							Einschraubgewinde nach DIN 3852	
	Außen-durchmesser	Wanddicke bei zulässigem Druck der Anlage bar						metrisches Feingewinde	Whitworth-Rohrgewinde
		100	160	250	315	400	500		
2,5	8	1,0	1,0	1,5	1,5	1,5	2,0	M14 × 1,5	G 1/4 A
6,3	10	1,0	1,0	1,5	1,5	2,0	2,5	M16 × 1,5	G 1/4 A
16	12	1,0	1,5	2,0	2,0	2,5	2,5	M18 × 1,5	G 3/8 A
40	16	1,5	1,5	2,0	2,5	3,0	3,5	M22 × 1,5	G 1/2 A
63	20	1,5	2,0	2,5	3,0	3,5	4,0	M27 × 2	G 3/4 A
100	25	2,0	2,5	3,0	3,5	4,5	6,0	M33 × 2	G 1 A
160	30	2,0	3,0	4,0	5,0	5,0	6,0	M42 × 2	G 1 1/4 A
250	38	3.0	4,0	5,0	5,5	7,0	8,0	M48 × 2	G 1 1/2 A

Bestellbeispiel: 90 m Rohre – 25 × ID20 – EN 10305-1 – E235+N – Genaulänge 1 800 mm – Option 19
(90 m nahtlose Präzisionsstahlrohre mit einem Außendurchmesser von 25 mm, einem Innendurchmesser von 20 mm nach EN 10305-1, gefertigt aus der Stahlsorte E235 (1.0308) im normalgeglühten Zustand (+N), geliefert in Genaulängen 1 800 + 3 mm mit einem Abnahmeprüfzeugnis 3.1B (Option 19))

TB 18-12 Zulässige Stützweiten für Stahlrohre nach AD2000-Merkblatt HP100R (Auszug)

Rohr als Träger auf 2 Stützen mit Streckenlast[1]. Grenzdurchbiegung für DN $\leq$ 50: $f = 3$ mm und für DN > 50: $f = 5$ mm

Nennweite DN	Außen-durchmesser $D(d_a)$ mm	Wanddicke $T(t)$ mm	Stützweiten[1] L in m		
			leeres Rohr	wassergefülltes Rohr	wassergefülltes Rohr mit Dämmung
25	33,7	2	2,9	2,7	1,8
		4	2,9	2,8	2,0
40	48,3	2	3,5	3,1	2,3
		4	3,5	3,3	2,5
50	60,3	2	4,5	3,9	2,9
		4,5	4,4	4,1	3,3
80	88,9	2,3	5,5	4,6	3,7
		5,6	5,4	5,0	4,3
100	114,3	2,6	6,3	5,1	4,4
		6,3	6,2	5,6	5,0
150	168,3	2,6	7,6	5,8	5,2
		7,1	7,5	6,6	6,1
200	219,1	2,9	8,7	6,5	5,9
		7,1	8,7	7,4	6,9
300	323,9	2,9	10,6	7,3	6,9
		8,0	10,6	8,7	8,3

[1] Für die mittleren Felder einer durchlaufenden Rohrleitung (Durchlaufträger) beträgt die Stützweite $L' = 1{,}5\,L$ (L = Tabellenwert).

18

TB 18-13 Zeitstandfestigkeit von Rohren aus Polypropylen (PP, Typ1) nach DIN 8078

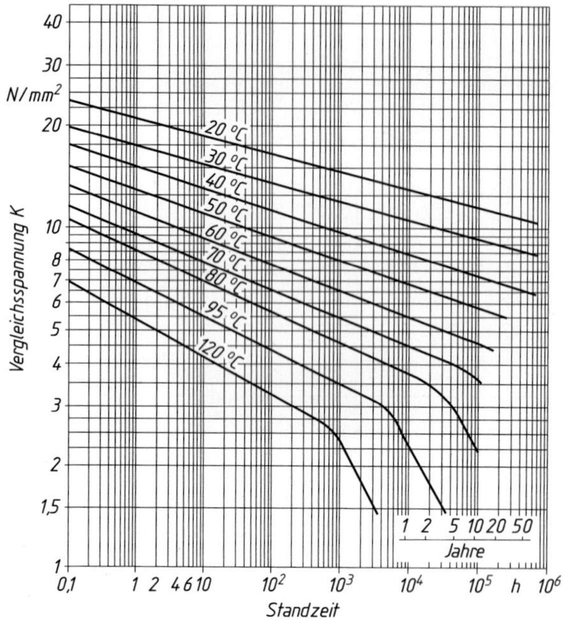

18

19 Dichtungen

TB 19-1 Dichtungskennwerte für vorgeformte Feststoffdichtungen

a) Dichtungskennwerte nach AD 2000 – Merkblatt B7

Dichtungsart	Dichtungsform	Werkstoff	Dichtungskennwerte für Flüssigkeiten: Vorverformung k_0 mm	Dichtungskennwerte für Flüssigkeiten: Vorverformung $k_0 \cdot K_D$ N/mm	Dichtungskennwerte für Flüssigkeiten: Betriebszustand k_1 mm	Dichtungskennwerte für Gase und Dämpfe: Vorverformung k_0 mm	Dichtungskennwerte für Gase und Dämpfe: Vorverformung $k_0 \cdot K_D$ N/mm	Dichtungskennwerte für Gase und Dämpfe: Betriebszustand k_1 mm
Weichstoffdichtungen	Flachdichtung 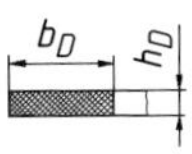	Dichtungspappe getränkt	–	$20\,b_D$	b_D	–	–	–
		Gummi	–	b_D	$0{,}5\,b_D$	–	$2\,b_D$	$0{,}5\,b_D$
		PTFE	–	$20\,b_D$	$1{,}1\,b_D$	–	$25\,b_D$	$1{,}1\,b_D$
		Graphit[1]	–	–[7]	–[7]	–	$25\,b_D$	$1{,}7\,b_D$
		Graphit[2]	–	–[7]	–[7]	–	$20\,b_D$	$1{,}3\,b_D$
		Faserstoff[3]	–	–[7]	–[7]	–	$40\,b_D$	$2\,b_D$
		Faserstoff[4]	–	–[7]	–[7]	–	$35\,b_D$	$2\,b_D$
Metallweichstoffdichtungen	Welldichtung 	Al	–	$8\,b_D$	$0{,}6\,b_D$	–	$30\,b_D$	$0{,}6\,b_D$
		Cu,Ms	–	$9\,b_D$	$0{,}6\,b_D$	–	$35\,b_D$	$0{,}7\,b_D$
		weicher Stahl	–	$10\,b_D$	$0{,}6\,b_D$	–	$45\,b_D$	b_D
	Blechummantelte Dichtung 	Al	–	$10\,b_D$	b_D	–	$50\,b_D$	$1{,}4\,b_D$
		Cu,Ms	–	$20\,b_D$	b_D	–	$60\,b_D$	$1{,}6\,b_D$
		weicher Stahl	–	$40\,b_D$	b_D	–	$70\,b_D$	$1{,}8\,b_D$
Metalldichtungen	Flachdichtung 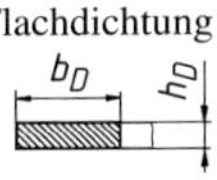	–	$0{,}8\,b_D$	–	$b_D + 5$	b_D	–	$b_D + 5$
	Spießkantdichtung 	–	0,8	–	5	1	–	5
	Ovalprofildichtung 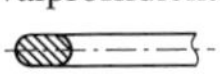	–	1,6	–	6	2	–	6
	Runddichtung 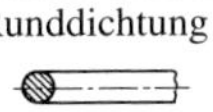	–	1,2	–	6	1,5	–	6
	Ring-Joint-Dichtung 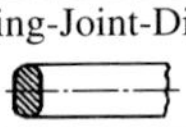	–	1,6	–	6	2	–	6
	Linsendichtung 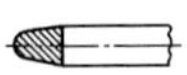	–	1,6	–	6	2	–	6
	Kammprofildichtung 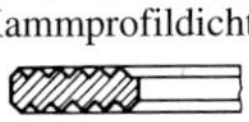 X = Anzahl d. Kämme	–	$0{,}4\sqrt{X}$	–	$9 + 0{,}2\,X$	$0{,}5\sqrt{X}$	–	$9 + 0{,}2\,X$
Kammprofilierte Stahldichtungen[5]	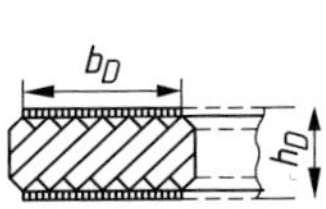	PTFE-Auflagen auf Weichstahl	–	–[7]	–[7]	–	$15\,b_D$	$1{,}1\,b_D$
		Graphit-Auflagen auf Weichstahl	–	–[7]	–[7]	–	$20\,b_D$	$1{,}1\,b_D$
Spiraldichtungen mit weichem Füllstoff[6]	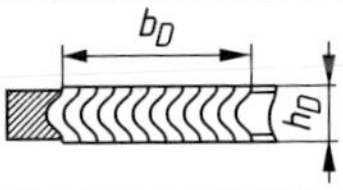	PTFE-Füllstoff	–	–[7]	–[7]	–	$50\,b_D$	$1{,}4\,b_D$
		Graphit-Füllstoff	–	–[7]	–[7]	–	$40\,b_D$	$1{,}4\,b_D$

TB 19-1 Fortsetzung

b) Formänderungswiderstand K_D und $K_{D\vartheta}$ metallischer Dichtungswerkstoffe

Werkstoff	K_D 20 °C	$K_{D\vartheta}$ in N/mm² 100 °C	200 °C	300 °C
Al, weich	100	40	20	(5)
Cu	200	180	130	100
Weicheisen	350	310	260	210
unleg. Stahl	400	380	330	260
legierter Stahl	450	450	420	390
austenit. Stahl	500	480	450	420

c) Hilfswert Z

Zustand und Gütewert	Werkstoffe mit bekannter Streckgrenze und Sicherheit gegen Streckgrenze bzw. $R_{m/100\,000}$		Werkstoffe ohne bekannte Streckgrenze mit Sicherheit gegen Zugfestigkeit
	bei Dehnschrauben z. B. nach DIN 2510	bei Schaftschrauben z. B. nach DIN EN ISO 4014	
Für den Betriebszustand			
bei $\varphi = 0{,}75$	1,6	1,75	2,91
$\varphi = 1{,}0$	1,38	1,51	2,52
Für den Einbau- und Prüfzustand			
bei $\varphi = 0{,}75$	1,34 (1,37)	1,46 (1,49)	2,26
$\varphi = 1{,}0$	1,16 (1,18)	1,27 (1,29)	1,95

Werte in Klammern gelten für $R_m/R_e > 0{,}8$

$\varphi = 0{,}75$ für unbearbeitete parallele Auflageflächen der zu verbindenden Teile

$\varphi = 1{,}0$ für spanabhebend bearbeitete parallele Auflageflächen

[1] Expandierter Graphit ohne Metalleinlage
[2] Expandierter Graphit mit Metalleinlage
[3] Faserstoff mit Bindemittel ($h_D < 1$ mm)
[4] Faserstoff mit Bindemittel ($h_D \geq 1$ mm)
[5] beidseitigt mit weichen Auflagen
[6] einseitig oder beidseitig mit Ring-Verstärkung
[7] Solange keine Dichtungskennwerte für Flüssigkeiten vorliegen, können die Dichtungskennwerte für Gas und Dämpfe verwendet werden.

TB 19-2 O-Ringe nach DIN 3771 (Auswahl) und Ringnutabmessungen

a) O-Ringe nach DIN 3771

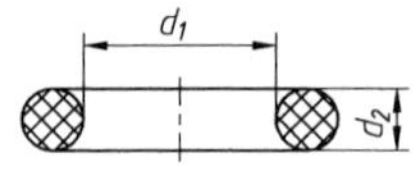

Maße in mm

d_1	d_2		d_1	d_2		d_1	d_2		d_1	d_2	
5			22,4			80			212		
5,3			25			85			224		
5,6			26,5			90			230		
6			28			95			236		
6,3			30	2,65	3,55	100			343		
6,7			32,5			106			250		
6,9			34,5			109			265		
7,1			37,5			112			280		
7,5	1,8		40			115			290		
8			42,5			118			300	5,3	7
8,5			45			125	3,55	5,3	315		
9			47,5			132			325		
9,5			50			136			335		
10			53			140			345		
10,6			56			145			355		
11,2			60	3,55	5,3	150			365		
12,5			63			155			375		
14			65			160			400		
15	1,8	2,65	67			170			425		
16			69			180			450		
18	2,65	3,55	71			190			475	7	
20			75			200			500		

Bezeichnung eines O-Ringes von Innendurchmesser $d_1 = 20$ mm, Ringdicke $d_2 = 2{,}65$ mm, Sortenmerkmal S, Werkstoff NBR (Acrilnitril-Butadien-Kautschuk) mit 70 IRHD (International Rubber Hardness Degree (entspr. etwa Shore-A-Härte)): O-Ring DIN 3771 – 20 × 2,65 – S – NBR70.

19

TB 19-2 Fortsetzung

b) Richtwerte für Nutabmessungen

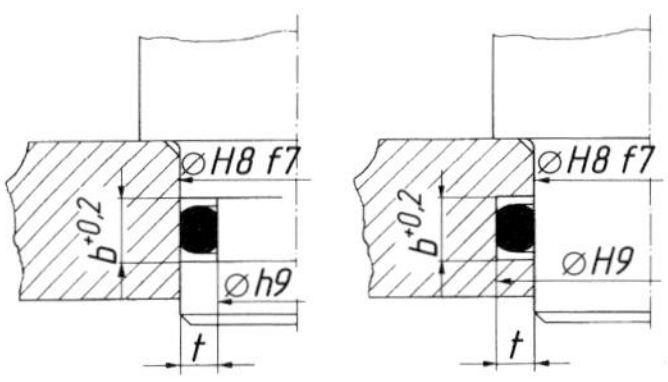

radialer Einbau

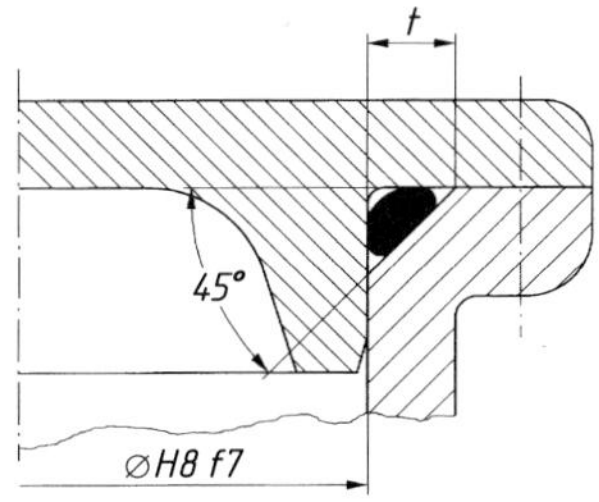

Dreiecknut

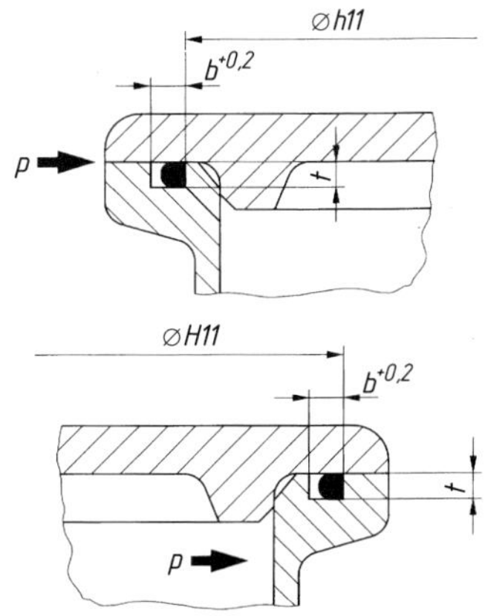

axialer Einbau

		Tiefe t/d_2	Breite $b/d_2\,(M/d_2)$
statisch	radialer Einbau	0,75 … 0,8	1,3
	axialer Einbau	0,75 … 0,8	1,3
	Dreiecknut	1,37	
	Trapeznut	0,8 … 0,85	(0,9 … 0,95)
dynamisch	Längsbewegung		
	– bei Hydraulik	0,9	1,2
	– bei Pneumatik	0,92	1,2
	Drehbewegung	0,95	1,1

Nutgrund abgerundet mit $R = 0{,}3 \ldots 0{,}5$ mm, Nutkanten $R = 0{,}1 \ldots 0{,}2$ mm
Oberflächengenauigkeit: Nutgrund $Ra = 3{,}2$ (1,6) µm,
Nutflanken $Ra = 6{,}3$ µm, Gegenfläche $Ra = 3{,}2$ (0,8) µm,
Klammerwerte für dyn. Dichtfall

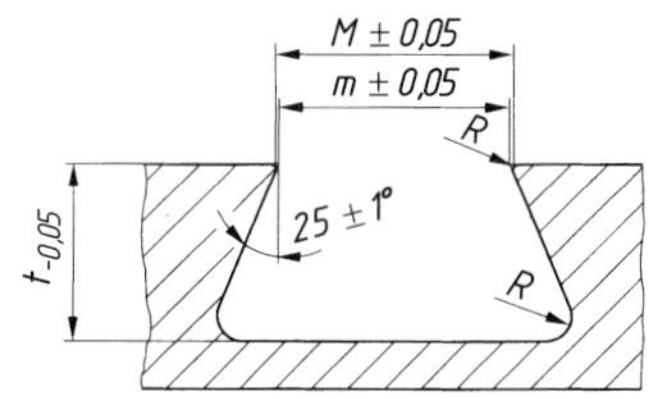

Trapeznut

TB 19-3 Zulässige Spaltweiten für O-Ringe

a) ruhende Dichtung

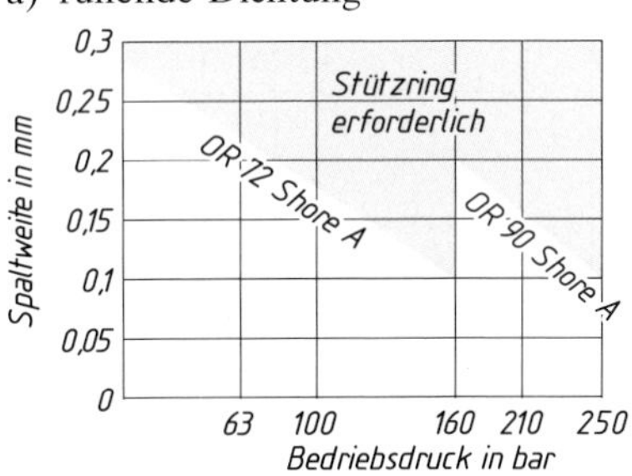

b) axial bewegte Dichtung

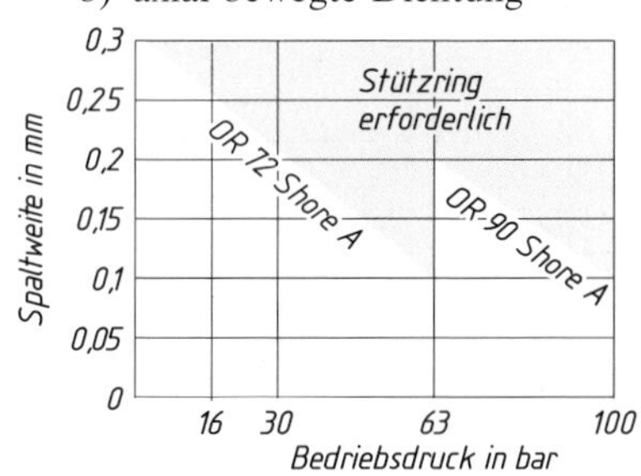

19

TB 19-4 Radial-Wellendichtringe nach DIN 3760 (Auszug)

a) Abmessungen der Radial-Wellendichtringe

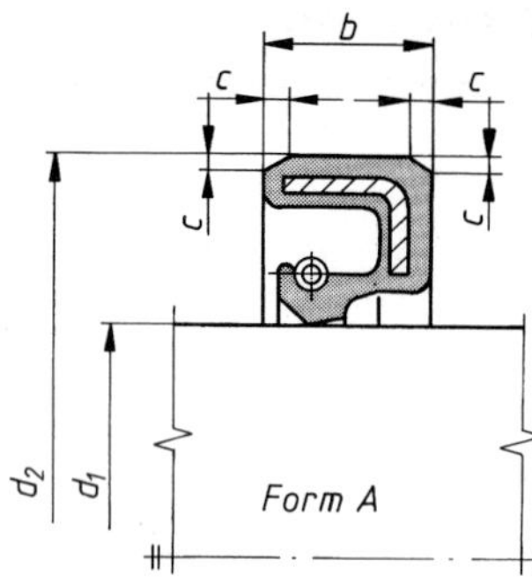

Maße in mm

Wellen-∅ d_1	d_2	b ±0,2	c min
6	16 22	7	0,3
7	22	7	0,3
8	22 24	7	0,3
9	22	7	0,3
10	22 24 26	7	0,3
12	22 25 30	7	0,3
14	24 30	7	0,3
15	26 30 35	7	0,3
16	30 35	7	0,3
18	30 35	7	0,3
20	30 35 40	7	0,3
22	35 40 47	7	0,3
25	35 40 47 52	7	0,3
28	40 47 52	7	0,4
30	40 42 47 52	7	0,4
32	45 47 52	8	0,4
35	47 50 52 55	8	0,4
38	55 62	8	0,4
40	52 55 62	8	0,4
42	55 62	8	0,4
45	60 62 65	8	0,4
48	62	8	0,4
50	65 68 72	8	0,4
55	70 72 80	8	0,4
60	75 80 85	8	0,4
65	85 90	10	0,5
70	90 95	10	0,5
75	90 95	10	0,5
80	100 110	10	0,5
85	110 120	12	0,8
90	110 120	12	0,8
95	120 125	12	0,8
100	120 125 130	12	0,8
105	130	12	0,8
110	130 140	12	0,8
115	140	12	0,8
120	150	12	0,8
125	150	12	0,8
130	160	12	0,8
135	170	12	0,8
140 145	170 175	15	1
150 160 170	180 190 200	15	1
180 190 200	210 220 230	15	1
210 220 230	240 250 260	15	1
240 250	270 280	15	1
260 280 300	300 320 340	20	1
320 340 360	360 380 400	20	1
380 400 420	420 440 460	20	1
440 460 480 500	480 500 520 540	20	1

19

Bezeichnung eines Radial-Wellendichtringes Form A für Wellendurchmesser $d_1 = 30$ mm, Außendurchmesser $d_2 = 42$ mm und Breite $b = 7$ mm, Elastomerteil aus FKM (Fluor-Kauschuk): RWDR DIN 3760-A30 × 42 × 7-FKM

TB 19-4 Fortsetzung

b) Maximal zulässige Drehzahlen bei drucklosem Betrieb

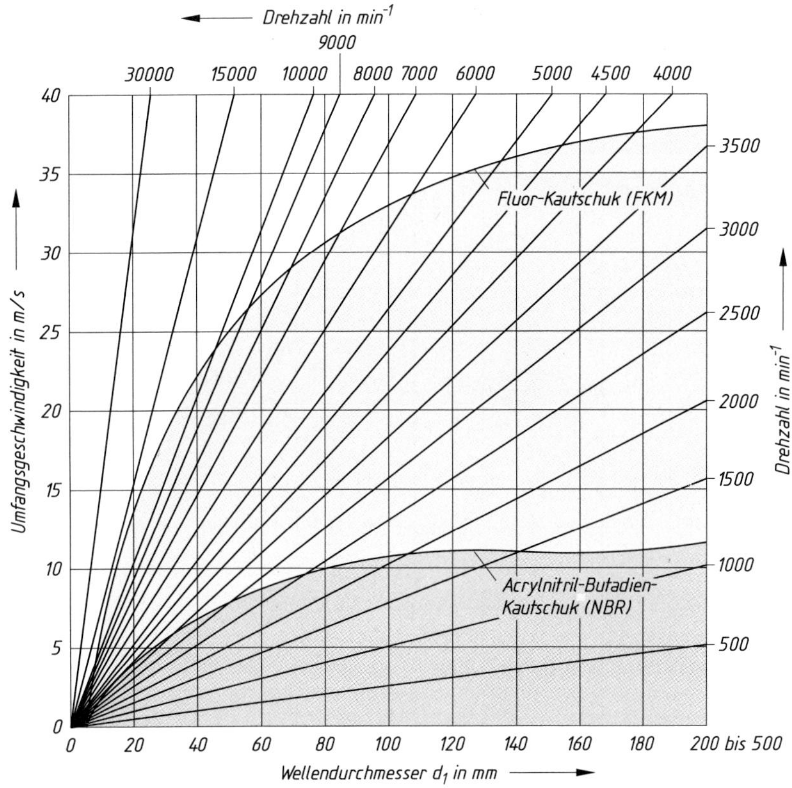

TB 19-5 Filzringe und Ringnuten nach DIN 5419 (Auszug)

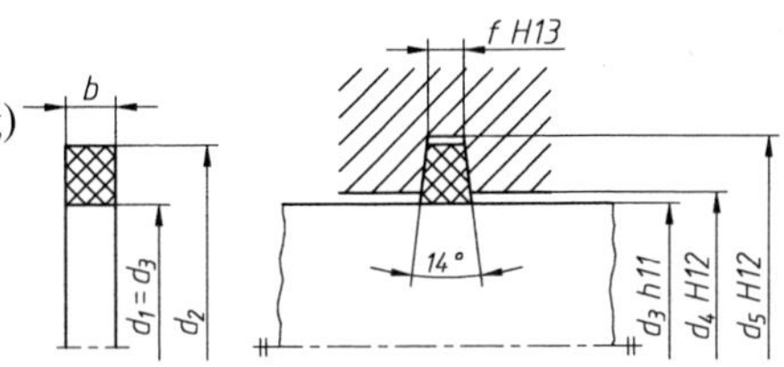

Maße in mm

Wellen-Ø d_3	Filzring b	Filzring d_2	Ringnut d_4	Ringnut d_5	Ringnut f
17	4	27	18	28	3
20		30	21	31	
25	5	37	26	38	4
26		38	27	39	
28		40	29	41	
30		42	31	43	
32		44	33	45	
35		47	36	48	
36		48	37	49	
38		50	39	51	
40		52	41	53	
42		54	43	55	
45		57	46	58	
48	6,5	64	49	65	5
50		66	51	67	
52		68	53	69	
55		71	56	72	
58		74	59	75	
60		76	61,5	77	
65		81	66,5	82	

Wellen-Ø d_3	Filzring b	Filzring d_2	Ringnut d_4	Ringnut d_5	Ringnut f
70	7,5	88	71,5	89	6
72		90	73,5	91	
75		93	76,5	94	
78		96	79,5	97	
80		98	81,5	99	
82		100	83,5	101	
85		103	86,5	104	
88	8,5	108	89,5	109	7
90		110	92	111	
95		115	97	116	
100	10	124	102	125	8
105		129	107	130	
110		134	112	135	
115		139	117	140	
120		144	122	145	
125	11	153	127	154	9
130		158	132	159	
135		163	137	164	
140	12	172	142	173	10
145		177	147	178	

Bezeichnung eines Filzringes für Innendurchmesser $d_1 = 35$ mm, Filzhärte M5: Filzring DIN 5419 M5-35

19

TB 19-6 V-Ringdichtung (Auszug aus Werksnorm)

Maße in mm

Wellen-durchmesser d	d_0 [1]	c	d_1	V-Ring A a	V-Ring A b [2]	V-Ring S a	V-Ring S b [2]
19– 21	18						
21– 24	20						
24– 27	22						
27– 29	25						
29– 31	27	4	$d + 12$	4,7	6,0 ± 0,8	7,9	9,0 ± 0,8
31– 33	29						
33– 36	31						
36– 38	34						
38– 43	36						
43– 48	40						
48– 53	45						
53– 58	49	5	$d + 15$	5,5	7,0 ± 1,0	9,5	11,0 ± 1,0
58– 63	54						
63– 68	58						
68– 73	63						
73– 78	67						
78– 83	72						
83– 88	76	6	$d + 18$	6,8	9,0 ± 1,2	11,3	13,5 ± 1,2
88– 93	81						
93– 98	85						
98–105	90						
105–115	99						
115–125	108						
125–135	117	7	$d + 21$	7,9	10,5 ± 1,5	13,1	15,5 ± 1,5
135–145	126						
145–155	135						
155–165	144						
165–175	153						
175–185	162	8	$d + 24$	9,0	12,0 ± 1,8	15,0	18,0 ± 1,8
185–195	171						
195–210	180						

V-Ring A

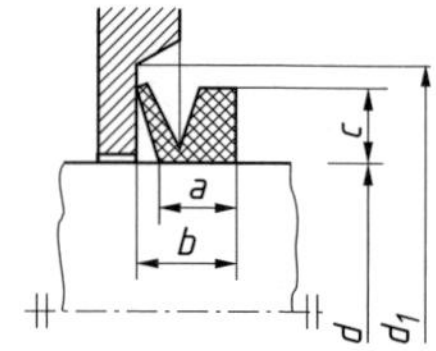

V-Ring S

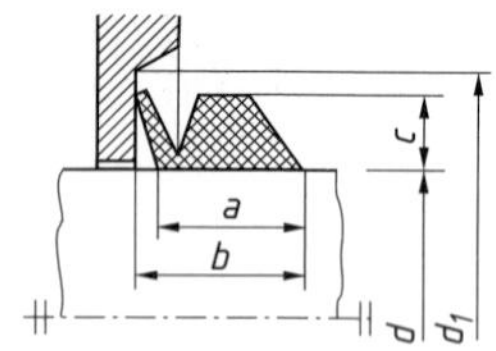

[1] Ringdurchmesser vor Einbau
[2] Maß in eingebautem Zustand

TB 19-7 Nilos-Ringe (Auszug aus Werksnorm)

a) außen dichtend

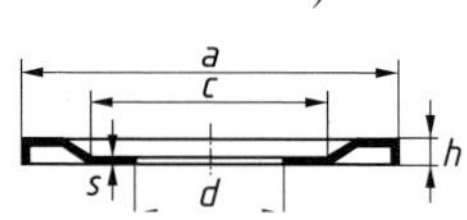

Lagerreihe 60, 62, 63

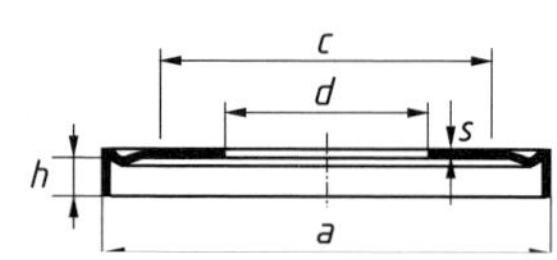

Lagerreihe 320X

Wellen-durchmesser d	Rillenkugellager Lagerreihe 60 a	c	s	h	Rillenkugellager Lagerreihe 62 a	c	s	h	Rillenkugellager Lagerreihe 63 a	c	s	h	Kegelrollenlager Lagerreihe 320X a	c	s	h
25	43,7	34			47	36			54,8	40			46	39		3,7
30	50	40			56,2	44		2,5	64,8	48		2,5	53,8	44		
35	56,2	44			64,8	48			70,7	54			60	53		4,2
40	62,2	51		2,5	72,7	57			80,5	60			66,5	56		
45	69,7	56			77,8	61			90,8	75	0,3		73,5	63	0,3	4,7
50	74,6	61			82,8	67	0,3	3	98,9	80		3	78,6	68		5,0
55	83,5	67	0,3		90,8	75			108	89			88,4	76		
60	88	71			100,8	85			117,5	95			93,2	80		5,7
65	93,5	78			110,5	90			127,5	100			98,4	86		6,0
70	103	83		3	115,8	95			137	110			107,5	92		
75	108	89			120,5	100		3,5	147	110		3,5	113	98		6,2
80	117,5	95			129	106			157,5	130			122,5	105		
85	123	104			138,5	115			164	135	0,5		128	110	0,5	7,2
90	129	106			148	124	0,5		174	140			137	116		
95	137	110	0,5	3,5	157,5	130			184	150		4	142	122		8,5
100	142	117			167	135		4	199	165			147	127		8,2

19

TB 19-7 Fortsetzung

b) innen dichtend

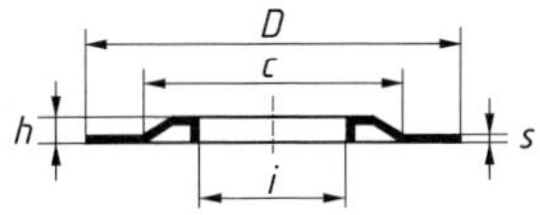

Lagerreihe 60, 62, 63, 320X

Bohrungs-durchmesser	Rillenkugellager Lagerreihe 60				Rillenkugellager Lagerreihe 62					Rillenkugellager Lagerreihe 63					Kegelrollenlager Lagerreihe 320X				
D	*i*	*c*	*s*	*h*	*D*	*i*	*c*	*s*	*h*	*D*	*i*	*c*	*s*	*h*	*D*	*i*	*c*	*s*	*h*
47	29	38			52	31,5	42			62	32,2	47			47	28,1	38		
55	35	46			62	36,3	47		2,5	72	37,2	56		2,5	55	32,2	47		2,5
62	40,2	52			72	43	56			80	45	65			62	37	51		
68	46	57		2,5	80	48	62			90	51	70			68	43	58		
75	51	63			85	53	68			100	56	80	0,3		75	48	64		
80	56	67			90	57,5	73	0,3	3	110	62	86		3	80	53	68	0,3	3
90	61,5	74	0,3		100	64,5	80			120	67	93			90	60	80		
95	67	80			110	70	85			130	73	102			95	63	82		
100	74	86,5			120	74,5	95			140	77,5	110			100	70	88		
110	77	90		3	125	79,5	102			150	82,6	120			110	74,5	95		
115	82	95			130	85	105			160	87,2	125		3,5	115	79,5	102		
125	86,5	105			140	92	112			170	95	138			125	85	112		3,5
130	91,5	110			150	98	125		3,5	180	100	140	0,5		130	90	114		
140	98	118			160	103	125	0,5		190	106	150			140	95	122	0,5	
145	103	123	0,5	3,5	170	110	137			200	115	160		4	145	97,8	130		
150	108	128			180	115	145		4	215	118	170			150	105	132		4

TB 19-8 Stopfbuchsen

a) Empfohlene Abmaße für Packungen nach DIN 3780

Maße in mm

Innendurchmesser *d*	4...4,5	5...7	8...11	12...18	20...26	28...36	38...50	53...75	80...120	125...200
Ringdicke	2,5	3,0	4,0	5,0	6,0	8,0	10,0	12,5	16,0	20,0

b) Empfohlene Packungslängen *L* in Abhängigkeit von Druck *p* und Innendurchmesser *d* bei üblichen Querschnitten

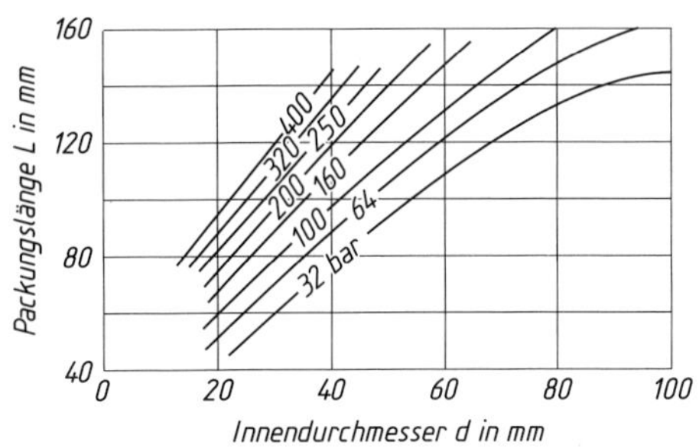

TB 19-9 Konstruktionsrichtlinien für Lagerdichtungen (nach Halliger)

a) Berührende Lagerdichtungen

Art der Dichtung	Beispiel	Einsatzbereich	Anforderungen an die Lauffläche	Dichtungsvermögen		Vorteile	Nachteile	Bemerkungen
				Nach innen (Schmierstoff)	Nach außen			
Filzring	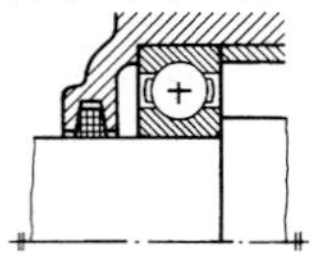	$u \leq 4$ m/s $t \leq 100$ °C größere Drücke möglich	Toleranz h11 Rauheit $Ra \leq 0{,}8$	Fett	Geringe Verunreinigung, wenig Feuchtigkeit	Preiswerte Dichtung, geringe Bearbeitungskosten, einfache Montage	Elastizität des Filzes lässt nach (Spaltbildung), Reibungswärme	Filz muss mit Öl getränkt sein; bei $t > 100$ °C Ringe mit PTFE-, Graphit-, Kunststoff- oder Glasfasern
Radial-Wellen-dichtring	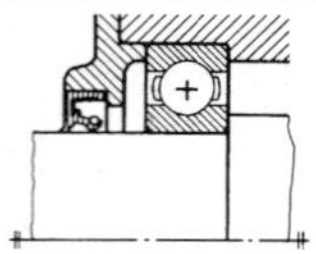	$u \leq 12$ m/s $p \leq 0{,}5$ bar	Toleranz h11 Rundheit IT8 Rauheit $Ra = 0{,}2–0{,}8$[1)] Härte 45–55 HRC (größerer Wert bei $u > 4$ m/s)	Öl Fett	Mäßige Verunreinigung, Spritzwasser	Gute Abdichtung, solange Lippe und Gleitfläche unbeschädigt	Hohe Forderungen an die Lauffläche und Montage, Verschleiß der Lauffläche	Viele Bauformen, bei großen Durchmessern auch geteilt; u abhängig vom Werkstoff und Wellendurchmesser (s. TB 19-4b) und Druck (Sonderformen bis 100 bar); bei erhöhtem Schmutzanfall Ausführung mit Staublippe verwenden, auf Schmierung der Dichtlippe achten
O-Ring	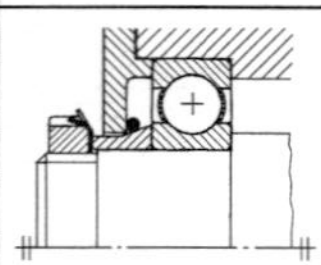	$u \leq 0{,}5$ m/s größere p möglich	Toleranz f7 Rauheit $Ra \leq 0{,}8$[1)] Härte 60 HRC	Öl Fett	Schlamm	Geringes Einbauvolumen	Starke Schwankung des Reibmomentes, altert	u bis 4 m/s bei Sonderquerschnitten, z. B. Quadring; empfindlich gegen mechanische Beschädigung
V-Ring	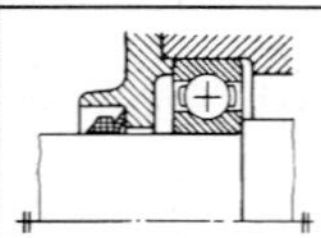	$u \leq 12$ m/s mit Haltering $u \leq 30$ m/s $p \leq 0{,}3$ bar	Rauheit Lauffläche $Ra \leq 2{,}5$ Welle: $Ra = 12{,}5$ Rundheit IT 14 … 15 Schiefstellung 1…4°	Fett Öl	Geringe Verunreinigung, Spritzwasser	Preiswerte Dichtung, geringe Bearbeitungskosten, einfache Montage, klein bauend	Begrenzte Dichtwirkung, nicht unter Flüssigkeitsspiegel verwenden	Bei Fluchtungsfehlern seitlich abstützen, bei $u > 15$ m/s hebt sich die Dichtlippe ab; vielfach als Vordichtung und Spritzscheibe eingesetzt; bei Öl im Lagerraum V-Ring gegen Innenwand schleifen lassen
Axial-Gleitring-dichtung (mit Dicht-balg)	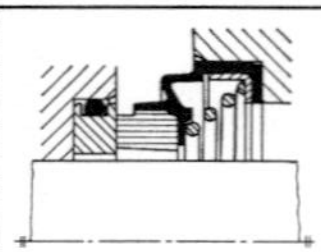	$u \leq 10$ m/s $p \leq 5$ bar	Toleranz h7 Rauheit $Ra = 1{,}0$[2)]	Öl Fett	Geringe Verunreinigung, flüssige Medien unter Druck	Hohe Betriebssicherheit und Lebensdauer, selbstnachstellend	Teuer, größerer Platzbedarf	Leckverluste verringern sich während Einlaufvorgang; andere Bauformen auch für höchste Anforderungen an Drehzahl, Druck und Temperatur
Laufwerk-dichtung	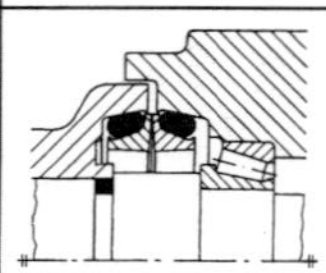	$u \leq 10$ m/s bei Ölschmierung $u \leq 3$ m/s bei Fettschmierung $p \leq 3$ bar	–	Öl Fett	Sehr starke Verunreinigung, Spritzwasser	Hohe Betriebssicherheit und Lebensdauer	Relativ teuer	Geringe Anforderungen an den Einbauraum (große axiale, radiale und winklige Abweichungen zulässig), selbsttätiger Verschleißausgleich
Nilos-Ring	Siehe berührungsfreie Dichtungen							

u zulässige Umfangsgeschwindigkeit (Standardtypen), p zul. Druckdifferenz zwischen Lagerraum und Umgebung, t zul. Temperatur an der Dichtung

TB 19-9 Fortsetzung

b) Berührungsfreie Lagerdichtungen

Art der Dichtung	Beispiel	Einsatzbereich	Dichtungsvermögen		Vorteile	Nachteile	Bemerkungen
			Nach innen (Schmierstoff)	Nach außen			
einfacher Spalt	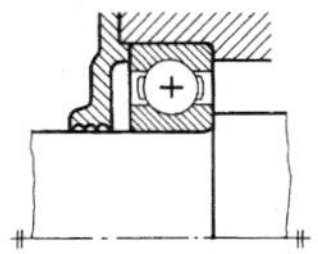	$p = 0$ bar u unbegrenzt	Fett	Geringe Verunreinigung	kostengünstig	Schmutz und Feuchtigkeit kann in Lagerraum durch Spalt kriechen	Spaltbreite 0,1 … 0,3 mm, Spalt möglichst lang wählen, Rillen im Gehäuse oder in der Welle sowie Fettfüllung im Spalt erhöhen die Schutzwirkung
Spalt mit Spritzring	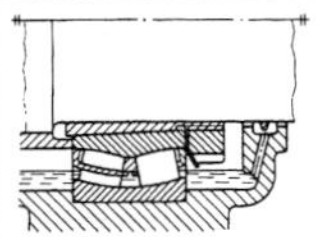	$p = 0$ bar u unbegrenzt	Öl (Fett)	–	Größere Spaltbreite als bei einfachem Spalt möglich		Spritzring schleudert Öl in Auffangraum (nicht immer erforderlich), Ölrückflussbohrung zum Lagerraum unter Ölniveau legen, da sonst Schaum Ölrückfluss behindern kann
Gewindeförmige Rillen	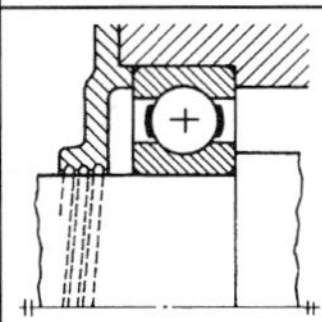	Kleiner Druck möglich u unbegrenzt	Öl	–	In radialer Richtung geringer Platzbedarf	Nur eine Drehrichtung zulässig, fördert Staub in Lagerraum, nur im Betrieb wirksam	Rillen, im Gehäuse oder auf der Welle angeordnet, fördern das Öl in Lagerraum zurück
Labyrinth	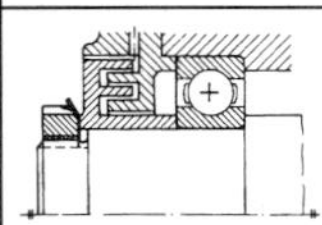	$p = 0$ bar u unbegrenzt $u \leq 5$ m/s bei Fettfüllung	Fett (Öl)	Starke Verunreinigung, Feuchtigkeit	Sehr gute Abdichtung, wenn mit steifem Fett gefüllt	Im allgemeinen teuer, bei mehreren Stegen platzaufwendig	Nachschmierung der Labyrinthe erhöht Dichtwirkung, Spalte klein halten (s. einfacher Spalt), bei größerer Durchbiegung der Welle abgeschrägte Stege verwenden (sonst wird Schmutz nach innen gepumpt), radiales Labyrinth wegen Montage geteilt ausführen
Labyrinth als Kaufteil	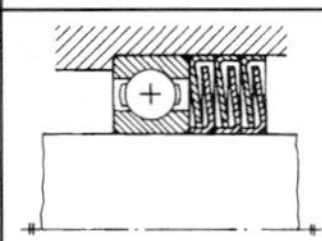	$p = 0$ bar u unbegrenzt	Fett (Öl)	Starke Verunreinigung, Feuchtigkeit	Kleiner bauend, kostengünstiger		Neben den abgebildeten Z-Lamellen können die Labyrinthe aus federnden Lamellenringen, Kolbenringen, Kunststoffteilen etc. aufgebaut sein
Nilosring	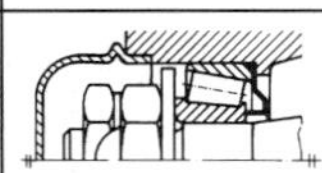	$p = 0$ bar $u \leq 5$ m/s	Fett	Mäßige Verunreinigung, Spritzwasser	Kostengünstig, raumsparend, gleitet i. R. an der hochwertigen Lager-Seitenfläche	Schleift in der Einlauffase bis sich infolge Abnutzung ein Spalt bildet (Reibungswärme)	Sonderform auch berührungsfrei, für höhere Drehzahlen; bei stärkerem Schutzanfall und Spritzwasser 2 Nilosringe mit Fettfüllung im Zwischenraum anordnen

c) Dichtungswerkstoff (Auswahl)

Werkstoff	Acrylnitril-Butadien-Kautschuk NBR	Acrylat-Kautschuk ACM	Silikon-Kautschuk MVQ	Fluor-Kautschuk FKM	Polytetrafluorethylen PTFE
Betriebstemperatur t in °C	−40 … 100	−30 … 150	−60 … 160	−30 … 200	−70 … 200 (260)
Relative Kosten	1,0	3,0	5,0	25,0	>25,0

20 Zahnräder und Zahnradgetriebe (Grundlagen)

TB 20-1 Zahnflankendauerfestigkeit $\sigma_{H\,lim}$ und Zahnfußdauerfestigkeit $\sigma_{F\,lim}$ in N/mm² der üblichen Zahnradwerkstoffe für die Werkstoff-Qualitätsanforderungen *ME* (obere Werte) und *ML* (untere Werte); Einzelheiten siehe DIN 3990 Teil 5 und ISO 6336-5.

Nr.	Art, Norm, Behandlung	Bezeichnung	Flankenhärte[1]	$\sigma_{F\,lim}$ [2] (N/mm²)	$\sigma_{H\,lim}$ [2] (N/mm²)
1	Gusseisen mit Lamellengraphit DIN EN 1561	EN-GJL-200	190 HB	55 ... 80	330 ... 400
2		EN-GJL-250	220 HB	70 ... 95	360 ... 435
3	Schwarzer Temperguss DIN EN 1562	EN-GJMB-350	150 HB	125 ... 185	350 ... 485
4		EN-GJMB-650	235 HB	180 ... 220	470 ... 575
5	Gusseisen mit Kugelgraphit DIN EN 1563	EN-GJS-400	180 HB	140 ... 200	360 ... 520
6		EN-GJS-600	240 HB	205 ... 230	560 ... 610
7		EN-GJS-900	300 HB	225 ... 250	640 ... 700
8	Stahlguss, unlegiert DIN 16293	GS 200+N	160 HB	115 ... 180	280 ... 415
9		GS 240+N	180 HB	125 ... 185	315 ... 445
10	Allgemeine Baustähle DIN EN 10025	S235JR	120 HB	125 ... 190	315 ... 430
11		E 295	160 HB	140 ... 210	350 ... 485
12		E 335	190 HB	160 ... 225	375 ... 540
13	Vergütungsstähle DIN EN 10083 (auch als GS, dann $\sigma_{H\,lim}$ um rd. 80 N/mm² $\sigma_{F\,lim}$ um rd. 40 N/mm² niedriger)	C45E N	190 HB	160 ... 260	470 ... 590
14		34CrMo4 + QT	270 HB	220 ... 335	540 ... 800
15		42CrMo4 + QT	300 HB	230 ... 335	540 ... 800
16		34CrNiMo6 + QT	310 HB	235 ... 345	580 ... 840
17		30CrNiMo8 + QT	320 HB	240 ... 355	610 ... 870
18		36CrNiMo16 + QT	350 HB	250 ... 365	640 ... 915
19	Vergütungsstahl flamm- oder induktionsgehärtet	C45E (Umlaufhärtung, $b < 20$ mm)	50 HRC 56 HRC	Fuß mitgehärtet 230 ... 380 270 ... 410 Fuß nicht mitgehärtet 150 ... 230	980 ... 1275 1060 ... 1330
20		34CrMo4 (Umlauf- oder Einzelzahnhärtung)			
21		42CrMo4 (Umlaufhärtung)			
22		34CrNiMo6 (Einzelzahnhärtung)			
23	Vergütungsstahl und Einsatzstahl langzeit-gasnitriert	42CrMo4 + QT (Nitrierhärtetiefe < 0,6 mm, $R_m > 800$ N/mm², $m < 16$ mm)	48 ... 57 HRC	260 ... 430	780 ... 1215
24		16MnCr5 + QT (Nitrierhärtetiefe < 0,6 mm, $R_m > 700$ N/mm², $m < 10$ mm)			
25	Vergütungs- und Einsatzstähle nitrocarburiert	C45E N für $d < 300$ mm, $m < 6$ mm	30 ... 45 HRC	225 ... 290	650 ... 780
26		16MnCr5N für $d < 300$ mm, $m < 6$ mm	45 ... 57 HRC	225 ... 385	650 ... 950
27		42CrMo4 + QT $d < 600$ mm, $m < 10$ mm			
28	carbonitriert	34Cr4 + QT Kernfestigkeit bis 45 HRC, Kfz-Getriebe	55 ... 60 HRC	300 ... 450	1100 ... 1350
29	Einsatzstähle DIN 17210, DIN EN 10084 einsatzgehärtet	16MnCr5 Standardstahl, normal bis $m = 20$ mm	58 ... 62 HRC	310 ... 525	1300 ... 1650
30		15CrNi6, für große Abmessungen; über $m = 16$ mm			
31		18CrNiMo7-6, für große Abmessungen; über $m = 16$ mm bei Stoßbelastung über $m = 5$ mm			

1) HB Brinell-Härtewert, HRC Rockwell-Härtewert C.

2) Festigkeitswerte nach ISO 6336-5 gelten für das Standard-Referenz-Prüfrad und Standard-Betriebsbedingungen. Untere Grenzwerte und ohne Streubereich angegebene Werte (*ML*) sind sicher erreichbar, obere Werte (*ME*) nur bei umfassender Kontrolle. Einzelheiten siehe ISO 6336-5.

TB 20-2 Übersicht zur Dauerfestigkeit für Zahnfußbeanspruchung der Prüfräder nach DIN 3990
(Härtewerte nach Brinell HB, Rockwell HRC und Vickers HV1, HV10) gültig für Prüfradabmessungen: $m = 3 \ldots 10$ ($Y_x = 1$) mm, $Rz = 10\,\mu m$ $Y_{R\,rel\,T} = 1$), $v = 10$ m/s, $b = 10 \ldots 50$ mm, Geradverzahnung mit Verzahnungsqualität 4 bis 7, $q_s = 2{,}5$ ($Y_{\delta\,rel\,T} = 1$), $Y_{ST} = 2$, Schrägungswinkel $\beta = 0°$ ($Y_\beta = 1$), $K_A = K_{F\beta} = K_{F\alpha} = 1$. $\sigma_{FE} = Y_{ST} \cdot \sigma_{F\,lim} = 2 \cdot \sigma_{F\,lim}$

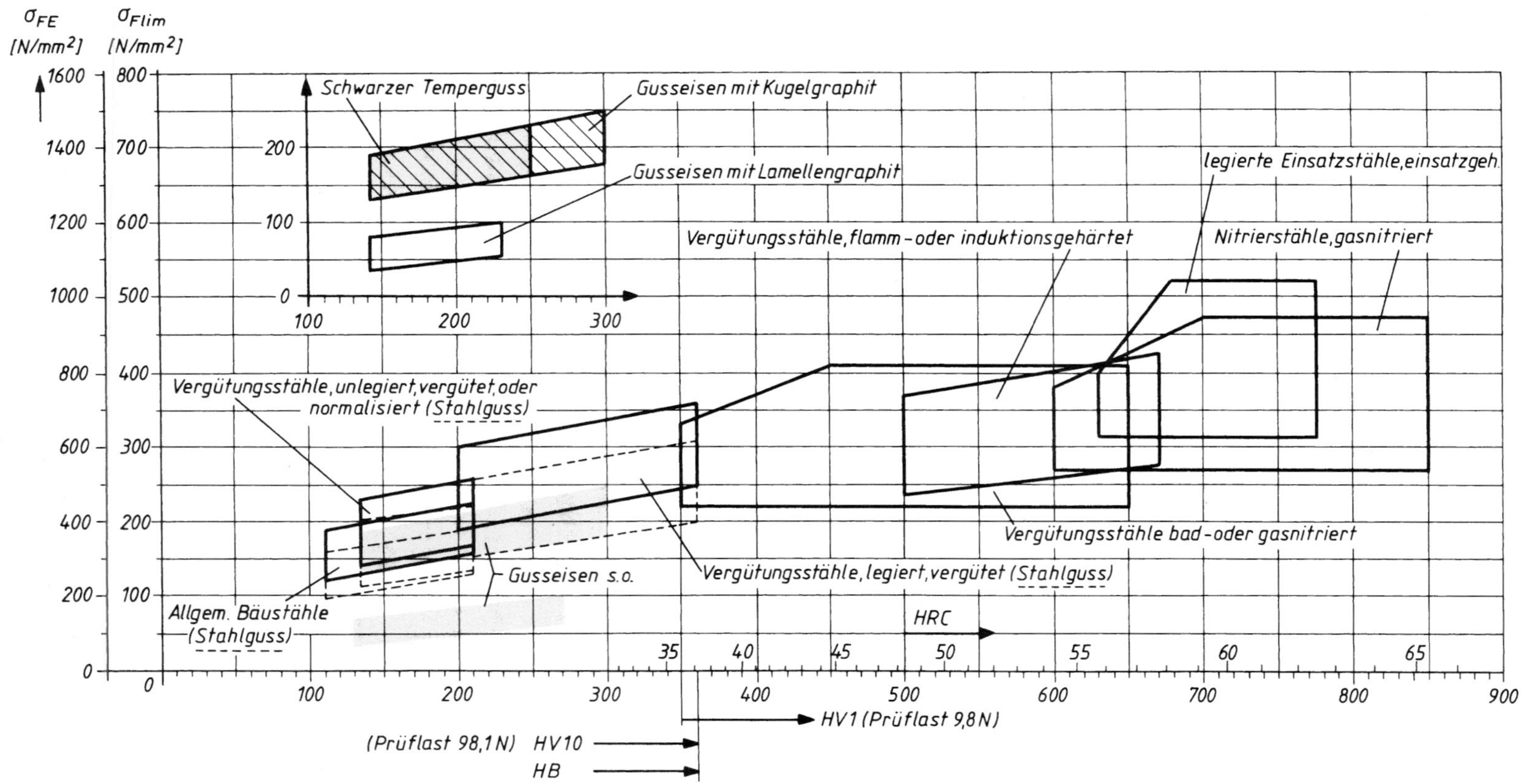

Normalerweise werden Werte aus dem mittleren Bereich gewählt. Für bestimmte Werkstoffe s. TB 20-1.

TB 20-3 Werkstoffauswahl für Schneckengetriebe

a) Werkstoffe für Schnecke und Schneckenrad (Auswahl)

Schnecke				Schneckenrad		
A	allgemeiner Baustahl DIN EN 10025	E335	gehärtet und vergütet	1	Gusseisen DIN EN 1561	GJL-150, GJL-200, GJL-250, GJL-300, GJL-350
		E360				
	Vergütungsstahl DIN EN 10083	C45		2	Gusseisen DIN EN 1563	GJS-500, GJS-600, GJS-700
		C60				
		34CrMo4		3	Kupfer-Zinn-Legierung (Bronze)	G-CuSn12 (Formguss) G-CuSn10Zn (Formguss)
		42CrMo4				
B	Einsatzstahl DIN 17210	C15	einsatzgehärtet	4		GZ-CuSn12 (Schleuderguss) GC-CuSn12 (Strangguss)
		17Cr3		5	Aluminium-Legierung	GK-AlCu4TiMg Kokillenguss
		16MnCr5		6	Kunststoff	Polyamide

b) geeignete Werkstoffpaarungen

Werkstoffkennzeichen nach a)		Eigenschaften und Verwendungsbeispiele	
Schnecke	Schneckenrad		
A	1	geringe Gleitgeschwindigkeit und mäßige Belastung; Hebezeuge, Werkzeugmaschinen, allgemeiner Maschinenbau	
	2	bei mittleren Belastungen und Drehzahlen	bevorzugte Paarung für Getriebe aller Art
	3		
	4	bei hohen Belastungen und mittleren Drehzahlen	Universalgetriebe, Fahrzeuggetriebe
B	1...4	wie bei Paarung A mit 1...4, jedoch bei hohen Drehzahlen	
	5 und 6	korrosionsbeständig, für geringe Belastungen, Leichtbau, Apparatebau	

TB 20-4 Festigkeitswerte für Schneckenradwerkstoffe (in Anlehnung an Niemann u. DIN 3996)

Nr.	Schneckenrad-werkstoff	Norm	Flanken-härte	$\sigma_{H\,lim}$ [1)] N/mm²	E-Modul N/mm²	Z_E [2)] $\sqrt{N/mm^2}$
1	G-CuSn12	DIN 1705	80 HB	265	88300	147
2	GZ-CuSn12		95 HB	425		
3	G-CuSn12Ni		90 HB	310	98100	152
4	GZ-CuSn12Ni		100 HB	520		
5	G-CuSn10Zn		75 HB	350		
6	GZ-CuSn10Zn		85 HB	430		
7	G-CuZn25Al5	DIN 1709	180 HB	500	107900	157
8	GZ-CuZn25Al5		190 HB	550		
9	GZ-CuAl10Ni [3)]	DIN 1714	160 HB	660	122600	164
10	GJL-250 [3)]	DIN EN 1561	250 HB	350	98100	152
11	GJS-400 [3)]	DIN EN 1563	260 HB	490	175 000	182

[1)] für Schnecken aus St, einsatzgehärtet und geschliffen: $\sigma_{H\,lim}$ (Tabellenwerte)
für Schnecken aus St, vergütet, ungeschliffen: $0{,}72 \cdot \sigma_{H\,lim}$
für Schnecken aus GJL: $0{,}5 \cdot \sigma_{H\,lim}$.
[2)] für Schnecken aus St: Z_E (Tabellenwerte)
für Schnecken aus GJL: $Z_E = \sqrt{(E_1 \cdot E_2)/[2{,}86 \cdot (E_1 + E_2)]}$ mit E_1 für GJL; E nach Tabelle.
[3)] für $v_g \leq 0{,}5$ m/s (Handbetrieb).

TB 20-5 Schmierölauswahl (nach DIN 51 509)

Viskosität der Schmieröle				Schmieröle				
				ohne verschleißverringernde Wirkstoffe			mit verschleißverringernden Wirkstoffen	
ISO-Viskositätsklassen nach DIN 51 519 ((v_{40} in mm²/s))	Kennzahl (v_{50} in mm²/s)	SAE-Viskositätsklassen nach DIN 51 511 (Motoren)	SAE-Viskositätsklassen nach DIN 51 512 (Kfz-Getriebe)	Schmieröle C und C–T nach DIN 51 517 und Schmieröle C–L (alterungsbeständig)	Schmieröle N nach DIN 51 501 (ohne bes. Anforderung)	Schmieröle TD–L nach DIN 51 515 (Turbinen-, Pumpen- und Generatoren)	Schmieröle C–LP (Norm in Vorbereitung)	Kraftfahrzeug-Getriebeöle (nach DIN 51 502)
22 32	16	10 W		×	×	×	×	
32 46	25		75	×	×	×	×	×
46 68	36	20 W 20		×	×	×	×	
68	49		80	×	×	×	×	×
100	68	30		×	×		×	
150	92	40		×	×		×	
220	114		90	×	×		×	×
220	144	50		×	×		×	
320	169			×			×	
460	225		149	×	×		×	×
680	324				×			

TB 20-6 Richtwerte für den Einsatz von Schmierstoffarten und Art der Schmierung, abhängig von der Umfangsgeschwindigkeit bei Wälz- und Schraubwälzgetrieben

	Umfangs-geschwindigkeit	Schmierstoff	Art der Schmierung
Stirn- und Kegelradgetriebe	bis 1/ms bis 4 m/s bis 15 m/s über 15 m/s	Haftschmierstoffe Schmierfette Haftschmierstoffe Schmieröle Schmieröle	Sprüh- oder Auftragschmierung Tauchschmierung Sprühschmierung Tauchschmierung Druckumlauf- oder Spritzschmierung
Schneckengetriebe Schnecke (Schneckenrad) eintauchend	bis 4 m/s (bis 1 m/s) bis 10 m/s (bis 4 m/s) über 10 m/s (über 4 m/s)	Schmierfette Schmieröle Schmieröle	Tauchschmierung Tauchschmierung Spritzschmierung in Eingriffsrichtung

TB 20-7 Viskositätsauswahl von Getriebeölen (DIN 51509) gültig für eine Umgebungstemperatur von etwa 20 °C

a) für Stirnrad- und Kegelradgetriebe

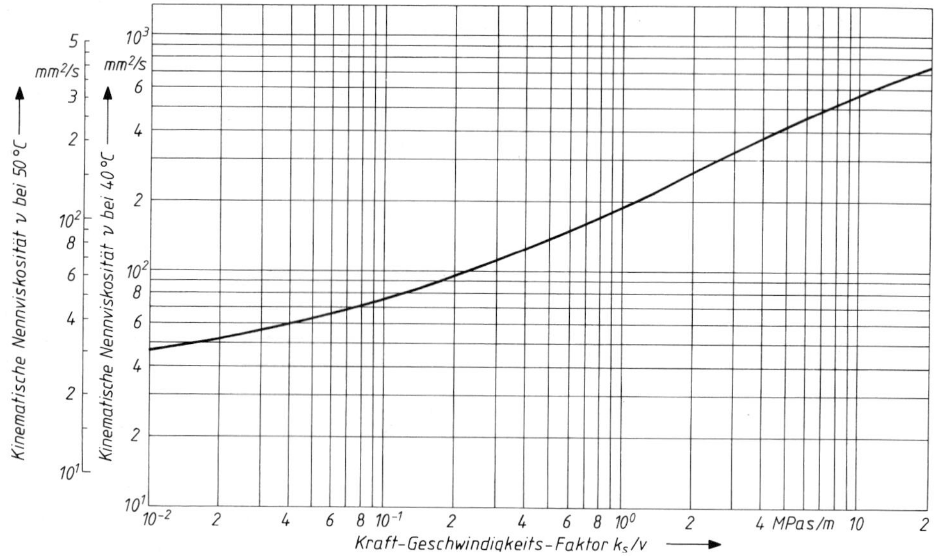

b) für Schneckengetriebe

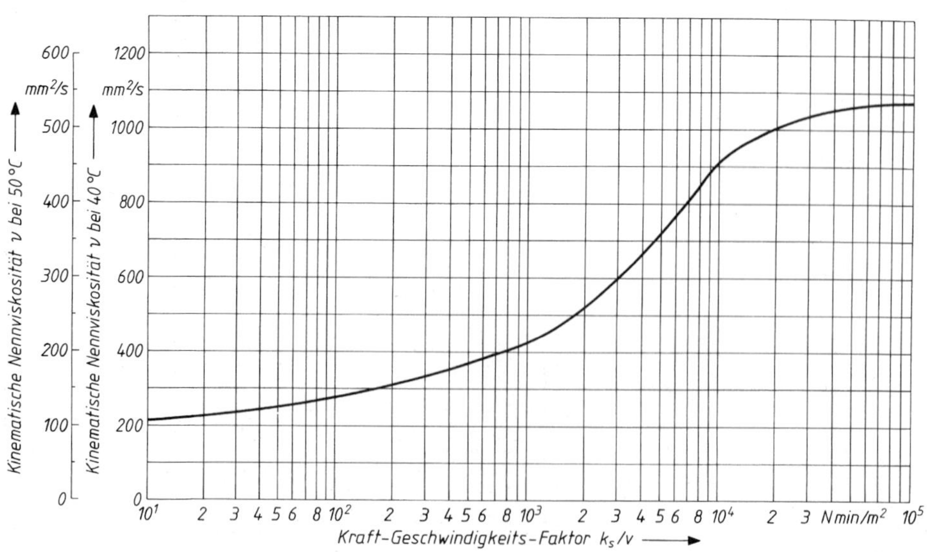

20

TB 20-8 Reibungswerte bei Schneckenradsätzen (Schnecke aus St, Radkranz aus Bronze, gefräst)

Gleitgeschwindigkeit	v_g (m/s)	<0,5	1	2	4	6	>10
Schnecke gedreht oder gefräst, vergütet	$\mu \approx$	0,09	0,08	0,065	0,055	0,045	0,04
	$\varrho \approx$ (°)	4,5	4,3	3,7	3,1	2,6	2,3
Schnecke gehärtet, Flanken geschliffen	$\mu \approx$	0,05	0,04	0,035	0,025	0,02	0,015
	$\varrho \approx$ (°)	3	2,3	2	1,4	1,15	1

TB 20-9 Wirkungsgrade für Schneckengetriebe, Richtwerte für Überschlagsrechnungen

Zähnezahl der Schnecke	z_1	1	2	3	4
Gesamtwirkungsgrad	$\eta_{ges} \approx$	0,7	0,8	0,85	0,9

TB 20-10 Zeichnungsangaben für Stirnräder nach DIN 3966 T1

Angaben in der Zeichnung

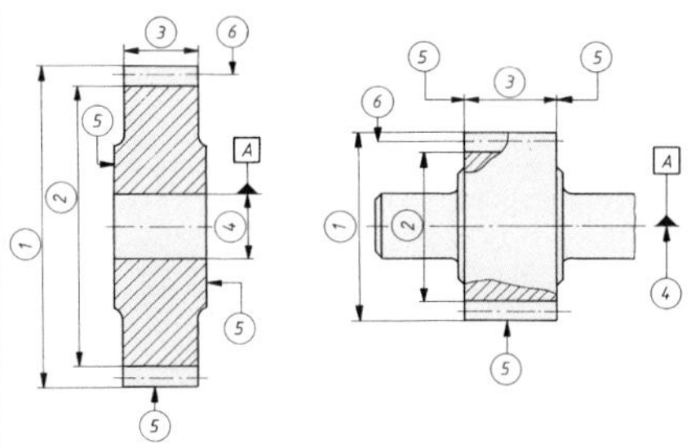

1 Kopfkreisdurchmesser d_a
2 Fußkreisdurchmesser d_f (bei Bedarf), wenn in der Tabelle keine Zahnhöhe angegeben ist oder wenn ein bestimmtes Maß eingehalten werden soll.
3 Zahnbreite b
4 Kennzeichen der Bezugselemente. Für Rundlauf- und Planlauftolerierung ist die Radachse Bezugselement.
5 Rundlauf- und Planlauftoleranz (z. B. [↗ | 0,01 | A] bzw. [⊥ | 0,01 | A]).
Diese Toleranzen sind anzugeben, wenn der Hinweis auf die Allgemeintoleranzen nach DIN ISO 2768 nicht genügt.
Rund- und Planlauftoleranzen nach DIN ISO 1101
6 Oberflächen-Kennzeichnung für die Zahnflanken nach DIN ISO 1302
(z. B. geschliffen / $Rz\,6{,}3$ oder 0,8 geschliffen, vgl. Lehrbuch Kapitel 2)

Angaben sind neben den Angaben in der Zeichnung für die Herstellung des Zahnrades unbedingt erforderlich.

zusätzliche Angaben

Stirnrad		außenverzahnt
Modul	m_n	
Zähnezahl	z	
Bezugsprofil: Verzahnung, Werkzeug		
Schrägungswinkel	β	
Flankenrichtung		
Teilkreisdurchmesser	d	
Grundkreisdurchmesser	d_b	
Profilverschiebungsfaktor 2)	x	
Zahnhöhe	h	
Kopfhöhenänderung	$k \cdot m_n$	
Verzahnungsqualität, Toleranzfeld Prüfgruppe nach DIN 3961 1)		
Zahndicke mit Abmaßen	s_n	
Prüfmaße der Zahndicke 1): Zahndickensehne	$\bar{s}$	
und Höhe über der Sehne	$\bar{h}$	
Zahnweite	W_k	
über k Zähne	$k =$	
Radiales bzw. diametrales Prüfmaß	M_r bzw. M_d	
und Messkugel bzw. Messrollendurchmesser	D_M	
Zweiflanken-Wälzabstand	a''	
Zusätzliche Verzahnungstoleranzen und Prüfangaben:		
Gegenrad: Sachnummer		
Gegenrad: Zähnezahl	z	
Achsabstand im Gehäuse mit Abmaßen	$a \pm$	
Wälzlängen oder Eingriffsstrecke	L_a, L_f / g_α	
Ergänzende Angaben (bei Bedarf):		

1) Diese Prüfungen sind dem Hersteller freigestellt, wenn keine Angaben erfolgen.
2) Vorzeichen nach DIN 3960

20

TB 20-11 Zeichnungsangaben für Kegelräder nach DIN 3966 T2

Angaben in der Zeichnung

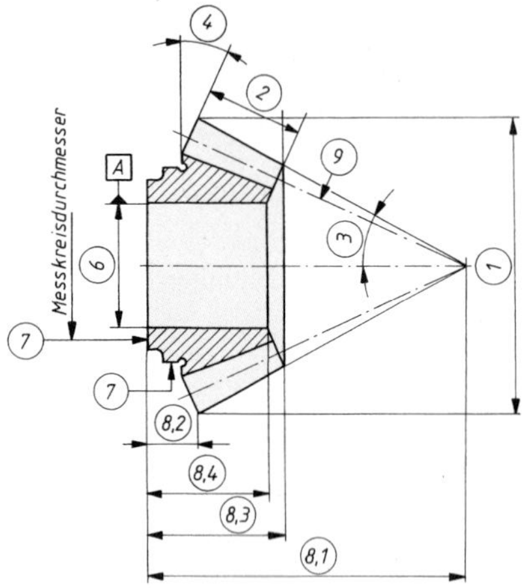

1 Kopfkreisdurchmesser d_{ae}
2 Zahnbreite b
3 Kopfkegelwinkel δ_a
4 Komplementwinkel des Rückenkegelwinkels = δ
6 Kennzeichen des Bezugselementes. Für die Rundlauf- und Planlauftolerierung ist das Bezugselement die Radachse
7 Rundlauftoleranz (z. B. ↗ | 0,02 | A) und Planlauftoleranz (z. B. ⊥ | 0,01 | A) nach DIN ISO 1101. Angaben sind erforderlich, wenn Hinweis auf Allgemeintoleranzen nach DIN ISO 2768 nicht genügt.
8.1 Einbaumaß (wird allgemein am fertigen Werkstück festgestellt und auf dem Werkstück angegeben)
8.2 Äußerer Kopfkreisabstand
8.3 Innerer Kopfkreisabstand
8.4 Hilfsebenenabstand
9 Oberflächenkennzeichen für die Zahnflanken nach DIN ISO 1302 (vgl. Lehrbuch Kapitel 2)

zusätzliche Angaben

Geradzahn-Kegelrad			
Modul		m_P	
Zähnezahl		z	
Teilkegelwinkel		δ	
Äußerer Teilkreisdurchmesser		d_e	
Äußere Teilkegellänge		R_e	
Planradzähnezahl		z_P	
Zahndicken-Halbwinkel		ψ_P	
Fußwinkel oder Fußkegelwinkel		ϑ_f δ_f	
Profilwinkel		α_P	
Verzahnungsqualität			
Prüfmaße der Zahndicke	Zahndickensehne im Rückenkegel	$\bar{s}$	
	Höhe über der Sehne	$\bar{h}$	
Zusätzliche Verzahnungstoleranzen und Prüfangaben:			
Gegenrad	Sachnummer		
	Zähnezahl	z	
Achsenwinkel im Gehäuse mit Abmaßen		Σ	
Ergänzende Angaben (bei Bedarf): Verzahnungs-Bezugsprofil			

(grau hinterlegt:) Angaben sind neben den Angaben in der Zeichnung für die Herstellung des Kegelrades erforderlich.

TB 20-12 Zeichnungsangaben für Schnecken nach DIN 3966 T3

Angaben in der Zeichnung

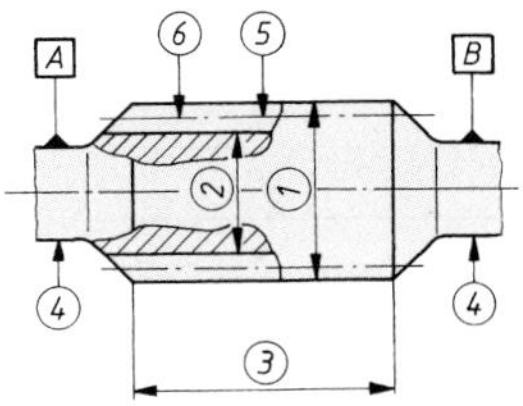

1 Kopfkreisdurchmesser d_{a1}
2 Fußkreisdurchmesser d_{f1} (bei Bedarf)
3 Zahnbreite b_1
4 Kennzeichen der Bezugselemente. Für die Rundlauftolerierung sind die Lagerflächen der Schnecke Bezugselemente.
5 Rundlauftoleranz des Schneckenkörpers (z. B. [↗ | 0,05 | AB]) nach DIN ISO 1101. Angaben sind erforderlich, wenn Hinweis auf Allgemeintoleranzen nach DIN ISO 2768 nicht genügt
6 Oberflächenkennzeichen für die Zahnflanken nach DIN ISO 1302 (vgl. Lehrbuch Kapitel 2)

Angaben sind neben den Angaben in der Zeichnung zur Herstellung unbedingt erforderlich.

zusätzliche Angaben

Schnecke			
Zähnezahl		z_1	
Mittenkreisdurchmesser		z_{m1}	
Modul (Axialmodul)		m	
Zahnhöhe		h_1	
Flankenrichtung			rechtssteigend linkssteigend
Steigungshöhe		p_{z1}	
Mittensteigungswinkel		γ_m	
Flankenform nach DIN 3975			A, N, I, K
Axialleitung		p_x	
Sachnummer des Schneckenrades			
Verzahnungsqualität			
Zahndicke mit Abmaßen		s_{mn}	
Prüfmaße der Zahndicke [1]	Zahndickensehne bei Meßhöhe		
	Prüfmaß	M	
	bei Messrollendurchmesser	D_M	
Erzeugungswinkel		α_0	
Flankenform I	Grundkreisdurchmesser	d_{b1}	
	Grundsteigungswinkel	γ_b	
Zusätzliche Verzahnungstoleranzen und Prüfangaben:			
Ergänzende Angaben (bei Bedarf):			

[1] Diese Prüfungen sind dem Hersteller freigestellt, wenn keine Angaben erfolgen.

TB 20-13 Zeichnungsangaben für Schneckenräder nach DIN 3966 T3

Angaben in der Zeichnung

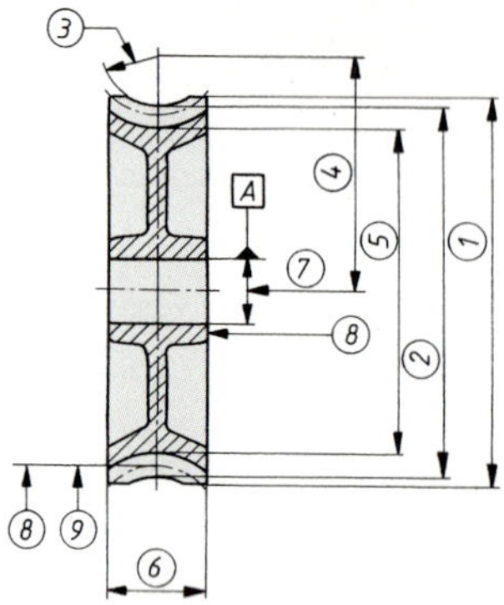

1 Außendurchmesser d_{e2}
2 Kopfkreisdurchmesser d_{a2}
3 Kopfkehlhalbmesser $r_k = a - \frac{d_{a2}}{2}$
4 Kehlkreis-Mittenabstand gleich Achsabstand a
5 Fußkreisdurchmesser d_f (bei Bedarf)
6 Zahnbreite b_2
7 Kennzeichen der Bezugselemente Bezugselement für die Rundlauf- und Planlauftoleranz ist die Radachse
8 Rundlauftoleranz und Planlauftoleranz des Radkörpers
9 Oberflächenkennzeichen nach DIN ISO 1302 (vgl. Lehrbuch Kapitel 2)

zusätzliche Angaben

Schneckenrad			
Zähnezahl		z_2	
Modul (Stirnmodul)		m	
Teilkreisdurchmesser		d_2	
Profilverschiebungsfaktor		x_2	
Zahnhöhe		h_2	
Flankenrichtung			rechtssteigend linkssteigend
Verzahnungsqualität			
Flankenspiel (bei Bedarf)			
Zusätzliche Verzahnungstoleranzen und Prüfangaben:			
Schnecke	Sachnummer		
	Zähnezahl	z_1	
Achsabstand im Gehäuse mit Abmaßen		$a \pm$	
Ergänzende Angaben (bei Bedarf):			

(grau hinterlegt:) Angaben sind neben den Angaben in der Zeichnung für die Herstellung des Schneckenrades unbedingt erforderlich.

21 Außenverzahnte Stirnräder

TB 21-1 Modulreihe für Zahnräder nach DIN 780 (Auszug)

Moduln *m* für *Stirn-* und *Kegelräder* in mm

Reihe 1	0,1	0,12	0,16	0,20	0,25	0,3	0,4	0,5	0,6	0,7	0,8
	0,9	1	1,25	1,5	2	2,5	3	4	5	6	8
	10	12	16	20	25	32	40	50	60		
Reihe 2	0,11	0,14	0,18	0,22	0,28	0,35	0,45	0,55	0,65	0,75	0,85
	0,95	1,125	1,375	1,75	2,25	2,75	3,5	4,5	5,5	7	9
	11	14	18	22	28	36	45	55	70		

Die Moduln gelten im Normalschnitt; Reihe 1 ist gegenüber Reihe 2 zu bevorzugen.

TB 21-2a Profilüberdeckung ε_α bei Null- und *V*-Null-Getrieben (überschlägige Ermittlung)

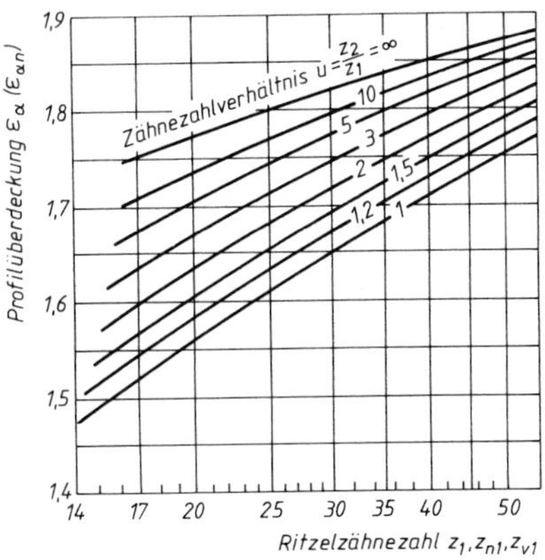

TB 21-2b Profilüberdeckung ε_α bei *V*-Getrieben (überschlägige Ermittlung)

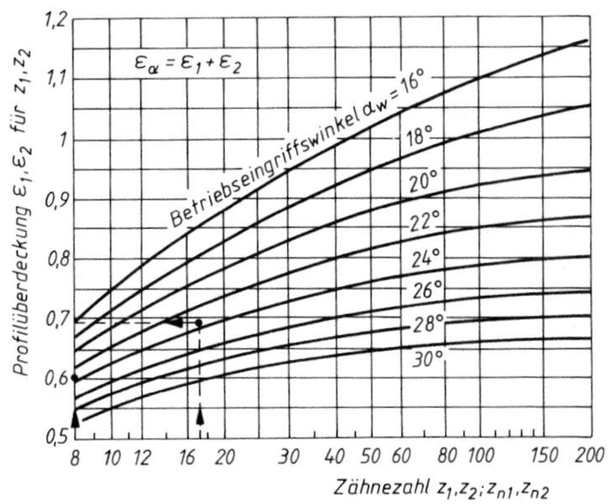

das eingezeichnete Ablesebeispiel *Geradstirnrad-Getriebe* bei $\alpha_w = 23{,}7°$ für $z_1 = 8$ wird $\varepsilon_1 \approx 0{,}6$; für $z_2 = 17$ wird $\varepsilon_2 \approx 0{,}69$; somit $\varepsilon_\alpha = \varepsilon_1 + \varepsilon_2 \approx 1{,}3$

TB 21-3 Betriebseingriffswinkel α_w (überschlägige Ermittlung)

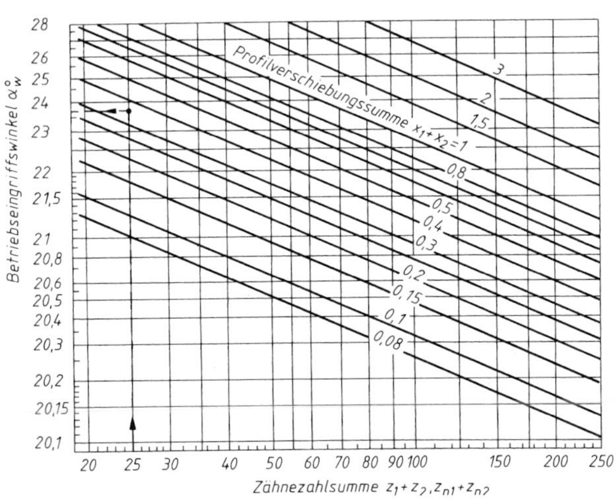

(das eingezeichnete Ablesebeispiel mit $z_1 + z_2 = 8 + 17 = 25$; $x_1 + x_2 = 0{,}36$ ergibt $\alpha_w \approx 23{,}7°$; s. TB 21-2b)

21

TB 21-4 Evolventenfunktion inv $\alpha = \tan\alpha - (\pi/180°)\cdot\alpha$ (Wertetabelle)

α°	,0	,1	,2	,3	,4	,5	,6	,7	,8	,9
10	0,0017941	0,0018489	0,0019048	0,0019619	0,0020201	0,0020795	0,0021400	0,0022017	0,0022646	0,0023288
11	0,0023941	0,0024607	0,0025285	0,0025975	0,0026678	0,0027394	0,0028123	0,0028865	0,0029620	0,0030389
12	0,0031171	0,0031966	0,0032775	0,0033598	0,0034434	0,0035285	0,0036150	0,0037029	0,0037923	0,0038831
13	0,0039754	0,0040692	0,0041644	0,0042612	0,0043595	0,0044593	0,0045607	0,0046636	0,0047681	0,0048742
14	0,0049819	0,0050912	0,0052022	0,0053147	0,0054290	0,0055448	0,0056624	0,0057817	0,0059027	0,0060254
15	0,0061498	0,0062760	0,0064039	0,0065337	0,0066652	0,0067985	0,0069337	0,0070706	0,0072095	0,0073501
16	0,0074927	0,0076372	0,0077835	0,0079318	0,0080820	0,0082342	0,0083883	0,0085444	0,0087025	0,0088626
17	0,0090247	0,0091889	0,0093551	0,0095234	0,0096937	0,0098662	0,0100407	0,0102174	0,0103963	0,0105573
18	0,010760	0,010946	0,011133	0,011323	0,011515	0,011709	0,011906	0,012105	0,012306	0,012509
19	0,012715	0,012923	0,013134	0,013346	0,013562	0,013779	0,013999	0,014222	0,014447	0,014674
20	0,014904	0,015137	0,015372	0,015609	0,015849	0,016092	0,016337	0,016585	0,016836	0,017089
21	0,017345	0,017603	0,017865	0,018129	0,018395	0,018665	0,018937	0,019212	0,019490	0,019770
22	0,020054	0,020340	0,020629	0,020921	0,021217	0,021514	0,021815	0,022119	0,022426	0,022736
23	0,023049	0,023365	0,023684	0,024006	0,024332	0,024660	0,024992	0,025326	0,025664	0,026005
24	0,026350	0,026697	0,027048	0,027402	0,027760	0,028121	0,028484	0,028852	0,029223	0,029600
25	0,029975	0,030357	0,030741	0,031129	0,031521	0,031916	0,032315	0,032718	0,033124	0,033534
26	0,033947	0,034364	0,034785	0,035209	0,035637	0,036069	0,036505	0,036945	0,037388	0,037835
27	0,038286	0,038742	0,039201	0,039664	0,040131	0,040602	0,041076	0,041556	0,042039	0,042526
28	0,043017	0,043513	0,044012	0,044516	0,045024	0,045537	0,046054	0,046575	0,047100	0,047630
29	0,048164	0,048702	0,049245	0,049792	0,050344	0,050901	0,051462	0,052027	0,052597	0,053172
30	0,053751	0,054336	0,054924	0,055518	0,056116	0,056720	0,057328	0,057940	0,058558	0,059181
31	0,059808	0,060441	0,061079	0,061721	0,062369	0,063022	0,063680	0,064343	0,065012	0,065685
32	0,066364	0,067048	0,067738	0,068432	0,069133	0,069838	0,070549	0,071266	0,071988	0,072716
33	0,073449	0,074188	0,074932	0,076683	0,076439	0,077200	0,077968	0,078741	0,079520	0,080306
34	0,081097	0,081894	0,082697	0,083506	0,084321	0,085142	0,085970	0,086804	0,087644	0,088490
35	0,089342	0,090201	0,091067	0,091938	0,092816	0,093701	0,094592	0,095490	0,096395	0,097306
36	0,098224	0,099149	0,100080	0,101019	0,101964	0,102916	0,103875	0,104841	0,105814	0,106795
37	0,107782	0,108777	0,109779	0,110788	0,111805	0,112829	0,113860	0,114899	0,115945	0,116999
38	0,118061	0,119130	0,120207	0,121291	0,122384	0,123484	0,124592	0,125709	0,126833	0,127965
39	0,129106	0,130254	0,131411	0,132576	0,133750	0,134931	0,136122	0,137320	0,138528	0,139743
40	0,140968	0,142201	0,143443	0,144694	0,145954	0,147222	0,148500	0,149787	0,151083	0,152388
41	0,153702	0,155025	0,156348	0,157700	0,159052	0,160414	0,161785	0,163165	0,164556	0,165956
42	0,167366	0,168786	0,170216	0,171656	0,173106	0,174566	0,176037	0,177518	0,179009	0,180511
43	0,182024	0,183547	0,185080	0,186625	0,188180	0,189746	0,191324	0,192912	0,194511	0,196122
44	0,197744	0,199377	0,201022	0,202678	0,204346	0,206026	0,207717	0,209420	0,211135	0,212863

TB 21-5 Wahl der Summe der Profilverschiebungsfaktoren $\Sigma x = (x_1 + x_2)$

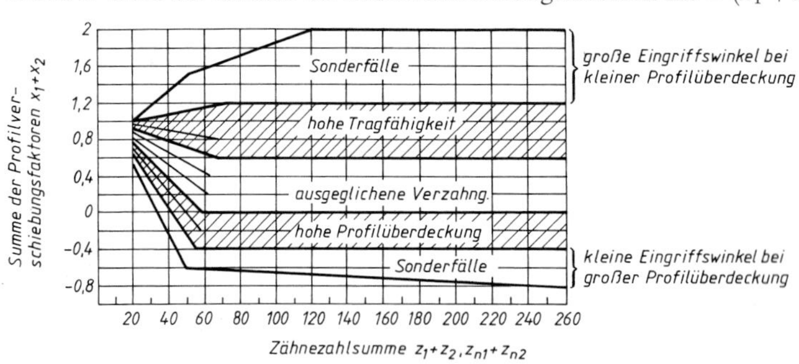

21

TB 21-6 Aufteilung von $\Sigma x = (x_1 + x_2)$ mit Ablesebeispiel

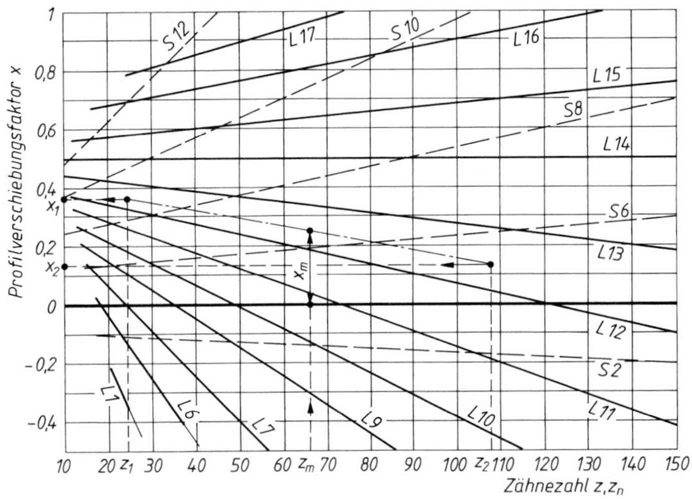

Ablesebeispiel: Gegeben seien $z_1 = 24$, $z_2 = 108$, damit $i = 4{,}5$, Summe der Profilverschiebungsfaktoren $x_1 + x_2 = +0{,}5$ (ausgeglichene Verzahnung mit höherer Tragfähigkeit nach TB 21-5). Man trage über der mittleren Zähnezahl $z_m = (z_1 + z_2)/2 = (24 + 108)/2 = 66$ den Mittelwert der Summe der Profilverschiebungsfaktoren $x_m = (x_1 + x_2)/2 = 0{,}25$ von der 0-Linie auf. Durch diesen Punkt ziehe man eine den benachbarten *L*-Linien ($i > 1$!) angepasste Gerade. Diese gibt dann über z_1 und z_2 die zugehörigen Werte $x_1 = +0{,}36$ und $x_2 = +0{,}14$ an. Dabei ist zu beachten, dass die Summe der gefundenen Werte x_1 und x_2 mit der vorgegebenen Summe der Profilverschiebungsfaktoren genau übereinstimmt. Bei Übersetzung $i < 1$ S-Linien verwenden.

TB 21-7 Verzahnungsqualität (Anhaltswerte)

a) nach Verwendungsgebieten
b) nach Umfangsgeschwindigkeiten am Teilkreis
c) nach Herstellungsverfahren

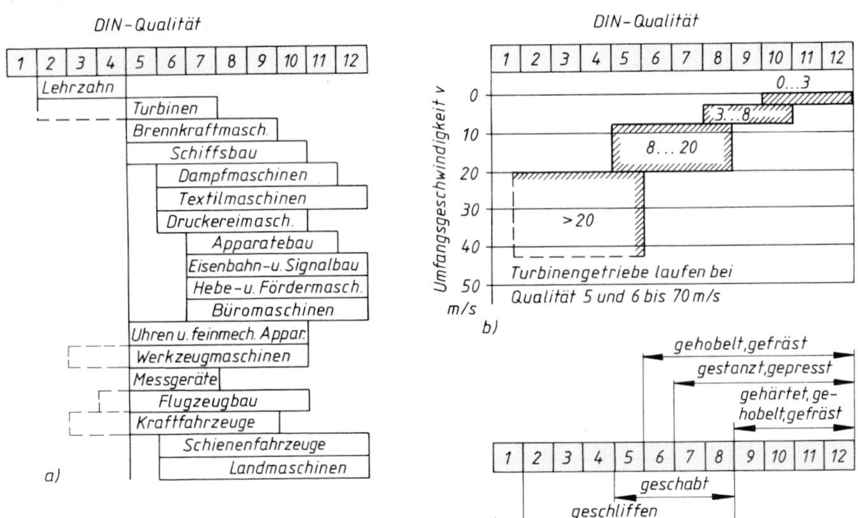

Bei gehärteten Schräg- oder Doppelschrägverzahnungen Qualität 8 oder feiner, sonst Zahnbruchgefahr.

21

TB 21-8 Zahndickenabmaße, Zahndickentoleranzen

a) oberes Zahndickenabmaß A_{sne} in µm nach DIN 3967 (Auszug)

Teilkreisdurchmesser (mm)		Abmaßreihe										
über	bis	a	ab	b	bc	c	cd	d	e	f	g	h
–	10	–100	– 85	– 70	– 58	– 48	– 40	– 33	– 22	–10	– 5	0
10	50	–135	–110	– 95	– 75	– 65	– 54	– 44	– 30	–14	– 7	0
50	125	–180	–150	–125	–105	– 85	– 70	– 60	– 40	–19	– 9	0
125	280	–250	–200	–170	–140	–115	– 95	– 80	– 56	–26	–12	0
280	560	–330	–280	–230	–190	–155	–130	–110	– 75	–35	–17	0
560	1000	–450	–370	–310	–260	–210	–175	–145	–100	–48	–22	0

b) Zahndickentoleranzen T_{sn} in µm nach DIN 3967 (Auszug)

Teilkreisdurchmesser (mm)		Toleranzreihe									
über	bis	21	22	23	24	25	26	27	28	29	30
–	10	3	5	8	12	20	30	50	80	130	200
10	50	5	8	12	20	30	50	80	130	200	300
50	125	6	10	16	25	40	60	100	160	250	400
125	280	8	12	20	30	50	80	130	200	300	500
280	560	10	16	25	40	60	100	160	250	400	600
560	1000	12	20	30	50	80	130	200	300	500	800

c) zulässige Zahndickenschwankung R_s in µm nach DIN 3962 T1 (Auszug)

Verzahnungsqualität		m (m_n) von 1 bis 2 mm R_s							m (m_n) von 2 bis 3,55 mm R_s							m (m_n) von 3,55 bis 6 mm R_s						
		6	7	8	9	10	11	12	6	7	8	9	10	11	12	6	7	8	9	10	11	12
d in mm	über 10 bis 50	8	12	16	22	32	45	63	10	14	20	28	36	56	71	11	16	22	32	45	63	90
	über 50 bis 125	10	14	20	28	40	56	80	12	16	22	32	45	63	90	14	20	28	36	50	71	100
	über 125 bis 280	12	16	22	32	45	63	90	14	20	28	36	50	71	100	16	22	32	45	63	80	110
	über 280 bis 560	14	18	25	36	50	71	100	16	22	32	40	56	80	110	18	25	36	50	71	90	125
	über 560 bis 1000	14	20	28	40	56	80	110	18	25	36	45	63	90	125	20	28	36	56	80	100	140

Verzahnungsqualität		m (m_n) von 6 bis 10 mm R_s							m (m_n) von 10 bis 16 mm R_s							m (m_n) von 16 bis 25 mm R_s						
		6	7	8	9	10	11	12	6	7	8	9	10	11	12	6	7	8	9	10	11	12
d in mm	über 10 bis 50	14	18	25	36	50	71	100	–	–	–	–	–	–	–	–	–	–	–	–	–	–
	über 50 bis 125	16	22	32	45	63	80	110	18	25	36	50	71	100	140	–	–	–	–	–	–	–
	über 125 bis 280	18	25	36	50	71	90	125	20	28	40	56	80	110	160	22	32	45	63	90	125	160
	über 280 bis 560	20	28	40	56	80	110	140	22	32	45	63	90	125	160	25	36	50	71	100	140	180
	über 560 bis 1000	22	32	45	63	80	125	160	25	36	50	71	100	140	180	28	40	56	80	110	140	200

TB 21-8 Fortsetzung

d) Empfehlungen zu TB 21-8 und TB 21-9

Anwendungsbereich	A_{sne}-Reihe	T_{sn}-Reihe	Achsabstand/Achsabmaße
Allgemeiner Maschinenbau	b	26	js7
dsgl. reversierend, Scheren, Fahrwerke	c	25	js6
Werkzeugmaschinen	f	24/25	js6
Landmaschinen	e	27/28	js8
Kraftfahrzeuge	d	26	js7
Kunststoffmaschinen, Lok-Antriebe	c, cd	25	js7

TB 21-9 Achsabstandsabmaße A_{ae}, A_{ai} von Gehäusen für Stirnradgetriebe nach DIN 3964 (Auszug)

	Achslage-Genauigkeitsklasse 1 bis 3						
		Achslage-Genauigkeitsklasse 4 bis 6					
			Achslage-Genauigkeitsklasse 7 bis 9				
				Achslage-Genauigkeitsklasse 10 bis 12			
	ISO-Symbol js						
Achsabstand *a* (Nennmaß) in mm	5	6	7	8	9	10	11
über 10 bis 18	+ 4 − 4	+ 5,5 − 5,5	+ 9 − 9	+13,5 −13,5	+ 21,5 − 21,5	+ 35 − 35	+ 55 − 55
über 18 bis 30	+ 4,5 − 4,5	+ 6,5 − 6,5	+10,5 −10,5	+16,5 −16,5	+ 26 − 26	+ 42 − 42	+ 65 − 65
über 30 bis 50	+ 5,5 − 5,5	+ 8 − 8	+12,5 −12,5	+19,5 −19,5	+ 31 − 31	+ 50 − 50	+ 80 − 80
über 50 bis 80	+ 6,5 − 6,5	+ 9,5 − 9,5	+15 −15	+23 −23	+ 37 − 37	+ 60 − 60	+ 95 − 95
über 80 bis 120	+ 7,5 − 7,5	+11 −11	+17,5 −17,5	+27 −27	+ 43,5 − 43,5	+ 70 − 70	+110 −110
über 120 bis 180	+ 9 − 9	+12,5 −12,5	+20 −20	+31,5 −31,5	+ 50 − 50	+ 80 − 80	+125 −125
über 180 bis 250	+10 −10	+14,5 −14,5	+23 −23	+36 −36	+ 57,5 − 57,5	+ 92,5 − 92,5	+145 −145
über 250 bis 315	+11,5 −11,5	+16 −16	+26 −26	+40,5 −40,5	+ 65 − 65	+105 −105	+160 −160
über 315 bis 400	+12,5 −12,5	+18 −18	+28,5 −28,5	+44,5 −44,5	+ 70 − 70	+115 −115	+180 −180
über 400 bis 500	+13,5 −13,5	+20 −20	+31,5 −31,5	+48,5 −48,5	+ 77,5 − 77,5	+125 −125	+200 −200
über 500 bis 630	+14 −14	+22 −22	+35 −35	+55 −55	+ 87 − 87	+140 −140	+220 −220
über 630 bis 800	+16 −16	+25 −25	+40 −40	+62 −62	+100 −100	+160 −160	+250 −250
über 800 bis 1000	+18 −18	+28 −28	+45 −45	+70 −70	+115 −115	+180 −180	+280 −280

TB 21-10 Messzähnezahl k für Stirnräder

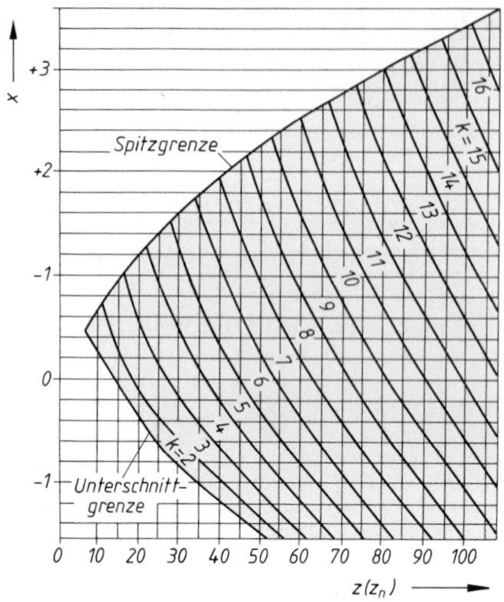

TB 21-11 Empfehlungen zur Aufteilung von i für zwei- und dreistufige Stirnradgetriebe

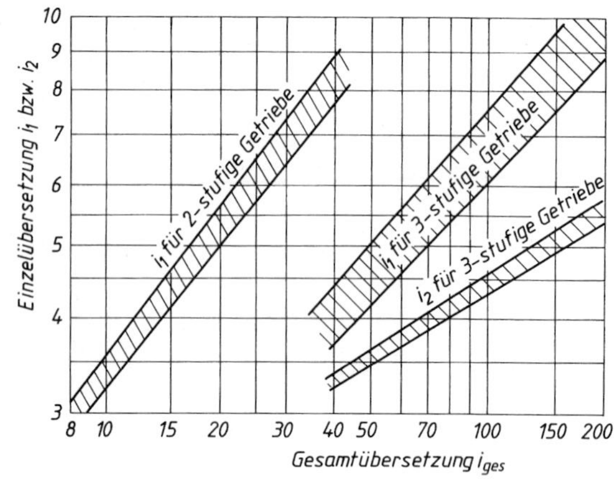

TB 21-12 Bereich der ausführbaren Evolventenverzahnungen mit Bezugsprofil nach DIN 867 für Außen- und Innenräder nach DIN 3960

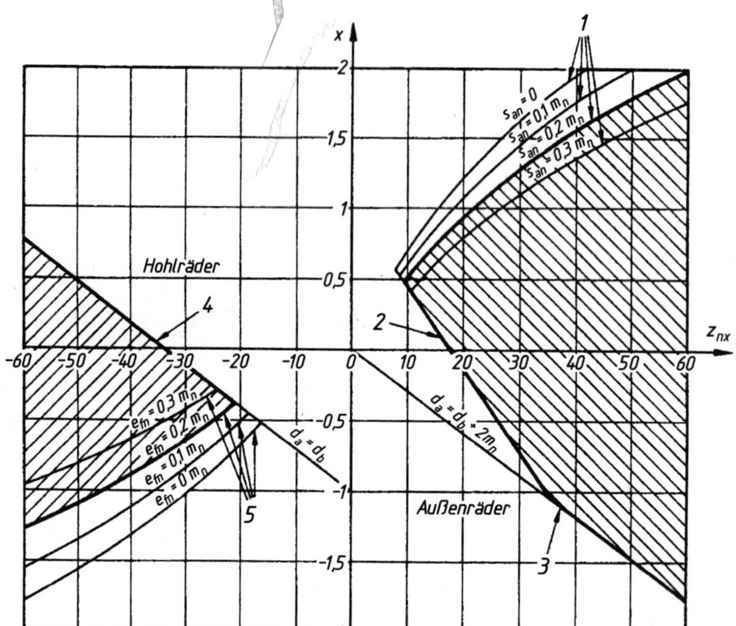

Kurven 1	Grenzwerte für Außenräder durch Zahnkopfdicke s_{an}
Gerade 2	Grenzwerte für Außenräder durch Unterschnitt an den Fußflanken
Gerade 3	Grenzwerte für Außenräder durch Mindest-Kopfkreisdurchmesser
Gerade 4	Grenzwerte für Hohlräder für $d_a = d_b$
Kurven 5	Grenzwerte für Hohlräder durch Zahnfußlückenweite e

TB 21-13 Ritzelzähnezahl z_1 (Richtwerte)[1)]

a) abhängig von den Anforderungen an das Getriebe

Anforderungen an das Getriebe	Anwendungsbeispiele	Günstige Ritzelzähnezahl z_1
Zahnfußtragfähigkeit und Grübchentragfähigkeit ausgeglichen	Getriebe für den allgemeinen Maschinenbau (kleine bis mittlere Drehzahl)	$z_1 \approx 20 \dots 30$
Zahnfußtragfähigkeit wichtiger als die Grübchentragfähigkeit	Hubwerkgetriebe, teilweise Fahrzeuggetriebe	$z_1 \approx 14 \dots 20$
Grübchentragfähigkeit wichtiger als die Zahnfußtragfähigkeit	hochbelastete schnelllaufende Getriebe im Dauerbetrieb	$z_1 > 35$
Hohe Laufruhe	schnelllaufende Getriebe	

b) abhängig von der Wärmebehandlung und der Übersetzung

Wärmebehandlung der Zahnräder bzw. deren Werkstoff		Zähnezahl z_1 bei einem Zähnezahlverhältnis u			
		1	2	4	8
vergütet oder oberflächengehärtet gegen vergütet	<230 HB	32 ... 60	29 ... 55	25 ... 50	22 ... 45
	≥230 HB	30 ... 50	27 ... 45	23 ... 40	20 ... 35
nitriert		24 ... 40	21 ... 35	19 ... 31	16 ... 26
einsatzgehärtet		21 ... 32	19 ... 29	16 ... 25	14 ... 22
Gusseisen, (GJS)		26 ... 45	23 ... 40	21 ... 35	18 ... 30

$z = 12$ praktisch kleinste Zähnezahl für Leistungsgetriebe (Gegenzähnezahl ≥ 23)

1) unterer Bereich für $n < 1000\ \text{min}^{-1}$
oberer Bereich für $n > 3000\ \text{min}^{-1}$.

TB 21-14 Ritzelbreite, Verhältniszahlen (Richtwerte)

a) Durchmesser-Breitenverhältnis $\psi_d = b_1/d_1$

Art der Lagerung		Wärmebehandlung			
		normal geglüht HB < 180	vergütet HB > 200	einsatz-, flamm- oder induktionsgehärtet	nitriert
		ψ_d			
symmetrisch	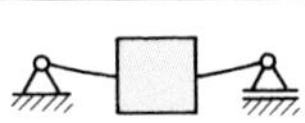	≤1,6	≤1,4	≤1,1	≤0,8
unymmetrisch	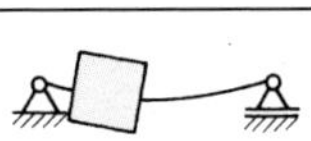	≤1,3	≤1,1	≤0,9	≤0,6
fliegend	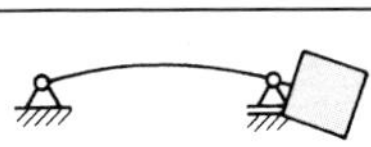	≤0,8	≤0,7	≤0,6	≤0,4

b) Modulbreitenverhältnis $\psi_m = b_1/m$

Lagerung	Verzahnungsqualität	ψ_m
Stahlkonstruktion, leichtes Gehäuse	11 ... 12	10 ... 15
Stahlkonstruktion oder fliegendes Ritzel	8 ... 9	15 ... 25
gute Lagerung im Gehäuse	6 ... 7	20 ... 30
genau parallele, starre Lagerung	6 ... 7	25 ... 35
$b/d_1 \leq 1$, genau parallele, starre Lagerung	5 ... 6	40 ... 60

TB 21-15 Berechnungsfaktoren

		Verzahnungsqualität						
		6	7	8	9	10	11	12
	q_H	1,32	1,85	2,59	4,01	6,22	9,63	14,9
Geradverzahnung	K_1	9,6	15,3	24,5	34,5	53,6	76,6	122,5
	K_2	0,0193						
Schrägverzahnung	K_1	8,5	13,6	21,8	30,7	47,7	68,2	109,1
	K_2	0,0087						

TB 21-16 Flankenlinienabweichung

a) durch Verformung f_{sh} in μm, abhängig von b je Radpaar; Erfahrungswerte

Zahnbreite b [1] in mm	bis 20	über 20 bis 40	über 40 bis 100	über 100 bis 260	über 260 bis 315	über 315 bis 560	über 560
sehr steife Getriebe und/oder $F_t/b < 200$ N/mm z. B. stationäre Turbogetriebe	5	6,5	7	8	10	12	16
mittlere Steifigkeit und/oder $F_t/b \approx 200 \dots 1000$ N/mm (meist Industriegetriebe)	6	7	8	11	14	18	24
nachgiebige Getriebe und/oder $F_t/b > 1000$ N/mm	10	13	18	25	30	38	50

[1] Bei ungleichen b ist die kleinere Breite einzusetzen.

b) Faktor K' zur Berücksichtigung der Ritzellage zu den Lagern (nach DIN 3990)

T Einleitung oder Abnahme des Drehmoments
d_{sh} Durchmesser der Ritzelwelle
d_1 Teilkreisdurchmesser des Ritzels

[1] mit Stützwirkung des Ritzelkörpers, wenn Ritzel mit Welle aus einem Stück, wobei $d_1/d_{sh} \geq 1{,}15$, ohne Stützwirkung bei $d_1/d_{sh} < 1{,}15$, ferner bei aufgestecktem Ritzel mit Passfederverbindung o. ä. sowie bei üblichen Pressverbänden.

Für andere Anordnungen und s/l-Grenzen sowie bei zusätzlichen Wellenbelastungen durch Riemen, Ketten u. ä. wird eine eingehende Analyse empfohlen.

Anordnung	s/l	K' [1] a) mit Stützwirkung	K' [1] b) ohne Stützwirkung
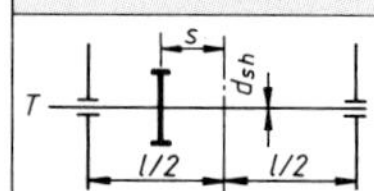	< 0,3	0,48	0,8
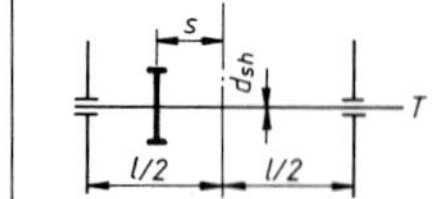	< 0,3	-0,48	-0,8
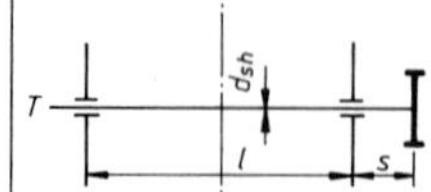	< 0,5	1,33	1,33
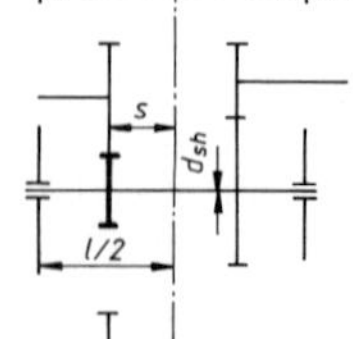	< 0,3	-0,36	-0,6
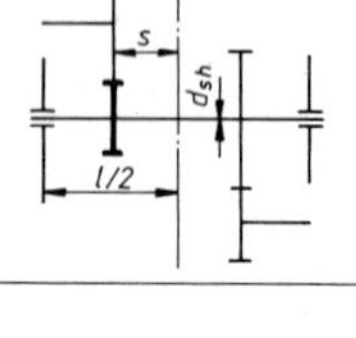	< 0,3	-0,6	-1,0

TB 21-16 Fortsetzung

c) zulässige Flankenlinien-Winkel-Abweichungen $f_{H\beta}$ in µm (nach DIN 3962)

DIN-Qualität	Zahnbreite b in mm bis 20	>20 bis 40	>40 bis 100	>100 [1]
6 geschliffen geschabt	8	9	10	11
7 oder feinst-wälzgefräst	11	13	14	16
8 steife Radkörper geschabt wälzgefräst	16	18	20	22
9	25	28	28	32
10	36	40	45	50
11	56	63	71	80
12	90	100	110	125

[1] statt der angegebenen Werte können für $b > 160$ mm auch andere Sondertoleranzen vereinbart werden.

TB 21-17 Einlaufbeträge für Flankenlinien y_β in µm (nach DIN 3990)
(bei unterschiedlichen Werkstoffen für Ritzel 1 und Rad 2 gilt $y_\beta = (y_{\beta 1} + y_{\beta 2})/2$)

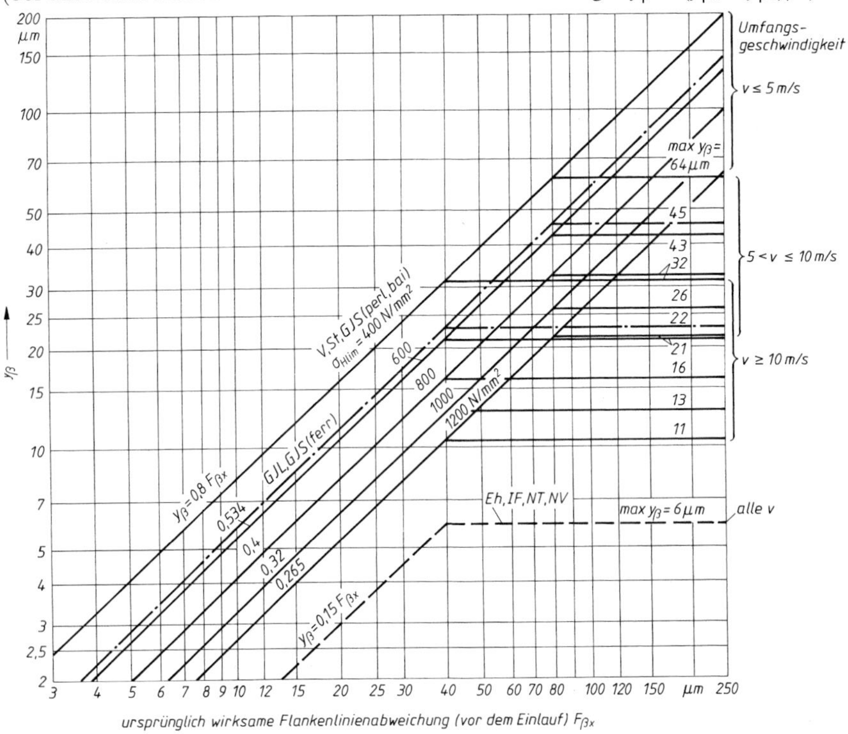

Vergütungsstahl, Baustahl (V: $R_m \geq 800$ N/mm², St: $R_m < 800$ N/mm²) sowie GJS (perl, bai)

$y_\beta = (320\ \text{N/mm}^2/\sigma_{H\,lim}) \cdot F_{\beta x} \leq \max y_\beta$

Grauguss (GJL) und GJS (ferr)

$y_\beta = 0{,}55 \cdot F_{\beta x} \leq \max y_\beta$

Einsatzgeh. oder nitrierter Stahl

$y_\beta = 0{,}15 \cdot F_{\beta x} \leq 6$ µm

GJS (perl), (bai) Gusseisen mit Kugelgraphit, mit perlitischem, ferritischem, bainitischem Gefüge
Eh Einsatzstahl, einsatzgehärtet
IF Stahl und GJS, induktions- oder flammgehärtet
NT Nitrierstahl, langzeit-gasnitriert
NV Vergütungs- und Einsatzstahl, langzeit-gasnitriert

TB 21-18 Breitenfaktor $K_{H\beta}$, $K_{F\beta}$, Anhaltswerte (nach DIN 3990)
Gültig für $F_m/b = K_A \cdot F_t/b \geq 100$ N/mm, d. h. gerasterter Bereich nicht zugelassen

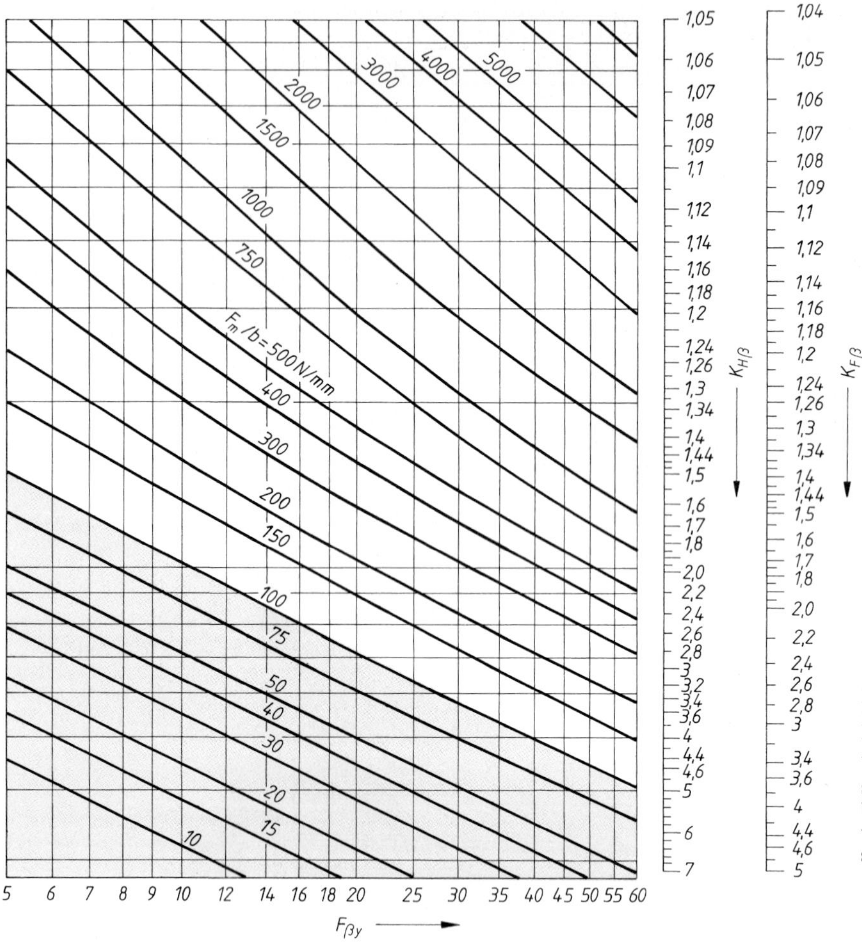

Bei $K_{H\beta} > 2$ ($K_{F\beta} > 1{,}8$) liegen die Werte erheblic über den tatsächlichen Verhältnissen, d. h. auf d sicheren Seite; bei $K_{H\beta} > 1{,}5$ ($K_{F\beta} > 1{,}4$) wenn möglich, Konstrukt steifer ausführen.

TB 21-19 Stirnfaktoren $K_{F\alpha}$, $K_{H\alpha}$

a) vereinfachte Festlegung (nach DIN 3990)

Bei Paarung eines gehärteten Rades mit einem nicht gehärteten Gegenrad ist der Mittelwert einzusetzen. Bei unterschiedlicher Verzahnungsqualität ist von der gröberen auszugehen.

			Linienbelastung $K_A \cdot F_t/b$ ≥ 100 N/mm							<100 N/mm
Verzahnungsqualität DIN 3961 (ISO 1328)			6 (5)	7	8	9	10	11	12	6 (5) und gröber
gehärtet [1)]	Geradverzahnung $\beta = 0°$	$K_{F\alpha}$	1,0		1,1	1,2	$1/Y_\varepsilon \geq 1{,}2$ [2)]			
		$K_{H\alpha}$					$1/Z_\varepsilon^2 \geq 1{,}2$ [3)]			
	Schrägverzahnung $\beta > 0°$	$K_{F\alpha}$, $K_{H\alpha}$	1,0	1,1	1,2	1,4	$\varepsilon_{\alpha n} = \varepsilon_\alpha/\cos^2\beta_b \geq 1{,}4$ [4)]			
nicht gehärtet	Geradverzahnung $\beta = 0°$	$K_{F\alpha}$	1,0			1,1	1,2	$1/Y_\varepsilon \geq 1{,}2$ [2)]		
		$K_{H\alpha}$						$1/Z_\varepsilon^2 \geq 1{,}2$ [3)]		
	Schrägverzahnung $\beta > 0°$	$K_{F\alpha}$, $K_{H\alpha}$	1,0		1,1	1,2	1,4	$\varepsilon_{\alpha n} = \varepsilon_\alpha/\cos^2\beta_b \geq 1{,}4$ [4)]		

[1)] Einsatz- oder randschichtgehärtet, nitriert oder nitrokarboriert.
[2)] s. zu Gl. (21.82); [3)] s. zu Gl. (21.88); [4)] s. zu Gl. (21.36)

21

TB 21-19 Fortsetzung

b) Faktor q'_H zur Ermittlung der Eingriffsteilungsabweichung f_{pe}

	Verzahnungsqualität nach DIN 3962 T1 ... T3							
	5	6	7	8	9	10	11	12
q'_H	1	1,4	1,96	2,75	3,85	6,15	9,83	15,75

c) Einlaufbetrag y_α in µm (nach DIN 3990); bei unterschiedlichen Werkstoffen für Ritzel (1) und Rad (2) gilt $y_\alpha = (y_{\alpha 1} + y_{\alpha 2})/2$

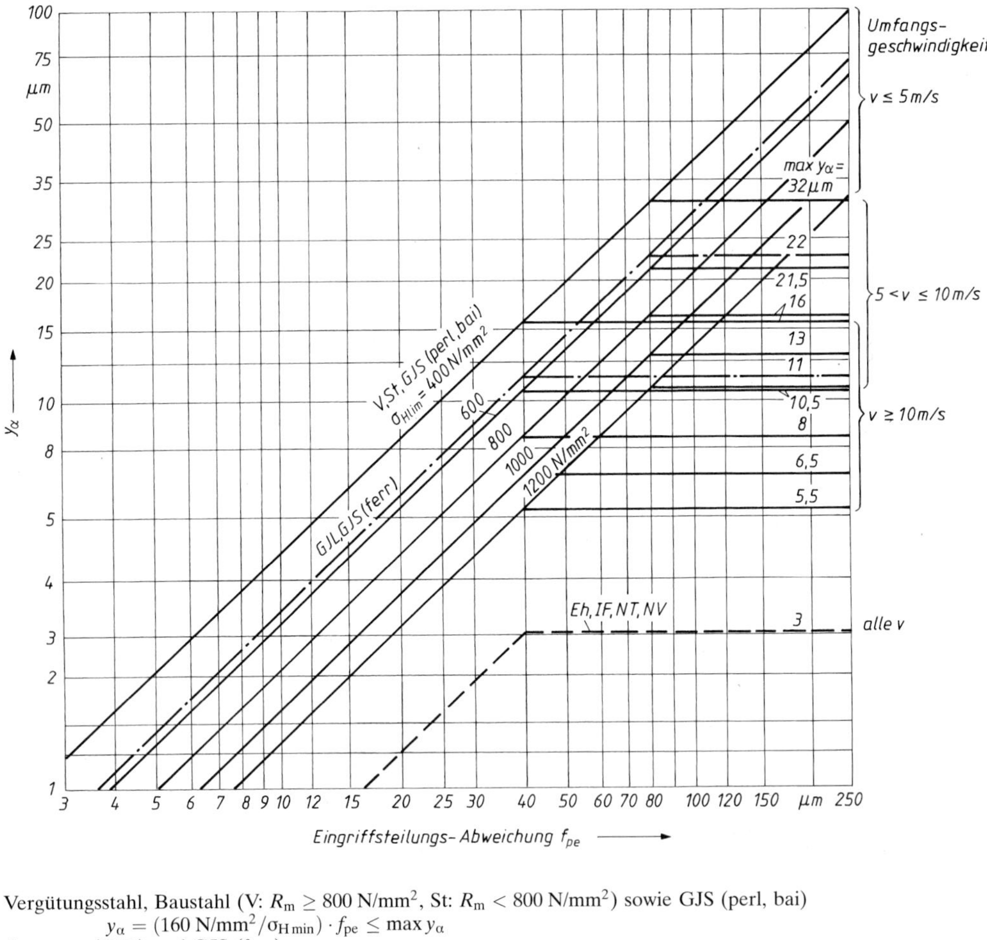

Vergütungsstahl, Baustahl (V: $R_m \geq 800$ N/mm², St: $R_m < 800$ N/mm²) sowie GJS (perl, bai)

$$y_\alpha = (160\ \text{N/mm}^2/\sigma_{H\,min}) \cdot f_{pe} \leq \max y_\alpha$$

Grauguss (GJL) und GJS (ferr)

$$y_\alpha = 0{,}275 f_{pe} \leq \max y_\alpha$$

Einsatzgeh. oder nitrierter Stahl

$$y_\alpha = 0{,}075 f_{pe} \leq 3\ \mu\text{m}$$

GJS	(perl), (bai) Gusseisen mit Kugelgraphit, mit perlitischem, ferritischem, bainitischen Gefüge
Eh	Einsatzstahl, einsatzgehärtet
IF	Stahl und GJS, induktions- oder flammgehärtet
NT	Nitrierstahl, langzeit-gasnitriert
NV	Vergütungs- und Einsatzstahl, langzeit-gasnitriert

21

TB 21-20 Korrekturfaktoren zur Ermittlung der Zahnfußspannung für Außenverzahnung (nach DIN 3990)

a) Formfaktor Y_{Fa}

Bezugsprofil $\alpha = 20°$, $h_a = m$, $h_{a0} = 1{,}25 \cdot m$, $\varrho_{a0} = 0{,}25 \cdot m$

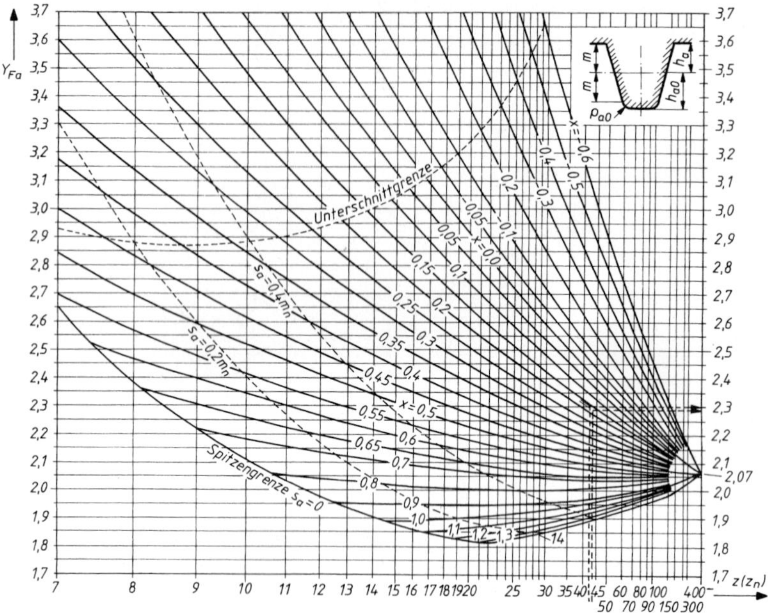

b) Spannungskorrekturfaktor Y_{Sa}

Bezugsprofil $\alpha = 20°$, $h_a = m$, $h_{a0} = 1{,}25 \cdot m$, $\varrho_{a0} = 0{,}25 \cdot m$

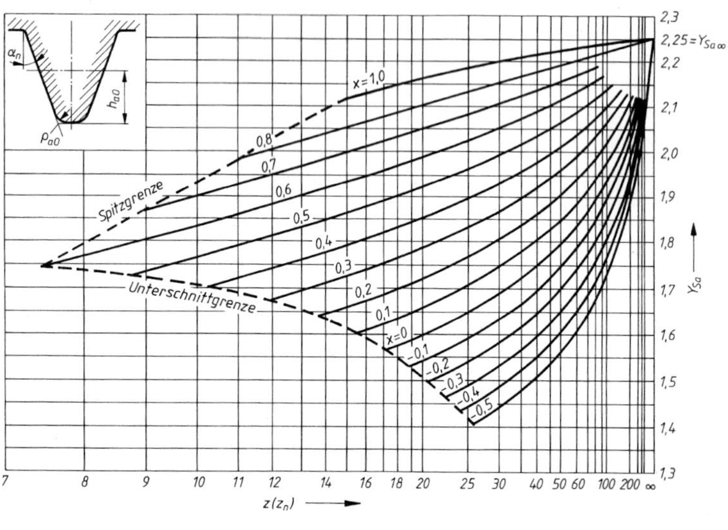

c) Schrägenfaktor Y_β

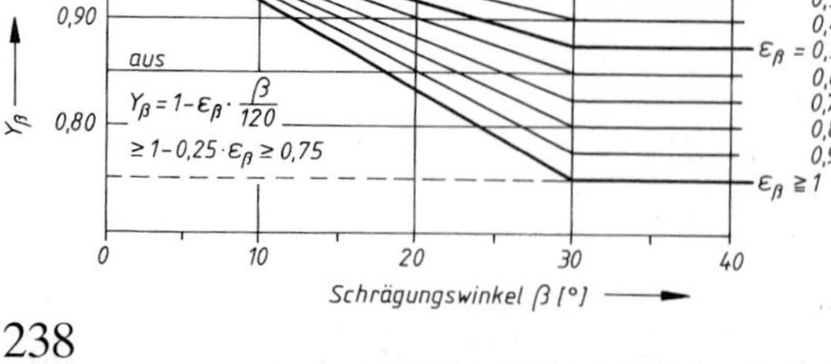

TB 21-21 Korrekturfaktoren zur Ermittlung der zulässigen Zahnfußspannung für Außenverzahnung (nach DIN 3990)

a) Lebensdauerfaktor y_{NT}

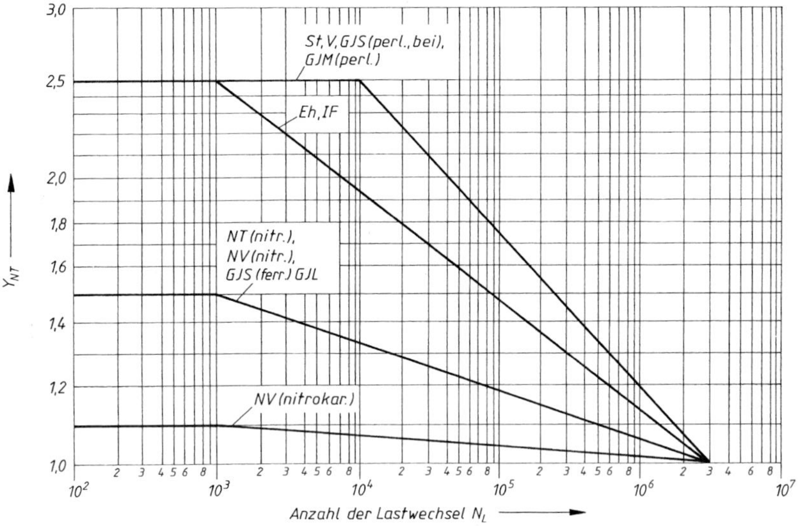

b) relative Stützziffer $Y_{\delta\,\mathrm{rel\,T}}$

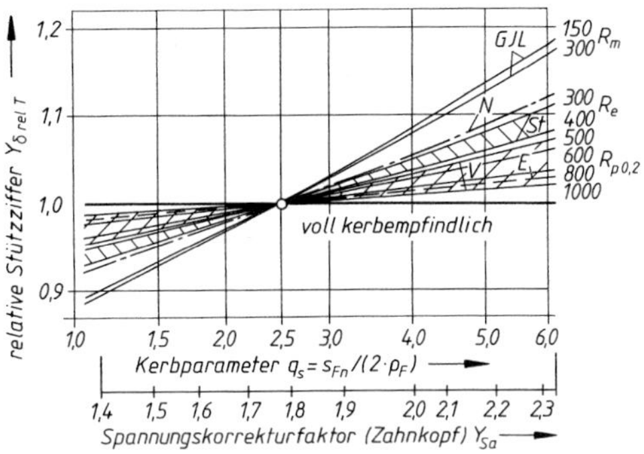

c) relativer Oberflächenfaktor $Y_{R\,\mathrm{rel\,T}}$

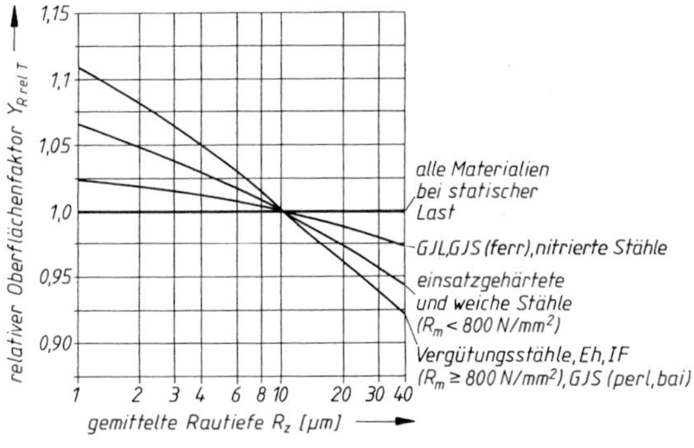

Bei $Rz < 1$ für Vergütungsstähle: $Y_{R\,\mathrm{rel\,T}} = 1{,}12$
einsatzgehärtet und weiche Stähle: $Y_{R\,\mathrm{rel\,T}} = 1{,}07$
GJL, GJS (ferr) und nitrierte Stähle: $Y_{R\,\mathrm{rel\,T}} = 1{,}025$

Bei $1\,\mu m \leq Rz \leq 40\,\mu m$ für V-Stähle: $1{,}674 - 0{,}529\,(Rz + 1)^{0,1}$
Eh und weiche Stähle: $5{,}306 - 4{,}203\,(Rz + 1)^{0,01}$
GJL, GJS (ferr) und nitr. Stähle: $4{,}299 - 3{,}259\,(Rz + 1)^{0,005}$

d) Größenfaktor Y_X (Zahnfußspannung): Z_X (Flankenpressung)

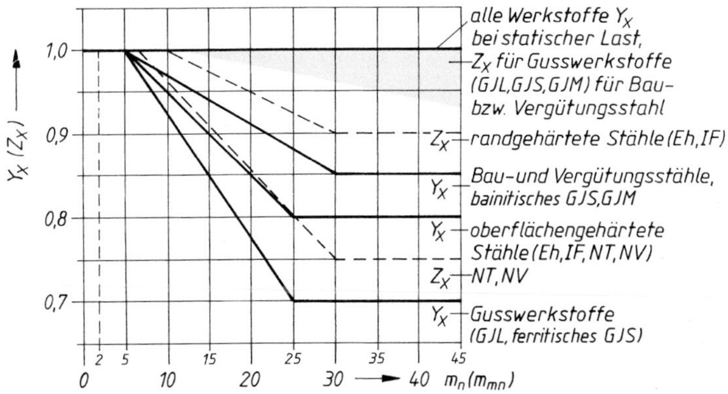

TB 21-22 Korrekturfaktoren zur Ermittlung der Flankenpressung für Außenverzahnung (nach DIN 3990)

a) Zonenfaktor Z_H

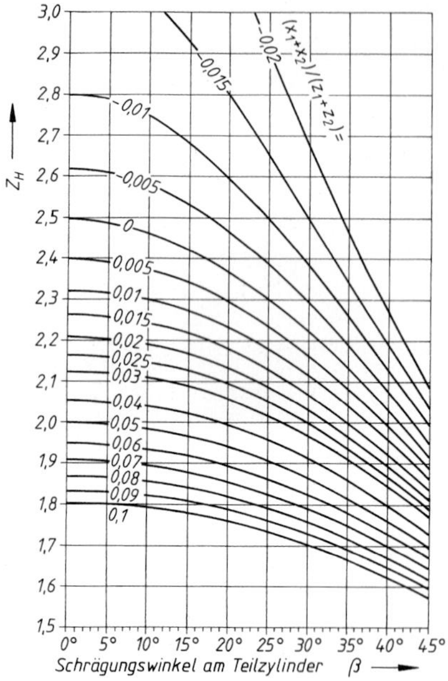

c) Überdeckungsfaktor Z_ε

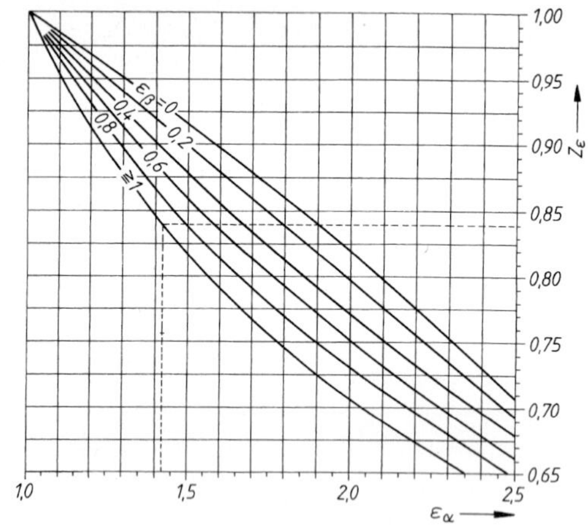

b) Elastizitätsfaktor Z_E

wenn nicht ausdrücklich angegeben Poisson-Zahl $\nu = 0{,}3$

Rad 1		Rad 2		
Werkstoff	Elastizitätsmodul N/mm²	Werkstoff	Elastizitätsmodul N/mm²	Z_E $\sqrt{N/mm^2}$
Stahl (St)	206000	Stahl (St)	206 000	189,8
		Stahlguss (GS)	202 000	188,9
		Gusseisen (GJS) mit Kugelgraphit	173000	181,4
		Guss-Zinnbronze	103000	155,0
		Zinnbronze	113000	159,8
		Gusseisen (GJL) mit Lamellengraphit (Grauguss)	126000 bis 118 000	165,4 bis 162,0
Stahlguss (GS)	202000	Stahlguss (GS)	202000	188,0
		Gusseisen (GJS) mit Kugelgraphit	173000	180,5
		Gusseisen (GJL) mit Lamellengraphit (Grauguss)	118000	161,4
Gusseisen (GJS) mit Kugelgraphit	173000	Gusseisen (GJS) mit Kugelgraphit	173000	173,9
		Gusseisen (GJL) mit Lamellengraphit (Grauguss)	118000	156,6
Gusseisen (GJL) mit Lamellengraphit (Grauguss)	126000 bis 118000	Gusseisen (GJL) mit Lamellengraphit (Grauguss)	118000	146,0 bis 143,7
Stahl	206000	Hartgewebe $\nu = 0{,}5$	7850 i. M.	56,4

TB 21-23 Korrekturfaktoren zur Ermittlung der zulässigen Flankenpressung für Außenverzahnung (nach DIN 3990); gerasterte Bereich = Streubereich

a) Schmierstofffaktor Z_L

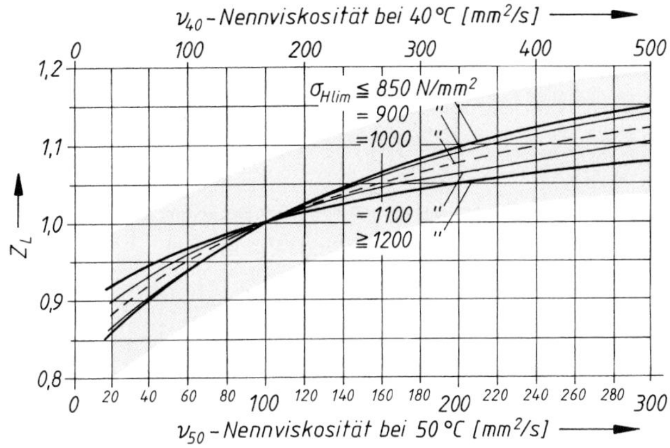

$$Z_L = C_{ZL} + \frac{4 \cdot (1 - C_{ZL})}{\left(1{,}2 + \frac{134}{\nu_{40}}\right)^2}$$

mit $C_{ZL} = \frac{\sigma_{H\,lim}}{4375} + 0{,}6357$

für $850 \ \frac{N}{mm^2} \leq \sigma_{H\,lim} \leq 1200 \ \frac{N}{mm^2}$

$C_{ZL} = 0{,}83$ für $\sigma_{H\,lim} < 850 \ \frac{N}{mm^2}$

$C_{ZL} = 0{,}91$ für $\sigma_{H\,lim} > 1200 \ \frac{N}{mm^2}$

$\sigma_{H\,lim}$ für weicheren Werkstoff der Radpaarung

b) Geschwindigkeitsfaktor Z_v

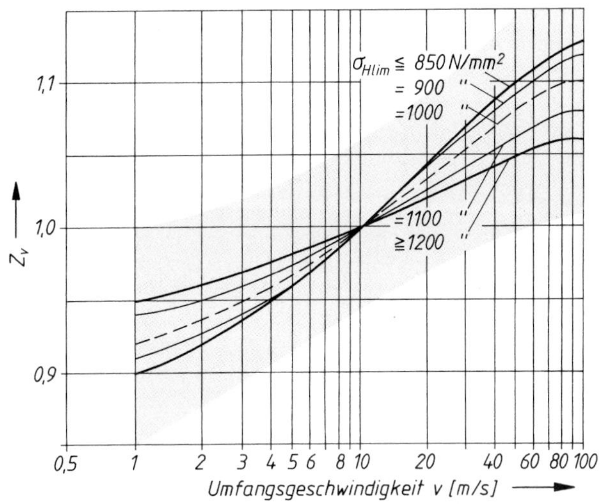

$$Z_v = C_{Zv} + \frac{2 \cdot (1 - C_{Zv})}{\sqrt{0{,}8 + \frac{32}{v}}}$$

mit $C_{Zv} = C_{ZL} + 0{,}02$

c) Rauigkeitsfaktor Z_R

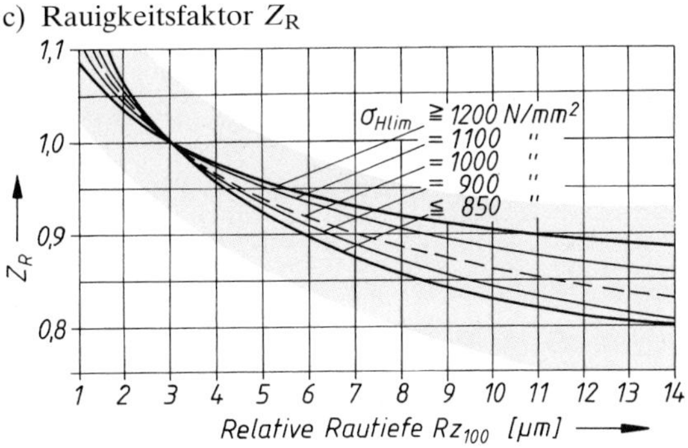

$$Z_R = \left(\frac{3}{Rz_{100}}\right)^{C_{ZR}}$$

mit $C_{ZR} = 0{,}32 - 0{,}0002 \cdot \sigma_{H\,lim}$

für $850 \ \frac{N}{mm^2} \leq \sigma_{H\,lim} \leq 1200 \ \frac{N}{mm^2}$

$C_{ZR} = 0{,}15$ für $\sigma_{H\,lim} < 850 \ \frac{N}{mm^2}$

$C_{ZR} = 0{,}08$ für $\sigma_{H\,lim} > 1200 \ \frac{N}{mm^2}$

$Rz_{100} = 0{,}5 \cdot (Rz_1 + Rz_2) \cdot \sqrt[3]{100/a}$

a: Achsabstand bzw. a_v der Ersatz-Stirnverzahnung

d) Lebensdauerfaktor Z_{NT}

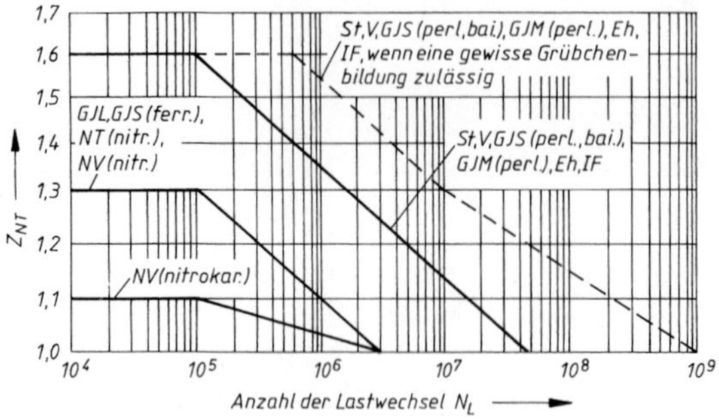

e) Werkstoffpaarungsfaktor Z_W

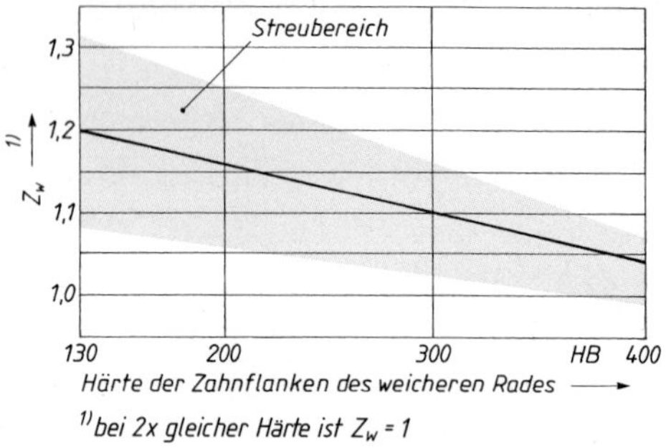

Vergütungsstahl, Baustahl (V: $R_m \geq 800$ N/mm², St: $R_m < 800$ N/mm²) sowie GJS (perl, bai)

$y_\alpha = (160\,\text{N/mm}^2/\sigma_{H\,min}) \cdot f_{pe} \leq \max y_\alpha$

Grauguss (GJL) und GJS (ferr)

$y_\alpha = 0{,}275 f_{pe} \leq \max y_\alpha$

Einsatzgeh. oder nitrierter Stahl

$y_\alpha = 0{,}075 f_{pe} \leq 3\,\mu\text{m}$

GJS (perl), (bai) Gusseisen mit Kugelgraphit, mit perlitischem, ferritischem, bainitischen Gefüge
Eh Einsatzstahl, einsatzgehärtet
IF Stahl und GJS, induktions- oder flammgehärtet
NT Nitrierstahl, langzeit-gasnitriert
NV Vergütungs- und Einsatzstahl, langzeit-gasnitriert

22 Kegelräder und Kegelradgetriebe

TB 22-1 Richtwerte zur Vorwahl der Abmessungen (Kegelräder)

Übersetzung i Zähnezahlverhältnis u	1	1,25	1,6	2	2,5	3,2	4	5	6
Zähnezahl des Ritzels z_1	40 ... 18	36 ... 17	34 ... 16	30 ... 15	26 ... 13	23 ... 12	18 ... 10	14 ... 8	11 ... 7
Breitenverhältnis $\psi_d = \frac{b}{d_{m1}}$	0,21	0,24	0,28	0,34	0,4	0,5	0,6	0,76	0,9

TB 22-2 Werte zur Ermittlung des Dynamikfaktors K_v für Kegelräder (nach DIN 3991 T1)

a) für Geradverzahnung; b) für Schrägverzahnung

Qualität	6	7	8	9	10	11	12
K_1	9,5	15,34	27,02	58,43	106,64	146,08	219,12
K_2 a) b)	1,0645 1,0000						
K_3 a) b)	0,0193 0,0100						

TB 22-3 Überdeckungsfaktor (Zahnfuß) Y_ε für $\alpha_n = 20°$ (nach DIN 3991 T3)

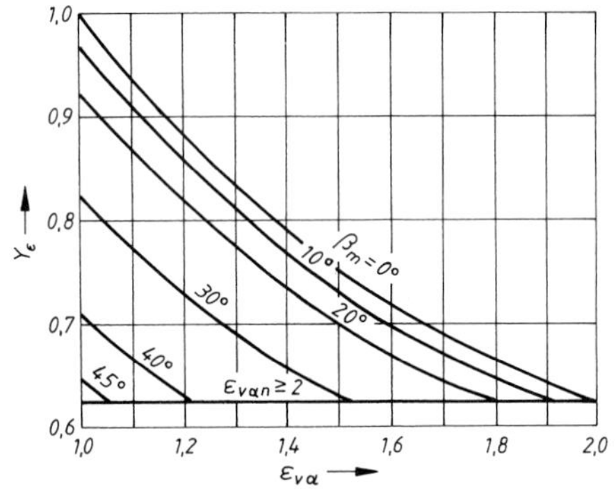

22

23 Schraubrad- und Schneckengetriebe

TB 23-1 Richtwerte zur Bemessung von Schraubradgetrieben

Übersetzung i	1 … 2	2 … 3	3 … 4	4 … 5
Zähnezahl z_1	20 … 16	15 … 12	12 … 10	10 … 8
Verhältnis $y = d_1/a$	1 … 0,7	0,7 … 0,55	0,55 … 0,5	

TB 23-2 Belastungskennwerte für Schraubradgetriebe

Werkstoffpaarung: $\frac{\text{treibendes Rad}}{\text{getriebenes Rad}}$	$\frac{\text{St gehärtet}}{\text{St gehärtet}}$	$\frac{\text{St gehärtet}}{\text{Cu-Sn-Leg.}}$	$\frac{\text{St}}{\text{Cu-Sn-Leg.}}$	$\frac{\text{St, GJL}}{\text{GJL}}$
Belastungskennwert C in N/mm^2	6	5	4	3

TB 23-3 Richtwerte für die Zähnezahl der Schnecke

Übersetzung i	<5	5 … 10	> 10 … 15	>15 … 30	>30
Zähnezahl der Schnecke z_1	6	4	3	2	1

TB 23-4 Moduln für Zylinderschneckengetriebe nach DIN 780 T2 (Auszug)

$m(m_x)$ in mm	1	1,25	1,6	2	2,5	3,15	4	5	6,3	8	10	12,5	16	20

TB 23-5 Ersatz-E-Modul für Paarung mit einer Stahlwelle ($E_1 = 210\,000$ N/mm^2)

Schneckenradwerkstoff	GZ-CuSn12	GZ-CuSn12Ni	GZ-CuAl10Ni	GJS-400	GJL-250
E_{red} in N/mm^2	140 144	150 622	174 053	209 790	146 955

TB 23-6 Grübchenfestigkeit $\sigma_{H\,lim\,T}$

Schneckenradwerkstoff	GZ-CuSn12	GZ-CuSn12Ni	GZ-CuAl10Ni	GJS-400	GJL-250
$\sigma_{H\,lim\,T}$ in N/mm^2	425	520	660	490	350

TB 23-7 Schub-Dauerfestigkeitswerte $\tau_{F\,lim\,T}$

Schneckenradwerkstoff	GZ-CuSn12	GZ-CuSn12Ni	GZ-CuAl10Ni	GJS-400	GJL-250
Schub-Dauerfestigkeit $\tau_{F\,lim\,T}$ in N/mm^2	92	100	128	115	70

TB 23-8 Lebensdauerfaktor Y_{NL}

a) für Räder aus GJL-250, GJS-400 und GZ-CuAl10Ni

b) für Räder aus GZ-CuSn12, und GZ-CuSn12Ni

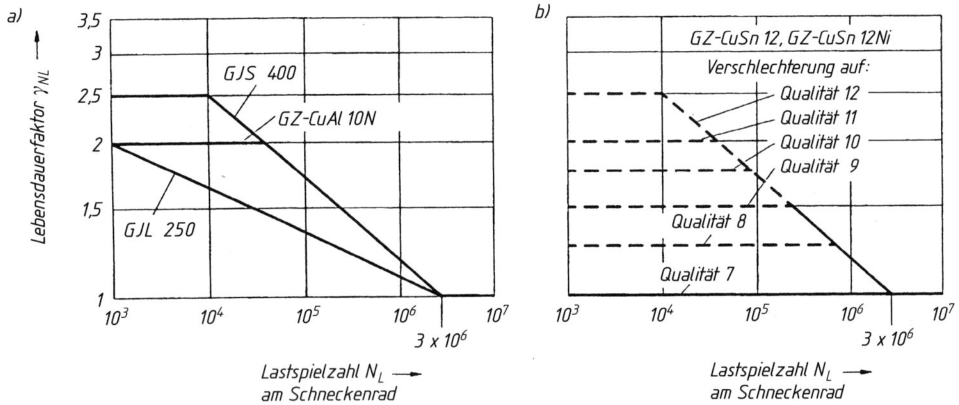

Sachwortverzeichnis

A

Abmessungen für lose Schmierringe 165
Abscherkräfte für Stifte 118
Achsabstand 231
Achsabstand, Abmaße 231
Achshalter 118
Additive 63
Allgemeintoleranzen 39
–, für Schweißkonstruktionen 80
–, Grenzabmaße für Längenmaße 39
–, Grenzabmaße für Rundungshalbmesser 39
–, Grenzabmaße für Winkelmaße 80
Aluminiumlegierungen 10
Anschlussmaße für runde Flansche 201
Anwendungsfaktor K_A 50
Augenlager, DIN 504 163
Ausbeute κ 179
Außenflächen (Wellen) 33
Axialfaktoren, Walzlager 156
Axiallager 151

B

Bauformenkatalog für Schweißverbindungen 85f.
Baustahl 1, 45, 81
Belastungskennwerte für Schraubradgetriebe 244
Berechnungsbeiwerte *C* für ebene Platten und Böden 92
Berechnungstemperatur für Druckbehälter 92
Betriebseingriffswinkel α_W 227
Betriebsfaktor K_A 50
Betriebsviskosität ν 160
Bewegungsschrauben, zulässige Flächenpressung 116
Bewertungsgruppen für Unregelmäßigkeiten für Schweißverbindungen 79
Bezugsviskosität ν 160
Bleche 17
Blindniete mit Sollbruchdorn 94
Bolzen 117
Bolzenverbindungen, mittlere Flächenpressung 117
Breitenfaktor $K_{H\beta}$, $K_{F\beta}$ für Stirnräder 236
Breitenverhältnis, Kegelräder 243
Buchsen für Gleitlager 164

C

Clinchverbindungen 97

D

Dauerfestigkeit, Zahnfußbeanspruchung der Prüfräder 219
Dauerfestigkeitsschaubild
–, Baustahl 45
–, Drehstabfedern 127
–, Einsatzstahl 47
–, Schraubendruckfedern 129f.
–, Tellerfedern 127
–, Vergütungsstahl 46
Deckellager, DIN 505 163
Dichte und Viskosität verschiedener Flüssigkeiten und Gase 205
Dichte von Metallen 142
Dichtungskennwerte für Feststoffdichtungen 209
Dickenbeiwert für geschweißte Bauteile 88
Drehfedern, Dauerfestigkeitsschaubild
–, Spannungsbeiwert 124
–, zulässige Biegespannung 124
Drehstabfeder, Dauerfestigkeitsschaubild 127
–, Ersatzlänge 127
Drehstrommotoren 195
Drehzahlfaktor f_n für Wälzlager 157
Druckfeder, Dauerfestigkeitsschaubild 129
–, Relaxation nach 48 Stunden 130
–, Spannungsbeiwert 128
–, theoretische Knickgrenze 128
–, zulässige Schubspannung 128
Druckstabquerschnitte 84
Druckstufen, Nenndrücke 201
Durchbiegungen, Achsen, Wellen 134
Durchmesser-Breitenverhältnis ψ_d 233
dynamische Viskosität für Normöle 170

E

E-Modul, Federn 122
Einflussfaktor der Oberflächenrauheit 57
Einflussfaktor der Oberflächenverfestigung 59
Eingriffsteilungsabweichung f_{pe} 237
Einheitsbohrung, Passungsauswahl 35
Einheitswelle, Passungsauswahl 37
Einlaufbetrag y_α 237
Einlaufbeträge y_β Flankenlinien 235
Einsatzstahl 2
Elastizitätsfaktor Z_E 240
Elastizitätsmodul 1
Ergänzungssymbole, Schweißnähte 78
Evolventenfunktionswerte inv α 228

Extremultus-Mehrschichtflachriemen
–, Ausführungen, Eigenschaften 180
–, Ermittlung des Riementyps 181
–, Fliehkraft-Dehnung 182
–, kleinster Scheibendurchmesser 180

F

Federn 122
Federringe 108
Federschreiben 108
Federstahldraht, Durchmesserauswahl von d 123
Federstahldraht, Wahl der Drahtsorten 123
Federwerkstoffe, Festigkeitsrichtwerte 122
Feinkornbaustahl 1
Festigkeitsberechnung 45
Festigkeitskennwerte
–, Gusswerkstoffe 5ff.
–, Kunststoffe 13f.
–, Nichteisenmetalle 8f.
–, Stahl 1, 206
Festigkeitskennwerte K im Druckbehälterbau 90f.
Festigkeitsklassen von Schrauben 101
Festigkeitsrichtwerte
–, Federwerkstoffe 122
–, Zahnradwerkstoffe 218
Filzringe 213
Flächen- u. Widerstandsmomente 27–29
Flächenmomente 2. Grades für Wellenquerschnitte 132
Flächenmomente 2. Grades und Widerstandsmomente 27, 132
Flachriemen-Werkstoffe, Kennwerte 178
Flachriemenscheiben, Hauptmaße 182
Flachriementriebe, Faktor k, Wellenbelastung 179
Flachstäbe 15
Flammpunkt, Schmieröl 168
Flankenlinien, Einlaufbeträge 235
Flankenlinien-Winkel-Abweichungen $f_{H\beta}$ 235
Flankenlinienabweichung f_{sh} 234f.
Flansche, Anschlussmaße 201
Flanschlager DIN 502 162
Fliehkraft-Dehnung bei Riemen 182
Flussmittel 74–75
Formfaktor Y_{Fa} 238
Formtoleranzen 40
Formzahlen 51
Freistiche nach DIN 509 132

G

G-Modul 1ff.
Ganzmetallkupplung, biegenachgiebige 145
gemittelte Rautiefe R_z, nach Herstellverfahren 44
Geschwindigkeitsfaktor Z_v 241
Getriebeöl 222f.
–, Kegelradgetriebe 222f.
–, Schneckengetriebe 222f.
–, Stirnradgetriebe 222f.
–, Viskositätsauswahl 222f.
Gewinde
–, metrisches ISO-Feingewinde 99
–, Regelgewinde 98
–, Trapezgewinde 100
Gleitlager
–, Buchsen 164
–, Grenzrichtwerte für Lagertemperatur 176
–, Lagerwerkstoffe 167
–, Passungen 172
–, relatives Lagerspiel 171
–, Schmiernuten 166
–, Schmierstoffdurchsatz 177
–, Sommerfeld-Zahl So 174
–, Toleranzklassen 173
–, zulässige spezifische Belastung 168
Gleitreibungszahlen 61
Grenzabmaße für Winkelmaße 39
Größeneinflussfaktor, Gusswerkstoffe
–, formzahlabhängiger 58
–, geometrischer 58
–, technologischer 58
Größenfaktor Y_X (Zahnfußspannung) 239
Grundabmaße, Außenflächen 33
Grundabmaße, Innenpassflächen 34
Grundsymbole für Nahtarten 77
Grundtoleranzen 32
Gusswerkstoffe, Festigkeitskennwerte 5f., 82f.

H

Haftreibungszahlen 61, 110, 141
Härteeinflussfaktor f_H 157
Hartlote 71
Hartlötverbindungen, Zug und Scherfestigkeit 76f.
höchstzulässige spezifische Lagerbelastung 168
Hohlprofile 22–24

I

Innenpassflächen, Grundabmaße 34
I-Träger 21

K

Kegel nach DIN 254 143
Kegel-Spannsysteme 143

kegelige Wellenenden 131
Kegelräder 243
–, Überdeckungsfaktor Y_ε 243
–, Vorwahl der Abmessungen 243
–, Zeichnungsangaben 224
Kegelrollenlager 150
Kehlnähte
–, Bewertungsgruppen 79
–, Korrelationsbeiwert 82
Keile, Maße 138
Keilriemen, Eigenschaften und Anwendungsbeispiele 178
Keilriemenabmessungen 184
Keilriemenscheiben 185
Keilrippenriemen 186
Keilwellen-Verbindungen, Abmessungen 139
Kerbformzahlen 51
Kerbwirkungszahlen 54ff.
Kettengetriebe 196
Kettenräder, Haupt-Profilabmessungen 196
Klauenkupplung, elastische 146
Klebstoffe 69–70
Klebverbindungen 68
Knickgrenze, Druckfeder 128
Knicklinie 84
Konstruktionsrichtlinien für Lagerdichtungen 216
Korrekturfaktoren Keil- und Keilrippenriemen 191
Korrelationsbeiwert für Kehlnähte 82
Kunststoffe, Festigkeitskennwerte, Eigenschaften, Verwendung 13
Kupferlegierungen 8
Kupplungen
–, Anlauffaktor S_z 148
–, Frequenzfaktor S_f 148
–, Temperaturfaktor S_t 148

L

Lagerdichtungen, Konstruktionsrichtlinien 216f.
Lagerschalen 165
Lagerwerkstoffe 167
Lagetoleranzen 41
Lamellenkupplung 147
Längenausdehnungskoeffizient 141, 167
Längenfaktor c_2, Riementrieb 191f.
Langzeitwarmfestigkeitswerte 90
Lebensdauer, nominelle; Richtwerte 157
Lebensdauerbeiwert a_{ISO} 161
Lebensdauerfaktor, f_L Walzlager 157
Lebensdauerfaktor y_{NT} 239
Lebensdauerfaktor Z_{NT} 242
Leistungs-Übersetzungszuschlag $\ddot{U}_z$ 190
Leistungsdiagramm Rollenketten 197
Lochleibungstragfähigkeit, Bauwerte 116

M

Maßpläne für Wälzlager 150ff.
Magnesiumlegierungen 12
maximales c/t-Verhältnis 83
Mehrschichtflachriemen, Ausführungen, Eigenschaften 180
Messzähnezahl k für Stirnräder 232
Mindestwerte der 0,2%-Dehngrenze 96
Mittelspannungsempfindlichkeit, Faktoren 59
Mittenrauwert Ra 44
mittlere Rauigkeitshöhe k von Rohren 202
Modulreihe für Zahnräder 227
Muttern
–, Abmaße 104
–, genormte 102

N

Nahtarten, Grundsymbole 77
Nenndruckstufen 201
Nennleistung
– für Keilrippenriemen 187
– für Normalkeilriemen 187
– für Schmalkeilriemen 188
Nennweiten für Rohrleitungen 201
Nietverbindungen im Stahlbau mit Halbrundnieten 95
Nilos-Ringe 214
Nitrierstahl 2
Normzahlen 31

O

O-Ringe 211
Oberflächen, Zuordnung von Rz und Ra 43
Oberflächenbehandlungsverfahren, Klebverbindungen 68

P

Passfedern, Maße 138
Passfederverbindungen 138
Passscheiben, Abmessungen 118
Passungen
–, Anwendungsbeispiele 42
–, Einheitsbohrung 35f.
–, Einheitswelle 37f.
–, Gleitlager 172
Passungssystem
–, Einheitsbohrung Passungsauswahl 35f.
–, Einheitswelle Passungsauswahl 37f.
Polygonprofile, Abmessungen 141
Positionierbremse 149

Pourpoint bei Schmieröl 168
Pressverband
–, Haftbeiwert 141
–, Hilfsgröße K 142
–, maximale Fügetemperatur 142
Profile
–, Hohlprofile 22f., 23
–, I-Profile 21
–, T-Profile 22
–, U-Profile 20
–, Winkelprofile 18f., 19
Profilüberdeckung ε_α bei Zahnrädern 227
Profilverschiebung
–, Aufteilung von $\Sigma\, x$ 229
–, ausführbarer Bereich 232
–, Wahl von $\Sigma\, x$ 228
Profilverschiebungsfaktor $\Sigma\, x$ 228

Q

Querdehnzahl 142

R

Radial-Wellendichtringe 212
Radialfaktoren, Walzlage 156
Radiallager 150
Rand- und Lochabstände für Schrauben und Nieten 94
Rauigkeitsfaktor Z_R 241
Rauigkeitshöhe k von Rohren 202
Rautiefe
–, Empfehlung 43
–, gemittelte, nach Herstellverfahren Rz 44
–, Mittenrauwert, nach Herstellverfahren 44
–, Zuordnung von Ra und Rz 43
Reibungsfaktoren, Tellerfeder 126
Reibungskennzahl μ/ψ_B 175
Reibungswerte, Schneckenradsätze 223
Reibungszahl 61
Reibungszahlen, Schraubenverbindungen 110
Reihe A, B, C, Federn 124
relative Stützziffer $Y_{\delta\ \mathrm{rel\ T}}$ 239
relativer Oberflächenfaktor $Y_{\mathrm{R\ rel\ T}}$ 239
relativer Schmierstoffdurchsatz 177
Relaxation von Druckfedern 130
Richtwerte
–, nominelle Lebensdauer, Wälzlagerungen 157
–, Ritzelzähnezahl z_1 233
–, Schneckenzähnezahl 244
–, Schraubradgetriebe 244
–, Vorwahl der Abmessungen (Kegelräder) 243
–, zulässige Verformungen von Wellen 134
Riementyp, Ermittlung 181
Ritzelbreite b_1, Stirnräder 233
Rohre, Übersicht 199
Rohrleitungen und Rohrverschraubungen für hydraulische Anlagen 207
Rohrreibungszahl λ 204
Rollenketten 196
–, Abmessungen, Bruchkräfte 196
–, Leistungsdiagramm 197
Rollenkettengetriebe
–, Faktor für Zähnezahl f_1 197
–, Schmierbereiche 198
–, spezifischer Stützzug 197
–, Umweltfaktor f_6 198
–, Wellenabstandsfaktor f_2 198
Rundstäbe 15

S

Scheiben 108
Scheibenkupplungen 145
Schmierfette K 169
Schmierlöcher 166
Schmiernuten 166
Schmierölauswahl, Zahnradgetriebe 221f.
Schmieröle 168
–, Betriebsviskosität 160
–, dynamische Viskosität 170
–, spezifische Wärmekapazität 169
Schmierstofffaktor Z_L 241
Schmiertaschen 166
Schnecken, Wirkungsgrade 223
Schnecken, Zeichnungsangaben 225
Schneckengetriebe 244
Schneckenradwerkstoff 221, 244
Schneckenzähnezahl 244
Schrägenfaktor Y_β 238
Schrauben
–, Festigkeitsklassen 102
–, genormte 102
Schraubensicherungen 108, 115
Schraubenverbindungen
–, Anziehfaktor 109
–, Anziehverfahren 109
–, Einschraublängen 115
–, Grenzflächenpressung 109
–, Konstruktionsmaße 104ff.
–, Reibungszahlen 110
–, Spannkräfte und Spannmomente 112
–, Vorwahl der Schrauben 111
Schraubradgetriebe 244
Schrumpfscheibe 144
Schweißnähte, zeichnerische Darstellung 77
Schweißpunkte, zulässige Abstände 80
Sechskantschrauben, Abmaße 104
Senkschrauben, Abmaße 106
Sicherheitsbeiwerte für Druckbehälter 92
Sicherheitswerte Maschinenbau 60

Sicherungsringe 119
Sommerfeld-Zahl 174
Spannhülsen für Wälzlager 152
Spannungsgefälle, bezogenes 53f.
Spannungskorrekturfaktor Y_{Sa} 238
Stahl, Festigkeitskennwerte, Eigenschaften, Verwendung 1ff., 45ff.
Steh-Gleitlager DIN 118 163
Stirnfaktoren $K_{F\alpha}$, $K_{H\alpha}$ 236
Stirnräder
–, Breitenfaktor $K_{H\beta}$, $K_{F\beta}$ 236
–, Eingriffsteilungsabweichung f_{pe} 237
–, Einlaufbetrag y_{α} 237
–, Einlaufbeträge y_{β} Flankenlinien 235
–, Elastizitätsfaktor Z_E 240
–, Flankenlinienabweichung f_{sh} 234
–, Formfaktor Y_{Fa} 238
–, Geschwindigkeitsfaktor Z_v 241
–, Größenfaktor Y_X 239
–, Lebensdauerfaktor y_{NT} 239
–, Lebensdauerfaktor Z_{NT} 242
–, Messzähnezahl k 232
–, Rauigkeitsfaktor Z_R 241
–, relative Stützziffer $Y_{\delta\ rel\ T}$ 239
–, relativer Oberflächenfaktor $Y_{R\ rel\ T}$ 239
–, Richtwerte für Ritzelbreite b_1 233
–, Schmierstofffaktor Z_L 241
–, Schrägenfaktor Y_{β} 238
–, Spannungskorrekturfaktor Y_{Sa} 238
–, Stirnfaktor $K_{H\alpha}$, $K_{F\alpha}$ 236
–, Überdeckungsfaktor Z_{ε} 240
–, Wahl der Ritzelzähnezahl z_1 233
–, Werkstoffpaarungsfaktor Z_W 242
–, Zeichnungsangaben 223
–, Zonenfaktor Z_H 240
Stirnradgetriebe
–, Achsabstandsabmaße 231
–, Aufteilung der Übersetzung 232
Stopfbuchsen 215
Stumpfnähte, Bewertungsgruppen 79
Stützkräfte; Achsen, Wellen 134
Stützscheiben, Abmessungen 118
Stützzahl, Walzstähle Symbole 53f.
Symbole für Niete und Schrauben 93
Synchroflex-Zahnriemen 193f.
Synchronriemen, Eigenschaften und Anwendung 179

T

Tellerfeder
–, bezogene Spannung 126
–, bezogener Kennlinienverlauf 126
–, Dauerfestigkeitsschaubild 127
–, Kennwerte und Bezugsgrößen 126
Toleranzen 32, 39ff.
Toleranzklassen
–, Gleitlager 173
–, Wälzlager 158
Trumkraftverhältnis m, Riemen 179
T-Stahl 22

U

Überdeckungsfaktor Y_{ε}, Kegelräder 243
Überdeckungsfaktor Z_{ε}, Stirnräder 240
Übersetzung i, Stirnräder 232
Umweltfaktor f_6, Ketten 198
U-Profilstahl 20

V

V-Ringdichtung 214
Vereinfachte Darstellung von Verbindungselementen 93
Verformungen, zulässige, Wellen 133
Vergütungsstahl 2
Verlagerungsbereiche für 360°-Lager 174
Verlagerungswinkel β für Radiallager 176
Verunreinigungsbeiwert e_c 160
Verzahnungsqualität, Wahl 229
Viskositätsverhältnis κ 160

W

Wahl des Profils der Keil- und Keilrippenriemen 183
–, Normalkeilriemen 183
–, Schmalkeilriemen 183
–, Synchronriemen 192
Wälzlager 150
–, Anschlussmaße 159
–, Axial- u. Radialfaktoren 156
–, Maßpläne 151
–, nominelle Lebensdauer, Richtwerte 159
–, Tragzahlen C und C_0 152
Wälzlagerungen, Toleranzklassen für Wellen und Gehäuse 158
Weichlote 73
Welle-Nabe-Verbindungen
–, Nabenabmessungen 137
–, zulässige Fugenpressungen 137
Wellenbelastung, Riementrieb 179
Wellendichtring 212
Wellenenden
–, kegelige 131
–, zylindrische 131
Werkstoffauswahl, Schneckengetriebe 220
Werkstoffe von Schrauben 101
Werkstoffpaarungen 220

Werkstoffpaarungsfaktor Z_W, Stirnräder 242
Widerstandsmomente für Wellenquerschnitte 132
Widerstandszahl ζ von Rohrleitungselementen 203
Winkel
–, gleichschenklig 18
–, ungleichschenklig 19
Winkelfaktor c_1, Riementrieb 191
Wirkungsgrade für Schneckengetriebe 223
wirtschaftliche Strömungsgeschwindigkeiten, Rohrleitungen 202
Wulstkupplung, hochelastische 147

Z

Zahndicke, zulässige Dickenschwankung R_s 230
Zahndickenabmaß A_{sne} 230
Zahndickentoleranzen T_{sn} 230
Zähnezahl, Schnecke 244
Zahnräder
–, Modul m 227
–, Profilüberdeckung ε_α 227
Zahnradgetriebe, Schmierölauswahl 221
Zahnradwerkstoffe, Festigkeitsrichtwerte 218f.
Zahnwellenverbindungen, Abmessungen 140
zeichnerische Darstellung von Schweißnähten 77
Zeichnungsangaben
– für Kegelräder 224
– für Schnecken 225
– für Schneckenräder 226
– für Stirnräder 223
Zonenfaktor Z_H 240
Zugfedern
–, Korrekturfaktoren 130
–, zulässige Schubspannung 130
Zugfestigkeit für Aluminium-Vollniete 96
zulässige Abstände von Schweißpunkten 80
zulassige Flachenpressung, zulässige Flächenpressung, Schrauben 109, 116
zulässige kleinste Spalthöhe 176
zulässige Schubspannung, Zugfeder 130
zulässige Spannungen für Nietverbindungen aus thermoplastischen Kunststoffen 96
zulässige Spannungen für Schweißverbindungen im Maschinenbau 89
zulässige Stützweiten für Stahlrohre 207
zulässige Wechselspannungen für gelochte Bauteile 96
zusammengesetzte Symbole, Schweißverbindungen 77
Zusatzsymbole, Schweißnähte 78
Zylinderschneckengetriebe 244
Zylinderschrauben, Abmaße 106
Zylinderstifte 118
zylindrische Wellenenden 131